DICTIONNAIRE

DES

SCIENCES NATURELLES.

TOME XXIX.

MANB — MELI.

Le nombre d'exemplaires prescrit par la loi a été déposé. Tous les exemplaires sont revêtus de la signature de l'éditeur.

DICTIONNAIRE

DES

SCIENCES NATURELLES,

DANS LEQUEL

ON TRAITÉ MÉTHODIQUEMENT DES DIFFÉRENS ÊTRES DE LA NATURE,
CONSIDÉRÉS SOIT EN EUX-MÊMES, D'APRÈS L'ÉTAT ACTUEL DE
NOS CONNOISSANCES, SOIT RELATIVEMENT A L'UTILITÉ QU'EN
PEUVENT RETIRER LA MÉDECINE, L'AGRICULTURE, LE COMMERCE
ET LES ARTS.

SUIVI D'UNE BIOGRAPHIE DES PLUS CÉLÈBRES
NATURALISTES.

Ouvrage destiné aux médecins, aux agriculteurs, aux commerçans,
aux artistes, aux manufacturiers, et à tous ceux qui ont intérêt à
connoître les productions de la nature, leurs caractères génériques
et spécifiques, leur lieu natal, leurs propriétés et leurs usages.

PAR

Plusieurs Professeurs du Jardin du Roi, et des principales
Écoles de Paris.

TOME VINGT-NEUVIÈME.

F. G. Levrault, Éditeur, à STRASBOURG,
et rue des Fossés M. le Prince, N.º 31, à PARIS.

Le Normant, rue de Seine, N.º 8, à PARIS.

1823.

Liste des Auteurs par ordre de Matières.

Physique générale.

M. LACROIX, membre de l'Académie des Sciences et professeur au Collége de France. (L.)

Chimie.

M. CHEVREUL, professeur au Collége royal de Charlemagne. (Ch.)

Minéralogie et Géologie.

M. BRONGNIART, membre de l'Académie des Sciences, professeur à la Faculté des Sciences. (B.)

M. BROCHANT DE VILLIERS, membre de l'Académie des Sciences. (B. de V.)

M. DEFRANCE, membre de plusieurs Sociétés savantes. (D. F.)

Botanique.

M. DESFONTAINES, membre de l'Académie des Sciences. (Desf.)

M. DE JUSSIEU, membre de l'Académie des Sciences, prof. au Jardin du Roi. (J.)

M. MIRBEL, membre de l'Académie des Sciences, professeur à la Faculté des Sciences. (B. M.)

M. HENRI CASSINI, membre de la Société philomatique de Paris. (H. Cass.)

M. LEMAN, membre de la Société philomatique de Paris. (Lem.)

M. LOISELEUR DESLONGCHAMPS, Docteur en médecine, membre de plusieurs Sociétés savantes. (L. D.)

M. MASSEY. (Mass.)

M. POIRET, membre de plusieurs Sociétés savantes et littéraires, continuateur de l'Encyclopédie botanique. (Poir.)

M. DE TUSSAC, membre de plusieurs Sociétés savantes, auteur de la Flore des Antilles. (De T.)

Zoologie générale, Anatomie et Physiologie.

M. G. CUVIER, membre et secrétaire perpétuel de l'Académie des Sciences, prof. au Jardin du Roi, etc. (G. C. ou CV. ou C.)

Mammifères.

M. GEOFFROY SAINT-HILAIRE, membre de l'Académie des Sciences, prof. au Jardin du Roi. (G.)

Oiseaux.

M. DUMONT, membre de plusieurs Sociétés savantes. (Ch. D.)

Reptiles et Poissons.

M. DE LACÉPÈDE, membre de l'Académie des Sciences, prof. au Jardin du Roi. (L. L.)

M. DUMERIL, membre de l'Académie des Sciences, professeur à l'École de médecine. (C. D.)

M. CLOQUET, Docteur en médecine. (H. C.)

Insectes.

M. DUMERIL, membre de l'Académie des Sciences, professeur à l'École de médecine. (C. D.)

Crustacés.

M. W. E. LEACH, membre de la Société roy. de Londres, Correspond. du Muséum d'histoire naturelle de France. (W. E. L.)

M. A. G DESMAREST, membre titulaire de l'Académie royale de médecine, professeur à l'école royale vétérinaire d'Alfort, etc.

Mollusques, Vers et Zoophytes.

M. DE BLAINVILLE, professeur à la Faculté des Sciences (De B.)

———

M. TURPIN, naturaliste, est chargé de l'exécution des dessins et de la direction de la gravure.

MM. DE HUMBOLDT et RAMOND donneront quelques articles sur les objets nouveaux qu'ils ont observés dans leurs voyages, ou sur les sujets dont ils se sont plus particulièrement occupés. M. DE CANDOLLE nous a fait la même promesse.

M. F. CUVIER est chargé de la direction générale de l'ouvrage, et il coopérera aux articles généraux de zoologie et à l'histoire des mammifères. (F. C.)

DICTIONNAIRE

DES

SCIENCES NATURELLES.

MAN

MANBÉAHER. (*Ornith.*) Les habitans de la terre des Papous appellent ainsi un kakatoès blanc. (CH. D.)

MANBOBEK. (*Ornith.*) Ce nom désigne le corbeau à la terre des Papous. (CH. D.)

MANBOETOBANNA (*Bot.*), nom caraïbe du *bidens bipinnata*, cité dans l'Herbier de Surian. (J.)

MANBOULOU (*Bot.*), nom caraïbe cité par Surian, d'une plante graminée, dont Plumier fait un *milium*, et qui paroît appartenir à un *poa*. (J.)

MANBROUK. (*Ornith.*) L'oiseau ainsi nommé par les Papous est le pigeon couronné de Banda ou goura, *columba coronata*, Linn. (CH. D.)

MANCANILLA. (*Bot.*) Nom caraïbe adopté par Plumier, de l'arbre des Antilles nommé par cette raison en françois mancénillier. Il a été rejeté peut-être à tort par Linnæus, qui en a fait son *hippomane*. Le nom de *mancanilla* est encore donné, suivant Clusius, dans les environs de Murcie en Espagne, à la camomille, et peut-être aussi à quelques gnaphales. (J.)

MANCAPAQUI. (*Bot.*) Nom péruvien des deux espèces du genre *Virgularia* de la Flore du Pérou, genre voisin du *capraria* parmi les personnées. On le donne aussi au *calceolaria pinnata* de la même famille. Feuillée cite encore dans le Chili,

sous le nom de *mangapaki*, une plante qu'il regarde comme
une conyse. (J.)

MANCÉNILLIER, *Hippomane.* (*Bot.*) Genre de plantes dicotylédones, à fleurs monoïques, de la famille des *euphorbiacées*, de la *monoécie monadelphie*, dont le caractère essentiel
est d'avoir des fleurs monoïques : dans les *mâles*, un calice
bifide, point de corolle ; quatre étamines, à filamens soudés
en un seul, et à anthères arrondies et disposées en croix ; dans
les fleurs *femelles*, un calice à trois divisions, un ovaire, un
style court, plusieurs stigmates, un drupe charnu, laiteux,
renfermant une noix ligneuse, à plusieurs loges monospermes,
presque indéhiscentes.

MANCÉNILLIER VÉNÉNEUX : *Hippomane mancenilla*, Linn. ;
Lamck., *Ill. gen.*, tab. 793 ; Commel., *Hort.*, 1, tab. 68 ; Sloan.,
Jam., 129, hist. 2, tab. 159. Arbre très-renommé par la qualité vénéneuse attribuée au suc laiteux qui découle de toutes
ses parties. Ses rameaux sont glabres, nombreux, souvent
ternés, revêtus d'une écorce grisâtre ; les feuilles pétiolées,
alternes, éparses, ovales, aiguës, un peu en cœur à leur base,
vertes, luisantes, médiocrement dentées en scie, longues de
trois à quatre pouces ; les stipules courtes, ovales, caduques ;
les fleurs petites, monoïques, réunies sur des épis droits, peu
garnis : les mâles agglomérées par paquets dans des écailles
concaves, éparses et distantes dans presque toute la longueur des épis, avec deux grosses glandes latérales, orbiculaires, à la base des écailles : les fleurs femelles solitaires et
sessiles ; quelquefois une ou deux dans le bas des épis mâles,
les autres sur de jeunes rameaux qui ne portent point d'épis.
Les fruits ont la forme, la couleur et l'odeur d'une petite
pomme : leur écorce est luisante, d'un vert jaunâtre ; la pulpe
blanche et laiteuse ; la noix de la grosseur d'un marron,
profondément sillonnée, ordinairement à sept valves, à sept
loges monospermes, armée d'apophyses aiguës, tranchantes,
irrégulières. Cette plante croit aux lieux sablonneux, sur les
bords de la mer, dans les Antilles et autres contrées de l'Amérique méridionale.

La plupart des auteurs disent que le mancénillier fournissoit un bois dur, compacte, d'un beau grain, de très-longue
durée, prenant aisément le poli ; qu'il est d'un gris cendré, veiné

de brun, avec des nuances de jaune, très-fréquemment employé en Amérique pour des meubles élégans, des boiseries et autres usages domestiques. M. de Tussac prétend que le bois, dont il est ici question, n'est point celui d'un mancénillier, mais d'un sumac qui porte quelquefois le nom de *mancénillier des montagnes*. Selon le même auteur, le bois du véritable mancénillier est mou, et ne peut servir à faire des meubles. Son exploitation est, dit-on, très-difficile, par le danger auquel s'exposent ceux qui abattent ces arbres : les ouvriers qui les scient et les mettent en œuvre, sont sujets à être incommodés par la poussière qui s'en dégage. Quand on veut abattre un de ces arbres, on commence par environner le pied d'un grand feu de bois sec, afin de priver la base du tronc de son suc laiteux ; ce n'est que lorsque l'on juge qu'il est suffisamment évaporé, qu'on se permet de se servir de la hache ; de plus, les ouvriers ont la précaution d'entourer leurs yeux d'une gaze, de crainte que des molécules ou quelques gouttes de liqueur ne s'y introduisent, et n'y excitent des inflammations dangereuses. Les habitans de la Martinique ont autrefois consumé par le feu des forêts entières de mancénilliers, afin de purger leurs habitations de cet arbre malfaisant.

Le suc laiteux, qui découle de toutes les parties du mancénillier, est très-blanc, très-abondant, très-caustique, et très-vénéneux. Une goutte de ce suc, reçue sur le dos de la main, y produit bientôt une ampoule pleine de sérosité, comme feroit un charbon ardent, ce qui peut faire juger des ravages qu'il causeroit, si on le prenoit à l'intérieur. Les Indiens trempent dans ce suc le bout de leurs flèches qu'ils veulent empoisonner ; elles conservent très-long-temps leur qualité vénéneuse. On a dit que le mancénillier étoit dangereux jusque dans son ombre, et même dans la pluie qui avoit été en contact avec son feuillage ; mais ces récits paroissent exagérés. Plusieurs voyageurs, Jacquin en particulier, se sont souvent reposés sous cet arbre, durant l'espace de trois heures, sans éprouver le moindre accident, et Jacquin a reçu sans incommodité sur les parties nues de son corps la pluie qui tomboit à travers la cime du mancénillier. Nous croyons cependant qu'il n'est pas sage de rester exposé aux vapeurs de cet arbre, surtout lorsque les chaleurs sont excessives, et dans les momens où il transpire davantage. Il peut résulter, pour les personnes qui resteroient plongées trop long-temps dans son atmosphère, des maux de tête, des inflammations aux yeux, des cuissons aux lèvres, etc. Les huileux, les mucilagineux et les adoucissans remédient aux mauvais effets du mancénillier. On dit qu'un gobelet d'eau de la mer, bu sur-le-champ et à longs traits, suffit pour guérir promptement ceux qui auroient eu le malheur d'avaler quelques parcelles du fruit de cet arbre. (POIR.)

MANCHE DE COUTEAU. (*Conchyl.*) C'est le nom vulgaire d'un certain nombre d'espèces de solen, dont la forme alongée, étroite, à bords parallèles, rappelle assez bien celle de nos manches de couteau. le solen-gaine, *solen vagina*, est surtout dans ce cas. Voyez SOLEN. (DE B.)

MANCHE-HACHES. (*Bot.*) Voyez CARAÏBE. (J.)

MANCHEHOUÉ. (*Bot.*) Voyez BOIS DE MANCHEHOUÉ. (J.)

MANCHE DE VELOURS. (*Ornith.*) Cette dénomination est une traduction de celle de *Mangas de veludo*, originairement donnée par des navigateurs portugais à des oiseaux qui changent de plumage jusqu'à ce qu'ils aient atteint leur troisième année, et de là vient la discordance qu'on remarque dans les récits, toujours peu exacts, des marins, habitués à appliquer vague-ment la première idée qui les frappe à des êtres qu'ils n'ont souvent pas l'occasion d'examiner de près. Parmi ceux qui les premiers ont parlé de ces oiseaux, sont le capucin Merolla, dont la relation est analysée dans l'Histoire générale des Voyages, sous la date de 1682, tome IV, in-4.°, pag. 528 et suiv., et le P. Tachard, dans son Voyage à Siam. Le premier dit que les oiseaux, dont il s'agit, sont de la grosseur d'une oie, qu'ils ont le bec long, le plumage d'une extrême blancheur, et sont des messagers qui annoncent l'approche de la terre, où ils retournent tous les soirs après avoir volé pendant le jour sur la mer. Le second ajoute que la pointe de leurs ailes est d'un noir velouté, et c'est à cette dernière circonstance que leur nom semble principalement être dû ; mais Linschott, cité par Dapper, dans sa Description de l'Afrique, pag. 585, parle d'individus dont les ailes étoient piquetées de noir, et il y a un moyen fort simple de concilier ces variations.

Les manches de velours sont des fous, *sula*, que les naturalistes ont considérés comme formant plusieurs espèces, peintes sous diverses dénominations dans les Oiseaux enluminés de Buffon, mais qui n'en constituent qu'une seule sous des états différens. On peut, en effet, s'assurer par la lecture du mot *Fou*, tome XVII, pag. 275 de ce Dictionnaire, que c'est seulement à l'âge de trois ans que le fou de Bassan, *pelecanus bassanus*, Linn., acquiert une couleur parfaitement blanche sur toutes les parties du corps, à l'exception des rémiges et de l'aîle bâtarde, qui deviennent d'un beau noir de velours, ce qui a tout naturellement donné naissance au nom de l'oiseau.

On auroit tort de regarder les manches de velours comme particuliers à certaines plages: ils sont fort répandus dans l'ancien continent, et notamment sur les côtes d'Afrique, sur le banc des Aiguilles, et dans les environs du cap de Bonne-Espérance. Bernardin de Saint-Pierre dit, dans son Voyage à l'Ile-de-France, tome 1.ᵉʳ, pag. 65, en avoir vu à la hauteur du cap Finistère, et la circonstance des ailes *bordées de noir* prouve qu'il ne s'est pas trompé sur l'espèce, quoique, sans doute à cause de l'éloignement, il ne les ait assimilés, pour la grosseur, qu'au canard. Ce qu'il ajoute, sur leur habitude de revenir tous les soirs à terre, n'est pas toujours exact; car, malgré l'opinion des gens de mer sur ce point, ils s'éloignent quelquefois au large à d'assez grandes distances pour ne pouvoir pas retourner à terre dans la même journée. En effet, le capitaine Marchand, se trouvant à 22 degrés et demi de latitude sud, et à environ 120 lieues dans l'ouest de la terre d'Afrique la plus prochaine, a vu des manches de velours qui, mêlés avec des albatros et des pétrels, l'ont constamment suivi du 15 au 22 mai. (Cʜ. D.)

MANCHETTE DE LA VIERGE (*Bot.*), un des noms vulgaires du liseron des haies. (L. D.)

MANCHETTE DE NEPTUNE. (*Conchyl. et Polyp.*) Les marchands d'objets d'histoire naturelle emploient quelquefois cette dénomination pour désigner une espèce de buccin, le *buccinum bezoar* de Gmelin, sans doute à cause des espèces de dentelures que forment les rugosités dont il est orné; mais le plus souvent ils désignent ainsi l'espèce de millepore, qui fait le type du genre Rétépore de M. de Lamarck; le Rétépore dentifère de mer, *Retepora cellulosa*. Voyez Rétépore. (Dᴇ B.)

Les MANCHETTES GRISES. (*Bot.*) Paulet (Trait., 2 , p. 237 , pl. 46, fig. 3) fait connoître sous ce nom un agaric de sa famille des *bassets à crochet*. Ce champignon, de couleur grise glauque, croît en touffe au pied des arbres dans la forêt de Sénart. Son chapeau est sillonné ou plissé en quelque sorte comme une manchette et d'apparence soyeuse. Ses feuillets sont inégaux et adhérens au stipe. Celui-ci a un pouce et demi ou deux de hauteur. Cette plante n'est pas malfaisante. (Lem.)

MANCHIBOCÉE. (*Bot.*) C'est le nom que les Caraïbes donnent aux fruits du Mammeï. Voyez ce nom. (Lem.)

MANCHOT. (*Ichthyol.*) Nom spécifique d'un poisson plat de la famille des hétérosomes. C'est le *pleuronectes mancus*, des auteurs. Voyez Pleuronecte et Turbot. (H. C.)

MANCHOT. (*Ornith.*) Les oiseaux ainsi appelés sont les moins volatiles que l'on connoisse : leurs pieds étant placés plus en arrière que chez tous les autres palmipèdes, ils sont obligés, pour se soutenir à terre , de se tenir debout en s'appuyant sur le tarse , qui est court et élargi comme la plante du pied d'un quadrupède. Au lieu d'ailes munies de pennes, ils n'ont que de simples ailerons pendans , qui ne sont recouverts que de rudimens de plumes ayant l'apparence d'écailles, et qui , faisant l'office de nageoires dans l'eau , peuvent tout au plus, hors de cet élément, servir de balanciers pour les aider à se maintenir en équilibre dans leur marche vacillante.

M. Geoffroi de Saint-Hilaire a lu en 1798 à la Société philomathique des observations sur les manchots, qui ont ensuite été insérées au tome 6.ᵉ du Magasin Encyclopédique, troisième année, pag. 11. Il y a comparé leur organisation à celle des phoques, surtout pour la conformation des pieds qui n'offrent pas, comme chez les autres oiseaux, un os unique, alongé , relevé et faisant partie de la jambe. Le tarse est au contraire composé de trois pièces , dont les deux externes sont presque totalement soudées par leurs bords contigus , et les deux pièces extérieures disjointes vers le milieu et à leur extrémité inférieure : d'où il résulte que les manchots marchent autant sur le tarse que sur le reste du pied , tandis que tous les autres oiseaux ne s'appuient que sur les doigts.

Brisson a divisé les manchots en deux genres , dont les caractères ne diffèrent qu'en un seul point assez peu important, savoir que chez l'un le bout de la mandibule inférieure est tronqué, tandis que chez l'autre il est arrondi. Cet auteur a appliqué au premier genre, ou manchot proprement dit, le nom de *spheniscus* donné par Moehring aux macareux, et au second genre le nom françois de gorfou, tiré de *goirfugl*, qui aux îles Féroé est celui du grand pingouin, et le nom grec de *catarractes*, originairement employé pour désigner un oiseau volant très-bien et se précipitant sur sa proie, c'est-à-dire vrai-semblablement une espèce de mouette. Il le présente d'ail-leurs comme ayant quatre doigts, dont les trois antérieurs sont joints ensemble par des membranes entières, outre une petite membrane qui règne le long du côté intérieur du doigt interne; les jambes placées tout-à-fait en arrière et cachées dans l'abdomen; le bec droit, et le bout de la mandibule su-périeure crochu.

Forster a donné aux manchots le nom d'*aptenodytes*, lequel a été adopté, pour les diverses espèces, par Gmelin, par La-tham et par Illiger, qui les comprennent toutes sous des ca-ractères généraux, consistant en un bec droit, légèrement comprimé, un peu tranchant, dont la mandibule supérieure, crochue à la pointe, est sillonnée obliquement, et dont l'infé-rieure est tronquée; des pieds tétradactyles dont les trois doigts antérieurs sont palmés, et dont le pouce, qui manque dans une espèce, est très-court, tourné en devant, et uni au doigt intérieur par sa base; des narines longitudinales placées dans le sillon de la mandibule supérieure; une langue conique et garnie, ainsi que le palais, de piquans tournés en arrière; des ailes courtes en forme de nageoires, dont la peau n'est recouverte que de quelques petits tuyaux de plumes, nulle-ment propres au vol; la queue remplacée par un petit fais-ceau de plumes.

M. Vieillot, appliquant le nom de *spheniscus* à la famille des manchots, l'a sous-divisée en deux genres, les gorfous *eudyptes*, qui ont la mandibule supérieure crochue, l'infé-rieure arrondie ou tronquée à la pointe; et les apténodytes, *aptenodytes*, dont le bec est alongé, droit, subulé, grêle, cylin-drique, pointu et incliné vers le bout de sa partie supérieure. Cet auteur range presque toutes les espèces dans le premier de ces genres, et l'apténodyte papou seulement dans le second.

M. Temminck, sans adopter de type commun, distribue les oiseaux dont il s'agit en deux genres particuliers. Les sphénisques, *spheniscus*, ont, pour caractères principaux, le bec plus court que la tête, comprimé, très-gros, droit, sillonné obliquement, dont les deux mandibules ont leurs bords fléchis en dedans, et dont l'inférieure, couverte de plumes à sa base, est tronquée ou obtuse à la pointe : dans ce genre, se trouvent placés les *aptenodytes chrysocome, demersa* et *minor* de Gmelin et de Latham.

Le même ornithologiste réserve le nom de manchot, *aptenodytes*, à son second genre, composé d'espèces qui ont le bec plus long que la tête, grêle, droit, fléchi à la pointe, avec les mandibules à peu près égales, dont la supérieure est sillonnée dans toute sa longueur, et dont l'inférieure, plus large à sa base, est couverte d'une peau nue et lisse. Ce genre comprend les *aptenodytes patachonica, chiloensis* et *papua* de Sonnerat.

Enfin, suivant M. Cuvier, dans son Règne animal, on peut diviser les manchots en trois sous-genres : savoir, 1.º les MANCHOTS proprement dits, *aptenodytes*. dont le bec est grêle, long, pointu, et la mandibule supérieure un peu arquée vers l'extrémité, couverte de plumes jusqu'au tiers de sa longueur, où est la narine, et d'où part un sillon qui s'étend jusqu'au bout. L'auteur cite pour espèce l'*aptenodytes patagonica*.

2.º Les GORFOUS, dont le bec, fort, peu comprimé, pointu, à dos arrondi, à pointe légèrement arquée, a un sillon qui part aussi de la narine, et se termine obliquement au tiers du bord inférieur. Les espèces que l'auteur y admet sont les *aptenodytes chrysocome, catarractes, papua. torquata. minor.*

3.º Les SPHÉNISQUES, chez lesquels le bec est comprimé, droit, irrégulièrement sillonné à sa base, le bout de la mandibule supérieure crochu, celui de l'inférieure tronqué, et dont les narines, situées au milieu du bec, sont découvertes. L'auteur n'indique pour ce sous-genre que l'*aptenodytes demersa*, dont l'*aptenodytes torquata* ne lui paroit pas beaucoup différer.

Comme sous le mot GORFOU. tom. XIX de ce Dictionnaire, on a renvoyé au mot MANCHOT la description des diverses espèces portant vulgairement ce dernier nom, il a paru convenable de commencer cet article par l'exposition des caractères d'après lesquels les ornithologistes modernes ont cru pouvoir les diviser. Il existe d'ailleurs tant d'incertitudes sur la plupart des espèces, admises par les uns, rejetées par d'autres, qu'on ne sauroit les présenter comme constantes sans risquer de commettre des erreurs. Il est même difficile d'établir une concordance exacte dans les synonymies.

Ces oiseaux qu'on ne trouve que dans les mers et les îles antarctiques, tandis que la nature semble avoir assigné les mers du Nord aux pingouins, ont le cou gros et court, la peau dure et épaisse comme celle du cochon; leur ventre est couvert d'une grande quantité de graisse. On a déjà exposé que, vu la situation de leurs pieds, ils sont forcés de se tenir debout par terre, et comme assis sur leur croupion. Réunis en troupes, ils ressemblent en quelque sorte de loin à des enfans, et se laissent approcher en penchant la tête de côté et d'autre. On peut les prendre à la course et les assommer à coups de pierres ou de bâton; mais on ne doit pas attribuer à la stupidité ce qui n'est qu'une conséquence naturelle de leur conformation, laquelle ne leur permet pas de se soustraire avec assez de rapidité à des dangers que d'ailleurs ils connoissent peu dans leurs habitations désertes. S'ils sont surpris, ils se défendent en donnant des coups de bec aux jambes : ils ont même recours à la ruse, et, en paroissant fuir d'un côté, ils se retournent prestement, et pincent si fort qu'ils emportent la peau, quand les jambes de ceux qui les attaquent ne sont pas bien garnies. Au reste ils viennent rarement sur terre, hors le temps des couvées qu'ils font dans de petites îles le long de la côte; ils se tiennent debout sur leur nid où les femelles ne paroissent en général pondre que deux ou trois œufs, quoique Molina dise que le manchot du Chili en fait dans le sable six ou sept qui sont blancs et tachetés de noir.

Suivant Pagès, dans son Voyage autour du monde, les ailerons des manchots leur serviroient de temps en temps de pattes de devant, et alors ils marcheroient plus vite : mais cette assertion ne sauroit être admise, puisque l'attitude verticale est une conséquence de la situation de leurs jambes, et qu'elle est inconciliable avec l'emploi prétendu des ailerons, qui les forceroit à se courber, et qui ne peut avoir lieu que dans le cas où ils s'en aideroient pour éviter une chute, ou pour se relever.

GRAND MANCHOT. Cet oiseau, le plus grand du genre, et qui a trois et jusqu'à quatre pieds de longueur, est l'*aptenodytes patachonica* de Gmelin, de Latham, de M. Temminck, et le grand gorfou de M. Vieillot. On en trouve la figure dans les planches enluminées de Buffon, n.º 975, sous la dénomination de *manchot des îles Malouines*. C'est aussi le même oiseau qui est représenté dans le Voyage de Sonnerat à la Nouvelle-Guinée, pag. 178, pl. 113. Le bec, plus long et plus délié que celui des autres espèces, est noir dans les deux tiers de son étendue, mais la pointe de la mandibule supérieure est jaunâtre, et la base de la mandibule inférieure est orangée; l'iris est de couleur noisette; la tête, le dessus du cou et la gorge sont d'un brun noir; une bande jaunâtre et bordée de noir passe derrière les oreilles, sous les yeux, et s'étend sur les côtés du cou; le dos est d'un cendré bleuâtre, et tout le dessous du corps est blanc; les tarses sont courts et écailleux, les doigts fort gros et d'un brun noir, ainsi que les membranes. Leur chair est noire, et a un goût musqué.

Quand ces oiseaux font entendre leur voix, qui ressemble au braiment d'un âne, ils alongent le cou, ce qui, dit Bougainville, donne un air de noblesse à leur allure. On les voit ordinairement en troupes, et quelquefois au nombre de quarante; mais, quoiqu'ils paroissent rangés en bataille, ils s'efforcent de fuir du côté de l'eau, lorsqu'ils en ont le temps; et, dès qu'ils en trouvent assez pour couvrir leur cou et leurs épaules, ils s'y enfoncent et nagent avec tant de vitesse qu'aucun poisson ne peut les suivre. Lorsqu'ils rencontrent quelque obstacle, ils s'élancent à quatre ou cinq pieds hors de l'eau, et replongent ensuite pour continuer leur route. Bougainville avoit formé le projet de transporter vivant en Europe un individu qui mangeoit le pain et la viande comme le poisson, et qu'on avoit apprivoisé jusqu'à connoître et suivre celui qui étoit chargé de le nourrir; mais ces alimens ne lui suffisoient pas, sans doute, et il est mort après avoir successivement maigri.

Ces oiseaux ne se rencontrent pas seulement aux îles Falkland ou Malouines, mais dans plusieurs autres îles de la mer du sud, au détroit de Magellan, et même à la Nouvelle-Hollande. Ils se logent dans les glayeuls, comme les loups marins, et se terrent dans des tanières, comme les renards.

MANCHOT SAUTEUR : *Aptenodytes chrysocome*, Gmel. et Lath.; GORFOU SAUTEUR de MM. Cuvier et Vieillot, espèce du genre Sphénisque de M. Temminck. Cet oiseau, représenté sous le n.° 984, dans les pl. enl. de Buffon, avec la dénomination de *Manchot de Sibérie*, dont l'auteur lui-même a reconnu la fausseté, puisqu'il n'habite pas dans les régions septentrionales, a été trouvé par des voyageurs aux terres magellaniques, à celle de Van-Diémen, dans l'île de la Désolation, au cap de Bonne-Espérance. De la taille d'un fort canard, il n'a qu'environ un pied et demi de longueur, et se distingue surtout des autres espèces par une aigrette jaune qui, partant des sourcils, s'étend des deux côtés de la tête vers l'occiput, et se relève lorsque l'oiseau est irrité. Les narines sont situées vers le milieu du bec, qui est glabre et de couleur rougeâtre ainsi que l'iris. Le dessus de la tête, la face, le dessous du cou, le dos et les ailes sont d'un noir bleuâtre, et toutes les parties inférieures d'un blanc de neige; les pieds sont jaunâtres. Le nom de sauteur a été donné à cet oiseau parce qu'au lieu de marcher il ne se transporte d'un place à une autre que par sauts et par bonds. C'est probablement d'après cette circonstance que Bougainville, tom. 1, pag. 122 de son Voyage autour du monde, attribue à cette espèce plus de vivacité qu'aux autres. Cet auteur dit aussi qu'il vit en famille sur de hauts rochers, et y fait sa ponte qui, suivant Latham, ne consiste qu'en un seul œuf, que la femelle dépose à terre dans un creux. M. Levaillant, qui a trouvé l'oiseau dont il s'agit dans la baie de Saldanha et au lac Perdu, et qui en parle dans ses Voyages au cap de Bonne-Espérance, pag. 42 du I.er, et pag. 357 du II.e, édition in-4.°, a accompagné sa première notice d'une figure qui laisse mieux voir le doigt de derrière que les autres; mais, loin d'être d'accord avec Bougainville sur la vivacité de ces animaux, il annonce que, bien dressés sur leurs pattes, ils ne se donnoient même pas la peine de se déranger pour laisser passer les personnes qui s'avançoient vers eux.

MANCHOT PAPOU; *Aptenodytes papua*, Gmel., Lath. Sonne-

rat a décrit cet oiseau dans son Voyage à la Nouvelle-Guinée, pag. 181, et il en a donné une figure, pl. 115. C'est,
comme on en a déjà fait l'observation, la seule espèce du genre
Apténodyte de M. Vieillot; elle se trouve à la Nouvelle-Guinée
et aux iles Falkland et des Papous; sa longueur excède deux
pieds; sa tête et son cou sont d'un gris tirant sur le noir : elle
a sur chaque côté de la tête, au-dessus de l'œil, une grande
marque blanche, et les deux sont réunies à l'occiput par une
raie étroite de la même couleur : le cou, le dos et la queue sont
d'un noir tirant sur le bleu; les ailes le sont aussi dans le milieu,
mais le bord extérieur est gris et l'intérieur blanc, ainsi que
la poitrine, le ventre et les cuisses; l'iris est jaune : le bec et
les pieds sont roussâtres.

MANCHOT TACHETÉ; *Apténodytes demersa*, Lath. et Gmel. Cet
oiseau porte sur la Pl. enl. de Buffon, n.° 382, le nom de
manchot du cap de Bonne-Espérance; mais il se trouve en
beaucoup d'autres contrées, et Latham regarde comme appartenant à la même espèce le *manchot à bec tronqué* de Buffon,
le *manchot tacheté* de Brisson, le *pingouin à lunettes* de Pernetty,
de sorte qu'en le décrivant, il seroit difficile d'éviter des confusions. La longueur de ce manchot est de près de vingt pouces.
Son bec, noirâtre, a la mandibule inférieure tronquée à l'extrémité, et une bandelette d'un blanc jaunâtre les traverse perpendiculairement toutes deux vers la pointe. Le mâle a de plus un
sourcil blanc : le dessus du corps, les côtés de la tête et la gorge
sont noirs; une sorte de scapulaire de la même couleur part du
haut de la poitrine, qui est blanche ainsi que les parties inférieures, et s'étend sur les flancs; mais cette particularité ne se
rencontre pas chez tous les individus, et la planche 1005 de Buffon
en représente un qui en est dépourvu et a tout le dessous du
corps blanchâtre. Buffon pense que celui-ci est une femelle,
et l'on seroit peut-être mieux fondé à le considérer comme
un jeune. Les pieds et les ongles sont noirs.

Ce sont probablement des manchots de cette espèce qui ont
donné lieu à la petite scène dont parle Forster dans le second
Voyage du capitaine Cook. Le docteur Sparrman étant sur la
terre des Etats, rencontra des manchots endormis, et tenta
d'en réveiller un en le roulant à une certaine distance, mais on
n'y parvint qu'en le secouant à différentes reprises. La bande

se leva ensuite tout entière, et se précipita avec violence sur ceux qui l'entouroient en mordant leurs jambes et leurs habits. Pour s'en débarrasser on fut obligé d'en laisser un grand nombre sur le champ de bataille ; mais, tandis qu'on poursuivoit les autres, on fut surpris de voir les premiers se relever et reprendre gravement leur marche.

MM. Gaimard et Quoy, médecins naturalistes de l'expédition de découvertes autour du monde, commandée par le capitaine Freycinet, ont bien voulu communiquer à l'auteur de cet article des notes intéressantes sur cette espèce de manchots dont ils ont été à portée d'observer les mœurs après le naufrage de l'*Uranie*; en voici l'extrait :

On trouve aux îles Malouines le grand manchot et le manchot huppé; mais ces oiseaux, qui s'avancent très-loin dans la mer où ils se reposent vraisemblablement sur les îlots de glaces flottantes, sont fort rares aux Malouines, tandis que l'*aptenodytes demersa*, la même espèce que celle du cap de Bonne-Espérance, n'est nulle part aussi nombreux que dans les petites îles qui y sont enclavées, et surtout dans celle à laquelle on a mal à propos donné le nom d'*île aux Pingouins*, ces derniers oiseaux, qui ont des rapports avec les manchots, habitant exclusivement comme on l'a déjà dit, l'hémisphère arctique.

Les manchots dont il s'agit pèsent de dix à douze livres. Ils ont un tube digestif d'environ vingt-cinq pieds, et souvent ils prennent tant de nourriture à la fois, qu'ils sont obligés d'en dégorger. Lorsqu'ils nagent, on ne voit que leur tête hors de l'eau, et ils atteignent les poissons avec d'autant plus de facilité, qu'outre la rapidité de cette chasse, ils sautent aussi à la manière des bonites. Ils restent six mois en mer, mais pendant l'été et l'automne, ils passent la plus grande partie de la journée au milieu des grandes herbes dont les bords de l'île sont entourés, et où ils pratiquent en tous sens des sentiers dans lesquels les hommes peuvent circuler librement en écartant le haut des feuilles avec la main. Ils y creusent avec leur bec des trous en forme de four, de deux à trois pieds de profondeur, et dont l'entrée est très-basse et assez large. C'est là qu'ils demeurent, et que les femelles pondent deux ou trois œufs d'un jaune sale et de la grosseur de ceux des dindons. De grand matin et le soir tous les manchots sortent de leurs trous pour aller pêcher; à

leur retour, ils se forment en troupes sur le rivage, où ils font
entendre tous à la fois des cris semblables au braiment de l'âne,
et presque aussi forts. Quand ils marchent dans leurs sentiers,
on croit entendre le trot d'un petit cheval; les jeunes ont d'ailleurs un cri particulier et propre à faire reconnoître la présence de ces animaux, qui échappent rarement à une vive
poursuite, et qu'on peut tuer avec des bâtons courts, en ayant
soin d'éviter les coups de bec qu'ils portent aux jambes et qui
pincent jusqu'au sang. Ceux qui parviennent à se réfugier dans
les trous, en sont retirés à l'aide d'un fer pointu, terminé par
un tire-bouchon. Quand on arrive sur l'île avant que les manchots y soient rentrés, on se cache jusqu'à ce qu'ils se trouvent
engagés sur les pierres dont la plage est recouverte, et où le
foible secours de leurs pieds arrondis et de leurs courtes nageoires est insuffisant pour les soustraire aux attaques des chasseurs.

Lorsque les petits sont en état de gagner la haute mer, la
troupe entière abandonne l'île dans la même journée, jusqu'à
l'époque où elle devra s'occuper des soins de la propagation.

Manchot a collier; *Aptenodytes torquata*, Gmel. et Lath. Cet
oiseau, qui ne paroit pas à M. Cuvier être beaucoup différent
de l'espèce précédente, et que Buffon rapporte à son manchot
moyen, mais dont Latham fait une espèce particulière, a été
trouvé à la Nouvelle-Guinée par Sonnerat, qui l'a figuré pl. 114
de son Voyage en cette contrée, et Forster l'a vu aussi à la Nou-
velle-Géorgie et à la terre de Kerguelen. Il a 15 à 16 pouces de
longueur; la tête, la gorge et tout le dessus du corps sont noirs,
et les parties inférieures sont blanches; il a aussi un demi-collier de la même couleur qui coupe par le milieu le fond noir
du dessus et des côtés du cou; les yeux sont entourés d'une
membrane nue, ridée, et teinte de rouge de sang; le bec, les
pieds et l'iris sont noirs.

Petit Manchot; *Aptenodytes minor*, Lath. et Gmel. Cette espèce, qui a environ 14 pouces de longueur et n'est pas plus
grande qu'une sarcelle, est figurée au tom. 3 du *Synopsis* de
Latham, pl. 103, pag. 572. La mandibule supérieure de son bec
est noirâtre, et l'inférieure, un peu tronquée, est bleue à la
base. Les plumes qui couvrent le dessus du corps sont en général
d'un bleu cendré, et celles des parties inférieures sont blanches;

mais leur taille et leur couleur sont sujettes à de grandes variations. Les pieds, d'un rouge terne, ont les membranes noirâtres
et les ongles noirs. On trouve cet oiseau à la Nouvelle-Zélande,
où il est connu sous le nom de *korora*; il creuse, dans les rochers, des trous profonds où la femelle pond ses œufs, et ces
trous sont si nombreux qu'on ne peut faire quelques pas sans
s'exposer à s'y enfoncer jusqu'aux genoux. Les habitans du détroit de la Reine Charlotte, qui les tuent à coups de bâton,
les mangent après leur avoir enlevé la peau, et regardent leur
chair comme une bonne nourriture.

On compte encore dans la famille des manchots l'*aptenodytes
catarractes*, qui est le Gorfou de Brisson, pl. 49 de l'Histoire
des Oiseaux d'Edwards, et que Gmelin et M. Cuvier présentent
comme une espèce distincte, mais qui, selon M. Temminck,
est un manchot sauteur dans son jeune âge. D'une autre part,
le nom de cet oiseau, qui habite l'Océan austral, est cité par
Sonnini, à l'article *Manchot à bec tronqué*, parmi les synonymes
de cette espèce, dont il rapproche également l'*aptenodytes
magellanica*. Quoi qu'il en soit, l'*aptenodytes catarractes* est, suivant Latham, de la longueur d'une oie, et il a la mandibule
supérieure un peu crochue, l'inférieure arrondie, le devant
de la tête brun, l'occiput et tout le dessus du corps rougeâtres,
les parties inférieures blanches : et l'*aptenodytes magellanica*,
qui, suivant le même auteur, a du rapport avec l'*aptenodytes
demersa*, dont il se distingue toutefois par son collier noir, a
le bec noir avec une tache rougeâtre, l'iris d'un rouge brun,
les pieds rouges avec des taches noires.

On trouve aussi parmi les espèces que Gmelin et Latham ont
décrites, le manchot antarctique, *aptenodytes antarctica*, dont
M. Cuvier ni M. Temminck ne font aucune mention, et qui,
suivant Forster, est très-nombreux à l'île de la Désolation et
près des montagnes et des îles de glaces. L'auteur allemand à
qui est due la première description, dit qu'il a le bec un peu
conique, plus court que la tête, et les pieds rouges; qu'une
bande noire va des oreilles à la gorge; que le dessus de son
corps est noir, et le dessous d'un blanc soyeux.

Molina a décrit, pag. 217 et suiv. de son Histoire naturelle du
Chili, sous les noms de *diomedea chiloensis* et de *diomedea chilensis*, qu'il ne faut pas confondre, deux manchots que Latham

et Gmelin ont admis comme espèces, mais dont M. Cuvier ne parle pas, et dont la première seulement est citée par M. Temminck.

Le Manchot du Chili, *Aptenodytes chilensis*, Gmel., *Aptenodytes Molinæ*, Lath., est décrit par Molina comme n'ayant que trois doigts réunis dans la même membrane, ce qui constitueroit un pingouin plutôt qu'un manchot, et comme étant de la grosseur du canard avec un cou beaucoup plus long, et ayant le dessus du corps d'un gris bleu changeant et le dessous blanc.

Le Manchot de Chiloé. *Aptenodytes chiloensis*, Gmel. et Lath., que les habitans de cet archipel nomment *quéchu*, est de la même taille que le précédent, dont il se distingue par son plumage touffu, très-long, de couleur cendrée, un peu crépu et si doux qu'on le file pour en fabriquer des couvertures de lit. (Ch. D.)

MANCHOTTE (*Bot.*), un des noms vulgaires du *tordylium nodosum*. (Lem.)

MANCIENNE, MANSIENNE, ou MANTIENNE (*Bot.*), noms vulgaires de la viorne commune, *viburnum lantana*. (L. D.)

MANCIVIÈNE. (*Ornith.*) Le corlieu, *scolopax phæopus*, Linn., porte ce nom et celui d'*ancibine* à la terre des Papous. (Ch. D.)

MANDAHOUAENE. (*Ornith.*) A l'île de Guébé, dans les Moluques, et à la terre des Papous, on appelle ainsi le calao de waigiou, *buceros ruficollis*, Vieill. (Ch. D.)

MANDA ou LAMANDA. (*Erpétol.*) Ces noms sont, dit-on, donnés à Java, à un très-grand serpent sans doute des genres Boa ou Pithon. (Desm.)

MANDA-POLEOE (*Bot.*), nom indien d'une plante graminée, citée par Burmann, qui est l'*apluda aristata* de Linnæus. (J.)

MANDAR. (*Mamm.*) Ce nom est celui que Boddaert et Vicq-d'Azyr donnent à l'oryctérope, sans en indiquer l'origine. (Desm.)

MANDARU. (*Bot.*) Nom indien, cité par Plukenet, du *bauhinia tomentosa* de Linnæus; c'est le *canschena-pou* des Malabares, le *mandaare* de la côte de Coromandel. Le *bauhinia scandens* est nommé *mandaru-valli* au Malabar. (J.)

MANDATIA. (*Bot.*) On nomme ainsi au Brésil, suivant Marcgrave, le lablab, espèce de haricot. (J.)

MANDELINE (*Bot.*), nom vulgaire de l'*erinus alpinus.* (L. D.)

MANDELKRÆHE (*Ornith.*), nom allemand du rollier d'Europe, *coracias garrula*, Linn. (Cʜ. D.)

MANDHATYA, MANGILLI, MARA (*Bot.*), noms de l'*a-denanthera* à Ceilan, suivant Hermann. (J.)

MANDIBULES, *Mandibulæ.* (*Entom.*) On nomme ainsi, dans les insectes qui mâchent ou qui broient leurs alimens, la paire de mâchoires plus fortes qui occupent le devant de la bouche immédiatement après la lèvre supérieure; on les a appelées aussi *maxillæ superiores* : nous avons dit à l'article Mᴀᴄʜᴏɪʀᴇs en quoi celles-ci diffèrent des mandibules. Ces dernières sont évidemment modifiées par l'usage auquel elles sont destinées suivant la nature de l'aliment solide qu'attaque l'insecte parfait; d'ailleurs dans quelques espèces elles se développent peut-être dans un autre but. Elles sont, par exemple, excessivement prolongées dans les mâles des lucanes ou cerfs-volans. Dans les abeilles, au contraire, les mandibules sont bien moins développées que les mâchoires; dans les cicindèles, dans les manticores, elles sont très-saillantes, dentelées en scie; dans les araignées, les mygales, les scolopendres, elles forment des crochets très-acérés. Voyez pour plus de détails les articles Bᴏᴜᴄʜᴇ dans les insectes, et le mot Iɴsᴇᴄᴛᴇs en particulier, tom. XXIII, pag. 433. (C. D.)

MANDIBULES. (*Ornith.*) Ce nom est donné aux deux parties qui forment le bec des oiseaux, et dont, à l'exception des perroquets et des gros-becs, l'inférieure est ordinairement la seule mobile comme la mâchoire des mammifères. On les appelle indistinctement *mandibula*; le mot *maxilla*, qui est employé pour désigner l'organe correspondant, ou les mâchoires chez les mammifères, etc., n'est pas en usage dans l'ornithologie, quoique quelques naturalistes en fassent l'application à la mandibule supérieure. On a déjà exposé au mot Bᴇᴄ plusieurs considérations sur les mandibules, sous le rapport de leur longueur; de leurs bords, tantôt échancrés, tantôt dentelés, etc. On ajoutera ici qu'elles sont courbées en haut dans l'avocette, et en bas dans le toucan; que leur extré-

29.   2

mité est arrondie dans la spatule; que la mandibule supérieure est crochue, et l'inférieure tronquée dans les oiseaux de proie, les perroquets; que la supérieure seulement est armée d'une dent de chaque côté près de la pointe, dans quelques oiseaux de proie, dans les pies-grièches; que la supérieure est convexe, et l'inférieure aplatie dans le coliou; que celle-ci est plus courte, et l'autre plus longue dans la bécasse, tandis que la supérieure est bien plus courte, et l'inférieure beaucoup plus longue dans le rhynchope; que la supérieure est recourbée en croc, et l'inférieure creusée en gouttière dans les pétrels, etc. Il y a aussi beaucoup de variations dans la couleur des mandibules, qui souvent n'est pas la même dans les deux, ni dans toute l'étendue de chacune d'elles. (Ch. D.)

MANDIBULITES. (*Foss.*) Ce nom a été donné par quelques oryctographes, à des palais de poissons pétrifiés, aussi nommés Bufonites. (Desm.)

MANDICEK. (*Ornith.*) L'oiseau qu'on nomme ainsi en Bohème est rapporté par Rzaczynski au remiz, *parus pendulinus*, Linn. (Ch. D.)

MANDIIBA, MANIIBU. (*Bot.*) Noms brésiliens, suivant Marcgrave, du manihot ou manioc, *jatropha manihot*, dont la racine tubéreuse est employée comme nourriture, après avoir subi diverses préparations qui la débarrassent de son suc regardé comme très-pernicieux. Dans cet état de dépuration elle devient le *manioc* proprement dit, ou *mandioca* des Brésiliens. (J.)

MANDIOCA. (*Bot.*) Voyez Mandiiba. (J.)

MANDOBI. (*Bot.*) Voyez Mandubi. (Lem.)

MANDOR. (*Mamm.*) Boddaert, et, après lui, Vicq-d'Azyr, ont donné ce nom à l'oryctérope. (F. C.)

MANDOUAVATTE. (*Bot.*) Arbre de Madagascar, mentionné par Flaccourt. Il a une écorce lisse, dure et verte, un bois dont on fait des manches de sagaie, et un fruit qui ressemble à une aveline. (J.)

MANDRAGORE (*Bot.*), *Mandragora*, Tournef., Juss. Genre de plantes dicotylédones, de la famille des solanées, Juss., et de la *pentandrie monogynie* du système sexuel, qui présente les caractères suivans : Calice monophylle, turbiné, à cinq divisions ; corolle monopétale, campanulée, près de moitié plus longue que le calice, à limbe partagé en cinq lobes presque égaux ; cinq étamines à filamens dilatés et connivens à leur base, filiformes et divariqués dans leur partie supérieure, terminés par des anthères un peu épaisses ; un ovaire supère, muni de deux glandes à sa base, surmonté d'un style terminé par un stigmate en tête ; une baie globuleuse entourée à sa base par le calice persistant, à une seule loge contenant plusieurs graines réniformes, plongées dans la substance spongieuse de l'intérieur du fruit et près de sa superficie.

Le genre Mandragore, établi par Tournefort, ensuite réuni aux *atropa* ou belladones par Linnæus, a de nouveau été séparé par Gærtner et M. de Jussieu, des espèces de ce dernier genre, dont il diffère principalement par ses étamines élargies et rapprochées à leur base, et surtout par son fruit à une seule loge, contenant les graines éparses dans la pulpe et près de la surface, tandis que, dans les belladones, la baie est à deux loges, et que les graines sont portées dans chaque loge sur un placenta convexe. Ce genre ne renferme que l'espèce suivante :

MANDRAGORE OFFICINALE : vulgairement MANDRAGORE MALE et MANDRAGORE FEMELLE ; *Mandragora officinalis*, Mill., Dict., n° 1 ; *Atropa mandragora*, Linn., *Spec.*, 259 ; Bull., *Herb.*, tab. 145 et 146. Sa racine est épaisse, vivace, longue, fusiforme, blanchâtre en dehors, souvent simple, quelquefois partagée en deux ou trois parties, et garnie de fibres menues ; elle donne naissance à plusieurs feuilles ovales oblongues, rétrécies à leur base, grandes, ondulées en leurs bords, et étalées en rond sur la terre. Ses fleurs sont blanchâtres, légèrement teintes de pourpre, solitaires sur des hampes beaucoup plus courtes que les feuilles, et qui naissent immédiatement de la racine. Le fruit est une baie de la grosseur d'une très-petite pomme, charnue, molle, jaunâtre dans sa maturité, ayant une odeur fétide, comme tout le reste de la plante, et contenant des graines blanchâtres, disposées sur un seul rang. Cette plante croît naturellement dans les bois à l'ombre, et sur les bords des rivières en Italie, en Espagne et dans le Levant ; on la cultive dans les jardins de botanique.

Souvent des plantes qui possèdent des vertus efficaces, des qualités précieuses, restent dans l'oubli, tandis que d'autres qui méritent fort peu d'attirer l'attention, jouissent d'une grande réputation, sans qu'on sache trop pourquoi. C'est ce qu'on pourroit sans injustice appliquer à la mandragore : elle doit sa renommée à des contes bizarres et invraisemblables, et qui, comme tels, se sont accrédités facilement parmi la classe d'hommes toujours la plus nombreuse dans tous les pays, celle des ignorans et des sots, tristes victimes des charlatans, et qui saisissent avec avidité tout ce qui leur paroît extraordinaire.

L'esprit humain, par une manie singulière, se plaît à chercher des ressemblances entre les objets, et il parvient à en découvrir même entre les objets qui en ont le moins. La grosse racine napiforme et comme velue de la mandragore, a paru présenter quelque rapport avec le tronc et les extrémités inférieures d'un corps humain. On a saisi avec empressement ce rapprochement forcé, et on a bâti là-dessus toutes les fables dont cette plante a été l'objet. Que cette opinion bizarre fût celle du vulgaire, rien d'extraordinaire ; mais que des hommes remarquables par leurs connoissances l'aient adoptée, certes cela ne fait pas honneur à leur jugement. Pythagore et Columelle n'ont pourtant pas craint de propager cette fable, et de donner à la plante l'épithète d'$\alpha\nu\theta\rho\omega\pi o\mu o\rho\varphi o\nu$ et de *semi-homo*.

Persuadés de la ressemblance exacte de la mandragore avec une figure humaine, des dessinateurs ignorans qui ont figuré cette plante, ont jugé à propos, pour mieux distinguer la plante mâle de la plante femelle, de tracer, sans oublier aucun attribut, une figure d'homme et une figure de femme, en les surmontant des feuilles et des fleurs. On peut en voir la preuve dans l'ouvrage imprimé en caractères gothiques, intitulé : *Le grand Herbier en françois.*

On ne s'est pas contenté d'avoir trouvé dans la mandragore une ressemblance qui n'existoit pas, ou qui du moins n'étoit que fort peu remarquable, on a voulu la rendre encore plus intéressante, et pour cela on lui a accordé de la sensibilité. On a prétendu que la mandragore poussoit des gémissemens quand on l'arrachoit de terre ; et celui qui étoit assez courageux pour l'entreprendre, devoit, pour ne pas se laisser attendrir, se boucher exactement les oreilles.

En pensant à cette fable bizarre, notre esprit se reporte à ces fictions ingénieuses, fruit de l'imagination brillante des poëtes; il nous semble entendre Polydore transformé en myrte se plaindre à Enée de ses souffrances, et le paladin Astolphe changé en laurier par les enchantemens de la fée Alcine, faire au brave Roger le récit de ses malheurs.

Les charlatans contribuèrent beaucoup sans doute à rendre la mandragore célèbre; ils savoient tailler cette racine et lui donner la ressemblance qui la rendoit précieuse, sans qu'on pût s'apercevoir de leur fraude; ils faisoient mieux encore avec d'autres racines, telles que celle de bryone : ils fabriquoient de fausses mandragores qu'ils vendoient effrontément comme véritables, et qu'ils mettoient à un prix fort élevé, vu les qualités précieuses qu'ils leur attribuoient. La mandragore, disoient-ils, avoit le pouvoir de doubler chaque jour l'argent avec lequel on l'enfermoit après quelques cérémonies mystérieuses. On doit bien penser qu'une telle propriété devoit être d'un grand prix auprès des sots avides qui, semblables au chien qui laisse tomber sa proie pour l'ombre, s'empressoient d'aller porter leur argent pour recevoir en échange des espérances de fortune.

Mais c'étoit surtout lorsque la mandragore avoit été recueillie sous un gibet, qu'elle jouissoit de précieuses et puissantes vertus. L'homme crédule la conservoit avec soin dans un morceau de linceul, et croyoit que le bonheur de sa vie y étoit attaché. Une plante qui possédoit des vertus si merveilleuses ne pouvoit pas être arrachée comme une plante vulgaire : des cérémonies étoient indispensables, et les anciens, à qui les pratiques superstitieuses ne coûtoient rien, ont eu soin d'y pourvoir. Il faut, dit Théophraste (l. IX, c. IX), tracer trois fois un cercle avec la pointe d'une épée autour de la mandragore ; il faut ensuite qu'un des assistans arrache la plante en se tournant vers l'orient, et qu'un autre danse à l'entour en prononçant des paroles obscènes. Pline (l. XXV, c. XIII) nous a transmis également ces extravagances, qu'on regardoit comme nécessaires, si bien qu'on auroit cru s'exposer aux plus grands dangers, si l'on y avoit manqué. Heureusement que, pour les éviter, on prescrit un moyen bien simple et bien facile à exécuter, c'est de faire arracher la plante par un chien, moyen déjà indiqué par l'historien Josèphe (*de Bello Judaico*, lib. VII, c. XXV) pour la plante *baaras*, qui avoit la propriété de chasser les esprits malfaisans, et bien d'autres vertus tout aussi dignes de foi.

La mandragore étoit aussi célèbre chez les Germains : ils faisoient avec ses racines des idoles appelées *alrunes*, pour lesquelles ils avoient la plus grande vénération, et qu'ils avoient soin de consulter dans leurs situations critiques.

Dans les contrées orientales, telles que l'Arabie, la Perse, où l'imagination brillante ne se nourrit que de fictions et de chimères, la mandragore ne devoit pas manquer d'acquérir une grande renommée : aussi les récits les plus extraordinaires furent-ils prodigués à l'envi au sujet de cette plante.

La mandragore avoit chez les anciens la réputation d'influer sur la génération; on l'employoit pour composer des philtres. Cette opinion a passé depuis chez les modernes, et elle étoit encore en grande faveur au quinzième siècle, ainsi que nous le voyons par la comédie de Machiavel, intitulée *la Mandragora*.

L'odeur et la saveur de la mandragore sont également désagréables : aussi les mandragores (*dudaïm*) dont il est question dans l'Ecriture comme d'un aliment agréable; ces mandragores que Rachel (*Genèse*, c. XXX, v. 14) achète à sa sœur Lia au prix des caresses de son époux, ne peuvent être ni les fruits ni les racines de celle qui nous est connue. La plupart des interprètes ont avancé l'opinion contraire, mais elle n'est point fondée.

On a cru successivement voir le *dudaïm* dans la banane, dans le citron, dans la truffe, dans la figue, dans le fruit du *ziziphus lotus*. Linnæus pense que c'étoit une espèce de concombre commun dans l'Orient, et qu'il nomme *cucumis dudaïm*. Cette opinion est assez conforme à l'Ecriture, car, dans un passage le dudaïm est cité pour son parfum, et les fruits de ce *cucumis* exhalent une odeur fort agréable.

M. Virey (*des medicam. aphrod. Bull. pharm.*, mai 1813) pense que les mandragores dudaïm ne sont autre chose qu'une espèce d'orchis, probablement celle dont on retire le salep. Il appuie son opinion sur l'étymologie du mot hébreu *dudaïm*, qui semble indiquer la forme tuberculeuse des orchis, et sur

la propriété aphrodisiaque qu'on leur attribue. Nous ne cher-
cherons pas à décider entre l'opinion de Linnæus et celle de
M. Virey. Ce qu'il y a de certain , c'est que la mandragore de
Rachel n'est point notre mandragore.

La mandragore possède des propriétés vénéneuses très-éner-
giques ; elle agit principalement comme narcotique. Frontin,
dans ses stratagèmes militaires, nous offre un exemple de
ses effets sous ce rapport: Annibal, envoyé par les Carthaginois contre des Africains révoltés, feignit de se retirer après
un léger combat, et il laissa derrière lui quelques tonneaux
de vin dans lesquels il avoit fait infuser des racines de mandragore. Les Barbares burent sans défiance la liqueur perfide
qui les plongea dans un état d'ivresse et de stupeur si complet, qu'Annibal qui revint les attaquer, obtint sans peine
une victoire qui lui auroit coûté plus cher s'il n'avoit pas employé cet artifice. Cette ruse du général carthaginois a plus
d'une fois été renouvelée , et l'on en trouve d'autres exemples
dans l'histoire.

Cette propriété narcotique et stupéfiante de la mandragore
étoit connue dès le temps d'Hippocrate, et l'on savoit aussi
dès lors qu'à forte dose elle pouvoit produire un délire furieux.
Les médecins de l'antiquité s'en servoient particulièrement ,
en n'en donnant qu'une quantité modérée, pour apaiser les douleurs et procurer du sommeil. On avoit la coutume d'en faire
prendre aux malades qui devoient subir quelque opération
chirurgicale douloureuse. On l'employoit aussi dans les maladies convulsives, dans les affections mélancoliques, et contre
la goutte, les tumeurs scrophuleuses, cancéreuses, etc. Le
suc de la partie corticale de la racine passoit pour un fort
émétique et un purgatif très-énergique; il demandoit à
être employé avec beaucoup de prudence, pour ne pas causer de graves accidens. La mandragore étoit encore regardée
comme un puissant emménagogue ; elle pouvoit rappeler le
flux menstruel et faciliter l'accouchement; enfin elle étoit
en grande réputation contre la morsure des animaux venimeux.

Aujourd'hui la mandragore n'est plus, ou presque plus employée en médecine ; c'est seulement en Allemagne et dans
quelques autres pays du Nord qu'on la trouve encore con-

seillée par quelques médecins, comme utile à l'intérieur, dans l'hystérie et l'épilepsie, et à l'extérieur contre les engorge-mens glanduleux, le cancer, la goutte. La dose intérieurement doit être très-foible, et ce n'est guère que d'un à six grains qu'on peut prescrire la racine, ou les feuilles sèches et ré-duites en poudre. A l'extérieur, la pulpe de la racine, ou les feuilles cuites dans l'eau ou le lait peuvent servir à faire des cataplasmes calmans et résolutifs. Ces mêmes feuilles sont au nombre des substances qui entrent dans la composition du baume tranquille et de l'onguent populeum. L'huile de man-dragore, qui se préparoit jadis dans les pharmacies, est main-tenant tombée en désuétude. (L. D.)

MANDRAGORE et MANDEGLOIRE DE CHINE. (*Bot.*) Voyez Ginsenc. (Lem.)

MANDREL (*Bot.*), nom cité dans la Flore Equinoxiale, du *freziera*, genre de la nouvelle famille des ternstromiées. (J).

MANDRILL. (*Mamm.*) Espèce de singe qui appartient au genre Cynocéphale. Voyez ce mot. (Desm.)

MANDRISE. (*Bot.*) Bois marbré de Madagascar, dont le cœur est violet, cité par Flaccourt. (J.)

MANDRO (*Mamm.*), l'un des noms vulgaires du renard dans le Midi de la France. (Desm.)

MANDSIADI (*Bot.*), nom malabare de l'*adenanthera* de Linnæus. Les Portugais de l'Inde le nomment *mangalins.* (J.)

MANDUBA. (*Bot.*) Synonyme de Mandiiba (voyez ce mot), dans quelques auteurs. (Lem.)

MANDUBI (*Bot.*), nom brésilien de la pistache de terre, *arachis*, nommée aussi ailleurs *manobi.* (J.)

MANDUBI D'ANGOLA (*Bot.*), nom qu'on donne en Afrique au fruit du *glycine subterranea*, ou *pois d'Angole.* (Lem.)

MANDURRIA. (*Ornith.*) Les oiseaux désignés au Paraguay par ce nom et par celui de *curucau*, appartiennent au genre Courlis, *tantalus*, Linn. (Ch. D.)

MANÉBI (*Ornith.*), nom du pigeon couronné de Banda, *columba coronata*, Linn., à l'île de Guébé et à la terre des Papous. (Ch. D.)

MANEQUE (*Bot.*), nom d'une variété de muscade chez les Hollandois, suivant M. Bosc. (J.)

MANERÈTE. (*Bot.*) Belon, dans son Voyage au Levant,

parlant des productions et cultures de la campagne voisine d'Alexandrie dans l'Egypte, dit que parmi ces productions, on remarque l'espèce de pois que les Vénitiens nomment *manerète*, les Romains *cicerchie*, et les François *cerrès*. Il paroît évident qu'il vouloit parler du ciche ou pois ciche, *cicer arietinum*, qui, d'après le rapport de Shaw, est cultivé sur les côtes méridionales de la Méditerranée, et dont les graines rôties donnent une infusion substituée au café. (J.)

MANERICK (*Bot.*), nom hollandois de l'ALPAM du Malabar. Voyez ce mot. (J.)

MANÉ SOUBA. (*Ornith.*) L'oiseau ainsi nommé à la terre des Papous et à l'île de Timor, est *le psittacus moluccanus*, var. du *psittacus hæmatopus*, Linn., ou perruche des Moluques, de Buffon, pl. enl. 743. (CH. D.)

MANESTIER. (*Mamm.*) Voyez MUNISTIER. (DESM.)

MANET. (*Ornith.*) Les habitans des îles Sandwich nomment ainsi la poule. (CH. D.)

MANETOU. (*Conchyl.*) Quelques auteurs écrivent ainsi le nom sous lequel les Sauvages de l'Amérique méridionale désignent une espèce de coquille du genre Ampullaire, l'ampullaire idole. (DE B.)

MANETTIA. (*Bot.*) Voyez NACIBE. (POIR.)

MANFOUTI. (*Bot.*) Dans un herbier de Cayenne, on trouve sous ce nom le *matourea guianensis* d'Aublet, genre de la famille des personnées ou scrophularinées. (J.)

MANG. (*Bot.*) Rochon cite à Madagascar un arbre de ce nom, qui a des feuilles de mauve et des fleurs roses semblables à celles d'une ketmie; ce qui fait présumer qu'il appartient à quelque genre de malvacées. (J.)

MANGA. (*Bot.*) Nom indien de l'arbre nommé pour cette raison manguier, *mangifera indica*. C'est le mao, *mau*, *mangifera* des Malabares, *mangeira* des Portugais de l'Inde, *mango* à Sumatra. (J.)

MANGABEY. (*Mamm.*) Nom propre donné par Buffon à une espèce de GUENON, qu'il croyoit à tort originaire de Madagascar. Voyez ce mot. (F. C.)

MANGABEY A COLLIER (*Mamm.*), autre nom propre d'une espèce de GUENON. Voyez ce mot. (F. C.)

MANGA BRAVA. (*Bot.*) Voyez CAJU-SUSSU. (J.)

MANGADILAO. (*Bot.*) Voyez Calamanzay. (J.)

MANGAIBA. (*Bot.*) Nom brésilien que l'on applique au mamé, *mamei* de Plumier, *mamay* de Nicolson, *mammea americana* de Linnæus, qui est aussi l'abricotier des Antilles, et dont le fruit, ayant le goût d'abricot, est très-estimé dans ces îles. La figure donnée par Pison ne paroît pas conforme, mais sa description convient mieux au mamé. Il peut cependant rester un doute sur l'identité de ces faits, s'il est vrai que la fleur du *mangaba* cité dans le recueil des voyages, ressemble à celle du jasmin, et que son fruit est petit, renfermant quelques noyaux ou pepins qui se mangent avec l'écorce. Cette description ne peut convenir au mamé dont la fleur est polypétale, et le fruit très-gros. (J.)

MANGAIO (*Bot.*), nom brésilien d'un haricot ou dolic, *dolicos lablab*, cité par Vandelli. (J.)

MANGANARI. (*Bot.*) Voyez Ambuli. (J.)

MANGANÈSE. (*Chim.*) Corps simple compris dans la troisième section des métaux.

Le manganèse est très-difficile à foudre, c'est pour cette raison qu'en le chauffant à un feu de forge, on l'obtient presque toujours à l'état d'une masse poreuse, formée de petits grains agglutinés; rarement il est en masse compacte. On estime que la température nécessaire pour le liquéfier est de 160^d du pyromètre de Wedgwood.

On lui attribue une densité de 6,85.

Il est dur, cassant, susceptible d'être pulvérisé. Sa cassure est grenue.

Il a une couleur grise, moins foncée que la couleur de la fonte de fer. Il est éclatant.

Il conduit bien la chaleur et l'électricité.

Il est très-probable que le manganèse s'unit à l'oxigène en cinq proportions; les quatre premières proportions constituent des oxides, et la cinquième paroît constituer un véritable acide qu'on a nommé *manganésique*.

A froid l'air et l'oxigène sec n'ont pas d'action sur le manganèse; à chaud le manganèse pulvérisé est susceptible de brûler à la manière d'un pyrophore; il produit alors un oxide rouge, si l'oxigène est en excès.

La vapeur d'eau que l'on fait passer sur du manganèse rouge

de feu est décomposée; son oxigène se fixe au métal, tandis que son hydrogène se dégage. Il est probable que l'oxide produit est un oxide vert.

Le manganèse passe généralement pour décomposer l'eau à froid.

Quand on le conserve dans un flacon fermé avec du liége, il se change en une poudre grise, qui contient beaucoup d'oxide, si elle n'en est pas entièrement formée. En même temps il se manifeste une odeur d'hydrogène fétide, qui sembleroit annoncer que de l'eau a été décomposée.

Le chlore s'unit au manganèse chaud, en dégageant de la chaleur et de la lumière.

On ne connoît pas ses combinaisons avec l'iode, le selenium, l'azote, le bore et l'hydrogène.

Il s'unit au soufre avec dégagement de feu; le sulfure produit est solide et vert.

Il s'unit au phosphore.

Le carbone est susceptible de s'y combiner suivant M. John.

Le manganèse peut s'allier à un assez grand nombre de métaux; mais les propriétés de ces alliages sont encore peu connues.

On n'a fait qu'un petit nombre d'expériences pour constater l'action des acides sur le manganèse pur; ce qu'on sait porte à croire que les résultats de cette action doivent être fort analogues à ceux qu'on obtient en mettant les acides en contact avec le fer.

Combinaisons du manganèse avec l'oxigène.

Protoxide de manganèse. Oxide vert.

Arfwedson.

Oxigène...................... 28,105
Manganèse.................... 100,000

Je l'ai préparé à l'état de pureté en prenant du tetroxide ou du tritoxide de manganèse pur, l'introduisant dans un tube de porcelaine, où je le chauffois au rouge blanc, et où je dirigeois ensuite un courant d'hydrogène ou de gaz ammoniaque.

Ce protoxide est vert.

Il s'unit à la plupart des acides sans éprouver d'altération ; l'acide hydrochlorique le dissout sans qu'il y ait dégagement de chlore ; il est la base de tous les sels de manganèse dont les solutions sont incolorées. Ces solutions précipitent en blanc par le prussiate de potasse, et ne se colorent pas par la noix de galle ; elles ne précipitent point par l'acide hydrosulfurique ; elles précipitent en blanc par les hydrosulfates solubles. On a regardé ce précipité comme un hydrosulfate ; mais il ne seroit pas impossible qu'il fût un sulfure hydraté.

On obtient un hydrate d'oxide vert de manganèse en mettant de l'eau de potasse privée d'air par l'ébullition dans une solution de manganèse incolore, également privée d'air. Il se précipite un hydrate blanc qui absorbe l'oxigène avec rapidité, et qui passe alors à l'état de tritoxide, suivant M. Arfwedson ; c'est encore du tritoxide qui se forme lorsqu'on ajoute du chlore à de l'eau où l'on a délayé de l'hydrate d'oxide vert.

Le protoxide de manganèse n'éprouve pas de changement à la température ordinaire par son exposition à l'air, lorsque préalablement il a été fortement chauffé ; dans le cas contraire il s'oxide lentement.

Lorsqu'on le calcine fortement avec le contact de l'air, il s'oxide davantage en dégageant de la lumière. Il devient rouge, c'est du deutoxide.

L'oxide vert de manganèse est indécomposable par le feu.

Il est réduit à l'état métallique, lorsqu'on le chauffe fortement dans un creuset brasqué de charbon.

Un courant d'hydrogène ne le décompose pas à une chaleur rouge.

Le soufre lui enlève son oxigène à chaud ; il se forme du gaz sulfureux et du sulfure de manganèse.

Cet oxide est produit lorsque le manganèse, en se dissolvant dans un acide, s'oxide aux dépens de l'eau de l'acide.

Deutoxide de manganèse. Oxide rouge.
Arfwedson.

Oxigène........................ 37,47
Manganèse..................... 100

On obtient cet oxide en calcinant fortement au milieu de

l'air le sous-carbonate de manganèse dans un creuset de platine, ou bien encore en chauffant les oxides supérieurs, jusqu'à ce qu'ils ne dégagent plus d'oxigène.

Il est d'un rouge plus ou moins brun, suivant la division plus ou moins grande de ses parties.

Plusieurs acides, et particulièrement l'acide sulfurique étendu, réduisent cet oxide en protoxide qui est dissous, et en tritoxide qui se sépare à l'état d'une poudre noire.

Suivant M. Gay-Lussac et M. Berthier, l'acide nitrique, concentré, entretenu bouillant pendant un temps suffisant sur l'oxide rouge de manganèse, le convertit en protoxide qui est dissous, et en péroxide qui ne l'est pas.

Traité par l'acide hydrochlorique, il est réduit en hydrochlorate de protoxide, parce qu'une portion d'oxigène s'empare de l'hydrogène, d'une portion de l'acide hydrochlorique. De là le dégagement de chlore qui se manifeste dans la réaction des corps.

Au rouge brun il absorbe l'oxigène, et se convertit en tritoxide.

L'acide sulfureux forme avec lui du sulfate de protoxide; à chaud, l'hydrogène le ramène à l'état de protoxide; tous les combustibles qui agissent sur le protoxide, agissent sur lui. M. Berthier, en chauffant pendant quatre heures à une excellente forge 10^g de cet oxide dans un creuset brasqué de charbon, a obtenu $7^g,34$ de métal.

M. Berthier préfère considérer l'oxide rouge comme un composé de deux atomes de protoxide, et un atome de péroxide, plutôt que de le considérer comme un composé d'un atome de protoxide, et de deux atomes de tritoxide.

Tritoxide de manganèse.

Arfwedson.

Oxigène...................... 42,16
Manganèse.................... 100

On l'obtient en chauffant le nitrate de manganèse au rouge brun.

Il est d'un brun noir.

L'acide nitrique concentré l'attaque assez facilement; sui-

vant M. Berthier, il le change en protoxide qu'il dissout, et
en peroxide qu'il ne dissout pas.

On trouve dans la nature l'hydrate de tritoxide de manganèse cristallisé en longues aiguilles. Cet hydrate analysé par
M. Arfwedson a donné pour 100 : 10 d'eau pure, et 3,07
d'oxigène; le résidu étoit de l'oxide rouge. L'hydrate contient donc une quantité d'eau dont l'oxigène est $\frac{1}{3}$ de l'oxigène de l'oxide. On doit remarquer que si on ajoute l'oxigène
de l'eau au tritoxide, on a du péroxide.

Péroxide de manganèse.

Arfwedson.

Oxigène......................	56,215
Manganèse...................	100

On le prépare en chauffant doucement presque au rouge
le nitrate de manganèse. Comme le péroxide est très-disposé
à abandonner de l'oxigène par la chaleur, il faut laver à chaud
le nitrate de manganèse calciné, par l'acide nitrique concentré, puis exposer de nouveau la matière lavée à l'action
de la chaleur.

Exposé au rouge brun, cet oxide est réduit en tritoxide.

M. Berthier a vu qu'en faisant bouillir pendant une heure
le péroxide de manganèse avec l'acide nitrique, il y en a
les 0,06 qui sont dissous à l'état de protoxide, avec dégagement d'oxigène. Le résidu indissous est un hydrate de péroxide
dans lequel l'oxigène de l'eau est le tiers de celui de l'oxigène de l'oxide qui est susceptible de se dégager par la chaleur.

A chaud l'acide sulfurique en sépare de l'oxigène, et dissout du protoxide.

L'acide sulfureux est converti par cet oxide délayé dans
l'eau en sulfate et en hyposulfate de manganèse.

L'acide nitreux est converti en acide nitrique, qui s'unit à
l'oxide ramené au minimum.

L'acide hydrochlorique le dissout en dégageant du chlore;
dans cette réaction il se produit de l'eau et de l'hydrochlorate de protoxide.

Le péroxide de manganèse, par la chaleur rouge sombre,

est ramené à l'état de tritoxide ; et, par une chaleur rouge cerise, il est ramené à l'état de deutoxide.

D'après les expériences de M. Berthier, il paroît susceptible
de former deux hydrates : celui dont nous avons parlé plus
haut, et un autre qui contient trois fois plus d'eau. Celui-ci
se forme quand on fait passer du chlore en excès dans de l'eau
où l'on a délayé du carbonate de manganèse.

Du caméléon minéral.

Schéele, ayant chauffé au rouge dans un creuset du péroxide
de manganèse avec du nitrate de potasse, ou de la potasse, a obtenu une masse verte qui, délayée dans l'eau, a
formé une dissolution verte ; cette dissolution abandonnée à
elle-même dans un vase fermé, est devenue bleue, en dépo-
sant une poudre jaune. Il a vu encore que l'eau, ajoutée à
cette dissolution, la fait passer successivement au violet et au
rouge ; que les acides saturés d'oxigène la font passer aussi à
cette dernière couleur, tandis que l'acide nitreux et l'acide
arsénieux la décolorent ; qu'il en est de même lorsqu'on
chauffe la masse verte sèche avec le charbon.

Ces changemens de couleur ont fait nommer la combinaison du manganèse oxigéné avec la potasse, *caméléon minéral*.
Schéele les a expliqués de la manière suivante : « La manganèse
déphlogistiquée (péroxide de manganèse) forme avec la potasse une combinaison soluble dans l'eau qui est bleue ; si on
l'obtient verte, cette couleur est due au mélange du bleu de
la combinaison précédente avec la couleur jaune du *safran
de mars* (péroxide de fer). Enfin le caméléon devient rouge
au moment où la manganèse déphlogistiquée se sépare de son
alcali, par la raison que les particules de cette manganèse,
étant naturellement d'un rouge obscur, paroissent diaphanes
lorsqu'elles sont écartées les unes des autres. »

En 1817 je publiai une note sur le caméléon minéral. J'é-
tablis les faits suivans :

1.° Le caméléon peut être obtenu vert avec l'oxide de manganèse le plus pur ; conséquemment la couleur verte n'est pas
le résultat d'un mélange de péroxide de fer et d'un caméléon
qui seroit bleu à l'état de pureté, comme Schéele l'a dit.

2.° Il existe un caméléon vert et un caméléon rouge, qui,

par leur mélange, produisent toutes les nuances successives que présente le caméléon dissous dans l'eau. Ainsi un peu de caméléon rouge, ajouté au caméléon vert, produit le caméléon bleu, un peu plus de caméléon rouge produit le caméléon violet; enfin un peu plus encore un caméléon pourpre. Toutes ces nuances se succèdent dans l'ordre des couleurs des anneaux colorés.

3.° Non seulement l'eau froide produit ces changemens de couleur dans le caméléon vert, mais encore l'eau chaude, l'acide carbonique, le carbonate de potasse et le sous-carbonate d'ammoniaque.

4.° En mettant dans la solution du caméléon rouge, saturée de gaz acide carbonique, de la potasse sèche, on la fait passer au vert; on obtient le même résultat avec l'eau de baryte, qui précipite de l'acide carbonique.

5.° Le caméléon rouge est décomposé par la baryte en excès, qui forme, avec le manganèse oxigéné, un caméléon insoluble de couleur rose-lilas.

6.° En filtrant les dissolutions mixtes de caméléon vert et de caméléon rouge dans du papier, le caméléon rouge se décompose d'abord par l'influence du papier, et il passe au caméléon vert.

Tels sont les faits que je découvris: je ne fis que des recherches insuffisantes pour reconnoître la cause des différences des deux caméléons; j'étois porté à les regarder comme des composés d'un même oxide de manganèse et de potasse, et j'étois disposé à admettre que cet oxide étoit l'oxide rouge de manganèse.

Une explication précise de la différence des deux caméléons n'a point encore été donnée; mais, quant à l'opinion que j'étois disposé à adopter, que l'oxide de manganèse du caméléon est le deutoxide, elle est fausse, ainsi que cela résulte d'un travail fort intéressant, qui a été publié après le mien par MM. Chevillot et Edwards. Ces chimistes ont découvert les faits suivans:

1.° Le caméléon vert et le caméléon rouge ne peuvent être produits qu'autant que le mélange de péroxide de manganèse et de potasse est dans des circonstances où il peut absorber du gaz oxigène. L'absorption est au maximum, lorsque le mélange est fait à parties égales ; 3 grammes de ce mélange absorbent 13 à 14 centilitres d'oxigène ; 1^g,5 de potasse pure chauffée seule n'absorbe que 2 centilitres d'oxigène.

2.° Le mélange précédent, saturé d'oxigène, mis avec l'eau, la colore en rouge. Si on fait évaporer rapidement la solution jusqu'à ce qu'il se produise de petites aiguilles, et qu'on expose ensuite la liqueur à une chaleur inférieure à celle de l'eau bouillante, on obtient des cristaux pourpres de deux à huit lignes de longueur. C'est le caméléon rouge-concret; il a les propriétés suivantes.

Les cristaux de caméléon rouge ont un goût d'abord sucré, puis amer et astringent. Ils n'ont pas d'action sur le papier de curcuma : ils sont inaltérables à l'air.

Ils colorent l'eau en pourpre, ou en rouge-ponceau, suivant la proportion du liquide.

Ils colorent l'acide sulfurique concentré en vert-olive; cette solution, étendue successivement de petites quantités d'eau, devient jaune, orangée, rouge, puis écarlate.

L'acide nitrique concentré les décompose; il y a dégagement d'oxigène et précipitation d'un oxide brun.

Le phosphore, l'arsenic et le lycopode forment avec la poudre des cristaux de caméléon rouge, des mélanges qui s'enflamment quand on les chauffe. Le mélange de phosphore détonne par la percussion.

Ces cristaux, chauffés au rouge dans le gaz azote, perdent de l'oxigène, et se transforment en oxide de manganèse et en caméléons vert et rouge.

3.° Toutes les fois que l'on chauffe moins de péroxide de manganèse que le poids de la potasse qu'on y a mêlée, l'absorption d'oxigène est plus foible, et le caméléon produit ne colore plus l'eau en rouge ; il la colore en vert, si la proportion de l'alcali chauffé avec le péroxide a été suffisamment forte. Il suit donc de là que le caméléon vert contient plus de potasse et moins d'oxigène que le caméléon rouge.

D'après les expériences de MM. Chevillot et Edwards, les chimistes sont assez généralement disposés à admettre au moins dans le caméléon rouge un *acide manganésique*.

Chlorure de manganèse.

On le prépare en chauffant jusqu'à la fusion l'hydrochlorate de manganèse dans un creuset de platine.

Ce chlorure est fixe et légèrement rose; quand il est en fusion, il est verdâtre.

Il paroît se réduire en hydrochlorate de protoxide lorsqu'il est dissous par l'eau.

Phtorure de manganèse. Voyez tom. XXII, pag. 267.

Iodure de manganèse.

Cette combinaison n'a pas été étudiée d'une manière spéciale.

Sulfure de manganèse.

Vauquelin.

Soufre...................... 34, 25
Manganèse.................. 100

On l'obtient en chauffant dans une cornue un mélange de manganèse oxidé et de soufre en excès; il se dégage du gaz sulfureux, et on obtient un sulfure de manganèse fixe.

Ce composé est presque toujours pulvérulent, d'une couleur verte-terne.

Il est insoluble dans l'eau, il donne de l'acide hydrosulfurique avec l'acide sulfurique foible, l'acide hydrochlorique, et, ce qui est remarquable, avec l'acide nitrique foible.

Il absorbe l'oxigène lorsqu'on le chauffe doucement, et se convertit en sulfate; si la température est très-élevée, il se convertit en gaz sulfureux et en oxide.

Phosphure de manganèse.

On peut le préparer en chauffant au rouge 1 p. d'acide phosphorique vitreux, 1 p. de manganèse oxidé, et ½ de charbon.

Ce phosphure est brillant, cassant; chauffé avec le contact de l'air, il se change en phosphate.

Carbure de manganèse.

On n'a pas encore obtenu le manganèse saturé de carbone;

tout ce qu'on sait, c'est que l'oxide de manganèse réduit avec un excès de charbon, donne un métal carburé.

Usages. Le manganèse, à l'état métallique, ne sert à aucun usage : le péroxide et le deutoxide sont employés, dans les laboratoires, pour préparer l'oxigène; dans les ateliers, pour préparer le chlore. Ces mêmes oxides sont aussi employés pour colorer les verres et les émaux en rouge d'hyacinthe. Enfin, lorsque le verre en fusion s'est coloré par du charbon, l'addition du péroxide de manganèse est utile pour décolorer le verre; si l'oxide ajouté est en quantité convenable, le verre devient incolore; si l'oxide étoit en excès, le verre seroit coloré en violet. C'est cet usage qui a fait donner à l'oxide natif de manganèse le nom de savon des verriers. (Cu.)

MANGANÈSE. (*Min.*) Les minérais de manganèse sont assez répandus dans la nature, ils s'y trouvent quelquefois même en masses ou amas fort étendus; mais ils sont tellement variés dans leur aspect, qu'il devient assez difficile de leur assigner des caractères généraux, quand bien même ils appartiendroient à la même espèce. La seule propriété peut-être qui leur soit commune, c'est qu'ils ont tous la faculté de colorer le verre de borax en violet par l'addition d'une très-petite quantité de nitre. Quant aux substances qui contiennent ce métal à l'état d'oxide, elles changent ordinairement de couleur ou de teinte par un long séjour à l'air ou par l'action du feu. C'est ainsi, par exemple, que la chaux carbonatée manganésifère qui, dans l'état naturel, présente une couleur d'un blanc nacré ou d'un rose tendre, devient d'un jaune sale à l'air et d'un brun foncé au feu.

A l'égard du manganèse métal, quelques chimistes seulement, et Fourcroy entre autres, sont parvenus à l'extraire et à le réduire; mais l'avidité avec laquelle il attire l'oxigène de l'air pour repasser à l'état d'oxide, n'a pas permis de l'étudier avec tout le soin possible; on sait seulement qu'il est blanc dans le premier instant, mais qu'il se colore bientôt en violet, qu'il est difficile à étendre sous le marteau, que sa pesanteur spécifique est de 6,85, et qu'il est presque infusible.

I.ere espèce. MANGANÈSE NATIF ?

On ne cite encore qu'un seul exemple de ce métal à l'état

5.

natif c'est celui que Picot Lapeyrouse prétendit avoir trouvé en 1780 dans les mines de fer de Sem près Vic-Dessos, département de l'Ariége. Il est encore permis de douter de cette découverte à cause de la grande affinité de ce métal pour l'oxigène et de la facilité avec laquelle il passe dans nos laboratoires de l'état de métal à l'état d'oxide, d'abord violet, et ensuite d'un bleu noirâtre assez intense. Le prétendu manganèse natif de l'Ariége s'est présenté en boutons un peu aplatis, recouverts d'un enduit terne. Je ne l'ai point retrouvé dans la collection de feu Lapeyrouse que M. son fils a bien voulu me permettre d'examiner.

IIe espèce. MANGANÈSE OXIDÉ.

Comme cette espèce renferme des variétés de l'aspect le plus disparate, il importe de la subdiviser en plusieurs sous-espèces, afin d'établir plus d'ordre et de clarté dans la description ; nous la partagerons donc en trois groupes, savoir les métalloïdes, les ternes et les friables.

§. I. *Mang. oxid. métalloïde.* (Graubraunstein-Erz. W.)

L'aspect des variétés de cette sous-espèce est tantôt celui du fer poli, tantôt celui de l'argent. Leur texture est généralement rayonnée et divergente; souvent les aiguilles ou les cristaux se croisent sans ordre et dans tous les sens; rarement ils prennent la texture lamellaire. Le manganèse oxidé métalloïde est infusible, ce qui le distingue nettement d'avec l'antimoine sulfuré qui a le même aspect et la même texture; sa poussière est noire et aride au toucher; sa pesanteur spécifique est de 4,75, et ses aiguilles d'un gris de fer, qui sont profondément cannelées et très-fragiles, se divisent dans le sens d'un prisme rhomboïdal dont l'incidence respective des pans est de 100 et 80.° Ce solide est encore divisible dans le sens de sa petite diagonale.

Mang. oxid. métall. cristallisé. En cristaux plus ou moins alongés, prismatiques et rhomboïdaux, qui appartiennent à la forme primitive de l'espèce, et qui n'en différent que par l'addition de quelques pans ou facettes. M. de Bournon cite treize modifications de ce prisme.

Mang. oxid. métall. aciculaire. En aiguilles plus ou moins débées, croisées dans tous les sens ou disposées en rayons divergens.

Mang. oxid. métall. soyeux. Son aspect rappelle certains fers hydratés ou oxidés hématites, mais sa poussière d'un assez beau noir suffit pour l'en distinguer, puisque ces minérais de fer présentent toujours une poussière d'une couleur jaune ou rouge bien tranchée.

Mang. oxid. métall. argentin. Il forme de petites masses globuleuses ou une espèce d'enduit ou de légères croûtes qui recouvrent ordinairement certains minérais de fer, et surtout les hématites et les fers carbonatés spathiques. Son aspect particulier le fait remarquer au premier coup d'œil, et il imprime un toucher doux et savonneux lorsqu'on l'écrase entre les doigts.

MM. Berthier, Cordier et Beaunier ont fait un fort beau travail sur l'analyse de différentes qualités de manganèse du commerce. Ils ont trouvé, entr'autres, que celui qui provient de la mine de Saint-Marcel au val d'Aost en Piémont, renferme :

Manganèse oxidé..................... 44
Oxigène............................. 42
Fer oxidé........................... 3
Carbone............................. 1,5
Silice.............................. 5

Le manganèse oxidé métalloïde appartient exclusivement aux terrains primitifs : il y forme des rognons, des filons, et même des couches. Parmi les nombreuses localités où il est exploité, l'on cite particulièrement les mines de Suède, d'Angleterre, de Hongrie, de Saxe, des Pyrénées, du Languedoc, des Vosges, celle de Saint-Marcel en Piémont, qui a été visitée et décrite avec soin par de Saussure, et une infinité d'autres plus ou moins importantes.

§. II. *Manganèse oxidé terne.*

Cette sous espèce passe à la précédente par des nuances difficiles à saisir; car quelques variétés du manganèse terne conservent encore un reste de l'état métalloïde qui caractérise essentiellement le groupe précédent. Le manganèse oxidé

terne est d'un noir qui présente souvent une nuance de bleu
sombre; sa surface et sa poussière tachent assez fortement les
doigts et le papier; sa cassure compacte ou finement grenue
est généralement terne; mais quand on la frotte avec un corps
dur, elle reçoit un commencement de poli.

Parmi les nombreuses variétés, nous citerons les suivantes
qui sont les plus remarquables :

Mang. oxid. terne palmé. En masses irrégulières qui présentent
dans leur cassure des coupes soyeuses et ondulées, composées
de filamens serrés et distiques. Il est d'un noir bleuâtre.

Mang. oxid. terne concrétionné. Il accompagne le précédent à la Romanèche, et s'est trouvé dernièrement dans un
nouveau gîte du Périgord où il forme des plaques dont la surface est mamelonnée, et dont la cassure est excessivement compacte.

Mang. oxid. terne amorphe. En masses lithoïdes qui ne se
distinguent des fers hydratés que par la couleur noire de
leur poussière.

Mang. oxid. terne dendritique. La plupart des dendrites
ou arborisations noires que l'on remarque à la surface ou
dans l'intérieur de plusieurs roches, sont dues à des infiltr.-
tions de manganèse; telles sont, entre autres, celles que l'on voit
sur les calcaires marneux de Paris, sur le kaolin de Saint-
Yriex, sur les malachites de Sibérie, etc. On pense que celles
des agates sont dues à une autre matière.

M. Berthier a trouvé que le manganèse oxidé terne de la
Romanèche étoit composé des principes suivans :

Oxide rouge de manganèse.......... 0,688
Oxigène........................ 0,071
Eau............................ 0,050
Baryte......................... 0,150
Oxide rouge de fer............... 0,015
Matières insolubles.............. 0,026
　　　　　　　　　　　　　　　　　　　—————
　　　　　　　　　　　　　　　　　　　1,000

D'après le savant auteur de cette analyse, la baryte ne seroit
point un produit accidentel et fortuit, elle y seroit à l'état de
combinaison, et se seroit rencontrée également dans plusieurs

autres minérais de manganèse, et, entre autres, dans celui de Thiviers, connu sous le nom vulgaire de *pierre de Périgueux.* L'on pourroit donc admettre dès à présent un *manganèse oxidé barytifère.*

Le manganèse terne et compacte est très-commun dans la nature; il est exploité dans une foule de mines qui le produisent plus ou moins pur; et, pour ne citer que les plus importantes, nous nommerons celles de la Romanèche près Mâcon, et celles du Suquet près Thiviers, département de la Dordogne, à environ huit lieues de Périgueux. Dolomieu a décrit le gite de la Romanèche, où le manganèse forme un amas dans un bassin granitique, et où il est accompagné de chaux fluatée et d'une argile marbrée d'une finesse de grain extrême; les ouvriers employés à l'exploitation s'en servent pour se raser en place de savon. Le minérai s'expédie sur divers points de la France, et se vend 15 cent. le kilog. pris à Mâcon.

§. III. *Manganèse oxidé friable* ou *terreux.*

Les variétés qui appartiennent à cette sous-espèce ont un degré de consistance qui varie depuis celui d'une substance qui cède à la pression des doigts jusqu'à celui d'une poudre fine et noire; leur couleur passe du noir de charbon au brun de tabac; mais, quels que soient leur consistance et leur aspect extérieur, elles n'en colorent pas moins le verre de borax en violet, ainsi que nous l'avons déjà dit au commencement de cet article. Quant à leur pesanteur spécifique, elle est quelquefois si foible que plusieurs sont susceptibles de surnager à la surface de l'eau avant de se précipiter au fond. Les principales variétés sont les suivantes :

Mang. oxid. *friable terreux.* Sa couleur est d'un gris noirâtre, sans aucun éclat; il forme de petites masses grenues dans leur cassure, et qui tachent les doigts en noir.

Mang. oxid. *friable pseudo-prismatique.* En petites masses prismatoïdes dues à un retrait.

Mang. oxid. *friable pulvérulent.* En poudre brune ou noire d'une grande finesse, se trouvant par petits nids dans les interstices de certains minéraux, et particulièrement à la surface du manganèse terne, du cuivre carbonaté, etc. La variété nommée *black-wad* par les Anglois, analysée par Wedgwood, s'est trouvée composée, comme il suit :

Manganèse oxidé	43
Fer oxidé	43
Perte et substances accidentelles	14
	100

Le *black-wad* bien sec et mêlé à un quart de son poids d'huile de lin, s'enflamme spontanément quand on vient à chauffer le mélange d'une manière douce et graduelle. C'est ce qui lui a fait donner le nom de *manganèse inflammable* par quelques minéralogistes.

Le manganèse oxidé friable appartient à tous les terrains, car ses diverses variétés accompagnent aussi bien les sous-espèces qui se trouvent exclusivement dans les terrains primitifs que celles qui semblent plus particulièrement affectées aux terrains plus modernes. C'est ainsi que la variété pseudo-prismatique gîte dans le granite, et que d'autres se trouvent dans les terrains calcaires de la Dordogne et de l'Ardèche.

Les différens oxides de manganèse que nous venons de citer présentent plusieurs degrés d'oxidation et plusieurs combinaisons particulières, soit avec la silice, soit avec la baryte: plusieurs sont évidemment des hydrates ; et les chimistes reconnoissent du péroxide, du deutoxide, des hydrates de manganèse, ainsi que des silicates et des manganèses barytiques. Nous renvoyons à la partie chimique tout ce qui a trait à ces différentes proportions d'oxigène et d'eau, et tout ce qui concerne les différentes couleurs du caméléon minéral.

Les oxides de manganèse sont employés par les chimistes pour en obtenir de l'oxigène pur pour la fabrication de l'acide chlorique ou muriatique oxigéné, dont tout le monde connoit l'emploi pour le blanchiment des toiles et pour l'assainissement des hôpitaux et des étables.

Les verreries en font usage pour blanchir le **verre à vitre** et le cristal : les fabricans d'émaux s'en servent avantageusement pour obtenir des teintes violettes et purpurines ; il entre dans la composition de l'encre de trait qui sert à marquer les cadrans ; on en colore la porcelaine et les faïences communes en brun, etc. Plusieurs minéraux doivent leur couleur au manganèse; tels sont certains grenats, le quarz améthyste, la tourmaline rouge de Sibérie, l'épidot et l'amphibole de Saint-Marcel, etc. Le manganèse oxidé est désigné sous le nom de magnésie dans quelques anciens ouvrages de minéralogie et autres.

III.ᵉ espèce. MANGANÈSE CARBONATÉ.

L'on avoit cru prudent de laisser cette espèce parmi le manganèse lithoïde; mais nous croyons aujourd'hui que les analyses sont assez concluantes pour que l'on doive l'en séparer.

Le manganèse carbonaté est d'un rose vif qui passe au blanc par une dégradation de teintes successives; l'on en connoit même de jaunâtre et de brun; mais il est plus que probable que ces dernières variétés sont dues à l'altération du centre. La cassure et le tissu du manganèse carbonaté sont lamelleux et nacrés, en sorte qu'il ne faut pas le confondre avec le manganèse lithoïde ou siliceux, qui est excessivement compacte.

Le manganèse carbonaté de Bohême, analysé par Descostils, s'est trouvé composé de

Manganèse oxidé................ 53,0
Acide carbonique................ 35,6
Fer oxidé..................... 8,0
Silice et résidu................. 4,0
Chaux........................ 2,4
_____
103,0

Cette espèce se trouve aux mines de Kapnick en Hongrie et de Nagyag en Transylvanie, où elle accompagne le tellure aurifère, et où elle forme des veines et de petites masses dans l'intérieur même du manganèse lithoïde siliceux; mais en général elle est fort rare.

IV.ᵉ espèce. MANGANÈSE LITHOÏDE; vulgairement Manganèse rose.

Nous laissons encore subsister la dénomination de lithoïde pour désigner ce manganèse, dont l'aspect est celui d'une pierre siliceuse, homogène et compacte, et dont la couleur est encore le rose plus ou moins vif qui se dégrade en passant au jaune et au brunâtre. Il est très-dur, susceptible de recevoir un assez beau poli et de rayer le verre à la manière du silex; sa cassure est raboteuse, et ses bords sont translucides; sa pesanteur spécifique varie de 3,2 à 3,6; il brunit au feu. On distingue deux variétés dans cette espèce : l'une qui est lamelleuse, et dans laquelle M. Léman croit avoir remarqué des lames carrées qui sembloient appartenir à un noyau prismatique.

L'autre est absolument compacte et a l'aspect d'un silex rose.

Le manganèse lithoïde lamelleux de Suède, analysé par M. Berzélius, s'est trouvé composé des principes suivans :

Manganèse oxidé 52,60
Silice 39,60
Fer oxidé 4,60
Chaux 50
Matières volatilisées 2,75
                                                        ────────
                                                        100,05

La forte proportion de silice et l'absence totale de l'acide carbonique, semblent devoir autoriser la distinction de l'espèce précédente d'avec celle-ci.

Le maganèse lithoïde se trouve en Suède, en Sibérie, en Hongrie et en Transylvanie; il sert de gangue au tellure aurifère de Nagyag, et s'associe parfois au grenat et à la diallage verte. On travaille en Russie les morceaux les plus purs et les mieux colorés, qui proviennent de la mine d'Orlez près d'Ekaterinbourg.

V.ᵉ espèce. MANGANÈSE SULFURÉ.

Cette espèce est rare et assez mal caractérisée; sa couleur ordinaire est le noir; sa cassure fraîche jouit d'un certain éclat qui se ternit bientôt à l'air, mais sa poussière qui est d'un vert assez sensible, peut aider à le reconnoître; sa structure est souvent lamelleuse, et Haüy lui avoit reconnu pour noyau un prisme rhomboïdal divisible dans le sens de ses diagonales : au chalumeau il donne une odeur de soufre, et l'acide sulfurique étendu produit sur lui un dégagement subit d'hydrogène sulfuré.

M. Vauquelin qui l'a analysé lui assigne les principes suivans :

Manganèse oxidé au minimum...... 85
Soufre........................ 15
————
100

C'est encore à Nagyag, et parmi le manganèse lithoïde
que l'on a trouvé le manganèse sulfuré; il y est associé au tellure et aux différentes substances qui se trouvent dans cette
mine; l'on en cite aussi dans celles du Mexique et de Cor-
nouailles.

VI.ᵉ espèce. MANGANÈSE PHOSPHATÉ. (Eisenpech-Erz, W.)

Ce minéral est d'un brun noirâtre passant quelquefois au
rougeâtre; il a l'aspect et la cassure de la résine, mais celle-ci
devient parfois lamelleuse et un peu conchoïde. Il présente,
dans son état de plus grande pureté, des joints naturels qui
sembleroient conduire à un noyau prismatique droit et à base
rectangulaire. Sa pesanteur spécifique est de 3,95; il se fond
aisément au chalumeau, et se dissout en entier dans l'acide
nitrique. M. Vauquelin, qui a fait l'analyse de ce minéral, l'a
trouvé composé de

Oxide de manganèse.............. 0,42
Oxide de fer.................... 0,31
Acide phosphorique.............. 0,27
————
1,00

L'on pense avec raison que le fer n'est ici qu'accidentel, et
que l'acide phosphorique est uniquement combiné avec le
manganèse, telle est l'opinion de M. Darcet. On doit la découverte de ce minéral à M. Alluaud, minéralogiste distingué,
qui le trouva disséminé dans les granites de Barat près Limoges.

L'existence du manganèse muriaté est encore problématique, au moins dans l'état naturel : c'est pour cette raison que
nous le passons sous silence. (P. BRARD.)

MANGAPAKI. (Bot.) Voyez MANCAPAQUI. (J.)

MANGARA (Bot.), nom que l'on donne dans le Brésil aux
diverses espèces de gouet, arum, suivant Pison. (J.)

MANGARATIA (*Bot.*), nom brésilien du gingembre, suivant Pison. (J.)

MANGARENT-SOUY-FOUTCHY. (*Ornith.*) De la Croix, dans sa Relation de l'Afrique, tom. 4, pag. 427, dit que les habitans de Madagascar donnent ce nom et celui de *voula* à un oiseau de rivière, qui a un cou long et blanc, et qui ressemble à un pélican. (Сн. D.)

MANGARSAHAC. (*Mamm.*) Flacourt décrit imparfaitement sous ce nom madécasse un animal dont les oreilles sont pendantes et d'une longueur extrême, et qu'il compare à un âne. (F. C.)

MANGAS-DE-VELUDO. (*Ornith.*) Suivant le célèbre hydrographe d'Après, la vue de ces oiseaux, qui sont des fous, annonce l'approche de l'extrémité australe de l'Afrique. Voyez MANCHE-DE-VELOURS. (Сн. D.)

MANGE-BOUILLON. (*Entom.*) Goëddaert a décrit sous ce nom dans son ouvrage ayant pour titre *Métamorphoses naturelles*, tom. II, expérience 10, des insectes qu'il est fort difficile, nous n'osons pas dire impossible, de reconnoître d'après le vague de ses expressions. Si l'on s'en rapporte à la figure, on y voit quatre larves de coccinelle, une de miride et deux insectes parfaits de chacun de ces genres. Tout le texte relatif à ce sujet est vague, et ne contient que des préjugés, même sur la prétendue efficacité de la fumée de la laine ou de la substance cotonneuse du bouillon blanc employée en fumigation contre les hémorroïdes. (C. D.)

MANGE-FOURMIS. (*Mamm.*) Voyez FOURMILIER. (DESM.)

MANGE-FROMENT. (*Entom.*) Goëddaert a décrit à tort sous ce nom la larve et l'insecte parfait de la coccinelle à sept points. A l'exception des figures, les détails donnés dans le chapitre 18 du tome II sont tout-à-fait erronés. (C. D.)

MANGE-SERPENT. (*Ornith.*) Kolbe, dans sa **Description** du cap de Bonne-Espérance, tom. 3, chap. 19, n.° 21, dit que le pélican porte dans cette contrée le nom hollandois de *slangen vreeter*, qui signifie mange-serpent. Voyez MANGEUR DE SERPENS. (Сн. D.)

MANGE-TOUT (*Bot.*), nom d'une variété de pois. (L. D.)

MANGEIRA. (*Bot.*) Voyez MANGA. (J.)

MANGELLINS. (*Bot.*) Voyez MAESTADT. (J.)

MANGELLA-KUA. (*Bot.*) Voyez Kua. (J.)

MANGERONA (*Bot.*), nom de la marjolaine dans le Portugal, selon Vandelli. (J.)

MANGEUR D'ABEILLES. (*Ornith.*) Nom vulgaire du guépier commun, *merops apiaster*, Linn. Le guépier à collier de Madagascar est nommé par Edwards *mangeur d'abeilles des Indes*. (Ch. D.)

MANGEUR D'APPAT. (*Ichthyol.*) On dit que ce nom est donné par les habitans de l'île Bourbon à une espèce de baliste toute noire. (Desm.)

MANGEUR DE CERISES. (*Ornith.*) L'oiseau auquel on donne ce nom et celui d'*oiseau de cerises*, est le loriot d'Europe, *oriolus galbula*, Linn. (Ch. D.)

MANGEUR DE CHÈVRES (*Erpétol.*), l'un des noms vulgaires du boa scytale. (Desm.)

MANGEUR DE CRAPAUDS. (*Ornith.*) L'oiseau qui, suivant Holandre, tom. 2, pag. 59, porte ce nom à Cayenne, est une espèce de buse, longue de dix-sept pouces. (Ch. D.)

MANGEUR DE FOURMIS. (*Ornith.*) Cette dénomination, qui appartient plus spécialement à un mammifère, s'applique aussi aux oiseaux dont les fourmis constituent la principale nourriture, c'est-à-dire aux fourmiliers, *myothera*, Illig. (Ch. D.)

MANGEUR D'HUITRES (*Ornith.*), nom donné à l'huitrier, *hæmatopus*, Linn. (Ch. D.)

MANGEUR DE LOIRS (*Erpétol.*), nom vulgaire d'une espèce de serpent, le boa rativore. (Desm.)

MANGEUR DE MIEL. (*Ornith.*) L'oiseau que Kolbe (Voyage au cap de Bonne-Espérance, tom. 3, pag. 190) appelle *mange-miel*, *mange-abeilles*, *mange-moucherons*, est le même que le Mangeur d'abeilles. Voyez ce mot. (Ch. D.)

MANGEUR DE MILLET. (*Ornith.*) L'oiseau qu'on appelle ainsi à l'île de Cayenne, est une espèce d'ortolan, et notre proyer appartenant au même genre, *emberiza*, a aussi pour épithète le mot *miliaria*. (Ch. D.)

MANGEUR DE MOUCHERONS. (*Ornith.*) Voyez Mangeur de miel. (Ch. D.)

MANGEUR DE NOYAUX. (*Ornith.*) On nomme ainsi le gros-bec, *loxia coccothraustes*, Linn. (Ch. D.)

MANGEUR DE PLOMB. (*Ornith.*) Suivant Lepage du Pratz,

dans son Histoire de la Louisiane, tom. 2, pag. 115, ce nom a été donné aux plongeons, parce qu'ils s'enfoncent si promptement dans l'eau en voyant le feu du bassinet, qu'ils parviennent à se soustraire aux coups de fusil. (Ch. D.)

MANGEUR DE PIERRES. (*Entomol.*) Voyez Lithobie et Pétrobie. (Desm.)

MANGEUR DE PIERRES. (*Malacoz.*) Traduction du mot lithophage, employé à tort pour désigner un assez grand nombre d'espèces de mollusques bivalves qui vivent dans des excavations qu'elles creusent dans les pierres. Voyez Lithophage et Mollusques. (De B.)

MANGEUR DE POIRES. (*Entomol.*) On a donné ce nom à une larve qui vit dans l'intérieur des poires, et qui est sans doute la pyrale des pommes, *pyralis pomona*, Fabr. (Desm.)

MANGEUR DE POIVRE. (*Ornith.*) C'est le toucan, ou aracari-koulik, *ramphastos piperivorus*, Lath. (Ch. D.)

MANGEUR DE POULES. (*Ornith.*) Cette dénomination est vulgairement donnée à plusieurs oiseaux de proie qui font la guerre aux poules et aux autres volailles. (Ch. D.)

MANGEUR DE RATS (*Erpétol.*), nom vulgaire du boa rativore. (Desm.)

MANGEUR DE RIZ. (*Ornith.*) L'ortolan de riz, *emberiza oryzivora*, Linn., ou passerine agripenne, Vieill.; le gros-bec padda, *loxia oryzivora*, Linn., et une espèce de troupiale, *oriolus oryzivorus*, Linn., sont connus sous cette dénomination. (Ch. D.)

MANGEUR DE SERPENS. (*Ornith.*) C'est sous ce nom que M. Levaillant décrit le secrétaire dans ses Oiseaux du cap de Bonne-Espérance, tom. 1, pag. 68. (Ch. D.)

MANGEUR DE VERS. (*Ornith.*) Edwards décrit sous ce nom, dans ses Glanures, part. 2, pag. 200, le *figuier de Pensylvanie* de Brisson, Suppl. au tom. 6.ᵉ, pag. 102 de son Ornithologie, lequel est le *demi-fin mangeur de vers* de Montbeillard, *motacilla vermivora*, Linn. (Ch. D.)

MANGHAS. (*Bot.*) On trouve sous ce nom, dans C. Bauhin, un arbre de la famille des apocynées, que Linnæus a nommé *cerbera manghas*, sous lequel il a réuni deux espèces différentes, quoique congénères, savoir l'*arbor lactaria* de Rumph, et l'*odollam* de Rhéede. Ce genre rentre dans la section des apocynées à fruit double et graines non aigrettées, et l'on en détache maintenant le *thevetia* qui a le fruit simple. (J.)

MANGHOS et MANGO. (*Bot.*) Voyez *Mangier commun* à l'article MANGIER. (LEM.)

MANGHULKARANDU. (*Bot.*) Le petit pois pouilleux, *dolichos pruriens* de Linnæus, est ainsi nommé à Ceilan, suivant Hermann. (J.)

MANGIER, *Mangifera*. (*Bot.*) Genre de plantes dicotylédones, à fleurs complètes, polypétalées, de la famille des *térébinthacées*, de la *pentandrie monogynie* de Linnæus, offrant pour caractère essentiel : Un calice à cinq divisions, cinq pétales plus longs que le calice ; cinq étamines dont une seule fertile, portant une anthère presque réniforme ; un ovaire supérieur ; un style ; un stigmate simple ; un drupe oblong, un peu réniforme, contenant une noix oblongue, comprimée, monosperme, couverte à l'extérieur de soies filamenteuses.

MANGIER COMMUN : *Mangifera indica*, Linn.; Lamck., *Ill. gen.*, tab. 158; *Manga domestica*, Gærtner, *de Fruct.*, tab. 100; Rumph, *Amb.*, 1, pag. 93, tab. 25; *Mao seu mau, vel Manghos*, Rhéed., *Malab.*, 4, tab. 1, 2; vulgairement MANGIER MANGO. Arbre des Indes orientales, intéressant par ses fruits savoureux, d'une odeur agréable; son tronc s'élève à la hauteur de trente ou quarante pieds; il supporte une cime large et touffue; les feuilles sont grandes, pétiolées, alternes, lancéolées, oblongues, aiguës, coriaces, glabres, entières, ondulées, d'un vert foncé, longues de huit à dix pouces. Les fleurs sont rougeâtres, petites, disposées en grandes panicules terminales, dont les pédoncules sont colorés, munis de petites bractées ovales, à divisions du calice caduques, à pétales lancéolés, étalés, à cinq étamines, dont une seule munie d'une anthère; les quatre autres ne présentant que des filamens courts, sans anthère. Le fruit est un gros drupe réniforme, très-variable dans ses dimensions, sa couleur et sa forme; il renferme une noix large, aplatie, recouverte d'un tissu fibreux, contenant une amande très-amère.

Cet arbre croît dans les Indes orientales, au Malabar, à Goa, au Bengale, etc. M. de Tussac dit qu'il a été transporté à la Jamaïque en 1782; il faisoit partie d'une riche collection de plantes qu'une frégate françoise rapportoit de l'Ile-de-

France à Saint-Domingue, et qui fut capturée par le capitaine
Marshall, qui commandoit un vaisseau faisant partie de l'es-
cadre de l'amiral Godnay. Les fruits du manguier, que les
Anglois nomment *mango* à la Jamaïque, diffèrent presque
autant pour le goût qu'il y en a d'espèces ou de variétés. On
en compte plus de quatre-vingts, d'après le même auteur,
dont plusieurs flattent en même temps la vue, l'odorat et le
goût; quelques unes aussi ont une odeur et une saveur de
térébenthine très-prononcée. Les variétés les plus recherchées
sont le *mango-vert* de la plus grande espèce; le *mango-prune*
très-petit, ayant un goût de prune, un noyau très-petit,
presque point filandreux; le *mango-pêche*; le *mango-abricot*,
ainsi nommés à cause du goût qu'on leur trouve de ces différens
fruits.

Ces fruits ont une saveur délicieuse qui ne le cède guère
qu'à celle des fruits du mangoustan : on leur trouve une légère
acidité qui plaît beaucoup; ils sont bienfaisans, d'autant
meilleurs que leur noyau est plus petit, ils passent pour purifier la masse du sang. Ces fruits se préparent de différentes
manières : la plus usitée est de les mettre tremper dans du vin
avec du sucre, après en avoir enlevé la peau, et les avoir
coupés par tranches; on en fait d'excellentes marmelades
avec du sucre et des écorces de citron, ainsi que des gelées,
des compotes, des beignets; on les conserve confits entiers
dans le sucre; on fait, avec les jeunes fruits, d'excellens *acharts*
(on nomme ainsi dans les Indes les fruits confits dans le
vinaigre). Les amandes des noyaux séchées et réduites en farine
sont employées pour différens mets par les indigènes du pays;
ou les administre, après les avoir fait rôtir, pour arrêter le
cours de ventre et tuer les vers. Les feuilles et l'écorce écrasées
ont une odeur analogue à celle des fruits; quelques personnes
les mâchent pour nettoyer les dents et raffermir les gencives.
L'écorce séchée et pulvérisée, prise dans du bouillon, est propre
à dissoudre le sang extravasé et coagulé dans les contusions; son
suc exprimé, mêlé avec du blanc d'œuf et un peu d'opium,
est donné avec succès dans les diarrhées et les dyssenteries.
Enfin on assure que le *mango* fournit un remède dépuratif
des plus puissans, d'une grande importance surtout dans les
climats où les maladies scorbutiques sont les suites trop fré-

quentes d'un air chaud et humide pendant le jour., et quelquefois très-frais pendant la nuit. Les malades qui se soumettent au traitement par le *mango*, ne doivent prendre aucune
autre nourriture : ils éprouvent, pendant les premiers jours, une
agitation et des démangeaisons extraordinaires, qui les pri-
vent de sommeil, et il sort de leur corps une quantité de petits
boutons; plusieurs Nègres scorbutiques, dans lesquels la maladie paroissoit être à son dernier période, ont été, dit-on,
guéris radicalement, en ne leur faisant prendre d'autre nourriture que des mangos pendant deux mois.

Cet arbre croit extrêmement vite, et se charge d'une grande
quantité de fruits : il est, dans le pays, très-facile à multiplier
par ses noyaux qui peuvent se conserver plus d'un an avec
leur faculté germinative; on les sème autour des habitations,
et il ne s'agit plus que d'attendre. En Europe, le mangier ne
pousse jamais vigoureusement; il faut le tenir constamment
dans la serre chaude, le changer de pot et lui donner de la
nouvelle terre tous les deux ans. On ne peut le multiplier que
de graines; lorsqu'on les envoie de loin, il faut les stratifier
dans du sable un peu humide; elles germent pendant le voyage,
et on les met en terre aussitôt leur arrivée, dans une bache
dont la température est très-élevée. Le bois est blanchâtre,
n'a pas de dureté, se casse aisément, et souvent même se rompt
sous le poids des fruits; on s'en sert dans les Indes avec celui
du santal, pour faire brûler les cadavres des personnes de
distinction, et l'on fait, avec ce bois, des cercueils pour en-
sevelir ceux que l'on ne fait pas brûler. Quoique cet arbre
semble être consacré aux funérailles, les Brachmanes sont
cependant dans l'usage d'orner leurs maisons avec son feuillage, les jours de grandes fêtes.

Le MANGIER A FLEURS LACHES (*Mangifera laxiflora*, Lamck.,
Encycl.) n'est peut-être qu'une variété de l'espèce précédente.
Les grappes sont plus lâches, plus alongées; les fruits plus
petits, ovales, arrondis; les feuilles presque sessiles. Il croît à
l'Ile-de-France. Deux autres espèces de mangier (*mangifera
axillaris* et *indica*), munies toutes deux de dix étamines fertiles, ont été exclues de ce genre; Willdenow les rapporte
aux *spondias*. Voyez MONBIN. (POIR.)

MANGIFERA. (*Bot.*) Nom latin du mangier auquel Rott-

29.

4

boll réunissoit le *weldmedia* de Ceilan, sous le nom de *mangifera glauca*. Cet arbre a changé successivement de nom et de genre. C'étoit le *sideroxylum spinosum* de Linnæus, le *schrebera albens* de Retz, le *celastrus glaucus* de Vahl. Nous croyons, avec M. Persoon, qu'il doit être réuni à l'olivetier. *elæodendrum* de Jacquin. (J.)

MANGILI. (*Bot.*) Voyez MANDHATYA. (J.)

MANGILI (*Ichthyol.*), nom spécifique d'un pleuronecte décrit par M. Risso. Voyez PLEURONECTE. (H. C.)

MANGIUM. (*Bot.*) Nom sous lequel Rumph décrit des arbrisseaux qui croissent et vivent comme le manglier, auquel Linnæus les avoit réunis sous ceux de *rhizophora cascolaris*, et *rhizophora corniculata;* mais ensuite on en a fait des genres très-distincts, *Sonneratia* et *Ægiceras*, reportés à des familles éloignées. Le nom *rhizophora*, donné par Linnæus au genre primitif, est tiré de sa graine qui germe dans le fruit dont elle ne se détache qu'après avoir poussé au dehors une très-longue racine. (J.)

MANGLE. (*Bot.*) Ce nom est donné à divers arbres ou arbrisseaux qui croissent sur le bord de la mer, et sont souvent à moitié submergés. Ils appartiennent à différens genres, et principalement au vrai manglier ou palatuvier, *rhizophora*, qui compte le mangle rouge de Nicolson parmi ses espèces. Le mangle blanc, le mangle gris et le mangle *zaragoza* de Jacquin sont des *conocarpus*. Le mangle bobo de Nicolson est maintenant le *sphænocarpus;* un autre mangle blanc est l'*avicennia*, et le mangle *prieto* de la Flore Equinoxiale est du même genre. Le *bucida* est encore nommé mangle gris par Nicolson ; le *sapium aucuparium* est le mangle *cantivo* des Antilles, selon Jacquin; et un *cocco loba* porte le nom de mangle rouge. Nous ajouterons que le mangle ou manglier porte aussi dans divers lieux les noms de *mange* et *mangrove*. (J.)

MANGLIER. (*Bot.*) Voyez CONOCARPE. (POIR.)

MANGLIER VENIMEUX. (*Bot.*) C'est aux colonies le nom de l'ahouai-manghas, *cerbera manghas*, Linn. (LEM.)

MANGLILLA. (*Bot.*) Ce genre paroit devoir être réuni aux *ardisia*. Voyez ARDISIA et CABALLERIA. (POIR.)

MANGLILLO. (*Bot.*) Nom péruvien ou espagnol des *caballeria pellucida* et *oblonga* de la Flore du Pérou, dont nous avions fait antérieurement le genre *Manglilla*, de la famille des sapotées, reporté depuis par M. Lamarck au *chrysophyllum* et au *bumelia* par Willdenow. (J.)

MANGO. (*Bot.*) Voyez MANGHOS. (LEM.)

MANGO (*Ichthyol.*), nom spécifique d'un poisson du genre POLYNÈME. Voyez ce mot. (H. C.)

MANGO. (*Ornith.*) Albin, tom. 3, pag. 20, a décrit sous le nom d'oiseau de mango ou bourdonneur de mango à longue queue, un colibri de la Jamaïque, auquel Linnæus et Latham ont donné la même épithète, *trochilus mango*, et qui est le plastron noir de Buffon, pl. enl., n.° 680, fig. 3. (CH. D.)

MANGOICHE. (*Ornith.*) Flaccourt (Histoire de Madagascar, pag. 166) désigne cet oiseau comme une espèce de serin. Buffon le rapporte au serin de Mozambique, qui lui paroît former une nuance entre les serins et les tarins. (CH. D.)

MANGONE. (*Ornith.*) L'oiseau auquel, suivant Cetti, pag. 303, on donne en Sardaigne ce nom et celui de *gentarubia*, est le flamant, *phœnicopterus ruber*, Linn. (CH. D.)

MANGOREIRA. (*Bot.*) L'arbrisseau de ce nom, cité dans l'abrégé de l'histoire des voyages, est indiqué comme le même que le jasmin d'Arabie, qui porte des fleurs blanches d'une odeur très-suave : c'est un mogori, *mogorium sambac*. (J.)

MANGOSE (*Bot.*), nom du *sterculia cordifolia* dans le Sénégal, cité dans l'Herbier d'Adanson. (J.)

MANGOSTANA. (*Bot.*) C'est sous ce nom que Garcin et Rumph ont les premiers décrit l'arbre qui produit le mangoustan, un des meilleurs fruits de l'Inde, lequel a postérieurement été nommé *garcinia* par Linnæus. (J.)

MANGOUSTAN, *Garcinia*. (*Bot.*) Genre de plantes dicotylédones, à fleurs complètes, polypétalées, de la famille des guttifères, de la dodécandrie monogynie de Linnæus, offrant pour caractère essentiel : Un calice à quatre folioles persistantes ; quatre pétales ; environ seize étamines insérées sur le réceptacle ; un ovaire supérieur ; point de style ; un stigmate aplati, à plusieurs lobes en rayons ; une grosse baie couronnée par le stigmate, revêtue d'une écorce épaisse, coriace, à plusieurs loges pulpeuses, renfermant chacune une semence.

MANGOUSTAN CULTIVÉ : *Garcinia mangostana*, Linn.; Lamck., *Ill. gen.*, tab. 405, fig. 1 ; Gærtn., de *Fruct.*, tab. 105 : *Man-*

4.

gostana, Rumph, *Amboin.*, 1, tab. 43. Arbre d'un très-beau port, d'une hauteur médiocre. Ses feuilles sont grandes, opposées, pétiolées, glabres, fermes, épaisses, ovales, aiguës, très-entières ; ses fleurs naissent au sommet des rameaux : elles sont terminales, solitaires, pédonculées, d'une grandeur médiocre, d'un rouge foncé ; les folioles du calice épaisses, concaves, arrondies. Le fruit est une baie sphérique, de la grosseur d'une orange, d'un vert jaunâtre en dehors, remplie d'une pulpe blanche, succulente, à demi transparente, d'une saveur délicieuse. Cet arbre est originaire des Moluques, d'où il a été transporté dans l'île de Java, où il est cultivé, ainsi qu'à Malacca, à Siam, aux Manilles, etc.

Le mangoustan a de loin l'aspect d'un citronnier ; il fournit une ombre épaisse, d'autant plus précieuse que les chaleurs sont plus considérables dans les lieux où il végète. Son bois n'est bon qu'à brûler : il découle des incisions faites aux branches un suc jaunâtre qui prend une forme concrète. Ses fruits passent pour les meilleurs de l'Inde ; ils flattent en même temps le goût et l'odorat ; on dit qu'ils ont à la fois la saveur du raisin, de la fraise, de la cerise et de l'orange ; qu'ils exhalent un parfum très-suave, analogue à celui de la framboise ; qu'ils sont très-rafraichissans, n'incommodent jamais, et sont tellement agréables qu'on a peine à s'en rassasier ; on les laisse manger aux malades, quelles que soient leurs maladies, et l'on désespère de ceux pour qui ils n'ont plus d'attraits ; on prétend qu'ils sont un peu laxatifs. Avant leur maturité, leur saveur est légèrement acide ; leur écorce est astringente ; sa décoction est employée dans la dyssenterie ; l'écorce du tronc fournit une teinture noire.

Mangoustan a bois dur : *Garcinia cornea*, Linn. ; *Lignum corneum*, Rumph, *Amboin.*, 3, tab. 30. Cet arbre est remarquable par la dureté de son bois qui est blanchâtre, mais qui prend, lorsqu'il est coupé, une couleur roussâtre ou jaunâtre. Son tronc, assez élevé, est terminé par une cime ample, rameuse, à rameaux quadrangulaires, garnis de grandes feuilles opposées, pétiolées, ovales oblongues, lancéolées, glabres, fermes, luisantes. Les fleurs sont inclinées, peu odorantes, placées sur des pédoncules courts, terminaux, presque solitaires. Le fruit est d'un brun obscur, de la grosseur d'une prune, couronné par le stigmate en plateau. L'écorce est résineuse, lorsque le fruit est fraîchement cueilli. Les gerçures des rameaux exsudent une liqueur épaisse, visqueuse, jaunâtre, qui devient concrète. Cet arbre croit sur les montagnes, à l'île d'Amboine. Son bois est pesant, difficile à travailler, presque aussi dur que de la corne; on l'emploie à la charpente, et on choisit, de préférence pour cet usage, celui des plus jeunes arbres, parce qu'il se travaille plus facilement, n'ayant pas encore un degré de dureté aussi considérable.

Mangoustan moreiller : *Garcinia morella*, Lamck., Encycl. et *Ill. gen.*, tab. 405, fig. 2; Gærtn., *de Fruct.*, tab. 105. Cette espèce se distingue principalement par son fruit qui consiste en une petite baie sphérique à quatre loges, à peu près de la grosseur d'une cerise. Cette baie est glabre; son écorce coriace, un peu épaisse; chacune des loges renferme une pulpe molle, contenant une semence ovale, un peu réniforme, comprimée, un peu scabre, d'un brun sale, entourée d'une double enveloppe. Ces semences, mises dans l'eau, lui communiquent bientôt une couleur citrine. Cet arbre croit à Ceilan : il en découle une sorte de gomme-gutte de très-bonne qualité.

Mangoustan du Malabar : *Garcinia malabarica*, Lamck., Encycl.; *Panitsjica maram*, Rhèede, Malab., 3, tab. 41. Grand et bel arbre des Indes orientales, très-commun sur la côte du Malabar. Il s'élève à la hauteur de plus de quatre-vingts pieds sur un tronc de quinze pieds de circonférence. Le bois est blanc, très-dur; l'écorce noirâtre; les feuilles sont médiocrement pétiolées, glabres, épaisses, luisantes, ovales obtuses; les fleurs blanches, réunies sur des pédoncules courts, rameux : elles répandent au loin une odeur aromatique très-suave. Les baies sont sphériques, de la grosseur d'une orange; elles sont d'abord verdâtres, puis rougeâtres et velues, enfin glabres et de couleur cendrée à leur maturité; elles renferment une pulpe d'un blanc verdâtre, glutineuse, d'une saveur très-acide qu'elles perdent en partie en mûrissant pour en acquérir une plus douce, assez agréable. Les semences sont au nombre de huit à dix, placées symétriquement et en cercle dans la pulpe, munies d'une arille.

Les fruits, au rapport de Rhèede, sont remplis, dans leur jeunesse, d'un suc tellement abondant, qu'il se fait jour à

travers leur écorce, sur laquelle il se répand et forme une
couche comme gommeuse. Cet arbre est, dans toutes les saisons de l'année, chargé de fruits. Il se couvre de fleurs dans
les mois d'avril et d'octobre; il commence à porter des fruits
vers la septième année, et ne cesse d'en produire que lorsqu'il
a vécu plus d'un siècle. Les jeunes feuilles, broyées dans l'eau,
et le jus des fruits encore verts, passent pour un bon remède
contre les aphthes et les crevasses de la langue. La substance
gluante et aqueuse, qui s'échappe des fruits, prend à l'air une
forme concrète, devient une matière transparente, roussâtre,
avec laquelle on fait dans le pays une bonne colle qui est d'un
grand usage; les Juifs et les Portugais s'en servent pour relier
leurs livres, parce qu'elle les préserve des insectes, et les
pêcheurs en enduisent leurs filets pour qu'ils soient de plus
longue durée.

Le *garcinia calabica*, Linn., forme aujourd'hui le genre
Oxycarpus. (Voyez BRINDONIER.)

Le *mangostana cambogia* de Gærtner, ou *garcinia cambogia*,
Encycl., a été mentionné à l'article GUTTIER. On a cru long-
temps qu'il fournissoit la gomme-gutte. Il est reconnu aujour-
d'hui qu'on doit cette substance à un arbre particulier qui
est le GUTTÆFERA de Kœnig (Voyez ce mot), ou le *stalagmitis*
de Schreber. (POIR.)

MANGOUSTE (*Mamm.*): *Herpestes*, Illig.; *Ichneumon*, Lacép.,
Geoffr.; *Viverra* et *Mustela*, Linn. Genre de quadrupèdes carnassiers digitigrades, particulièrement rapproché de ceux qui
comprennent les civettes, les genettes, les surikates, les ictides
et les paradoxures, par le système de dentition.

Ces quadrupèdes forment le type du genre *Viverra* de Linnæus, qui renferme aussi, non seulement la plupart des genres
nouveaux que nous venons de nommer, mais encore ceux des
coatis, des kinkajous, des mouffettes, et de plus, l'animal appelé rattel, qu'on a rapporté au genre des gloutons. Ils en ont
été séparés pour former un groupe particulier par M. Cuvier
sous le nom de *viverra*, par MM. Lacépède et Geoffroy sous
celui de *ichneumon*, et par Illiger sous la dénomination d'*herpestes*.

Les mangoustes sont de moyenne taille, à corps fort alongé,
à pattes courtes, terminées par cinq doigts (le pouce étant

très-court), dont les ongles sont aigus et à demi rétractiles.
Leur tête est assez petite, terminée par un museau fin, qui
a un petit mufle, et qui est pourvu de quelques moustaches;
leurs oreilles sont larges, courtes et arrondies; leurs yeux,
assez grands, à pupille alongée transversalement, sont susceptibles d'être recouverts presque en entier par une grande
paupière clignotante; leur langue est hérissée de papilles cornées; leur queue, grosse à la base, très-longue et poilue, est
dans la direction générale du corps, et non prenante; leur
anus est situé au fond d'une poche, assez vaste, simple, dont
l'ouverture peut se dilater plus ou moins, et se placer de façon que les excrémens sont expulsés sans y faire aucun séjour;
leurs mamelles sont placées sur le ventre et la poitrine. Dans
toutes les espèces les poils qui sont assez durs, offrent des couleurs variées, disposées par anneaux, de manière que le pelage
est en général tiqueté.

Le nombre des dents est de quarante en totalité, savoir :
à la mâchoire supérieure, six incisives moyennes, simples et
bien rangées; une canine de chaque côté, conique et non
tranchante à sa partie postérieure; trois fausses molaires dont
la première est peu éloignée de la canine; une carnassière
fort élargie particulièrement par le développement du tubercule interne; deux tuberculeuses, dont la première présente
deux tubercules pointus, mais peu saillans à son bord externe,
et dont la seconde, de même forme, ne peut guère être considérée que comme rudimentaire. A la mâchoire inférieure,
six incisives dont la seconde de chaque côté est un peu rentrée;
une canine (aussi de chaque côté) semblable à la canine supérieure; quatre fausses molaires, dont la première est très-petite;
une carnassière composée en avant de trois pointes très-élevées,
disposées en triangle, et en arrière d'un talon assez bas, sur le
bord duquel sont trois petites élévations; enfin une tuberculeuse peu volumineuse, plus grande d'avant en arrière que d'un
côté à l'autre, et pourvue de trois tubercules.

Dans les individus adultes, la première fausse molaire
manque ordinairement aux deux mâchoires.

Outre quelques caractères distinctifs que présente le système
dentaire des animaux qui se rapprochent le plus des mangoustes, il y en a encore plusieurs que fournit l'examen des

différentes parties du corps. Ainsi les surikates, qui en sont les plus voisins, n'ont que quatre doigts aux pieds au lieu de cinq; les civettes et les genettes ont une double poche, souvent remplie d'une matière odorante, placée entre l'anus et les organes de la génération, et leur poche anale n'a point le développement de celle des mangoustes; les paradoxures et les ictides ont la queue susceptible de s'enrouler, tandis que celle des mangoustes est toujours droite et basse; les martes et les moufettes sont dépourvues de poche anale, leurs mâchelières ont une disposition et des formes toutes particulières, et leur queue est plus courte; enfin la qualité de plantigrades éloigne des mangoustes, les gloutons, le rattel et les mydaüs.

Les habitudes naturelles des mangoustes sont très-analogues à celles des martes, c'est-à-dire que ces animaux vivent de rapine, et que leur nourriture consiste principalement en petite proie vivante et en œufs; seulement ils se tiennent plus ordinairement à terre, dans les endroits découverts, et ils ont un penchant déterminé pour la chasse aux reptiles. Ils ont assez d'intelligence, et on peut assez facilement les réduire à l'état de domesticité.

Leur genre est confiné dans les contrées chaudes de l'ancien continent.

Mangouste d'Egypte ou Rat de Pharaon : *Nems* des Egyptiens modernes; *Ichneumon* d'Hérodote et des anciens; *Ichneumon Pharaonis*, Geoffr.; *Herpestes Pharaonis*, Desm.; la Mangouste, Buff., Hist. nat. Suppl., tom. 3, pl. 26; Geoffr., Ménagerie du Muséum; Fréd. Cuvier, Mamm. lithogr. Sa longueur, mesurée depuis le bout du museau jusqu'à l'origine de la queue, est d'un pied six pouces, et celle de cette dernière partie est à peu près égale. La hauteur de son corps ne dépasse pas sept pouces. Son pelage d'un brun foncé tiqueté de blanc sale est composé de poils secs et cassans, courts sur la tête et les membres, longs sur les flancs, le ventre et la queue qui se termine par un pinceau en éventail. Le ventre est plus clair que le dos, et au contraire la tête et les pattes sont d'une teinte plus foncée.

L'ichneumon étoit placé par les Egyptiens au rang des animaux qu'ils adoroient parce qu'ils le considéroient comme un destructeur fort actif des reptiles qui abondent dans leur pays. Ils croyoient que ce quadrupède pénétroit dans le corps des crocodiles endormis la gueule béante, et qu'il n'en sortoit qu'après en avoir dévoré les entrailles. Ce fait est, ainsi qu'on peut le penser, entièrement fabuleux; les mangoustes ne nuisent à ces reptiles qu'en détruisant leurs œufs, et cette destruction est fort bornée, au moins maintenant qu'elles sont connues seulement dans la basse Egypte, et que les crocodiles ne se trouvent plus que vers les cataractes du Nil.

Avant Sonnini et M. Geoffroy, l'histoire naturelle de l'ichneumon étoit très-incomplète et composée en grande partie des récits merveilleux des anciens, plus ou moins modifiés.

Aujourd'hui, d'après les observations de ces deux savans voyageurs, on sait qu'elle a les plus grands rapports avec celle des putois et des fouines. Les mangoustes se tiennent dans les campagnes au voisinage des habitations, et ordinairement sur les bords des rigoles qui servent aux irrigations. Lorsqu'elles pénètrent dans les basses-cours, elles mettent à mort toutes les volailles qu'elles rencontrent et se contentent d'en manger la cervelle et d'en sucer le sang. Dans la campagne, elles font la guerre aux rats, aux oiseaux et aux petits reptiles; elles recherchent aussi les œufs des oiseaux qui nichent à terre, et ceux des reptiles qu'elles savent très-bien trouver dans le sable, où ils ont été déposés. Leur démarche est extrêmement circonspecte, et elles ne font point un seul pas sans avoir examiné avec soin l'état des lieux où elles se trouvent. Le moindre bruit les fait s'arrêter et rétrograder, et lorsqu'elles sont assurées de n'avoir à craindre aucun danger, elles se jettent brusquement sur l'objet qu'elles guettent.

Les mangoustes ne sont maintenant domestiques nulle part en Egypte; mais il paroît qu'elles l'étoient du temps de Prosper Alpin. Il est très-facile de les apprivoiser; et celles qu'on a observées en captivité avoient des allures très-analogues à celles des chats, c'est-à-dire qu'elles s'attachoient aux lieux où elles vivoient; qu'elles ne pénétroient jamais dans les endroits qu'elles n'avoient pas pratiqués, sans les étudier en détail, au moyen de l'odorat; qu'elles poursuivoient avec activité les rats, les souris, et autres petits animaux, etc.

Ces mêmes mangoustes montroient quelque affection pour les personnes qui en prenoient soin, mais les méconnoissoient comme toute autre, lorsqu'elles avoient une proie en leur possession : alors elles se cachoient dans les lieux les plus retirés en faisant entendre une sorte de grognement.

Les mangoustes ont l'habitude singulière de frotter le fond de leur poche anale contre des corps durs, lisses et froids, et semblent éprouver une sorte de jouissance dans cette action. Elles lappent en buvant comme le chien, et aussi comme lui, lèvent une de leurs jambes de derrière pour pisser.

Après l'homme, les ennemis les plus redoutables des mangoustes, sont le chacal, espèce du genre des chiens, et le tupinambis, reptile saurien, très-courageux, à peu près de leur taille, et qui habite la haute Egypte, au-dessus de Girgé.

Cette espèce semble confinée maintenant dans la basse Egypte, entre la mer Méditerranée et la ville de Siout.

Mangouste a bandes : *Herpestes fasciatus*, Desm.; *Viverra mungo*, Gmel.; Mangouste de l'Inde, Buffon, tom. XIII, pl. 19; Geoffr., Mém. sur l'Egypte; Mangouste de Buffon. Fréd. Cuv. Son corps a neuf à dix pouces de longueur, sa tête un peu moins de trois pouces, et sa queue en a sept. Elle est généralement brune; son dos et ses flancs sont recouverts de longs poils blanchâtres, terminés de roux et marqués, dans leur milieu, d'un large anneau brun, bien tranché; et l'arrangement de ces poils est tel, que les anneaux bruns d'un certain nombre d'entre eux arrivant à la même hauteur forment sur le dos des bandes transversales de cette couleur, au nombre de douze à treize, lesquelles sont séparées entre elles par autant de bandes rousses formées par les extrémités des mêmes poils. Les bandes placées sur la région des lombes sont surtout très-distinctes, et les intervalles qui les séparent sont d'un gris piqueté de brun, ce qui est dû également à la couleur terminale des poils de cette région. Les poils de la tête et des épaules, plus courts que les autres, sont d'un gris brun; la mâchoire inférieure et les lèvres sont roussâtres, les pattes et la queue brunes; enfin cette dernière partie n'est pas terminée par un pinceau comme celle de la mangouste d'Egypte.

Le nom de *Mangutia* ou de *Moncus* est, ainsi que le rapportent les anciens voyageurs, Kæmpfer, Valentyn et Rumphius, donné dans les Indes orientales, aux animaux du genre des mangoustes qui habitent ces contrées quelles que soient leurs espèces. Ces quadrupèdes y sont reconnus comme des ennemis acharnés des reptiles, et l'on prétend que lorsqu'ils ont été mordus par quelques serpens venimeux, ils savent se guérir en mangeant la racine d'une plante particulière (*Ophioriza Mongoz*, Linn.), que les Indiens reconnoissent eux-mêmes comme un antidote puissant contre l'action du venin, et à laquelle ils ont transporté le nom de l'animal qui leur en a indiqué les propriétés. Quant à la dénomination françoise de mangouste, elle a été créée par Buffon, d'après les noms indiens de *Mangutia* et de *Moncus*.

Ces noms, qui sont, ainsi que nous le voyons, génériques dans l'Inde, ne peuvent par conséquent être appliqués plutôt à une espèce qu'aux autres du même pays, et c'est ce qui nous a engagé à désigner celle-ci par l'épithète de *fasciatus*, en renonçant définitivement à l'emploi du nom spécifique *Mungo*.

La mangouste à bandes est particulière à l'Inde.

MANGOUSTE NEMS : *Herpestes griseus*, Desm.; MANGOUSTE NEMS, Geoffr., Mém. sur l'Egypte; NEMS, Buffon, Suppl., tom. 3, pl. 27; *Viverra cafra?* Gmelin. La longueur de son corps est de treize à quatorze pouces, et sa queue n'a guère qu'un pied. Son pelage d'un gris pâle, uniforme, est légèrement teint ou piqueté de brun, parce que la partie apparente des poils en dehors est à peu près marquée d'anneaux étroits de cette couleur, tandis que tout le restant est d'un blanc jaunâtre sale. Sur ses flancs et près de son encolure, ces poils prennent une disposition telle qu'on aperçoit de légères traces de bandes transverses, analogues à celles qui caractérisent l'espèce précédente; la tête et les extrémités, couvertes de poils courts, ont une couleur plus foncée que le reste du corps : la croupe et la queue sont revêtues de poils roides et longs, blanchâtres, avec un anneau brun dans leur milieu.

La description de la mangouste que Buffon désigne sous le nom de nems (à tort, puisqu'il appartient à l'espèce d'Egypte), s'accordant généralement avec celle de l'espèce désignée par M. Geoffroy, sous le nom d'*ichneumon griseus*, ce naturaliste a cru devoir ne pas séparer ces animaux, bien que leur patrie ne soit pas la même, puisque le sien se trouveroit dans l'Inde, et que celui de Buffon habiteroit les côtes orientales d'Afrique.

Quant au *Viverra cafra* de Schreber et de Gmelin, il s'en

rapprocheroit encore assez, mais il en **différeroit** cependant par la couleur noire de l'extrémité de sa queue.

Le caractère de l'espèce que nous décrivons, qui paroit avoir le plus frappé M. Frédéric Cuvier, est la couleur blanche des parties inférieures de son corps, et ce caractère doit être un de ceux qui serviront le mieux à la distinguer de la suivante.

MANGOUSTE DE MALACCA, Fr. Cuv., Mamm. lithogr. ; *Herpestes Frederici*, Desm. La longueur de son corps, mesurée depuis le bout du museau jusqu'à l'origine de la queue, est de onze pouces; celle de sa queue est d'un pied. Sa hauteur dans la partie la plus élevée du dos est de cinq pouces quatre lignes. La couleur générale de son pelage est d'un gris sale qui résulte des anneaux noirs et blancs jaunâtres qui recouvrent les poils; le tour de l'œil, l'oreille et l'extrémité du museau sont nus et violâtres; le jaune est un peu plus pur dans les poils du dessous du cou, et le noir moins foncé aux parties inférieures, ce qui les rend un peu plus pâles que les parties supérieures. Les pattes n'ont que des poils courts, et la peau est d'une couleur de chair qui a une teinte lie de vin; la queue est de la même couleur que le corps, très-grosse à son origine, et se termine en pointe par des poils jaunâtres.

On voit par cette description que cette espèce est extrêmement voisine de la précédente, et nous ne nous déterminons même à l'en séparer que sur l'autorité de M. Frédéric Cuvier, qui les a distinguées. Selon ce naturaliste, on doit la placer à la tête d'une série de mangoustes indéterminées de Pondichéry, du Cap, de l'Ile-de-France ou de Java, qui passent de l'une à l'autre, par des nuances insensibles, du gris au brun, et dont la mangouste de Java seroit le dernier terme vers le brun, celle-ci étant le premier vers le gris; ces animaux ne paroissant être que des variétés d'une même espèce, lorsque l'on compare les plus voisins, mais présentant de véritables différences spécifiques, lorsqu'on rapproche les extrêmes.

M. Frédéric Cuvier a décrit l'animal dont nous nous occupons, sous le nom de mangouste de Malacca, bien qu'elle se trouve non seulement dans la presqu'île de Malacca, mais aussi aux environs de Pondichéry, d'où elle a été envoyée au Muséum par M. Leschenault de Latour, et c'est ce qui m'a déterminé à changer son nom spécifique.

Un mâle de cette espèce, qui a vécu à la ménagerie, étoit extrêmement apprivoisé, et d'une grande propreté, et il ne montroit de férocité que lorsqu'il voyoit les petits animaux dont il désiroit faire sa proie : lorsqu'on l'irritoit, sa queue, dont les poils se hérissoient, devenoit grosse comme celle d'un renard.

Dans son pays natal, cette mangouste habite les trous des murailles, ou des terriers, au voisinage des habitations, où elle cause des ravages semblables à ceux des putois chez nous.

Mangouste de Java : *Herpestes javanicus*, Desm.; Mangouste de Java, Geoffr., Mém. sur l'Egypte : Fréd. Cuv., Mamm. lithogr. Cette espèce, selon M. Geoffroy, a le pelage brun marron, pointillé de blanc jaunâtre; la tête, le dessous de la gorge et les pieds d'un brun marron foncé, et la queue de la couleur du corps; et c'est ainsi que je l'ai décrite (Mammalogie, n.° 526). D'un autre côté, M. Fréd. Cuvier, qui a eu à sa disposition une mangouste vivante qu'il lui rapporte, dit qu'elle ne diffère de la mangouste de Malacca, que parce que son pelage est tiqueté de noir et de brun, au lieu de l'être de noir et de blanc; mais que du reste elles ont l'une et l'autre le museau noirâtre, le dos plus foncé que les flancs, ainsi que les extrémités et la tête sur lesquelles le brun est plus uniforme, parce que les poils y sont entièrement bruns ou noirâtres.

On trouve cette espèce, non seulement à l'île de Java, mais encore sur le continent asiatique.

Mangouste d'Edwards : *Herpestes Edwardsii*, Desm.; *Viverra*, Edwards, *Birds*, tab. 199; Mangouste d'Edwards, Geoffr., Mém. sur l'Egypte. Cette petite espèce, qui paroît appartenir à cette série de mangoustes indéterminées que M. Frédéric Cuvier fait commencer par la mangouste de Malacca, et qu'il termine par la mangouste de Java, est caractérisée par la couleur des poils de son dos et de sa queue, qui sont annelés de brun et d'olivâtre; par son museau d'un brun rougeâtre, et par sa queue pointue. Elle est des Indes.

Grande Mangouste de Buffon, Hist. nat., Suppl., tom. 3, pl. 26 : *Herpestes major*, Desm.; *Ichneumon major*, Geoffr., Mém. de l'Inst. d'Egypte, Hist. nat., tom. 2, pag. 139, n.° 7. Celle-ci, qui n'est connue que par la description de Buffon, est remarquable par sa grande taille, son corps ayant un pied dix pouces de longueur, et sa queue un pied huit pouces.

Son museau est un peu plus gros et un peu moins long que celui des autres espèces; son poil est plus hérissé et plus long; et sa couleur générale est la couleur marron très-finement tiquetée de fauve; sa queue, qui est terminée de brun, est pointue au bout. Sa patrie est inconnue.

MANGOUSTE ROUGE: *Herpestes ruber*, Desm.; *Ichneumon ruber*, Geoffr., Mém. sur l'Égypte. Cette espèce, qui existe dans la collection du Muséum, a quinze pouces environ de longueur mesurée depuis le bout du nez jusqu'à l'origine de la queue qui a onze pouces. La teinte générale de son pelage est le roux ferrugineux très-éclatant, particulièrement sur la tête et sur la face externe des quatre membres; les poils du dos et des flancs sont marqués d'anneaux alternativement roux foncé et roux jaunâtre ou fauve, qui font paroître ces parties comme piquetées de cette dernière couleur; le dessus de la tête est d'un roux d'écureuil très-ardent; les poils du menton, du dessous du cou et de la poitrine sont d'un jaune roux égal, et cette teinte devient un peu plus foncée sous le ventre; la queue est couverte de poils roux non annelés.

La patrie de cette espèce est inconnue.

MANGOUSTE VANSIRE: *Herpestes galera*, Desm.; VANSIRE, Buff., Hist. nat., t. 13. pl. 21; *Mustela galera*, Linn.; MANGOUSTE VANSIRE, Geoffr., Mém. sur l'Égypte; *Vohang shira* des Madécasses.

Cette dernière espèce, connue depuis long-temps, avoit d'abord été rapportée au genre des martes, et c'est à M. Geoffroy qu'on doit son transport dans celui des mangoustes, auquel elle se rapporte véritablement. Son corps a un pied de long environ, mesuré depuis le bout du nez jusqu'à l'origine de la queue. Le tronçon de cette dernière partie n'a que sept pouces, mais il est dépassé de deux pouces et demi par les poils qui le terminent. Son pelage est soyeux, moins long que celui de la fouine et de la marte, d'un brun foncé et piqueté de blanc jaunâtre, les poils intérieurs sont d'un brun uniforme; la tête et les pattes sont d'un brun plus teinté de roux que le reste du corps; les oreilles sont assez grandes et brunes, la queue, de moyenne épaisseur à sa base, est couverte de poils assez longs et bruns, annelés, comme ceux du corps, de blanc jaunâtre.

Cet animal originaire de Madagascar, a été transporté dans les îles de France et de Bourbon, où il est maintenant acclimaté. On ne sait rien sur ses habitudes naturelles, si ce n'est qu'il aime beaucoup à se baigner. (Desm.)

MANGRÈNEGRÈNE. (*Ornith.*) L'œdicnème, *charadrius œdicnemus*, Linn., se nomme ainsi à la terre des Papous. (Ch. D.)

MANGROVE. (*Bot.*) Voyez Mangle. (J.)

MANGUEIRO. (*Bot.*) Suivant Loureiro, on donne ce nom sur la côte orientale d'Afrique, à un arbre qu'il décrit et nomme *tilachium africanum*. (Lem.)

MANGUEL et MEXOCOLT. (*Bot.*) L'acanga, espèce d'ananas, *bromelia*, porte ces noms au Mexique. (Lem.)

MANGUES. (*Bot.*) Synonyme de mangle et manglier. (Lem.)

MANGUEY (*Bot.*), nom de l'*agave americana* au Mexique. (Lem.)

MANGUIER. (*Bot.*) Voyez Mangier et Mangle. (Lem.)

MANGUIER A GRAPPES. (*Bot.*) Suivant M. du Petit-Thouars, on donne ce nom, dans l'île de Madagascar, à son genre *Sorindeia*, qui est le *voa-sorindi* des Malgaches. (J.)

MANGUMMANAUCK. (*Bot.*) Clusius, d'après un historien de la Virginie, cite sous ce nom un chêne de ce pays, qui donne un gland très-gros dont il figure la cupule. Il dit que les habitans font sécher ce gland pour le conserver, et qu'ils s'en nourrissent après l'avoir macéré dans l'eau et lui avoir fait éprouver une cuisson. (J.)

MANGUSTA. (*Mamm.*) Voyez Mangouste. (Desm.)

MANHÉFOR. (*Ornith.*) Synonyme d'oiseau de paradis à la terre des Papous. (Ch. D.)

MANI, *Moronobea.* (*Bot.*) Genre de plantes dicotylédones, à fleurs complètes, polypétalées, de la famille des *guttifères*, de la *polyadelphie polyandrie* de Linnæus, offrant pour caractère essentiel : Un calice à cinq divisions; cinq pétales connivens, roulés et se recouvrant par un de leurs bords; quinze à vingt étamines polyadelphes, distribuées en cinq faisceaux, roulés en spirale autour d'un ovaire supérieur; un style; cinq stigmates; une baie capsulaire, uniloculaire, polysperme.

Mani a fleurs écarlates : *Moronobea coccinea*, Aubl., *Guian.*, vol. 2, pag. 789, tab 213; Lamck., *Ill. gen.*, tab. 644: *Symphonia globulifera*, Linn., *Suppl.*, pag. 302. Très-grand arbre de la Guiane, dont l'écorce est lisse, cendrée, le bois jaunâtre, la cime composée d'un grand nombre de rameaux noueux, tétragones, garnis de feuilles opposées, ovales oblongues, glabres, acuminées, à pétioles courts. Les fleurs sont d'un beau rouge, solitaires, ou réunies en bouquets à l'extrémité des rameaux ; les pédoncules courbés, puis redressés à l'époque de la floraison ; les divisions du calice concaves, épaisses, jaunâtres, un peu arrondies et persistantes ; les corolles beaucoup plus longues que le calice ; les pétales ovales, oblongs, à peine ouverts ; les filamens d'un rouge vif, réunis en cinq faisceaux à leur base ; les anthères longues, à deux lobes. L'ovaire est strié en spirale, à stigmates étalés en étoile. Le fruit est ovale, à une seule loge, renfermant deux à cinq semences grosses, anguleuses, couvertes d'un duvet roussâtre.

Il découle, de toutes les parties de cet arbre, un suc jaune, résineux, très-abondant, surtout dans le tronc et les branches : il s'épaissit et devient noir en se desséchant. Les Créoles l'emploient pour goudronner leurs barques, leurs pirogues, leurs cordages, etc. L'on en fait aussi des flambeaux, en le mêlant avec d'autres résines du pays. Les Galibis s'en servent pour attacher les fers de leurs flèches, et les dents de poisson dont ils les arment. Le bois des jeunes individus sert à faire des cercles de bariques : celui des grands arbres se fend aisément, on en fabrique des bariques. (Poir.)

MANI. (*Ornith.*) Synonyme d'oiseau à l'île Guébé, dans les Moluques. (Ch. D.)

MANIAN ou MAGNA. (*Entom.*) Ces noms sont ceux sous lesquels on désigne les vers à soie dans le Languedoc. (Desm.)

MANIAURI. (*Ornith.*) Ce nom, qui s'écrit aussi *magniaourou*, désigne, à la terre des Papous, le lori tricolor, *psittacus lori*, Linn. (Ch. D.)

MANICAIRE, *Manicaria*. (*Bot.*) Genre de plantes monocotylédones, à fleurs monoïques, de la famille des *palmiers*, de la *monoécie polyandrie* de Linnæus, offrant pour caractère essentiel : Les deux sexes réunis sur le même régime ; une spathe entière en forme de sac ; un calice campanulé, déchiqueté à son bord ; trois pétales coriaces ; environ vingt-quatre étamines ; les filamens libres : dans les fleurs femelles, un ovaire supérieur, trigone ; un style conique ; un stigmate ample ; une noix ou un drupe sec ?

MANICAIRE EN SAC : *Manicaria saccifera*, Gærtn., *de Fruct.*, 2, pag. 469, tab. 176; Lamck., *Ill. gen.*, tab. 774; *Palma sarcifera*, Clus., *Exot.*, pag. 4; J. Bauh., *Hist.*, 1, pag. 383; vulgairement Tourloury? C'est la seule espèce de ce genre, dont nous ne connoissons encore que les fleurs. Elles sont monoïques, les mâles mélangées avec les femelles sur le même régime, renfermées d'abord dans une grande spathe entière, susceptible d'une grande dilatation, en forme de sac ou de bonnet conique; les spathes partielles situées sous chaque fleur sont à peine sensibles. Le régime est tomenteux, presque paniculé, divisé en rameaux très-simples, comprimés. Les fleurs mâles sont nombreuses, recouvrent presque toute la superficie des rameaux; leur calice est court, scarieux, anguleux, déchiré à son bord; leurs pétales sont ovales, rapprochés. Les fleurs femelles sont rarement au-delà de vingt, placées à la base des rameaux, beaucoup plus grandes que les fleurs mâles; leur calice est membraneux, irrégulièrement crénelé; leurs pétales sont ovales, acuminés, coriaces, connivens; leur ovaire est trigone et leur style épais conique. Cette plante croît dans les Indes orientales. (Poir.)

MANICOU. (*Mamm.*) Nom propre du didelphe à oreilles bicolores. Voyez SARIGUE. (F. C.)

MANICOU. (*Crust.*) M. Bosc dit que l'on donne ce nom à un crustacé brachyure, dont il ne désigne pas le genre. (Desm.)

MANICUP. (*Ornith.*) Ce nom, qui s'écrit aussi *manikup*, est celui d'un manakin de Cayenne, autrement nommé *plumet blanc*, et dont M. Vieillot a formé le genre *Pithys*. (Ch. D.)

MANIER. (*Ornith.*) C'est l'un des noms picards de la pie-grièche écorcheur. (Desm.)

MANIFALKOUME (*Ornith.*), nom que porte l'ara noir à trompe, dans l'île de Guébé. (Ch. D.)

MANIFOLIUM (*Bot.*), un des noms anciens de la bardane, cités par Apulée. (J.)

MANI-GALGALET ou GALÉGALET (*Ornith.*), nom donné, dans l'île de Guébé, archipel des Moluques, à une espèce de fou ou de cormoran. (Ch. D.)

MANIGETTE. (*Bot.*) Dans la collection ancienne des Voyages par Théodore Debry, part. VI, chap. 58, il est fait mention d'une espèce de froment, *frumentum*, ainsi nommée dans l'Éthiopie; mais, d'après sa description très-incomplète, il sembleroit qu'elle auroit plus de rapport avec le maïs, cependant sans lui être congénère. On ne la confondra pas avec la maniguette, qui est un fruit ou une graine aromatique, substituée quelquefois au poivre et que l'on croit produite par un *cananga*, ou un *uvaria*, genre de la famille des anonées. On l'assimile aussi quelquefois aux graines de quelques cardamomes. (J.)

MANIGUETTE. (*Bot.*) Voyez MANIGETTE. (J.)

MANIHOT. (*Bot.*) Voyez MANDHEA. (J.)

MANIKAU (*Bot.*), nom de la fraise à Java. (LEM.)

MANIKIN. (*Mamm.*) Selon Sonnini, ce nom seroit celui que la guenon môue recevroit dans son pays natal, la Côte-d'Or en Afrique. (DESM.)

MANIKOR. (*Ornith.*) L'oiseau connu sous ce nom est le *pipra papuensis*, Gmel., lequel diffère des manakins, en ce que sa mandibule supérieure n'est pas échancrée. (CH. D.)

MANIKUP. (*Ornith.*) Voyez MANICUP. (CH. D.)

MANIL. (*Bot.*) Voyez MANI. (LEM.)

MANILJAKA (*Bot.*), nom malabare, cité par Rhéede, d'un corossolier, *anona squamata*, qui est le *manil-ponossou* des Brahmes. (J.)

MANIL-KARA. (*Bot.*) L'arbre du Malabar cité sous ce nom par Rhéede, et que Scopoli a reproduit sous celui de *stisseria*, a beaucoup d'affinité avec l'*imbricaria* de Commerson, qui, lui-même, est congénère de l'elengi *mimusops*. (J.)

MANILLE. (*Erpétol.*) M. Bosc dit que ce nom est celui d'une vipère de l'Inde, dont la morsure est fort redoutée. (DESM.)

MANIMBÉ. (*Ornith.*) Cet oiseau est un de ceux que M. d'Azara a décrits parmi ses chipius, et dont il a déjà été fait mention dans le tome 8.ᵉ de ce Dictionnaire, pag. 590. L'auteur espagnol dit, n.° 141, que le manimbé ou malimbé se trouve au Paraguay jusqu'à la rivière de la Plata, qu'il se perche ordinairement sur les buissons les plus bas et au bord des bois, et qu'il a un ramage doux et assez varié. La longueur totale de cet oiseau est de cinq pouces, et celle du bec, dont la forme est pyramidale, de cinq lignes. La tête, le dessus du cou et la moitié du dos sont couverts de plumes noirâtres au milieu, et de couleur de plomb sur le reste; celles du bas du dos et le croupion sont d'un brun noirâtre; les pennes alaires et caudales sont brunes; le pli de l'aile est d'un jaune foncé, ainsi qu'un trait entre le bec et l'œil ; les paupières sont blanchâtres ; l'iris est brun, et le bec, noirâtre en dessus . est blanchâtre en dessous. (Ch. D.)

MANINA et MANINÆ. (*Bot.*) Dénominations sous lesquelles les espèces de clavaires charnues, rameuses et coralloïdes, sont décrites dans les ouvrages d'Hermolaüs, Ruelle, Book, Césalpin, etc. Micheli les réunissoit en un genre sous le nom de *corolloïdes* qu'Adanson a conservé, mais nommé *manina*, qu'il auroit fallu adopter, si ce genre n'avoit été réuni avec d'autres champignons analogues sous le nom commun de *clavaria*. (Voyez Clavaires.)

Ces mêmes plantes sont encore désignées par *manotæ* dans un ancien ouvrage intitulé : *De re cibariâ*, dont Bruyer, dit Champier de Lyon, est auteur. Toutes ces dénominations rappellent que les clavaires dont il s'agit, sont découpées à peu près de manière à imiter une main. Dans les campagnes, ce sont encore elles qu'on nomment *mainottes, manottes, doigtiers*, etc. (Lem.)

MANIOC. (*Bot.*) Voyez Janipha. (Poir.)

MANIPI (*Ornith.*), nom du goura ou pigeon couronné, *columba coronata*, Linn., chez les Papous. (Ch. D.

MANIPONGOU (*Bot.*), nom vulgaire d'un savonier, *sapindus laurifolia*, sur la côte de Coromandel. (J.)

MANIPOURI ou MAIPOURI (*Mamm.*), un des noms du Tapir d'Amérique. (Desm.)

MANIROTE. (*Bot.*) Dans le canton d'Angustura en Amérique, on nomme ainsi un corossolier, *anona manirote* de la Flore Equinoxiale. (J.)

MA-NIROURI. (*Bot.*) Petit arbre du Malabar, nommé *majana-peja* par les Brahmes ; lequel paroit être un *phyllanthus* ou une espèce d'un genre voisin. (J.)

MANIS (*Mamm.*), nom latin donné par Linnæus comme nom générique aux Pangolins. (F. C.)

MANISURE, *Manisuris*. (*Bot.*) Genre de plantes monocotylédones, à fleurs glumacées, de la famille des *graminées*, de la *polygamie monoécie* de Linnæus, offrant pour caractère essentiel, dans les fleurs hermaphrodites, un calice bivalve, uniflore ; la valve extérieure concave, hémisphérique, tuberculée ; la corolle plus petite que le calice, à deux valves

5.

membraneuses ; trois étamines ; un style bifide : les fleurs mâles
pédicellées, mélangées et alternes avec les hermaphrodites ; les
valves calicinales ovales lancéolées ; celles de la corolle transparentes, renfermées dans le calice.

M. de Beauvois a exclu de ce genre le *manisuris myurus*, dont
il a formé, d'après M. Desvaux, le genre *Peltophorus*, dont le
caractère est établi sur la valve extérieure du calice large,
presque plane, membraneuse à ses bords, point tuberculée.
Je doute que ce genre puisse être admis, d'après un si foible
caractère. (Voyez Peltophore.)

Manisure granulée : *Manisuris granularis*, Swartz ; Lamck.,
Ill. gen., tab. 859 ; Beauv., *Agrost.*, tab. 21, fig. 10 ; *Cenchrus
granularis*, Linn. ; Sloan., *Jam. Hist.*, 1, pag. 120, tab. 80.
Cette plante a des tiges hautes, rameuses, chargées de poils,
ainsi que les feuilles ; ces poils sont placés sur de petits points
calleux ; les feuilles d'une longueur médiocre, larges d'environ
quatre lignes ; les gaînes un peu renflées, plus courtes que les
entre-nœuds ; les fleurs disposées en épis grêles, axillaires, terminaux, fasciculés, quelquefois solitaires ; ils sont accompagnés
chacun d'une petite feuille en forme de bractée. La valve
calicinale externe est concave, presque entièrement sphérique, d'un blanc jaunâtre, comme calleuse, et couverte de
rides tuberculées, échancrée à sa base pour embrasser le rachis
de l'épi. Cette plante croît aux Antilles, et même à l'Ile-de-
France.

Manisure a plusieurs épis : *Manisuris polystachya*, Pal. Beauv.,
Flore d'Oware et de Benin, 1, pag. 24, tab. 14, et Agrostog.,
pag. 119. Cette plante, très-rapprochée de la précédente, en
est distinguée par ses épis deux ou trois fois plus nombreux.
Ses tiges sont dures, rameuses, striées, velues, hautes d'un
pied et demi et plus ; les feuilles larges, alongées, aiguës,
couvertes de poils tuberculés à leur base. Les fleurs sont réunies
en épis axillaires, latéraux, et nombreux ; le rachis articulé ;
la feuille qui les accompagne n'a qu'une gaîne très-courte ou
nulle ; les fleurs mâles et les hermaphrodites placées sur le
même épi. Cette plante croît dans les prés humides à Chama,
Oware et Benin. (Poir.)

MANITAMBOU (*Bot.*), nom caraïbe du sapotillier, cité par
Nicolson et Barrère. (J.)

MANITHONDI (*Bot.*), nom du henné, *lawsonia*, à Ceilan, suivant Hermann et Linnæus. (J.)

MANITOU, MANITOUR. (*Mamm.*) C'est le même nom que Manicou. (F. C.)

MANITOU. (*Conchyl.*) Dénomination que les Sauvages de l'Amérique méridionale emploient pour désigner une coquille du genre Ampullaire, l'ampullaire idole, *helix ampullacea*, Linn., Gmel. (De B.)

MANJACK (*Bot.*), nom d'un sebestier, *cordia elliptica*, dans les Antilles, suivant Swartz. (J.)

MANJA-KUA (*Bot.*), nom malabare du *curcuma rotunda*, que Garcias et Clusius nomment *manjale;* le *mangelia-kua* est le *curcuma longa*. (J.)

MANJA-KURINE (*Bot.*), nom malabare, cité par Rhéede, du *justicia infundibuliformis* de Linnæus. (J.)

MANJALE. (*Bot.*) Voyez Manja-Kua. (J.)

MANJAPU, MANJAPUMERAM (*Bot.*), noms malabares de l'*arbor tristis*, *nyctanthus arbor tristis* de Linnæus, qui est le *pariaticu* des Brahmes. (J.)

MANJHO-PERO ou BANAR. (*Entom.*) Selon l'abbé de Sauvages, ces noms languedociens sont ceux du capricorne héros, *cerambyx heros;* et celui de manjho-roso est appliqué au capricorne à odeur de rose, *cerambyx moschatus*. (Desm.)

MANKAHOK. (*Ornith.*) Ce nom, qui s'écrit aussi *mangahonki* désigne, suivant MM. Quoy et Gaimard, médecins naturalistes du voyage autour du monde du capitaine Freycinet, une espèce de cassican, *barita*, Cuv., et *eracticus*, Vieill., à la terre des Papous. (Ch. D.)

MANKINETROUS. (*Ornith.*) On donne, à la terre des Papous, ce nom et celui de *mangrogrone*, au martin-chasseur gaudichaud, *dacelo gaudichaud*, de MM. Quoy et Gaimard, médecins naturalistes du voyage autour monde du capitaine Freycinet. (Ch. D.)

MANKIRIO. (*Ornith.*) C'est ainsi qu'à la terre des Papous on appelle le mégapode Freycinet, *megapodius Freycinet*, Quoy et Gaimard. (Ch. D.)

MAN-KO (*Bot.*), nom que les Chinois donnent au fruit du manguier, *mangifera*, suivant le Jésuite missionnaire Boym. (J.)

MANKS PUFFIN (*Ornith.*), nom anglois du pétrel puffin, *procellaria puffinus*, Gmel. (Ch. D.)

MANLIRA (*Bot.*), nom caraïbe du gayac, selon Surian et Nicolson. (J.)

MANLITOU (*Bot.*), nom caraïbe, cité par Surian, d'un acacia qui paroit être le *mimosa tergemina* de Linnæus, ou son *mimosa purpurea*, tous deux rapportés, par Willdenow, à son genre *Inga*. (J.)

MANNALIE RANKEN. (*Bot.*) Burmann dit qu'on nomme ainsi son *lobelia pumila* sur la côte de Coromandel. (J.)

MANNA TERRESTRIS. (*Bot.*) C'est-à-dire *manne terrestre.* Sterbeeck donne ce nom et celui de *medula terrestris* à la *chanterelle*, très-bonne espèce de champignon que l'on mange dans beaucoup d'endroits. Voyez CHANTERELLE et MERULIUS. (LEM.)

MANNE. (*Bot.*) Substance douceâtre et sucrée, produite par certaines espèces de frênes, et principalement par le *fraxinus rotundifolia*. Voyez vol. 17, p. 379. (L. D.)

MANNE (*Chim.*) L'analyse de la manne m'a donné: 1.° *du sucre fermentescible; 2.° de la mannite; 3.° une gomme* qui produit beaucoup d'acide saccholactique quand on la traite par l'acide nitrique ; 4.° *une matière nauséabonde*. (CH.)

MANNE DE PERSE. (*Bot.*) Voyez *Alhagi* à l'article SAIN-FOIN. (LEM.)

MANNE DE PRUSSE (*Bot.*), nom vulgaire du *festuca fluitans*, Linn., que plusieurs auteurs rangent aujourd'hui parmi les *poa*. (L. D.)

MANNE DU LIBAN. (*Bot.*) Voyez MASTIC. (LEM.)

MANNÉI. (*Ornith.*) L'oiseau, ainsi appelé à la terre des Papous, est une espèce de sterne ou hirondelle de mer, (CH. D.)

MANNELI (*Bot.*), nom malabare, cité par Rhèede, de l'*aspalathus indica*, genre de la famille des légumineuses. (J.)

MANNESI (*Bot.*), nom chinois cité par M. Thunberg, de son *orontium japonicum*, qui est le *kiro* ou *virjo* du Japon. (J.)

MANNETIA. (*Bot.*) Voyez GAZOUL., NACIBEA. (J.)

MANNITE. (*Chim.*) Substance qu'on retire de la manne. Elle est caractérisée par les propriétés suivantes : elle a une saveur sucrée; elle cristallise en aiguilles fines, brillantes; elle est soluble dans l'eau et dans l'alcool surtout à chaud. L'alcool bouillant qui en est saturé se prend en masse par le refroidissement; elle ne fermente pas avec la levure; traitée par l'acide nitrique, elle se convertit en acide oxalique, sans donner d'acide saccholactique.

La mannite est formée suivant M. Th. de Saussure, de :

Oxigène............................ 53.60
Carbone............................ 38.53
Hydrogène.......................... 7,87

Il suit de cette analyse que l'hydrogène est en excès sur la quantité de cet élément qui est nécessaire pour convertir l'oxigène de la mannite en eau.

Pour préparer la mannite, on traite la manne en larmes par l'alcool bouillant; on filtre; par le refroidissement la mannite cristallise; on verse les matières sur un filtre, on presse les cristaux pour les égoutter; puis on les redissout dans l'alcool bouillant pour achever de les purifier. (CH.)

MANOA. (*Bot.*) C'est dans Rumphius le nom d'une espèce de corossol. (LEM.)

MANOBI. (*Bot.*) Voyez MANDUBI. (J.)

MANOBO. (*Ornith.*) Suivant MM. Quoy et Gaimard, c'est à la terre des Papous, la colombe kurukuru, *columba purpurata*, Lath. (CH. D.)

MAN-OF-WAR BIRD. (*Ornith.*) Ce nom anglois, qui signifie oiseau guerrier, a été mal à propos donné par les Anglois de la baie de Hudson au labbe à longue queue; il avoit été antérieurement appliqué à la frégate, *pelecanus aquilus*, Linn. (CH. D.)

MANON. (*Spong.*) M. Oken, dans son Système général de zoologie, fait sous ce nom un genre dans lequel il range les *Spongia fruticosa, lanuginosa, alcicornis, damicornis, lactuca, tupha* et *lycopodium*. Ses caractères sont: Eponges molles, branchues, les branches rondes et flexibles. Le type du genre est le *Spongia dichotoma*, que M. Oken nomme *Manon cervicornis*. Voyez SPONGIAIRES. (DE B.)

MAN-ONAPU. (*Bot.*) Espèce de balsamine du Malabar. Le terme onapu paroît appartenir au genre. (J.)

MANOO. (*Ornith.*) Ce mot, écrit en anglois, s'exprime en

françois par *manou*. Il signifie oiseau en général dans les îles de
la Société, dans celles des Amis, et à la Nouvelle-Calédonie,
où l'on désigne les oiseaux au pluriel par *mani mani*. (Ch. D.)

MANOO-ROA. (*Ornith.*) Le premier de ces mots signifie
oiseau, dans les îles de la Société, et le second est un adjectif
qui a plusieurs acceptions dont une est *long*. Les habitans de ces
îles appellent ainsi l'oiseau du tropique ou paille-en-queue,
phaeton æthereus, Linn. (Ch. D.)

MANORINE. (*Ornith.*) M. Vieillot a établi sous ce nom dans
la famille des oiseaux sylvains, entre les martins et les gral-
lines, un genre composé d'une seule espèce de la Nouvelle-
Hollande, et lui a assigné pour caractères : Un bec court, assez
grêle, comprimé latéralement, entier, pointu, et dont la base
est garnie sur les côtés de petites plumes dirigées en avant; la
mandibule supérieure un peu arquée et couvrant les bords de
l'inférieure, qui est droite et plus courte; des narines amples,
s'étendant de l'arête jusqu'aux bords du bec, d'une longueur
égale à la moitié de la mandibule supérieure, terminées en
pointe et recouvertes par une membrane à ouverture linéaire;
l'intermédiaire des trois doigts de devant soudé avec l'extérieur
à la base; le pouce très-épais et plus long que les doigts latéraux; les ongles crochus, étroits et aigus, dont le postérieur
est le plus fort et le plus alongé.

MANORINE VERTE; *Manorina viridis*, Vieill. Cet oiseau, qui est
conservé au Muséum d'Histoire naturelle de Paris, a environ six
pouces de longueur totale, et son bec a six à huit lignes; la
queue est un peu arrondie à l'extrémité; les ailes en repos n'en
dépassent pas la moitié. Le plumage est, en général, d'un vert
olive, dont les nuances sont jaunâtres sur les parties inférieures,
et foncées sur les parties supérieures et sur le bord interne des
pennes de l'aile. Les plumes de la base du front qui, des deux
côtés, s'avancent sur les narines, sont noires; l'espace entre le
bec et l'œil est jaune et paroît velouté; le bec et les pieds sont
jaunes; deux moustaches noirâtres partent de la mandibule
inférieure du mâle, et descendent sur les côtés de la gorge. La
femelle, qui est privée de ces moustaches, n'a pas non plus le
lorum jaune : son plumage est d'ailleurs d'un vert plus terne et
assez uniforme. (Ch. D.)

MANOTÆ. (*Bot.*) Voyez MANINA. (Lem.)

MANOT-PIMEHT (*Bot.*), nom du *papihne linifolia* de Swartz, dans les Antilles. (J.)

MANOU. (*Ornith.*) Voy. MANOO. (CH. D.)

MANOUBÈNE (*Ornith.*). nom du crabier blanc, *ardea æquinoctialis*, Linn., à la terre des Papous. (CH. D.)

MANOUCA. (*Ornith.*) Le Père Paulin de Saint-Barthélemi, dans son Voyage aux Indes orientales, tom. 1, pag. 422, cite cet oiseau comme une espèce de paradisier, ainsi nommée au Malabar. (CH. D.)

MANOUG-LAHÉ. (*Ornith.*) En langue chamorre ou des iles Mariannes, le coq, *phasianus gallus*, s'appelle ainsi, et la poule est nommée *manoug-palahouan*. Lahé signifie homme, et palahouan femme. (CH. D.)

MANOUL. (*Mamm.*) Voyez MANUL. (DESM.)

MANOUPO. (*Ornith.*) A la terre des Papous, c'est ainsi qu'on appelle le balbuzard, *faleo haliaetos*, Linn.; *pandion*, Sav. (CH. D.)

MANOUQUIBONGA. (*Bot.*) L'arbrisseau de ce nom, cité à Madagascar par Rochon, dont les fleurs rouges sont disposées en aigrette, est le *combretum coccineum*, existant dans l'Herbier de Commerson, sous les noms de *pevrœa*, *aigrette de Madagascar*. (J.)

MANOUSE. (*Bot.*) Bomare dit qu'à Marseille on nomme ainsi le lin apporté du Levant. (J.)

MANQUE. (*Ornith.*) Tel est, suivant Molini, le nom que porte au Chili le condor, *vultur gryphus*, Linn. (CH. D.)

MANROUA. (*Ornith.*) La colombe muscadivore, *columba ænea*, Lath., porte ce nom et celui de *mankaoua* à la terre des Papous. (CH. D.)

MANS (*Entom.*), l'un des noms vulgaires des larves du hanneton et du scarabée nasicorne. (DESM.)

MANSANA. (*Bot.*) Voyez MANSSANAS. (J.)

MANSANILLA. (*Bot.*) Voyez MANCÉNILIER. (LEM.)

MANSARD. (*Ornith.*) Ce terme, qui s'écrit aussi *Mansart*, est une des dénominations vulgaires du ramier, *columba palumbus*, Linn., qu'on appelle *manseau* dans le Brabant. (CH. D.)

MANSEAU. (*Ornith.*) Voyez MANSARD. (CH. D.)

MANSFENI. (*Ornith.*) Voyez MALFINI. (CH. D.)

MANSIADI (*Bot.*), de Rhéede. Voyez CONDOR. (LEM.)

MANSIENNE. (*Bot.*) Voyez Mancienne. (L. D.)

MANSJEL CALINIER (*Bot.*), nom indien, suivant Burmann, de son *mollugo triphylla*. (J.)

MANSORINO (*Bot.*), nom toscan d'un chèvre-feuille que Santi a observé dans son voyage au Montamiata dans la Toscane. (J.)

MANSSANAS. (*Bot.*) Dans l'île de Mindanao, une des îles Philippines, on nomme ainsi, suivant Sonnerat, une espèce de jujubier, *ziziphus jujuba*, de Willdenow. Gmelin en faisoit son genre *Mansana*, auquel il attribuoit, avec Sonnerat, six pétales et autant d'étamines ; Rhèede réduit ce nombre à cinq dans le *perim-toddali* des Malabares, qui est la même plante, suivant Willdenow. (J.)

MANSUETTE (*Bot.*), nom d'une variété de poire pyramidale, obtuse, courbée, jaunâtre, tachetée de brun. (L. D.)

MAN-SY-LAN. (*Bot.*) On donne en Chine ce nom a la crinole d'Asie. (Lem.)

MANTANNE. (*Bot.*) Synonyme de mancienne. (Lem.)

MANTE, *Mantis.* (*Entom.*) Nom donné par les Grecs à des insectes qui paroissent être les mêmes que ceux auxquels cet article est consacré. On trouve en effet dans une des idylles de Théocrite ce mot employé pour désigner une jeune fille maigre, à bras minces et alongés. *Prœmacram ac pertenuem puellam* μαντιν. *Corpore prælongo, pedibus item prælongis, locustœ genus.* Rondelet, Moufflet, Aldrovande, Linnæus, ont adopté cette dénomination pour indiquer les mêmes insectes. Le premier de ces auteurs dit qu'en Provence on nomme indifféremment ces insectes *devin* et *préga diou* ou *prêche-dieu*, parce qu'ils ont les pattes de devant étendues, comme s'ils prêchoient ; il ajoute même avec bonhomie : *Tam divina censetur bestiola, ut puero interroganti de viâ, altero pede extento rectam monstret, atque rarò, vel nunquam fallat.*

Les mantes sont des insectes orthoptères ou à élytres et à ailes inférieures plissées en longueur et non pliées transversalement, munis de mâchoires ; dont les cuisses postérieures ne sont pas plus longues que les autres ; qui ont le corselet plus long que large, et cinq articles aux tarses, et par conséquent qui appartiennent à la famille dite des anomides ou difformes, parce qu'en effet ils diffèrent de la plupart des insectes par la longueur de leur corselet qui peut se redresser sur l'abdomen, et par le mode d'articulation et de conformation des pattes de devant dont l'insecte se sert comme de mains pour porter ses alimens à la bouche, le premier article de ces tarses ayant la forme de crochet, et faisant avec la jambe une sorte de pince.

Nous avons fait figurer une des espèces de ce genre à la planche 24 qui a paru sous le n.° 12 de la première livraison de l'atlas de ce Dictionnaire.

Les mantes diffèrent de la plupart des insectes orthoptères par les considérations que nous allons rappeler. D'abord elles n'ont pas, comme les grylloïdes ou les santerelles, les jambes, les cuisses, ou en général les pattes postérieures, excessivement développées et propres au saut; ensuite leur abdomen ne se termine pas par une sorte de pince, et leurs pattes par trois articles. Elles en ont cinq à la vérité comme les blattes, mais celles-ci ont le corselet au moins aussi large que long et recouvrant la tête, tandis qu'au contraire il est excessivement alongé et étroit dans les mantes.

Deux autres petits genres de la même famille des anomides, comme les *phyllies* et les *phasmes*, diffèrent ensuite par la configuration des pattes de devant qui ne forment pas la pince.

Les mantes, dont le corps est généralement très-alongé, ont la tête penchée, en forme de cœur ou de triangle dont les angles sont arrondis; les antennes longues en soie; les yeux saillans avec trois stemmates. Leurs jambes de devant sont très-alongées, surtout dans la région des hanches et des cuisses, et le tibia ou la jambe a. relativement, moins de longueur et se termine par une pointe acérée en crochet, reçu dans une rainure de la cuisse qui est en outre armée d'épines.

On trouve peu de mantes dans le Nord; mais on les observe très-fréquemment dans le Midi sous les trois états de larves, de nymphes motiles et d'insectes parfaits. Elles se nourrissent d'insectes mous qu'elles dévorent tout vivans. Les femelles pondent leurs œufs en masses disposées par lits, et enveloppées d'une matière gluante, comme gélatineuse, qui se dessèche à l'air, et qui reste cependant flexible. On trouve ces masses sur les tiges des plantes et des arbrisseaux; elles ressemblent à de petits guêpiers, où les œufs, enveloppés d'une sorte de parchemin, sont disposés sur deux rangs.

Les principales espèces de ce genre sont les suivantes :

1.º La Mante orateur. *Mantis oratoria.*

Geoffroy l'a figurée, planche 8, fig. 4 du tome Ier, décrite page 599.

Caract. : Verte; corselet lisse: élytres vertes: ailes membraneuses, verdâtres, portant au milieu une tache œillée d'un noir bleuâtre.

2.º La Mante religieuse. *Mantis religiosa.*

Caract. : Verte; corselet portant au milieu une carène ou une crête saillante; les ailes inférieures sans taches; élytres à côte externe jaunâtre; une tache brune au dedans des hanches antérieures.

3.º La Mante striée. *Mantis striata.*

C'est celle dont nous avons donné la figure citée plus haut.

Caract. : D'un jaune grisâtre; corselet et élytres bordés de jaune, celles-ci ayant des nervures longitudinales saillantes.

4.º La Mante païenne, *Mantis pagana.*

Cette espèce a été regardée comme un névroptère, et rangée par Linnæus avec les raphidies sous le nom de *Mantispa.*

Caract. : Grise; à ailes et élytres transparentes, à nervures comme réticulées avec un bord externe plus brun. (C. D.)

MANTE DE MER (*Crust.*), nom vulgaire des crustacés de l'ordre des stomapodes qui constituent le genre Squille. Voyez Malacostracés. (Desm.)

MANTEAU. (*Fauconnerie.*) Ce terme, qui s'emploie en général pour désigner la partie supérieure du corps, étoit plus particulièrement en usage pour les oiseaux de vol, dont on disoit qu'ils avoient le manteau uni ou bigarré. (Ch. D.)

MANTEAU. (*Malacoz.*) Les zoologistes et les anatomistes, partant de l'observation que le corps des mollusques bivalves est compris entre deux grands lobes de la peau, situés l'un à droite et l'autre à gauche, et qui l'enveloppent un peu comme notre corps l'est dans un manteau, ont employé ce terme d'abord pour désigner cette partie de l'organisation des bivalves, et ils l'ont ensuite étendu à l'enveloppe cutanée de tous les mollusques en général, quoiqu'elle se dispose souvent d'une manière extrêmement différente. Voyez Mollusques. (De B.)

MANTEAU-BLEU. (*Ornith.*) L'espèce de goéland à laquelle on donne ce nom et celui de *bleu-manteau*, est le *larus glaucus*, Linn.; et celle qu'on nomme vulgairement *manteau noir* ou *noir-manteau*, est le *larus marinus*, Linn. (Cπ. D.)

MANTEAU DU CHRIST. (*Bot.*) C'est en Espagne le nom d'une stramoine, *datura fastuosa*. (Lem.)

MANTEAU DUCAL. (*Conchyl.*) Cette dénomination est assez généralement employée par les marchands d'objets d'histoire naturelle, pour désigner une belle espèce de peigne, le *pecten pallium*, Lamck.: *ostrea pallium*, Linn., Gmel., que la beauté et la variété de ses couleurs font beaucoup rechercher dans les collections. Voyez Peigne. (De B.)

MANTEAU DUCAL BOMBÉ. (*Conchyl.*) Sous ce nom rarement employé, l'on entend l'*ostrea plica*, Linn., Gmel., espèce de peigne des zoologistes modernes. (De B.)

MANTEAU DUCAL DE LA MÉDITERRANÉE. (*Conchyl.*) Bruguière, dans ses Principes de conchyliologie, dit que l'on désigne ainsi l'*ostrea plica* de Linn., Gmel., espèce de peigne des zoologistes modernes, et cependant cette espèce provient de l'Inde. (De B.)

MANTEAU NOIR ou NOIR-MANTEAU. (*Ornith.*) Voyez Goéland a manteau noir et Mouette. (Desm.)

MANTEAU ROYAL. (*Bot.*) C'est l'ancholie des jardins. (Lem.)

MANTEAU ROYAL. (*Entom.*) Selon M. Latreille, on donne ce nom à une chenille, dont il n'indique pas le genre, parce que ses taches rougeâtres, relevées de jaune clair, imitent grossièrement des fleurs de lis. (Desm.)

MANTEAU DE SAINTE MARIE ou DE LA VIERGE. (*Bot.*) C'est la colocase. (Lem.)

MANTEAU DE SAINT-JAMES. (*Conchyl.*) Coquille précieuse du genre Harpe, *harpa nobilis*, Linn. (Lem.)

MANTEES. (*Bot.*) Voyez Come-gommi. (J.)

MANTEGAR ou MANTIGER. (*Mamm.*) Ces noms, qui signifient homme-tigre, ont été donnés au mandrill, espèce de singe du genre Cynocéphale. Voyez ce mot. (Desm.)

MANTELET. (*Malacoz.*) Adanson, Sénég., pag. 75, a cru devoir établir sous ce nom un petit genre de mollusques que les zoologistes modernes paroissent ne pas avoir admis, parce qu'ils l'ont regardé comme formé avec des mollusques du

genre Porcelaine, non encore parvenus à l'état adulte. Cependant, en faisant la remarque qu'Adanson observoit pour
ainsi dire à la fois et pendant plusieurs années les cyprées, les
marginelles et les mantelets, et qu'il a très-bien connu les
différences d'âge dans les coquilles et dans les animaux, il ne
paroit pas probable qu'il ait pu commettre une erreur aussi
grave, d'autant plus qu'il dit positivement avoir vu des individus de son genre Mantelet vieux et jeunes. Nous croyons
donc que ce genre doit être adopté comme intermédiaire aux
volutes et aux cyprées. Les caractères que l'on peut assigner
à ce genre sont : Animal ovale, enroulé ; le pied ovale, très-
grand, plus large en avant, où son bord offre un sillon transverse ; le manteau débordant un peu à droite et à gauche la
coquille sur les côtés de laquelle il peut se recourber ; tête
petite, distincte, portant deux tentacules assez longs, très-
aigus, et les yeux à la partie externe de leur base : la bouche
pourvue d'une trompe ; le tube respiratoire court : coquille fort
mince, involvée ; la spire extrêmement petite ; l'ouverture
ovale alongée, anguleuse en arrière ; le bord droit tranchant
et non recourbé en dedans : le bord columellaire avec une
sorte de long pli vers le milieu de la columelle.

Ces animaux vivent comme les porcelaines sur les rochers.

Adanson place dans ce genre quatre espèces ; mais les trois
dernières me semblent être de véritables marginelles ; leur coquille a en effet des plis bien marqués au bord columellaire. Je
n'y range donc que l'animal qu'il nomme *potan*, et dont il
donne une description détaillée pag. 75, et une figure, pl. 5,
fig. 1. L'animal, dont la couleur est d'un violet obscur et foncé,
qui se rapproche beaucoup du noir, a la partie supérieure des
lobes de son manteau parsemée d'un grand nombre de petits
filets charnus, cylindriques et obtus à l'extrémité. Sa coquille,
qui est rarement entière, tant elle est mince et fragile, a la
forme d'un cylindre obtus aux deux extrémités. Dans le jeune
âge, sa couleur en dehors comme en dedans est d'un violet
foncé ; dans l'âge intermédiaire elle est d'un gris de lin sale,
coupé transversalement par deux bandes agates. Enfin les
plus grandes, qui ont communément un pouce et demi de
longueur, et moitié moins de largeur, sont à fond blanc, marquées de quatre ou cinq rangs transversaux de petits points

fauves, ou d'un brun clair avec quelques taches blanches distribuées sur trois ou quatre bandes transverses.

Gmelin rapporte cette espèce de mollusque à son *conus bullatus*, mais très-probablement à tort. (De B.)

MANTELET DES DAMES (*Bot.*), nom vulgaire de l'alchémille commune. (Lem.)

MANTELLE (*Ornith.*), un des noms vulgaires de la corneille mantelée, *corvus cornix*, Linn. (Ch. D.)

MANTELURE. (*Venerie.*) On nomme ainsi la couleur du dos d'un chien de chasse, quand elle n'est pas la même que celle des autres parties du corps. (Ch. D.)

MANTERNIER. (*Bot.*) Daléchamps dit qu'aux environs de Nantua on nomme ainsi l'amelanchier, *mespilus amelanchier* de Linnæus. (J.)

MANTIAKEIRA (*Bot.*), nom caraïbe, cité par Surian, du pois à gratter, *dolichos pruriens* de Linnæus. (J.)

MANTICHORE. (*Mamm.*) Animal fabuleux dont parlent les auteurs grecs et latins; il n'est point du domaine de l'histoire naturelle. (F. C.)

MANTICORE, *Manticora.* (*Entom.*) Nom donné par Fabricius à un genre d'insectes coléoptères qui ont cinq articles à tous les tarses, les élytres dures, longues, les antennes en soie non dentées, et les tarses non en nageoires, par conséquent de la famille des créophages ou carnassiers.

Ce genre, dont le nom est tiré de la fable μαντιχωρα, indiquoit un animal monstrueux, de la forme du lion, à face humaine, dont la bouche étoit armée de trois rangées de dents. (Voyez Ælien, *l.* 7, *c.* 2; Pline, *l.* 8, *c.* 21.) Fabricius l'aura probablement choisi à cause du grand nombre de dentelures ou de pointes dont les mandibules de cet insecte sont armées.

Il n'a encore été rapporté que deux espèces à ce genre, toutes deux originaires du cap de Bonne-Espérance. Thunberg a fait connoître l'une sous le nom de cicindèle géante, et Degéer en avoit fait un carabe. Olivier l'a décrite et figurée dans son ouvrage sur les coléoptères, n.° 37, fig. b c d e. On ne connoît pas leurs mœurs; mais l'analogie et la structure de leur bouche prouvent surtout leurs habitudes carnassières.

Nous avons fait figurer dans la planche 13.° de la 3.° livraison de l'atlas de ce Dictionnaire, dans la seconde des créophages sous le n.° 4, l'espèce de manticore qu'on a appelée maxillaire ou à mâchoires.

Voici les caractères essentiels de ce genre.

Corselet plus étroit que la tête et les élytres qui sont soudées; pas d'ailes membraneuses; pattes de devant dentelées à dernier article des tarses simple.

Ces caractères suffisent seuls pour distinguer ce genre de tous ceux de la même famille, surtout l'absence des ailes, en même temps que l'étroitesse du corselet. (C. D.)

MANTIDES. (*Entom.*) M. Latreille avoit désigné sous ce nom, qu'il paroit avoir abandonné dans le troisième volume du Règne Animal de M. Cuvier, les insectes orthoptères, voisins des mantes, que nous avions appelés la famille des anomides ou difformes. (C. D.)

MANTIENNE (*Bot.*) Voyez MANCIENNE. (L. D.)

MANTIGER. (*Mamm.*) Voyez MANTEGAR. (DESM.)

MANTIRA (*Bot.*), nom caraïbe du gayac. (LEM.)

MANTISALQUE, *Mantisalca*. (*Bot.*) Ce genre ou sous-genre, que nous avons proposé dans le Bulletin des Sciences de septembre 1818 (pag. 142), appartient à l'ordre des synanthérées, et à la tribu naturelle des centauriées. Voici ses caractères, que nous avons observés sur un individu vivant et cultivé.

Calathide discoïde : disque multiflore, subrégulariflore, androgyniflore: couronne non radiante, unisériée, ampliatiflore, neutriflore. Péricline très-inférieur aux fleurs, ovoïde; formé de squames régulièrement imbriquées, appliquées, interdilatées, ovales oblongues, coriaces, munies au sommet d'un petit appendice subulé, spiniforme, réfléchi. Clinanthe plan, épais, charnu, garni de fimbrilles nombreuses, libres, inégales, longues, filiformes laminées. *Fleurs du disque :* Ovaire glabre, muni de côtes longitudinales et de rides transversales. Aigrette double : l'extérieure semblable à celle de la plupart des centauriées, l'intérieure irrégulière, unilatérale, longue, composée de trois ou quatre squamellules entre-greffées, qui forment une large lame membraneuse. Corolle régulière, pas sensiblement obringente. Étamines à filet glabre, sauf des vestiges papilliformes de poils avortés. Stigmatophores point libres. *Fleurs de la couronne :* Faux ovaire semi-avorté, filiforme, glabre, inaigretté. Corolle à limbe profondément divisé en cinq ou six lanières égales, longues, linéaires, et contenant trois ou quatre longs filets, qui sont des rudimens d'étamines avortées.

Nous ne connoissons jusqu'à présent qu'une seule espèce de ce genre.

MANTISALQUE ÉLÉGANTE : *Mantisalca elegans*, H. CASS.; *Centaurea salmantica*, Linn., *Sp. pl.*, edit. 3, pag. 1299. C'est une plante herbacée, vivace suivant Linnée, bisannuelle suivant Dumont-Courset, annuelle suivant Mœnch et Persoon; sa tige est haute de trois pieds, grêle, striée, glabre et un peu rameuse; ses feuilles inférieures sont pinnatifides et sinuées comme celles de la chicorée, avec un lobe terminal en fer de lance, assez grand et denté; elles sont garnies de poils fort courts et un peu rudes; les feuilles de la tige sont très-étroites, presque linéaires, dentées à leur base; les calathides sont solitaires et terminales; leurs corolles sont purpurines ou blanches; les squames du péricline sont très-lisses. Cette plante habite l'Europe méridionale et la Barbarie; on la trouve dans le midi de la France.

Le nom générique *Mantisalca* étant l'anagramme du nom spécifique *Salmantica*, qui signifie Salamanque, mérite assurément l'anathème des botanistes, qui ont proscrit ces sortes de noms. Quant à nous, qui ne respectons les règles qu'autant qu'elles sont fondées sur des motifs raisonnables, et qui ne voyons dans les noms génériques que des lettres et des syllabes arbitrairement assemblées et fixées par convention, nous soutenons qu'un nom de genre formé par anagramme est aussi bon que tout autre, lorsqu'il ne blesse ni l'organe de la prononciation, ni celui de l'audition, et lorsqu'on ne peut pas le confondre avec aucun autre nom générique. (H. CASS.)

MANTISIA, *Mantisia*. (*Bot.*) Genre de plantes monocotylédones, à fleurs complètes, monopétalées, irrégulières, de la famille des *amomées*, de la *monandrie monogynie*, offrant pour caractère essentiel : Un calice coloré, à trois divisions; une corolle monopétale, à trois lobes; un filament très-long, muni à sa base de deux appendices subulés, bilobé à son sommet, soutenant une anthère double; un style simple; le stigmate aigu.

Ce genre diffère très-peu des *globba*; il pourroit même lui

29.

6

être réuni, si l'on connoissoit le fruit, qu'on peut cependant soupçonner être le même. Il est borné à une seule espèce.

MANTISIA EN SAUTOIR : *Mantisia saltatoria*, Bot. Magaz., pag. et tab. 1520; Poir., Encycl. Suppl. Plante des Indes orientales, dont les racines se réunissent en plusieurs fibres simples, épaisses, charnues, alongées. Les tiges sont munies de feuilles alternes, médiocrement pétiolées, entières, lancéolées, prolongées en une lanière très-aiguë. Des racines s'élève une hampe droite, plus courte que les feuilles, garnie à sa partie inférieure de spathes vaginales, oblongues, ovales, aiguës, s'enveloppant les unes les autres; divisée à sa partie supérieure en quelques rameaux alternes, étalés, munis de bractées ovales, colorées, un peu en cœur. Chaque fleur est pédicellée, ayant une spathe composée de trois folioles inégales, colorées en violet, conniventes, presque ovales; la corolle est distante du calice, jaune, monopétale, irrégulière, à trois lobes inégaux; il y a un seul filament linéaire, violet, très-long, muni à sa base de deux longs appendices subulés, étalés; ce filament, bilobé au sommet, soutient une anthère double. (POIR.)

MANTISPE, *Mantispa*. (*Entom.*) Linnæus avoit rapporté à un genre de névroptères, celui des raphidies, une espèce de mante, et par conséquent un insecte de l'ordre des orthoptères, parce que ses ailes sont en toit et à peu près transparentes; mais toute l'organisation est celle des mantes. Illiger et M. Latreille en ont fait un genre caractérisé uniquement par le port et la consistance des ailes ou élytres. *Mantispa* signifie patte de mante. Voyez RAPHIDIE, MANTE et ANOMIDES, tom. II, Suppl., pag. 66. (C. D.)

MAN-TODDA-VADDI. (*Bot.*) Sous-arbrisseau du Malabar, dont Adanson a voulu faire, sous le nom de *mantodda*, un genre voisin du tamarin dans la famille des légumineuses, et que Scopoli a voulu reproduire sous le nom de *rochea* : l'un et l'autre n'ont pas été admis. (J.)

MANTRER (*Bot.*), nom arabe d'un giroflier, *cheiranthus villosus* de Forskal, ou du *cheiranthus chius*. (J.)

MANUCODE. (*Ornith.*) Cette espèce de paradisier, ou oiseau de paradis, *paradisea regia*, Linn., forme, dans le système de M. Vieillot, le genre *Cicinnurus* de sa famille des *manuco-*

diates, lequel a pour caractéres un bec grêle, convexe en dessus, fléchi et foiblement entaillé vers le bout de sa partie supérieure; une langue terminée en pinceau; des ailes alongées. (Ch. D.)

MANUGHAWÆL. (*Bot.*) On nomme ainsi à Ceilan une asclepiade, *asclepias asthmatica*, très-estimée pour soulager les asthmatiques. (J.)

MANUGUETTO (*Bot.*), nom provençal d'un calament, *melissa nepeta*, cité par Garidel. (J.)

MANUL (*Mamm.*), nom propre d'une espèce de Chat. Voyez ce mot. (F. C.)

MANULÉE, *Manulea*. (*Bot.*) Genre de plantes dicotylédones, à fleurs complètes, monopétalées, de la famille des *rhinanthées*, de la *didynamie angiospermie*, offrant pour caractère essentiel : Un calice à cinq divisions; une corolle tubulée; le limbe partagé en cinq découpures entières, inégales; l'inférieure distante; quatre étamines didynames, attachées au tube de la corolle; un ovaire supérieur; un style; une capsule à deux loges, à deux valves polyspermes.

Manulée a tiges nues : *Manulea cheiranthus*, Linn.; Commel., *Hort.*, 2, tab. 42 ; *Nemia cheiranthus*, Berg., *Cap.*, 6, sp. 160. Plante herbacée du cap de Bonne-Espérance, dont la tige est droite, rameuse, haute de huit à dix pouces, garnie de feuilles alternes ou presque opposées, ovales, dentées en scie ou presque incisées, très-distantes; de fleurs disposées en grappes lâches, droites, terminales, assez longues, munies de bractées linéaires, à corolle d'un jaune foncé; dont le tube est grêle et le limbe divisé profondément en cinq lanières étroites, linéaires, presque subulées, l'inférieure étant écartée et réfléchie; les autres étalées en forme de main ouverte, d'où vient le nom *manulea* imposé à ce genre.

Manulée tomenteuse: *Manulea tomentosa*, Lamck., Encycl. et *Ill. gen.*, tab. 520, fig. 1; Jacq., *Icon. rar.*, 2; Pluken., *Phytogr.*, tab. 519, fig. 2; *Selago tomentosa*, Linn. Cette espèce est couverte sur toutes ses parties d'un duvet blanchâtre et cotonneux; ses tiges sont couchées à leur base, puis ascendantes, longues de huit à dix pouces, herbacées, garnies de feuilles opposées, alternes vers le haut, rétrécies en pétiole, ovales oblongues, presque spatulées, obtuses, crénelées,

6.

longues d'un pouce et plus; les fleurs d'abord en bouquet ou
en thyrse; elles forment, en se développant, des panicules
étroites, un peu feuillées, composées de petites grappes
courtes, munies de bractées linéaires; la corolle est d'un jaune
foncé, un peu tomenteuse; le tube grêle; le limbe à cinq divisions courtes; les capsules de la longueur du calice. Cette
plante croit au cap de Bonne-Espérance.

Manulée hérissée : *Manulea hirta*, Poir., Encycl. Suppl.;
Lamck., *Ill. gen.*, tab. 220, fig 2; Gærtn., *de Fruct.*, tab. 5.
Ses tiges sont droites, un peu grêles, hérissées de poils courts,
garnies de feuilles alternes, presque sessiles, ovales, elliptiques, obtuses, longues d'un demi-pouce, un peu pileuses,
à crénelures inégales, aiguës; quelques unes renferment dans
leur aisselle une fleur solitaire, presque sessile; mais le plus
grand nombre forment un épi droit, terminal, composé de
petites grappes distantes, chargées de trois ou quatre fleurs
presque sessiles; les bractées lancéolées, presque subulées : le
calice campanulé, ses divisions étroites, aiguës; la corolle
petite; le tube grêle; les divisions du limbe courtes, ovales,
aiguës; les capsules petites. Cette plante croit au cap de Bonne-
Espérance.

Manulée a longs pédoncules : *Manulea pedunculata*, Poir.,
Encycl. suppl.; *Buchnera pedunculata*, Andr., *Bot. Repos.*,
tab. 84. Cette espèce, originaire du cap de Bonne Espérance,
a des tiges droites, glabres, très-rameuses, garnies de feuilles
nombreuses; les inférieures alternes, à peine pétiolées; les
supérieures opposées, ovales, cunéiformes, longues d'un
demi-pouce, glabres, sinuées et dentées; les fleurs solitaires,
axillaires, longuement pédonculées; la corolle d'un blanc
bleuâtre; l'orifice du tube marqué de lignes rougeâtres; les
divisions du limbe linéaires, obtuses.

Manulée a feuilles alternes : *Manulea alternifolia*, Desf.,
Catal. Paris.; Poir., Encycl. Suppl. Cette plante, très-rapprochée de la précédente, en diffère par ses feuilles toutes pétiolées; les inférieures alternes; les supérieures opposées,
ovales, un peu rhomboïdales, glabres à leurs deux faces, dentées à leur contour; les fleurs blanchâtres, un peu jaunâtres à
leur orifice, petites, alternes, pédonculées, sortant de l'aisselle d'une bractée, formant, par leur ensemble, une sorte

de corymbe terminal; les pédoncules filiformes, un peu pubescens, plus longs que les bractées; le calice à cinq divisions
sétacées; la corolle grêle; les lobes du limbe fort petits. Cette
plante croît à la Nouvelle-Hollande; on la cultive au Jardin
du Roi.

MANULÉE A FEUILLES OPPOSÉES; *Manulea oppositifolia*, Vent.,
Malm., 1, tab. 15. Arbuste d'environ deux pieds, dont les tiges
sont pubescentes, très-rameuses; les feuilles opposées, pétiolées, en ovale renversé, longues de six lignes, pubescentes,
les fleurs solitaires, opposées, axillaires; les pédoncules uniflores, de la longueur des feuilles; le calice pubescent; la corolle d'un blanc de lait; le tube grêle, pubescent; le limbe à
cinq lobes entiers, arrondis; les filamens dilatés à leur sommet; les anthères ovales, à une seule loge; les capsules ovales,
presque entièrement recouvertes par le calice, à deux loges,
à deux valves; la cloison formée par les bords rentrans des
valves; les semences petites, très-nombreuses, couleur de
rouille. Cette plante croît au cap de Bonne-Espérance.

MANULÉE FÉTIDE : *Manulea fetida*, Poir., Encycl. Suppl.;
Willd., *Enum.*; *Buchnera fetida*, Andr., *Bot. Repos.*, tab. 80. Les
tiges sont glabres, cylindriques; les rameaux axillaires; les
feuilles pétiolées, presque opposées; les supérieures alternes,
d'une odeur fétide, glabres, presque lancéolées, longues d'un à
deux pouces, incisées et laciniées à leurs bords; les fleurs
disposées en grappes axillaires, terminales, peu garnies; le
calice glabre; ses divisions courtes, filiformes; la corolle
blanche, deux fois plus longue que le calice. Cette plante
croît au cap de Bonne-Espérance.

Beaucoup d'autres espèces ont été découvertes dans les temps
modernes, particulièrement au cap de Bonne-Espérance. Plusieurs de ces espèces peuvent être cultivées comme plantes
d'ornement. On les sème sur couche, dans des pots remplis de
terre de bruyère. On repique en pleine terre les espèces annuelles; on rentre les ligneuses dans l'orangerie, aux approches
de l'hiver. (Poir.)

MANUS MARINA. (*Zoophyt.*) Traduction latine du nom
de main marine, que quelques auteurs anciens ont donné à
l'alcyon digité de nos mers. Voyez LOBULAIRE. (DE B.)

MANZANA (*Bot.*), nom de la pomme en Espagne. (LEM.)

MANZANILLA (*Bot.*), nom castillan de l'absinthe, cité par Quer, auteur d'une Flore Espagnole. (J.)

MANZAO, MANZO. (*Mamm.*) Les habitans du Congo nomment ainsi leur éléphant. (F. C.)

MANZIZANION. (*Bot.*) Aetius, cité par Daléchamps, nommoit ainsi le *faba ægyptia* des Latins, le *cyamos* des Grecs, que l'on rapporte au *nelumbium* des modernes; mais ce nom n'appartient-il pas plutôt à la Colocase, *arum colocasia?* Voyez ce mot. (J.)

MAO, MAU₁ (*Bot.*) Voyez Manga. (J.)

MAOKA (*Bot.*), nom d'une variété de cotonnier, cité par M. Bosc. (J.)

MAOS. (*Ornith.*) Le bourgmestre ou goéland à manteau gris-brun, *larus fuscus*, se nomme ainsi en Suède. (Ch. D.)

MAOU. (*Bot.*) Nom galibi, cité par Aublet, de l'*hibiscus tiliaceus* dont on emploie la seconde écorce pour faire des cordes dans la Guiane. Le même nom est aussi donné au *couratari* d'Aublet, espèce de *zanonia* employé au même usage. On peut en conclure que le mot *maou* est dérivé de celui de mahot, donné à diverses plantes textiles. (J.)

MAOURELLO. (*Bot.*) Le tournesol porte ce nom en Languedoc. (L. D.)

MAOURELO (*Bot.*), nom languedocien du tournesol, *croton tinctorium*, cité par Gouan. (J.)

MAPACH. (*Mamm.*) Le raton laveur est ainsi nommé au Mexique, suivant Nieremberg et Charleton. (F. C.)

MAPANA-POJA (*Bot.*), un des noms malabares, cité par Rhéede, pour une espèce de phyllanthe. (J.)

MAPANE, *Mapania.* (*Bot.*) Genre de plantes monocotylédones, à fleurs glumacées, de la famille des *cypéracées*, de la *triandrie monogynie* de Linnæus, offrant pour caractère essentiel : Un grand involucre à trois folioles; un calice à six valves imbriquées; point de corolle; trois étamines; un ovaire supérieur; un style; trois stigmates filiformes; une seule semence.

Mapane des forêts : *Mapania sylvatica*, Aubl., *Guian.*, 1 , tab. 17; Lamck., *Ill. gen.*, tab. 37. Cette plante a des racines dures, traçantes et fibreuses: il s'en élève des tiges simples, longues d'environ deux pieds, triangulaires, nues, garnies

MAP 87

seulement à leur partie inférieure de feuilles vaginales à leur base, ovales, oblongues, aiguës, minces, sèches, membraneuses, de couleur roussâtre. Au sommet de chaque tige est un paquet de fleurs formant une tête sessile dans un involucre à trois grandes folioles ovales, aiguës, fermes, nerveuses, très-entières, étalées, longues de six pouces et plus. Les pièces du calice sont concaves, ovales, alongées, aiguës, dentées en scie; les filamens plus longs que le calice, attachés sous l'ovaire ; les anthères quadrangulaires, oblongues, à deux lobes; l'ovaire est ovale. Cette plante croît dans la Guiane, au bord des rivières d'Aroura et d'Orapu, dans les forêts inondées. (Poir.)

MAPATO. (*Bot.*) A Tarma, dans le Pérou, on nomme ainsi le *krameria triandra* de MM. Ruiz et Pavon, qui est le *ratanhia* des environs de Huanuco, dont la racine jouit dans le pays d'une grande réputation pour le traitement de plusieurs maladies. Voyez Ratanhia. (J.)

MAPEURITA ou MAPURITA. (*Mamm.*) Ce nom est donné aux moufettes dans plusieurs provinces de l'Amérique méridionale. (Desm.)

MAPIRA. (*Bot.*) Adanson nommoit ainsi l'*olyra* de Linnæus, genre de la famille des graminées. (J.)

MAPOU. (*Bot.*) Il paroît que ce nom désigne dans les Antilles des bois mous. On le donne à quelques figuiers, et surtout à diverses espèces de fromager, *bombax*, dont les troncs légers sont employés, suivant Desportes, pour faire des canots. On trouve encore sous ce nom, dans l'herbier de l'Ile-de-France de Commerson, un *cissus* qui étoit son *mappia*, et qui est le *cissus mappia* de M. Lamarck. (J.)

MAPOUREA (*Ornith.*), nom du faucon en tamoul. (Ch. D.)

MAPOURIA. (*Bot.*) Genre d'Aublet, réuni au *simira* du même auteur. Ces deux genres font partie des Psycothria. (Poir.)

MAPPA. (*Bot.*) Espèce de ricin des Moluques, cité par Rumph, qui est le *marocca-nonau* de Ternate. (J.)

MAPPEMONDE. (*Conchyl.*) C'est la *cypræa mappa*, ainsi nommée parce que la disposition de ses couleurs a quelques rapports avec celle des terres sur les mappemondes. (De B.)

MAPPIA. (*Bot.*) Nom donné à plusieurs plantes différentes.

Le *cunila* de Linnæus est le *mappia* de Heister et d'Adanson ;
celui de Jacquin paroît n'être qu'une espèce de *celastrus*, dont
on ne connoit pas encore le fruit, mais qui est remarquable
par des pétales repliés en dedans à leur sommet et par un stigmate marqué de cinq sillons. Un autre *mappia* est celui de
Schréber qui nomme ainsi le *soramia* d'Aublet; mais ce genre
ne peut subsister, puisque le *soramia* lui-même est maintenant
réuni au *tetracera* dans la nouvelle famille des dilléniacées. Le
mappia, existant dans l'herbier de Commerson, fait à l'Ile-de-
France, est l'achit mappou, *cissus mappia* de M. Lamarck, genre
de la famille des vinifères. (J.)

MAPROUNIER, *Maprounea*. (*Bot.*) Genre de plantes dicotylédones, à fleurs incomplètes, de la famille des *euphorbiacées*, de la *monoécie monandrie* de Linnæus, offrant pour caractère essentiel : Dans les fleurs mâles, un calice tubulé, à
trois ou quatre divisions: point de corolle; un seul filament
chargé d'une anthère à trois ou quatre lobes : dans les fleurs
femelles, un calice trifide; point de corolle; un ovaire supérieur; trois styles divergens; une capsule à trois coques monospermes.

Maprounier de la Guiane: *Maprounea guianensis*, Aubl.,
Guian., 2, pag. 895, tab. 342; Lamck., *Ill. gen.*, tab. 743; *Œgo-
pricum betulinum*, Linn., *Suppl.*; Smith, *Fasc.*, 2, tab. 42;
Gærtn., *de Fruct.*, tab. 158. Arbrisseau d'environ sept à huit
pieds de haut, dont les branches sont revêtues d'une écorce
grisâtre, chargées de rameaux grêles, un peu flexueux; les
feuilles alternes, pétiolées, ovales, acuminées, aiguës, luisantes en dessus, plus pâles en dessous, longues d'environ
deux pouces. Les fleurs sont disposées au sommet des jeunes
rameaux, en panicules lâches, petites, à ramifications tuberculées; les bractées courtes, écailleuses, ovales. Les fleurs
sont de deux sortes : les mâles petites, serrées, réunies plusieurs ensemble en forme de petits chatons ovales, pédicellés,
presque arrondis: les femelles solitaires, inclinées sur des
pédoncules propres, plus longs que ceux des fleurs mâles.
Le fruit est une capsule sèche, globuleuse, glabre, à trois
loges, à trois coques monospermes, bifides au sommet. Cet
arbrisseau croit à Cayenne; il perd ses feuilles tous les ans.
(Poir.)

MAPURIA. (*Bot.*) Voyez Mapoura. (Lem.)

MAPURITO (*Mamm.*), nom donné par les Européens de l'Orénoque à une espèce de moufette. (F. C.)

MAQEDOUNIS. (*Bot.*) Nom arabe du persil, selon M. Delile. Le cerfeuil est nommé *macdunis frandji* par Forskal, et le persil *baqdunis* par le même. (J.)

MAQUE-BREU. (*Ornith.*) En Picardie, selon M. Vieillot, on donne ce nom au stercoraire labbe. (Desm.)

MAQUEREAU, *Scomber*, *Scombrus*. (*Ichthyol.*) On appelle ainsi vulgairement un poisson du genre Scombre de Linnæus, poisson très-abondant en été le long de nos côtes de l'Océan, et dont M. Cuvier a fait le type d'un sous-genre dans la famille des scombéroïdes parmi les acanthoptérygiens. Voyez Scombre. (H. C.)

MAQUEREAU BATARD (*Ichthyol.*), nom vulgaire du *caranx trachurus*. Voyez Caranx. (H. C.)

MAQUEREAU DE SURINAM. (*Ichthyol.*) On a quelquefois donné ce nom au carangue, *caranx carangus*. Voyez Caranx. (H. C.)

MAQUI, *Aristotelia.* (*Bot.*) Genre de plantes dicotylédones, à fleurs complètes, ou peut-être dioïques, de la *dodécandrie monogynie* de Linnæus, offrant pour caractère essentiel : Un calice presque campanulé, à cinq ou six découpures; cinq ou six pétales insérés à la base du calice; douze étamines et plus opposées aux divisions du calice; les anthères droites, oblongues, attachées aux filamens vers la base; un ovaire très-petit, supérieur; trois styles connivens à leur partie inférieure; une baie à trois loges, renfermant deux ou trois semences dans chaque loge.

Lhéritier, auteur de ce genre, a remarqué dans plusieurs fleurs des anthères stériles, ce qui lui a fait soupçonner que cette plante pourroit bien être stérile.

Maqui glanduleux : *Aristotelia maqui*, Lhéritier, *Stirp.*, pag. 21, tab. 16; Lamck., *Ill. gen.*, tab. 390; Gærtn., *Fil.*, tabl., 211; *Aristotelia glandulosa*, *Syst. veg. Flor. Per.*, pag. 126, Arbrisseau du Chili, dont les rameaux sont glabres, opposés. garnis de feuilles pétiolées, opposées, ovales, aiguës, arrondies à leur base, finement dentées en scie, longues de deux pouces, accompagnées de stipules caduques. Les fleurs sont disposées, vers l'extrémité des rameaux, en petites grappes axillaires, de la longueur des pétioles, à trois fleurs pédicellées, munies de bractées. Le calice est court, élargi à sa base ; ses découpures un peu obtuses, de la longueur des pétales ; les filamens très-courts. Le fruit est une baie de la grosseur d'un pois, ponctuée, un peu glanduleuse, à trois loges. Chaque loge renferme une à trois semences convexes, anguleuses ; l'embryon est plat, entouré d'un périsperme charnu. Ces baies sont bonnes à manger. Les habitans du Chili en retirent une liqueur dont ils font une sorte de vin. (POIR.)

MAQUINHA (*Bot.*), nom donné par les Portugais de l'Inde au nialel du Malabar, qui paroît être un *cookia* dans la famille des aurantiacées. Voyez LANSA. (J.)

MAQUIZCOALT (*Erpétol.*), un des noms de pays de l'AMPHISBÈNE. Voyez ce mot. (H. C.)

MAQUOMUOU (*Bot.*), nom provençal vulgaire d'une jacée, *centaurea nigra* de Linnæus, suivant Garidel. (J.)

MARA. (*Bot.*) Voyez MANDHATYA. (J.)

MARABILLES DEL PERU. (*Bot.*) C'est de ce nom, donné d'abord par les Espagnols du Pérou à la belle-de-nuit, que dérive celui de *mirabilis* sous lequel cette plante a été désignée par Clusius et Gérard, et ensuite par Linnæus. Mais comme un nom générique ne doit jamais être adjectif, on a substitué à ce nom celui de *nyctago*, qui est la traduction grecque ou latine de belle-de-nuit. (J.)

MARABOU. (*Ornith.*) L'argala, décrit dans ce Dictionnaire, tom. 9, pag. 215, sous le nom de *cigogne à sac*, est aussi appelé marabou dans l'Inde. (CH. D.)

MARACA. (*Bot.*) Les Brésiliens donnoient ce nom et celui de tamaruca à des courges de la grosseur de la tête, qui, étant desséchées, vidées et remplies de cailloux, servoient d'instrumens de musique. Au rapport de Thevet, ces courges sont produites par la plante cohyne ou macocquier, qui pourroit bien être notre callebassier, *crescentia*. (LEM.)

MARACABALOU (*Bot.*), nom caraïbe d'une espèce de caimitier, *chrysophyllum*, cité dans l'herbier de Surian. (J.)

MARACANA. (*Ornith.*) Ce nom, sous lequel Marcgrave a décrit des perroquets du Brésil, a été appliqué en général, par M. d'Azara, aux aras et aux perruches du Paraguay. (Ch. D.)

MARACAXAO. (*Ornith.*) L'oiseau que les Mexicains nomment ainsi, paroît être une espèce de chardonneret, *fringilla melba*, Linn. Edwards l'a figuré, Hist., pl. 128, et Glan., pl. 272. M. Vieillot lui trouve des rapports avec l'acalanthe, pl. 32 de ses Oiseaux chanteurs. Le mâle a la taille du chardonneret commun; le devant de sa tête et sa gorge sont rouges; on voit une petite tâche bleuâtre entre le bec et l'œil; l'occiput, le dessus du cou et le dos sont d'un vert jaunâtre; les couvertures et les pennes secondaires des ailes sont verdâtres et frangées de rouge à l'extérieur; les pennes primaires sont noirâtres; la poitrine est d'un vert olive, et le ventre rayé transversalement de blanc et de noir; le bec est de couleur de chair, et les pieds sont d'un brun pâle. Le dessus de la tête et le cou de la femelle sont cendrés; le dos et le croupion sont d'un vert jaunâtre; les pennes de la queue, dont le fond est brun, sont bordées en dehors d'un rouge vineux; les couvertures inférieures sont blanches, et les pieds de couleur de chair. (Ch. D.)

MARACAYA., MARAGAIA (*Mamm.*), noms brasiliens du marguay, suivant Marcgrave. (F. C.)

MARACOT (*Bot.*), nom indien d'une grenadille, *passiflora incarnata*, cité dans l'*Hort. Farnes.* d'Aldini; elle est aussi nommée maracoc. (J.)

MARACOUJA. (*Bot.*) Voyez Murucuia. (Lem.)

MARAGNA. (*Ornith.*) Coréal dit, tom. I de ses Voyages aux Indes occidentales, pag. 179, qu'il y a au Brésil un perroquet de ce nom, lequel y est aussi commun que les pigeons en Espagne. (Ch. D.)

MARAGOSA. (*Bot.*) Voyez Margosa. (J.)

MARAIAIBA. (*Bot.*) Pison mentionne sous ce nom un palmier à feuilles grandes, à tige entièrement couverte d'épines noires très-dures, et dont les fruits disposés en grappe, de la grosseur d'un œuf de pigeon, sont bons à manger. (J.)

MARAIL. (*Ornith.*) Voyez les articles Maraye et Yacou. (Ch. D.)

MARAIS. (*Géogr. Phys.*) Voyez Eau, tom. XIV, p. 57. (B.)

MARAIS SALANS. (*Min.*) On donne spécialement ce nom

aux marais ou amas d'eau de mer, étendus en surface et peu profonds, qui existent sur les rivages de la mer, ou qu'on y forme artificiellement. On cite ceux d'Aiguemortes entre Marseille et le Rhône comme un exemple des premiers ; les seconds sont beaucoup plus nombreux.

On dispose ces marais de manière à ce qu'on puisse extraire de l'eau de mer qu'ils renferment, et par les procédés les plus économiques, le sel marin contenu dans cette eau. Nous réunirons dans cet article non seulement ce qui concerne l'extraction du sel marin des marais salans, mais encore ce qui est relatif à l'extraction de ce sel de l'eau de la mer.

L'eau de la mer est bien la mine la plus vaste de sel marin ; mais ce n'est pas la plus riche. S'il falloit employer uniquement la chaleur des combustibles pour en obtenir le sel, cette substance seroit portée à un prix trop élevé. On extrait donc le sel de l'eau de la mer de deux manières : 1.° par la seule évaporation naturelle ; 2.° par l'évaporation naturelle combinée avec l'évaporation artificielle.

Dans le premier cas, on fait cette extraction au moyen des *marais salans*. Ce sont des bassins très-étendus, mais très-peu profonds, dont le fond est argileux et fort uni ; ils sont pratiqués sur le rivage de la mer. Ces marais ou bassins consistent : 1.° En un vaste réservoir placé en avant des marais proprement dits et plus profonds qu'eux ; ce réservoir communique avec la mer par un canal fermé d'une écluse : on peut, sur les bords de l'Océan, le remplir à marée haute ; mais les marées sont plutôt un inconvénient qu'un avantage pour les marais salans. 2.° En marais proprement dits, qui sont divisés en une multitude de compartimens au moyen de petites chaussées. Tous ces compartimens communiquent entre eux, mais de manière que l'eau n'arrive souvent d'une case dans la case voisine, qu'après avoir fait un très-long circuit ; en sorte qu'elle a parcouru une étendue quelquefois de 4,500 mètres, avant d'arriver à l'extrémité de cette espèce de labyrinthe. Ces diverses parties ont des noms techniques très-nombreux, très-singuliers, mais qui diffèrent dans chaque département. Ces marais doivent être exposés aux vents de N. O., de N. ou de N. E.

C'est en mars que l'on fait entrer l'eau de la mer dans ces bassins étendus. Elle y présente, comme on voit, une vaste surface à l'évaporation. Le réservoir antérieur, nommé *jas* dans quelques départemens, est destiné à conserver l'eau, afin qu'elle y dépose ses impuretés, et qu'elle y subisse un commencement d'évaporation : cette eau doit remplacer celle des autres bassins à mesure qu'elle s'évapore. On juge que le sel va bientôt cristalliser, quand l'eau commence à rougir; elle se couvre peu après d'une pellicule de sel, qui se précipite sur le sol. Tantôt on lui laisse déposer son sel dans les premiers compartimens ; tantôt on la fait passer dans des cases où elle présente encore une plus grande surface à l'air. Dans tous les cas on retire le sel sur les rebords des cases, pour l'y faire égoutter et sécher. On le recueille ainsi deux et trois fois par semaine vers la fin de l'opération. On commence cette récolte, ce qui s'appelle *saler*, en mai, et on la termine en octobre.

Le sel obtenu par ce moyen, participe de la couleur du sol sur lequel il est déposé; et, selon la nature du terrain, il est blanc et propre pour la table, rouge, c'est-à-dire rougeâtre et destiné au commerce de la mer Baltique, ou gris : on appelle aussi ce dernier *sel vert;* on le destine plus particulièrement aux salaisons de la morue et du hareng. Le sel de mer a l'inconvénient d'être amer, si on l'emploie immédiatement après sa fabrication. Il doit ce goût au muriate de chaux et au sulfate de soude qu'il renferme. L'exposition à l'air, pendant deux ou trois ans, le débarrasse en partie de ces sels.

Les marais salans sont presque aussi multipliés que les mines et que les sources salées. — Ceux de Portugal passent pour donner le sel de meilleure qualité; il est en gros grains, presque transparens. On le préfère, en Irlande, pour les salaisons de bœuf. Les sels les plus estimés après celui-ci sont ceux de Sicile, de Sardaigne et d'Espagne. — Les sels de France sont appropriés à d'autres usages, notamment à la salaison du poisson. Il y a des marais salans sur les bords de la Méditerranée, dans le département des Bouches-du-Rhône, et dans celui de l'Hérault près d'Aiguemortes. C'est dans ce dernier lieu que sont les marais de Peccais. La suite des opérations diffère un peu de celle que nous avons décrite; mais les principes sont les mêmes. — Sur les côtes de l'Océan on compte ceux de la baie de Bourgneuf, ceux du Croisic, ceux de Brouage, de la

Tremblade et de Marenne, département de la Charente-Inférieure.

Dans la seconde manière d'extraire le sel de l'eau de la mer, on forme sur le rivage une esplanade de sable très-unie, que la mer doit couvrir dans les hautes marées des nouvelles et des pleines lunes; dans l'intervalle de ces marées, ce sable en partie desséché montre de toutes parts des efflorescences de sel marin; on l'enlève, et on le met en magasin. Lorsqu'on en a une suffisante quantité, on le lave dans des fosses avec l'eau de mer qu'on sature ainsi de sel marin : on porte cette eau dans des bassins de plomb assez étendus, mais peu profonds. On évapore, par le moyen du feu, l'eau surabondante, et on obtient le sel marin d'un beau blanc. Les ouvriers qui pratiquent cet art portent plus particulièrement le nom de sauniers ou saliniers; ce sel s'appelle sel de bouillon, et se distingue par ce nom de celui des marais salans. Ce procédé est mis en usage sur les côtes du département de la Manche, près d'Avranches, à Lissay, à Pont-Bail, et sur celles du département du Calvados, à Touques.

On assure qu'on peut aussi concentrer l'eau de la mer par la gelée; la partie qui se gèle contenant beaucoup moins de sel que la partie qui n'est pas gelée : mais on ne peut pas l'amener par ce moyen à plus de 16 à 17 degrés. (WALL.) On ne pourroit point employer le procédé de la congélation pour l'eau des fontaines salées qui renferment du sulfate de magnésie, parce que ce sel décompose, à la température de la glace, le muriate de soude ; il se forme du sulfate de soude et du muriate de magnésie, sel déliquescent qui gêne la cristallisation du sel marin, et en altère la qualité. (GREN.)

Les Romains ont employé un autre procédé dans leurs salines de Cervia et d'Ostia. Ils accumuloient le sel en monceaux, et brûloient des roseaux à l'entour : la surface du sel se durcissoit, et sembloit se vitrifier ; en sorte que l'eau des pluies glissoit dessus sans dissoudre le sel. L'eau de la masse ne pouvant plus s'évaporer, entraînoit, en s'écoulant, tous les sels déliquescens; ce qui rendoit le sel plus pur et plus sec. (P. SAN-GIORGIO.)

Enfin, à la saline de Walloé en Norwège, on se sert de bâtimens de graduation pour concentrer l'eau de la mer qui est, dit-on, à 5 degrés. On l'amène, par ce moyen et par l'addition d'un peu de sel de Norwich, à 32 degrés, et on l'évapore dans des poêles. (Voyez à l'article Soude muriatée les autres procédés d'extraction du sel marin, de ses mines, ou des eaux qui le renferment. (B.)

MARAKA; TAMARUKA. (*Bot.*) Suivant Clusius et Daléchamps, ces noms sont donnés dans une contrée d'Amérique au fruit du calebassier, *crescentia.* (J.)

MARALDI. (*Ichthyol.*) En l'honneur de son compatriote l'astronome Jacques Maraldi, M. Risso a donné ce nom à un poisson du grand genre des gades de Linnæus et de la division des merluches. Voyez Gade, et Merluche. (H. C.)

MARALI (*Mamm.*), un des noms que les Russes donnent au cerf commun. (F. C.)

MARALIA. (*Bot.*) Genre de plantes dicotylédones, à fleurs complètes, polypétalées, établi par M. du Petit-Thouars, pour une plante de l'île de Madagascar, qui appartient à la famille des *araliacées,* de la *pentandrie trigynie* de Linnæus, très-rapproché des *aralia.* Le calice est fort petit; la corolle composée de cinq pétales, renfermant cinq étamines; un ovaire inférieur, cylindrique, surmonté de trois styles. Le fruit est une baie noirâtre, cylindrique, contenant trois semences. C'est d'ailleurs un petit arbrisseau chargé de feuilles alternes, ailées; les fleurs disposées en grappes pendantes, composées de petites ombelles à longs pédoncules. (Poir.)

MARAMPOYAN. (*Bot.*) Plante médicinale de Sumatra, citée par Marsden, dont les jeunes pousses sont employées pour frotter les membres après une violente fatigue. (J.)

MARANA (*Bot.*), un des noms arabes du metel, espèce du genre Stramoine. (Lem.)

MAR AN BAS ou BAZ. (*Ornith.*) Ce nom persan a été appliqué à plusieurs oiseaux du genre Faucon, tels que l'autour, *falco palumbarius,* Linn. Le milan, *falco milvus,* est nommé dans la même langue *mar an tih.* (Ch. D.)

MARANCOTTI. (*Ornith.*) Le P. Paulin de Saint-Barthélemi cite dans son Voyage aux Indes orientales, tom. 1, pag. 426, parmi les oiseaux du Malabar, le *marancotti* ou *pica,* qui, dit-il, frappe les arbres avec son bec. Il s'agit ici d'une espèce de pic. (Ch. D.)

MARANDA (*Bot.*), nom du *myrtus zeylanica* à Ceilan, suivant Hermann et Linnæus. (J.)

MARANGOUIN ou MARINGOUIN. (*Entom.*) Voyez Cousin. (Desm.)

MARANI (*Bot.*), nom donné par les Portugais de l'Inde au Beluta amelpodi du Malabar. Voyez ce mot. (J.)

MARANO. (*Entom.*) En Languedoc, selon l'abbé de Sauvages (Dict. languedoc.), on donne ce nom et celui d'arcisous à la Mite du fromage. (Desm.) ₁

MARANTA. (*Bot.*) Voyez Galanga. (Poir.)

MARAPUTE (*Mamm.*), nom malabare d'une espèce de chat indéterminée, dont le fond du pelage est fauve, qui est couverte de petites taches noires, a la queue courte, et vit sur les arbres, où elle se fait une bauge. (F. C.)

MARASAKKI. (*Bot.*) Le *basella alba*, employé à la Chine comme épinards, est ainsi nommé au Japon, suivant Kæmpfer. (J.)

MARASCA (*Bot.*), nom qu'on donne dans le pays de Venise à la variété de cerise acide avec laquelle on fait le *marasquin*, liqueur qui en tire son nom. (Lem.)

MARASSUS. (*Erpétol.*) Quelques auteurs, Séba en particulier (*Thes.*, 2, tab. 55, n.° 2), ont parlé, sous ce nom, d'un serpent d'Arabie encore peu connu. (H. C.)

MARATHRE, *Marathrum.* (*Bot.*) Genre de plantes monocotylédones, à fleurs incomplètes, de la famille des *naïades*, de l'*heptandrie monogynie* de Linnæus, offrant pou. caractère essentiel : Des fleurs hermaphrodites; point de calice ni de corolle; une spathe tubulée; cinq à huit étamines; entre chacune d'elles une écaille membraneuse, aiguë; deux stigmates; une capsule à deux valves, à deux loges séparées par une cloison parallèle aux valves; des semences nombreuses.

Marathre a feuilles de fenouil : *Marathrum fœniculaceum*, Humb. et Bonpl., *Pl. Æqu.*, 1, pag. 40, tab. 11; Poir., *Ill. gen.*, *Suppl.*, tab. 941. Plante découverte à la Nouvelle-Grenade sur les rochers inondés auxquels elle adhère par ses racines nombreuses : elles prennent naissance d'une grosse souche ou tubérosité qui tient lieu de tige, et produit les feuilles et les fleurs. Les feuilles sont pétiolées, longues de six à neuf pouces, plusieurs fois ailées, glabres, d'un vert foncé; les folioles nombreuses, sétacées; les pédoncules solitaires, longs d'un pouce, uniflores, environnés inférieurement par une gaine dans laquelle ils étoient d'abord complétement renfermés. Une spathe tubulée, alongée, transparente, membraneuse, d'abord fermée, puis s'ouvrant à son extrémité, laisse sortir la fleur, qui n'a ni calice ni corolle. Les étamines sont au nombre de cinq à sept; les filamens subulés, persistans, insérés au sommet du pédoncule; les anthéres d'une belle couleur rose, à deux loges, bifides à leur base; les appendices placés entre chaque étamine, courts, membraneux; l'ovaire est ovale, long de deux lignes, à stigmates subulés, divergens, persistans. Le fruit est une capsule ovale, glabre, membraneuse, s'ouvrant en deux valves au sommet; les semences sont nombreuses, roussâtres, comme imbriquées sur plusieurs rangs, fixées aux deux faces de la cloison. (Poir.)

MARATHRUM. (Bot.) On trouve dans Lobel que ce nom est donné au fenouil ordinaire. (J.)

MARATTIA (Bot.), Smith, Swartz; Myriotheca, Commers., Juss. Genre de la famille des fougères, remarquable par sa fructification située à la surface inférieure des frondes, et composée de grosses capsules très-nombreuses, anthériformes, éparses ou disposées longitudinalement en une série le long du bord de la fronde, sessiles, ovales, nues (sans indusium), s'ouvrant longitudinalement par leur sommet, contenant deux séries de loges, et percées de trous en nombre égal à celui des loges.

Les marattia sont des fougères exotiques qu'on ne voit chez nous que dans les herbiers; elles se distinguent par la beauté et la grandeur de leurs frondes, toujours deux fois ailées. Smith en a figuré trois espèces, et une quatrième a été décrite par Bory de Saint-Vincent; aucune n'a été connue de Linnæus.

Le Marattia ailé; Marattia alata, Smith, Icon. ined., tab. 46, est caractérisé par ses frondes deux fois ailées, à frondules dentées en scie à dents aiguës, par ses rachis écailleux dont les subdivisions sont ailées. Cette espèce croit à la Jamaïque, dans les lieux pierreux et ombragés des montagnes.

Marattia a feuilles de frêne: Maratti...
b. 48, est cara...

dentées en scie, cunéiformes à la base, et par ses rachis lisses et nus. Il croit dans les bois à l'île de Bourbon, où il a été observé par Commerson et par Bory de Saint-Vincent.

Le MARATTIA A FEUILLES DE SORBIER; *Marattia sorbifolia*, Bory, Itin., 1, pag. 267, est caractérisé par sa fronde deux fois ailée, à frondules alternes, à divisions linéaires lancéolées, dentées en scie, cunéiformes à leur base, et par ses rachis lisses et nus. Il croit à l'île-de-Bourbon, avec le précédent dont il se rapproche beaucoup. (LEM.)

MARAVARA. (*Bot.*) Ce nom malabare est commun à plusieurs espèces d'angrec, *epidendrum*, qui sont distinguées par divers prénoms. Voyez ANGELI-MARAVARA. (J.)

MARAVILLA. (*Bot.*) Dans le royaume de Quito, près Chillo, on nomme ainsi la *tigridia*, genre de la famille des iridées. Dans la nouvelle Andalousie c'est le *ruellia macrophylla* qui porte ce nom, suivant les auteurs de la Flore Equinoxiale. (J.)

MARAXE (*Ichthyol.*) Rondelet a parlé, sous ce nom, d'un poisson des Indes plus cruel et plus grand, dit-il, que le tiburon, et dont la chair n'est pas bonne à manger. Voyez TIBURON. (H. C.)

MARAYE. (*Ornith.*) Bajon dit dans ses Mémoires sur Cayenne, tom. 1, pag. 583, qu'il a préféré ce nom à celui de *marail*, parce que c'est le véritable nom que les Indiens ont donné à cet oiseau. (CH. D.)

MARAYÉ, OUCYAOUX. (*Bot.*) Noms caraïbes de la langue de bœuf à Saint-Domingue, cités par Nicolson. C'est, selon lui, le *lingua cervina*, et conséquemment une espèce de fougère. (J.)

MARBRE (*Min.*), *Marmor* des anciens. Ce nom avoit pour eux la même signification qu'il a encore pour les gens du monde : il désignoit toute espèce de roche susceptible de recevoir de l'éclat par le poli. Les minéralogistes ont restreint cette expression, et peut-être à tort, aux seules pierres calcaires qui jouissaient de cette propriété; mais l'usage a tellement prévalu ... personnes qui veulent mettre de l'exactitude dans ... exprimer, que ce nom ne peut plus s'appli... -bonatée ou de calcaire ...

ces qualités que dans trois variétés principales de calcaire : le *calcaire saccaroïde*, qui donne seul les marbres statuaires; le *calcaire concrétionné*, qui donne la sorte particulière de marbre que l'on nomme *albâtre*; le *calcaire* de *sédiment compacte* ou *sublamellaire*, qui, en raison de la finesse de son grain et de la netteté de ses couleurs, a reçu le nom particulier de calcaire marbre; enfin, quelques autres calcaires compactes qui offrent quelquefois des qualités à peu près égales aux calcaires marbres proprement dits.

Les calcaires doués de ces propriétés se trouvent dans presque toutes les formations, mais en proportions bien différentes. Ainsi, les calcaires saccaroïdes ou marbres statuaires n'appartiennent qu'aux formations primordiales, soit aux plus anciennes, soit aux plus nouvelles, à celles qu'on appelle généralement de transition. S'il s'en trouve dans des formations plus récentes, ce sont des exceptions rares par leur nombre et très-restreintes dans leur étendue. Ainsi le calcaire jurassique dans certaines parties, dans celles surtout où beaucoup de zoophytes entrent dans sa composition, et dans celle où il est associé avec une grande quantité de magnésie, présente un aspect et quelques unes des propriétés du calcaire saccaroïde ou des marbres statuaires.

La plupart des marbres colorés à texture en grande partie compacte, avec des parties lamellaires ou également disséminées dans la masse, ou rassemblées en veines ou veinules, appartiennent, soit aux derniers terrains primordiaux, c'est-à-dire, aux terrains de transition compacte, soit aux terrains de sédiment inférieur; mais ici ils commencent à être rares; et dans des étendues immenses de pays, entièrement composés de ces calcaires de sédiment inférieur, on ne trouve quelquefois pas une carrière de marbre. Tel est le cas de beaucoup de calcaires des Alpes, sur le versant septentrional de cette chaîne.

Les terrains de sédiment moyen renfermant le calcaire jurassique présentent encore moins de marbre exploitable; mais ici ce n'est pas, comme dans les Alpes, une argile grise, du sable, une stratification mince et contournée qui altèrent les qualités techniques de cette formation; au contraire, souvent ce calcaire est pur et homogène, le grain est fin, la texture très-compacte; mais le peu de vivacité des couleurs, et surtout

7.

la disposition généralement fragmentaire de cette roche, lui ôtent les qualités que doit avoir le calcaire marbre pour mériter qu'on l'exploite avec avantage, et par conséquent qu'on y établisse de vastes et durables carrières de marbres.

C'est dans le calcaire jurassique que se voient les dernières grandes exploitations de marbre, et elles cessent même presque entièrement après ce calcaire; car on ne retrouve plus le marbre, même par échantillon, ni dans les terrains crayeux, ni dans les calcaires grossiers supérieurs à la craie ; mais il se présente de nouveau, en moindre quantité il est vrai, tant en nombre qu'en étendue, 1° dans le terrain de transport composé de cailloux calcaires roulés, connus sous le nom de pouddingues, quelquefois de *nagelflue*, et ce terrain offre dans certains lieux des marbres pouddingues assez recherchés et très-répandus (le pouddingue dit brèche de Tolonet en Provence, etc.); 2° dans le calcaire d'eau douce ou lacustre, supérieur au calcaire grossier et faisant partie du terrain de sédiment supérieur ; et nous pouvons donner comme preuve de cette assertion la pierre de Château-Landon près Némours, qui est employée comme marbre ; celle de Nonette près d'Issoire, qui offre le même usage : ce sont, il est vrai, des marbres peu recherchés, parce que leurs couleurs sont grises ou pâles, et que leur poli est très-peu brillant; mais ils ont le grand avantage d'offrir des masses puissantes, continues et d'une facile exploitation ; considération qui a sur le succès des carrières de marbre plus d'influence que les qualités qui résultent de la couleur, de la finesse du grain, et même de l'éclat du poli. On rencontre, quand on parcourt les montagnes, des gîtes de calcaires marbres souvent plus beaux par leurs couleurs et leurs autres qualités brillantes que les plus fameux marbres, soit statuaires, soit d'ornement, et cependant on ne peut parvenir à les mettre en exploitation : cela vient presque toujours, ou de leur position d'un accès difficile, ou plutôt encore de leur peu d'étendue en masses homogènes et continues. Cette dernière condition est et la plus difficile à rencontrer et la plus importante. Quand elle se présente, presque toutes les difficultés disparoissent devant elle, même celle qui résulte d'un accès difficile, parce qu'alors la continuité des masses, qui assure la longue durée de l'exploitation, permet de faire les dépenses nécessaires pour rendre les transports plus faciles : tel est le cas des principales carrières de marbres, de celles qui sont connues et exploitées depuis long-temps, et qui le seront encore pendant une longue suite de siècles. Il suffit d'avoir vu les carrières de marbre de Carrare et leur position avantageuse pour s'expliquer pourquoi on n'a pas pu encore mettre en réelle exploitation les marbres statuaires qu'on a reconnus dans les Pyrénées, dans la Savoie, dans la Corse, etc., ceux-ci ne se présentant en général qu'en couches interposées dans d'autres roches, ou en amas de peu d'étendue, et pour ainsi dire en échantillon, en comparaison des montagnes entièrement composées de marbre statuaire, généralement d'une belle qualité, qui forment les deux côtés de la vallée de Carrare. Nous le répétons, il n'y a peut-être pas de terrain primordial qui ne puisse présenter des amas de calcaire saccaroïde assez volumineux et assez beau pour fournir des masses propres à faire quelques bustes, quelques vases, peut-être même quelques statues; mais ce n'est pas sur un produit aussi précaire, aussi limité, qu'on peut établir une exploitation aussi difficile, dont l'ouverture est aussi dispendieuse qu'est celle d'une carrière de marbre. (B.)

La partie minéralogique de cet article se trouvant presque en entier à l'histoire de la chaux carbonatée, dont les marbres ne sont que des variétés, il ne nous reste donc plus ici qu'à considérer ces roches sous le rapport de leur utilité dans les arts, et sous celui du commerce important auquel elles ont donné naissance. Nous rappellerons cependant encore que les marbres proprement dits appartiennent aux variétés lamellaire saccaroïde, et compacte fin du calcaire, et aux formations primordiales, et de sédiment inférieur et moyen; qu'ils en partagent les propriétés et les caractères, et que par conséquent tout marbre, dans l'acception restreinte où l'on doit entendre aujourd'hui cette expression, doit présenter rigoureusement les caractères suivans : de faire une effervescence plus ou moins vive dans l'acide nitrique (eau forte), de se laisser rayer par une pointe de fer, de se réduire en chaux vive par la calcination, et de recevoir un poli plus ou moins parfait. Ce petit nombre de caractères dont l'ensemble est décisif et tranchant, suffit pour éloigner cette foule de roches que les gens du monde confondoient mal à propos avec les marbres, tandis qu'elles appartiennent aux porphyres, aux granites, aux serpentines, etc... Nous ajouterons, pour achever de les isoler complétement, que l'albâtre calcaire ou oriental, qui jouit des mêmes caractères que nos marbres, s'en distingue cependant par sa texture intérieure, qui est presque toujours fibreuse dans un sens, ainsi que par ses nuances jaunes de miel ou jaunes de cire, qui sont disposées par zones ondulées ou concentriques; aspect qui est une suite nécessaire de sa formation, et qui ne se rencontre jamais dans les marbres.

L'on a proposé plusieurs méthodes pour classer les marbres; mais si l'on eût réfléchi que la plupart de ces roches ne diffèrent entre elles que par des nuances, des teintes, ou de légers accidens qui n'ont pas la moindre importance en minéralogie, on se seroit évité la peine que ces soi-disant méthodes ont dû coûter à ceux qui les ont imaginées. L'on ne peut réellement classer les marbres que par ordre de contrées, quand on veut en faire une longue énumération, ou par ordre d'usage et d'emploi, quand on ne doit rappeler que ceux qui sont le plus estimés dans le commerce; et d'ailleurs, comme chacun d'eux appartient à une variété de l'espèce chaux carbonatée, l'on conçoit qu'il devient absolument superflu de s'efforcer à les soumettre à un arrangement méthodique spécial.

Les marbres, considérés par rapport à leur emploi dans les arts, se distinguent :

1.° En marbres statuaires;

2.° En marbres de décoration.

Les premiers comprennent les marbres blancs dont le grain, la teinte et la dureté sont uniformes; ils appartiennent aux variétés lamellaires et saccaroïdes de la chaux carbonatée des minéralogistes, parce que leur cassure présente une foule de petites lamelles ou facettes brillantes qui se croisent en tout sens, ou que leur grain plus fin et plus serré rappelle la contexture du plus beau sucre.

Les seconds se composent de cette foule de marbres colorés dont quelques uns présentent le brillant assemblage des couleurs les plus tranchées qui, disposées par veines, par taches, ou par bandes plus ou moins grandes, et plus ou moins distinctes, offrent cependant un aspect assez constant dans chacun d'eux, pour qu'il soit toujours assez facile de les reconnoitre et de les désigner par les noms qu'ils portent dans le commerce, surtout quand on a pu les étudier à la carrière ou au chantier. Les marbres de décoration appartiennent en général au calcaire de sédiment, je dis en général, car il y en a plusieurs qui se rangent à côté des marbres statuaires, dont ils ne sont que de simples variétés : tels sont les marbres blancs veinés de gris, les bleus turquins, les cipolins, etc. La cassure des marbres de décoration est ordinairement terne et compacte; ou, si elle devient brillante et lamellaire dans certaines parties, on peut assurer que ces parties sont dues à des veines de calcaire spathique traversant les masses dans un grand nombre de directions, ou, plus souvent encore, ces portions lamellaires brillantes et spathiques sont dues à des débris de corps organisés marins, tels que coquilles, madrépores, entroques, etc., dont ces marbres sont quelquefois pénétrés dans tous les sens.

Les noms génériques de *brèche* et de *lumachelle* sont à peu près les seuls qui soient employés dans le commerce pour désigner les deux groupes que l'on peut raisonnablement établir dans cette foule d'accidens difficiles à décrire, fastidieux à énumérer, et pour lesquels l'expression est souvent en défaut.

Les marbres *brèches* sont ceux qui sont composés de fragmens anguleux, différemment colorés, réunis par une pâte plus ou moins distincte. Les marbres *lumachelles* sont ceux qui contiennent des débris de coquilles très-apparens et nombreux; quant à tous les autres qui ne sont ni unis, ni brèches, ni lumachelles, on les nommera, si l'on veut, *jaspés*, *diaprés* ou *bariolés*.

Les marbres *antiques* sont ceux qui ont été exploités et employés par les Égyptiens, les Grecs ou les Romains, ou ceux dont les carrières sont perdues, et qui ne se trouvent plus qu'en fragmens ou en blocs travaillés au milieu des ruines, des monumens et des villes dont le nom seul a survécu aux révolutions politiques. Les marbres antiques, par cela même qu'ils sont rares, sont très-recherchés. Nous en citerons plusieurs pour exemple.

Marbres statuaires.

Les principaux marbres statuaires sont les marbres blancs antiques de Paros, du mont Pentelès, du mont Hymette près d'Athènes, et de Luni en Toscane. Celui de Carrare ne paroît point avoir été exploité dans les temps les plus reculés, car on s'accorde assez à n'en faire remonter l'exploitation qu'au temps où César pénétra dans les Gaules. Aujourd'hui c'est le seul dont nos artistes fassent usage, et la belle qualité en devient de plus en plus rare : aussi a-t-on fait quelques essais sur les marbres de Florence et des Pyrénées ; ces derniers ont déjà même été employés avec succès, notamment par M. Bosio qui en a fait une figure en pied, d'Henri IV enfant, et par mademoiselle Charpentier, qui en a exécuté le buste de Clémence Isaure, destiné au Capitole de Toulouse.

C'est particulièrement sur les marbres grecs que les plus célèbres sculpteurs de l'antiquité se sont exercés ; aussi la plupart des chefs-d'œuvre qui sont venus jusqu'à nous, et qui font encore l'ornement de nos Musées, appartiennent-ils à ces marbres dont le grain présente de larges facettes, et dont la teinte est souvent altérée par des nuances de gris ou de vert, qui ne se retrouvent point dans les beaux marbres statuaires d'Italie ; quelquefois cependant ces artistes fameux semblent avoir recherché cette finesse et cette blancheur uniformes ; car, si le Torse et la Vénus sont sortis des carrières de Paros et d'Athènes, l'Apollon appartient à celle de Luni en Toscane. Le marbre rouge antique, et le marbre noir de Lucullus ont été quelquefois employés comme marbres statuaires, témoin la statue colossale de M. Agrippa qui se voit à Venise au palais Grimani, et plusieurs autres statues qui sont également en marbre rouge antique, et qui font partie du Musée royal de Paris. On voyoit aussi plusieurs bustes en marbre noir au Capitole et à la villa Albani à Rome.

Lors de la décadence des beaux arts, quelques sculpteurs ne trouvèrent rien de mieux que d'exécuter des statues de plusieurs pièces en marbres colorés, c'est ainsi qu'il nous en reste encore dont la tête et les extrémités sont en marbre blanc ; tandis que les draperies sont en marbres de couleur, qui imitent les étoffes, les brocards et les péquins à grands

ramages; de tels écarts du bon goût n'autorisent point à regarder ces roches comme des marbres statuaires : un si noble
emploi semble exclusivement réservé aux marbres blancs les
plus purs. Le beau marbre statuaire est l'objet d'un commerce
important. Plusieurs carrières sont exploitées dans la vallée de
Carrare pour le compte du gouvernement français, qui en
possède un vaste dépôt à Paris ; mais comme la belle qualité en
devient excessivement rare, les artistes la paient jusqu'à 80 fr.
le pied cube. Il est donc à souhaiter que nos carrières de Saint-
Beat, département de la Haute-Garonne, soient attaquées
avec suite et constance.

Nous n'insisterons point davantage sur les qualités respectives de ces marbres, ils sont décrits, avec beaucoup d'autres,
à l'article CHAUX CARBONATÉE de ce Dictionnaire.

Marbres de décoration.

L'usage des marbres de décoration n'est point aussi ancien
que celui des marbres statuaires : on commença par en exécuter des colonnes monolithes, quelques sarcophages, et puis
on en vint à en revêtir les murs des temples et des palais ;
on attribua ce dernier excès de luxe à l'un des préfets de
César.

Les principaux marbres de décoration dont on fait usage en
Europe, sont, *le marbre blanc veiné de gris de Carrare*, dont on
fait tous les piédestaux et tous les vases qui décorent nos jardins, celui dont on a construit le fameux escalier du château de
Versailles, et qui est d'autant plus recherché qu'il approche
davantage du marbre statuaire, dont il n'est qu'une variété.

Le bleu turquin n'est encore qu'une variété du précédent,
puisqu'il se trouve à Carrare dans les mêmes carrières.

Le cipolin, qui est blanc veiné de larges bandes ondulées,
grises et vertes, dues à du talc ; les carrières antiques en sont
perdues, mais on en connoît plusieurs dans les Alpes.

Le languedoc: il s'exploite aux carrières de Caunes près Nar-
bonne. Il est d'un rouge de feu rubanné de blanc ; il produit
beaucoup d'effet, et est employé dans la plupart des belles
églises de France.

La griotte : ce marbre d'un rouge foncé, varié de taches
ovales, d'une teinte plus vive, et de cercles noirs dus à des

coquilles, s'extrait aussi dans les environs de Caunes en Languedoc; il se vend jusqu'à 200 fr. le pied cube.

Le campan, qui présente trois variétés dont on a fait à tort trois marbres différens; son fond rouge, rose ou vert clair, est varié de veines entrelacées d'une teinte plus foncée: il produit un grand effet quand il est bien choisi. On l'exploite dans la vallée de Campan dans les Hautes-Pyrénées. Il se vend 55 fr. le pied cube à Paris; il s'altère à l'air. On en trouve des fragmens dans les ruines romaines du midi de la France.

La brocatelle d'Espagne. Ce marbre jaune renferme une multitude de fragmens de coquilles; il s'extrait à Tortose en Catalogne, d'où il se répand dans toute l'Espagne, la France et l'Italie à la rigueur on pourroit le regarder comme une lumachelle.

Le portor, l'un des plus beaux marbres de décoration dont on puisse faire usage. Fond noir très-intense, veiné de jaune vif; le plus beau vient des environs de Gênes, et particulièrement de Porto-Venere. Louis XIV le fit exploiter pour la décoration de Versailles et de Marly.

Le jaune de Sienne. Ce beau marbre d'un jaune assez vif est veiné de pourpre et de rouge vineux. On l'extrait à deux lieues de Sienne, et il se vend à Paris 80 fr. le pied cube.

Le sicile, marbre très-recherché qui se distingue par ses grandes bandes veinées et rubannées, rouges, brunes et olivâtres.

Le noir antique et *le noir de Flandre* ne sont guère employés que pour les inscriptions des monumens funèbres. Le premier est d'un noir excessivement foncé, le second tire sur le gris.

Le Sainte-Anne, gris foncé veiné de blanc, très-employé en France, mais remplacé aujourd'hui par le suivant.

Le petit granite, marbre gris foncé, parsemé, ou presque entièrement composé de débris d'entroques d'une teinte cendrée. Il se trouve aux Ecaussines près Mons: il est très-employé en France où l'on en importe une quantité prodigieuse. Nous formons des vœux pour qu'il soit bientôt remplacé par le marbre françois de Moncy, département des Ardennes, qui lui ressemble beaucoup.

Le grand antique est un marbre brèche à grands fragmens noirs réunis par une pâte blanche.

La brèche violette est un marbre très-variable qui présente

une foule de fragmens de marbre blancs, violets, rouges, lilas, cimentés par une pâte verdâtre, etc. Il faut réunir à ce
marbre les suivans qui n'en sont que de simples accidens : le
marbre africain, le fleur de pêcher, et peut-être la brèche
rose. On l'exploite à Saravezza en Italie.

La brèche de Tarentaise est un marbre qui ne ressemble à
aucun autre; son fond est d'un brun de chocolat, parsemé de
petits fragmens anguleux jaunes ou blancs. On y voit aussi,
mais rarement, quelques débris de coquilles. On exploite ce
marbre à Villette en Tarentaise.

Le drap mortuaire est un marbre lumachelle noir, parsemé
de coquilles blanches d'un pouce à quinze lignes de long. Il
est assez estimé malgré sa couleur de deuil.

Les marbres connus sous les noms de *vert antique*, de *vert
de mer*, de *vert poireau* et de *polzeverra*, sont renvoyés aux
roches serpentineuses.

La plupart des marbres que je viens de citer sont déjà nommés et décrits plus au long à l'article Chaux carbonatée de ce
Dictionnaire, ainsi que je l'ai dit en parlant des marbres statuaires : on y trouvera même un aperçu des principales opérations de l'art du marbrier ; et je n'aurois pu amplifier cette
partie sans sortir des limites naturelles d'un article de dictionnaire. On trouvera dans ma Minéralogie appliquée aux
arts (1) la description de plus de trois cents variétés de marbres,
et d'assez grands détails sur l'exploitation de ces roches, sur
l'art du marbrier et du lithoglypte; je renvoie donc à cet ouvrage ceux qui voudroient de plus grands détails sur l'histoire
de ces belles substances minérales qui contribuent tant à la
somptuosité des décorations intérieures, et à la durée des monumens qui en sont enrichis. (P. Brard.)

MARBRE. (*Foss.*) Voir au mot Pétrification. (D. F.)

MARBRE. (*Conchyl.*) Ce nom est quelquefois employé dans
les catalogues de coquilles du dernier siècle, pour désigner une
coquille du genre *Buccinum* de Linnæus, et qui est une espèce
de turbinelle pour les conchyliologistes modernes. (De B.)

MARBRÉS. (*Bot.*) Paulet décrit quatre espèces de marbrés ou
mousseux marbrés; ils forment une division dans la famille des

---

1) Paris, F. G. Levrault, 1821, trois vol. in-8.°

cèpes mousseux qui sont tous des champignons du genre *Boletus*, Linn. Les marbrés se font reconnoître à leur surface entr'ouverte, plus ou moins profondément découpée et sillonnée, selon Paulet, en manière de fortes veines de marbre. Ils naissent dans nos bois en automne.

Le MARBRÉ FEUILLE MORTE, Paul., Tr., 2, pag. 573, pl. 172, fig. 1, est de grandeur moyenne, à surface blanchâtre et chair blanche : sa partie tubuleuse est grise ; à la maturité, ce champignon prend une couleur générale de feuille-morte. Il a une saveur agréable, et n'incommode pas ; il est sec, léger, et brunit l'eau dans laquelle on le fait bouillir ; il n'est pas aussi délicat que les *mousseux fins*.

Le MARBRÉ BISTRE, Paul., *l. c.*, pl. 172, fig. 2, est haut de trois pouces, de couleur de bistre ou de truffe noire avec des marbrures. Ses tubes sont fins, serrés et gris ; le stipe est blanc et ferme. Toute la plante a une agréable odeur, elle n'est point malfaisante.

Le MARBRÉ OLIVÂTRE, Paul., *l. c.*, fig. 3, est de couleur brune ou olivâtre marbré, à surface sèche, à tube et stipe gris. Ce champignon, plus large que haut, a un chapeau de trois pouces de diamètre ; il n'a pas d'odeur désagréable, et ne nuit point ; comme le marbré feuille-morte il rend brune et mousseuse l'eau dans laquelle on le fait cuire, caractère, au reste, qui appartient à toute la famille qui en tire aussi son nom.

Le MARBRÉ COULEUVRE, Paul., *l. c.*, fig. 4, 5. 6, est petit, à surface découpée et marbrée, de manière à imiter, en quelque sorte, les anfractuosités du cerveau, mélangée de brun jaunâtre et de rouge ; sa chair, naturellement blanche, devient subitement bleuâtre et rougeâtre par le contact de l'air. Ses tubes sont fins, serrés et verdâtres ; le stipe est lavé de rouge ou de pourpre. Ce champignon est élevé de deux à trois pouces ; sa surface est sèche, et sa substance molle, humide, se corrompt aisément ; tout annonce qu'il pourroit être d'un dangereux usage. (LEM.)

MARBRÉ. (*Erpétol.*) Voyez POLYCHRE. (H. C.)

MARBRÉE. (*Ichthyol.*) Dans quelques uns de nos cantons, on donne vulgairement ce nom à la lamproie commune. (Voyez PÉTROMYZON.)

M. Risso a fait aussi de ce mot le nom spécifique d'une tor-

MAR

pille et d'une athérine de la mer de Nice. Voyez ATHÉRINE et TORPILLE. (H. C.)

MARCANTHUS. (*Bot.*) Voyez MACRANTHE. (POIR.)

MARCARAY (*Bot.*), nom d'un *catesbæa* sur la côte de Coromandel, cité dans l'herbier de Commerson. (J.)

MARCASSIN (*Mamm.*), nom du jeune sanglier. (F. C.)

MARCASSITE. (*Min.*) Nom que l'on donne aux fers pyriteux ou sulfurés jaunes, d'un jaune d'or pur, d'une homogénéité et d'une pureté assez grande pour être susceptibles d'être taillés, polis et employés même comme objet d'ornement. Voyez FER SULFURÉ JAUNE, t. XVI, p. 379. (B.)

MARCEAU (*Bot.*), nom d'une espèce de saule. (L. D.)

MARCESCENT [CALICE]. (*Bot.*) Lorsque le calice n'accompagne pas le fruit, il tombe dès que la fleur commence à s'épanouir (pavot), ou bien après la fécondation, en même temps que la corolle (*berberis, brassica*). Lorsqu'il accompagne le fruit, il continue de végéter (*cucubalus bacciferus*), ou bien il se dessèche (*anagallis, rhinanthus*). C'est dans ce derniers cas qu'on le dit marcescent. Il y a des corolles qui ne tombent point après la fécondation (*campanula, trientalis*); mais elles ne continuent pas de végéter : on les dit également marcescentes. (MASS.)

MARCGRAVIA ou MARCGRAAVIA. (*Bot.*) Voyez MARGRAVE. (POIR.)

MARCGRAVIACÉES. (*Bot.*) Le genre *Marcgraavia*, publié primitivement par Plumier, offre des caractères apparens qui avoient engagé Linnæus, Bernard de Jussieu et Adanson à le rapprocher de la série naturelle des capparidées, remarquable surtout par l'attache des graines aux parois du fruit; et j'avois suivi ces auteurs en ce point. L'occasion de décrire une nouvelle espèce de ce genre, trouvée à la Guadeloupe par M. Richard, me détermina à insérer dans le quatorzième volume des Annales du Muséum d'Histoire naturelle, année 1809, un mémoire sur cette plante, dans lequel il étoit aussi fait mention de celle de Plumier, et surtout des observations faites par M. Richard sur ces plantes vivantes. Il en résultoit que dans le *marcgraavia*, les cloisons du fruit multiloculaire paroissent avoir été d'abord réunies au centre, ensuite détachées au milieu par suite d'un retrait, en conservant leur réunion au sommet

et à la base: et que le fruit dans sa maturité devient ainsi
uniloculaire. De plus, ces cloisons, qui portent les graines,
sont seulement contiguës avec les parois du fruit sans leur
adhérer. Dès lors l'insertion des graines est réputée centrale
et non pariétale comme dans les capparidées. M. Richard
pensoit que ce genre devoit, d'après ces caractères, être rapproché du *clusia* dans les guttifères. J'ai motivé dans le Mémoire précité les rapports et les différences qui existent entre
ces genres, dont l'affinité est réelle, mais non complète, et
j'en conclus que le *maregraavia* pourroit devenir le type d'une
famille nouvelle voisine des guttifères, à laquelle on devra
joindre le *norentea* d'Aublet et l'*antholoma* de M. Labillardière.
C'est d'après cette simple indication que M. Decandolle,
dans sa nouvelle édition de sa Théorie élémentaire de la Botanique, année 1819, faisant l'énumération des familles anciennes et nouvelles, cite, sous ce nom, celle des *maregravia-
cées*. Je n'avois fait que la proposer avec doute, parce que ses caractères ne m'étoient pas assez connus; mais puisqu'elle est ainsi
dénoncée au public, il faut essayer de la caractériser, en préve-
nant cependant que ce caractère général sera sujet à revision.

Cette famille, placée à côté des guttifères, doit être dans la
classe des hypopétalées, c'est-à-dire des polypétalées à étamines
hypogynes. On y trouve : un calice à plusieurs divisions très-profondes, dont une ou deux plus extérieures, sont peut-être des
bractées; une corolle hypogyne dont les pétales sont tantôt distincts, tantôt réunis en une coiffe recouvrant les organes sexuels,
laquelle se détache par sa base et tombe entière; des étamines
nombreuses également insérées sous l'ovaire, leurs anthères
alongées et droites portées sur des filets très-courts; un ovaire
libre, simple; un style simple ou nul; un stigmate en tête,
quelquefois lobé; un fruit ordinairement globuleux, coriace,
ou un peu charnu, à plusieurs loges polyspermes, devenant
quelquefois uniloculaire en mûrissant, par le retrait des cloisons; des graines attachées au bord des cloisons, à l'angle interne
des loges. Tige ligneuse, droite ou sarmenteuse, grimpante;
feuilles alternes, simples, entières, coriaces; fleurs terminales,
pédicellées, en ombelle ou en épi. (J.)

MARCH (*Bot.*), nom arabe d'un cynanque, *cynanchum py-
rotechnicum* de Forskal. (J.)

MARCHAIS. (*Ichthyol.*) Les pêcheurs appellent ainsi une variété du maquereau qui manque de taches. (Voyez Scombre.)

On donne aussi ce nom au hareng qui a frayé. Voyez Clupée. (H. C.)

MARCHALLIA. (*Bot.*) Voyez Phytelmopsis. (Poir.)

MARCHAND. (*Ornith.*) Ce nom, qui est celui d'une espèce de canard à bec large, figurée sur la planche 37 de l'Encyclopédie méthodique, et sur la planche 995 de Buffon, *anas perspicillata*, Linn., est aussi donné à un oiseau de proie dont il est question dans le Voyage du chevalier des Marchais, par le P. Labat, tom. 3, pag. 529, et que les Portugais appellent *gallinache*. Ce dernier est le vautour urubu, *vultur aura*, Linn.; *gallinaze urubu*, Vieill. (C⬛D.)

MARCHANTIA (*Bot.*), hépatique, marchantie. Genre de plantes cryptogames de la famille des hépatiques, caractérisé par sa fronde plane, membraneuse, dichotome, lobée, portant des pédicelles à l'extrémité desquels sont des espèces d'ombelles coniques ou hémisphériques, lobées ou divisées en quatre à douze rayons, au-dessous desquels se trouve la fructification.

Ces caractères s'appliquent au genre *Marchantia*, tel que Dillenius (qui le nomme *lichen*), Linnæus et les botanistes l'ont admis généralement, sans avoir égard aux observations et aux travaux de Micheli, Adanson, Hill, Palisot-Beauvois, Raddi, Nées, etc., naturalistes qui ont trouvé dans l'étude des parties que l'on peut considérer comme les fleurs et la fructification de ces végétaux, des caractères suffisans pour les classer en plusieurs genres. Quelques botanistes persistent à maintenir le genre *Marchantia* entier, et rétablissent ainsi ses caractères, fondés principalement sur les observations d'Hedwig :

Fronde ou expansion étalée, rampante, herbacée, foliacée ou membraneuse, succulente, réticulée ou ponctuée, lobée et dichotome, appliquée et fixée sur les pierres et la terre par de nombreuses fibrilles brunes portant trois sortes d'organes floriformes ou reproducteurs, qui s'observent sur le même pied ou sur des pieds différens, savoir :

1.° Les *fleurs mâles* (Hedw., Mirb.; *fleurs femelles*, Pal. Beauv.), cupuliformes, sessiles ou portées sur un pédicelle, et en forme de plateaux membraneux, lobé ou sinueux, lisse ou écailleux en dessous, renfermant dans son épaisseur de petits corps arrondis, émarginés à une de leurs extrémités ou aux deux, nichés un ou plusieurs ensemble dans des loges, aboutissant chacune à l'extérieur par un petit filet.

2.° Les *fleurs femelles* (Hedw., Mirb.; *fleurs mâles*, Mich., Adans., Pal. Beauvois), plus compliquées que les précédentes, forment, à l'extrémité de pédicelles opaques et nus ou entourés d'une gaine à la base, des espèces d'ombelles ou réceptacle commun à quatre ou douze rayons ou lobes, quelquefois conique ou hémisphérique, et le plus souvent en étoile; sous chaque rayon à la base, et dans le sinus, on observe un périchèze ou périsporange, ou calice commun à une loge, rarement deux, bivalve, à bords dentés et frangés, contenant une à six fleurs formées chacune de quelques filamens articulés ou paraphyses insérés à la base d'un périchèze ou calice, ou périsporange propre, grand espèce de sac ou de coiffe (*calyptra*), d'abord clos, puis se déchirant irrégulièrement en quatre ou six parties, mettant à nu un ovaire surmonté d'un style à un stigmate, et recouvert d'une membrane ou pannexterne, autre périsporange propre ou calycule, qui se déchire au sommet en deux ou plusieurs parties auxquelles le style reste fixé. L'ovaire, porté sur un pédicelle en forme de soie transparente, se développe en une capsule pendante, arrondie, qui s'ouvre en quatre ou huit valves, quelquefois aussi par un opercule caduc, et contenant quantité de filamens (étamines, Mich.) ou crinules, ou élatères, qui lancent de nombreuses séminules (anthères, Mich., Adans.), qu'Hedwig a vues germer.

3.° Les *orygomes* ou gemmules, ou propagules (*fleurs femelles*, Mich., Adans.), espèce de cupules, de calices, ou de godets (*thecæ*) crénelés, en forme d'entonnoir, situés sur la fronde, et dans lesquels sont des bulbilles, ou corpuscules propagateurs lenticulaires, que quelques botanistes, d'accord avec Micheli qui les a vus se développer, regardent comme les véritables séminules.

Les pédicelles qui portent les fleurs mâles et ceux qui portent les fleurs femelles, naissent aux extrémités de la fronde, dans ses échancrures ou ses sinus, et en dessous ils sont rarement épiphylles. Quelquefois les pédicelles femelles sont entourés à leur base d'une gaine ou involucre membraneux, découpé ou déchiré, renfermant en outre quelques filamens articulés que Raddi donne pour des anthères.

Cette complication d'organes a lieu d'étonner et sera long-temps le sujet des méditations des botanistes. On peut remar-quer qu'il y a de l'analogie entre la fructification des *mar-chantia* et celle des mousses, dont l'urne est représentée par les capsules, la coiffe par le périchèze propre qui enveloppe chaque fleur, les gemmules par les fleurs mâles, etc.

Les modifications qu'on observe dans la fructification des es-pèces ont donné naissance aux genres suivans, que nous présen-tons ici sous forme de tableau, renvoyant le lecteur à chaque nom pour les caractéres assignés à chacun d'eux.

1. LUNARIA, Mich., Adans., Raddi; *Marchantia cruciata*, Linn.

2. CONOCEPHALUM, Hill; *Anthoconum*, P. Beauv.; *Fegatella*, Raddi; *Hepatica*, Mich., Adans.; *Marchantia conica*, Linn. (Voyez HEPATICELLA.)

3. REBOUILLIA, Raddi, Nées; *Asterella*, P. Beauv.; *Hepatica*, Michel.; *Marchantia hemisphærica*, Linn.

4. GRIMALDIA, Raddi; *Fimbraria*, Nées; *Duvalia*, Nées; *Aste-rella*, P. Beauv.; *Hepatica*, Michel.; *Marchantia triandra*, Scop.

5. MARCHANTIA, Mich., Adans., P. Beauv., Raddi; *Marchantia polymorpha*, Linn.

Dans cette nouvelle disposition le genre *Marchantia* se trouve caractérisé par la présence, sur le même pied ou sur des pieds différens, des trois sortes d'organes propagateurs que nous avons décrits; par ses ombelles partagées en étoiles à sept ou douze rayons environ, cylindriques, obtus, portant en des-sous, et dans des périchèzes communs, à bords dentés ou frangés, deux à six capsules pédicellées, munies de leur double calice, se divisant au sommet en lanières inégales.

Les caractéres de ces nouveaux genres étant pris sur des parties qu'on ne peut étudier qu'avec le microscope, il en ré-sulte que l'étude de ces végétaux est nécessairement difficile. En outre les espèces connues n'étant pas encore toutes réparties dans leur genre respectif, il en résulte qu'on doit s'attendre à la nécessité de créer d'autres genres, et par conséquent d'augmen-ter les difficultés de leur étude; il ne sera donc question ici que du genre *Marchantia*, tel que Dillenius et Linnæus l'ont admis.

Un petit nombre de ses espèces a été connu des botanistes avant Micheli et Dillenius. Ces espèces étoient nommées *lichen*, *lichen petræus*, *muscus saxatilis*, *hepatica fontana* et *hepatica* (voyez ce mot). Maintenant on connoit une trentaine de marchantia, les mieux décrites croissent en Europe. Les espèces étrangères ont été observées principalement en Amérique, quelques unes en Afrique et au Japon. Elles se plaisent toutes dans les lieux humides, dans les fentes des pierres, sur la terre aux bords des fontaines et des puits, dans les cours abandonnées, etc.

1. MARCHANTIA POLYMORPHE : *Marchantia polymorpha*, Linn.; Hedw., *Théor. Retr.*, pl. 26 et 27, fig. 1, 2 ; Web. et Mohr., *Germ.*, tab. 13, fig. 1, 3 ; *Marchantia*, Micheli, *Nov. Gen.*, pl. 2, fig. 1, 2, 3 ; *Lichen*, Dill., *Hist. Musc.*, tab. 76 et 77, fig. 7 ; *Marchantia umbellata* et *stellata*, Lamck., *Illust. gen.*, tab. 876, fig. 1, 2 ; *Lichen*, Matthiol., Fuchs, Dod., Lobel, *Icon.*, t. 246, fig. 2, 3, etc.; *Lichen petreus* et *Hepatica fontana*, C. B., *Pin.*, p. 361, n.° 1, 2, 3 ; *Hepatica*, Brunfels : *Jecoraria seu Hepatica fontana*, Trag.; *Lichen* 1, Diosc., Plin.? vulgairement HÉPATHIQUE DES FON-TAINES, HERBE D'HALOT, HERBE HÉPATIQUE, DU FOIE, DE LA RATE, etc.

Fronde membraneuse, plane, longue de deux à quatre pouces, lobée, à lobes obtus, traversée par une nervure médiane; fleurs mâles en forme de disque ou de bouclier lobé, porté sur un pédicelle; fleurs femelles portées par une ombelle radiée, de sept à douze rayons, dont les périchèzes communs renferment deux à trois fleurs pendantes dont une seule fructifie; orygome en forme de godets crénelés. Cette plante forme des plaques de deux à six pouces de large, qui par leur multiplicité couvrent de grandes surfaces; ces plaques offrent tantôt les deux espèces de fleurs, tantôt une seule. Quelques naturalistes en font même alors deux espèces, par exemple, le *marchantia stellata*, Scop. (Lamck., *Ill. gen.*, t. 876, fig. 2 ; Dill., t. 77, fig. 7, B, c, E, I), est l'individu femelle; et le *marchantia umbellata*, Scop. (Lamck., fig. 1; Dill., fig. 7, D), représente l'individu mâle; enfin le *lichen*, Dillen., pl. 76, fig. 6, E, F, offre un pied avec les fleurs mâles et femelles, plus les orygomes. D'autres auteurs ont confondu les fleurs mâles avec les femelles (comme Micheli et Dillenius), et ont établi aussi plusieurs espèces.

Cette plante croît sur les pierres, sur la terre humide, aux
bords des ruisseaux, des sources, des puits, dans les cours
exposées au nord. On l'employoit autrefois dans les maladies
du foie, du poumon, et comme vulnéraire. (Voyez Lichen.)

Cette espèce est le type du genre *Marchantia*, de Micheli,
Adans., Raddi, etc.; la première bonne description qu'on en
lit, a été donnée dans les Mémoires de l'Académie des Sciences,
ann. 1713, p. 230, pl. 5, par Marchant fils, médecin, qui dédia
cette plante à son père, médecin. Il remarqua le premier les
séminules et les filets qui les portent, et comment elles sont
lancées par bouffées d'entre les filets, pour se répandre dans l'air.
« Ces particules jaunes, dit-il, qui par leur extrême finesse,
s'évanouissent aux yeux, et se perdent dans l'air, sont vraisemblablement les graines de la plante, puisqu'on en voit naitre un
million de jeunes aux environs des anciennes. » Schmidel et
Hedwig long-temps après ont fait connoitre exactement l'organisation de cette plante curieuse.

2. MARCHANTIA PATTE D'OIE : *Marchantia chenopoda*, Linn. ;
Lichen, Plum., *Fil.*, tab. 142; Dill., tab. 77, fig. 8. Fleurs mâles
pédicellées, portées par des réceptacles palmés ou en forme de
main, à quatre lobes obtus; fleurs femelles également pédicellées et portées sur un plateau à cinq ou six lobes obtus, crénelés qui en dessous portent des capsules s'ouvrant en quatre
valves; fronde dichotome, rétrécie et fréquemment lobée et
sinuée. Cette singulière espèce a été observée à la Martinique,
dans les autres îles environnantes et au cap de Bonne-Espérance.
Mieux connue, elle formera sans doute le type d'un nouveau
genre.

3. MARCHANTIA HÉMISPHÉRIQUE : *Marchantia hemisphærica*,
Linn.; *Hepatica*, Mich., tab. 2, fig. 2; *Lichen*, Dill., tab. 75, fig. 2.
Fronde petite, lobée, velue, ciliée, crénelée; réceptacle des
fleurs femelles presque hémisphérique, presque entier et presque
quadrangulaire; réceptacle des fleurs mâles pelté, presque quadrangulaire; orygomes oblongs. Cette plante croît en Europe,
dans les lieux couverts, les fossés, les puits; elle est peu commune, quoique se rencontrant presque partout. Ses réceptacles
femelles ont trois à six lobes arrondis, très-peu profonds; au-
dessous de chaque lobe est un périchèze commun blanc, beaucoup plus grand que dans les autres espèces.

8.

Cette plante est le type du genre REBOUILLIA (voyez ce nom), de Raddi, et de l'*asterella* de Palisot-Beauvois (voyez le vol. III, pag. 257 de ce Dictionnaire). Beauvois y place aussi le *jungermannia tenella*, Linn., qui en diffère cependant par la forme de sa capsule, et qui rentre dans le genre *Fimbraria* de Nées. Les *marchantia triloba* et *quadrata* de Scopoli paroissent être des variétés du *marchantia hemisphærica*, ou des espèces très-voisines.

4. MARCHANTIA ODORANTE : *Marchantia fragrans*, Balbis, Decand., Schwægr., *Musc. hep.*, pag. 54; Web., *Hist. Musc. hep.*, page 106; Wallroth, *Annal. Botan.*, pl. 6, fig. 9-f.; *Fimbraria fragrans*, Nées, *in Hor. Phys. Berol.*, page 45. Fronde simple, dichotome, entière, un peu canaliculée; réceptacle des fleurs femelles en forme de cône obtus, lisse, entier, à cinq ou six lobes, portant quatre fleurs dont le périchèze propre est très-grand, enflé, et se déchirant en huit à dix lanières, restant attachées par leurs pointes; capsule s'ouvrant transversalement en deux parties comme une boîte. Cette espèce, l'une des plus petites de ce genre, et dont la fronde est quelquefois à peine rameuse, croit dans les lieux humides et ombragés, en Piémont, en Italie, en Suisse, en France et dans les Landes; Schwægrichen l'indique en Caroline; elle répand une forte odeur résineuse. Les lobes stériles de la fronde sont obtus et fertiles, fortement échancrés; les pédicelles fructifères naissent dans les échancrures, et sont dans leur jeunesse entourés de poils nombreux longs et blancs. Cette plante rentre dans le genre *Fimbraria* de Nées, dont il est parlé à l'espèce suivante.

5. MARCHANTIA MARGINÉ : *Marchantia marginata*, Nob.; *Fimbraria marginata*, G. Nées, *in Hor. Phys. Berol.*, pag. 44, pl. 5, fig. 3. Fronde simple, petite, entière, ou à peine dichotome, glabre, verte en dessus, purpurine en dessous et sur le bord; pédicelles, portant les réceptacles, munis à la base d'un périchèze ou gainule, court, tubuleux, bordé de longs poils blancs; réceptacles femelles, obtus, mamelonnés, à quatre lobes uniflores; fleurs munies d'un grand périchèze propre (*calyptra*, Nées), en forme de sac enflé, blanc, pendant, se déchirant en six à douze lanières qui restent fixées par la pointe; capsule s'ouvrant en deux comme dans l'espèce précédente.

Cette plante croît au cap de Bonne-Espérance, sur les bords
de la route, près la montagne Leuwenstaart. Elle a été découverte par Bergius.

La plante dont il s'agit, ainsi que le *marchantia saccata*,
Wahl, *Berl. Mag.*, 3, tab. 7, fig. 3; le *marchantia tenella*,
Linn. (Dillen., tab. 21, fig. 4); et le *marchantia fragrans*,
Balbis, composent le genre *Fimbraria* de G. Nées, dans lequel
peut-être viendront se placer encore les *marchantia gracilis*,
Web., *Ludvigii*, Schwæg., *pilosa*, *Fl. Dan.*, tab. 1148. Le *fimbraria* est essentiellement caractérisé par ses capsules, s'ouvrant en deux comme une boîte à savonnette et renfermées
chacune dans un périchèze propre, très-enflé, pendant, se
déchirant en six à douze lanières cohérentes à leur extrémité.
Ce périchèze manque dans le genre que Nées nomme *duvalia*,
peut-être le même que le *grimaldia* de Raddi. Enfin la manière dont sa capsule s'ouvre le distingue de tous les autres
genres.

6. MARCHANTIA TRIANDRE: *Marchantia triandra*, Scop., *Carn.*,
édit., 2, tab. 63; Balbis, *Hepat.*, pl. 1, fig. 1; *Hepatica*, Mich.,
2, tom. 3, fig. 3; *Grimaldia dichotoma*, Raddi, *Opusc. Scient.
Bot.*, 1818, pag. 356. Frondes linéaires, dichotomes, vertes
en dessus et ponctuées; violettes en dessous, émarginées à
l'extrémité, et donnant naissance en dessous aux pédicelles
femelles; réceptacles triangulaires, convexes, s'ouvrant en
dessous par trois fentes; capsules s'ouvrant par un opercule
caduc. Cette petite plante croît communément en Italie parmi
les herbes et les mousses, dans les fentes des rochers, etc. On l'a
confondue long-temps avec le *marchant.a hémisphérique*, dont
elle diffère cependant par la forme de ses capsules. Le genre
Grimaldia de Raddi, fondé sur cette espèce, se rapproche
beaucoup du *Fimbraria* de Nées, dont nous venons de parler,
et surtout du genre *Duvalia*.

7. MARCHANTIA CONIQUE: *Marchantia conica*, Linn.; Hedw.,
Theor. retr., tabl. 27, fig. 3, 4, 5, et tab. 28; *Lichen*, Dill.,
tabl. 75, fig. 1; *Hepatica*, Vaill., *Paris.*, tab. 33, fig. 8; Mich.,
tabl. 2, fig. 1; *Fegatella officinalis*, Raddi, *Opusc. Scient.
Bot.*, 1818, pag. 356. Expansion grande, rampante, dichotome, rameuse, lobée, sinuée, obtuse; réceptacle femelle
porté sur un long pédicelle conique, ou ovale conique, di-

visé en dessous en cinq à sept loges, contenant chacune une capsule recouverte d'un périchèze propre, alongé, et s'ouvrant en quatre lanières; fleurs mâles sur des pieds différens, en forme de tubercules hémisphériques, sessiles. Cette espèce croît dans les bois humides partout en Europe et dans l'Amérique septentrionale. Elle offre plusieurs variétés: elle a été le sujet des observations des botanistes depuis Micheli. Ce naturaliste ne crut pas devoir la réunir au même genre que le *marchantia polymorpha*, et il en fit son *hepatica* qui comprend les *marchantia* dont les réceptacles femelles ont la forme conique ou ovale, ou hémisphérique; mais bientôt les botanistes s'aperçurent que la structure propre à sa fleur l'éloignoit de celles des autres espèces citées par Micheli, et on en fit un genre propre. Hill, je crois, est le premier qui l'en sépara sous le nom de *conocephalum*, puis Beauvois sous celui de *anthoconum*, et enfin Raddi sous celui de *fegatella*, en lui assignant des caractères propres exposés aux articles ANTHOCONE et HEPATICELLA. L'*hepatica* de Micheli comprend les trois genres *Fegatella*, *Grimaldia* et *Rebouillia*, Raddi.

En Italie cette plante est particulièrement employée en médecine au même usage que le *marchantia polymorphe*.

8. MARCHANTIA CROISETTE: *Marchantia cruciata*, Linn.; *Lichen*, Decand., Fl. Fr., n.° 1138; *Lunularia*, Michel., Gen., tab. 4; *Lichen*, Dill., *Musc.*, tab. 75, fig. 5; *Lunularia vulgaris*, Raddi; *Staurophora*, Willd. Fronde membraneuse, plane, lisse, rampante, rameuse, longue de un à deux pouces; pédicelles munis d'une gaine à leur base, soutenant un réceptacle divisé en quatre parties (quelquefois cinq) disposées en croix, et portant chacune une seule capsule pédicellée à huit valves; fleurs mâles en forme de coupes recouvertes en partie par une membrane. Cette espèce a été observée d'abord en Italie aux environs de Florence, puis en France (Lille, Abbeville, Montpellier, Grenoble), en Espagne, en Portugal, aux environs d'Alger, et en Angleterre. Elle croît sur les pierres, dans les lieux humides et ombragés. Micheli, Adanson, puis Raddi ont fait de cette plante leur genre *Lunularia*, dont le nom a été changé par Willdenow en celui de *Staurophora*. Voyez pour les caractères de ce nouveau genre l'article LUNULARIA. (LEM.)

MARCHATO. (*Bot.*) Les Portugais de l'Inde nomment ainsi
le *veetla-caitu* du Malabar que Burmann regarde comme une
variété du *commelina cristata*. (J.)

MARCHE DES FLUIDES dans le végétal. (*Bot.*) Si l'on met
la partie inférieure d'une branche chargée de feuilles dans
une liqueur colorée, la liqueur montera dans la branche et
laissera des marques non équivoques de son passage sur les
trachées, les fausses trachées; le tissu environnant sera coloré,
et l'on pourra quelquefois suivre la liqueur jusque dans les
feuilles. Si l'on renverse cette branche, et qu'on la fasse tremper dans la liqueur par son sommet, dont on aura retranché
l'extrémité, la liqueur s'élèvera par les mêmes canaux qui ont
servi à la première ascension. Si l'on perce jusqu'à la moelle
le tronc d'un peuplier ou d'un orme au temps de la végétation, on verra la séve s'échapper des gros vaisseaux du bois,
et particulièrement de ceux qui sont au voisinage du centre.
Si l'on entaille un arbre, de sorte qu'il ne reste dans une
partie du tronc qu'un petit cylindre ligneux qui établisse la
communication entre la base et le sommet, la séve continuera
de s'élever, et la végétation ne sera pas interrompue; mais si
on ôte tout le bois et qu'on laisse seulement subsister l'écorce,
la séve s'arrêtera, et l'arbre cessera de végéter. (Voyez les expériences de MM. Reichel, Bonnet, Cotta, Coulon, Link et
Mirbel, *Théor. de l'ord. végét.*

De ces faits et de beaucoup d'autres, on a tiré cette conséquence que la séve est charriée des racines jusque dans les
feuilles, ou des feuilles vers les racines, par les gros vaisseaux
du bois, et notamment par ceux qui sont à la proximité de
la moelle, et qu'elle se répand du centre à la circonférence
par les pores et les fentes du tissu.

Si maintenant vous considérez la quantité énorme d'humidité que les plantes absorbent dans le cours de leur vie et
que vous fassiez réflexion que l'eau commune, loin d'être en
parfait état de pureté, contient toujours diverses substances
minérales en dissolution, vous ne serez pas surpris que les
matières végétales donnent, par l'analyse, des terres, des
sels, etc.

Au moment où la végétation recommence, dès avant que
les feuilles soient développées, et que, par leur moyen, une

abondante transpiration se soit établie, la séve monte dans les végétaux ligneux; et comme elle n'a pas d'issue, elle remplit non seulement les vaisseaux du bois et de l'aubier, mais souvent encore tout le tissu cellulaire; c'est ce qu'on remarque au printemps dans le bouleau, dans la vigne, et autres végétaux très-riches en séve.

Quand les feuilles sont développées, la séve ne monte guère que par le centre, parce que les racines, le tronc, les branches, les rameaux ont une communication centrale, et que les gros vaisseaux des feuilles aboutissent au cœur des rameaux.

Quelques physiciens ont cru que la séve circuloit comme le sang, et par conséquent ils ont admis des veines et des artères dans le système organique des végétaux; mais l'observation ne confirme point cette théorie. Le tissu végétal n'offre rien de semblable aux veines et aux artères; et lorsque l'on considère que le tronc d'un arbre dont on a retranché la cime continue de végéter, on est forcé de reconnoître que la séve ne circule pas à la manière du sang.

D'autres ont imaginé que les racines envoyoient de la séve aux feuilles pendant le jour, et que les feuilles envoyoient de la séve aux racines pendant la nuit. Mais voici à quoi se réduit ce phénomène : Lorsque après une journée chaude et desséchante survient une nuit fraîche avec du brouillard, de la pluie ou de la rosée, l'air contenu dans la plante se condense, et les feuilles, au lieu de transpirer, absorbent de l'air et de l'eau pour remplir le vide qui se forme.

Si dans de telles circonstances, on fait une entaille au tronc, la séve qui sans doute fût devenue stationnaire du moment que les vaisseaux eussent été remplis, prendra son cours par la lèvre supérieure de la plaie (Expériences de Rai, de Willougby, de Tonge), et les feuilles alors tireront beaucoup plus d'eau que si les choses fussent restées dans l'état naturel.

La séve s'élabore dans les parties jeunes, et elle produit les sucs propres et le cambium.

Les sucs propres remplissent quelquefois les vaisseaux du bois et de l'écorce, et alors ils sont soumis aux mêmes mouvemens que la séve avec laquelle ils se confondent. D'autres fois ils se distinguent fort bien de la séve par la place qu'ils occupent; ils sont cantonnés dans des lacunes de l'écorce et de la moelle. Là il ne paroît pas qu'ils aient des mouvemens ascendans ou descendans.

Le cambium est le commencement d'une nouvelle organisation. La séve élaborée dans les vaisseaux imperceptibles de la membrane végétale, la nourrit et la développe. A sa naissance, le tissu membraneux, tout pénétré du fluide qui l'alimente, semble n'être qu'un simple mucilage, et c'est en cet état qu'il est nommé cambium. On juge bien que cette substance ne peut se déposer dans des vaisseaux particuliers et qu'elle n'a point de mouvement; mais la séve élaborée qui développe le tissu vient du centre et du sommet du végétal. Sur le corps ligneux du tronc d'un cerisier, à l'extrémité des rayons médullaires, Duhamel a vu le cambium se former en gouttes mucilagineuses et régénérer l'écorce; et quand on fait une forte ligature sur le tronc d'un arbre dicotylédon, ou qu'on lui enlève un anneau d'écorce, le suc qui se porte des branches vers les racines, développe incessamment un bourrelet au-dessus du lien ou au bord supérieur de la plaie.

Si, dans le cours de l'année, les bords de la plaie restant séparés, ne rétablissent point la communication directe des racines par le tissu de l'écorce, la base du tronc se dessèche, les racines cessent de croitre, la succion diminue de jour en jour, et l'arbre meurt après deux ou trois ans d'une vie languissante; car les fluides, qui se portent du centre à la circonférence, ne sont pas assez abondans pour nourrir la partie du liber située plus bas que la plaie, et pour déterminer la formation de nouvelles racines.

Ce que je viens de dire de la marche des fluides s'applique plus particulièrement aux dicotylédons qu'aux monocotylédons; mais j'ai peu de mots à ajouter pour que cette théorie convienne également aux deux classes. Chaque filet des monocotylédons est, sous quelques rapports, comme le corps ligneux tout entier des dicotylédons. La séve monte par les gros vaisseaux; les sucs propres se déposent dans le tissu cellulaire environnant, et le cambium, qui se montre à la superficie des filets, donne naissance à un nouveau tissu ligneux et parenchymateux.

Quant aux champignons, aux lichens, aux hypoxylées et aux autres plantes acotylédones, qui n'ont ni trachées, ni fausses trachées, ni vaisseaux poreux, il paroît que les fluides se répandent dans leur tissu, de proche en proche, sans suivre de routes fixes et régulières.

Causes de la succion, de la transpiration et de la marche des fluides.

Beaucoup de physiciens des deux derniers siècles croyoient que la succion des végétaux (voyez Succion) étoit une simple imbibition, et que leur transpiration (voyez Déperdition) résultoit uniquement de la vaporisation des fluides par la chaleur. La succion des racines et des feuilles, et la marche ascendante de la séve étoient, suivant eux, le résultat de l'attraction capillaire des tubes; mais cette hypothèse et plusieurs autres, tirées des lois générales de la physique, ne répondoient pas à cette grande objection, que, dans les végétaux morts, on n'observe ni succion, ni transpiration, ni mouvemens réguliers des fluides, bien que les formes organiques n'y diffèrent point sensiblement de celles des végétaux en pleine végétation. Il a donc fallu avoir recours à la *force vitale*, qui est pour le naturaliste ce qu'est l'*attraction* pour le physicien, *un effet général auquel on rapporte comme à une cause première tous les phénomènes particuliers qui concourent à le produire.*

Nous dirons donc que la succion, la transpiration et la marche des fluides dépendent de la force vitale; mais, parce que nous voyons que cette force n'agit pas toujours avec une égale intensité, et que même ses effets sont modifiés par des causes extérieures, il nous reste à connoître ces causes, et l'influence que chacune d'elles exerce sur les phénomènes de la végétation. Le calorique est celle dont l'action est le moins équivoque : indépendamment de ce qu'il détermine l'évaporation, il agit encore comme stimulant de l'irritabilité, puisqu'il faut différens degrés de chaleur pour faire entrer en séve les différentes espèces, et que chacune est douée d'une force particulière, au moyen de laquelle elle supporte, sans risque de la vie, un abaissement de température plus ou moins considérab'e.

L'action de la lumière occasionne la décomposition du gaz acide carbonique et le dégagement de l'oxigène : c'est un fait que prouve l'expérience, quoique les théories chimiques n'en puissent rendre raison.

Le fluide électrique a sans doute quelque influence sur la

vie végétale; mais, jusqu'à ce jour, on ne sait rien de positif à ce sujet. La croissance extraordinaire des plantes, quand le ciel est orageux, dépend peut-être beaucoup plus de la lumière diffuse du jour, et de la chaleur humide de l'atmosphère, que de l'action du fluide électrique.

La raréfaction et la condensation de l'air contenu dans les vaisseaux contribuent aux mouvemens des fluides. La plante, au moyen de l'air, agit comme une pompe foulante et aspirante; mais cet effet a pour cause les variations de l'atmosphère, et l'air n'est ici qu'un véhicule que la température met en jeu.

Quant à l'attraction capillaire, elle tend sans cesse à introduire et à retenir dans le tissu végétal, une quantité considérable d'humidité, et, par cette raison, il n'y a pas de doute qu'elle n'aide à la nutrition; mais le tissu végétal, privé de vie, ne cesse pas d'être hygrométrique, parce que cette propriété résulte de formes que la mort ne détruit point; ainsi on ne sauroit expliquer certains mouvemens de la séve qui ne se manifestent que dans le végétal vivant, par les seules lois de l'attraction capillaire.

Concluez de tous ces faits, que la force vitale joue un rôle dans les mouvemens de la séve aussi bien que dans les autres phénomènes de la végétation.

Le premier effet de la vie végétale, je veux dire la succion, n'est sensible que dans les parties jeunes, telles que le liber, les feuilles et l'extrémité des racines. Le liber est l'organe essentiel de la succion. Une branche peut pomper les fluides sans feuilles, sans boutons, sans racines, mais non pas sans liber; et encore dois-je rappeler que les boutons, les feuilles et l'extrémité des racines, qui, dans un arbre en pleine végétation, aident si puissamment à la succion, ne sont que des développemens du liber ou de l'*herbe annuelle*, ce qui est la même chose.

Tant que les vaisseaux ne sont pas remplis de séve, la succion péut s'opérer indépendamment de la transpiration. Les arbres entrent en séve avant l'épanouissement des boutons, et les individus, dont on supprime les feuilles et les branches à l'époque de la végétation, continuent durant quelque temps de pomper les fluides par leurs racines.

Dans les climats tempérés, au retour du printemps, lorsque l'élévation de la température excite l'irritabilité végétale, les jeunes racines des végétaux ligneux entrent en succion, et la séve s'élève et s'amasse dans leurs tiges et leurs branches. A cette époque, les feuilles sont encore enfermées dans les boutons; la transpiration est à peu près nulle, et la moindre blessure, faite aux végétaux, occasionne une perte considérable de séve. La ponction de l'érable à sucre se fait, dans l'Amérique septentrionale, au mois d'avril, temps où la terre est toute couverte de neige. C'est aussi dans ce mois que la vigne et les bouleaux d'Europe se remplissent de séve. On reconnoît clairement, à cette époque, l'effet d'une force interne propre au végétal vivant; car, une fois que le mouvement séveux a commencé, un abaissement marqué dans la température n'arrête pas la succion du liber. Mais les boutons, abreuvés de fluide, ne tardent pas à se développer, et dès lors les choses prennent une autre face. La séve, auparavant presque stagnante, s'élance dans les vaisseaux avec une force prodigieuse, pénètre les jeunes rameaux, se distribue dans les feuilles, et produit à la fois la matière de la transpiration, les sucs propres et le cambium.

Aussi long-temps que les feuilles transpirent abondamment, la séve est entraînée vers les extrémités, et les rameaux s'alongent, mais le végétal ne gagne pas en diamètre. Sitôt que la transpiration se ralentit, la croissance des rameaux s'arrête, les sucs nourriciers se portent vers la circonférence, et le végétal grossit.

Vers la fin de l'été, les feuilles endurcies transpirent si peu que la séve s'amasse dans les vaisseaux comme au printemps. Cette surabondance de nourriture, à une époque où la chaleur sollicite la transpiration et anime toutes les forces vitales, fait bientôt épanouir les boutons terminaux; de jeunes feuilles paroissent, le mouvement de la séve se rétablit, et le végétal s'alonge. Le renouvellement de la végétation continue jusqu'à ce que les froids de l'arrière-saison y mettent un terme; mais alors même la transpiration et la nutrition ne sont pas totalement interrompues. En cet état, l'arbre est comparable à ces animaux dormeurs, qui passent l'hiver dans un engourdissement léthargique.

Un froid accidentel, ou la suppression des canaux nécessaires à la transpiration, prolonge le repos des plantes au-delà du temps ordinaire. M. Thouin rapporte qu'ayant envoyé des arbres en Russie, au comte Dimidoff, celui-ci les fit déposer dans une glacière, jusqu'au moment favorable à la plantation; que quelques uns de ces arbres, oubliés dans la glacière, passèrent l'été sans donner aucun signe de vie, et que l'année suivante, ils furent mis en terre et poussèrent très-bien. Quelquefois des arbres transplantés ne se développent pas la première année; on les croit morts; mais la seconde année, ils percent avec une vigueur toute nouvelle. On a vu des pieux enfoncés dans le sol, s'enraciner et produire des branches au bout de quinze à dix-huit mois.

La chaleur, l'humidité excessives des pays situés entre les tropiques, apportent quelques modifications dans la marche des phénomènes de la végétation; mais, quoi qu'il en soit, on y reconnoît toujours l'influence des causes que j'ai indiquées précédemment. MIRBEL, *Elém.* (MASS.)

MARCHETTE. (*Aviceptol.*) On appelle ainsi la planchette ou toute autre machine qui tient un piége tendu, et que l'oiseau fait détendre lorsqu'il se pose dessus. (CH. D.)

MARCOCABA. (*Bot.*) Nom caraïbe cité dans l'Herbier de Surian, du *duranta*, genre de la famille des verbenacées, dont la baie est, selon lui, employée par les Caraïbes pour faire un vin. (J.)

MARCOLFUS. (*Ornith.*) On trouve, dans Gesner et dans Aldrovande, ce nom et celui de *marggraff* donnés comme des dénominations allemandes du geai d'Europe, *corvus glandarius*, Linn. (CH. D.)

MARCOTTAGE. (*Bot.*) Mode de multiplication employé pour un assez grand nombre de végétaux. Il consiste à faire produire des racines à des branches encore attachées à la plante-mère. Pour cet effet, on élève une butte de terre autour de la base de jeunes branches (cœignassier); souvent, il est nécessaire de courber les branches en terre, au lieu de les laisser dans la direction perpendiculaire (vigne); d'autres fois il faut en outre inciser la partie courbée en terre (œillet), afin de déterminer, à l'endroit de la blessure, un bourrelet qui facilite l'émission des racines. On détermine également des bourrelets par des ligatures, par l'enlèvement d'un anneau d'écorce, etc. Les branches ainsi opérées, se nomment *marcottes*, *couchages*, *provins*. (Mass.)

MARDAKASCH. (*Bot.*) Nom arabe de la marjolaine, suivant Forskal. Daléchamps dit qu'elle est nommée *merzenius* ou *mersangius*. L'*origanum ægyptiacum*, espèce congénère, est nommé *mardakouch* ou *bardakou*, selon M. Delile. (J.)

MARDAKOUCH. (*Bot.*) Voyez Mardakasch. (J.)

MARDER, MAAR, MARD (*Mamm.*), noms de la marte commune dans les langues germaniques. (F. C.)

MARDLURARTARTOK (*Ornith.*), un des noms groënlandois cités par Fabricius, *Fauna Groenlandica*, pag. 125, comme synonymes du coq, *phasianus gallus*, Linn. (Ch. D.)

MARDONO (*Bot.*), nom donné dans le Chili au *stereoxylum pulverulentum* de la Flore du Pérou, qui croît aux environs de la ville de la Conception. (J.)

MARÉCA. (*Ornith.*) Suivant Pison, *Hist. nat. et medica Indiæ occidentalis*, p. 83, et M. d'Azara, tom. 4 de la traduction françoise de ses Voyages, p. 526, ce nom désigne en général les canards au Brésil. D'un autre côté, Marcgrave, p. 214, l'applique en particulier à deux espèces de ce genre, dont Buffon appelle la première *marec*, et la seconde *maréca*. Celle-là, qui porte le nom d'*ilathera* dans l'île de Bahama, est l'*anas bahamensis*, Linn., et celle-ci l'*anas brasiliensis*. (Ch. D.)

MARÉCAGEUSES [Plantes]. (*Bot.*) Parmi les plantes qui vivent dans l'eau, on distingue celles qui croissent dans la mer (*fucus*), dans les lacs (*scirpus lacustris, littorella lacustris*), dans les fontaines (*montia fontana, sisymbrium nasturtium*), dans les fleuves ou les eaux courantes (*ranunculus fluviatilis*), dans les marais (*chara, calla palustris*); on nomme ces dernières plantes marécageuses. (Mass.)

MARÉCAGINE. (*Bot.*) Nom françois donné par Bridel à son genre Paludella. Voyez ce mot. (Lem.)

MARÉCHAL. (*Entom.*) Nom vulgaire des *taupins* dans quelques départemens; on les nomme aussi scarabées à ressorts. Voyez Taupin. (C. D.)

MARÉCHAUX. (*Ornith.*) M. Guillemeau dit, dans son Essai sur l'ornithologie des Deux-Sèvres, pag. 136, qu'on appelle ainsi, dans les environs de Niort, le rossignol de muraille, *motacilla phœnicurus*, Linn. (Ch. D.)

MARÉES. (*Géogr. Phys.*) Mouvemens périodiques de la mer, par lesquels elle s'élève et s'abaisse successivement dans un même lieu, à des intervalles de temps réglés. La première circonstance est la marée montante qui se nomme aussi *flux* ou *flot;* l'autre est la marée descendante, appelée encore *reflux* ou *jusan*. Il est *pleine mer* quand la marée montante est parvenue à sa plus grande hauteur ; il est *basse mer* lorsque la marée a cessé de descendre.

Ces divers mouvemens, peu sensibles dans les mers intérieures, et souvent déguisés par l'effet des circonstances locales, n'ont été connus des anciens que lorsqu'ils sont arrivés au bord de l'Océan. Les Grecs, dans l'expédition d'Alexandre aux Indes, et les Romains, lors de la descente de César en Angleterre, furent vivement frappés de ce phénomène rendu très-imposant par la grandeur que lui donnent les circonstances locales, à l'embouchure de l'Indus et dans le passage étroit qui sépare du continent les îles britanniques; mais cependant quelles que soient les différences qu'y peut apporter la configuration des côtes, il est impossible, quand on l'observe avec suite, de méconnoître les relations que ses périodes ont avec les mouvemens de la lune. Dans les espaces libres, la haute mer arrive toujours aux environs de l'heure où la lune passe au méridien du lieu, et douze heures après lorsqu'elle passe au méridien opposé ; en sorte que ces deux instans retardent d'environ trois quarts d'heure par jour, ainsi que le fait le passage de la lune au méridien. Dans les lieux situés sur des détroits ou sur des rivières, ils ne sont plus les mêmes, à cause du temps qu'emploient à y parvenir les ondes par lesquelles le mouvement de la mer se propage ; mais le retard journalier suit encore le cours de la lune.

La mer emploie six heures à monter et autant à descendre : l'intervalle des deux époques successives de la *basse mer*, est donc aussi d'environ douze heures ; ces époques répondent aux momens où la distance de la lune au méridien est d'environ le quart de la circonférence. Il suit de là que si l'on a observé une fois l'heure de la haute mer sur la côte ou dans un port, on connoîtra celle des jours suivans, en y ajoutant

le retard du passage de la lune au méridien, pour le nombre
de jours qui se sont écoulés. Cette première époque, de laquelle on déduit toutes les autres, et qu'on fixe ordinairement
au jour de la pleine lune, se nomme l'*établissement du port*.
On la détermine avec soin, et on la publie afin que les navigateurs puissent profiter de la haute mer pour franchir les
espaces où la basse mer ne laisse pas une profondeur suffisante. On voit par là qu'il est nécessaire aussi de connoître la
hauteur à laquelle la marée s'élève ; et nous avons déjà dit que
cette hauteur dépendoit des localités. En effet, dans les espaces
les plus ouverts, comme dans la mer des Indes, elle ne surpasse point 1 mètre (5 pieds), et ne va même qu'à 5 décimètres (1 pied) à Otahiti, dans le grand Océan (mer du Sud),
tandis qu'elle est de 15 mètres (45 pieds) environ dans le
renfoncement de la côte de France près de Saint-Malo. Des
vaisseaux du premier rang peuvent donc, dans ces parages,
passer sur un fond qui six heures après se trouvera entièrement découvert. Lorsqu'une élévation si considérable a lieu
sur une côte plate, la mer, s'avançant beaucoup dans les terres,
s'y développe avec une rapidité qui peut surpasser quelquefois la vitesse d'un cheval, et causer la perte des personnes
qui n'ont pas su se retirer assez à temps.

Ce n'est pas seulement à raison des circonstances locales
que varie la hauteur des marées ; elle dépend aussi de la position de la lune, soit par rapport à la terre, soit par rapport
au soleil. Toutes choses d'ailleurs égales, la marée est plus
forte quand la lune est le plus près de la terre, c'est-à-dire à
son *périgée*, que lorsqu'elle en est le plus loin, ou à son *apo-
gée*. La marée est aussi plus forte aux époques des nouvelles
et pleines lunes, c'est-à-dire quand le soleil et la lune sont
en conjonction ou en opposition, qu'au premier et au dernier
quartier (1).

Cette dernière circonstance, jointe à l'augmentation des
marées dans les équinoxes, montre qu'elles ónt aussi quelque
liaison avec la position de la terre relativement au soleil,

---

(1) Il est bon de se rappeler ici que la nouvelle et la pleine lune portent
le nom commun de Syzygies ; le premier et le dernier quartier se nomment
Quadratures.

et concourt à établir d'une manière irréfragable l'explication donnée par Newton, la seule qui ait pleinement satisfait aux conditions du phénomène.

Lorsqu'il eut déduit des lois reconnues dans les mouvemens des corps célestes, la tendance réciproque de leurs molécules en raison inverse du quarré de la distance, il en conclut que la lune attire inégalement les diverses parties du globe terrestre; qu'elle agit davantage sur celles dont elle est le plus près, et moins sur celles dont elle est le plus éloignée : ainsi les points de la surface de la terre, tournés vers la lune, seront plus attirés que ceux qui sont dans l'intérieur, et ces derniers plus que ceux qui sont à la surface de l'hémisphère opposé à celui qu'éclaire la lune. Si la terre étoit entièrement solide, ses molécules ne pouvant obéir séparément à ces diverses actions, prendroient un mouvement commun, répondant à une force qui seroit la résultante de toutes celles que la lune exerce sur chaque molécule terrestre ; et c'est ce qui a lieu en effet pour la partie solide du globe, mais non dans la masse d'eau qui le recouvre, dont toutes les parties, mobiles séparément, obéissent à l'action qui les sollicite, selon l'intensité de cette action. De là vient que la partie fluide située immédiatement au-dessous de la lune, s'approche plus de cet astre que ne fait le noyau solide de la terre, et la partie qui recouvre l'hémisphère opposé, étant encore plus éloignée de la lune que ce noyau, demeure en arrière par rapport à lui. La portion du globe recouverte par l'Océan prend donc la forme d'un sphéroïde alongé, dont le grand diamètre est à peu près dirigé vers la lune ; je dis à peu près, parce que les molécules fluides ne prennent pas instantanément les positions respectives qui résultent des vitesses particulières qui leur sont imprimées, et parce que le soleil agit sur elles comme le fait la lune, mais dans une direction qui varie comme les situations de la terre et de la lune relativement à cet astre, en sorte que tantôt son action conspire avec celle de la lune, et tantôt lui est contraire en tout, ou au moins en partie.

Quoiqu'ayant une masse beaucoup plus petite que celle du soleil, la lune, à cause de sa proximité de la terre, détermine la plus grande partie de l'effet des marées. Son action est environ trois fois plus intense que celle du soleil, et en

conséquence c'est , comme on l'a vu plus haut , principalement sur le mouvement de la lune que se règle celui des
marées. La mer est pleine dans un lieu peu de temps après le
passage de cet astre par le méridien du lieu , c'est-à dire que
l'eau est parvenue à sa plus grande élévation , après que la
lune s'est approchée le plus du zénith du lieu dont il s'agit.
Pareille chose arrive en même temps au point diamétralement
opposé , s'il appartient à l'Océan. A mesure que la terre s'é-
loigne du méridien , l'eau s'abaisse jusqu'à ce que l'astre soit
arrivé à 9° de ce cercle.

On voit donc que les eaux de la mer doivent, comme en effet
cela a lieu, s'élever deux fois dans l'intervalle qui s'écoule entre
deux passages de la lune par le méridien , ce qui dépend de la
combinaison des vitesses de la lune et de la terre dans leurs or-
bites respectives. Sa durée moyenne, qui est de 24 heures
50 min. 28 sec., surpassant d'environ trois quarts d'heure celle
du jour, fait retarder de cette quantité le moment de la pleine
mer. Enfin les forces du soleil et de la lune ayant leur entier
effet toutes les fois qu'elles agissent sur la même ligne , les marées, qui répondent à la nouvelle et à la pleine lune , doivent
être et sont aussi plus considérables que les autres.

Telles sont les principales circonstances qui résultent d'un
premier coup d'œil jeté sur la cause qui produit les marées;
c'est au calcul seul qu'il appartient de justifier l'explication
dans tous ses détails ; et, pour le voir, il faut recourir au second
volume de la *Mécanique céleste* où M. Laplace a développé sur
ce sujet toutes les ressources que pouvoit offrir l'analyse mathématique; mais si la marche générale du phénomène cadre si bien
avec la théorie, qu'il n'est plus permis de révoquer en doute
celle-ci, c'est de l'observation qu'il faut apprendre tout ce qui
tient aux localités, savoir : la hauteur absolue, l'heure de l'*établissement du port*, et les distances auxquelles la marée s'étend
dans le lit des rivières. Dans la Seine, par exemple, le mouvement
de la marée n'est sensible que jusqu'à vingt-cinq lieues de l'embouchure, et l'on s'en aperçoit encore à plus de deux cents dans
la rivière des Amazones. Cela ne tient pas à ce que la hauteur de
la pleine mer soit beaucoup plus considérable à l'entrée de la
rivière des Amazones qu'à celle de la Seine; les plus fortes marées s'élèvent dans le premier de ces lieux à trente pieds, et

dans le second à vingt-cinq; mais la différence entre les masses d'eau qui se présentent aux embouchures respectives de ces fleuves, en cause une très-grande dans l'étendue de l'ondulation par laquelle se propage le mouvement du flux dans l'un et l'autre cas : elle s'avance beaucoup plus loin dans celui des deux fleuves dont l'embouchure est le plus ouverte et tournée vers un espace où rien n'arrête et ne dérange le mouvement des marées.

La combinaison des courans particuliers aux diverses plages, avec la configuration des côtes et les vents régnans, car le vent agit beaucoup sur le mouvement des eaux dans les marées. produit les bizarreries qui s'observent dans les détroits, entre les îles, et dont il est bien difficile de donner une explication détaillée qui soit exacte. Ce concours de causes non seulement change les époques de l'élévation et de l'abaissement des eaux, mais intervertit l'ordre des alternatives, les réduit ou les multiplie. On cite un port de la côte du Tunquin où les deux marées du même jour se confondent en une seule; et l'on peut, jusqu'à un certain point, concevoir ce fait en observant que, si la disposition des terres force la masse d'eau mue par le flux et le reflux à se diviser, et qu'un même canal reçoive par ses extrémités deux courans, allant à la rencontre l'un de l'autre, l'eau s'élèvera plus qu'elle n'auroit fait au large; ou bien, si le canal tend à se vider par une de ses extrémités, tandis que l'eau y afflue par l'autre, il n'y aura que peu ou point d'élévation : et tout cela ne dépend que de la différence des heures auxquelles répondent l'élévation et l'abaissement des eaux dans les points d'où les canaux tirent leur origine.

D'autres fois, les eaux acquièrent en très-peu de temps leur hauteur, et s'avançant en masse, parcourent avec rapidité un grand espace dans lequel elles causent beaucoup de ravages. Telles sont les marées connues sous le nom de *mascaret* sur la côte de France, et de *proroca* à l'embouchure de la rivière des Amazones. Dans ce dernier lieu, l'eau s'élève par trois et quatre ondes qui se succèdent en peu de minutes, et dont la hauteur est de douze à quinze pieds. On pense que l'engorgement qui a lieu dans un canal resserré, et la résistance qu'opposent au courant du fleuve des sables amoncelés à son entrée, retenant le flux pendant quelque temps, occasionnent cette espèce de débordement subit.

Les eaux contenues dans des bassins peu étendus, ne peuvent prendre que de très-petits mouvemens en vertu de l'action immédiate du soleil et de la lune; car ce n'est que l'accumulation des mouvemens partiels imprimés à chaque molécule d'une grande masse qui produit un déplacement appréciable, voilà pourquoi sur les lacs on n'aperçoit aucun mouvement analogue aux marées, et ce qui les rend peu sensibles dans la Méditerranée et la Baltique, mers intérieures, dont les communications avec l'Océan sont d'ailleurs fort étroites par rapport à leur surface. Dans la Méditerranée, la plus grande des deux, l'eau monte à peine de quelques pieds. (L. C.)

MAREH. (*Bot.*) Les habitans de la Nubie nomment ainsi le sorgho, suivant M. Delile. (J.)

MAREKANITE. (*Min.*) Nom d'une variété d'obsidienne, tiré de celui d'une colline volcanique appelée Marikan près du port d'Okhotsk dans le golfe du Kamtschatka. Elle ne paroit différer en rien d'essentiel des obsidiennes perlées de Hongrie et du Mexique. Nous en placerons donc les caractères et l'histoire à l'article de l'OBSIDIENNE. Voyez ce mot. (B.)

MARÈNE (*Ichthyol.*), nom d'un corégone que nous avons décrit dans ce Dictionnaire, tom. X, pag. 560. (H. C.)

MARENGE (*Ornith.*), un des noms anciens que, d'après Cotgrave, Buffon cite parmi les synonymes de la grosse mésange, ou mésange charbonnière, *parus major*, Linn. (Cн. D.)

MARENTERIA (*Bot.*), Petit-Thou., *Nov. Gen. Madag.*, pag. 18, n.° 60. Genre de plantes dicotylédones, à fleurs complètes, polypétalées, de la famille des *anonées*, de la *polyandrie pentagynie*, qui comprend des arbustes de l'île de Madagascar, dont les rameaux sont grimpans; les fleurs terminales et solitaires. Le caractère essentiel de ce genre est d'avoir : Un calice d'une seule pièce, à trois lobes; une corolle composée de six pétales; trois extérieurs étalés et plus grands; trois intérieurs droits; des étamines nombreuses; quatre ou cinq ovaires surmontés d'un stigmate: quatre à cinq baies un peu pédicellées, horizontales, rudes, ventrues, inégales; plusieurs semences disposées sur un seul rang.

Ce genre établi par M. du Petit-Thouars doit être placé parmi les *unona*, d'après M. Dunal. (Poir.)

MARÉNULE (*Ichthyol.*), nom d'un corégone que nous avons décrit dans cet ouvrage, tom. X, pag. 561. (H. C.)

MARETON (*Ornith.*), nom vulgaire, en Brie, du canard millouin, *anas ferina* et *rufa*, Linn. Voyez MORETON. (CH. D.)

MARETTA-MALA-MARAVARA (*Bot.*), nom Malabare de l'*acrostichum heterophyllum*, de la famille des fougères. (J.)

MARFOURÉ. (*Bot.*) L'hellébore pied de griffon, *helleborus fœtidus*, est ainsi nommé aux environs de Montpellier, selon Gouan. (J.)

MARGADON. (*Malacoz.*) C'est le nom que l'on donne à la sèche officinale sur les côtes de la Basse-Normandie. (DE B.)

MARGAEZ (*Mamm.*), nom russe du saïga mâle. (F. C.)

MARGAI. (*Mamm.*) Voyez CHAT MARGAY. (F. C.)

MARGAIGNON. (*Ichthyol.*) Dans certains cantons, on appelle ainsi une variété de l'anguille à tête plus petite. Voyez MURÈNE. (H. C.)

MARGAIRES. (*Ornith.*) Gesner cite, dans son *Appendix*, ce nom comme donné en Savoie à des oiseaux qu'il ne désigne que par leur couleur, tantôt blanche, tantôt rousse, et tantôt noire. (CH. D.)

MARGAL ou MARGAU. (*Bot.*) Dans le midi de la France et en Espagne, on donne ces noms à l'ivraie vivace. (L. D.)

MARGAL (*Bot.*), nom languedocien, suivant Gouan, de l'ivraie vivace, *lolium perenne*, qui est le rai-grass des Anglois. (J.)

MARGARATES. (*Chim.*) Combinaisons salines de l'acide margarique avec les bases salifiables.

100 parties d'acide margarique sec neutralisent une quantité d'oxide qui contient 3 p. d'oxigène, c'est-à-dire, le tiers de l'oxigène contenu dans l'acide.

Tous les margarates, délayés ou dissous dans l'eau, sont décomposés par les acides très-solubles dans l'eau.

On prépare les margarates de baryte, de strontiane et de chaux, en mettant l'acide margarique dans les eaux de baryte, de strontiane et de chaux bouillantes, lavant les magarates refroidis: 1.° avec l'eau; 2.° avec de l'alcool chaud.

Les margarates de potasse et de soude se préparent en faisant digérer l'acide margarique dans des eaux de potasse et de soude concentrées. pressant les margarates refroidis entre du

papier joseph, puis les traitant par l'alcool bouillant. Ces margarates se précipitent par le refroidissement.

MARGARATE D'AMMONIAQUE.

L'acide margarique hydraté se comporte avec le gaz ammoniaque comme l'acide stéarique, si ce n'est cependant qu'il s'y
combine plus lentement; il en absorbe sensiblement le même
volume. (Voyez STÉARATE D'AMMONIAQUE.)

L'acide margarique s'unit également bien à l'ammoniaque
liquide. En chauffant l'acide dans un flacon fermé, entièrement plein d'ammoniaque liquide, on obtient une solution
complète, si l'ammoniaque est suffisamment étendue; dans le
cas contraire, il se forme un margarate gélatineux plus ou
moins transparent.

Le margarate d'ammoniaque préparé avec le gaz peut être
sublimé dans le vide; il se dissout dans l'eau chaude, au moins
dans celle qui contient de l'ammoniaque : la solution dépose du
surmargarate nacré par le refroidissement, et il ne reste pas
sensiblement d'acide dans la liqueur.

Le margarate d'ammoniaque exposé à l'air à 15° (au moins
celui qui a été préparé avec l'ammoniaque aqueuse), laisse dégager une portion de son alcali.

MARGARATE DE BARYTE.

Il est formé de

    Acide............ 77,69.... 100
    Baryte......... 22 31.... 28,72 qui contiennent 4 d'oxigène

Il est insoluble dans l'eau, et un peu soluble dans l'alcool
bouillant.

MARGARATE DE CHAUX.

Il est formé de

    Acide........ 90,033.... 100
    Baryte........ 9,967.... 11,07 qui contiennent 3,109 d'oxigène.

Propriétés analogues à celles du précédent.

MARGARATE DE PLOMB.

Il est formé de

    Acide........ 70,55.... 100
    Massicot..... 29,45.... 41,74 qui contiennent 2,993 d'oxigène.

Il est insoluble dans l'eau, et un peu soluble dans l'acool bouillant.

On le prépare en mêlant deux solutions chaudes de margarate de potasse et de nitrate de plomb.

SOUS-MARGARATE DE PLOMB.

Il est formé de

Acide........ 54,41.... 100
Massicot...... 45,59.... 83.79 qui contiennent 6,003 d'oxigène.

On le prépare en faisant bouillir de l'acide margarique dans du sous-acétate de plomb, lavant le margarate refroidi avec de l'eau.

MARGARATE DE POTASSE.

Il est formé de

Acide.......... 85.... 100
Potasse......... 15 ... 17,67 qui contiennent 2,997 d'oxigène.

Il est blanc, cristallisable, il est soluble dans l'eau bouillante. La solution par le refroidissement, si elle est suffisamment étendue, se réduit en potasse et en bimargarate de potasse qui se précipite en paillettes nacrées. Il est soluble dans l'alcool bouillant sans altération.

100 p. d'eau froide lui enlèvent la moitié de son alcali : l'éther bouillant lui enlève une portion de son acide.

BIMARGARATE DE POTASSE.

Il contient deux fois plus d'acide que le précédent; il est insoluble dans l'eau froide, et soluble, sans altération, dans l'alcool bouillant.

On le prépare en faisant macérer le margarate de potasse dans l'eau froide.

MARGARATE DE SOUDE.

Il est formé de

Acide.................... 100
Soude................. 12,71 qui contiennent 3,179 d'oxigène.

Il est en petites plaques demi-transparentes; il est insipide d'abord : mais il a ensuite un goût alcalin; exposé à la chaleur il se fond.

1 partie de margarate de soude mise dans 600 parties d'eau.

à la température de 12°, n'a éprouvé aucun changement dans son aspect après une macération de huit jours; après quinze jours il a perdu de sa transparence. L'eau évaporée ne laisse qu'une trace de matière saline.

2 grammes de margarate de soude chauffés dans 100 grammes d'eau ont été dissous avant que l'eau entrât en ébullition; la solution étoit parfaitement limpide : l'ayant étendue dans trois litres d'eau froide, on a obtenu un précipité nacré. Après trois jours on a filtré, l'eau évaporée a laissé un résidu alcalin qui ne retenoit qu'une quantité d'acide margarique inappréciable. Le dépôt nacré étoit un vrai surmargarate de soude; le margarate de soude existe dans tous les savons à base de soude, c'est lui qui produit dans le baume opodeldoch les végétations qu'on y remarque lorsque cette matière est exposée à une basse température.

BIMARGARATE DE SOUDE.

Il contient deux fois autant d'acide que le sel neutre.

Il est plus fusible que le margarate de soude; il est insoluble dans l'eau, et très-soluble dans l'alcool bouillant.

On l'obtient en faisant dissoudre le margarate de soude dans une grande quantité d'eau chaude; par le refroidissement il se précipite du bimargarate qu'on dissout dans l'alcool bouillant; la solution alcoolisée dépose, en se refroidissant, du bimargarate cristallisé.

MARGARATE DE STRONTIANE.

Il contient :

    Acide.................... 100
    Strontiane.............. 19,54 qui contiennent 3,063 d'oxigène.

Il est insoluble dans l'eau, et un peu soluble dans l'alcool bouillant. (Cн.)

MARGARIDA. (*Bot.*) Gouan dit que dans le Languedoc on donne ce nom vulgaire à la marguerite des prés, et celui de *margarideta* à la paquerette. (J.)

MARGARIDETA (*Bot.*), nom languedocien de la paquerette vivace. (L. D.)

MARGARIQUE [ACIDE]. (*Chim.*)

I. *Composition.*

L'acide margarique hydraté (de graisse humaine), brûlé par l'oxide brun de cuivre, a donné :

Oxigène	11,656
Carbone	76,366
Hydrogène	11,978

Lorsqu'on le chauffe avec le massicot, on obtient de $0^g,500$ d'acide $0^g,017$ d'eau. Conséquemment :

1.° L'acide hydraté est formé de

Acide sec. 483... 96,6... 100
Eau...... 17... 3,4... 3,52 qui contiennent 3,129 d'oxigène.

2.° L'acide margarique sec est formé de

	en poids,	vol.
Oxigène	8,937	1
Carbone	79,053	11,55
Hydrogène	12,010	21,57

100 parties d'acide sec neutralisent une quantité de base qui contient 3 d'oxigène; conséquemment dans les marga-rates neutres l'oxigène de l'acide est à celui de la base sensible-ment : : 3 : 1; d'après cela, et en admettant que l'acide est formé de

Oxigène	1
Carbone	11,33
Hydrogène	21,67

l'acide margarique sera formé de

Oxigène	9,07
Carbone	78,67
Hydrogène	12,26

II. *Propriétés physiques de l'acide margarique.*

Les propriétés physiques de cet acide sont les mêmes que celles de l'acide stéarique, si ce n'est qu'il se fond à 60^d, et qu'il cristallise par le refroidissement en aiguilles entrelacées, qui sont plus rapprochées que celles de l'acide stéarique et moins brillantes. (Voyez STÉARIQUE, *acide*.)

III. Propriétés chimiques que l'on observe sans que l'acide soit altéré.

L'acide margarique est insoluble dans l'eau comme l'acide stéarique; il est extrêmement soluble dans l'alcool et dans l'éther; il s'unit aux bases salifiables et forme des sels qui ont beaucoup d'analogie avec les stéarates. Il rougit le tournesol et décompose à chaud les sous-carbonates de potasse et de soude.

IV. Propriétés chimiques que l'on observe dans des circonstances où l'acide est altéré.

L'acide margarique chauffé dans une cornue qu'on a adaptée à un ballon, qui communique avec l'air, se fond, exhale une fumée blanche qui se dépose en une matière farineuse dans le col de la cornue. Il bout et dégage une vapeur élastique qui se condense en liquide, puis en solide. Il se manifeste en même temps de l'eau qui rougit le tournesol, et une odeur forte due à une huile empyreumatique, et peut-être à un acide volatil; il ne se forme que très-peu de gaz et de liquide. Le charbon qui reste est en petite quantité.

Dans une expérience où j'ai chauffé 1ᵍ d'acide margarique dans une cornue qui contenoit 394ᶜ d'air, le produit solide pesoit 0ᵍ,90; il étoit blanc nuancé de jaune et de roux: la potasse l'a dissous, excepté 0ᵍ,05 d'une matière grasse, rousse, non acide; la solution alcaline contenoit une quantité notable de cette dernière matière, outre beaucoup d'acide margarique. Le charbon pesoit 0ᵍ,018, mais il n'avoit pas été fortement rougi.

Siége. L'acide margarique se trouve dans le savon de graisse humaine, et dans le savon d'huile d'olives.

Préparation. (Voyez SAVON.)

Histoire. Je le fis connoître en 1813 sous le nom de MARGARINE. (CH.)

MARGARITAIRE, *Margaritaria.* (*Bot.*) Genre de plantes dicotylédones, à fleurs dioïques, polypétalées, de la famille des *euphorbiacées*, de la *dioécie octandrie* de Linnæus, offrant pour caractère essentiel: Des fleurs dioïques; un calice à quatre dents; quatre pétales insérés sur le calice; huit étamines attachées au réceptacle; les anthères arrondies; un ovaire avec un style et un stigmate qui avortent. Dans les fleurs femelles, un ovaire supérieur, quatre à cinq styles

autant de stigmates; quatre à cinq coques bivalves , cartilagineuses, lisses, très-luisantes , réunies ensemble en forme de
baie; les semences ovales.

MARGARITAIRE D'AMÉRIQUE : *Margaritaria nobilis*, Linn. fils ,
Suppl. , pag. 428; Pluken., *Phyt.*, tab. 176. fig. 4. Cette plante ,
d'après Linnæus fils, présente de si grandes différences entre
les individus mâles et les femelles, qu'il paroît douter qu'ils
puissent appartenir à la même espèce. Les premiers ont des
rameaux cylindriques, opposés, flexueux ; les feuilles opposées, pétiolées , lisses, ovales, très-entières, de la grandeur
de celles du fusain; une panicule composée de grappes rameuses, chargées de petites fleurs abondantes, comme dans
le *spiræa aruncus* ; enfin un ovaire petit, avorté. Dans les individus femelles, les rameaux sont alternes : les pédoncules
simples, axillaires, uniflores; un fruit composé de quatre à
cinq coques très-lisses, d'un éclat semblable à celui des perles.
Cette plante croît à Surinam. (POIR.)

MARGARITE , *Margarita*. (*Conchyl.*) M. le docteur Leach
a établi sous ce nom une petite division générique parmi les
avicules de Bruguière, espèces de moules pour Linnæus, et
qui renferme celles qui sont droites, assez régulièrement arrondies, parce que les oreilles sont petites, égales et droites.
Elles ont en outre la couche nacrée intérieure beaucoup plus
épaisse que les avicules proprement dites : aussi l'espèce principale est-elle celle qui fournit les perles, du moins celles de
l'Inde, l'avicule perlière. M. Megerle avoit proposé le genre
avant M. le docteur Leach , sous le nom de *margaritiphore* ,
et M. de Lamarck, qui l'a adopté, lui donne celui de *pintadine*. Klein (Ostracolog., pag. 125) avoit encore bien plus anciennement senti la nécessité d'établir cette section générique
à laquelle il donne le nom de *mater perlarum* ; mais il la caractérise assez mal, et même y range comme espèce une véritable perne. Voyez AVICULE et PERLE. (DE B.)

MARGARITIPHORE, *Margaritiphora*. (*Conchyl.*) C'est le
nom sous lequel M. Megerle , dans les Mémoires des amis de
la nature de Berlin, pour l'année 1810, a formé une petite
section générique avec les espèces d'avicules de Bruguière, qui
sont régulières par la petitesse et la similitude des oreilles qui
accompagnent le sommet. Voyez AVICULE et PINTADINE. (DE B.)

MARGARITITES. (*Foss.*) Gesner a parlé de perles pétrifiées, auxquelles on a donné le nom margaritites; mais, vu leur rareté, il est très-probable qu'on aura pris pour des perles des pisolites ou d'autres corps qui en avoient la forme. (D. F.)

MARGAU. (*Bot.*) Voyez MARGAL. (L. D.)

MARGAUX. (*Ornith.*) Les oiseaux que les marins désignent par ce nom, qui s'écrit aussi *margots*, paroissent être des foux ou des cormorans. (CH. D.)

MARGAY. (*Mamm.*) Nom d'une espèce du genre CHAT, propre à l'Afrique. Voyez ce mot. (F. C.)

MARGÉE (*Ornith.*), nom par lequel Anderson désigne des espèces d'oies d'Islande. (CH. D.)

MARGGRAFF. (*Ornith.*) Voyez MARCOLFUS. (CH. D.)

MARGIÆS. (*Ornith.*) Voyez MARGŒNSE. (CH. D.)

MARGINAIRE [CLOISON]. (*Bot.*) Lorsque les cloisons d'un fruit sont produites par l'expansion de la substance des valves, cette expansion naît de la partie moyenne des valves (lis, lilas, hélianthème), ou bien au bord des valves qui, dans ce cas, se prolonge et rentre dans l'intérieur du fruit (*antirrhinum*, *rhododendrum*). Ces cloisons sont nommées, par M. Mirbel, les unes, cloisons valvéennes médianes; et les autres, cloisons valvéennes marginaires. (MASS.)

MARGINALES [GRAINES]. (*Bot.*) Fixées, soit au bord des valves, soit au bord des cloisons (légumineuses, *œnothera*). On donne aussi l'épithète de marginales aux stipules pétiolaires, lorsqu'elles sont attachées le long des côtés du pétiole (*rosa*, *nymphœa*). (MASS.)

MARGINÉ. (*Bot.*) Un pétiole est marginé ou ailé lorsqu'il est garni latéralement d'expansions foliacées (*pisum ochrus*, *rhus copalinum*.) Une graine est marginée lorsqu'elle est pourvue d'un rebord saillant, produit par l'expansion des tuniques séminales (*spergula pentandra*, etc.). (MASS.)

MARGINELLE, *Marginella*. (*Malacoz.*) M. de Lamarck a donné ce nom aux espèces de mollusques céphalés dioïques de la famille des angyostomes inoperculés, dont Adanson avoit fait le premier un genre bien distinct, bien circonscrit, sous la dénomination de PORCELAINE, *Porcellana*, dans son Voyage au Sénégal, p. 55, et qu'il place avec juste raison auprès du genre Cyprée. Il y a en effet tant de rapprochemens entre ces deux genres, surtout pour l'animal, que dans les caractères des marginelles, il suffit de faire observer que les lobes latéraux du manteau sont seulement moins étendus que dans les cyprées, et que le tube de la respiration est beaucoup plus long. Quant aux caractères de la coquille, ils sont plus évidens; je les exprime ainsi : Coquille lisse, polie, ovale oblongue, un peu conique, à spire courte et mamelonnée; ouverture assez étroite, un peu ovalaire par une légère excavation du bord droit qui est épaissi ou rebordé en dehors, à peine échancré en avant; le bord columellaire marqué de trois ou quatre plis bien espacés et obliques. C'est donc un genre fort voisin des volutes, parmi lesquelles en effet Linnæus confondoit les espèces qui le forment, et qui fait le passage aux cyprées. Klein distinguoit aussi ce genre sous le nom de *cucumis*.

Les marginelles ne se sont trouvées jusqu'ici que dans les mers des pays chauds, et toujours sur les rochers, sur les bords de la mer, surtout dans les endroits exposés à la fureur des vagues.

On peut distribuer les espèces de ce genre en deux sections d'après la forme de l'ouverture, comme l'a fait M. de Lamarck.

A. *Espèces dont l'ouverture est moins longue que la coquille et dont la spire est apparente.*

La MARGINELLE NEIGEUSE : *Marginella glabella*, *Voluta glabella*, Linn., Gmel.: la PORCELAINE, Adans., Sénég., pl. 4, fig. 1; Enc. Méth., pl. 377, fig. 6 a-b. Ovale oblongue, à spire courte, conique; quatre plis columellaires et quelques dents à la partie antérieure du bord droit; couleur fauve grisâtre ceinte de zones roussâtres, parsemées de petites taches blanches. Mers du Sénégal et des Antilles.

La MARGINELLE NUBÉCULÉE; *Marginella nubeculata*, Enc. Méth., pl. 377, fig. 2 a-b. De la même forme et grosseur à peu près que la précédente dont elle diffère surtout, parce que le bord droit est entièrement lisse, que son dernier tour de spire est un peu anguleux à sa partie supérieure, et enfin parce qu'elle est blanche avec des flammes noirâtres ou fauves. Patrie inconnue.

La MARGINELLE RAYONNÉE; *Marginella radiata*, Leach, Miscell. Zool., 1, t. 12, fig. 1. Espèce encore fort voisine de la marginelle neigeuse, mais dont le limbe interne du bord droit est lisse comme dans la précédente, et qui est blanche avec des lignes longitudinales étroites, onduleuses, d'un jaune roussâtre, rayonnées.

La MARGINELLE BLEUÂTRE: *Marginella cœrulescens*, *Voluta prunum*, Gmel.; l'EGOUEN, Adans.. Sénég., pl. 4, fig. 3 : Enc. Méth., 376, fig. a-b. Coquille ovale oblongue, à spire courte subaiguë; le bord columellaire à quatre plis; le bord droit lisse; couleur d'un blanc bleuâtre, quelquefois couleur de chair un peu zonée, mais toujours sans taches. Mers de l'Afrique occidentale, où elle est très-commune.

La MARGINELLE CINQ-PLIS: *Marginella quinqueplicata*. Enc. Méth., pl. 376, fig. a b-c. De la grandeur à peu près de la précédente et de la même forme; la spire très-courte; le sommet assez obtus; cinq plis columellaires; le bourrelet du bord droit fort épais; couleur d'un blanc sûre sans taches. Patrie?

La MARGINELLE GALONNÉE; *Marginella limbata*, Enc. Méth., pl. 376, fig. 2 a-b. Un peu plus petite (11 à 12 lignes), de la forme à peu près de la marginelle neigeuse, mais dont le bord droit est crénelé en dedans, et dont la couleur blanche est ornée de bandelettes longitudinales, étroites, ondées, d'un jaune pâle: le bord droit marqué de linéoles d'un brun fauve. Patrie inconnue.

La MARGINELLE ROSE; *Marginella rosea*. Espèce de 10 à 11 lignes de longueur, ovale, à spire conoïde, obtuse, la lèvre droite, lisse; la columelle à quatre plis : parquetée de rose et de blanc, surtout sur le milieu du dernier tour; le bord droit marqué de linéoles rouges. Patrie inconnue.

La MARGINELLE BIFASCIÉE: *Marginella bifasciata*, Enc. Méth., pl. 277, fig. 6 a-b. Petite coquille de 10 à 11 lignes de longueur, ovale oblongue, relevée de côtes longitudinales à sa partie antérieure; la spire assez saillante: la lèvre droite crénelée intérieurement; quatre plis columellaires; couleur d'un gris fauve, ornée de points noirâtres disposés en lignes transverses et de deux bandes brunâtres distantes. Mers du Sénégal.

La MARGINELLE FÉVEROLLE: *Marginella faba*, *Voluta faba*, Linn., Gmel.; le NAREL. Adans.. Sénég., pl. 4, fig. 2. De même forme et grosseur que la précédente dont elle ne diffère guère que parce qu'elle est blanche, parsemée de points noirs pour la plupart oblongs, sans bandes transverses. Des mêmes mers.

La Marginelle orangée: *Marginella aurantiaca*, Lamck. Très-petite coquille (3 lignes) ovale, à spire conique, un peu obtuse : la lèvre droite crénelée ; quatre plis columellaires ; de couleur orangée maculée irrégulièrement de blanc. Patrie inconnue.

La Marginelle double-varice : *Marginella bivaricosa*, *Voluta marginata*, Linn., Gmel. ; Enc. Méth., pl. 376, fig. 9 a-b. Espèce bien distincte, de 10 à 11 lignes de longueur, ovale oblongue : la spire très-courte, aiguë : deux varices longitudinales, l'une au bord droit, l'autre au côté opposé, mais moins marquée : quatre plis columellaires ; couleur blanche ; les deux varices d'un jaune orangé. Mers du Sénégal.

La Marginelle longue-varice : *Marginella longivaricosa*, Lamck. Espèce fort voisine de la précédente, dont elle diffère essentiellement, parce que la varice du bord droit se prolonge jusqu'au sommet de la spire : sa couleur est d'ailleurs d'un fauve pâle, porphyrisée de petites taches blanches irrégulières. Des mêmes mers.

La Marginelle mouche ; *Marginella musca*, Lamck. Très-petite espèce (5 lignes) des mers de la Nouvelle - Hollande, ovale oblongue, à spire assez saillante, obtuse : le bord droit lisse : quatre plis columellaires ; de couleur blanche diaphane, quelquefois d'un jaune orangé, d'après Péron qui l'a rapportée. On ramasse cette espèce par poignées près de l'île Maria.

La Marginelle formicule : *Marginella formicata*, Lamck. Petite espèce de la grandeur de la précédente, provenant des mêmes lieux, et qui est blanche ou d'un jaune de corne, avec des côtes longitudinales nombreuses dans sa partie antérieure.

B. *Espèces dont l'ouverture de la coquille est aussi longue qu'elle, à spire nulle et quelquefois ombiliquée.*

La Marginelle bullée : *Marginella bullata*, *Voluta bullata*, Linn. : Gmel. ; Encycl. Méth., pl. 376, fig. 5 a-b. Coquille ovale oblongue, cylindracée : le sommet obtus : le bord droit lisse : quatre plis columellaires ; couleur blanche, traversée de bandes étroites, nombreuses, d'un rouge livide. Océan indien.

La Marginelle dactyle ; *Marginella dactyla*, Lamck. Coquille oblongue, étroite, subcylindrique ; le sommet obtus ; ouverture étroite ; le bord droit lisse ; cinq plis columellaires : couleur d'un gris fauve. Longueur, 10 lignes ¾. Patrie inconnue.

La MARGINELLE CORNÉE : *Marginella cornea*, Lamck. Coquille de 9 lignes ½ de longueur, ovale oblongue, luisante : le sommet obtus; le bord droit crénelé en dedans et dépassant antérieurement la longueur de la coquille : sept plis columellaires; couleur d'un gris blanchâtre, avec trois zones jaunâtres, obscures, transverses. Patrie inconnue.

La MARGINELLE AVELINE; *Marginella avellana*, Encycl. Méth., pl. 377, f. 5 a-b. Coquille ovale, à sommet ombiliqué; le bord droit crénelé; huit plis columellaires; couleur fauve pâle parsemée de points roux très-nombreux. Patrie inconnue.

La MARGINELLE TIGRINE : *Marginella persicula*, *Voluta persicula*, Linn., Gmel.; Enc. Méth., pl. 377, fig. 3 a-b. Coquille ovale, à sommet ombiliqué; le bord droit dentelé; huit plis à la columelle; de couleur blanche parsemée de points jaunes serrés. Océan atlantique austral.

La MARGINELLE RAYÉE : *Marginella lineata*, Lamck.; *Voluta persicula*, var. b; Linn., Gmel.; Le BOEI, Adans., Sénég., pl. 4, fig. 4; Encycl. Méth., pl. 377, fig. 4 a-b. De même forme et grosseur que la précédente dont elle ne diffère que parce qu'elle est ornée de lignes fauves, transverses, distantes et divisées vers le bord, au lieu de points. Des mers du Sénégal.

Comme Adanson fait l'observation que la couleur varie beaucoup dans les coquilles de cette espèce, les unes étant blanches, les autres tigrées de petites taches rouges, et tandis qu'il en est de rayées transversalement de lignes fauves ou rouges, il est probable que plusieurs des espèces de M. de Lamarck ne sont que des variétés de celle-ci.

La MARGINELLE PARQUETÉE : *Marginella tessellata*, Lamck.; *Voluta porcellana?* Chemn., Conch., 10, t. 150 f. 1419 et 1420. Coquille ovale, à sommet obtus; la lèvre droite crénelée; cinq plis columellaires principaux et trois plus petits; couleur blanche parquetée de points carrés, roux, disposés par séries. Patrie inconnue.

La MARGINELLE INTERROMPUE; *Marginella interrupta*, Lamck. Coquille très-petite (5 lignes), obovale, à sommet obtus; le bord droit à peine crénelé; quatre plis columellaires; de couleur blanche ornée de lignes transverses pourpres, interrompues et très-serrées. Patrie inconnue.

Le *duchon*, qu'Adanson rapporte aussi à ce genre, paroît

être une espèce de véritable cyprée. Quant à son *girol* et à son *agarou*, ce sont des olives. (De B.)

MARGINELLE. (*Foss.*) Les coquilles de ce genre ne se sont encore présentées à l'état fossile que dans les couches du calcaire coquillier grossier; et quoique les espèces à l'état frais, qui ne se trouvent qu'au Sénégal, dans l'Océan atlantique et dans les mers de la Nouvelle-Hollande, soient assez nombreuses, on n'a rencontré, à ma connoissance, que les quatre ou cinq espèces ci-après.

Marginelle éburnée; *Marginella eburnea*, Lamck., Ann. du Mus. d'Hist. nat., tom. VI, pl. 44, fig. 9. Coquille lisse, luisante, à spire conique, portant un bourrelet marginal extérieur, et quatre plis à la columelle. Longueur, cinq lignes; lieu natal, Grignon, département de Seine et Oise. Cette espèce a les plus grands rapports avec la *marginella musca* (Lamck.) que l'on trouve abondamment dans les mers de la Nouvelle-Hollande, près de l'île Maria.

Marginelle ovule; *Marginella ovulata*, Lamck., *loc. cit.*, même planche, fig. 10. Coquille lisse, à spire très-courte, à bourrelet marginal étroit, et à bord droit, sillonné intérieurement; la columelle porte cinq à sept plis. Longueur, six lignes. Cette espèce, qui est très-commune à Grignon, a les plus grands rapports avec la *marginella tigrina*, Lamck., que l'on trouve dans l'Océan atlantique austral, mais elle est un peu plus petite. On peut croire que cette espèce étoit couverte, à l'état frais, de petites taches comme la marginelle tigrine, parce que je les ai remarquées sur une de ces coquilles, en la faisant sortir d'une coquille univalve où elle étoit contenue; mais peu de temps après ces taches ont disparu.

Marginelle dentifère : *Marginella dentifera*, Lamck., Anim. sans vert., 1822, tom. VII, pag. 359; Vélins du Mus., n.° 3, fig. 12. Coquille lisse, à spire alongée en pyramide, portant une petite dent dans l'intérieur du bord droit; longueur, quatre lignes. On trouve cette espèce à Grignon, mais elle est rare.

J'ai trouvé dans le même lieu une coquille qui a beaucoup de rapports avec la marginelle ovule; mais son bourrelet marginal est beaucoup plus large et plus épais, et le bord droit est sillonné plus finement dans l'intérieur; elle a la plus grande analogie avec la *marginella interrupta*, Lamck., *loc. cit.*

29.

MARGINELLE OREILLE DE LIÈVRE : *Marginella auris leporis; Voluta auris leporis*, Brocchi, *Conch. foss. Subap.*, tab. 4, fig. 11. Coquille ovale oblongue, lisse, à ouverture rétrécie inférieurement, à spire courte et conique, dont les tours sont peu marqués, portant trois plis à la columelle, à bord épais et marginé et à base entière; longueur, plus de deux pouces. Lieu natal, la Toscane. Cette coquille paroît avoir les plus grands rapports avec la *marginella cærulescens*, Lamck., que l'on trouve à l'état frais, près de l'île de Gorée, dans l'Océan atlantique.

M. Brocchi (*loc. cit.*) a regardé, comme dépendante du genre Marginelle, sa *voluta buccinea*, dont il donne une figure, tab. 4, fig. 9, mais qui est la même espèce que l'auricule grimaçante, Lamck., et sa *voluta cyprœola* (même planche, fig. 10) qui a les plus grands rapports avec la porcelaine ovuliforme du même auteur. (D. F.)

MARGŒNSE. (*Ornith.*) Othon Fabricius, *Fauna Groenlandica*, pag. 67, cite ce nom et celui de *margiæs* parmi les synonymes du cravant, *anas bernicla*, Linn. (CH. D.)

MARGONE. (*Ornith.*) Cetti dit. dans ses Oiseaux de Sardaigne, que ce nom, attribué d'abord à un grand plongeon, a été reconnu appartenir au corbeau aquatique ou cormoran. (CH. D.)

MARGOSA. (*Bot.*) Nom portugais dans l'Inde, d'une espèce de momordique, *momordica charantia*, qui est l'*amara indica* de Rumph. Il est indiqué au Malabar sous celui de *maragosa*. (J.)

MARGOT (*Ornith.*), nom vulgaire de la pie, *corvus pica*, Linn. Voyez MARGAUX. (CH. D.)

MARGOUSIER. (*Bot.*) Les colons de l'Inde nomment ainsi la *melia azadirachta*, espèce d'azedarach. (J.)

MARGRAVE, *Marcgravia* et *Marcgraavia*. (*Bot.*) Genre de plantes dicotylédones, à fleurs complètes, monopétalées, de la famille des *capparidées*, de la *polyandrie monogynie*, offrant pour caractère essentiel : Un calice à six folioles imbriquées; les deux extérieures plus petites; un seul pétale concave, en coiffe, caduc; des étamines nombreuses; un ovaire supérieur; un stigmate sessile, en tête, persistant; une baie coriace, globuleuse, à plusieurs loges polyspermes, à plusieurs valves; les semences nombreuses plongées dans une pulpe molle.

MARGRAVE A OMBELLES : *Marcgravia umbellata*, Linn.; Lamck., *Ill. gen.*, tab. 447 : Brown, *Jam.*, tab. 26; Sloan., *Jam. Hist.*, 1, pag. 74, tab. 28, fig. 1, *mediocris*; Jacq., *Amer.*, tab. 96. Arbrisseau qui, semblable au lierre, s'attache le long des arbres par des radicules, s'élève jusqu'à vingt-cinq à trente pieds, et dont les rameaux tombent vers la terre; ses feuilles sont très-variables, selon l'âge des individus : elles sont ovales, elliptiques, oblongues, presque orbiculaires, aiguës ou échancrées en cœur à la base et au sommet, lancéolées ou en faucille, glabres, glanduleuses à leur contour dans leur jeunesse. Les fleurs sont disposées en ombelles simples, terminales, pédonculées, pendantes; aux pédoncules du centre on remarque quatre à cinq corps, oblongs, arqués, qui paroissent des pétales avortés, assez semblables au pétale supérieur des aconits; les folioles du calice concaves, arrondies; le pétale coriace, épais, fermé par le haut, s'enlevant en forme de coiffe; les étamines sont nombreuses, étalées après la chute de la corolle; les anthères droites, oblongues; l'ovaire est ovale; les baies sont glabres, globuleuses, polyspermes; les semences petites et luisantes. Cette plante croît dans les Antilles et à la Jamaïque.

MARGRAVE CORIACE : *Marcgravia coriacea*, Valh, *Egl. Amer.*, 2, pag. 39. Arbrisseau de l'île de Cayenne, dont les tiges se divisent en rameaux glabres, revêtus d'une écorce cendrée, parsemés de points saillans, garnis de feuilles pétiolées, coriaces, elliptiques, émoussées, glabres, longues de quatre à cinq pouces, un peu repliées à leurs bords; le pédoncule commun est chargé vers son sommet de pédicelles verticillés, égaux, au nombre de seize à dix-huit, cylindriques, très-ouverts, renflés vers leur sommet, parsemés de points nombreux, tuberculés; les fleurs sont ascendantes. (POIR.)

MARGUERITE [GRANDE] (*Bot.*), nom vulgaire du *chrysanthemum leucanthemum*. (LEM.)

MARGUERITE JAUNE. (*Bot.*) C'est le *chrysanthemum coronarium*. (LEM.)

MARGUERITE [PETITE]. (*Bot.*) Voyez PAQUERETTE. (LEM.)

MARGUERITE [REINE]. (*Bot.*) Voyez à l'article ASTÈRE. (LEM.)

MARGUERITE BLEUE. (*Bot.*) C'est la globulaire commune. (L. D.)

MARGUERITE DE LA SAINT MICHEL. (*Bot.*) C'est l'astère annuel. (LEM.)

MARGYRICARPE (*Bot.*), *Margyricarpus* ou *Margyrocarpus*. Pers. Genre de plantes dicotylédones, à fleurs incomplètes, de la famille des *rosacées*, de la *décandrie monogynie* de Linnæus, offrant pour caractère essentiel : Un calice à quatre ou cinq divisions ; point de corolle ; deux étamines ; un ovaire supérieur ; un style ; un stigmate pelté ; un drupe monosperme.

Ce genre avoit d'abord été placé par M. de Lamarck parmi les *Empetrum* (CAMARINE, Encyl.), sous le nom d'*Empetrum pinnatum*, puis dans les Illustrations des genres, sous celui d'*Ancistrum barbatum*. Les auteurs de la Flore du Pérou en ont fait un genre particulier, adopté par Vahl ; mais les caractères de ses fleurs ne s'accordent point avec ceux de Commerson, qui regardoit cette plante comme dioïque, pourvue de quatre pétales ; les ovaires surmontés de quatre styles.

MARGYRICARPE SOYEUX : *Margyricarpus setosus*, Ruiz et Pav., *Flor. Per.*, 1, pag. 28, tab. 8 ; Vahl, *Enum.*, 1, pag. 307. Petit arbrisseau diffus, très-rameux, à rameaux tortueux, couverts par les gaines stipulaires des pétioles des feuilles : celles-ci sont petites, éparses, très-rapprochées, ailées avec une impaire, composées d'onze folioles linéaires, subulées, repliées en dessous à leurs bords, barbues à leur sommet, longues de deux lignes ; les pétioles sont persistans, élargis et membraneux à leur base, en forme de gaines les fleurs sessiles, latérales et axillaires. Cette plante croit au Pérou. (POIR.)

MARIA-CAPRA. (*Ornith.*) Espèce de traquet de l'ile de Luçon. (CH. D.)

MARIALVA. (*Bot.*) Vandelli, dans ses Plantes du Brésil, établit sous ce nom un genre qui est le même que le *tovomita* d'Aublet, et qui, quoique plus récent, paroit devoir être préféré, parce que le nom d'Aublet est mal choisi, mal sonnant, et pouvant être confondu avec le *votomita* du même. Il faudra encore rapporter au *marialva* le *beauharnesia* de la Flore du Pérou, moins ancien, et conforme dans presque tous ses caractères. (J.)

MARIARMO. (*Bot.*) L'hysope est ainsi nommé par les Provençaux, au rapport de Garidel. (J.)

MARIBLÉ (*Bot.*), nom languedocien des marrubes. (L. D.)

MARICA. (*Bot.*) Nom substitué par Schreber à celui de *ci-*

pura d'Aublet, genre de Cayenne, de la famille des iridées, dont aucune raison ne nécessite le changement de nom. Necker de son côté le nomme *bauxia*. Voyez CIPURE. (J.)

MARICOCA. (*Ornith.*) Ce nom désigne dans Cotgrave la passe-buse ou fauvette d'hiver, *motacilla modularis*, Linn. (CH. D.)

MARICOUPY. (*Bot.*) Plante de Cayenne qui nous est inconnue. (LEM.)

MARIÉE. (*Entom.*) C'est le nom françois d'une noctuelle, *noctua sponsa*, *noctua pronuba*. (C. D.)

MARI-ERLA. (*Ornith.*) Suivant Othon-Frédéric Muller, *Zool. Dan. Prodr.*, on nomme ainsi, en Islande, la lavandière, *motacilla alba*, Linn. (CH. D.)

MARIE-GALANTE. (*Bot.*) C'est selon M. Bosc le nom vulgaire du quinquina corymbifère, à la Guadeloupe. (LEM.)

MARIETTE. (*Bot.*) Ce nom vulgaire et ceux de violette de Marie, *viola mariana*, sont cités par Daléchamps et d'autres pour une campanule de jardins, *campanula medium*. (J.)

MARIGNAN. (*Ichthyol.*) Dans les Antilles on donne ce nom à l'holocentre sogho. Voyez HOLOCENTRE. (H. C.)

MARIGNAN (*Bot.*), nom de l'aubergine dans le midi de la France. (LEM.)

MARIGNIA. (*Bot.*) Commerson, dans ses Manuscrits et ses Herbiers, avoit désigné sous ce nom un arbre résineux de l'Ile-de-France, où il est connu sous celui de colophane bâtard. M. Lamarck l'a réuni au genre *Bursera*, dont il diffère cependant un peu par le nombre plus grand des pétales et des étamines, si le caractère donné par Commerson est exact. (J.)

MARIGOUIA, MERCOIA (*Bot.*), noms vulgaires à Saint-Domingue, cités par Nicolson, pour désigner le *murucuia*, genre de la famille des passiflorées. (J.)

MARIKANITE. (*Min.*) Voyez MARÉKANITE. (LEM.)

MARIKINA. (*Mamm.*) Nom américain d'une espèce du genre OUISTITI. Voyez ce mot. (F. C.)

MARILA A GRAPPES (*Bot.*) *Marila racemosa*, Swartz, *Prodr.*, 84; Willd., *Spec.*, 2, pag. 1169; *Bonnetia*, Flor. Ind. Occid., vol. 2, pag. 965. Genre de plantes encore peu connu, établi par M. Swartz, paroissant tenir le milieu entre la famille des *guttifères* et celle des *hypéricées*, qui offre pour caractère essentiel : Un calice à cinq folioles, cinq pétales; plusieurs étamines insérées sur le réceptacle ; un stigmate simple ; une capsule à quatre loges polyspermes. Cette plante croît à la Martinique, aux îles du mont Ferrat et de Saint-Christophe, où elle porte le nom de *bois d'amande*. (Poir.)

MARIMARI (*Bot.*), nom caraïbe cité par Aublet, d'une casse de Cayenne, *cassia biflora*. (J.)

MARIMONDA. (*Mamm.*) Suivant M. de Humboldt, les Indiens de l'Orénoque nomment ainsi l'atèle Belzébuth. (F. C.)

MARINES [Plantes] (*Bot.*), qui croissent dans l'eau de la mer (*fucus*). On nomme plantes maritimes celles qui croissent au bord de la mer (*glaux maritima, triglochin maritimum*).(Mass.)

MARINGOUIN. (*Ornith.*) L'auteur des voyages d'un naturaliste, M. Descourtilz, parle sous ce nom, tom. 2, pag. 249, d'une alouette de mer aussi petite qu'un troglodyte, et qui est très-nombreuse à Saint-Domingue, dans les savanes humides où l'on en prend aisément des quantités avec des nappes sous lesquelles on a répandu des vers ou des fourmis. (Ch. D.)

MARINGOUIN (*Ent.*), nom donné (ainsi que celui de moustique) par les voyageurs à des insectes diptères très-incommodes et qui paroissent appartenir au genre des Cousins.(Desm.)

MARION LAREUCHE (*Ornith.*), nom vulgaire du rouge-gorge, *motacilla rubecula*, Linn., dans les environs d'Orléans. (Ch. D.)

MARIONNETTES. (*Ornith.*) Denys, dans son Histoire naturelle de l'Amérique septentrionale, cite, tom. 2, pag. 305, parmi les oiseaux aquatiques du Canada ou Nouvelle-France, les *marionnettes*, ainsi nommées, dit-il, parce qu'elles vont sautant sur l'eau. Ce mot ne seroit-il pas une corruption de *marouettes*? (Ch. D.)

MARIPA. (*Bot.*) Palmier de Cayenne, mentionné par Aublet, qui dit que son tronc a environ huit pieds de hauteur, et six pieds et demi de diamètre. Ses feuilles pennées ont huit à dix pieds de longueur, et ne s'étalent pas. Il porte des fleurs mâles sur un pied, et des femelles sur un autre. Ses régimes de fleurs sont divisés en plusieurs grappes réunies en pyramide, et renfermées, avant leur développement, dans une spathe très-considérable, coriace et épaisse, ayant la forme d'une petite barique, et pouvant servir de vase pour conte-

nir, soit des alimens, soit de l'eau. On mange le fruit après
l'avoir fait bouillir. Aublet n'indique pas les caractères qui
pourroient aider à déterminer son genre; il est probable que
c'est aussi le maripa cité par Barrère, que l'on nomme chou-
maripa, parce qu'on mange, dit-il, son tronc apprêté de diverses manières, ou plutôt les jeunes pousses qui occupent le
centre de sa touffe de feuilles, comme cela a lieu pour d'autres
palmiers. On ne confondra pas ce maripa avec un genre du
même nom dans la famille des convolvulacées. (J.)

MARIPE, *Maripa*. (*Bot.*) Genre de plantes dicotylédones, à
fleurs complètes, monopétalées, de la famille des *convolvulacées*,
de la *pentandrie monogynie* de Linnæus, offrant pour caractère
essentiel : Un calice à cinq divisions profondes, imbriquées;
une corole tubulée, renflée à sa base; le limbe évasé, divisé
en cinq lobes; cinq étamines attachées vers le bas du tube; un
ovaire supérieur; un style; un stigmate en plateau; un fruit à
deux loges; deux semences dans chaque loge.

MARIPE GRIMPANT: *Maripa scandens*, Aubl., *Guian.*, 1, pag. 230,
tab. 91; Lamck., *Ill. gen.*, tab. 110. Arbrisseau grimpant dont
les branches très-longues se divisent en rameaux qui retombent
vers la terre et sont garnis de feuilles pétiolées, alternes,
ovales, entières, aiguës, fermes, vertes et lisses, longues de six
à neuf pouces, sur trois de large. Les fleurs sont blanches, disposées en grandes panicules lâches, munies de bractées; les
ramifications velues, ainsi que les calices et la surface externe
des corolles. Cette plante croît sur les bords de la rivière de
Sinamary. (POIR.)

MARIPOSA. (*Ornith.*) Ce nom a été donné à plusieurs espèces d'oiseaux. Le mariposa des oiseleurs est un bengali, *fringilla bengalensis*, Lath., pl. 3 des Oiseaux chanteurs de M. Vieillot. Le *mariposa pintada* de Catesby est l e pape de la Louisiane,
emberiza ciris, Lath., pl. 159 de Buffon, fig. 1 et 2, sous le
nom de verdier de la Louisiane, lequel est décrit sous celui
de passerine nonpareil dans la deuxième édition du Nouveau Dictionnaire d'Histoire naturelle, tom. 12, pag. 17. On
a aussi appelé mariposa le bouvreuil noir du Mexique, *pyrrhula
mexicana*, Brisson, tom. 3, pag. 316; *loxia nigra*, Linn. et Lath.,
figuré par Catesby, pl. 68. (CH. D.)

MARIPOU. (*Bot.*) Une espèce de jambosier (*eugenia sinemarien-*

sis, Aubl.) est ainsi appelée par les naturels de la Guiane. (Lem.)

MARIRAOU (*Bot.*), nom caraïbe d'une espèce de jambosier de Cayenne, *eugenia sinemariensis* d'Aublet. (J.)

MARISCUS. (*Bot.*) La plante nommée ainsi par Pline est, selon C. Bauhin, celle que Daléchamps croit être l'*holoschœnos* de Théophraste, et se rapporte au scirpe des marais, *scirpus lacustris*. Haller et Mœnch ont fait un genre *Mariscus* comprenant les *scirpus acicularis* et *setaceus*, qui maintenant font partie de l'*isolepis* de M. Rob. Brown. Il existe un autre genre *Mariscus* de Gærtner, dont le *schœnus mariscus* et le *scirpus retrofractus* de Linnæus font partie, ainsi que le *killingia panicea* de Rottboll. (J.)

MARISMA. (*Bot.*) Ce nom a été donné par les Espagnols, suivant Clusius, à une arroche, *atriplex halimus*, parce qu'elle croît sur les bords de la mer. (J.)

MARISQUE, *Mariscus*. (*Bot.*) Genre de plantes monocotylédones, à fleurs glumacées, de la famille des *cypéracées*, de la *triandrie monogynie*, offrant pour caractère essentiel : Des épillets peu garnis; plusieurs écailles imbriquées, les inférieures vides; deux valves calicinales minces; trois étamines; un ovaire supérieur; un style trifide caduc; point de soies sur le réceptable; une semence trigone.

Ce genre est formé de plusieurs espèces de souchets, de scirpes, de killinges, à tige presque nue. Les principales sont :

Marisque aggrégé; *Mariscus aggregatus*, Willd., *Enum.*, 1, pag. 70. Cette plante a des tiges trigones, hautes d'un pied et plus, munies de plusieurs feuilles radicales un peu rudes à leurs bords, de la longueur des tiges; l'involucre composé de huit à dix folioles inégales, presque de la longueur des tiges; les fleurs réunies en huit ou dix épis sessiles, cylindriques, longs de six lignes; les épillets alongés; les écailles ovales, membraneuses, aiguës, traversées par une nervure verdâtre; les valves calicinales de même forme; des bractées sétacées, plus longues que les épillets, rudes à leurs bords. Le lieu natal de cette plante n'est pas connu.

Marisque a gros épis; *Mariscus pychnostachyus*, Kunth, *in* Humb. et Bonp. Nov. Gen., 1, pag. 215, tab. 65. Ses tiges sont droites, hautes d'un pied et plus, glabres, trigones; les feuilles glabres, linéaires. cartilagineuses et denticulées, surtout vers leur sommet, en gaîne à leur base ; l'ombelle est terminale, à sept ou huit rayons inégaux longs de deux ou trois pouces; les épis sont épais, oblongs, obtus, nus, presque longs d'un pouce ; les épillets très-nombreux, oblongs ; l'involucre a huit folioles inégales, les unes plus longues, d'autres plus courtes que l'ombelle ; les écailles sont ovales, concaves, aiguës, brunes, légèrement mucronées. Cette plante croît à la Nouvelle-Espagne.

MARISQUE DE MUTIS; *Mariscus mutisii*, Kunth, *l. c.*, tab. 66. Cette plante a des racines fibreuses; d'où s'élèvent des tiges en gazon, glabres, trigones, striées, longues d'un pied et demi; les feuilles sont glabres, linéaires, nerveuses, striées, en carène, dures à leurs bords vers le sommet, plus courtes que les tiges; l'ombelle est terminale, à sept ou huit rayons inégaux, longs d'un ou de deux pouces; les épis sont linéaires, cylindriques, obtus, longs d'un pouce; les épillets nombreux, distans, lancéolés, aigus, à une ou deux fleurs; l'involucre a neuf folioles, deux et trois fois plus longues que l'ombelle : cinq écailles ovales, obtuses, glabres, en carène, à cinq nervures, d'un brun jaunâtre, vertes sur leur carène. Cette plante croît au Pérou, dans la plaine de Bogota, proche Suba.

MARISQUE ROUX; *Mariscus rufus*, Kunth, *l. c.*, tab. 67. Cette espèce a des tiges droites, trigones, hautes d'un pied et plus, glabres, hérissées de petits tubercules, d'un blanc verdâtre; les feuilles sont linéaires, acuminées, en carène vers leur base, denticulées à leur sommet, souvent plus longues que les tiges; l'ombelle est terminale, à sept ou huit rayons inégaux : les épis sont oblongs, obtus, souvent trois ou quatre et plus sur le même pédoncule, longs d'un pouce : les épillets touffus, très-nombreux, ovales, sessiles, à trois fleurs; l'involucre a six ou sept folioles très-longues; les écailles sont arrondies, obtuses, glabres, concaves, roussâtres, à sept nervures. Cette plante croît à la Nouvelle-Espagne.

MARISQUE SANS FEUILLES : *Mariscus aphyllus*, Vahl, *Enum.*, 2, pag. 375; *Junous cyperoides*, Sloan., *Hist.*, 1, pag. 121, tab. 81, fig. 2. Ses racines sont rampantes; ses tiges trigones, hautes d'un pied, garnies à leur base, au lieu de feuilles, de plusieurs gaînes obtuses, de couleur grisâtre, bordées de brun, tronquées obliquement; l'involucre a deux ou trois folioles ovales, lancéolées, plus courtes que l'épi; celui-ci est globuleux; une fois plus gros qu'un pois, composé d'un grand nombre de petits épillets linéaires, lancéolés: les valves sont purpurines et ponctuées. Cette plante croît dans l'Amérique.

MARISQUE ÉTALÉ : *Mariscus elatus*, Vahl, *Enum.*, 2 , pag. 377 : *Kyllingia incompleta*, Jacq., *Ic. rar.*, 2, tab. 300; *Kyllingia cayanensis*, Lamck., *Ill. gen.*, 1, pag. 149. Ses tiges sont luisantes, triangulaires, hautes d'environ trois pieds; les feuilles presque de la longueur des tiges, larges d'environ trois lignes; l'involucre a six folioles et plus, longues d'un, et même de deux pieds; les rayons de l'ombelle sont longs de deux pouces, soutenant chacun une ombellule à quatre rayons; les épis sont cylindriques, étroits, longs d'un à deux pouces ; les épillets petits, très-étalés, à trois fleurs. Cette plante croît dans l'Amérique, aux environs de Caracas et dans l'île de Cayenne. (POIR.)

MARITAMBOUR. (*Bot.*) Espèce de grenadille de Cayenne, suivant Richard. (J.)

MARJOLAINE, *Majorana*. (*Bot.*) Tournefort et ses prédécesseurs distinguoient ce genre de l'origan par les épis de fleurs plus courts et de forme presque carrée, et par le calice fendu en dessus. Ces caractères ont paru insuffisans à Linnæus pour séparer ces deux genres qu'il a réunis sous le nom du dernier. Rumph a cité deux basilics sous le nom de *majorana*. Voyez ORIGAN. (J.)

MARJOLAINE BATARDE. (*Bot.*) Dans quelques parties des Alpes, on donne ce nom au *cypripedium calceolus*. (L. D.)

MARKAKO. (*Bot.*) C'est à Ceilan la même plante que le KIKIRINDA. Voyez ce mot. (J.)

MARKEA. (*Bot.*) Voyez les articles LAMARCKEA et MARCKEA. (POIR.)

MARKOJIO. (*Ichthyol.*) La Chesnaye-des-Bois a parlé, sous ce nom, mais je ne sais d'après quelle autorité, d'un poisson des Indes qui a la gueule assez grande pour avaler un homme tout entier. C'est probablement quelque espèce de squale. (H. C.)

MARLE. (*Ornith.*) Les habitans de la campagne, dans le département des Deux-Sèvres, et dans plusieurs endroits de celui de la Somme, appellent ainsi le merle commun, *turdus merula*, Linn. (CH. D.)

MARLEG. (*Bot.*) C'est le nom qu'on donne dans les îles Féroë au *conferva œgagropila*, suivant Lyngbye. (LEM.)

MARLITE. (*Min.*) Kirwan nomme ainsi une pierre ou roche mélangée qui renferme de la chaux carbonatée. Il distingue les marlites des marnes en ce que celles-ci se désagrègent facilement par l'action des météores atmosphériques, tandis que les marlites, qui sont des roches plus dures, résistent aussi beaucoup mieux à cette action.

Il place les macigno-molasses ou molasses de Genève et de Lausanne, plusieurs calcaires mêlés d'argile et de sable des Alpes et du Hartz, ainsi que le schiste marno-bitumineux du Mansfeld, etc., parmi les marlites. Cette réunion est fondée sur la considération des caractères minéralogiques, la solidité, la dureté, la rudesse au toucher, la texture un peu grenue, la composition par mélange; le nom de marlite ne peut donc se rapporter exactement à aucune de nos espèces minéralogiques homogènes, ou de nos variétés composées. (B.)

MARLLENGA. (*Ornith.*) La bergeronntte lavandière, *motacilla alba*, Linn., se nomme ainsi en catalan. (Ch. D.)

MARMARITIS (*Bot.*), un des noms grecs anciens de la fumeterre, cités par Ruellius. (J.)

MARME. (*Ichthyol.*) Voyez Morme. (H. C.)

MARMEER, UMBATS (*Bot.*), noms japonois du coignassier, cités par Kæmpfer. (J.)

MARMELDIER (*Mamm.*), nom hollandois de la marmotte d'Europe. Voyez Murmelthier. (Desm.)

MARMELEIRA (*Bot.*), nom du coignassier dans le Portugal et au Bresil, selon Vandelli. (J.)

MARMELOS. (*Bot.*) Le fruit ainsi nommé dans l'Inde est porté sur un arbre qui est le *covalam* du Malabar, le *marmeleira* des Portugais de l'Inde. Linnæus en faisoit son *crateva marmelos*. M. Correa, qui l'a examiné de nouveau, a prouvé qu'il n'appartenoit pas aux capparidées dont le *crateva* fait partie, et il l'a reporté aux aurantiacées comme genre distinct sous le nom d'*ægle*. Les Espagnols nomment aussi le coignassier *marmelos*. Voyez Codoyons. (J.)

MARMENTAUX. (*Bot.*) Dans le Dictionnaire économique, on lit que ce nom est donné aux bois qui, plantés en avenues, en quinconces ou en bosquets, servent à l'embellissement des villes ou des habitations particulières, et qu'un simple usufruitier n'a pas le droit d'abattre. (J.)

MARMITE DE SINGE (*Bot.*), nom vulgaire à Cayenne de quelques espèces de quatelé, *lecythis*, qui sont assez gros, et ont la forme d'une marmite fermée supérieurement par son couvercle et remplie de quelques graines que les singes mangent avec avidité. (J.)

MARMOLIER. (*Bot.*) Voyez Duroia. (Poir.)

MARMONTAIN, MARMOTAINE, MARMOTAN (*Mamm.*), noms de la marmotte en vieux françois. (Desm.)

MARMOLITE (*Min.*) M. Nuttall a donné ce nom à une substance pierreuse qui paroît être très-voisine de la serpentine, si même ce n'en est pas une variété.

La marmolite, dit M. Nuttall, a une texture foliée avec des lames minces et parallèles aux côtés d'un prisme à quatre pans obliques et comprimés. Ces lames sont quelquefois rassemblées en groupes; elles sont d'un beau vert pâle avec un lustre presque métallique; elles sont opaques, leur texture est compacte; elles n'ont aucune flexibilité, très-peu de dureté; leur poussière est brillante et onctueuse au toucher.

Ce minéral devient blanchâtre et friable par l'action de l'air; sa pesanteur spécifique est de 2,470. Exposé à l'action du feu du chalumeau, il décrépite, s'exfolie sans se fondre, et devient dur; il perd 15 pour 100 de son poids, et donne dans l'acide nitrique une dissolution épaisse et comme gélatineuse.

Il contient :

Magnésie	46
Silice	36
Eau	15
Chaux	2
Protoxide de fer et chrôme	0,5

C'est, comme on voit, la composition de la serpentine, et la marmolite indiqueroit un commencement de cristallisation de cette pierre, ce qui conduiroit à compléter la série des caractères nécessaires pour établir exactement et scientifiquement cette espèce.

La marmolite se présente en veines étroites dans la roche de serpentine d'Hoboken et de Barc-Hills, près Baltimore, dans les Etats-Unis d'Amérique.

Elle est souvent en contact dans le premier lieu avec la

brucite (magnésie hydratée) et le marbre magnésien décrit par les minéralogistes américains. (B.)

MARMORARIA (*Bot.*), nom ancien de l'acanthe, cité par Daléchamps. (J.)

MARMOSE. (*Mamm.*) Nom brasilien d'une espèce du genre SARIGUE. Voyez ce mot. (F. C.)

MARMOT (*Ichthyol.*), un des noms vulgaires du denté commun. Voyez DENTÉ. (H. C.)

MARMOTTE. (*Mamm.*) Ce nom vient du mot italien *marmotta*, lequel tire peut-être son origine du MURMELTHIER. (Voyez ce mot.) D'abord donné à un rongeur des hautes montagnes de l'Europe, il fut ensuite étendu à quelques autres mammifères qui offrent avec lui les plus intimes rapports.

Linnæus et Pallas confondirent ces animaux avec les rats. Ce dernier en fit cependant une section particulière sous le nom de *mures soporosi*. Brisson et Erxleben les placèrent dans leur genre *Glis*, division incohérente qui renfermoit, selon le premier, les loirs, les marmottes et le hamster; et de plus, suivant le second, le zemmi, les lemmings et le campagnol économe. C'est Gmelin qui le premier isola les marmottes sous le nom d'*arctomys* (rat-ours) dans son édition du *Systema naturæ*. Depuis, les zoologistes ont toujours conservé ce genre établi en effet sur des caractères assez nettement tranchés.

Les marmottes ont, à la mâchoire supérieure, deux incisives, et cinq molaires de chaque côté, et à l'inférieure une molaire de moins; les incisives sont fortes, épaisses et, comme chez tous les autres rongeurs, séparées des molaires par un grand espace vide; les supérieures sont tronquées carrément à leur sommet; les inférieures sont terminées par une pointe arrondie, et toutes deux sont taillées en biseau à leur face interne. La première molaire supérieure, plus petite que les autres, ne présente à la couronne qu'un simple tubercule obtus; les quatre autres sont triangulaires et divisées par deux sillons profonds, en trois crêtes transversales, qui, partant du bord externe de la dent, font paroître celui-ci relevé de trois tubercules aigus, et viennent toutes se réunir au sommet du triangle qui occupe la face interne de la couronne et se présente sous la forme d'un rebord arqué, lisse et élevé. Les molaires inférieures, seulement au nombre de quatre, diffèrent des supérieures, en ce qu'elles ont une forme carrée, et que, n'ayant qu'un sillon longitudinal, elles ne sont relevées que de deux crêtes, l'une qui occupe le bord antérieur et l'autre le postérieur; et elles se réunissent au bord interne pour y former une pointe relevée; le sillon échancre le bord externe de manière à y faire paroître deux tubercules.

Les membres sont courts et forts, les antérieurs se trouvent terminés par une main large, épaisse, divisée en quatre doigts courts et robustes, de longueur peu inégale, réunis jusqu'à la seconde phalange par une membrane épaisse, et armés d'ongles forts et reployés en gouttière; au haut de la partie interne du carpe se trouve un très-petit rudiment de pouce de forme conique et protégé par un petit ongle plat. Les membres postérieurs ont un pied court et large, terminé par cinq doigts, semblables, pour la forme, à ceux de la main, réunis comme eux jusqu'à la première phalange, mais munis d'ongles plus forts et plus courts : les trois doigts du milieu, de longueur peu différente, sont plus alongés que les deux latéraux qui sont les plus courts, et c'est l'interne qui est le moins long de tous. La queue est très-courte, cylindrique et entièrement couverte d'assez longs poils.

L'œil est petit, à pupille ronde ; les paupières sont fortes et épaisses, et l'interne est peu développée. Le mufle n'est qu'une partie nue, et sans doute glanduleuse, placée entre les deux narines et divisée par un profond sillon longitudinal qui va ensuite séparer la lèvre supérieure en deux portions; l'extrémité du museau forme une large surface arrondie, séparée du mufle par un repli transversal et nu; les narines sont formées d'une ouverture antérieure prolongée sur les côtés en un sinus large et légèrement arqué vers le haut. L'oreille est petite, courte, assez mince, arrondie et simple : on n'y voit qu'un rudiment d'hélix qui rentre dans la partie antérieure de la conque, protège inférieurement le trou auditif percé au fond de la partie antérieure de cette conque, et forme supérieurement un cul-de-sac du fond duquel s'élève un pli qui traverse l'oreille. La langue est courte, très-épaisse, arrondie et douce; ses bords paroissent comme relevés sur les côtés de sa partie antérieure, ce qui forme un sillon longitudinal, très-profond ; les lèvres sont épaisses et courtes, et elles forment, à leur angle de réunion, une réduplicature assez large. On ne trouve pas d'abajoues dans l'intérieur de la bouche. La paume, la plante et le dessous des doigts sont entièrement nus et marqués de sillons assez réguliers et plus larges que ceux de la paume de l'homme : la paume offre cinq tubercules; les trois premiers répondent à la base des doigts, l'un correspondant au quatrième doigt, l'autre au second et au troisième doigt, et le dernier au premier doigt : les deux autres tubercules occupent la partie postérieure de la paume; ils sont extrêmement développés, très-épais et fort saillans; l'un occupe le bord interne et soutient le rudiment du pouce; l'autre soutient le bord externe. La plante est garnie de six tubercules, quatre placés à la base des doigts comme dans la paume, excepté qu'il y en a un de plus pour le pouce, et les deux autres placés à peu de distance des quatre précédens, l'un au bord externe et l'autre à l'interne; le reste du talon est lisse et entièrement nu. Les soies des moustaches sont fortes, longues et implantées dans une épaisse couche musculeuse; on trouve quelques autres bouquets de soies, l'un sur les sourcils, l'autre sur la joue et le troisième sous la gorge. Le pelage est long, épais et composé de poils de deux natures, de laineux nombreux, assez longs et peu frisés, et de deux couleurs, et de soyeux plus longs, à peine aussi nombreux, et ordinairement annelés de plusieurs couleurs.

Chez les mâles les testicules ne sont point renfermés dans un scrotum particulier, et le gland est, à ce qu'il paroît, simplement conique et peu alongé; chez les femelles la vulve ne se montre au dehors que sous l'apparence d'une fente longitudinale et courte, garnie de deux lèvres épaisses et fortes, surmontées de quelques poils.

Les marmottes ont des formes lourdes et trapues; leur tête plate et épaisse, leurs oreilles arrondies, leurs membres courts et larges, leur petite queue, et de plus leur épaisse et grossière fourrure leur donnent une physionomie particulière qu'indique assez bien le mot d'*arctomys* (*rat-ours*) fondé sur les rapports de forme que l'on a cru trouver entre ces rongeurs et les ours. Leur démarche est lourde et embarrassée; elles courent mal, mais peuvent s'aplatir de manière à passer par des fentes étroites.

Leurs cris ne consistent qu'en un grognement doux, ou un gros murmure qui se change dans la colère ou la surprise en un sifflement fort et aigu. Elles se fouissent avec promptitude une retraite profonde, dans laquelle plusieurs individus se retirent pendant l'hiver, passant cette saison dans un état léthargique dont on n'a pas encore exactement apprécié la cause; d'après ce que l'on sait de l'espèce européenne, il paroîtroit que les marmottes vivent en société, et que dans les beaux jours du printemps, elles viennent brouter ou jouer à l'entrée de leur terrier dont elles ne s'éloignent jamais, et l'on assure que dans toutes leurs sorties l'une d'entre elles, placée au sommet de quelque rocher voisin, fait l'office de sentinelle avancée, et avertit les autres par un sifflement aigu de la présence de l'ennemi; alors toute la troupe rentre dans sa retraite, ou bien se tapit sous les rochers voisins. Elles recueillent dans leur terrier une assez grande quantité de foin qu'elles transportent dans leur bouche; elles s'en forment un lit épais, dans lequel elles se blottissent pour passer l'hiver; et à l'approche de cette saison elles ont soin de fermer, en y accumulant de la terre, l'entrée de leur terrier. Elles ne forment point de provisions, mais lorsqu'elles entrent dans leur retraite hibernale, elles sont très-grasses et garnies sur l'épiploon de feuillets graisseux très-épais qui paroissent suffisans pour réparer les pertes qu'elles peuvent éprouver par l'action vitale qui leur reste. Leur nourriture ordinaire ne consiste qu'en matières végétales, et surtout en racines; mais on les habitue, sans peine, à manger de la viande.

Marmotte vulgaire : *Arctomys marmotta*, Gm.; la Marmotte, Buff., Hist. Nat., tom. 8, pl. 28. Cette espèce est d'un gris foncé en dessus avec la croupe d'une teinte un peu plus roussâtre; le devant et le dessous du corps, les flancs et le bas des membres sont d'un fauve roux pâle; la tête est en dessus du gris noirâtre du dessus du corps, ses côtés sont d'un gris plus clair, et le tour du museau est d'un gris blanc argenté; les pieds sont d'une teinte presque blanche, et la queue est noirâtre, courte et touffue. Tous les poils sont d'un gris noir à leur base; les laineux ont leur pointe un peu plus claire sur les parties supérieures, et d'un gris fauve sous le corps; les soyeux aux parties supérieures sont noirs avec une légère pointe d'un fauve blanchâtre qui devient plus grande sur la croupe; ils sont fauves sous le corps, et tout noirs sur la queue. Cette espèce habite les montagnes alpines de l'Europe, et y creuse ses terriers au-delà de la région des forêts. C'est elle qu'apportent avec eux ces enfans qui descendent des Alpes, et viennent mendier leur existence dans nos villes. Les montagnards vont l'hiver la prendre dans ses terriers où ils la trouvent engourdie et roulée dans son foin; ils la mangent, et vendent la peau, qui est une fourrure commune et de bas prix.

MARMOTTE BOBACK : *Arctomys boback*, Gmel.; *Mus arctomys*, Pallas, *Gl.*, pag. 97, pl. 5; BOBACK, Buff., tom. 13, pl. 18. Le boback est d'un brun fauve très-pâle, légèrement mêlé de brun noirâtre; le dessous du corps est d'une teinte fauve très-pâle; le tour des yeux et le dessus du museau sont bruns, la région des moustaches et la gorge d'un roux assez pur; le menton, la lèvre supérieure et le bout du museau d'un gris argenté; la queue, très-courte, est presque rousse. Tous les poils sont noirâtres à leur base, les laineux ont leur pointe d'un blond cendré et les soyeux sont de cette couleur sous le corps, et terminés aux parties supérieures par une pointe d'un brun châtain. Cette espèce habite depuis la Pologne jusques dans le nord de l'Asie; elle suit la chaîne des monts Krapachs, et se trouve principalement entre le Dniéper et le Don, mais elle ne s'élève pas aussi haut que l'espèce précédente et préfère les contrées moins froides et les collines arides; elle recherche surtout les plantes oléracées pour sa nourriture, et creuse son terrier dans des terrains très-durs.

MARMOTTE DU CANADA : *Arctomys empetra*, Quebeck marmot, Pennant, *Quadr.*, p. 270, n.° 199, pl. 24, fig. 2; Forster, *Phil. Trans.*, p. 378; *Mus empetra*, Pall., *Gl.*, p. 75; Schreb., tab. 210; MONAX GRIS, F. Cuv., Hist. nat. des Mamm. Cette espèce est d'un brun roux noirâtre, varié et tiqueté de blanc; le dessous du corps et le bas des membres sont d'un brun roux vif couleur de rouille; le dessus de la tête, les pieds et la queue d'un brun foncé presque noir principalement sur ces dernières parties; les côtés et le dessous de la tête sont d'un fauve jaunâtre. Tous les poils sont noirs ou du moins très-foncés à leur base; les laineux ont la pointe rousse; aux parties supérieures les poils sont soyeux, roux, puis noirs

avec la pointe blanchâtre; sous le corps ils sont entièrement
terminés de roux. Ces poils soyeux ayant sur la croupe leur
pointe blanche plus étroite que sur le reste du dessus du corps,
cette dernière partie paroît plus brune, et seulement tiquetée
de blanc jaunâtre. La queue est plus longue chez cette espèce
que chez les deux précédentes, et elle fait à peu près le tiers de
la longueur du corps. Le pelage est quelquefois un peu différent
de la description que nous venons d'en donner; le dos, les
épaules, les reins, les cuisses et les côtés du corps présentent,
dans certains individus, une teinte beaucoup plus grise, ce qui
paroît tenir à ce que les poils laineux sont terminés de gris
sur ces parties et que les soyeux manquent de teintes rousses.
Souvent aussi le roux des parties inférieures s'éteint presqu'entièrement. On ne sait pas encore si ces différences
tiennent à l'âge, au sexe, ou aux diverses périodes de la mue;
quoi qu'il en soit, le *quebeck marmot* de Pennant, le *mus empetra*
de Pallas, et le *monax gris*, ne font vraisemblablement qu'une
seule et même espèce, propre à l'Amérique septentrionale.
Je crois encore pouvoir leur réunir l'*arctomys pruinosa* de Gmelin, dont la description ressemble entièrement à un individu du
Muséum envoyé de New-Yorck par M. Lesueur.

On a aussi rapporté aux marmottes: le MONAX, *arctomys monax* de Gmelin; Edwards, *Glanures*, tom. 2, p. 104, et Buff.,
tom. 3 des Suppl., pl. 28. Selon Edwards il seroit de la grosseur
d'un lapin, et sa queue, un peu touffue, auroit plus de la
moitié de la longueur du corps; le pelage seroit d'un brun comparable à celui du rat d'eau et s'éclairciroit sur les flancs, mais
plus encore sur le ventre; le bout du museau seroit cendré, et
la queue d'un brun noirâtre; les pieds seroient noirs, et les
oreilles petites et rondes. Malheureusement le monax n'a pas
été revu depuis Edwards, et ce qu'il rapporte de cet animal
ne suffit pas pour faire décider s'il appartient en effet au genre
des marmottes.

On a joint au monax le LAPIN DE BAHAMA de Catesby, qui,
selon lui, est un peu plus petit qu'un lapin, brun sans aucun
mélange de gris, et dont les oreilles, les pattes et la queue sont
celles d'un rat. Il faudroit des renseignemens plus positifs pour
qu'on pût se faire une idée claire de cet animal et l'admettre
parmi les marmottes.

Le Souslie, *arctomys citillus*, Gmel., qui, jusqu'à présent, avoit été réuni aux marmottes, doit former un genre distinct. (Voyez SPERMOPHILE.)

Quelques mammifères bien plus obscurément connus que le monax, ou que le lapin de Bahama, ont encore été rapportés au genre des marmottes; ce sont : le GUNDI DU MONT ATLAS, de Rothmann, qui n'a que quatre doigts à tous les pieds, et qui, à la taille d'un lapin, joint des oreilles très-courtes, mais à très-large ouverture, et un pelage roussâtre; le MAULIN de Molina, quadrupède du Chili, du double plus grand que la marmotte, à pieds pentadactyles, à dents de souris et à museau pointu; enfin la MARMOTTE DE CIRCASSIE, de Pennant, de la taille du hamster, à jambes antérieures courtes, à poils alongés et châtains, etc. (F. C.)

MARMOTTE D'ALLEMAGNE. (*Mamm.*) C'est le HAMSTER. (DESM.)

MARMOTTE DES ALPES. (*Mamm.*) C'est la MARMOTTE VULGAIRE. (DESM.)

MARMOTTE BATARDE D'AFRIQUE. (*Mamm.*) Vosmaer donne ce nom au daman. (DESM.)

MARMOTTE DU CANADA. (*Mamm.*) Ce nom a été donné au monax. espèce de marmotte encore mal déterminée. (DESM.)

MARMOTTE DU CAP. (*Mamm.*) C'est le DAMAN. (DESM.)

MARMOTTE DE CIRCASSIE. (*Mamm.*) Voyez MARMOTTE. (DESM.)

MARMOTTE DE POLOGNE. (*Mamm.*) Voyez MARMOTTE BOBACK. (DESM.)

MARMOTTE DE STRASBOURG. (*Mamm.*) On a donné ce nom au HAMSTER. (DESM.)

MARMOTTE VOLANTE. (*Mamm.*) Daubenton a nommé ainsi un quadrupède chéiroptère qui appartient au genre VESPERTILION. Voyez ce mot. (DESM.)

MARMOUTON (*Mamm.*) Dans quelques parties de la France méridionale ce nom est donné au mouton entier ou bélier. (DESM.)

MARNAT. (*Conchyl.*) Adanson (Sénég., p. 168, pl. 12) décrit et figure sous ce nom une petite espèce de turbo, que l'on a rapportée peut-être à tort au *turbo pullus* de Linnæus et de Gmelin. (DE B.)

11.

MARNE (1). (*Min.*) Si les parties qui composent les pierres qu'on nomme *marnes* étoient plus grosses ou plus visibles, ces minéraux sortiroient de la division des pierres simples et feroient partie des roches mélangées; mais les matières argileuses, calcaires et sablonneuses, qui par leur mélange forment les marnes, sont d'une ténuité qui les rend invisibles. Les marnes sont donc pour nous des minéraux homogènes, qui ont l'aspect terne de l'argile ou de la craie, très-peu de dureté, qui sont même souvent tendres ou friables, qui font une violente effervescence avec l'acide nitrique, se délaient dans l'eau, mais quelquefois très-difficilement, ne font qu'une pâte courte, n'acquièrent que peu de dureté au feu, et se fondent assez facilement. Elles se distinguent des argiles par ces caractères; elles diffèrent des pierres calcaires pures, parce qu'elles laissent un résidu assez considérable lorsqu'on les dissout dans l'acide nitrique.

Il est très-difficile d'établir des variétés distinctes parmi les marnes. Celles qui semblent les plus différentes, passent de l'une à l'autre par des nuances insensibles. Les caractères que nous donnons ne conviennent donc qu'aux extrêmes, et il y a nécessairement beaucoup d'arbitraire dans la classification des échantillons qui forment transition.

1. MARNE ARGILEUSE.

Cette variété se délaie toujours dans l'eau plus ou moins facilement, et forme avec elle une pâte assez courte; elle est tantôt compacte, tantôt friable, tantôt feuilletée. Ses couleurs les plus ordinaires sont le gris, le vert sale plus ou moins foncé, le brun jaunâtre, le brun verdâtre, le gris et le jaune marbré. Nous en citerons plusieurs exemples, que nous attacherons à des sous-variétés particulières (2).

1. *Marne argileuse figuline.* — C'est ordinairement la terre

---

(1) Argile calcarifère. HAÜY.

(2) Si nous avons autant divisé une espèce qui paroît si peu importante en minéralogie, c'est qu'elle se trouve fréquemment et en grandes masses, et que nous avons eu pour but de faciliter les descriptions géognostiques.

Werner divise la marne en deux sous-espèces : la marne terreuse, MERGEL ERDE, et la marne endurcie, VERHÆRTETER MERGEL. Chacune de ces sous-espèces renferme des marnes calcaires et des marnes argileuses.

ou l'argile à potier, etc. etc., plus généralement connue sous ce dernier nom que sous celui de marne. Elle a une structure compacte, à peine et rarement schistoïde, et une texture fine et serrée d'apparence assez homogène; elle se casse plus facilement que l'argile plastique: mais elle offre cependant encore une sorte de tenacité. Sa cassure est raboteuse.

Elle se délaie aisément dans l'eau, beaucoup plus aisément même que l'argile plastique. Elle forme avec ce liquide une pâte assez liante, facile à travailler.

Ses couleurs sont le brun, le gris, le jaunâtre, le verdâtre, etc.

Elle a donc beaucoup des caractères extérieurs de l'argile plastique. Mais l'argile plastique ne fait aucune effervescence avec les acides, et est sensiblement infusible, tandis que la marne argileuse offre d'une manière très-marquée les caractères opposés. Elle ne contient souvent que 5 pour cent de chaux carbonatée, et rarement au-delà de 15. Cette marne appartient principalement aux terrains de sédiment supérieurs, et dans ceux-ci encore plus particulièrement à la formation gypseuse. Nous pouvons citer comme un exemple authentique de cette variété, celle que l'on nomme aux environs de Paris *marne verte*, terre à potier, et qui forme au-dessus des gypses, dans le passage de ce terrain d'eau douce au terrain marnin qui le recouvre, une couche souvent très-puissante et d'une continuité remarquable. Elle n'est pas toujours verte: elle prend quelquefois une teinte jaunâtre, telle est celle des environs de Viroflay près Versailles. Mais cette marne n'est pas tellement particulière à cette formation, et même à ce terrain, qu'on ne puisse la rencontrer ailleurs. La plupart des argiles inférieures à la craie, celles qu'on trouve entre les bancs du calcaire jurassique, celles du calcaire à pin, sont plutôt des marnes argileuses, comme on les nomme souvent, que de véritables argiles. On voit que cette variété se présente dans une assez longue suite de formations, cependant il paroît qu'elle ne commence qu'après le terrain transitif, et qu'elle finit avec la formation du gypse à ossemens. On en trouve bien encore un peu dans les terrains d'eau douce supérieurs, et notamment dans le banc du silex meulière qui en fait une des parties les plus notables, mais elle n'y est qu'en amas peu étendus, présentant aussi bien les caractères de la marne calcaire ou de la marne argileuse compacte que ceux de la marne argileuse figuline.

Cette marne accompagne le gypse dans presque toutes ses formations, elle est presque aussi abondante dans les dépôts de gypse des terrains de sédiment inférieurs et moyens que dans ceux des terrains de sédiment supérieurs.

2. *Marne argileuse schistoïde* (1). — Elle a tous les caractères de la marne argileuse, avec une structure schisteuse ou fissile très-distincte; elle se casse assez difficilement, se délaie plus difficilement dans l'eau que les précédentes, et il faut la broyer assez long-temps avec ce liquide pour en former une pâte qui ait quelque liant.

Sa couleur dominante est le brunâtre; elle est quelquefois associée à des matières charbonneuses ou bitumineuses qui la colorent en brun foncé, ou même en noir.

Cette marne se présente à peu près dans les mêmes terrains que la précédente, mais dans des rapports inverses. Ainsi elle est rare dans les terrains de gypse à ossemens, où la marne figuline est si commune, et se présente entre les bancs du calcaire grossier, où cette dernière est assez rare; mais elle est beaucoup plus abondante que celle-ci dans les terrains inférieurs à la craie, et notamment dans les terrains houillers. On la confond quelquefois avec les schistes; elle s'en distingue par la faculté qu'elle possède de faire pâte avec l'eau, faculté dont les schistes sont absolument privés. Elle est accompagnée, dans les terrains inférieurs à la craie et dans le calcaire jurassique surtout, d'un grand nombre de coquilles marines fossiles, tandis qu'elle ne contient que des débris de végétaux terrestres dans les terrains houillers; elle est souvent accompagnée, ou même entièrement remplacée dans ces terrains, par l'argile schisteuse désignée sous le nom de *schieferthon*.

3. *Marne argileuse compacte.* — Elle est solide, mais se laisse facilement couper au couteau, et même entamer par l'ongle.

On la trouve en couche épaisse, d'un gris marbré, entre les bancs de la seconde masse de gypse, à Montmartre. On en voit aussi d'un vert pâle assez pur dans les carrières de Passy, près Paris. Elle passe à la marne calcaire.

_____

(1) SCHIEFERTHON. WERN.

Quelques terres ou argiles à foulon d'Angleterre et d'autres pays doivent être rapportées à cette variété de marne, car elles font une vive effervescence avec les acides, sont facilement fusibles, se brisent et se délaient dans l'eau avec beaucoup de promptitude, sans qu'on puisse cependant les réduire en une pâte liante.

2. MARNE CALCAIRE.

Cette marne est beaucoup plus aride au toucher qu'aucune des variétés précédentes; elle ne se délaie point dans l'eau et ne fait point pâte avec ce liquide, si elle n'est finement et longuement broyée. Elle est quelquefois assez dure pour être employée dans les constructions; mais plus ordinairement elle se délite à l'air, et se réduit d'elle-même en une poussière assez fine. Ses couleurs sont le blanc, le gris, le jaunâtre sale, le brun pâle.

1. *Marne calcaire compacte* (1). — Elle est compacte, plus ou moins solide, et seulement traversée par des fissures qui la divisent quelquefois en fragmens d'une forme polyédrique assez régulière. Elle présente toutes les formes des basaltes jusqu'à la figure sphérique.

On voit des marnes compactes blanches à retraite irrégulière à Montmartre; elles sont disposées en couches assez puissantes entre les bancs de gypse des différentes masses. Les parois des fissures sont souvent enduites d'une teinte brune ou d'une teinte jaune, et couvertes de dessins noirs dendritiques. On trouve à Argenteuil, sur le bord de la Seine à l'ouest de Paris, une marne blanche compacte qui présente quelquefois la retraite prismatique et les articulations des basaltes.

Cette marne est la base terreuse de la porcelaine tendre ou frittée.

C'est à cette variété, mais à la sous-variété tendre de cette marne calcaire qu'appartient la circonstance observée par MM. Desmarest et Prevost d'une retraite en forme de pyramides à quatre faces dans une marne calcaire compacte, tendre, inférieure aux bancs gypseux à Montmartre, phénomène qu'on

---

(1) VERHÆRTETER MERGEL. Wern.

a encore observé depuis eux dans quelques autres lieux des environs de Paris. Les pyramides à quatre faces qui se montrent dans cette marne ont une base à peu près carrée d'environ six pouces de côté; leur hauteur est à peu près égale au côté de la base. Leurs faces sont assez profondément striées parallèlement aux côtés de la base, elles adhèrent par cette base à la masse de la marne; mais ce qu'il y a de particulier et d'assez difficile à faire comprendre sans figures, c'est le groupement constant de six pyramides, de manière que les six sommets sont rapprochés, mais non confondus au centre d'un cube dont les bases des pyramides formeroient les faces, si elles étoient dégagées de la masse de marne. Ce n'est point une cristallisation, ces pyramides n'en offrent point les caractères de régularité, de constance, et d'homogénéité, c'est un solide à peu près régulier, opéré par une cause analogue au retrait, et par conséquent à celle qui donne naissance aux sphéroïdes que présentent les basaltes et les marnes.

2. *Marne calcaire schistoïde.* — Elle est tendre, à structure fissile ou schistoïde, à texture terreuse, à grain plus ou moins fin. Les feuillets se séparent plus difficilement et moins nettement que dans la marne argileuse schistoïde. Elle se délaie quelquefois assez facilement dans l'eau, mais ne forme point de pâte avec ce liquide, quelque soin qu'on mette à la pétrir.

Ces marnes sont plus particulières aux formations lacustres des terrains de sédiment supérieurs qu'à tout autre. On les observe tant dans les terrains de formation uniquement aqueuse, que dans les terrains lacustres inférieurs aux terrains basaltiques du Vivarais, de l'Auvergne, de l'Allemagne, etc. Les grès célèbres par leurs coquilles et par leurs productions d'eau douce, d'Œningen près du lac de Constance, du Locle près de Neufchâtel, d'Aix en Provence, etc., présentent des lits nombreux, étendus et souvent puissans de ces marnes calcaires schisteuses enfermant entre les feuillets des débris de végétaux, de poissons, de reptiles et de coquilles d'eau douce.

On n'a trouvé jusqu'à présent aucune substance métallique dans ces marnes. Elles sont même, ordinairement, d'un blanc assez pur, ou tirant légèrement sur le grisâtre ou le jaunâtre.

Les marnes calcaires compactes appartiennent aussi à des terrains beaucoup plus anciens; elles alternent dans les terrains de sédiment inférieurs ou alpins et dans les terrains de sédiment moyens, jurassiques et crayeux, avec ces calcaires, et quelquefois avec les marnes argileuses schistoïdes et compactes que nous y avons citées. Elles renferment souvent les mêmes coquilles, mais je ne sache pas qu'on ait encore observé cette variété ni dans les terrains de transition, ni dans les terrains de houille silicifère.

Les marnes calcaires compactes forment quelquefois des masses sphéroïdales au milieu des couches d'autres marnes. Ces sphères sont souvent creuses et composées de prismes irréguliers dont les intervalles sont remplis de calcaire spathique. On trouve ces masses sphéroïdales dans tous les terrains, mais plus particulièrement dans les terrains de sédiment moyens. On a donné à ces masses le nom de *jeu de Vanhelmont* (*ludus Helmontii*).

Les marnes calcaires compactes forment aussi un des membres les plus puissans des terrains lacustres de tous les âges.

3. *Marne calcaire friable* (1). — Elle est souvent tendre et quelquefois assez friable pour se réduire en poudre entre les doigts; elle est généralement blanche, ou foiblement soit grisâtre, soit jaunâtre.

Lorsqu'elle paroît solide et même dure en sortant de la carrière, elle ne tarde pas à se déliter par l'influence des météores atmosphériques. C'est la matière pierreuse qui reçoit spécialement le nom de *marne* dans l'acception vulgaire et technique de ce mot.

Son gisement est à peu près le même que celui de la marne calcaire schistoïde, et elle est aussi accompagnée de marne calcaire compacte, et de silex soit pyromaque, soit corné, soit résinite; mais elle appartient encore plus particulièrement que toutes les autres aux terrains lacustres supérieurs.

Gisement général. Nous devons ajouter à ce que nous venons de dire sur le gisement propre à chaque variété, ce que toutes ou presque toutes ces variétés présentent de commun dans le rôle qu'elles jouent à la surface du globe.

Les marnes tant argileuses que calcaires, qui semblent avoir

---

(1) Mergel-Erde. Wern.

si peu d'importance en minéralogie, et qui en effet n'en doivent avoir aucune comme espèce minérale, en ont au contraire une très-grande en géologie; elles entrent pour une partie considérable dans certains terrains, et en composent entièrement d'autres aussi nombreux qu'étendus dans le sein ou à la surface de la terre.

Dans le premier cas, on remarque qu'elles forment quelquefois plus de la cinquième partie de la masse des terrains de calcaire alpin et jurassique : qu'elles entrent pour une proportion au moins aussi considérable dans les terrains gypseux et salifères, qui appartiennent à ces formations; qu'elles forment souvent plus des trois quarts de la masse des terrains de sédiment supérieurs, tant de ceux qui sont inférieurs au terrain basaltique et volcanique, ou qui les entourent, que de ceux qui sont indépendans.

L'exemple le plus remarquable que nous puissions rapporter du rôle qu'elles jouent dans la composition de ces dernières, doit être pris dans les collines subapennines, dans leurs annexes et dans tous les terrains qui, sans être situés dans les Apennins, peuvent leur être comparés; terrains qu'on connoît maintenant au pied des Pyrénées-Orientales, dans la Provence, dans la Suisse, dans la Hongrie, et qu'on trouvera dans beaucoup d'autres lieux.

Mais, pour nous borner à la suite de collines qui peuvent être considérées comme faisant partie des collines subapennines, nous remarquerons d'abord que malgré leur nom elles atteignent quelquefois l'étendue et la hauteur des montagnes, et en présentent les formes; qu'elles règnent au pied méridional des Alpes et sur le versant septentrional des Apennins, depuis le Piémont jusqu'aux extrémités méridionales de l'Italie : elles diminuent beaucoup en puissance et en étendue dans cette partie; mais on les retrouve encore sous un aspect imposant par leur masse, dans Rome et dans ses environs.

Toutes ces collines sont composées principalement, c'est-à-dire pour plus des deux tiers de leur masse, tantôt de marne calcaire compacte, tantôt de marne calcaire friable, et souvent de marne argileuse, remarquables par l'influence que leurs propriétés de se désagréger à l'air, de se délayer par l'eau, de couler à l'état presque boueux, ont sur la forme, sur l'aspect.

et sur la stérilité de ces montagnes. Cette disposition est surtout
très-frappante dans les environs de Sienne ; Patrin, qui cite,
d'après Ferber, les environs du terrain volcanique de Radico-
fani, rapporte avec intention l'expression de cet observateur
judicieux, qui dit que cette montagne de lave est entourée de
collines de marnes au lieu de cendre volcanique. Il semble indiquer
ainsi que ces marnes sont sorties du sein de la terre, en même
temps que les laves, et ce rapprochement n'est peut-être pas
sans fondement.

Toutes les marnes sont ou sans corps organisés fossiles, et alors
sans caractère indicatif du liquide dans lequel elles se sont
déposées, ou bien elles renferment, comme aux environs de
Turin, de Plaisance, de Sienne, de Rome, etc., de nombreuses
coquilles marines, et elles indiquent ainsi qu'elles ont été déposées sous les eaux marines.

Les marnes argileuses et calcaires qui renferment souvent
des paillettes de mica, ne doivent pas être confondues avec le
macigno solide des environs de Florence, et de beaucoup
d'autres parties des Apennins. Cette roche n'est point une
marne dans l'acception que nous avons dû donner de ce nom,
et les marnes subapennines ne paroissent même pas résulter
de sa destruction et de sa désagrégation. Si on vouloit les regarder comme une modification géologique d'une roche, et
par conséquent comme appartenant à la même formation
qu'elle, il nous semble que c'est au MACIGNO-MOLASSE (voyez
ce mot) qu'on devroit rapporter l'époque de leur formation.

Usages. Les marnes sont d'une grande importance pour l'agriculture ; elles servent à amender les terres, et ont sur la faculté productive du sol une influence qu'on n'a pas encore pu
exactement apprécier. On a cru pendant long-temps qu'elles
servoient uniquement à en modifier la ténacité ou l'aridité,
et on fondoit cette opinion sur ce que les marnes argileuses
conviennent plus particulièrement aux terres trop légères, et
les marnes calcaires aux terres argileuses et trop tenaces. On
a pensé depuis que les marnes pouvoient agir aussi en absorbant
le gaz oxigène de l'atmosphère, comme l'a observé M. de Humboldt, ou bien en donnant aux végétaux l'acide carbonique
qui paroît nécessaire à leur nutrition.

Ce qu'il y a de certain, c'est que les marnes n'agissent qu'a

près avoir été réduites en poussière par l'influence des météores
atmosphériques, et que cet effet n'a souvent lieu que plusieurs
années après le moment où on les a répandues sur le sol : en
sorte que cet amendement exige une sorte d'avance et de prévoyance qui ne sont pas à la portée de tous les cultivateurs.
(B.)

MARO. (*Bot.*) Garcias, cité par Clusius, dit que dans
quelques lieux de l'Inde on nomme ainsi le cocotier, et que
le nom de *narel* ou *nargel* est donné à son fruit. C'est encore
le *nihor* des Malais. (J.)

MAROCCA-NONAU. (*Bot.*) Rumph dit qu'on nomme ainsi
à Ternate le *ricinus mappa*. (J.)

MAROCHOS. (*Ornith.*) Le guépier commun . *merops apiaster*, Linn., est ainsi nommé dans Albert-le-Grand. (Ch. D.)

MAROI (*Bot.*), nom brame du *wattou-valli* du Malabar,
mentionné par Rhéede, et qui, par sa figure, ressemble beaucoup à une asclépiade. (J.)

MAROIO (*Bot.*), nom portugais du marrube ordinaire,
selon Vandelli. (J.)

MAROLY. (*Ornith.*) La Chesnaie-des-Bois, dans son Dictionnaire universel des animaux, applique ce nom, sans citer
aucun auteur, à un oiseau de proie d'Afrique, qui est voyageur, et qu'il dit être appelé *pac* chez les Persans. Il donne à
cet oiseau la taille et la forme d'un aigle, des oreilles d'une
énorme grandeur, qui lui tombent sur la gorge ; une tête élevée en pointe de diamant ; un plumage varié qui, sur la tête
et les oreilles, est noirâtre. La nourriture de ce prétendu
oiseau consiste, ajoute-t-il, en poissons qu'il trouve morts sur
le rivage, et en serpens. Ces attributs contradictoires font
penser, avec Sonnini, qu'une pareille description a été tirée de
quelque conte persan. (Ch. D.)

MARON DES GRECS. (*Bot.*) Voyez Marum. (Lem.)

MARON ROTI. (*Conchyl.*) On entend par là le *murex ricinus*, Linn. et Gmel. (De B.)

MARONC (*Bot.*), nom indien d'un mimusope, *mimusops
elengi*, cité dans le Dictionnaire Encyclopédique. (J.)

MARONGAYE. (*Bot.*) Marsden, dans son Voyage à Sumatra, parle d'un arbrisseau de ce nom, dont les feuilles sont
ailées ou pennées, et dont la racine, ayant la forme, le goût

et l'odeur du raifort, est mangée de la même manière. Il n'ajoute rien qui puisse en faire connoître le genre. (J.)

MARONION (*Bot.*), un des noms anciens de la grande centaurée, cité par Daléchamps, d'après Apulée. (J.)

MARONITE (*Min.*), nom donné par Linck à la MACLE. Voyez ce mot. (B.)

MAROTANI (*Bot.*), nom brame du *rava-pu* des Malabares, *nyctanthes hirsuta* de Linnæus, lequel, reporté aux rubiacées à cause de son ovaire adhérent, est maintenant réuni au *guettarda*. (J.)

MAROTOU. (*Ornith.*) Suivant M. Guillemeau, dans son Essai sur l'Histoire naturelle des Oiseaux du département des Deux-Sèvres, on y donne vulgairement ce nom aux différentes espèces de canards sauvages, autres que le canard sauvage proprement dit, et particulièrement au souchet, au morillon, au milouis. (CH. D.)

MAROTTI. (*Bot.*) Rhèede cite sous ce nom un grand arbre du Malabar, à feuilles alternes, simples et ovales, lancéolées, de l'aisselle desquelles sortent des bouquets de petites fleurs. Ces fleurs ont un calice à cinq feuilles ou sépales, dix pétales dont cinq intérieurs portés sur les onglets des cinq extérieurs; cinq petites étamines velues à anthères rondes, entourant un ovaire qui devient un fruit de la grosseur d'une orange, à écorce dure, épaisse et raboteuse, renfermant dans une seule loge environ dix graines entourées d'une substance charnue. Ces graines sont des noyaux qui renferment une amande odorante et huileuse. On ne connoît en botanique aucun genre qui réunisse ces caractères. La famille des sapindées présente bien des fleurs à pétales doubles; mais le nombre des étamines ne répond pas à celui des pétales, et d'ailleurs leur fruit est ordinairement à trois loges monospermes. Le marotti auroit plus d'affinité avec les berbéridées qui ont également des pétales doubles, des étamines en nombre correspondant, et un fruit uniloculaire contenant une ou plusieurs graines; mais elles n'offrent pas d'exemples d'un fruit aussi volumineux. On doit donc suspendre son jugement jusqu'à ce que cet arbre soit mieux connu. (J.)

MAROU. (*Bot.*) Sur la côte de Coromandel on nomme ainsi la marjolaine, suivant Burmann. Voyez MARU. (J.)

MAROUETTE. (*Ornith.*) Cet oiseau est une espèce de râle d'eau , *rallus porzana* , Linn. (Ch. D.)

MAROULLA (*Bot.*), nom de la laitue dans l'île de Crète , suivant Belon. (J.)

MAROUTE (*Bot.*) , nom vulgaire de la camomille puante , *anthemis cotula*. (J.)

MAROUTE , *Maruta*. (*Bot.*) C'est un sous-genre, que nous avons proposé dans le Bulletin des Sciences de novembre 1818 (pag. 167); il appartient à l'ordre des synanthérées, à notre tribu naturelle des anthémidées, et au genre *Anthemis ;* il nous a présenté les caractères suivans.

Calathide radiée : disque multiflore, régulariflore, androgyniflore: couronne unisériée, liguliflore, neutriflore. Péricline subhémisphérique , à peu près égal aux fleurs du disque; formé de squames paucisériées, inégales, imbriquées, appliquées, oblongues, à bordure membraneuse. Clinanthe cylindracé, à partie inférieure nue, à partie supérieure garnie de squamelles plus courtes que les fleurs, très-grêles, subulées. Ovaires courts, épais, subcylindracés, tout hérissés de petites excroissances charnues, tuberculeuses, globuleuses, qui sont les indices de côtes ondulées-dentées; aigrette absolument nulle. Fleurs de la couronne à faux ovaire semi-avorté, à style nul, à languette elliptique, tridentée au sommet.

Maroute puante : *Maruta fœtida*, H. Cass.; *Anthemis cotula*, Linn. , *Sp. pl.*, édit. 3, pag. 1261. Cette plante herbacée, annuelle, a une racine tortueuse; la tige dressée, haute de plus d'un pied, très-rameuse et diffuse, glabre, garnie de feuilles: celles-ci sont bipinnées. presque glabres, à folioles linéaires, divisées en trois lanières subulées; les calathides sont nombreuses, solitaires au sommet des rameaux , à disque jaune, et à couronne blanche, étalée durant le jour, pendante durant la nuit; le péricline est un peu poilu. La maroute est commune aux environs de Paris, dans les champs incultes et cultivés, où elle fleurit en mai, juin et juillet; elle est anti-hystérique, mais peu employée, sans doute à cause de son odeur désagréable.

Le sous-genre *Maruta* diffère des vrais *Anthemis* par la couronne composée de fleurs neutres, par les ovaires hérissés de points tuberculeux, et par le clinanthe cylindracé, inappendiculé inférieurement, garni supérieurement de squamelles inférieures aux fleurs, très-grêles, subulées.

Le tableau méthodique des genres et sous-genres composant la tribu des anthémidées, auroit dû se trouver dans notre article sur cette tribu (tom. II, suppl., pag. 73); mais à l'époque où nous rédigeâmes cet article, publié en 1816, nos études étoient encore incomplètes sur plusieurs points, et c'est pourquoi nous crûmes devoir nous borner alors à présenter une simple liste alphabétique de trente genres. Maintenant nous sommes en état d'offrir à nos lecteurs un tableau méthodique, plus complet, plus exact, mieux élaboré. C'est un supplément nécessaire à notre article ANTHÉMIDÉES, et nous le plaçons ici en y joignant le tableau d'une autre tribu immédiatement voisine, et beaucoup plus petite.

X.ᵉ *Tribu.* Les AMBROSIÉES (*Ambrosieæ*).

Flosculosarum genera. Tournefort (1694). — *Genera Compositifloris aliena.* Vaillant (ab 1718 ad 1721). — *Nucamentacearum genera, nunc extrà nunc intrà ordinem Compositorum.* Linné (1751). — *Corymbiferarum genera.* Bern. Jussieu (1759 ined.). — *Compositarum sectio Ambrosiæ dicta.* Adanson (1765). — *Corymbiferarum anomalarum aut fortè Urticearum genera.* A. L. Jussieu (1789). — *Compositiflorarum discoidearum genera.* Gærtner (1791). — *Siphoniphyti species, hoc est, Flosculosarum genera.* Necker (1791). — *Urticearum genera.* Ventenat (1799). — Lamarck — Mirbel — Desfontaines — Decandolle. — *Ordo distinctus, Synantheris proximus.* Richard (1806). — *In ordine Synantherarum genera incertæ sedis.* H. Cassini (1812). — *In ordine Synantherarum tribus peculiaris dicta Ambrosieæ.* H. Cass. (1813 et 1814). — *Compositarum genera.* R. Brown (1814). — *Helianthearum genera.* Kunth (1820).

(Voyez les caractères de la tribu des Ambrosiées, tom. XX, pag. 571.)

Première Section.

AMBROSIÉES-IVÉES (*Ambrosieæ-Iveæ*).

Caractères : Calathides bisexuelles, discoïdes. Péricline formé de squames libres. Fleurs femelles pourvues d'une corolle.

Fleurs mâles ayant un faux ovaire; la corolle blanchâtre, in-
fondibuliforme, à tube distinct du limbe; les étamines adhérentes à la corolle. Feuilles opposées.

1. †??? Clibadium. = *Clibadium*. Allamand ined. — Lin.
(1771). — H. Cass. Dict. v. 9. p. 395.

2. *Iva.= *Conyzæ sp.* Tourn. — *Tarconanthi sp.* Vaill. (1719)
— *Parthenii sp.* Lin. (1737) — *Iva.* Lin. (1748) — Juss. —
Gærtn. — H. Cass. Dict. v. 24. p. 43 — *Denira.* Adans. (1763).

Seconde Section.

Ambrosiées-Prototypes (*Ambrosieæ-Archetypæ*).

Caractères : Calathides unisexuelles; les femelles et les mâles
réunies sur le même individu. Calathide femelle à péricline
formé de squames entre-greffées, contenant une seule fleur privée de corolle. Fleurs mâles à faux ovaire nul; à corolle verdâtre, campaniforme, sans tube distinct du limbe; à étamines
non adhérentes à la corolle. Feuilles alternes.

3. *Xanthium. = *Xanthium*. Tourr. (1694) — Lin. — Juss.
— Gærtn. — Rich. (1806) Ann. du mus. v. 8. p. 184. — H. Cass.
(1812 et seq.) Dict. v. 25. p. 195 — R. Brown (1814) Gen.
rem. p. 27 — Kunth (1820).

4. *Franseria. = *Xanthii sp.* Lin. fil. — Juss. — *Ambrosiæ sp.*
Lam. — *Franseria.* Cavan. (1793) — Willd. — Pers. — H. Cass.
Dict. v. 17. p. 364.

5. *Ambrosia. = *Ambrosia*. Tourn. (1694) — Lin. — Juss. —
Gærtn. — Kunth — H. Cass. Dict. v. 25. p. 203.

XI.ᵉ Tribu. Les Anthémidées (*Anthemideæ*).

An? *Matricariæ deindè Achilleæ.* Jussieu (1789 et 1806) —
Chrysanthemorum pars major. H. Cassini (1812) — *Chrysanthe-*
morum sectio prima, propriè dicta Chrysanthema. H. Cass. (1815)
— *Anthemideæ.* H. Cass. (1814 et seq.) — Kunth (1820).

(Voyez les caractères de la tribu des Anthémidées, tome XX,
page 372.)

Première Section.

Anthémidées-Chrysanthémées (*Anthemideæ-Chrysanthemeæ*).

Caractère : Clinanthe privé de squamelles.

I. **Artémisiées.** Calathide non radiée ; fruits inaigrettés, point obcomprimés.

1.* OLIGOSPORUS. = *Abrotani sp.* Tourn. (1694. malè.) — ? Neck. — *Artemisiæ sp.* Vaill. — Lin. — Adans. — Juss. — Mœnch — *Oligosporus.* H. Cass. Bull. févr. 1817. p. 33.

2.* ARTEMISIA. = *Artemisia.* Tourn. (1694) — Gærtn. — H. Cass. Dict. v. 22. p. 39. — *Artemisiæ sp.* Vaill. — Lin. — Adans. — Juss. — Neck. — Mœnch.

3.* ABSINTHIUM. = *Absinthii sp.* Tourn. (1694) — Vaill. — *Artemisiæ sp.* Lin. — Juss. — Neck. — *Absinthium.* Adans. (1763) — Gærtn. — Mœnch.

4.* HUMEA. = *Humea.* Smith (1804) — Aiton — Desf. — H. Cass. Dict. v. 22. p. 38. — *Calomeria.* Venten. (1804) — *Agathomeris.* Delaunay — *Oxiphœria.*

II. **Cotulées.** Calathide non radiée ; fruits inaigrettés, obcomprimés.

5.* SOLIVÆA. = *Hippiæ sp.* Lin. fil. — Brotero — *Soliva.* Ruiz et Pav. (1794) — R. Brown (1817) Obs. comp. p. 101. Journ. de phys. v. 86. p. 404. — Kunth (1820) — *Ranunculi sp.* Poir. — *Gymnostyles.* Juss. (1804) — H. Cass. Dict. v. 20. p. 152. — *Soliva et Gymnostyles.* Pers.

6.* HIPPIA. = *Tanaceti sp.* Lin. (1737) — *Eriocephali sp.* Lin. (1767) — *Hippia.* Lin. (1774) — Gærtn. — H. Cass. Dict. v. 21, p. 173 — *Hippiæ sp.* Lin. fil.

7.* LEPTINELLA. = ? *Hippia.* Kunth — *Leptinella.* H. Cass. Bull. août 1822. p. 127. Dict. v. 26.

8.* CENIA. = *Cotulæ sp.* Tourn. — Lin. — *Cotula.* Vaill. (1719. benè.) — *Cenia.* Commers. (ined.) — Juss. (1789) — Pers. — H. Cass. Dict. v. 7. p. 367 — *Lancisiæ sp.* Gærtn. — Lam. — (*Non Lancisia.* Ponted.) — *Lidbeckiæ sp.* Willd.

9.* COTULA. = *Ananthocyclus.* Vaill. (1719. benè.) — Dillen — *Lancisia.* Ponted. (1719. malè.) — An ? *Lancisia.* Adans. — *Non Lancisia.* Gærtn. — Lam. — Pers. — *Cotulæ sp.* Lin. (1737) — Willd. — *Cotula.* Juss. (1789) — Gærtn. — H. Cass. Dict. v. 11. p. 67. — *Baldingeria.* Neck.

III. **Tanacétées.** Calathide non radiée ; fruits aigrettés.

10.* BALSAMITA. = *Tanaceti et Absinthii sp.* Tourn. — *Balsa-*

mitæ sp. Vaill. (1719) — *Tanaceti Chrysanthemi et Cotulæ sp.* Lin. — *Tanaceti sp.* Adans. — Juss. — Gærtn. — Mœnch — *Cotula et Psanacetum.* Neck. (1791) — *Balsamita.* Desf. (1792) — Willd. — Decand. — Pers.

11. * PENTZIA. = *Gnaphalii sp.* Lin. — *Tanaceti sp.* Lhérit. — *Pentzia.* Thunb. (1800) — Willd. — Aiton — *Balsamitæ sp.* Pers.

12. * TANACETUM. = *Tanaceti sp.* Tourn. — Vaill. — Lin. — Adans. — Juss. — Gærtn. — Mœnch — *Tanacetum.* Neck. — Desf. — Willd. — Decand. — Pers.

IV. Chrysanthémées vraies. Calathide radiée.

13. * GYMNOCLINE. = *Ptarmicæ sp.* Tourn. — *Matricariæ sp.* Vaill. — *Achilleæ sp.* Lin. — Lam. — Desf. — *Pyrethri sp.* Gærtn. — *Chrysanthemi sp.* Waldst. et Kit. — *Chrysanthemi et Achilleæ sp.* Pers. — *Gymnocline.* H. Cass. Bull. déc. 1816. p. 199. Dict. v. 20. p. 119.

14. * PYRETHRUM. = *Chrysanthemi Leucanthemi et Matricariæ sp.* Tourn. — *Bellidiodis et Matricariæ sp.* Vaill. — *Chrysanthemi sp.* Lin. — Pers. — *Matricaria.* Adans. (1763) — *Pyrethrum.* Hall. (1768) — Gærtn. (1791) — Mœnch — Smith — Willd. — Decand. — *Matricariæ sp.* Lam. (1789) — *Chrysanthemum et Mycoⁱia.* Neck.

15. * CHRYSANTHEMUM. = *Chrysanthemi et Leucanthemi sp.* Tourn. — *Bellidioidis et Matricariæ sp.* Vaill. — *Chrysanthemi sp.* Lin. (1737) — Pers. — *Leucanthemum.* Adans. (1763) — Neck. — *Matricariæ sp.* Lam. (1789) — *Chrysanthemum.* Gærtn. (1791) — Mœnch — Smith — Willd. — Decand. — H. Cass. Dict. v. 9. p. 151.

16. * MATRICARIA. = *Chamæmeli sp.* Tourn. — *Matricariæ sp.* Vaill. — Lin. — Lam. (1789) — *Matricaria.* Gærtn. — Smith (1800. benè.) — Willd. — Decand. — Pers. — *Chamomilla.* Juss. (1806).

17. * LIDBECKIA. = *Lidbeckia.* Berg. (1767) — Juss. — H. Cass. Dict. — *Cotulæ sp.* Lin. — Lin. fil. — *Lancisiæ sp.* Gærtn. — Lam. — *Lidbeckiæ sp.* Willd. — *Lancisia.* Pers. — (Non *Lancisia.* Ponted.)

Seconde Section.

ANTHÉMIDÉES-PROTOTYPES (*Anthemideæ-Archetypæ*).

Caractère : Clinanthe garni de squamelles.

I. Santolinées. Calathide non radiée.

18.* HYMENOLEPIS. = *Santolinæ sp.* Lin. (1757) — *Tanaceti sp.* Lin. (1763) — *Athanasia sp.* Lin. (1771) — *Hymenolepis.* H. Cass. Bull. sept. 1817. p. 158. Dict. v. 22. p. 515.

19.* ATHANASIA. = *Baccharidis sp.* Vaill. (1719) — *Santolinæ sp.* Lin. (1757) — *Athanasiæ sp.* Lin. (1763) — *Athanasia.* H. Cass. Dict. v. 22. p. 515.

20.* LONAS. = *Santolinæ sp.* Tourn. — Lin. (1755) — *Baccharidis sp.* Vaill. (1719) — *Athanasiæ et Achilleæ sp.* Lin. (1763) — *Lonas.* Adans. (1763) — Gærtn. — Mœnch — Juss. (1806) — Decand. (1815) — H. Cass. Dict. — *Athanasiæ sp.* Desf.

21.* DIOTIS. = *Gnaphalium.* Tourn. (1694) — Adans. — Gærtn. — *Baccharidis sp.* Vaill. (1719) — *Santolinæ sp.* Lin. (1757) — Lam. — Smith — Willd. — Juss. (1806) — Pers. — *Filaginis sp.* Lin. (1755) — *Athanasiæ sp.* Lin. (1763) — *Diotis.* Desf. (1799) — Decand. — H. Cass. Dict. v. 13. p. 295.

22.* SANTOLINA. = *Santolina.* Tourn. (1694) — Vaill. — Lin. — Gærtn.

23.* LASIOSPERMUM. = *Santolinoidis sp.* Vaill. — Mich. — *Santolinæ sp.* Pers. — Desf. — *Lasiospermum.* Lag. (1816) — H. Cass. Dict. v. 25. p. 504 — (*Non Lasiospermum.* Fisch.)

24.* ANACYCLUS. = *Cotula.* Tourn. (1694) — *Santolinoides.* Vaill. (1719) — *Anacyclus.* Lin. (1757) — Juss. — Gærtn. — Pers. (1807) — Decand. Fl. fr. v. 6. p. 480 — *Anacyclus et Hiorthia.* Neck. (1791).

II. Anthémidées - Prototypes vraies. Calathide radiée.

§. Aigrette stéphanoïde.

25.* ANTHEMIS. = *Buphthalmum et Chamæmeli sp.* Tourn. — *Chamæmeli sp.* Vaill. — Alli. — *Anthemidis sp.* Mich. (1729) — Lin. — *Anthemis.* Gærtn. (1791) — Neck. — Mœnch.

§§. Aigrette nulle.

26.* CHAMÆMELUM. = *Chamæmeli sp.* Tourn. — Vaill. (1720)

12.

— Adans. — Alli. — *Anthemidis sp.* Mich. — Lin. — *Chamæ-melum.* Hall. — Gærtn. (1791) — Neck. — Mœnch.

27. * MARUTA. = *Chamæmeli sp.* Tourn. — Vaill. — Alli. — Mœnch. — *Anthemidis sp.* Lin. — *Maruta.* H. Cass. Bull. nov. 1818. p. 167. Dict.

28. * ORMENIS. = *Anthemidis sp.* Mich. — Lin. — *Chamæmeli sp.* Alli. — Mœnch — *Ormenis.* H. Cass. Bull. nov. 1818. p. 167.

29. * CLADANTHUS. = *Anthemidis sp.* Lin. — *Asterisci sp.* Shaw — *Cladanthus.* H. Cass. Bull. déc. 1816. p. 199. Dict. v. 9. p. 342. atl. cah. 3. pl. 9.

30. * ? ERIOCEPHALUS. = *Eriocephalus.* Dill. (1752). (non Vaill.) — Lin. (1757) — Gærtn. — H. Cass. Dict. v. 15. p. 188.

31. * ACHILLEA. = *Millefolium et Ptarmica.* Tourn. — *Achillea.* Vaill. (1720. benè.) — Lin. — *Millefolium.* Adans. — *Achillea et Ptarmica.* Neck.

32. * OSMITOPSIS. = *Osmitis sp.* Lin. — *Osmitis posterior sp.* Gærtn. (1791) — *Osmitopsis.* H. Cass. Bull. oct. 1817. p. 154.

§§§. Aigrette composée de squamellules.

33. † OSMITES. = *Osmitis et Anthemidis sp.* Lin. — *Osmitis prior sp.* Gærtn. (1791) — *Osmites.* H. Cass. Bull. oct. 1817. p. 154.

34. † ?? LEPIDOPHORUM. = *Chrysanthemi sp.* Tourn. — *Anthemis repanda.* Lin. Sp. pl. edit. 3. p. 1262 — *Lepidophorum.* Neck. (1791).

35. * SPHENOGYNE. = *Chamæmeli Asteris et Chrysanthemi sp.* J. Burm. — *Arctotidis sp.* Lin. — Willd. — Pers. — *Ursiniæ? sp.* Gærtn. (1791) — *Sphenogyne.* R. Brown (1813) — Aiton — *Oligærion.* H. Cass. Dict. v. 2. suppl. p. 75.

36. † URSINIA. = *Arctotidis sp.* Lin. — Pers. — *Ursinia.* Gærtn. (1791).

L'histoire assez compliquée de la tribu des ambrosiées se trouve indiquée, sous la forme d'une synonymie, au commencement du tableau de cette tribu: et elle a été développée, sous une autre forme, dans notre article LAMPOURDE (t. XXV, pag. 200). Bornons-nous donc ici à rappeler qu'Adanson est le véritable fondateur de ce petit groupe naturel si controversé, mais que nos propres observations ont considérablement changé ses caractères, sa composition, et sa situation dans la série générale des synanthérées.

Notre première section, celle des ivées, a la plus grande affinité avec les hélianthées-millériées, qui la précèdent immédiatement. Il est même assez vraisemblable que le *clibadium*, lorsqu'il sera mieux connu, pourra être attribué préférablement aux millériées.

La section des ambrosiées-prototypes, qui correspond exactement aux ambrosies d'Adanson, s'allie fort bien, surtout par l'intermédiaire du genre *Ambrosia*, avec les anthémidées qui la suivent.

M. de Jussieu n'ayant jamais indiqué les caractères ni la composition du groupe proposé par lui sous le titre de matricaires ou d'achillées, il est impossible de savoir si ce groupe, entrevu seulement avec doute par l'illustre botaniste, correspond plus ou moins exactement à notre tribu des anthémidées. Cependant, puisque M. Kunth n'a pas voulu convenir que nous étions l'auteur de la tribu des eupatoriées, on pourroit s'étonner qu'il ait semblé reconnoître nos droits sur celle des anthémidées; mais cette différence s'explique parce que ce botaniste croit la tribu des eupatoriées beaucoup meilleure que celle des anthémidées, qui, selon lui, est fort douteuse et à peine distincte des hélianthées. Cette opinion de M. Kunth sur les anthémidées doit être attribuée, comme plusieurs autres idées de ce botaniste, à ce qu'il n'a soigneusement étudié que les synanthérées de l'Amérique équinoxiale : s'il avoit examiné avec le même soin celles d'Europe, d'Asie et d'Afrique, il auroit reconnu que la tribu en question étoit fort solidement établie, et peut-être qu'alors il se seroit dispensé de nous citer comme auteur de ce groupe naturel. (Voyez *Nova Genera et Species plantarum*, tom. IV, pag. 299, edit. in-4°; et Journal de Physique de juillet 1819, pag. 22.)

Notre tribu des anthémidées nous a paru pouvoir se diviser assez naturellement en deux sections, distinguées par l'absence ou la présence des squamelles sur le clinanthe. Quoique ce caractère étranger à la fleur proprement dite, ait par conséquent peu d'importance dans la classification naturelle, il peut néanmoins être employé quelquefois pour des divisions secondaires, surtout dans un groupe tel que celui des anthémidées, où tous les genres sont liés entre eux par une affinité si étroite, qu'il faudroit, s'il étoit possible, les agglomérer tous autour d'un seul point, que leur disposition en série pourroit, sans beaucoup d'inconvéniens, être faite presque au hasard, et que toutes les coupes qu'on peut y établir sont plus ou moins arbitraires. Nous avouons franchement que la commodité de la distinction dont il s'agit est le principal motif qui nous l'a fait préférer. Remarquons cependant que le caractère sur lequel elle est fondée n'est point aussi infaillible que le croient les botanistes systématiques. L'*anthemis grandiflora* de Ramatuelle n'est peut-être qu'une variété du *chrysanthemum indicum* de Linnæus, et les squamelles qui existent sur son clinanthe sont une monstruosité produite par la culture. M. Persoon avoit énoncé cette opinion, dans son *Synopsis plantarum* (pars 2, pag. 461); et nous l'avons professé d'après lui, dans ce Dictionnaire (tom. IX, pag. 152), en nous fondant sur ce que nous avions observé cette sorte de monstruosité chez un grand nombre de synanthérées de tout genre. Le *pyrethrum grandiflorum* de Willdenow, par exemple, cultivé au Jardin du Roi, nous avoit offert son clinanthe quelquefois irrégulièrement squamellé en certaines parties. Nous avions souvent trouvé quelques squamelles éparses entre le péricline et les fleurs extérieures du disque, chez les *chrysanthemum myconis* et *matricaria parthenium*. Nous avons remarqué que, dans l'*artemisia violacea*, Desf., quelques fleurs femelles sont interposées entre les deux rangs de squames formant le péricline, en sorte que les squames intérieures pourroient être considérées comme des squamelles. L'*hymenolepis* a le clinanthe tantôt nu, tantôt squamellifère. Le clinanthe du *maruta* est nu sur une partie et squamellé sur l'autre. L'*eriocephalus africanus*, que nous avons observé, a, sans aucun doute, le clinanthe garni de squamelles ; et pourtant, si l'observation de Gærtner est exacte, l'*eriocephalus racemosus* ne porteroit que des fimbrilles. Il est vrai que cette seconde espèce doit probablement former un genre distinct; mais, dans la classification naturelle, il faudroit nécessairement laisser ce nouveau genre immédiatement auprès de l'*eriocephalus*, malgré la différence des appendices du clinanthe. Gardez-vous de croire qu'il seroit plus commode et plus naturel de séparer les clinanthes fimbrillés des clinanthes nus, et de les réunir aux clinanthes squamellés. Pour repousser cette idée, il nous suffit de dire que l'on trouve des fimbrilles sur les clinanthes de l'*absinthium*, du *solivœa*, du *pentzia*, du *lidbeckia*, et que ces genres ont évidemment trop d'affinité avec des genres à clinanthe nu , pour qu'il soit possible de les en éloigner sans violer les rapports naturels les mieux établis. Les botanistes devroient bien enfin renoncer à la prétention chimérique de trouver des caractères infaillibles ou exempts d'exceptions. Nous osons affirmer qu'il n'en existe point, et que ceux qu'on croit posséder perdront, comme les autres, leur infaillibilité, lorsqu'au lieu de jeter sur eux un coup d'œil général et superficiel, on les observera scrupuleusement, minutieusement, dans tous les cas particuliers. Ne cessons pas de répéter jusqu'à satiété que tous les groupes naturels, de quelque degré qu'ils soient, ne peuvent être réellement fondés que sur l'ensemble des affinités, et qu'il est impossible d'exprimer exactement cet ensemble par ce qu'on appelle des caractères. Il est pourtant indispensable d'attribuer des caractères à chaque groupe : mais, dans l'énonciation de ces caractères, le mot *ordinairement* doit toujours être exprimé ou sous-entendu. Les caractères d'un groupe naturel ne sont donc que des caractères *ordinaires*, des caractères *centraux*, des caractères *typiques*, c'est-à-dire, des caractères qui existent dans le plus grand nombre des plantes composant ce groupe, et surtout dans celles qui occupent le centre du groupe ou qui en offrent le véritable type.

Les subdivisions que nous avons admises dans les deux sections de la tribu des anthémidées, sont caractérisées 1.° par la calathide non radiée ou radiée, 2.° par l'absence ou la présence de l'aigrette, 3.° par la forme du fruit. Ces trois sortes de caractères sont encore moins exacts, moins infaillibles, plus sujets à exceptions que l'absence ou la présence des squamelles, qui caractérise nos deux sections : mais on vient de voir que nous attachons peu d'importance à ces exceptions, et qu'elles ne nous font jamais rejeter le caractère qui les subit, lorsque ce caractère nous paroît exprimer un trait de la constitution propre au type du groupe que nous voulons caractériser.

Les artémisiées sont placées au commencement de la série, à cause de leur grande affinité avec les ambrosiées ; et notre genre *Oligosporus* est en première ligne, parce qu'il n'a, comme les ambrosiées, que des fleurs unisexuelles. Il est suivi de l'*artemisia*, qui n'en diffère que par le disque androgyniflore, et de l'*absinthium* qui diffère de l'*artemisia* par le clinanthe fimbrillé. L'*humea*, distinct des trois précédens par sa calathide incouronnée, termine ce petit groupe de quatre genres.

Les cotulées ont de l'affinité avec les ambrosiées, et elles suivent les artémisiées, dont elles diffèrent principalement par la forme du fruit. Les genres *Solivæa* (1), *Hippia*, *Leptinella* ont le disque masculiflore, comme l'*oligosporus*. Le *solivæa* a ses fleurs femelles privées de corolle, comme les ambrosiées-prototypes, et le clinanthe fimbrillé, comme l'*absinthium*. L'*hippia*, dont les fleurs femelles ont une corolle tubuleuse confondue par sa base avec le sommet de l'ovaire, tient ainsi le milieu entre le *solivæa* et le *leptinella*. Celui-ci a la corolle des fleurs femelles articulée sur l'ovaire et ligulée: il paroît qu'une espèce de ce genre a les calathides unisexelles, comme les ambrosiées-prototypes, et qu'une autre a les corolles femelles biligulées, comme le *cenia*. Le *cenia* et le *cotula* ont le disque androgyniflore : le premier de ces deux genres confine au *leptinella* par sa couronne biliguliflore courtement radiante ; le second, qui ressemble au *solivæa* par ses fleurs femelles à corolle nulle ou presque nulle, se rapproche des tanacétées par la forme des fruits du disque. M. Kunth a écrit que les genres *Hippia* et *Solivæa* seroient peut-être mieux placés dans la tribu des hélianthées que dans celle des anthémidées (*Nov. Gen. et Spec. pl.*, t. IV, pag. 501, edit. in-4.°). Nous croyons inutile de réfuter cette opinion, qui trouvera sans doute peu de partisans.

Les tanacétées se composent seulement de trois genres, à calathide incouronnée dans les deux premiers, discoïde dans le troisième. Le *balsamita*, dont l'aigrette est courte ou dimidiée, rarement nulle, a les calathides tantôt solitaires comme le *cotula*, tantôt corymbées comme les *pentzia* et *tanacetum*. Le *pentzia* ne se distingue du *balsamita* que par son aigrette fort

_____

(1) SOLIVA étant un nom d'homme, ne peut régulièrement devenir un nom de plante, sans que sa terminaison soit modifiée ; c'est pourquoi nous nommons SOLIVÆA le genre nommé SOLIVA par les autres botanistes.

haute et en forme d'étui. Le *tanacetum* diffère de l'un et de l'autre par la présence d'une couronne féminiflore.

Les chrysanthémées vraies, caractérisées par la calathide radiée, comprennent d'abord le *gymnocline* et le *pyrethrum*, qui ont une aigrette comme les tanacétées, et qui se distinguent l'un de l'autre par la radiation, courte dans le premier, longue dans le second. Les trois autres genres, qui n'ont point d'aigrette, sont le *chrysanthemum* à clinanthe nu, convexe, le *matricaria* à clinanthe nu, cylindracé-conique, et le *lidbeckia* à clinanthe fimbrillifère.

Notre seconde section, intitulée Anthémidées-Prototypes, et caractérisée par le clinanthe garni de squamelles, se divise en deux groupes, selon que la calathide n'est point radiée ou qu'elle est radiée.

Le groupe des santolinées offre d'abord l'*hymenolepis*, qui a de l'affinité avec la première section, puisque son clinanthe est quelquefois nu ; sa calathide est incouronnée, comme dans les quatre genres suivans, dont il se distingue par son aigrette composée de squamellules paléiformes. L'aigrette de l'*athanasia* est composée de squamellules ostéomorphes : celle du *lonas* est stéphanoïde. Le *diotis* et le *santolina* sont privés d'aigrette, et ne se distinguent l'un de l'autre que parce que la base de la corolle du *diotis* se prolonge inférieurement, en formant d'abord un anneau qui emboîte le sommet de l'ovaire, puis deux queues qui rampent sur ses deux côtés opposés jusqu'au milieu de sa hauteur, et qui contractent quelque adhérence avec lui. Le *lasiospermum* et l'*anacyclus* ont la calathide discoïde ; mais le premier se distingue par ses fruits hérissés de poils; le second, dont la calathide est quelquefois radiée, se trouve ainsi convenablement placé tout auprès du groupe suivant.

Les anthémidées-prototypes vraies, c'est-à-dire à calathide radiée, présentent douze genres, distribués en trois subdivisions. La première, caractérisée par l'aigrette stéphanoïde, comprend le seul genre *Anthemis*, qui doit nécessairement suivre l'*anacyclus*. La seconde, caractérisée par l'aigrette nulle, est composée de sept genres. Le *chamœmelum* ne diffère de l'*anthemis* que par l'absence de l'aigrette. Le *maruta* diffère du *chamœmelum* par sa couronne qui est neutriflore, et par son clinanthe dont la partie inférieure est privée de squamelles. L'*ormenis* diffère des précédens par ses squamelles enveloppant complètement les ovaires, par la base des corolles du disque prolongée en un appendice sur ces mêmes ovaires, par les corolles de la couronne continues à l'ovaire qui les porte. Le *cladanthus*, ayant la base de sa corolle prolongée en un appendice sur l'ovaire, et le clinanthe garni de squamelles et de fimbrilles, semble assez bien rangé entre l'*ormenis* et l'*eriocephalus*. Ce dernier genre seroit peut-être mieux placé entre l'*hippia* et le *cenia*, parmi les cotulées, avec lesquelles il a des rapports incontestables; et nous n'hésiterions point à préférer cet arrangement, s'il nous étoit bien démontré que le clinanthe de l'*eriocephalus racemosus* ne porte point de squamelles, comme celui de l'*eriocephalus africanus*, mais seulement des fimbrilles : quant à présent, nous croyons devoir placer avec doute le genre en question entre le *cladanthus*, dont le clinanthe porte tout à la fois des squamelles et des fimbrilles, et l'*achillea*, qui a de l'analogie avec l'*eriocephalus* par la forme de ses fruits, ainsi que par la forme et le petit nombre des corolles de sa couronne. L'*osmitopsis* termine cette seconde subdivision, afin de se trouver auprès de l'*osmites* qui commence la troisième. Celle-ci, caractérisée par l'aigrette composée de squamellules, offre en premier lieu l'*osmites*, dont l'aigrette est formée de plusieurs squamellules paléiformes, très-courtes. Vient ensuite le *lepidophorum*, à aigrette de quatre squamellules paléiformes, dont deux se terminent en soies; mais ce genre, que Necker, son auteur, n'a probablement jamais vu, et qu'il n'auroit fondé que sur une note de Linnæus, est problématique pour nous, qui ne le connoissons que par cette note, et il n'appartient peut-être pas à la tribu des anthémidées, dans laquelle pourtant nous l'admettons provisoirement et avec doute. Le *sphenogyne* a l'aigrette composée de cinq squamellules paléiformes très-grandes; et celle de l'*ursinia* présente en outre cinq squamellules filiformes, plus courtes, situées en dedans des squamellules paléiformes. Ce dernier genre termine très-convenablement la série des anthémidées, parce qu'il a une affinité manifeste avec les *leysera* et *relhania*, placés au commencement de la série des inulées. Les *ursinia* et *sphenogyne*, attribués par la plupart des botanistes au genre *Arctotis*, qui n'est pas de la même tribu naturelle, offrent ainsi un exemple notable des erreurs graves auxquelles on s'expose lorsque, négligeant l'étude des organes floraux des synanthérées, et surtout celle du style, on se borne à considérer les caractères techniques communément employés. Le genre *Sphenogyne* se trouve inscrit, sous le nom d'*oligærion*, dans la liste qui termine notre article Anthémidées (tom. II, Suppl., pag. 75), parce que, à l'époque où nous avons rédigé cet article, nous ignorions que M. Brown avoit fait et publié avant nous ce même genre, sous le nom de *sphenogyne*. Mais, presque aussitôt après la publication de l'article dont il s'agit, nous avons appris que M. Brown nous avoit devancé ; et c'est pourquoi nous n'avons point décrit, dans le Bulletin des Sciences, les caractères de ce genre *Oligærion*, dont nous avions soigneusement étudié plusieurs espèces. Nous le décrirons, dans ce Dictionnaire, sous le titre de *sphenogyne*.

Depuis l'*oligosporus*, qui commence la série des anthémidées, jusqu'à l'*ursinia*, qui la termine, on peut remarquer une progression croissante, presque continue et assez bien graduée, dans le nombre, la grandeur et la coloration des parties de la fleur et de la calathide. La série suivant laquelle nous avons disposé les genres de la tribu des lactucées, présente une progression à peu près analogue à celle-ci. (Voyez tom. XXV, pag. 85.)

Le lecteur trouvera tous les éclaircissemens qu'il peut désirer sur nos tableaux méthodiques des genres, à la suite du tableau des inulées (tom. XXIII, pag. 560), de celui des lactucées (tom. XXV, pag. 59), et de ceux des adénostylées et des eupatoriées, insérés dans notre article Liatridées. (H. Cass.)

MARQUETTE. (*Malacoz.*) M. Bosc (Dict. de Déterv.) dit que l'on donne ce nom aux sèches employées à faire des amorces. (De B.)

MARQUIAAS. (*Bot.*) A Surinam, au rapport de Sibylle Merian, on nomme ainsi une grenadille, *passiflora laurifolia*. (J.)

MARQUISE. (*Bot.*) Variété de poire pyramidale, assez grosse, d'un vert jaunâtre, tachetée de gris, à chair fondante et sucrée, mûrissant en novembre et décembre. (L. D.)

MARRON (*Ichthyol.*), un des noms vulgaires du petit castagneau, poisson que nous avons décrit dans ce Dictionnaire, tom. IX, pag. 147. (H. C.)

MARRON. (*Mamm.*) Ce nom est donné dans les colonies aux animaux domestiques qui se sont échappés des habitations, et qui sont redevenus sauvages. (DESM.)

MARRON D'INDE (*Conchyl.*), nom marchand de la chame arcinelle, *chama arcinella.* Linn. et Gmel. (DE B.)

MARRON ÉPINEUX. (*Conchyl.*) Espèce de chame, *chama arcinella*, Linn. et Gmel. (DE B.)

MARRON NOIR (|*Bot.*), Paul., *Trait.*, 2, pag. 201, pl. 92, fig. 5, 6. Espèce d'agaric de la famille des *calottins de terre* ou *des bois* de Paulet, qui a le port du champignon de couche. Il est de couleur de marron foncé en dessus : ses feuillets, d'abord roux, deviennent ensuite noirs ; ils sont entremêlés de demi-feuillets ; son chapeau se fend communément sur les bords. Sa chair est blanche et ferme.

Ce champignon peut être mangé sans risque. Il a l'odeur et la saveur d'un champignon ordinaire.

Le MARRON A TIGE TIGRÉE, A FEUILLETS BLANCS, de Paulet, est un grand agaric mentionné par Rai et par Dillenius, dont le chapeau est de couleur de marron, muni en dessous de feuillets blancs, et porté sur un stipe tacheté de ces deux couleurs. (LEM.)

MARRON POURPRE (*Conchyl.*), nom sous lequel les marchands de coquilles désignent le *murex ricinus* de Linnæus, Gmel., type du genre Ricinule de M. de Lamarck. (DE B.)

MARRON ROTI (*Conchyl.*), nom vulgaire d'une espèce de sabot. (DESM.)

MARRONIER. (*Bot.*) Synonyme de châtaignier. (LEM.)

MARRONIER (*Bot.*), *Æsculus*, Linn. Genre de plantes dicotylédones, de la famille des acéridées, Juss., et de l'heptandrie monogynie, Linn., qui présente les caractères suivans : Calice monophylle, à cinq dents ; corolle de cinq pétales inégaux, ondulés et ciliés en leurs bords, rétrécis en onglet à leurs bases ; sept étamines à filamens subulés, inégaux, attachés sous l'ovaire, terminés par des anthères ovales ; un ovaire supère, arrondi, placé sur un disque, et surmonté d'un style subulé, terminé par un stigmate simple ; une capsule coriace, globuleuse, hérissée de pointes, s'ouvrant en trois valves, et divisée en trois loges devant contenir chacune deux graines ; mais une partie d'entre elles avortent le plus souvent, et, au lieu de six par fruit, il ne s'en développe ordinairement qu'une à deux, ou au plus trois : ces graines sont grosses, glabres, luisantes, arrondies ou diversement anguleuses selon l'espace qu'elles occupent dans la capsule

Les marroniers sont des arbres à feuilles opposées, digitées, et à fleurs disposées en grappes pyramidales et terminales, d'un bel aspect. On en connoît trois espèces.

Marronier d'Inde : *Æsculus hippocastanum*, Linn., Spec., 488; *Hipposcatanum*, Linn. Spec., 488: *Hipposcatanum vulgare*, Tourn., Inst., 612; Duham., nouv. éd., vol. 2, p. 54, t. 13 et 14. C'est un très-grand arbre qui s'élève à soixante et quatre-vingts pieds de hauteur, sur un tronc de huit à douze pieds de circonférence, revêtu d'une écorce brunâtre crevassée. Ses feuilles sont très-grandes, longuement pétiolées, composées de cinq à sept folioles ovales, oblongues, inégales, dentées, disposées comme les rayons d'un parasol. Ses fleurs sont blanches, panachées de rouge, assez grandes, nombreuses, disposées sur des pédicules rameux, en une grappe pyramidale redressée et d'un superbe aspect. Le fruit est une grosse capsule globuleuse, hérissée de pointes, et ne contenant le plus souvent qu'une à deux grosses graines du volume et de la forme d'une belle châtaigne, mais d'une saveur amère et désagréable. Cette espèce fleurit à la fin d'avril ou au commencement de mai.

Ce bel arbre, qui n'a pas été connu des anciens, est originaire des pays tempérés de l'Asie, d'où il a passé d'abord à Constantinople, on ne sait à quelle époque, ensuite en Allemagne vers 1576, en France au commencement du siècle suivant, en 1615, et seulement en 1653 en Angleterre. Peu difficile sur la nature du sol, susceptible de supporter des froids rigoureux sans en souffrir, le marronier fut bientôt acclimaté partout où l'on voulut le planter; aussi, dès qu'il fut connu de tous les amateurs, il se répandit promptement dans tous les jardins, dans tous les parcs: on lui donna la préférence pour en faire des avenues, pour en orner les places publiques. Effectivement aucun des arbres alors connus en Europe ne pouvoit être comparé au marronier pour la beauté de ses fleurs, et il le disputoit à plusieurs par l'élégance de son feuillage.

Non seulement le marronier a eu une grande vogue comme arbre d'ornement; mais encore on s'est efforcé de le faire valoir davantage en cherchant en lui des propriétés utiles. Un apothicaire vénitien, nommé Zanichelli, crut avoir trouvé dans son écorce un puissant fébrifuge, égal au quinquina, et le premier il le préconisa sous ce rapport. Depuis Zanichelli, beaucoup de personnes ont aussi fait l'éloge de l'écorce du marronier pour la guérison des fièvres intermittentes, et ils ont publié les succès qu'ils disoient en avoir obtenus; mais les partisans de cette écorce indigène ont souvent été contredits par d'autres praticiens qui ont prétendu que dans les essais qu'ils avoient faits de ce nouveau médicament, ils étoient loin d'avoir constamment obtenu les résultats avantageux annoncés par les premiers. Enfin il y a quelques années, lorsque la guerre maritime avoit élevé si haut le prix des médicamens exotiques, les expériences sur l'écorce du marronier furent reprises dans plusieurs hôpitaux de Paris et de France, et même dans la pratique particulière de beaucoup de médecins; il est résulté de ces expériences nombreuses faites avec soin que l'écorce de marronier ne possède pas comme fébrifuge des propriétés supérieures à celles de plusieurs autres amères indigènes, telles que la petite centaurée, la gentiane, la camomille.

Les succès que quelques auteurs ont prétendu avoir obtenus de l'écorce de marronier dans plusieurs autres maladies, telles que la fièvre lente, la pleurésie, la péripneumonie, la blénorrhée, l'épilepsie, sont encore bien moins constatés que son efficacité dans les fièvres intermittentes. Cette écorce peut d'ailleurs se donner en substance et en poudre, depuis un à deux gros jusqu'à une once; en décoction, on en fait entrer une à deux onces par pinte d'eau; on en a aussi préparé un extrait et un vin. C'est avec l'écorce des jeunes rameaux qu'on doit faire toutes ces préparations.

Les bêtes fauves, les vaches, les chèvres et les moutons mangent les marrons d'Inde et paroissent les rechercher. Cependant on ne doit les donner aux animaux domestiques qu'en petite quantité, coupés par morceaux et mélangés aux fourrages ordinaires. On assure qu'ils empêchent de pondre les poules qu'on en nourrit.

Par le moyen de préparations convenables, on enlève à ces fruits la grande amertume qui leur est propre, et on en retire une fécule dont on peut faire du pain : mais les procédés difficiles et compliqués que cela exige ne sont pas de nature à être jamais adoptés dans l'économie domestique; les frais excèdent le produit.

On a essayé de faire avec les marrons d'Inde une sorte de savon; mais sa mauvaise qualité y a fait renoncer. Une autre préparation qui fut très-vantée dans le temps où elle parut, fut celle des bougies de marrons d'Inde, mais Parmentier a prouvé qu'elles n'étoient autre chose que du suif de mouton bien épuré, et rendu solide par l'action de la substance amère et astrictive de ce fruit qui, loin d'en augmenter la masse, opéroit sur elle un déchet de plus de moitié, et le prix auquel ces prétendues bougies de marrons revenoient, les a bientôt fait abandonner.

On a encore fait d'autres spéculations sur les marrons d'Inde ; on a cru qu'en les faisant fermenter, et en les distillant ensuite, on pourroit en retirer de l'alcool; mais les essais faits pour retirer ce nouveau produit ont été encore plus infructueux que tous les autres.

Le bois du marronier est blanc, tendre, filandreux et de mauvaise qualité. Débité en planches, il se tourmente beaucoup et ne peut servir qu'à faire des tablettes et autres objets de peu de valeur; cependant il n'est pas susceptible d'être attaqué par les vers, ce qui mérite quelque considération. Il prend bien d'ailleurs la couleur noire, et peut recevoir en cet état un assez beau poli, ce qui le fait employer pour de petits objets qui paroissent imiter l'ébène et qui se vendent à bon marché au peuple. Comme bois de chauffage. il donne peu de flamme, peu de chaleur et peu de charbon. Sous tous les rapports où le marronier peut être envisagé, c'est donc moins par son utilité que par sa beauté que cet arbre peut être recommandable.

On multiplie facilement le marronier par ses graines qu'on sème en pépinière, à la distance de huit ou dix pouces, et qu'on transplante à la fin de la première ou de la deuxième année. en plaçant chaque pied a vingt-quatre ou trente pouces les uns des autres. Pendant que ces jeunes arbres sont en pépinière, ils n'ont besoin que de quelques binages, et d'être débarrassés des mauvaises herbes. Quand ils auront acquis six à

sept pieds de hauteur, ils n'exigeront plus aucun soin. C'est
alors et jusqu'à ce qu'ils aient douze à quinze pieds de hauteur qu'ils sont bons à mettre en place. En les transplan-
tant on peut raccourcir les branches de la tête si elles sont
trop nombreuses; mais si on le destine à faire des avenues,
ou qu'on désire le voir s'élever le plus haut possible, il ne
faut jamais couper le bourgeon terminal, d'où dépendent
la beauté et le prompt accroissement de cet arbre. On peut
d'ailleurs en faire des palissades, des rideaux de verdure, des
berceaux, qu'on taille tous les hivers. Cet arbre réussit dans
tous les terrains, et dans toutes les situations, pourvu qu'il y
trouve une humidité suffisante.

Marronier rubicon : *Æsculus rubicunda*, Lois., *Herb. Amat.*,
n. et t. 357. Cette espèce diffère de la précédente, parce que
les folioles de ses feuilles sont nues à leur base et non chargées d'un duvet roussâtre; parce que le calice est plus grand,
à dents moins inégales; parce que les pétales sont d'un rouge
clair; parce que les filamens des étamines sont rapprochées
en faisceau contre le style ou très-peu divergens; enfin parce
les fleurs ne sont portées que trois à quatre les unes près des
autres sur le même pédoncule, et non pas six à neuf ensemble.
Cette espèce, ou au moins cette variété remarquable, fleurit
quinze jours plus tard que le marronier ordinaire. Nous l'avons
vue chez M. Cels et chez M. Noisette qui la cultivent depuis six
ans, et qui l'ont reçue d'Allemagne. Elle forme un arbre qui
pousse avec beaucoup de vigueur, et qui paroît devoir s'élever
autant que l'espèce commune; jusqu'à présent on ne la multiplie qu'en la greffant sur cette dernière. Entremêlée avec elle,
dans les avenues, ses belles fleurs rouges trancheront agréablement avec la couleur blanche de celle-ci.

Marronier de l'Ohio; *Æsculus ohiensis*. Mich., *Arb. Amer.*, 3,
p. 242. Cet arbre ne s'élève ordinairement qu'à dix ou vingt
pieds; mais quelquefois il peut atteindre jusqu'à trente et
trente-cinq pieds. Ses feuilles sont digitées, composées de
cinq folioles inégales, ovales, acuminées, et irrégulièrement
dentées en leurs bords; ses fleurs sont blanches, très-nombreuses et réunies en grappes; ses fruits sont trois à quatre
fois plus petits que ceux du marronier ordinaire; cette espèce
croît naturellement dans les Etats-Unis d'Amérique, et parti-

culièrement sur les bords de l'Ohio. On la cultive en France depuis quelques années. Son bois est blanc, tendre, et n'offre aucun degré d'utilité. Ce n'est que par la beauté de ses fleurs que cet arbre peut nous offrir de l'intérêt, en contribuant à l'embellissement de nos jardins. Comme il est encore rare, on ne le multiplie jusqu'à présent qu'en le greffant sur le marronier ordinaire. (L. D.)

MARRONIERS A FLEURS ROUGES. (*Bot.*) Voyez PAVIA. (LEM.)

MARRONS. (*Bot.*) On donne communément ce nom aux fruits du châtaignier cultivé. (L. D.)

MARRUBE (*Bot.*), *Marrubium*. Linn. Genre de plantes dicotylédones, de la famille des labiées, Juss. et de la *didynamie gymnospermie*, Linn., dont les caractères essentiels sont d'avoir un calice monophylle, cylindrique, à dix stries et à cinq ou dix dents ; une corolle monopétale, à limbe partagé en deux lèvres, dont la supérieure étroite, bifide, et l'inférieure à trois lobes ; dont le moyen plus grand et échancré ; quatre étamines didynames, plus courtes que la corolle et placées sous la lèvre supérieure : un ovaire supère, à quatre lobes, surmonté d'un style filiforme, de la longueur des étamines, et terminé par un stigmate bifide ; fruit composé de quatre graines nues, situées au fond du calice persistant, dont l'entrée est alors presque fermée par des poils.

Les marrubes sont des plantes herbacées, vivaces, à feuilles simples, opposées, et à fleurs disposées par verticilles axillaires, accompagnés de bractées. On en connoît aujourd'hui une trentaine d'espèces, dont le tiers se trouve en Europe. Leurs tiges et leurs feuilles répandent une odeur aromatique, quelquefois très-forte et presque fétide.

* Calices à cinq dents.

MARRUBE ALYSSE : *Marrubium alysson*, Linn., *Spec.*, 815 ; *Marrubium album, foliis profundè incisis, flore cæruleo*, Moris., *Hist.*, 3, p. 377, s. 11, t. 10, f. 12. Ses tiges sont droites, quadrangulaires, rameuses inférieurement, hautes de huit pouces à un pied, revêtues, ainsi que les feuilles et les calices, d'un duvet blanchâtre. Ses feuilles sont cunéiformes ou arrondies, ridées, crénelées en leurs bords et rétrécies en pétiole à leur base. Les fleurs sont petites, purpurines, sessiles, disposées par verticilles peu garnis et non accompagnés de bractées. Cette plante croit naturellement en Espagne.

MARRUBE DE CRÈTE; *Marrubium creticum.* Lamck., Dict. Enc., 3, p. 716. Ses tiges sont droites, quadrangulaires, très-branchues dans leur partie supérieure, hautes de deux pieds à deux pieds et demi, couvertes, ainsi que toute la plante, d'un duvet court et blanchâtre. Ses feuilles inférieures sont ovales, assez grandes, pétiolées, dentées; les supérieures sont lancéolées et presque sessiles. Ses fleurs sont blanches, disposées par verticilles axillaires, peu garnis et munis de quelques bractées subulées, très-courtes. Cette plante croit naturellement dans l'île de Candie et en Orient; on la cultive au Jardin du Roi.

MARRUBE COUCHÉ: *Marrubium supinum,* Linn., Spec., 816; *Marrubium album hispanicum majus,* Barrel., Icon., 686, et *Marrubium album sericeo parvo et rotundo folio,* Barrel., l. c., 685. Ses tiges sont rameuses, couchées, cotonneuses, longues de douze à dix-huit pouces. Ses feuilles sont arrondies, presque en cœur à leur base, pétiolées, très-ridées. Ses fleurs sont blanchâtres, sessiles, nombreuses à chaque verticille, accompagnées de bractées subulées, velues, de la longueur des calices. Cette plante croit naturellement en Espagne, en Italie et dans le midi de la France.

** Calices à dix dents.

MARRUBE FAUX-DICTAMNE: *Marrubium pseudo-dictamnus,* Linn., Spec., 817: *Pseudo-dictamnum,* Dod., Pempt., 281. Ses tiges sont à demi frutescentes, à peine quadrangulaires, hautes d'un pied et demi à deux pieds, branchues, toutes couvertes, ainsi que les feuilles et les calices, d'un duvet blanchâtre, très-abondant, et garnies de feuilles en cœur, presque arrondies, pétiolées, crénelées, très-ridées. Les fleurs sont d'un pourpre clair, disposées par verticilles rapprochés, accompagnés de bractées spatulées et velues, plus courtes que les calices qui s'évasent dans leur partie supérieure en un grand limbe ouvert. Cette plante est originaire de l'île de Candie; on la cultive dans les jardins de botanique.

MARRUBE D'ESPAGNE: *Marrubium hispanicum,* Linn., Spec., 816;

Marrubium hispanicum rotundifolium, Barrel., Icon., 767. Ses tiges sont droites, rameuses, hautes de quinze à vingt pouces, très-velues ainsi que les feuilles et les autres parties de la plante. Ses feuilles sont cordiformes, crénelées, pétiolées. Les fleurs sont blanches, tachées de pourpre, sessiles, nombreuses à chaque verticille, et accompagnées de bractées étroites lancéolées; les bords de leur calice sont terminés par dix dents ouvertes en étoile. Cette espèce croit naturellement en Espagne; elle a aussi été trouvée aux environs de Marseille par M. Poiret.

MARRUBE COMMUN : vulgairement MARRUBE BLANC; *Marrubium vulgare*, Linn., *Spec.*, 816; Bull., *Herb.*, t. 165. Sa racine est presque ligneuse, un peu épaisse, divisée en fibres plus menues; elle produit une ou plusieurs tiges droites, cotonneuses, rameuses, hautes de douze à dix-huit pouces, et garnies de feuilles ovales arrondies, pétiolées, crénelées, molles au toucher, ridées en dessus, cotonneuses et blanchâtres en dessous. Ses fleurs sont blanches, petites, sessiles, ramassées en grand nombre par verticilles disposés dans les aisselles des feuilles supérieures; leur calice est à dix dents subulées et crochues. Cette espèce est commune sur les bords des chemins, dans les lieux incultes et dans les décombres.

Le marrube blanc a une saveur amère, un peu âcre; son odeur est assez forte, comme légèrement musquée. Il est éminemment tonique et excitant. On l'emploie en médecine dans l'asthme humide, les catarrhes chroniques, la chlorose, la suppression des règles, les maladies hystériques, la jaunisse, les engorgemens du foie; on l'a aussi recommandé contre les vers, les scrophules et les fièvres intermittentes. Les parties de la plante dont on fait usage sont les sommités fleuries en infusion théiforme. La conserve, l'extrait et le sirop de marrube sont aujourd'hui des préparations tombées en désuétude. Dans l'ancien *Codex*, le marrube blanc est au nombre des substances qui doivent entrer dans la thériaque. (L. D.)

MARRUBE. (*Bot.*) Ce nom appartenant au *marrubium* des botanistes, a été aussi donné à des plantes d'autres genres. Le *lycopus europæus* est nommé vulgairement marrube aquatique. Le *ballota nigra* est un marrube noir; un autre marrube noir est le *stachys hirta*; un troisième est |le *phlomis herba venti*;

13.

l'agripaume, *leonurus*, est le *marrubium cardiaca* de Théophraste, suivant C. Bauhin. Le *sideritis montana* est nommé faux marrube. (J.)

MARRUBE AQUATIQUE (*Bot.*), nom vulgaire du lycope des marais. (L. D.)

MARRUBIASTRUM. (*Bot.*) Tournefort avoit fait, sous ce nom, un genre de plantes labiées que Linnæus a détruit, et dont il a reporté les espèces dans les genres *Sideritis*, *Stachys* et *Leonurus*. (J.)

MARRUBIUM. (*Bot.*) Voyez Marrube. (Lem.)

MARS (*Entom.*), nom donné par Geoffroy à un papillon de jour, qui fait partie maintenant du genre Nymphale. (Desm.)

MARS (*Chim.*), nom que les alchimistes ont donné au fer. (Ch.)

MARSANA. (*Bot.*) Ce nom étoit donné par Sonnerat à l'arbrisseau, connu dans l'île de Traku sous celui de buis de Chine, et nommé maintenant *murraya* par Linnæus. C'est aussi le *chalcas japonensis* de Loureiro. (J.)

MARSDÈNE, *Marsdenia*. (*Bot.*) Genre de plantes dicotylédones, à fleurs complètes, monopétalées, de la famille des *apocynées*, de la *pentandrie digynie* de Linnæus, offrant pour caractère essentiel : Un calice à cinq divisions ; une corolle urcéolée, à cinq découpures ; cinq écailles simples, très-entières ; point de dent pendante à leur base ; cinq étamines ; les anthères surmontées d'une membrane ; un ovaire supérieur, à deux lobes ; deux styles ; deux follicules lisses ; les semences aigrettées.

Marsdène odorante : *Marsdenia suaveolens*, Rob. Brown, *Nov. Holl.*, 1, pag. 460, et *in Wern. Trans.*, 1, pag. 30 ; *Transact. Linn.*, vol. 10, pag. 299, tab. 21, fig. 1 ; Poir., *Ill. gen. Suppl.*, tab. 935. Arbrisseau de la Nouvelle-Hollande, dont les tiges sont redressées, ramifiées ; les rameaux garnis de feuilles opposées, presque sessiles, glabres, ovales lancéolées, obtuses, entières, sans nervures apparentes ; les fleurs rassemblées, dans l'aisselle des feuilles, en petites cimes beaucoup plus courtes que les feuilles ; le calice est fort petit ; la corolle ventrue à sa base, barbue à son orifice, à divisions sinuées à leurs bords, lancéolées, un peu obtuses ; les stigmates sont mutiques. Dans le *marsdenia cinerascens*, Brown, *l. c.*, la tige est droite; les feuilles sont ovales, un peu obtuses, veinées, parsemées d'un duvet rare, soutenues par des pétioles longs d'un demi-pouce; la corolle est presque en roue.

MARSDÈNE VELOUTÉE : *Marsdenia velutina* , Rob. Brown, *l. c.*, et *in Wern. Trans.*, 1 , pag. 29. Cette espèce a des tiges grimpantes, garnies de feuilles ovales, élargies, échancrées en cœur à leur base, acuminées à leur sommet, molles, tomenteuses; des fleurs disposées en cime, presque en ombelle; l'orifice de la corolle nu. Dans le *marsdenia viridiflora*, Brown, *l. c.*, les tiges sont également grimpantes; les feuilles oblongues, lancéolées, presque glabres, obtuses à leur base; le tube de la corolle un peu velu en dedans. Ces plantes croissent à la Nouvelle-Hollande.

MARSDÈNE EN BEC: *Marsdenia rostrata*, Rob. Brown, *l. c.*, et *in Wern. Trans.*, 1 , pag. 31. Cette espèce a des tiges grimpantes, garnies de feuilles glabres, opposées, ovales acuminées, légèrement échancrées en cœur à leur base. Les fleurs sont nombreuses, disposées en ombelles; le limbe de la corolle est barbu. Cette plante croît sur les côtes de la Nouvelle-Hollande. (POIR.)

MARSEA. (*Bot.*) Adanson nomme ainsi le genre *Baccharis*, Linn. (LEM.)

MARSEAU ou MARSAULT. (*Bot.*) C'est le saule marceau. (L. D.)

MARSEICHE. (*Bot.*) C'est l'orge à deux rangs. (L. D.)

MARSEILLOISE (*Bot.*), nom que l'on donne à une variété de figue. (L. D.)

MARSELLE. (*Bot.*) Dans quelques cantons, on donne ce nom à la viorne commune. (L. D.)

MARSETTE (*Bot.*), nom vulgaire de la fléole des prés. (L. D.)

MARSHALLIA. (*Bot.*) Genre de plantes dicotylédones, à fleurs composées, de la famille des *corymbifères*, de la *syngénésie polygamie égale* de Linnæus, offrant pour caractère essentiel : Des fleurons tous hermaphrodites et fertiles; un calice composé d'écailles lancéolées, disposées presque sur deux rangs; des fleurons plus longs que le calice, à cinq découpures linéaires; cinq étamines syngénèses; les ovaires alongés; un style; deux stigmates réfléchis; les semences ovales, striées , surmontées de cinq paillettes membraneuses; le réceptacle garni de paillettes de la longueur du calice.

MARSHALLIA A FEUILLES LANCÉOLÉES : *Marshallia lanceolata*, Pursh, *Amer.*, 2, pag. 519; *Persoonia lanceolata*, Mich., *Amer.*, 2, pag. 105; *Trattenikia lanceolata*, Pers., *Synops.*, 2, pag. 403; *Phyteumopsis lanceolata*, Poir., Encycl. Suppl. Plante de la Caroline, dont la tige est simple, droite, cylindrique, nue à sa partie supérieure, garnie inférieurement de feuilles alternes, glabres, oblongues lancéolées; elle porte une seule fleur droite, terminale : le calice est composé de folioles lancéolées, obtuses, presque égales, comme disposées sur deux rangs, couchées les unes sur les autres; la corolle formée de fleurons hermaphrodites; le réceptacle chargé de paillettes spatulées; les semences sont surmontées d'une aigrette composée de cinq poils membraneux, acuminés. Cette plante croît sur les montagnes.

MARSHALLIA A LARGES FEUILLES : *Marshallia latifolia*, Pursh, *Flor. Amer.*, 2, pag. 519; *Persoonia latifolia*, Mich., *Amer.*, 2, pag. 505, tab. 43; *Trattenikia latifolia*, Pers., *Synops.*, 2, pag. 403; *Phyteumopsis latifolia*, Poir., Encycl. Suppl. Cette plante a des tiges droites, glabres, simples, garnies, seulement à leur partie inférieure, de feuilles sessiles, alternes, ovales lancéolées, acuminées, très-entières, marquées de trois nervures longitudinales; les feuilles inférieures sont presque en forme de gaîne; il y a une seule fleur assez grosse et terminale à folioles du calice étroites, inégales, lancéolées, aiguës; à fleurons presque une fois plus longs que le calice; à paillettes du réceptacle étroites, linéaires, celles qui couronnent les semences, fines, acuminées. Cette plante croît sur les montagnes, à la Caroline.

MARSHALLIA A FEUILLES ÉTROITES : *Marshallia angustifolia*, Pursh, *Amer.*, 2, pag. 520; *Persoonia angustifolia*, Mich., *Amer.*, 2, pag. 106; *Phyteumopsis angustifolia*, Poir., Encycl. Suppl. Cette plante a des tiges rameuses, uniflores à leur extrémité, ainsi qu'à celle des rameaux. Les feuilles inférieures sont étroites, lancéolées; les autres et celles des rameaux linéaires, très-étroites, les folioles du calice roides, très-aiguës, sont rétrécies à leur partie inférieure; les paillettes du réceptacle sétacées. Cette plante croît dans l'Amérique septentrionale. (POIR.)

MARSHALLIA. (*Bot.*) Gmelin, dans son édition du *Sys-*

tema de Linnæus, désigne sous ce nom le *lagunezia* de Scopoli, qui est le même que le *racoubea* d'Aublet. Ce dernier genre, étant réuni à l'*homalium* de Jacquin, entraîne nécessairement la suppression des deux autres. Schreber s'est emparé du même nom *marshallia* pour le substituer au *phyteumopsis* de Michaux, genre de composées ou de synanthérées, voisin du *bidens*. Voyez plus haut. (J.)

MARSILEA. (*Bot.*) Ce genre, consacré par Micheli à la mémoire du célèbre Marsigli, n'a pas été adopté par les naturalistes qui ont préféré donner, avec Linnæus, ce même nom à un autre genre décrit ci-après.

Le *marsilea* de Micheli, reproduit par P. Beauvois sous le nom de *rhizophyllum*, comprend les *jungermannia* à expansion, ou fronde foliacée, à capsules s'ouvrant par le bas en quatre divisions en étoile, et portée par un pédicelle qui s'inserre dans une petite gaine ou cornet marginal, épiphylle, ou hypophylle. Raddi a trouvé dans le *marsilea*, ainsi caractérisé, les élémens de ses trois genres, *Metzegeria*, *Roemeria* et *Pellia*.

Adanson a essayé, sans succès, de faire renaître le *marsilea* de Micheli. Selon lui, ce genre est pourvu, indépendamment des capsules dont nous avons parlé, et qui sont pour lui des anthères, des fleurs femelles situées à la surface de l'expansion sur les mêmes pieds, ou sur des pieds différens, produisant des capsules sphériques à une loge et à une graine sphérique. Ces capsules sont précisément ce que d'autres botanistes prennent pour des fleurs mâles. (Voyez HÉPATIQUE et JUNGERMANNIA.

Micheli figure cinq espèces de *marsilea*, pl. 4 de son nouveau *Genera*; savoir : *jungermannia epiphylla*, fig. 1 ; *jungermannia pinguis*, fig. 2 ; *jungermannia multifida*, fig. 3 ; *jungermannia furcata*, fig. 4.

La figure 5 représente une plante inconnue à Micheli, indiquée aux environs de Florence, et qu'il n'introduit que sur l'autorité et sur un dessin de Petiver. C'est une petite plante terrestre à fronde étroite, noirâtre, dichotome, qui porte des pédicelles fins, terminés par une capsule bivalve. Cette plante rappelle par sa fronde le *riccia fluitans*, Linnæus, figuré également par Micheli sous le n.° 6, de la pl. 4 ; mais ces deux plantes habitent dans des circonstances trop différentes, pour

qu'on puisse soupçonner que la première ne soit que la seconde en fructification : ce qui, pour le dire en passant, eût
été aussi une nouveauté. On peut ajouter que, depuis Micheli,
les botanistes n'ont pas été plus heureux que lui dans la recherche de cette plante demeurée toujours inconnue. Rai,
dans son *Synopsis*, édit. 3, pag. 109, n.º 1, décrit un *lichenas-
trum* qui paroît être la plante de Petiver. Enfin, dans ces
derniers temps, on a cru que ce *marsilea* de Micheli pourroit
fort bien être une espèce du nouveau genre *Blandowia* de
Willdenow, ce qui paroît assez fondé ; mais ce rapprochement
ne pourra être établi que lorsqu'on aura prouvé que cette
plante existe, ce qui paroît très-douteux, d'après les recherches
qu'on a faites. Il est peut-être possible aussi que Petiver ait figuré
une variété du *jungermannia furcata*, sur laquelle étoient encore fixés les œufs éclos et pédicellés de quelques insectes du
genre Hémerobe, sorte d'erreur dont il y a plusieurs exemples,
dont un est fourni par le genre *Ascophora*, et le second par le
Subularia de Dillenius ; le premier fondé sur des œufs mêmes
d'hémerobe ; et le second qui représente le *littorella laaustris*
avec des vorticelles.

Le genre *Blandowia* n'ayant été qu'indiqué dans ce Dictionnaire, nous allons le faire connoître.

Le genre *Blandowia* de Willdenow (Voyez Magaz. des Cur.
de la Nat. de Berlin, vol. 2, 1809, p. 100), est caractérisé par
ses *capsules bivalves, biloculaires, à séminules attachées sur les bords
d'une cloison ou réceptacle central, transversal, oblong.* Il se rapproche ainsi du genre *Anthoceros*. La seule espèce qui le compose, *le blandowia striata*, Willd. (*l. c.*, pl. 4, fig. 2), est une
petite plante qui croit sur les arbres au Pérou et au Chili. Sa
fronde très-petite ressemble en quelque sorte à l'expansion
d'un collema, genre de la famille des lichens. Elle est plane,
déprimée, lobée, lisse, à lobes ascendans et obtus. Chaque
capsule est portée par un pédicelle filiforme, très-long, qui
naît du fond d'une gaîne ou périchèze tubuleux, court et déchiqueté en son limbe ; les pédicelles sont nombreux, et, d'après
la figure qu'en donne Willdenow, semblent partir du milieu de la rosette que forment les frondes. Les capsules sont
elliptiques, striées longitudinalement, et s'ouvrent, de haut en
bas, en deux valves qui mettent en évidence un réceptacle ou

columelle en forme de cloison, placée en travers des valves qui le recouvroient, en se couchant sur ses arêtes. Ce réceptacle tombe après l'ouverture de la capsule. Les séminules sont oblongues, un peu pédicellées, et fixées sur les bords du réceptacle.

La figure de Micheli diffère par la forme dichotome de la fronde, l'insertion des pédicelles et l'absence de périchèze. (LEM.)

MARSILEA. (*Bot.*) Ce genre appartient à la famille des rhizospermes ou marsiléacées. Il a été créé par Linnæus qui y rapportoit le *salvinia*, Mich., et l'*isoetes* qu'il en retira bientôt. M. de Jussieu en sépara ensuite le *salvinia*, en conservant le *marsilea* sous le nom de *lemma* que lui avoit donné Bernard de Jussieu; et, de toutes ces plantes unies au *pilularia* et à l'*equisetum*, il composa les deux sections qui terminent sa famille des fougères, sections qui font actuellement deux ou trois familles, les pilulaires qu'on réunit ou qu'on sépare des rhizospermes, et les équisétacées. Necker, ayant reconnu aussi la nécessité de séparer le *marsilea* du *salvinia*, a nommé le premier *zaluzianskia*, et le second *marsilea*. Il ne sera question ici que du *lemma* de Jussieu et d'Adanson, ou *marsilea*, Linn., modifié et adopté sous cette dernière dénomination par les botanistes.

Ce genre est caractérisé par ses involucres ou globules, ou coques constituant des espèces de capsules ou de péricarpes, divisés intérieurement par une cloison membraneuse, longitudinale, en deux loges, chacune divisée transversalement par sept ou huit petites cloisons, en autant de petites loges qui renferment pêle-mêle deux organes différens : les premiers (anthères?) très-nombreux, très-petits, indéhiscens, à une loge remplie de grains (pollen?) globuleux, opaques : les seconds (pistils?), au nombre de trois à huit, formés de deux membranes, surmontés d'un filet (style?), et contenant une matière granuleuse transparente.

Rien ne prouve que ces organes, considérés comme des anthères et des pistils, en exercent les fonctions ; mais on ne peut douter, d'après les observations de M. Vaucher, sur le développement du *salvinia natans*, que les involucres ne renferment les graines ou les corps reproducteurs. (Voyez RHIZOSPERMES et SALVINIA.)

Les marsilea sont des plantes dont la tige est filiforme, rampante, rameuse, poussant de distance en distance des faisceaux de racines, et, dans les mêmes points, des faisceaux de feuilles longuement pétiolées, composées de quatre folioles terminales, s'étalant en croix, entières ou dentées, ou lobées. Les involucres, c'est-à-dire, les globules fructifères naissent à la base des pétioles, et aussi dessous ; ils sont pédonculés, et les pédoncules ou pédicelles simples ou divisés en deux ou trois branches portent chacun un globule. Ces plantes croissent dans les lieux aquatiques, les lacs, les étangs, etc. Leurs feuilles viennent nager à la surface de l'eau, tandis que la tige rampe dans la vase. On ne connoît que six espèces de marsilea.

Le Marsilea a quatre feuilles : *Marsilea quadrifolia*, Linn. ; Lamck., *Ill. gen.*, tab. 863 ; Schkuhr, *Crypt.*, tab. 173 ; *Lemma*, Juss., *Act. Par.*, 1740, tab. 15 ; *Filicula*, Pluk., *Amalt.*, tab. 401. fig. 5 ; *Lenticula*, Mappi, *Als.*, pag. 166, *Icon.* ; *Lens palustris*, C. B., *Camer. Epit.*, 853 ; Moris., *Hist.*, 3, pag. 619, sect. 15, tab. 14, fig. 5. Folioles quaternées, entières, arrondies ou en coin ; involucres obtus, velus, solitaires, ou communément deux ou trois ensemble sur le même pédoncule.

Cette espèce se rencontre dans les lacs, les marais, les eaux stagnantes, les fossés aquatiques : elle flotte à la surface de l'eau ; elle est très-répandue par toute l'Europe. On l'a observée encore en Barbarie, en Egypte, aux îles de France et de Maurice jusqu'au Japon, et à la Nouvelle Hollande. Elle croît encore dans l'Amérique septentrionale. il y en a deux variétés, une à larges feuilles, et une à petites feuilles ; ses fruits involucrés sont durs et du volume d'un petit pois ; les feuilles, d'un beau vert, sont plissées et, ainsi que les pétioles, très-velues dans leur jeunesse.

Cette plante, très-anciennement connue, n'a été bien examinée pour la première fois que par Bernard de Jussieu.

Le Marsilea du Coromandel : *Marsilea coromandelina*, Willd., *Sp. pl.*, 5539 ; Burm., *Ind.*, tab. 62, fig. 3. Folioles quaternées, obovales, presque entières, glabres ; involucres velus, pédonculés, solitaires, munis de deux dents à la base. Cette plante, confondue long-temps avec la précédente, croît au Coromandel : elle est rampante, et se fait remarquer par la petitesse de ses involucres qui n'ont guère que la grosseur d'un grain de moutarde. Les folioles sont aussi très-petites, ayant environ une ligne de longueur.

MARSILEA D'EGYPTE : *Marsilea ægyptiaca*, Willd., *Sp. pl.*, 5, pag. 540; Delile, *Ægypt.*, tab. 50, fig. 4. Folioles quaternées, rudes, poilues, divisées en deux, trois et quatre lobes obtus ou tronqués; involucre velu. Cette plante croît en Egypte dans les lieux aquatiques; elle n'a été connue que dans ces derniers temps; sa tige est filiforme, rampante, couverte de poils blanchâtres, un peu écailleux. Ses feuilles, également poilues, ont un pétiole long d'un pouce et demi, et quatre folioles dont les découpures sont assez profondes. Les involucres, portés sur des pédoncules, sont très-velus.

Il y a encore les *marsilea strigosa*, *erosa* et, *biloba*, Willd. Cette dernière a été trouvée à Musselbay au cap de Bonne-Espérance; la seconde à Tranquebar. (LEM.)

MARSILÉACÉES. (*Bot.*) Voyez RHIZOSPERMES. (LEM.)

MARSIO (*Ichthyol.*), un des noms du gobie aphye. Voyez GOBIE. (H. C.)

MARSIONE. (*Ichthyol.*) Sur plusieurs des côtes de la mer Adriatique, on donne ce nom au gobie aphye. Voyez GOBIE. (H. C.)

MARSIPPOSPERME, *Marsippospermum*. (*Bot.*) Genre établi par M. Desvaux pour le *juncus grandiflorus*, qui doit être séparé des joncs principalement par le caractère de ses capsules à une seule loge, d'après l'observation de M. Desvaux; cependant M. de Lamarck, dans l'Encyclopédie, l'indique avec des capsules à trois loges; je crois, dans ce cas, que cette plante ne devroit pas être rétranchée des joncs, quoi qu'elle s'en écarte un peu par son port et par les trois folioles externes et très-longues de son calice.

Voici d'ailleurs la description de la seule espèce qui compose ce genre.

MARSIPPOSPERME CALICULÉ : *Marsippospermum calyculatum*, Desv., Journ. Bot., vol. 1, pag. 528; tab. 12, fig. 1 : *Juncus grandiflorus*, Linn. fils, *Suppl.*, pag. 209; Lamck., *Ill. gen.*, tab. 250, fig. 4. Cette plante a une racine rampante, couverte d'écailles d'un brun roux : elle produit plusieurs tiges droites, nues, cylindriques, hautes d'environ un pied, garnies à leur base de quelques écailles vaginales, et souvent d'une feuille cylindrique, aiguë, enveloppant le bas de la tige par sa gaine, la surpassant souvent par sa longueur : quelquefois paroissent d'autres feuilles isolées, écailleuses à leur base, qui pourroient bien être des tiges stériles. La fleur est grande, solitaire, terminale. Son calice est composé de trois longues folioles, roides, aiguës, de moitié plus longues que la corolle; celle-ci est grande, à trois pétales aigus, scarieux, ondulés sur les bords; elle renferme six étamines persistantes, à filamens très-courts, soutenant des anthères droites, linéaires; un ovaire supérieur, oblong, aigu, surmonté d'un long style, et d'un stigmate à trois divisions aiguës.

D'après M. Desvaux, la capsule est ovoïde, acuminée, ne s'ouvrant qu'à son sommet, à une seule loge, renfermant des graines nombreuses, disposées sur trois *placenta* pariétaux : ces semences ressemblent à une navette de tisserand, à raison du développement très-remarquable de l'épiderme du périsperme ou le tégument propre de la graine, qui se détache, reste transparent, et contient, malgré cela, la semence vers son milieu : la direction de ces semences est de bas en haut; le cordon ombilical est long, placé à l'extrémité inférieure.

Cette plante a été découverte par Commerson au détroit de Magellan, dans les marais et sur la pente des montagnes. Les naturels du pays en font de petites cordes, des paniers, des corbeilles et autres ouvrages de vannerie. (Poir.)

MARSOLEAUX. (*Ornith.*) Salerne dit, pag. 280 de son Ornithologie, qu'en Anjou l'on nomme ainsi les linottes à gorge rouge, parce qu'elles naissent au mois de mars. (Ch. D.)

MARSOPA (*Mamm.*), l'un des noms espagnols du marsouin. (Desm.)

MARSOT. (*Bot.*) Voyez Marceau. (L. D.)

MARSOUIN (*Mamm.*), nom propre d'une espèce du genre Dauphin. Voyez Cétacés et Meerschwein. (F. C.)

MARSOUIN BLANC. (*Mamm.*) Le péluga cétacé du Nord, dont M. de Lacépède a formé son genre Delphinaptère, a reçu ce nom. (Desm.)

MARSOUIN JACOBITE. (*Mamm.*) Espèce de dauphin appelé aussi Dauphin de Commerson. (Desm.)

MARSPITT. (*Ornith.*) L'huîtrier, *hæmatopus ostralegus*, Linn., se nomme ainsi en Gottland. (Ch. D.)

MARSUPIAUX. (*Mamm.*) On nomme *animaux marsupiaux* (1)
un ordre entier de mammifères liés entre eux par des modifications analogues des lombes et du train de derrière, dont la
principale différence, ou du moins la plus remarquée, est l'existence d'une bourse sous le ventre des femelles. *Marsupium* est
le nom latin de cette bourse, d'où on a fait *ens marsupialium,
animalia marsupialia*. Les François se servent aussi souvent,
et dans le même sens, de la périphrase, *animaux à bourse*.

Art. I. Zoologie. On ne connut d'abord d'animaux à bourse
qu'en Amérique; et, comme toutes les espèces de cette contrée s'accordent merveilleusement entre elles par des modifications, se correspondant tout aussi bien dans les systèmes
dentaire, digestif, locomoteur et sensitif, que par celles plus
importantes de l'appareil génital, Linnæus trouva dans cette
réunion de semblables rapports, les élémens d'un seul genre,
qu'il nomma *didelphis*, êtres à deux matrices.

On vit dans la suite arriver des Indes orientales, et plus
tard des régions australasiques, des animaux également ca-
ractérisés par l'existence d'une bourse abdominale. Ce renseignement, le seul qui fût connu d'abord, n'entraînoit dans
aucune hésitation, et l'on fut dès lors persuadé que l'ancien
monde nourrissoit des animaux en tous points semblables à
ceux du nouveau, de véritables didelphes. Gmelin donna ces
nouvelles espèces sous les noms de *didelphis orientalis, didelphis
Brunii, didelphis gigantea;* et comme il étoit de plus embar-
rassé de l'animal aux longs tarses, du tarsier de Daubenton,
lequel ne se rapportoit aux marsupiaux tout au plus que par
un caractère commun d'étrangeté, il l'inscrivit de même
parmi les didelphes sous le nom de *didelphis macrotarsus*.

Cependant aucun de ces animaux ne répondoit à la définition donnée par Linnæus : tous avoient moins de dix incisives en haut, et moins de huit en bas, etc.; mais comme,
pour établir ce fait, des savans du premier ordre, Pallas,
Camper, Zimmermann se servoient néanmoins des dénominations de Gmelin, ou de correspondantes, *didelphis asiatica,
didelphis molucca*, en en consacrant, par leurs appellations

(1) J'ai le premier, dans mes cours et dans mes écrits, employé cette
expression que l'usage a consacrée.

et l'autorité de leur nom . les classifications fautives , ils en prolongèrent l'abus.

Sur ces entrefaites , des Anglois visitent la Nouvelle-Hollande . et en décrivent les animaux. Après les célèbres naturalistes Banks et Solander, ce sont le capitaine Phillips et le chirurgien de la marine , John Withe. Les animaux qu'on découvre dans cette vaste et nouvelle partie du globe , présentent pour la plupart les formes des prétendus didelphes asiatiques. Le nom de *didelphis* est traduit chez les Anglois par le mot d'*opossum*. Ce sont donc de nouveaux *opossums* , ou d'autres didelphes que ces hardis navigateurs et les naturalistes qui les accompagnent nous font connoître.

Les voyageurs enrichissoient l'histoire naturelle par leurs travaux : mais plus les êtres se multiplioient , plus grande aussi étoit la confusion résultante d'associations si incohérentes. On découvrit des carnassiers, des rongeurs , des insectivores qui s'appartenoient , il est vrai , par la considération de la bourse , mais qui différoient essentiellement à d'autres égards.

Une réforme étoit nécessaire , et j'osai l'entreprendre par une révision des travaux précédens : ce fut l'objet de la dissertation sur les animaux à bourse , que je publiai en 1796 ; elle parut dans le *Magasin Encyclopédique* , tom. 3 , pag. 445.

Mon premier soin fut de rendre le genre *Didelphis* de Linnæus à sa première essence , c'est-à-dire de le composer uniquement d'espèces caractérisées , ainsi qu'il suit :

1." DIDELPHE. *Dents incisives* $\frac{10}{8}$; *canines* $\frac{2}{2}$: *molaires* $\frac{7-7}{7-7}$; *queue nue et prenante: doigts* $\frac{5}{5}$; *aux pieds de derrière, un pouce sans ongle; les autres doigts libres.*

Il ne restoit en espèces certaines que les *didelphis marsupialis, didelphis opossum , didelphis murina , didelphis cayopollin* et *didelphis brachyura* ; car les *didelphis philander, molucca , dorsigera, cancrivora*, étoient des doubles emplois des précédentes.

Linnæus avoit tracé ce caractère d'après la considération d'un seul individu : il convenoit aux cinq espèces qu'il avoit bien pu connoître : et il vaut toujours, appliqué à tous les animaux à bourse d'Amérique, dont je compte aujourd'hui jusqu'à dix-neuf espèces.

Ce qui, après la séparation des vrais *didelphis*, restoit dis-

ponible . donnoit les matériaux de trois autres familles que ,
dans la dissertation déjà citée , j'établis et déterminai ainsi
qu'il suit :

2.° DASYURE. *Dents incisives* $\frac{8}{6}$; *canines* $\frac{2}{2}$, *molaires* $\frac{5}{5}\overline{=}\frac{5}{5}$;
la queue lâche et fournie de longs poils; doigts $\frac{5}{5}$; *le pouce de*
derrière très-court et sans ongle; les autres doigts libres.

5.° PHALANGER. *Dents incisives* $\frac{6}{6}$; *canines* $\frac{3}{0}\overline{=}\frac{3}{0}$; *molaires* $\frac{6}{6}\overline{=}\frac{6}{6}$;
la queue nue et prenante; doigts $\frac{5}{5}$. *Aux pieds de derrière , le*
pouce renversé en arrière; les doigts medius et indicateur réunis.

4.° KANGUROO. *Dents incisives* $\frac{6}{2}$; *canines* $\frac{0}{0}$; *molaires* $\frac{5}{6}\overline{=}\frac{5}{6}$;
la queue forte, longue, velue et non prenante; doigts $\frac{5}{4}$. *Aux*
pieds de derrière, point de pouce; les doigts medius et indicateur
grêles et réunis.

L'espèce *didelphis macrotarsus* fut reportée parmi les quadrumanes, et devint le type du genre *Tarsius.*

Ce nouvel arrangement fit apercevoir la liaison des deux
ordres, les carnassiers et les rongeurs : car le genre Dasyure
tient à celui des civettes; et, comme, par les didelphes, les
phalangers et les kanguroos, ces derniers conduisant sur les
gerboises et les lièvres, une liaison avec les rongeurs devenoit
manifeste , c'étoit pour les rapports naturels un résultat curieux que cette réunion de deux grandes familles dont les
extrêmes offroient des différences si considérables.

D'autres faits, d'autres conclusions : ce qui sembloit en 1796
appuyer le système d'une seule échelle organique, fut infirmé
en 1804 par l'apport de nouvelles richesses. Cette époque mérite d'être remarquée : il nous arriva de l'expédition Baudin
à la Nouvelle-Hollande , et par les soins des infatigables naturalistes Péron et Lesueur, un nombre considérable d'animaux à bourse, mais surtout plusieurs nouveaux systèmes organiques, ou, comme cela s'exprime parmi les zoologistes,
plusieurs types de genres nouveaux.

Je donnai une nouvelle autorité au genre Dasyure, pour
lequel je n'avois eu que des élémens un peu vagues, en le décrivant de nouveau, et en le montrant composé de cinq espèces,
et plus tard de sept.

Enfin j'établis les nouveaux genres suivans :

PÉRAMÈLE. *Dents incisives* $\frac{10}{6}$; *canines* $\frac{2}{2}$; *molaires* $\frac{7}{7}\overline{=}\frac{7}{7}$;
queue forte, velue et non prenante; doigts $\frac{5}{4}$. *Sur le devant, les*

deux doigts externes très-courts; et en arrière, un pouce très-court, sans ongle; les doigts medius et indicateur réunis.

Phascolome. *Dents incisives* $\frac{2}{2}$; *canines* $\frac{0}{0}$; *molaires* $\frac{5-5}{5-5}$; *queue très-courte, cachée dans les poils; doigts* $\frac{5}{5}$; *sur le devant à grands ongles, et en arrière un pouce court et sans ongle, et les trois doigts intermédiaires engagés dans des membranes communes.*

Ces publications parurent dans les Annales du Muséum d'Histoire naturelle, tomes 2, 3, 4 et 15.

On imprima des tableaux d'espèces en France, soit dans des dictionnaires d'histoire naturelle, soit dans des écrits particuliers; et les divisions de la plupart de ces genres que j'avois indiquées dans mes cours et dans un catalogue peu répandu, reçurent des noms, ce qui se soutint dans cet état jusqu'en 1811, que parut le *Prodromus* d'Illiger. Plus occupé de grammaire que des rapports naturels, des dissensions intestines de l'Europe, que de l'observation des faits, Illiger copia et altéra les travaux des François. Il n'inventa rien, et cependant il se porta pour le réformateur de la plupart des dénominations reçues. Les animaux à bourse furent par lui distribués en deux familles : les uns, sous le nom de *marsupialia*, furent réunis aux singes et aux makis à cause de leur pouce des pieds de derrière, quand les autres formèrent un ordre à part, *salientia*, sur la considération de leurs pieds plus longs derrière que devant.

Voici les genres d'animaux à bourse déterminés par Illiger. *Didelphis* (didelphis, Linn.); *Chironectes*, établi d'après un didelphe à pied de derrière palmé, l'yapock ou la petite loutre de la Guiane, de Buffon; *Thylacis*, nom substitué à celui de *perameles*; *Dasyurus* (*Dasyurus*, Geoff. S. H.); *Amblotis*, au lieu de *vombatus*, pour un genre que je proposai d'établir en 1803 (Bull. des Sc., an. XI, n.° 72), sur les indications du célèbre navigateur Bass. Les caractères de ce wombat, donnés par Bass et Flinders, et reproduits par moi, sont *six incisives à chaque mâchoire, deux canines et seize molaires; pieds de devant, cinq doigts; de derrière, quatre.* Sur l'avis donné par les naturalistes de l'expédition Baudin, que le nom de wombat s'appliquoit au phascolome, on a proposé, et j'ai conseillé moi-même de supprimer ce genre; cependant ne se pourroit-il pas que ce nom des naturels du pays fût la dénomination de tout un groupe d'animaux à poche ? *balantia*, pour une division de mes phalangers, les coescoes des Moluques à queue prenante ; *phalangista* pour une autre section des phalangers à membrane étendue sur les flancs ; *phascolomys* (phascolomys, Geoff. S.H.) ; *hypsiprymnus* pour le kanguroo à dents canines, et *halmaturus* pour les kanguroos sans canines, tous jusqu'alors nommés *kangurus*.

La famille des marsupiaux fut reproduite en 1817 sans divisions ni report d'aucun de ses genres dans d'autres ordres, par M. le baron Cuvier. Voyez le *Règne animal distribué d'après son organisation*. Je dirai plus bas quels nouveaux motifs j'aperçois de persévérer dans cette manière d'envisager les marsupiaux. Aux genres précédemment décrits, M. Cuvier ajoute celui du *koala* que M. de Blainville (Prodrome, Nouv. Bull. des Sciences) a aussi nommé *phascolarctos*. Les dents du koala sont *incisives* $\frac{6}{2}$; *canines* $\frac{0-0}{0-0}$; *molaires* $\frac{4-4}{4-4}$; *pieds à cinq doigts, séparés en deux groupes inégalement en devant et en arrière.*

M. Desmarest donna plus tard dans son grand ouvrage sur les mammifères, destiné à compléter quant à cette classe, l'Encyclopédie par ordre de matières ; donna, dis-je, trois ans plus tard le tableau complet des genres et des espèces. Les phalangers s'y appellent, l'un PHALANGER, *phalangista*, et l'autre PETAURISTE, *petaurista*, et les kanguroos, 1.° avec dents canines, POTOROO, *potorous* ; et 2.° sans dents canines, KANGUROO, *kangurus*.

De nouveaux phalangers que MM. Quoy et Gaimard vont publier dans la zoologie de leur Voyage autour du monde, expédition du capitaine Freycinet, ont reçu le nom de *phalangista*, qui paroît prévaloir.

Enfin M. Frédéric Cuvier a encore modifié ces travaux dans son ouvrage intitulé : *Dents des mammifères ;* il sépare les kanguroos sans dents canines, distinguant des kanguroos proprement dits, ayant cinq dents molaires de chaque côté et à chaque mâchoire, une espèce nouvelle récemment apportée par MM. Quoy et Gaimard, leur *kangurus lepturus*, qui n'a que quatre dents molaires. Shaw avoit employé les noms de *macropus* et *petaurus*, le premier de ces noms pour désigner le potoroo, et le second pour un assemblage bizarre formé par des écureuils et des phalangers volans. M. F. Cuvier reprend ces noms définis d'une certaine façon, mais qu'il croit abandonnés : savoir le nom de *macropus* qu'il applique à son nouveau genre des kanguroos sans canines, et celui de *petaurus*, pour remplacer la dénomination de *petaurista*. Qu'on veuille bien faire attention au sens nouveau attaché à ces termes, pour qu'il ne résulte pas dans la suite de leur double emploi et de leur définition différente de la confusion et des erreurs dans la synonymie : ne point se servir de ces noms eût sans doute été préférable. (Voyez Petaurus.)

Art. II. Anatomie. Les femelles des marsupiaux ont une bourse sous le ventre, au fond de laquelle est distinctement tout l'appareil mammaire. Les petits y sont nourris. Linnæus les y voit reçus et entretenus comme dans une seconde matrice ; mais on a été plus loin, puisqu'on a ajouté qu'ils y prennent naissance. Ainsi cette bourse ne seroit plus seulement dans ce système une représentation fidèle de la matrice, ce seroit la matrice elle-même.

Que de questions dans cet énoncé! Mais, pour les traiter, que de préventions il faudra écarter! ce qui du système sexuel a été observé par rapport à l'homme, a rendu la science dogmatique. On sait que la reproduction des êtres s'opère de bien des manières : cependant l'attention ne se fixa pas sur le grand nombre de ces moyens, tout bizarres que la plupart dévoient et pouvoient paroître. On n'avoit encore rencontré que chez les animaux d'en bas ces modes si variés, ce nombre si grand de combinaisons insolites. On regardoit que cela étoit inhérent à la dégradation des constitutions organiques, et l'on se croyoit si assuré de la même uniformité de moyens chez tous les êtres conformés comme l'homme, chez tous les animaux à mamelles, que l'on repoussa comme inexact tout ce qui du pays des animaux à bourse nous parvenoit de contraire aux doctrines reçues. On n'admit comme vrais que les faits qui paroissoient d'accord avec l'analogie, avec cette règle de toute bonne philosophie, mais qui n'est cependant un guide sûr pour nos raisonnemens, que si l'application en est aussi réservée que judicieuse.

Ainsi c'est, dès l'origine de nos connoissances sur les didelphes, une opinion fondée sur l'observation que les animaux à bourse naissent aux tétines de leur mère. Il y a presque deux siècles que Marcgrawe, pag. 223, avoit écrit : « La bourse « est proprement la matrice du carigueya (*didelphis opossum*) : « je n'en ai point trouvé d'autre , et je m'en suis assuré par « la dissection. La semence y est élaborée, et les petits y sont « formés. » Pison confirme les mêmes faits pour avoir aussi, ajouta-t-il, disséqué plusieurs de ces carigueyas. Valentyn , placé dans les Indes , qui y est occupé de fonctions ecclésiastiques, et qui, sans se douter qu'il y ait en Amérique des animaux à bourse , donne à la fois l'histoire civile , l'histoire religieuse et l'histoire naturelle des Moluques , témoigne des mêmes faits. « La poche des filandres (marsupiaux du genre *Phalanger*) est une matrice dans laquelle sont conçus les petits : ou si cette poche, continue-t-il , n'est pas ce que nous en pensons , les mamelles sont à l'égard des petits de ces animaux, ce que les pédicules sont à leurs fruits: ces petits restent attachés aux mamelles jusqu'à ce qu'ils aient atteint leur maturité, pour s'en séparer dans la suite de la même manière que le fruit quitte son pédicule. »

Ces idées sont aussi répandues en Virginie, même parmi les médecins. Le marquis de Chastellux en fait la remarque dans son Voyage à l'Amérique septentrionale, tom. 2 , p. 330. « Les jeunes opossums existent dans le faux ventre, sans jamais entrer dans le véritable (dit Béverley dans son Histoire de Virginie , Londres, 1722), et ils se développent sur les tétines de leur mère. » Pennant (Arct. Zool. , tom. 1 , pag. 84) dit de ces animaux que, « suspendus aux mamelles des mères, ils y sont d'abord sans mouvement; ce qui dure jusqu'à ce qu'ayant acquis quelque développement, ils jouissent de plus de force: mais alors ils subissent une seconde naissance. »

Un des frères d'armes de notre illustre La Fayette , qui devint le prisonnier, et plus tard l'un des chefs d'une nation sauvage, les Créeks, et que les combinaisons de la politique ramenèrent en France , m'a souvent affirmé qu'il avoit élevé beaucoup d'opossums, et toujours vu que les petits naissoient sur les tétines dans la bourse.

Un si grand nombre de témoignages en imposa à l'Europe. Les naturalistes se procurèrent des animaux à bourse : leur esprit n'avoit conçu et ils n'avoient admis qu'une seule hy-

14.

pothèse : s'étant convaincus que l'inspection anatomique n'y étoit pas favorable, ils repoussèrent unanimement de prétendus faits, dont ils déclarèrent ne concevoir aucunement la possibilité. C'étoient les savans les plus recommandables de l'époque, les Daubenton, les Pallas, les Vicq-d'Azyr, les Blumenbach, Reimarus, Flandrin, Home, Duvernoy. etc. etc., qui avoient cherché et qui n'avoient point trouvé de route *intérieure et directe* de la matrice à la bourse. On revint aux opinions qui avoient régné précédemment : les marsupiaux passèrent pour des êtres dont la naissance prématurée étoit compensée par une sorte d'incubation dans la bourse. « Il est à désirer, a dit Buffon, qu'on observe des sarigues vivans (*didelphis opossum*) : que leur exclusion précoce de l'utérus soit surtout examinée; car cette observation nous vaudra sans doute quelques indications pour conserver à la vie des enfans venus avant terme. La gestation de ces êtres ayant proportionnellement moins de durée, leur lactation en devient plus longue. » *D'une aussi extrême petitesse en naissant*, a dit Blumenbach dans son Manuel d'Histoire naturelle, *ce sont pour ainsi dire des avortons.* Tout en persévérant dans le système d'une naissance parfaite, bien que prématurée, quelques naturalistes crurent apercevoir qu'une seconde matrice (c'est ainsi qu'à l'exemple de Linnæus, on attribuoit de l'activité à la bourse), qu'une seconde matrice protégeoit le développement d'animaux nés dans un état de si grande débilité.

Comme cette théorie expliquoit les faits d'une manière assez spécieuse, et par conséquent satisfaisante, parurent en 1786 de nouvelles observations qui ramenoient aux idées proscrites. La qualité de l'observateur (c'étoit un officier d'artillerie, alors le chevalier, devenu depuis le sénateur comte d'Aboville), et le livre où l'observation étoit rapportée (le Voyage précédemment cité du marquis de Chastellux), devinrent autant de circonstances qui, jointes aux présomptions dominantes, ne prévinrent pas d'abord les naturalistes. Voici cette observation que son intérêt me paroit devoir au contraire recommander fortement, et que je donne en l'abrégeant beaucoup.

« Deux opossums (*didelphis virginiana*), mâle et femelle, et apprivoisés, alloient et venoient librement dans une maison que M. d'Aboville occupoit aux Etats-Unis en 1785. Ces animaux, qu'il retiroit le soir dans sa propre chambre, s'y accouplérent. M. d'Aboville en suivit attentivement les effets, ce qui donna lieu aux observations ci-après.

« Le bord de l'orifice de la poche fut trouvé dix jours après un peu épaissi, cela parut de plus en plus sensible les jours suivans. Comme la poche s'agrandissoit en même temps, l'ouverture en devenoit bien plus évasée. Le treizième jour, la femelle ne quitte sa retraite que pour boire, manger et se vider; le quatorzième, elle ne sort point. M. d'Aboville se décide enfin à la saisir et à l'observer. La poche dont précédemment l'ouverture s'évasoit, étoit presque fermée : une sécrétion glaireuse humectoit les poils du pourtour. Le quinzième jour, un doigt est introduit dans la bourse, et un corps rond de la grosseur d'un pois y est au fond sensible au toucher. L'exploration en est faite difficilement à raison de l'impatience de cette mère, douce au contraire et tranquille précédemment. Le seizième jour, elle sort de sa boîte un moment pour manger. Le dix-septième, elle se laisse visiter : M. d'Aboville sent deux corps gros comme un pois, et conformés comme seroit une figue dont la queue occuperoit le centre d'un segment de sphère : il est toutefois un plus grand nombre de ces petits naissans. Le vingt-cinquième jour, ils cèdent et remuent sous le doigt. Au quarantième, la bourse est assez entr'ouverte pour qu'on puisse les distinguer; et au soixantième, quand la mère est couchée, on les voit suspendus aux tétines, les uns en dehors de la bourse, et les autres en dedans. Quant au mamelon, il est après le sévrage long de deux lignes; mais il se dessèche bientôt, et il finit par tomber, comme feroit un cordon ombilical. » *Extrait de la note terminant le deuxième et dernier volume du Voyage dans l'Amérique septentrionale du marquis de Chastellux. Paris, chez Prault, 1786.*

Cependant cette observation devient le fond d'une consultation que le professeur Reimarus adresse de Hambourg en Amérique au docteur Barton. Roume de Saint-Laurent, qui avoit déjà communiqué à Buffon que *les mamelons des didelphes femelles apparoissoient à un certain moment sous la forme de petites bosses claires dans lesquelles étoit l'embryon ébauché,* avoit aussi de son côté déjà excité le zèle du docteur Barton, et provoqué ses recherches. Ce savant médecin répondit à ces appels, et dans deux lettres imprimées à un petit nombre d'exemplaires pour ses amis, l'une adressée à M. Roume de Paris (1806, 14 pages), et l'autre à M. Reimarus de Hambourg (1813, 24 pages), Barton expose ses *faits*, ses *observations et ses conjectures touchant la génération de l'opossum*, c'est-à-dire du didelphe de Virginie.

Les observations de ce savant sont d'un grand poids, et elles paroîtront en effet d'autant plus précieuses, qu'attachant du prix à faire savoir qu'il ne s'écartera point des saines idées de la physiologie, des seules vues avouées par la science, l'auteur est à tout moment enlacé par ses faits, et amené à donner, sans s'en douter, des preuves contraires à la thèse qu'il se propose d'établir. Tout ce qu'il rapporte seroit bon à citer : cependant, pour être concis, je m'en tiendrai à ce qu'il y a de plus important dans son récit.

« Les didelphes mettent bas, non des fœtus, mais des corps gélatineux, des ébauches informes, des embryons sans yeux ni oreilles ; la bouche de ces embryons n'est point fendue. Nés de parens gros comme des chats, ils pèsent, à leur première apparition, un grain, d'autres quelque chose de plus, et sept ensemble, dix grains au total. Barton a détaché un de ces embryons pesant neuf grains, sans que cela eût donné lieu à une plaie, et d'abord à du sang répandu : il contredit en ce point un fait avancé par Pennant, et d'autres Anglois : quinze jours de développement dans le *nouveau domicile*, expression imaginée par Barton pour donner la vraie valeur de la bourse ; quinze jours de développement suffisent pour amener les petits au volume d'une souris. Ils ne quittent les mamelles qu'arrivés à la taille du rat : puis ils les reprennent à volonté, étant alors nourris des deux manières, et par le lait de leur mère, et par ce qu'ils trouvent et peuvent déjà manger. Pour que cette ébauche naissante et vivante puisse fournir aux actes de son développement, il faut, et il arrive que les organes de la digestion et de la respiration soient dans une harmonie parfaite ; aussi les narines sont-elles dès l'origine largement ouvertes, et elles deviennent par conséquent les premières voies que suit l'air qui se rend aux poumons. L'es-

tomac d'un jeune pesant quarante-un grains, étoit considérablement distendu et dilaté par une matière blanche et laiteuse ; celui d'un plus jeune contenoit au contraire un liquide
transparent et sans couleur. »

« Les yeux se montrent ouverts après cinquante ou cinquante-
deux jours d'existence dans la bourse ; les tétines sont alors
quittées et reprises successivement ; le poids d'un petit est,
après soixante jours, de 551 grains. Ce qui surprit beaucoup
Barton et lui causa une grande joie, fut de rencontrer une
femelle qui suffisoit à la fois à deux portées, l'une tirant à sa fin
et l'autre venant à commencer. Cette mère nourrissoit sept petits déjà gros comme des rats. Assez forts pour vivre d'alimens
solides, ceux-ci recouroient encore aux tétines pour y puiser du
lait ; mais tout à coup la bourse se ferme, parce qu'elle étoit devenue le *nouveau domicile* de sept autres petits, du poids chacun
d'un à deux grains. Cependant la première portée n'est point
privée des soins de cette mère constamment affectionnée, atten-
tive pour tous. Sa surveillance s'étend toujours sur sa famille déjà
élevée. Elle lui continue son cri de rappel : elle la rassemble
sur son dos, et la dérobe au danger en l'emportant sur la cime
des arbres. »

« De tous ces faits et dans sa première lettre, Barton conclut
qu'on peut distinguer deux sortes de gestation, l'une qu'il appelle *utérine* et qu'il estime être de vingt-deux à vingt-six jours,
et l'autre, la gestation *marsupiale*, qui commence depuis l'entrée
de l'embryon dans la bourse. Celle-ci seroit la plus importante
physiologiquement parlant ; car la bourse, ajoute-t-il, est vraiment un second utérus et le plus important des deux. »

Dans l'intervalle de la publication de ses deux lettres, Barton
est informé que sir Everard Home avoit anciennement donné
un mémoire sur la génération des kanguroos, et qu'entre autres
considérations curieuses, ce savant avoit publié, dans la
deuxième partie des Transactions Philosophiques, pour l'année
1795, ce fait remarquable : *les fœtus des animaux à bourse ne
laissent apercevoir aucune trace de cordon ombilical.*

« Barton se met en devoir de vérifier, sur de petits opossums
dans la bourse, ce point de fait qu'il trouve exact. Il suppose
qu'il découvrira ce cordon ombilical sur des individus de la
gestation utérine ; mais ses recherches ne lui procurent point

l'occasion de voir un fœtus dans l'utérus, et se livrant à des conjectures théoriques, il propose de rapporter le mode de génération propre aux didelphes, à celui des reptiles et des poissons qu'il croit aussi dépourvus de cordon ombilical. » Enfin il fournit un dernier renseignement pour l'opposer à cette assertion de Camper, que l'homme seul est capable de se coucher sur le dos : « Cela arrive fort souvent à la femelle de l'opossum, dit Barton, surtout quand elle a des petits. Couchée sur le dos, elle touche, quand il lui plait, tous les points des parois intérieures de sa bourse, avec l'extrémité de son vagin, et elle peut ainsi au moment de la mise bas y verser ses petits sans recourir ou à un ongle, ou à l'un de ses doigts. »

M. Cuvier qui, pour son ouvrage classique, le Règne Animal, etc., a rédigé en 1817 les généralités de la famille des marsupiaux sous l'influence des idées physiologiques admises jusqu'alors, s'autorise, comme l'ayant porté à ne rien changer à ce système, des observations précédentes de Barton et de celle-ci en particulier : *la gestation dans l'utérus est de vingt-six jours.* Cependant Barton n'auroit, je crois, énoncé cette proposition, que dans un sens restreint et limité aux termes d'une théorie propre, *gestation utérine* et *gestation marsupiale;* et de plus cette expression de *gestation* qui emporte avec elle une idée très-complexe et étendue à un si grand nombre de phénomènes distincts, dont l'acception est fixée par les considérations de l'anatomie humaine, pourroit-elle être justement appliquée à des êtres dont il est dit, *qu'ils naissent dans un état de développement à peine comparable à celui auquel des fœtus ordinaires parviennent quelques jours après la conception?* Règn. Anim., tom. 1, p. 169.

M. de Blainville revient l'année suivante sur ces considérations. Voyez son article *génération et fœtus des didelphes*, dans le Bulletin des Sciences, 1818, p. 24. Des fœtus sans trace de cordon ombilical, qui ont déjà les narines largement ouvertes, et les poumons très-développés, portent à la conjecture qu'ils sont distingués par un autre système d'organisation. M. de Blainville vérifie les faits de Barton, et les trouve exacts. Les considérations anatomiques suivantes lui en paroissent le complément : « Quelques soins qu'il y ait apportés, M. de Blainville n'a observé ni veine, ni artères ombilicales, ni ouraque, pas même de ligament suspenseur du foie; la glande du thymus manquoit aussi et les surénales étoient d'une petitesse extrême. En thèse générale, ajoute l'auteur, on ne trouve presque aucune des dispositions du fœtus des autres mammifères, c'est-à-dire celles d'où dépendent la circulation et la respiration. »

De ces faits, M. de Blainville conclut à peu près comme Barton : « Il y a deux sortes de gestation, l'une *utérine* et l'autre *mammaire*, ces deux sortes de gestation agissant différemment, et se suppléant l'une par l'autre. » Chez Barton le mot de *gestation* étoit clair ; il s'appliquoit à l'existence simultanée de l'utérus et de la bourse, à l'idée de ces deux *domiciles*, en dedans desquels quelques phénomènes qui n'étoient pas entièrement produits dans l'un trouvoient à s'achever dans l'autre. Chez M. de Blainville, et il s'en explique d'ailleurs positivement, son idée de *gestation utérine* et de *gestation mammaire* ne s'étend qu'à l'action différente des modes de nourriture. « Dans les mammifères, dit-il, le fœtus, avant d'arriver à se nourrir d'une manière indépendante, est susceptible de tirer de sa mère sa nourriture dans deux endroits distincts et de deux manières différentes, c'est-à-dire d'une part, dans l'utérus, du sang, au moyen du système vasculaire ; et de l'autre, aux mamelles, du lait, au moyen du canal intestinal : et de plus les deux nutritions sont quant à leur durée respective dans un rapport inverse chez les divers animaux. « M. de Blainville applique l'esprit de cette généralité aux animaux à bourse. Il conçoit qu'une des deux nutritions puisse être entièrement supprimée : « Si c'est, dit-il, la nutrition utérine, il se peut que cette essentielle modification donne les animaux à bourse, et que, si c'est au contraire la nutrition mammaire, il en résulte des mammifères sans mamelles, qui seroient les *monotrèmes*. Qu'un animal puisse naître, par une nutrition mammaire, organisé comme un *sujet à terme*, cela forme une conjecture hardie, ou du moins bien difficile à concevoir ; et aussi M. de Blainville ne s'y arrête pas absolument, bien qu'il donne encore à cette idée une nouvelle consistance, en admettant à la fin de son article que le fœtus passe peut-être directement de l'utérus dans la poche, observant que le ligament rond, dont on ne connoît pas l'usage dans les mammifères ordinaires, pourroit en être le moyen. »

Frappé aussi pour mon propre compte de tout le vague qui régnoit dans la science au sujet des animaux marsupiaux, je

publiai en mars 1819 (Voyez *Journal complémentaire du Dic-*
tionnaire des Sciences médicales , tom. 18, p. 1) un mémoire
sous ce titre : *Si les animaux à bourse naissent aux tétines de leur*
mère? Mon but avoit été de porter les personnes éclairées qui,
placées dans les Indes ou en Amérique, s'intéressent aux progrès
de la physiologie, et qui se trouveroient à portée d'entreprendre
quelques recherches, de revoir, sous de nouveaux rapports,
ce qui avoit été vu si infructueusement jusqu'ici. Je me rap-
pelai les instances que fit si souvent auprès de moi le respec-
table comte d'Aboville, pour que je l'écoutasse sans prévention,
et les chagrins que je lui causai en lui opposant des idées scien-
tifiques toutes faites, mais qu'avec une bonté parfaite, il
m'observoit n'avoir pourtant été généralisées que sur des animaux de conditions bien différentes, et qui ne répondoient pas
à ses données. J'ai enfin porté une attention sérieuse sur la marche
des esprits. Des observations nouvelles avoient déjà rectifié
d'assez graves erreurs. On avoit cru d'abord que la bourse étoit
un véritable utérus; mais les anatomistes n'avoient renversé ces
témoignages *de visu* que sur une seule remarque improbative.
Les anatomistes revenoient à la charge, et dans ces derniers
temps c'étoit pour déclarer que décidément de grandes diver-
sités plaçoient les marsupiaux hors des règles communes. Cependant, ces anciens témoignages *de visu* , nous ne les avions
rejetés que parce que nous les avions jugés contraires à l'analogie. En sera-t-il aujourd'hui comme au jour des premières
insinuations relatives à la chute des aérolithes? et pour croire
à ces singuliers phénomènes , ne faut-il aussi que les concevoir?

Je ne voulois dans mon mémoire de 1819 qu'éveiller l'attention; car enfin il falloit sortir du cercle des impossibilités où
l'on se trouvoit renfermé. Je descendis sur les animaux des
classes inférieures; et des vues plus étendues sur la *génération*,
qu'ils me procurèrent, en devenant de plus en plus applicables
aux marsupiaux, ont eu pour résultat d'éclairer un champ
d'observation plus limité. Sans préjugés présentement, j'ai
multiplié les faits par des recherches, et ces recherches m'ont
à leur tour convaincu que tant d'observations et d'opinions en
apparence inconciliables, n'attendoient, afin d'être appréciées
à leur vraie valeur et d'être liées par des rapports inaperçus,
qu'une de ces idées fondamentales qu'il ne faut souvent qu'é-

noncer, pour qu'autour d'elle arrivent comme d'eux-mêmes se ranger tant de travaux incomplets, dont l'incohérence avoit frappé tous les esprits.

Je n'ai, dans ce qui précède, cité des faits que sur le témoignage d'autrui. Je vais dire présentement comment ces faits me sont devenus propres, tant par l'attention que j'ai apportée à les revoir et à les multiplier, que par l'intime conviction qu'ils m'ont procurée.

1.° *Sur la bourse.* Ce n'est point à l'égard d'une femelle adulte une cellule d'une capacité donnée à toujours. M. d'Aboville l'a vue s'accroître sous l'influence des phénomènes de la génération : j'ai de plus moi-même observé ses grandeurs respectives dans des femelles d'une même espèce. Elle est petite dans les *vierges*, grande à l'excès quand les petits vont cesser d'adhérer aux tétines, et d'une étendue moyenne dans l'époque suivante : celle de l'allaitement. Ainsi la bourse n'est pas seulement un *second domicile* sans ressort, ni activité ; c'est une vraie poche d'incubation s'étendant peu à peu et acquérant de plus en plus du volume, comme il arrive de faire à tout autre *domicile à fœtus.* On a donc bien pu dire d'elle, pour donner l'idée et la mesure de sa fonction, *c'est un second utérus et le plus important des deux.*

Cependant la bourse est extérieure, et entièrement formée par la peau et son panicule charnu. Sa composition est des plus simples ; car ce sont ou des rides longitudinales de chaque côté, ne donnant lieu qu'à une bourse foiblement esquissée, dans un état tout-à-fait rudimentaire, comme chez les *didelphis* du sous-genre *Micouré*, tels que les marmoses, les cayopollins, les *brachyura*, etc., ou ce sont des replis amples et bridés autour d'un point central ; point fixe qui oblige les replis à s'étendre circulairement et à se confondre en un large rideau. La glande mammaire, placée au centre de la région du bas-ventre, devient par ses adhérences avec la peau et son immutabilité, le point qui commande tout le reste. Tout autour, la peau se fronce, se replie sur elle-même et se prolonge en bord saillant, peu par devant, considérablement en arrière et moyennement sur les côtés.

Cependant pourquoi cette extension inaccoutumée du derme ? qui le porte à se plisser ? qui produit ce nouvel ordre de choses ?

Toute la question des marsupiaux est là ; mais d'une autre part c'est la reporter sur la considération des artères, qui sont les agens de toute production organique. On sait qu'ainsi qu'existent les vaisseaux nourriciers, sont nécessairement les organes qu'ils forment et qu'ils entretiennent. Comme il n'est qu'une somme de nourriture artérielle à dépenser, s'il y a plus proportionnellement dans un lieu, il y a moins à distribuer ailleurs. Notre loi du balancement des organes est fondée sur ce principe.

Or, par rapport à la distribution des artères, il est divers arrangemens dont quelques uns donnent aux marsupiaux d'assez grands rapports avec les oiseaux. La principale modification est qu'on ne trouve point de mésentérique inférieure à l'aorte abdominale (1). Chez les oiseaux, cette principale artère est reportée en arrière des iliaques ; mais chez les marsupiaux, elle manque entièrement.

Les conséquences d'une pareille combinaison sont que, depuis la région des reins jusqu'au rectum, il n'est aucun rameau de l'aorte abdominale qui, sans que rien ne l'en détourne, ne soit employé à concourir à l'œuvre de la génération. Dans les mammifères, autres que les marsupiaux, la mésentérique inférieure (2), puisant au milieu de ces sources de vie, d'autres et de derniers élémens à reporter sur le canal intestinal, est une cause, sinon de trouble, du moins d'affoiblissement pour les produits de la génération. Chez les marsupiaux, au contraire, et chez les oiseaux, où tous les dérivés de l'aorte abdominale sont similaires et s'emploient sans interruption à produire le même résultat, ces branches, que n'affectent ni distraction, ni contrariétés, s'en ressentent par plus de facilité dans leur jeu ; d'où il arrive encore que ce n'est pas seulement

---

(1) C'est aussi un autre arrangement pour la mésentérique supérieure, qui ne naît pas directement de l'aorte. Un tronc unique fournit quatre rameaux : la cœliaque, la mésentérique supérieure, l'hépatique et un fort petit rameau, celui de la diaphragmatique.

(2) Si les conditions marsupiales tiennent en effet à la seule absence de cette artère, il suffira d'en lier le principal tronc sur une jeune femelle de chien ou de chat, pour faire, avec ces carnassiers, de nouveaux genres d'animaux à bourse.

l'énergie de leurs fonctions qui est accrue, mais que chaque partie cède à une sorte de réaction, dont l'effet est de déterminer à son profit plus d'activité dans le développement et plus d'augmentation dans le volume.

Un autre arrangement d'une influence tout aussi grande, est la région élevée du point de partage de l'aorte abdominale. On sait que l'aorte se divise toujours à la hauteur de la crête des os des îles. Comme le bassin a plus de longueur chez les marsupiaux, cette circonstance place effectivement plus haut la terminaison de l'aorte: les branches iliaques, en descendant, font un angle sensiblement plus aigu, et le sang est, pour cette raison, plus entraîné dans la mère-branche, c'est-à-dire dans l'iliaque, se prolongeant en artère crurale. Un troisième rameau, d'un calibre également considérable, est celui de la sacrée moyenne: la queue forte et prenante des didelphes en est le résultat.

Chez l'homme, l'iliaque primitive se partage en deux troncs qu'une presque égalité de volume a fait juger de mêmerang, et a fait appeler du même nom, iliaques secondaires, savoir : *iliaque externe* et *iliaque interne* ; l'iliaque interne devient l'*hypogastrique*, après avoir fourni un assez fort rameau, l'*iléo-lombaire*. Son volume en est peu diminué, de sorte que l'hypogastrique reste un tronc puissant, à gros calibre, et dans lequel s'engage une grande masse de fluides nourriciers.

C'est très-différent chez les marsupiaux ; et, en effet, de ce que les iliaques primitives y naissent de plus haut, il suit que l'artère crurale à partir de l'iliaque primitive forme une mère-branche qui n'a plus que de fort petits rameaux sur les côtés : les premiers qui se présentent et qui naissent exactement du même point, l'un à droite et l'autre à gauche; c'est en dehors l'iléo-lombaire, et en dedans l'hypogastrique. Ces deux artères forment le pendant l'une de l'autre par la distribution de leurs principaux rameaux, mais surtout par l'égalité de leur volume. Ainsi, l'hypogastrique si grosse chez l'homme, qu'elle est l'une des deux bifurcations de l'iliaque primitive et qu'elle est ainsi la congénère de la crurale, est donc infiniment restreinte chez les marsupiaux. Or c'est, comme on le sait, de l'hypogastrique que proviennent les artères *utérines* et *vaginales*.

Les utérines et les vaginales, qui ne sont que des ramuscules de l'hypogastrique, fournissent des cimes capillaires à leurs organes : diminuées sensiblement de calibre, elles suffisent à les nourrir, mais elles ne sont plus capables de détourner à leur profit les principaux afflux du sang. Dans ce cas, et n'est-il plus d'activité vers les artères utérines? l'organe sexuel est tout à coup privé de cette action dérivative et consommatrice d'une nourriture en excès, laquelle tourmente les voies génitales durant les périodes de l'amour. Le sang en excès ne trouvant plus praticables ces voies d'écoulement, s'ouvre un autre passage. Mais qu'on ne croie pas à un désordre infini. Il n'est là rien donné au hasard. L'artère crurale est gênée au pliant de la cuisse sur le tronc : c'est alors sur les rameaux qui se trouvent en ce lieu que cette surabondance des fluides nourriciers se porte. Ainsi, le choix de l'artère est déterminé à l'avance : c'est donc un ordre nouveau ; c'est un système toujours et également régulier ; ce sont les élémens d'une nouvelle famille que nous avons à faire connoitre.

Quand, dans les mammifères ordinaires, l'artère utérine cesse de nourrir, une autre (l'épigastrique) continue à le faire. Celle-là passe donc sa fonction à celle-ci. Dans le premier cas, la surabondance du sang se porte de l'iliaque primitive à son rameau intérieur, de là à l'hypogastrique, et de l'hypogastrique à l'utérine : et, dans le second cas, à son rameau extérieur, et subséquemment à l'épigastrique. Ainsi, l'épigastrique termine, chez les mammifères ordinaires, par une alimentation lactée, ce que l'utérine avoit déjà fait par une alimentation sanguine ; l'épigastrique étant, comme chacun sait, l'artère qui nourrit les mamelles abdominales. C'est donc par une sorte de nécessité mathématique, l'utérine étant privée de ses fonctions génératrices, que le sang fera, en employant tout d'abord l'épigastrique, produire à cette artère, chez les marsupiaux ce que la marche progressive de l'organisation lui eût fait produire plus tard.

Une action de certains fluides *impondérés*, émanés du monde extérieur, et la fécondation, portent l'inflammation dans les organes sexuels. L'organe que la première de ces causes met d'abord en jeu est l'ovaire, d'où cette excitation se propage de proche en proche. L'ovaire ayant satisfait à sa destination, c'est dans les cas ordinaires à l'utérus, par les travaux de l'artère utérine, à pourvoir au développement du produit ovarien. Je n'embrasse dans cet article que les faits qui se rapportent à la bourse, et j'admets pour le moment, sauf à en donner la preuve dans la suite, que c'est un ovule qui traverse un véritable oviductus, qui arrive dans la bourse et qui parvient à se greffer aux mamelles. L'inflammation propagée, si l'artère utérine est sans puissance, devient impossible et nulle à l'utérus : elle est donc toute dévolue à l'artère épigastrique. Cependant l'ovule n'en sauroit absorber les effets ; car il ne contient encore qu'un germe imperceptible pour nos sens.* Il faut bien alors que cette inflammation profite à tous les points où se termine l'épigastrique, c'est-à-dire, à la glande mammaire et au derme qui l'environne. Le derme n'en sauroit profiter qu'il ne se développe au-delà de ce qui est nécessaire à sa condition d'organe tégumentaire. L'iléo-lombaire, artère considérable chez les marsupiaux, ajoute à ces résultats, d'une manière que je ne puis dire en ce moment. Ainsi s'expliquent les plis dont la bourse se trouve formée : ainsi s'explique encore l'accroissement de son volume sous l'influence des phénomènes de la génération ; observation qui fait le plus grand honneur à la sagacité de M. le comte d'Aboville.

2.° *Sur l'utérus. La bourse est un second utérus et le plus important des deux*, avons-nous répété après Barton. Mais quoi ! sans le ressort d'une artère utérine, un *utérus*? y a-t-il véritablement une partie qu'on puisse désigner sous ce nom ? cette poche existeroit-elle au moins dans une condition rudimentaire? Cela ne fait point question dans les ouvrages des anatomistes. Loin qu'on y méconnoisse cet organe, on y parle, dans plusieurs, de deux utérus : ce sont deux poches amples, longues et recourbées sur elles-mêmes. « Les animaux à bourse, a dit M. Cuvier, (*Lec. d'Anat. comp.*, tom. 5, pag. 146), nous fournissent des exemples d'une matrice triple ou quadruple, et à la fois compliquée. » Cette même proposition est reproduite dans le *Règne Animal*, etc., tom. 1, pag. 170, ainsi qu'il suit : « La matrice des mammifères marsupiaux n'est point ouverte par un seul orifice dans le fond du vagin ; mais elle communique avec ce canal par deux tubes latéraux en forme d'anse. » Ces tubes avoient plus anciennement été considérés comme les deux cornes de la matrice par Tyson, le premier des anatomistes qui ait écrit sur les parties sexuelles des marsupiaux : mais ces cornes seroient donc placées en deçà de l'utérus? Daubenton rejeta cette détermination, et prit pour ces appendices, plus justement, je pense, deux autres prolongemens situés au-delà. Cependant il ne s'expliqua sur les tubes latéraux qu'en les désignant par la phrase suivante : *Canaux qui communiquent du vagin à l'utérus*. Sir Everard Home, dans sa description du Kanguroo, observa la même réserve. Ainsi dans ce système, qui a généralement prévalu, sont d'abord, un indéterminé à l'égard des *canaux en anse de panier*, puis deux compartimens qu'on suppose parfaitement reconnus, le *vagin* et l'*utérus*. Les marsupiaux auroient donc tout au moins une matrice.

Cette conclusion ne me paroit point à ce moment assez rigoureuse. Dans les travaux d'anatomie comparée, on a passé de l'homme aux animaux, d'une famille à une autre, sans changer de marche, quand les formes devenoient très-dissemblables. Si l'on apercevoit des parties à provoquer le doute, on agissoit plus par discrétion et crainte d'innovation que par conviction : et, parce qu'on trouvoit les moyens d'employer à peu près convenablement les dénominations usitées, on continuoit à s'en servir, sans se douter que la crainte d'une innovation erronée exposoit à d'autres erreurs. Mais enfin il arrive un moment que de plus grandes difficultés arrêtent, que des lacunes dans les déterminations avertissent, et que les dissentimens des auteurs doivent être appréciés. L'utilité d'un travail *ex-professo* est alors généralement sentie. Or, cette révision en ce qui concerne les parties sexuelles des marsupiaux, je l'ai entreprise : c'est en partie l'objet d'un Mémoire imprimé parmi ceux du Muséum d'Histoire naturelle, tom. 9, pag. 438, portant pour titre : *Considérations générales sur les organes sexuels des animaux à grandes respiration et circulation*.

Un des premiers résultats de ce travail est la détermination de ce qu'on avoit pris jusqu'ici pour le vagin. Il n'est point d'animaux où ne soit entre cet organe et le clitoris un compartiment distinct. Les canaux urinaires et les canaux sexuels, c'est-à-dire dans ce cas particulier, le méat urinaire et le vagin, y aboutissent : chez la femme, c'est un emplacement fort étroit, qu'on a cependant remarqué et appelé *fosse naviculaire*; les marsupiaux, aussi bien que les oiseaux, ont très-considérable cette partie , que j'ai appelée *canal urétro-sexuel* : sa grandeur et sa situation l'avoient fait confondre avec le vagin.

Ce point reconnu , on marche sans hésitation sur la déter-mination des deux tubes en anse de panier. Leurs connexions et leurs fonctions nous disent que ce sont deux vagins, l'un à droite, l'autre à gauche. Leur duplicité ne doit pas plus nous surprendre que celle du clitoris et d'une partie du pénis des mâles : chaque vagin reçoit dans l'accouplement sa portion correspondante des pénis; ajoutez à ces considérations que les oiseaux ont également un vagin à droite, et un à gauche.

La portion, où ces vagins, en remontant vers l'ovaire, se réunissent l'un avec l'autre, forme-t-elle une véritable ma-trice ? C'est l'opinion générale ; car c'est bien cela que chacun entend, s'il ne parle que d'un seul utérus.

Avant de nous expliquer à cet égard, reprenons les choses de plus haut. Chez les animaux qui ont le bassin alongé , la ma-trice est très-visiblement faite de trois parties, le corps que j'appelle proprement *uterus*, et de deux longues cornes, que je nomme *ad-uterum*. A l'égard de la femme où les *ad-uterum* sont dans un état minime et rudimentaire , beaucoup moins chez les très-jeunes filles, on n'a pas fait nettement cette dis-tinction; mais les anatomistes vétérinaires l'ont nécessairement admise. Ce sont, pour moi, des organes indépendans : chacun est nourri par une artère propre, les *ad-uterum* par une branche de la spermatique , et l'utérus par une branche de l'hypogas-trique, par l'utérine. Le flux artériel tend à développer l'u-térus; mais celui-ci est entouré et bridé par des membranes. Les lames dont il est formé venant à s'accroître se froncent et se plissent : c'est le même événement que chez les marsupiaux , à l'égard de la bourse. Ces plis circonscrivent des espaces et amènent des resserremens. On dit à ce sujet que la matrice a un ou plusieurs cols; un chez la femme, deux chez les femelles des ruminans.

L'usage de ces cols est un sujet important de considérations. N'obéissant que plus tard au déplissement du sac utérin occa-sionné par le grossissement du fœtus, ils forment l'obstacle qui arrête l'ovule dans l'*ad-uterum*, et qui force cette partie et l'u-térus, au fur et à mesure de leur extension, à devenir une poche d'incubation. L'artère utérine prolonge sa cime terminale du côté de l'*ad-uterum*, l'artère spermatique efférente la sienne du côté de l'utérus ; et du travail réciproque et concerté de ces deux artères résulte la nutrition du fœtus dans le sein de sa mère. Voilà ce qui concerne les mammifères ordinaires.

Les marsupiaux sont dans une condition différente, en vertu des deux considérations suivantes : 1.° l'emplacement où siégent les organes sexuels est proportionnellement beaucoup plus grand : nous traiterons plus bas de ce point. Mais pour le moment la conséquence de ce fait est que rien ne s'oppose aux accroissemens que pourroit prendre la portion du conduit génital, destiné à acquérir le caractère d'un utérus ; 2.° si l'artère utérine est dans un état rudimentaire, il n'y a donc point pour cette partie de gros troncs nourriciers qui la soumettent à des développemens extraordinaires, rien par conséquent qui l'oblige à se plisser ; il n'est donc point de col d'utérus. Voilà ce que donne l'observation directe. Les portions coudées et rentrantes font un sac membraneux, évasé, vide, déjà fort étendu dans les vierges, et qui acquiert chez les mères une capacité portée au triple. Des deux portions dont est formée l'anse, l'une qui naît du canal urétro-sexuel doit être rapportée au vagin, l'autre qui se réfléchit en dedans, à l'utérus ; elles sont assez différentes pour être ainsi distinguées ; car le tissu de l'utérus paroît plus plissé intérieurement et plus fourni de follicules glanduleux. La portion qui naît du canal urétro-sexuel est aussi la seule qui puisse être pratiquée par les pénis ; mais cependant il faut convenir que ces deux portions se continuent si exactement l'une dans l'autre qu'on peut dire qu'elles forment un seul et même canal. C'est de même chez les oiseaux et de même aussi chez les lapins. Le corps de l'utérus, en s'étendant en longueur, s'y confond avec le vagin.

Jusqu'à ce moment j'ai évité de parler d'un seul utérus, pour placer ici la remarque suivante. Daubenton a vu les parties utérines à droite et à gauche confondues sur la ligne médiane ; mais, en y apportant son exactitude ordinaire, il a eu le soin d'indiquer chez le sarigue (*Hist. nat. g. et p. t.* 10, pl. 49, *lett.* S) un raphé qui forme un commencement de diaphragme sur le milieu des deux parties. C'est ainsi dans des femelles qui ont mis bas ; mais c'est tout autrement dans les femelles vierges. Ce raphé est prolongé de part en part et d'avant en arrière, c'est-à-dire que c'est un diaphragme séparant les portions utérines. Ce sont donc deux organes distincts qui se sont greffés en ce point, mais que plus tard les développemens propres à la généralisation accroissent et amincissent au point qu'une perforation vient à s'y pratiquer.

Daubenton décrit le surplus des conduits génitaux se rendant aux ovaires. La détermination qu'il en donne me paroît précise. Il voit là des cornes de la matrice : le tube de Fallope, qui est fort court, se confond avec elles, pour ne former aussi en ce point qu'un seul et même organe.

Cependant ce qui est réuni chez les didelphes est séparé chez les kanguroos : ce n'est plus maintenant d'après mes propres observations, mais d'après celles de sir Everard Home, insérées dans les Transactions Philosophiques, que je rapporte ce qui suit. L'utérus forme un canal unique et alongé entre les deux vagins en anse de panier; au-delà sont les autres parties qui se rendent aux ovaires. Ces conduits sont manifestement partageables et parfaitement distincts en un tube de Fallope, et en un *ad-uterum* ou corne d'utérus : il est là peu de différence de ce que j'ai vu sur l'ornithorinque et sur l'oiseau.

Un résultat, intéressant par sa généralité autant que par sa simplicité, formant la conséquence de ce qui précède, c'est que les appareils sexuels des didelphes seulement, si ce n'est même ainsi chez les kanguroos, forment deux longs intestins génitaux entièrement semblables aux oviductus des oiseaux; à ces différences près, 1.° qu'ils sont réunis et greffés sur un point de leur longueur, à la région utérine, et 2.° que, partagés en compartimens antérieurs et postérieurs, ceux-là sont de beaucoup plus courts que ceux-ci.

Enfin, une dernière conséquence, c'est que les poches utérines sont des canaux seulement : elles ne sont point établies sur le modèle d'un utérus de mammifère : il leur manque pour cela d'être concentrées, ramassées et en partie plissées. L'organe n'éxiste que pour satisfaire à la théorie des analogues, il manque sous le rapport d'une partie de ses fonctions. Point d'obstacle à la sortie du produit ovarien; celui-ci échappe, il s'écoule nécessairement. On exprime ce fait chez les mammifères, en le déclarant un fait d'avortement; l'ovule est expulsé avant que

15.

le phénomène de sa transformation en embryon ait commencé ; mais chez les oiseaux on se contente de dire : *un œuf est pondu.*

Nota Pour que les lecteurs qui s'intéresseroient à ces déterminations d'organes puissent les suivre sans fatigue, j'en place ci-après le tableau comparatif, en mettant en regard les noms que nous leur avons donnés, MM. Daubenton, Home et moi. Daubenton a publié son anatomie du sarigue dans l'ouvrage qui lui est commun avec Buffon, tom. 10, et sir Everard Home dans les Transactions Philosophiques pour l'année 1795. J'engage à consulter les figures dont ces maitres de la science ont enrichi leurs mémoires.

DAUBENTON.	S. E. HOME.	GEOFFROY S. H.
Sarigue, tom. X.	*Kanguroo*, Tr. 1795.	*Didelphe de Virginie.*
Vagin............	Vagin.............	Canal urétro-sexuel.
Canal en anse de panier, communiquant du vagin à l'utérus......	} *Ibid*............	Vagin.
Utérus (dernière portion du canal précédent)............	} *Ibid*	Utérus, comme lieu et non comme fonction : à quelques égards, suite du vagin.
Corne de matrice.....	{ Tube de Fallope (portion utérine)......	Corne de matrice (ad-uterum).
	{ Tube de Fallope (portion ovarienne......	Tube de Fallope.
Ovaire............	Ovaire.............	Ovaire.

3.° *Sur les os marsupiaux.* Les tiges osseuses, qui s'élèvent des pubis, qui forment sur le devant comme une seconde paire d'os des iles, et qui sont mobiles à la manière d'un pivot, ont de tout temps été remarquées. Tyson qui les voit intervenir chez les marsupiaux en même temps que la bourse, les donne à celle-ci quant aux fonctions, et les nomme *marsupii janitores.*

L'apparition simultanée de la bourse et de ces os tient à une circonstance d'organisation très-singulière et dont je ne sache pas qu'on se soit aperçu. C'est le développement d'une région,

dont on n'a jamais bien compris l'objet, parce que dans l'espèce humaine, elle y est concentrée. Cette région porte, chez la
femme, le nom de *mont de Vénus*. Chez les animaux à bourse,
c'est un champ plus espacé, une localité agrandie au profit
des organes sexuels; deux très-petits rameaux, partant de l'origine de l'artère épigastrique, nourrissent comme à regret chez
la femme ce monticule, dont la dénomination bizarre a jusqu'à
présent fait tout l'intérêt. Les follicules et les poils qui abondent
en ce lieu sont les derniers efforts d'artères restreintes, rudimentaires là et ailleurs rameaux considérables. Ces deux artères
auxquelles j'ai déjà proposé de donner le nom de *marsupiaire
profonde* et *marsupiaire superficielle* (Mémoires du Mus. tom. 9,
pag. 404), sont, chez les animaux à bourse, de forts rameaux.
Ils naissent directement de la crurale un peu en avant de l'épigastrique : se bifurquant dès l'origine, ils vont former, développer et nourrir tout le plastron antérieur du bassin, savoir :
les os marsupiaux, les muscles pyramidaux (triangulaires sous
leur nouvelle forme), le derme et toutes les dépendances de
la bourse.

Le ligament rond chez la femme a ses dernières racines implantées sur le mont de Vénus; il se prolonge dans les animaux
à bourse tout autant que l'exige l'accroissement de cette région;
et, en envoyant ses dernières racines à la glande mammaire, il
lui sert à elle-même de ligament : mais, de plus, le ligament rond
se couvre de fibres musculaires qui paroissent reproduire en ce
lieu le muscle crémaster du cordon spermatique des mâles.
M. Duvernoy a proposé (Anciens Bull. de la Société philomathique, n.° 81, frimaire an XII) d'appeler ce muscle iléo-marsupial : il en a donné une excellente figure, le montrant sortant
par un bout de l'anneau inguinal, et allant se perdre de l'autre
par trois digitations sur la glande mammaire et sur les segmens
de celle-ci. Il n'a manqué à cette esquisse pour être complète
qu'un filet sur sa longueur qui fasse connoître le cours de l'artère épigastrique. Cette artère forme un rameau isolé, et se
compose particulièrement de la même subdivision qui se porte
chez l'homme sur le cordon spermatique, et qui s'en va nourrir
les enveloppes du derme et son épanouissement en scrotum.
L'analogie se soutient donc du mâle à la femelle, aussi bien en
ce point qu'à tous autres égards.

Les plis du derme dont nous avons dit que la bourse étoit un produit ne sont pas engendrés uniquement par l'artère épigastrique : elle admet à y concourir quelques ramuscules latéraux, réservant sa cime pour la glande mammaire. Sur ces ramuscules arrivent avec bien plus d'efficacité des rameaux de la marsupiaire superficielle et de l'iléo-lombaire : et de l'action concertée et réciproque de ces vaisseaux résulte un développement extraordinaire du derme, lequel fait poche alors, tout aussi bien chez les mâles que chez les femelles ; chez les mâles pour être la *poche sortante*, ou le scrotum des testicules, et chez les femelles, pour devenir une *poche rentrante*, ou la poche d'incubation des embryons. ·

On s'est beaucoup étendu sur les usages des os marsupiaux : sans doute que la position qu'ils prennent favorise ou contrarie les actes propres à la bourse ; placés entre des muscles, dont les uns les écartent, et d'autres les rapprochent, retenus et oscillant sur le pubis, ils agissent comme un rayon de cercle. Leur objet, comme celui de leurs muscles, sont de laisser les viscères abdominaux libres de toutes pressions et la bourse abandonnée à la restitution, s'ils sont écartés l'un de l'autre ; et au contraire ils pressent les organes abdominaux d'une part, comme d'autre part ils serrent la glande mammaire pour la porter en devant, s'ils sont ramenés sur ses bords.

M. Duvernoy leur a cherché un usage pour le moment de la mise-bas : ce seroit, dit-il, de servir de poulie de renvoi à l'égard du muscle iléo-marsupial (notre crémaster) ; mais il faudroit admettre pour cela que, pendant que dure la ponte, les os marsupiaux s'éloignent l'un de l'autre ; ce qui favoriseroit l'agrandissement de l'arc de renvoi : quand au contraire ils secondent merveilleusement la mise-bas, en se rapprochant ; car alors toutes les masses musculaires de l'abdomen entrant en jeu, et serrant fortement le bas-ventre, les organes génitaux, et principalement le canal urétro-sexuel, sont contraints à descendre vers le fond du bassin ; cette pression persévérant de plus en plus, le canal urétro-sexuel sort, en se retournant comme un doigt de gant, et s'en vient porter dehors l'entrée même des vagins. L'effet de ces contractions générales et en particulier du muscle pyramidal (nommé triangulaire dans ce cas-ci), est d'obliger les os marsupiaux à se rapprocher : la

glande mammaire est au milieu d'eux ; elle ressent leurs efforts, et n'y échappe qu'en se portant en devant. C'est aussi
au même moment qu'agissent les muscles crémasters, tirant la
bourse chacun vers son anneau inguinal : ils l'entraînent dans
la diagonale de leurs efforts, c'est-à-dire qu'ils l'abaissent et
qu'ils la portent sur le vagin. M. Duvernoy a très-bien exposé
ce mécanisme. Ainsi s'exécute ce que Barton (1) a raconté d'a-
près ses propres observations. Le vagin , qui a la faculté de
toucher toutes les surfaces internes de la bourse , a par conséquent, et à plus forte raison, celle d'y déposer les produits
accumulés dans l'oviductus. C'est une chose dont j'aurois pu
douter, malgré l'assertion formelle de ce célèbre médecin, si
je ne savois pertinemment aujourd'hui, pour l'avoir bien des
fois expérimenté , que c'est le devoir de tout canal urétro-
sexuel de s'employer à amener dehors, tantôt le méat vagi-
nal , et tantôt le méat urinaire. Le rectum des oiseaux, bien
plus reculé dans l'abdomen, agit de même, et réussit également à porter dehors son extrémité.

4.° *Sur l'évolution des germes.* J'ai enfin abordé en 1819 la
question tant controversée, *si les petits des animaux à bourse*
naissent *aux tétines de leur mère.* Ces petits y sont *formés*, et ils
y *naissent,* ont dit d'anciens observateurs ; expressions données
comme synonymes, et qui n'ont pas cependant la même valeur. Partageant une autre opinion, et voulant s'exprimer
différemment, M. Cuvier a dit (Règne Animal, etc.) que « les
petits des marsupiaux *naissent* dans un état peu différent des
fœtus ordinaires quelques jours après la conception, qu'ils
sont incapables de mouvement, qu'ils montrent à peine des
germes d'organes, et qu'en cet état ils s'attachent aux mamelles de leur mère. » Le mot *naître* dans ces phrases n'a plus
un sens nettement défini. Nous n'avons d'idées faites, et par
conséquent de termes qui les expriment, que pour trois modes

---

(1) Barton seroit parvenu depuis la publication de ses Lettres à observer les pontes des didelphes : il auroit vu le vagin lancer directement
dans la bourse les corps gélatineux et pisiformes, visibles plus tard à
l'extrémité des tétines. Cette observation m'est communiquée par notre
célèbre et profond botaniste, M. Turpin, à qui Barton l'a plusieurs fois
dite et rapportée à Philadelphie.

de génération. Ces idées sont énoncées par les mots *ponte*, *avortement* et *naissance*. Ponte se dit pour un corps organique séparé du tronc qui l'a produit, avant de vivre, mais devant vivre et *naître* un jour ; *avortement*, pour un corps organique, qui se développoit au sein de sa mère, et qui quitte violemment et intempestivement ce *domicile* ; et *naissance*, pour un être qui, s'étant formé dans le sein maternel, et qui, y ayant déjà vécu d'une certaine manière, est produit à la lumière , c'est-à-dire, qui quitte à un moment préfixe cet ancien domicile pour passer dans un autre, dans le monde extérieur ; et encore, ces trois modes de génération se réduisent-ils réellement à deux, puisque l'un, restant improductif, ne sauroit être placé sur la ligne des deux autres. L'idée d'avortement emporte nécessairement celle d'animaux non viables.

On ne sait pas encore bien au juste quel est, aux premières journées de leur apparition aux mamelles, le degré de développement de ces *ébauches informes* (Barton), de ces *bosses claires* (Roume), que, par une anticipation fâcheuse sur la connoissance des faits, on déclare être des petits : s'ils ne jouissent encore que d'un état de développement à peine comparable à celui auquel des fœtus ordinaires parviennent quelques jours après la conception, fait consigné dans la science, s'ils ne montrent ni membres ni organes extérieurs, ils ne sont donc point formés ; ils ne vivent pas : ils ne sauroient *naître* dans l'acception vraie de ce mot. Ils seroient donc dans un état fort rapproché de l'œuf pondu ; mais cependant ce n'est pas un corps organique, entièrement détaché comme est l'œuf du corps producteur : qu'est-ce donc, les mots *ponte* et *naissance* ne lui allant pas ? De ces conséquences on se porte au pressentiment de la possibilité d'un troisième mode de génération. C'est donc une idée nouvelle à acquérir, et la science auroit dû reconnoître à ce moment qu'elle étoit tout aussi dépourvue autrefois des moyens de l'observation que de ceux du langage, pour rendre ce qu'il lui falloit apprendre.

Cette idée à acquérir est depuis long-temps l'objet de mes recherches : mais au moment que j'essayai de déterminer à quelle époque du développement des mammifères ordinaires pouvoient correspondre les formations apparoissant périodiquement dans la bourse des marsupiaux, je m'aperçus d'une

nouvelle lacune dans la science, ces degrés n'y paroissant
point mesurés avec précision. On reconnoit, il est vrai, comme
s'appliquant à de premières époques, quatre états successifs,
œuf, *embryon*, *fœtus* et *nouveau-né*: mais y a-t-il d'autres degrés
intermédiaires? et, pour ceux-là même, connoit-on des caractères exacts qui en donnent une rigoureuse définition?

Je ne pouvois demander ces documens à une seule espèce,
et encore moins à une espèce de la classe des mammifères: les
développemens et métamorphoses des produits génitaux s'y
poursuivent avec trop de rapidité dans les commencemens,
pour pouvoir être saisis et suffisamment bien constatés; mais
choisissant mes sujets d'observation parmi les animaux, où
chacune des premières époques est marquée par des intervalles d'une assez longue durée, par des crises organiques et
par la métastase des produits, j'ai pu embrasser tous les faits
qui établissent la marche des développemens par périodes
graduées et distinctes.

Or, voici ce qu'on observe chez les ovipares. Chaque année
l'artère spermatique reprend son service par une domination
qui lui soumet de nouveau toutes les forces organiques; c'est
d'abord en reproduisant l'ovaire et en augmentant son tissu
glanduleux ou parenchymateux, puis en produisant de petits
corps ronds, transparens et incolores, et puis enfin par une
alimentation nouvelle, en grandissant ces corps qui, comme
s'ils étoient susceptibles d'une sorte de maturation, deviennent
opaques et jaunes. Quelques anatomistes les ont nommés de
leur couleur, *corpora lutea*. Jusques-là ces ovules (c'est le nom
que je leur donne à ce moment de leur formation); jusques-là
ces ovules sont renfermés dans les membranes propres de l'o-
vaire, et principalement en dedans de sa dernière enceinte,
sac formé par le péritoine. A ce moment de leur maturité, les
ovules sont comme un fruit sur le point de se détacher du tronc
qui l'a nourri. Cet événement rend une crise nécessaire : le
pédicule du fruit rompra, le sac contenant l'ovule se déchirera.
Le fruit et l'ovule tombent ; le fruit pour être moissonné, et
l'ovule, s'il tombe directement dans le monde extérieur
(comme à l'égard des poissons osseux dans le fluide ambiant),
pour passer au moment même à l'état de fœtule : ou s'il tombe
dans l'abdomen (comme chez les oiseaux, les poissons cartila-

gineux, etc.), pour être reçu dans un autre système organique, et d'abord dans le pavillon de l'oviductus.

Maturité, *déchirement*, *déplacement*, tels sont sans doute des caractères évidens pour distinguer un premier âge des produits génitaux. L'ovule est un corps fini, car il est tout ce que l'ovaire pouvoit le faire : il est pondu, ou pour le monde extérieur, ou pour l'abdomen, suivant les animaux chez lesquels on l'observe. L'ovaire continue, non pas d'influencer, mais de produire : car ce n'est plus pour perfectionner ce qui est dans une condition arrêtée, mais pour refaire d'autres ovules.

Après cette première ponte, l'ovule est repris chez les oiseaux et chez les mammifères par le pavillon, conduit dans le tube de Fallope, et conservé un moment dans l'*ad-uterum*. Le passage et le séjour momentané de ce corps dans ces parties de l'oviductus, en irritent la membrane séreuse : le résultat de cette irritation est une sécrétion abondante d'albumine, qui se réunit à l'ovule, et qui forme, autour, ces couches concentriques, dites vulgairement *le blanc de l'œuf*. Cette combinaison de jaune et de blanc, pourvue de ses membranes, constitue un nouveau corps, par conséquent un second âge des produits génitaux. En cet état, c'est un *œuf* : produit dehors, on dit de lui qu'il est *pondu*; mais c'est vraiment pour la seconde fois qu'il quitte la souche originelle.

Cet œuf s'anime sous de premiers efforts de développement : des vaisseaux paroissent de toutes parts ; c'est un *œuf injecté*, ou mieux c'est un *réseau placentaire*, troisième âge des produits génitaux. Dans les actes irréguliers, tous ces vaisseaux sont divergens, et nous avons des produits monstrueux connus sous le nom de végétations animales, de masses charnues et de môles; monstruosités sur lesquelles nous avons présenté quelques nouveaux aperçus dans notre *Philosophie anatomique*, tom. 2, pag. 206 ; ou, au contraire, dans les phénomènes qui se suivent régulièrement, la plupart des vaisseaux viennent converger sur un point, et donnent lieu à des formations d'organes, dont l'assemblage est connu sous le nom d'*embryon*.

Donnons à ce mot une valeur bien déterminée. C'est, je le répète, une réunion de parties où paroissent informes et confusément des organes qui tendent vers une forme précise, et qui, achevés, procéderont à des actes pour produire de nou-

veaux organes. Dans ce cas, un embryon n'est point encore
un être vivant, pas plus que l'œuf dont il provient : si donc
quelque chose présente ici l'aspect d'une organisation vivante,
ce n'est ni l'œuf avant son animation, ni l'embryon qui est
jusques-là un résultat d'organes répandus autour de lui, mais
c'est l'ensemble de vaisseaux qui a joui d'une activité assez
puissante pour coordonner tant d'élémens assemblés; c'est
le *réseau placentaire*. Plusieurs animaux des derniers rangs de
l'échelle, les méduses, nous donnent en réalisation permanente ces combinaisons qui ne sont ici qu'un état intermédiaire. Le réseau placentaire, qui vit pour l'embryon, respire
aussi pour lui. Par conséquent le sang qui arrive sur celui-ci
est artériel et assimilable en raison de son oxigénation : il
profite à l'embryon et pourvoit à son accroissement vers tous
les points de son arrivée. S'il en est ainsi, comptons un quatrième âge pour les produits génitaux : celui que l'existence
d'un *embryon* nous fait connoitre.

Mais que, par une révolution subite dont les phénomènes
n'ont pas encore été examinés, tous les organes de l'embryon,
et principalement son propre organe de la respiration, entrent
en jeu, moment qui dépend de l'achèvement de ces organes, et
surtout de l'élaboration complète de l'organe respiratoire, l'embryon vit par lui-même : mais ce n'est plus l'embryon, c'est le
fœtus. Les vaisseaux placentaires ont perdu les fonctions respiratoires : ils s'en tiennent à une seule fonction, quand auparavant ils en remplissoient deux. Ce n'est plus qu'un appareil
vasculaire, établissant une bouche de succion entre la mère
et le fœtus. Les fonctions respiratoires ont passé aux vaisseaux
du derme, comme plus tard et après la naissance, elles pas-
seront aux vaisseaux du poumon. Le fœtus ne reçoit plus un
sang assimilable, mais du sang veineux, c'est-à-dire une nourriture composée d'élémens hétérogènes, à laquelle il a maintenant les moyens de faire éprouver tous les actes de la digestion, de la nutrition, et finalement ceux de la respiration.
Le fœtus, qui jouit d'une vie parfaite, mais particulière à sa
situation d'être emprisonné, forme un cinquième état ou âge
des produits génitaux.

Un sixième âge est celui de ce même fœtus, lorsqu'il est
produit au jour : c'est, pour ainsi dire, une autre ponte qui

l'apporte dans un nouveau monde, et qui l'y apporte cette fois d'une manière bien autrement remarquable ; cet événement étant caractérisé par des crises plus déchirantes. En effet, les enveloppes placentaires sont forcées et rompues : la bouche intestinale de succion est flétrie et périt ; le derme se rétracte sous l'influence de l'air atmosphérique, et de larges vaisseaux de respiration, atteints par cette rétraction, se changent en capillaires de la peau ; la nutrition est intervertie aussi bien dans son mode que dans son mécanisme ; et le sang, comme les fluides respiratoires de l'air, viennent gonfler et faire jouer les poumons. Le fœtus a perdu ce nom, en se dépouillant de ses enveloppes fœtales, et prend alors celui de NOUVEAU-NÉ , expression que je remplace à l'égard des mammifères par celle de *lactivore*.

J'ai depuis long-temps perdu de vue les animaux à bourse, car tout ce qui précède est une histoire de l'évolution des germes, laquelle embrasse l'universalité des animaux vertébrés; mais l'on doit sentir que j'avois besoin de substituer aux obscurités de la science à ce sujet, quelque chose de moins vague, et surtout que, sans un dictionnaire composé à l'avance de termes définis avec rigueur, je ne pouvois espérer d'être compris en traitant de ce qui concerne la naissance des marsupiaux : tandis que présentement, s'il m'arrive de dire qu'à un moment de leur évolution, ils naissent aux tétines de leur mère, je serai entendu dans le sens où j'aurai conçu cette idée.

J'en viens maintenant à ces animaux, et je vais tenter d'exposer comment j'entends la révolution de leurs âges, leurs successives métamorphoses, et leur diverse apparition en certains lieux. J'embrasserai, par la pensée et les observations d'autrui, dont j'ai plus haut donné un précis, mes propres observations, et tous les faits que les considérations anatomiques et les secours de l'analogie ont pu me procurer. Comme rien ne peut suppléer des observations directes, et que plusieurs données de ce genre manquent toujours à ces déductions, j'en préviens pour que mes jugemens soient reçus avec une juste défiance. Je déclare que c'est à titre de devoir que je me suis résigné à publier ce qui suit. Il n'y avoit moyen d'arriver sur les faits qu'en faisant paroître un programme qui exposât ce qui est acquis et ce qui reste à acquérir. Je me flatte que l'intérêt du sujet excitera le zèle des médecins qui, aux Indes et en Amérique, sont à portée d'examiner des marsupiaux, et qu'ils voudront bien entreprendre d'aussi belles recherches. Cet espoir et la conscience de l'utilité de mon entreprise m'ont fait passer sur la répugnance d'avoir à avancer ici ce qui un jour sera peut-être justement contredit.

Un mode de génération possible à la rigueur, mais non probable, vu la distance des marsupiaux à l'égard des animaux chez lesquels ce mode se rencontre, est la génération gemmipare. Les organes mammaires, en attirant à eux les principales dérivations des troncs artériels, pouvoient acquérir un degré de développement, de concentration et de puissance expansive, capable de produire un ou plusieurs rameaux prolongés, et par suite un système excentrique d'organes, dont le pédicule, venant enfin à se rompre, laissât en dehors du tronc principal un sujet semblable à sa tige originelle. Voilà ce que plusieurs physiologistes ont cru, mais ce qui n'est ni probable ni admissible d'après les faits.

Les femelles des oiseaux produisent des ovules et des œufs sans l'approche des mâles, celles des mammifères seulement des ovules. Ceci nous apprend que l'artère spermatique, obéissant à une excitation intérieure, s'exalte sans autre provocation pour venir verser ses produits dans l'ovaire; glande qui se forme du groupement de ses branches terminales, de l'anastomose (?) d'une partie de ses vaisseaux capillaires. La fécondation qui ne s'exerce que dans l'ovaire et pour l'ovaire, est un phénomène qui joint son effet à des effets produits. Par conséquent la fécondation ni ne cause, ni ne caractérise l'ovule. Fécondé, l'ovule a acquis une condition de plus, la condition qui en excite et favorise le développement : non fécondé, il est réabsorbé, du moment que l'artère spermatique cesse de produire, et retourne à son premier état d'atrophie.

Chez l'oiseau, l'ovule qui traverse un long et large canal sinueux, irrite par sa présence la membrane séreuse de cet intestin. Plus de sang porté à la membrane séreuse, y produit des bandelettes glanduleuses, et celles-ci sécrètent bientôt de la matière albumineuse ; l'ovule s'en recouvre, et, grossissant à la

manière d'une pelote de neige, il devient finalement un œuf.
Il est donc manifeste que ces événemens postérieurs n'ont rien
changé à la nature primordiale de l'ovule ; son unique modification, c'est qu'il est enfermé au dedans de plusieurs couches albumineuses. L'ovule avoit-il été fécondé quand il adhéroit à l'o-
vaire? Les matières albumineuses du tube de Fallope, ont comme
répandu autour de lui un voile léger qui paralyse momenta-
nément l'effet de la fécondation. C'est de la cendre versée sur
du feu : la plus petite circonstance fera cesser l'ajournement
de ces effets de fécondation. Mais dans tous les cas, le liquide
albumineux produit par le tube de Fallope, ainsi que les enveloppes qui le contiennent, sont des conditions propres aux
oiseaux. Ce concours d'événemens peut rester, et, je crois,
reste étranger aux mammifères; d'où vient que je puis dire,
pour donner toute ma pensée à cet égard, que les mammifères ne sont point *ovipares*, mais bien *ovulipares*, en dedans
de la matrice. Ils sautent par-dessus cette formation de l'œuf,
dont nous avons plus haut fait le second âge des produits génitaux. Ceux-ci, passant de suite à l'état de *réseau vasculaire*,
trouvent, dans les sécrétions des membranes séreuses contem-
poraines à l'égard de l'action du développement, assez d'albumine déjà produite pour fournir les élémens des membranes.
On a la preuve de tous ces faits dans les gestations extra-uté-
rines de la femme. Un ovule s'est-il détourné de sa route, il
lui suffit de rencontrer une artère pour se greffer, soit vers
les trompes, soit même au-delà sur un point des surfaces pé-
ritonéales. Or ce n'est certainement pas un œuf, mais un ovule
qui peut s'égarer de cette manière et prendre ainsi racine.

Quant aux marsupiaux, je ne puis voir en eux que des
ovulipares : car ils ont encore moins que les mammifères ordinaires l'organe susceptible d'élever l'ovule par des couches
additionnelles à l'état et au volume d'un œuf, les portions
fallopiennes de leurs oviductus étant très-courtes (dans les
kanguroos) ou presque nulles (dans les didelphes). Leurs
ovules, qui ne sont point arrêtés par une matrice ramassée
sur elle-même et fermée par des cols, sont nécessairement
rejetés dehors, au lieu d'entrer dans des travaux d'incubation à l'intérieur. Mais dans quel état et à quelle époque? Rien
ne peut sur ce point suppléer à l'observation, et il est prudent

d'attendre que celle-ci soit donnée. Cependant l'analogie fait
entrevoir une circonstance : ce ne sauroit être le produit
ovarien sans fécondation ; car les femelles vierges le fournissent comme les femelles imprégnées : la différence des unes
aux autres, c'est que dans celles-ci ce produit est efficace, et
que dans celles-là il est destiné à être, après la saison d'amour,
repris par la circulation. Les ovules qui s'écouleront ne sauroient être que des ovules fécondés : mais comme la fécondation ne leur donne jusqu'à leur parfaite maturité que des
qualités de futur contingent, ce n'est point la fécondation en elle-même, mais les effets de la fécondation qui
peuvent entraîner les ovules. On conçoit que, venant à grossir,
leur accumulation dans les portions (*ad-uterum?*) de l'oviductus qui les contiennent, amènent un entassement doulou-
reux pour ces portions contenantes, et que l'animal cherche
à s'en débarrasser, nous pouvons dire à les *pondre.* Ainsi ce
ne sauroit être des ovules dans l'état de tranquillité et de
maturité, tel que l'indique leur présence dans l'ovaire, mais
des ovules dans un commencement de développement. J'i-
gnore ce qui en est, et je ne fais que donner une supposi-
tion ; ce seroit l'ovule avec réseau vasculaire, l'ovule du troisième âge des produits génitaux.

. L'ovule se greffe à ce moment sur l'un des points de la
matrice chez les mammifères ordinaires ; il n'y auroit de différence à l'égard des marsupiaux que dans le lieu ; la bourse
seroit un organe supplémentaire ; *un second utérus, et le plus
important des deux* (Barton). *Cette gestation utérine* de quatorze
jours, suivant d'Aboville, de vingt-deux à vingt-six jours,
suivant Barton, se composeroit du temps qu'emploient les
ovules pour devenir *réseau vasculaire,* pour commencer cette
première existence, dont les méduses nous présentent une
image, et, comme je l'ai dit plus haut, dont ces animaux,
l'un des derniers chaînons de l'échelle animale, nous fournissent une réalisation permanente. Ainsi, l'on conçoit l'expression de Blumenbach, appliquée à « des êtres apparoissant
dans la bourse, lesquels ne seroient que des *avortons.* » Ainsi
s'expliquent, 1.° l'observation de Roume, reproduite par
d'Aboville, que ce sont d'abord des corps ronds, pisiformes
ou en figue, des bosses claires, où l'on distingue à peine une

foible ébauche d'embryon; 2.° cette autre observation de Barton, que ce sont des corps gélatineux, des ébauches informes. Dans l'hypothèse que c'étoient des fœtus nés, on disoit, sans le comprendre, qu'ils s'attachoient aux mamelles; il est au contraire très-possible et très-naturel que des corps gélatineux, que des ovules injectés se greffent aux mamelles, qui sont les points de la bourse où les artères sont le plus développées.

Le corps gélatineux déjà ouvragé par un tissu vasculaire, cette sorte de méduse, cet avorton pondu dans la bourse, forme le troisième état des produits génitaux. Je ne lui ai pas appliqué le mot de *réseau placentaire*, mais celui de *réseau vasculaire*, parce que je présume que ce réseau s'établit bien différemment et sans doute avec plus de simplicité. La respiration doit de bonne heure s'exécuter dans l'air libre, quand celle des réseaux placentaires puise l'air disséminé dans l'eau. Je me borne à ce simple énoncé pour ne pas anticiper sur les faits, espérant que cet aperçu y appellera l'œil des observateurs.

Ce réseau vasculaire établit l'embryon marsupial sous des conditions bien différentes de celles des embryons utérins; car il s'applique à former, après les appareils circulatoires et intestinaux, les poumons, et en même temps les narines, qui sont alors une continuation des canaux aériens. Le développement de l'organe olfactif, et particulièrement de ses propres tubercules dans le cerveau, s'ensuit nécessairement; mais de plus, une autre conséquence qui en découle pareillement, c'est que le développement anticipé de celui-ci nuit à la formation de l'organe de la vision, l'un des premiers à paroître, comme l'un des plus considérables systèmes du fœtus chez les oiseaux. Barton dit en effet que les jeunes opossums n'ouvrent les yeux que vers le 50° ou le 52° jour de leur entrée dans la bourse, et M. Serres, auquel on doit de si belles recherches sur l'encéphale des animaux vertébrés, m'a communiqué une observation correspondante. Il a vu sur un fœtus de marmose les tubercules nommés *quadri-jumeaux* fort petits; ce qui est exactement le contraire dans les embryons utérins. Un autre fait non moins singulier qu'il a aussi remarqué, c'est l'occlusion *ab-ovo* des yeux par le derme. On sait que chez les fœtus utérins les yeux existent d'abord ouverts, et que les paupières arrivent

et s'étendent dessus plus tard pour les défendre de la lumière
lors de la naissance. Il semble que les yeux, avant de devenir
un organe de vision, soient consacrés à d'autres services, ou
parce qu'ils recueillent certains fluides sécrétés, ou parce qu'ils
établissent une communication de l'embryon avec son réseau
vasculaire ambiant. Voyez, pour le développement de ces aperçus, la note de ma *Philosophie anatomique*, tom. 2, pag. 317.

Après l'état d'embryon arrive l'état fœtal. Le fœtus est tel,
du moment que ses membres apparoissent, mais principalement dès que le poumon est formé, et que les narines se sont
ouvertes et ont donné accès à l'air ambiant.

Quel est le mode de nourriture de ces différens âges ? la
tétine est-elle un cordon ombilical, se continuant par une
liaison non interrompue chez l'embryon jusques dans l'œsophage ? et le fluide parvenu dans l'estomac et l'intestin seroit-
il sécrété par l'œsophage ? par l'estomac ? par l'intestin ? Cet
aliment lui-même ne seroit-il autre que le *mucus*, que ce
fluide quintessencié du système artériel ? Voyez pour cette
théorie qui m'est propre le chapitre du deuxième volume de
ma *Philosophie anatomique*, pag. 288, portant pour titre : *De
la nutrition intestinale du fœtus et de sa très-grande conformité
avec la nutrition intestinale de l'animal adulte.* Un passage de
Barton doit le faire supposer; c'est quand Barton dit avoir vu
dans l'estomac d'un très-petit embryon, un liquide transparent
et sans couleur, observation qu'il oppose à une remarque,
faite sur un sujet moins jeune, pesant quarante-un grains, et chez
lequel l'estomac étoit distendu et dilaté par une matière blanche
et laiteuse. Cet estomac si distendu, si dilaté, me rappelle la
vésicule ombilicale des mammifères, la poche du jaune des
fœtus d'oiseaux.

Barton traite, avec détails, du développement de la tétine :
elle croît en longueur et en diamètre, dans la même raison que
croît l'embryon. Celui-ci y fait naître un appareil de vaisseaux
nourriciers analogues à ceux dont se compose le placenta, mais
adaptés dans ce nouvel ordre de choses, non plus à une ouverture d'une courte durée, à l'ouverture ventrale, dite l'ombilic, mais à un orifice permanent, celui de la bouche elle-même ;
entrée plus naturelle peut-être pour la substance alimentaire,
que celle des fœtus, que nous sommes cependant et si journel-

lement à portée d'observer. « L'embryon forme son mamelon, a dit Barton les plus intimes rapports d'accroissement et de développement existent entre l'un et l'autre. Quand la bouche de l'embryon grandit, le mamelon grossit pareillement : et avec le temps on s'aperçoit que le mamelon n'est plus qu'en partie contenu dans la bouche; on en voit davantage en dehors depuis son insertion à la glande mammaire jusqu'au bord extérieur des lèvres. »

J'ai eu occasion d'étudier les rapports du mamelon avec la bouche, mais dans un jeune sujet libre de tous liens, et revenant téter dans la bourse. C'est un arrangement d'un accord si merveilleux qu'il faut croire qu'une adhérence des deux parties persistantes dans le premier âge en avoit ainsi ordonné. Afin que les deux fonctions de la respiration et de la lactation puissent s'exécuter simultanément, le larynx est terminé par un col évasé dont le pourtour se prononce en une sorte de petit bourrelet; tout cet ensemble est introduit dans les arrière-narines : ainsi le larynx est placé sur le voile du palais. De cette manière, la respiration du jeune didelphe se fait par les narines et le larynx, lorsque la succion de la tétine remplit de lait la bouche et le pharynx. Ce liquide glisse le long du larynx dont le collet forme un ressant qui ménage de chaque côté une très-petite issue pour le trajet de la substance alimentaire. La lactation achevée, le larynx descend sous le voile du palais, les narines deviennent libres; la respiration et la manducation sont comme partout ailleurs des actes nécessairement successifs.

M. d'Aboville a dit du mamelon que, long de deux lignes, il se dessèche après le sévrage, et tombe comme le feroit un cordon ombilical. Il est beaucoup plus long, quand il sert de pédicule pour suspendre le fœtus. C'est à ce moment qu'on peut le regarder comme un véritable cordon ombilical; mais au bout de six semaines la rupture s'en opère; ses vaisseaux, qui se prolongeoient dans le fœtus, s'arrêtent et se terminent dans la glande mammaire. Leur rôle à cette seconde époque, est de nourrir abondamment cette glande, et d'en faire un organe puissant de lactation. Le pédicule de suspension, ainsi réduit à n'être que le vestige d'un riche appareil, prend à ce moment le caractère et la fonction d'une tétine.

Le sang quitte donc une habitude prise pour en contracter une

autre ; mais n'est-ce pas ce qui arrive chez toutes les mères des
mammifères ordinaires, quand elles mettent au jour leurs petits ?
Ces mêmes effets chez les marsupiaux tiennent à de semblables
causes. « Après l'âge de la suspension aux mamelles, a dit Pennant, les jeunes opossums subissent une seconde naissance. »
La proposition de Pennant est rigoureusement vraie, si l'on
admet que leur entrée dans la bourse leur doit être comptée
comme une première naissance. Une première fois nés, quand
ils ne jouissoient encore que de l'organisation des *méduses*, ils
naissent une seconde fois, le jour que leurs yeux sont ouverts,
que leur bouche est fendue latéralement, que le pédicule de
suspension a été rompu, et qu'ils n'ont plus avec leur mère
de rapports que comme lactivores. Un instant auparavant,
c'étoient encore des fœtus, les voilà *nouveau-nés* ou *lactivores.*

A ce moment ils rentrent dans les conditions communes de
tous les mammifères.

Cependant jusqu'à quel point s'en sont-ils écartés ? Ils étoient
déjà nés une première fois, organisés comme des méduses ;
mais tous les mammifères passent par cette existence intermédiaire ; la différence ici, c'est que les marsupiaux naissent méduses dans le second utérus, *la bourse*, et que les mammifères
ordinaires naissent avec ce degré d'organisation dans le premier, la *véritable matrice.*

Telle est la dernière observation par laquelle je termine ce
long paragraphe. On aura remarqué que voilà un bien long
article pour exposer le plus souvent des idées plutôt probables
qu'avérées ; mais l'intérêt du sujet est si grand qu'il fera sans doute
excuser la témérité de cette entreprise. Une génération rappre-
chée de la nôtre, anomale en quelques points, opérant un autre
partage des époques de développement, productive par l'emploi
d'autres moyens, forme sans doute l'un des plus grands spec-
tacles que les considérations anatomiques pouvoient fournir à la
philosophie. Notre champ habituel d'investigation nous a pro-
curé des théories, des règles, qui nous ont à peu près appris
tout ce qu'elles pouvoient nous enseigner. En étudiant au
contraire toutes ces sortes d'irrégularités, nous nous procurons
d'autres sujets de méditation, d'autres bases pour juger différemment ce que nous appelions les cas normaux, des effets

16

nécessaires. La génération est le plus grand fait de la physiologie : s'il nous est donné d'en approfondir les mystères avec plus de bonheur qu'on ne l'a fait jusqu'à ce jour, ce sera, je pense, en suivant pas à pas toutes les observations possibles de ses phénomènes, et plus particulièrement en donnant la plus sérieuse attention aux métamorphoses et aux métastases des produits génitaux dans les animaux à bourse.

Une dernière considération intéresse la zoologie. Comment tant de familles différentes sous le rapport des organes du mouvement et de la nutrition? et comment arrive-t-il cependant qu'une chaine, les maitrisant impérieusement, les enlace et les réunisse en un seul groupe, dans l'ordre unique des *marsupiaux*? Ce ne seroit plus une question problématique ; si la modification principale, qui amène à un centre commun tant d'organisations diverses, tient à la seule absence de la mésentérique inférieure; car on sent que cette cause peut agir fortement dans un lieu, sans affecter bien vivement toutes les autres parties de l'être. (GEOFF. ST.-H.)

MARSUPITE. (*Foss.*) On trouve dans les couches de craie, près de Lewes, à Hurstpoint, près de Brigthon et de Warminster, et dans d'autres endroits de l'Angleterre, un singulier corps fossile, qui paroît dépendre de la famille des échinides, mais qui est d'un genre particulier, auquel Parkinson avoit donné le nom de *tortoise encrinite* (Park., *Org. remains*, vol. II, pl. XIII, fig. 24), et auquel Miller et Mantell ont donné celui de *marsupites* (*Miller a natural history of the crinoidea, Mantell's manuscript on the southdown fossile*, tab. XVI, fig. 6, 10, 14 et 15).

Dans l'ouvrage ci-dessus cité, Miller lui assigne les caractères suivans : Corps libre, subglobuleux, et qui a dû renfermer des viscères, protégés par des pièces calcaires, appuyées sur elles-mêmes. Cet auteur a cru y remarquer des épaules, desquelles ont dû partir des bras, et un espace près de l'épaule qui a dû être couvert par un tégument, protégé par de petites pièces très-nombreuses, dont il donne les figures (pag. 124), ainsi que celle de l'espèce qu'il a décrite, à laquelle il a donné le nom de *marsupites ornatus*.

On voit, tant par les morceaux de ce fossile que nous possédons, que par les figures que nous venons de citer, que ce corps de la grosseur d'un œuf de poule, arrondi par l'un des bouts, et tronqué par l'autre, est composé environ de douze pièces changées en spath calcaire, et qui sont appliquées les unes auprès des autres. Les cinq pièces, qui terminent le bout arrondi, sont pentagones et finement striées; les autres sont hexagones, et chargées extérieurement de cordons rayonnans, dont le centre part du milieu de chaque pièce. Dans la figure donnée par Miller, on voit au bout tronqué cinq proéminences qui indiqueroient qu'au bout de chacune d'elles auroient pu se trouver des bras semblables à ceux des ophiures. La figure, donnée par Parkinson, porte des échancrures aux places où ces bras devroient avoir existé.

D'après ce que l'on voit de ce corps, il est difficile de se faire une véritable idée de ce qu'il étoit à l'état vivant. Peut-être que quelque jour, on se procurera des morceaux plus entiers qui nous le feront mieux connoître. (D. F.)

MARSYAS. (*Malacoz.*) C'est le nom sous lequel M. Ocken, dans son Système général d'Histoire naturelle, 3ᵉ partie, p. 302, a établi le même genre que M. de Lamarck avoit proposé depuis long-temps sous le nom d'AURICULE, qui a été généralement adopté. Voyez ce mot. (DE B.)

MARSYPOCARPUS. (*Bot.*) Necker donne ce nom à la bourse à berger, *thlaspi bursa pastoris*, dont long-temps avant, Césalpin avoit fait un genre sous celui de *capsella*, adopté récemment par Medicus et Mœnch, et caractérisé par la silicule triangulaire. (J.)

MARTAGON. (*Bot.*) Ce nom oriental a été donné par Lobel, Clusius et d'autres à diverses espèces de lis; mais il est resté appliqué plus spécialement au *lilium martagon* des botanistes, dont les pétales sont réfléchis et courbés en dehors. (J.)

MARTE, MARTRE (*Mamm.*), *Mustela*, Linn. C'est le nom latin *Martes*, qui appartenoit à une espèce du genre ou plutôt du groupe très-naturel auquel il est aujourd'hui appliqué comme nom générique.

Ce n'est que dans ces derniers temps qu'on a réuni dans le genre Marte des animaux dont l'analogie d'organisation est réelle. Rai et Brisson y associèrent les mangoustes; Linnæus y réunit les loutres: ce que Gmelin se garda bien de rectifier. Pennant confondit les martes avec une foule d'animaux hétérogènes

et Erxleben, par un hasard heureux, sinon par une raison solide,
associa les gloutons aux martes. Depuis on a diversement ballotté
ces animaux, et nous avons essayé nous-même de les soumettre à
un ordre régulier, et d'établir leurs véritables rapports. Pour
cet effet, considérant que la structure des organes de la mastication et de la digestion sont, chez les animaux carnassiers, dans
des rapports intimes avec le naturel fondamental, et que les différences que ce naturel présente, suivant les espèces, tiennent
aux modifications organiques qui ont pour objet, non de le
changer, mais seulement de varier les moyens de le satisfaire,
nous avons considéré tous les carnassiers pourvus du même
système de dentition que les martes, et non dérivant de ce
système, comme appartenant à une même famille, laquelle
se subdivise en plusieurs genres ou sous-genres, suivant les
différences de leurs autres systèmes d'organes.

Envisagée sous ce point de vue, la famille des martes renferme : 1.° les *putois*, 2.° les *zorilles*, 3.° les *martes*, 4.° les *grisons*, et 5.° les *gloutons*. Nous avons déjà traité des grisons et
du glouton sous ce dernier nom. Nous traiterons dans cet
article, sous le nom commun de martes, des putois, du zorille,
et des martes proprement dites.

LES PUTOIS.

Les espèces de ce groupe, qui se trouvent chez nous,
tels que le putois, la belette, le furet, etc., sont très-propres
à donner l'idée de la physionomie et du naturel qui sont communs à toutes. On n'en connoît point encore dont la taille surpasse celle du putois. Ce sont des animaux minces, cylindriques,
alongés, bas sur jambes, dont le cou est presque aussi gros que
la tête, qui ont une incroyable souplesse, et une rapidité de
mouvemens plus incroyable encore; ils s'introduisent par les
ouvertures les plus étroites, montent aux arbres à l'aide de leurs
ongles acérés, marchent sur l'extrémité des doigts; et lorsqu'ils fuient, c'est une flèche qui vole. Après les chats, ce sont les
plus sanguinaires de tous les carnassiers ; c'est même le sang
plutôt que la chair qu'ils recherchent pour leur nourriture:
ils s'attachent au cou du lièvre qu'ils ont surpris, percent sa
peau de leurs canines aiguës, et malgré sa fuite, s'il est assez
grand pour les entraîner avec lui, ils ne le quittent qu'après

s'être repus et l'avoir épuisé. Leur vie est solitaire et nocturne; c'est lorsque les autres animaux reposent qu'ils tentent de surprendre leur proie; et c'est aussi durant la nuit qu'ils cherchent à satisfaire les besoins de l'amour. Les uns vivent près des habitations, les autres dans le voisinage des forêts, quelques uns près des rivières, et ceux que nourrissent les régions septentrionales, couverts d'un pelage fin et épais, fournissent au commerce des fourrures très-recherchées. On a déjà trouvé des putois dans toute l'Europe, dans le midi comme dans le nord de l'Asie, dans les provinces du nord de l'Afrique et dans l'Amérique septentrionale.

Leurs caractères organiques sont tout-à-fait en rapport avec leur naturel. Leur système de dentition consiste en six incisives, deux canines et huit mâchelières à la mâchoire supérieure, et en six incisives, deux canines et dix mâchelières à l'inférieure. Les incisives et les canines n'offrent rien d'important dans leurs détails. Les mâchel ères supérieures se composent de deux fausses molaires normales, d'une carnassière pourvue d'un tubercule interne, petit, mais très-distinct, et d'une tuberculeuse assez étendue. Les mâchelières inférieures sont formées de trois fausses molaires, les deux premières rudimentaires et la dernière normale, d'une carnassière dont le talon postérieur est assez étendu, et d'une très-petite tuberculeuse de forme circulaire. Le pelage est ordinairement composé de deux sortes de poils, et les moustaches sont longues et épaisses, l'oreille est petite, arrondie, plus large que haute, peu compliquée dans son intérieur, mais avec un repli en forme de poche à son bord antérieur. L'œil n'a qu'un rudiment de paupière interne, et sa pupille est alongée transversalement. Les narines sont ouvertes au milieu d'un mufle composé de fortes glandes, et la langue étroite est couverte de papilles cornées et aiguës, et elle est terminée en arrière par deux lignes parallèles de chacune trois glandes à calice, qui sont entourées de beaucoup d'autres glandes plus petites. Les quatre pieds sont terminés par cinq doigts réunis dans les trois quarts de leur longueur par un membrane assez lâche. Le doigt du milieu et l'avant-dernier sont égaux, et plus longs que les autres; le second et le dernier, également égaux entre eux, viennent ensuite, et le premier, ou celui qui répond au pouce, est le plus court. Des tubercules nus et oblongs garnissent la base des doigts, et, au milieu de chaque plante, s'en trouve un autre également nu, et en forme de trèfle, dont les divisions sont dirigées du côté des doigts. A chaque pied de devant, se trouve un tubercule qui les termine en arrière. L'intervalle qui sépare ces divers tubercules est couvert de poils chez les uns, et nu chez les autres. Les organes génitaux n'en ont point d'accessoires; et l'on observe de chaque côté de l'anus, l'orifice de glandes qui sécrètent une matière visqueuse plus ou moins odorante.

Les espèces de ce groupe qui sont assez bien connues pour être caractérisées, sont au nombre de onze.

1. Le Putois : *Mustela putorius*, Linn.; Buffon, tom. VII, pl. 24.

Cette espèce a environ quinze à dix-huit pouces de longueur du bout du museau à l'origine de la queue; celle-ci en a six. C'est peut-être la plus grande espèce de ce groupe. Elle est généralement d'un noir brunâtre qui s'éclaircit en prenant une teinte jaunâtre sur les flancs et sur le ventre, et sa face blanche semble être recouverte en partie d'un masque brun ; mais observée en détail, on trouve que le sommet de la tête, le front, le dessus du cou et la queue sont d'un beau roux assez clair; que les autres parties de la tête, excepté le museau, le reste du cou, les épaules, les jambes et le bout de la queue sont d'un brun plus foncé; que le museau est blanc, sauf le masque assez large qui part du front, s'étend sur les yeux, et vient en se rétrécissant jusque sur le bout de la mâchoire inférieure; que la partie postérieure de la poitrine et le ventre sont d'un fauve clair avec une ligne longitudinale noirâtre qui les partage en deux parties égales; enfin que le bout des oreilles est blanc.

Le putois vit près de nos habitations, et, surtout en hiver, établit son gite dans les greniers, sous les toits et dans les parties les plus reculées des granges; il cherche à se glisser dans les basses-cours, dans les colombiers, et, s'il y pénètre, il met tout à mort, apaise d'abord sa faim, et ensuite emporte pièce à pièce tout ce qui reste. Il est aussi très-dangereux pour les lapins dans les terriers desquels il s'introduit aisément, et où même il établit quelquefois son gite. Les nids de caille, de perdrix, les rats, les mulots deviennent aussi sa proie, lorsque durant la belle saison il s'est établi dans le voisinage ou sur la lisière des bois.

Sa défiance le fait aisément échapper aux piéges qu'on lui tend ; aussi est-il à la campagne un voisinage très-inquiétant ; mais lorsqu'il s'aperçoit qu'on persiste à le poursuivre, il finit par s'éloigner. On assure qu'il aime le miel et qu'il attaque les ruches. C'est au printemps que ces animaux entrent en amour ; les mâles se livrent alors des combats cruels. Après cette époque, les femelles se retirent dans leur retraite, où elles mettent bas quatre ou cinq petits dont elles seules prennent soin ; mais on ne dit ni combien dure la gestation, ni dans quel état de développement ces petits naissent. C'est vers la fin de l'été qu'ils commencent à se conduire seuls, et bientôt après ils se séparent entièrement de leur mère. La voix des putois est assez sourde, ils ne la font entendre que rarement, et surtout dans leurs combats. L'odeur qu'ils répandent est infecte, et c'est de là que leur nom a été tiré.

On trouve cette espèce dans toute l'Europe, et jusqu'en Suède.

2. Le Chorok ; *Mustela sibirica*, Pall., *Spicileg. Zoolog.*, fasc. 14, pl. 4, fig. 2. Les Russes donnent ce nom à une espèce décrite par Pallas sous le nom latin que nous avons joint au premier, mais la description de ce savant naturaliste diffère si peu de celle du putois, que nous sommes embarassé de trouver des différences qui les distinguent. Selon cet illustre naturaliste, le chorok auroit des poils plus longs et moins fins que le putois, et, au lieu d'avoir l'extrémité du museau brune, il auroit le tour du nez blanc. Cet animal du reste a toutes les mœurs du putois. On sent qu'une nouvelle comparaison est nécessaire pour établir qu'il y a une différence spécifique entre ces animaux.

La collection du Muséum paroit posséder un individu de cette espèce qui est uniformément d'un blond roux, excepté le tour du museau qui est blanc au bout et brun jusqu'aux yeux. Cet individu diffère donc beaucoup du putois, et donneroit des caractères très-précis à son espèce.

3. Le Vison : *Mustela vison*, Linn.; Buffon, tom. XIII, pl. 43. Sa taille approche beaucoup de celle de la fouine ; il a quinze pouces du bout du nez à l'origine de la queue ; celle-ci en a douze.

Il est d'un brun marron, un peu plus ou un peu moins foncé ; le dernier tiers de sa queue est noir ; le bout de la mâchoire inférieure est blanc, et cette couleur s'étend en une ligne étroite jusqu'au milieu du cou. La membrane interdigitale est remarquable par son étendue. Le vison est de l'Amérique septentrionale.

4. Le MINK; *Mustela lutreola*, Pall., *Spicileg. Zoolog.*, fasc. 14, pl. 31. Cette espèce est d'un tiers plus petite que le vison, et d'un marron presque noir. Le dernier tiers de sa queue est tout-à-fait noir, et le bout de sa mâchoire inférieure est blanc. Ses doigts ne paroissent pas être aussi palmés que ceux de l'espèce précédente.

Elle est commune dans le nord de l'Europe, et descend jusqu'à la mer Noire. Elle est également répandue dans l'Asie septentrionale et dans l'Amérique du Nord. On rapporte qu'elle se tient principalement aux bords des rivières, et qu'elle vit de reptiles et de poissons. L'odeur qu'elle répand est celle du musc.

5. Le FURET : *Mustela furo*, Linn.; Buffon, tom. VII, p. 26. Cet animal a de si nombreux et de si intimes rapports avec le putois, que quelques naturalistes ont pensé qu'il ne devoit être considéré que comme une de ses variétés. En effet nous ne le connoissons guère qu'à l'état domestique et sous des pelages variés de brun clair ou jaunâtre. Quelques races sont entièrement blanches par l'effet de l'albinisme.

Le furet est généralement un peu moins grand que le putois, et nous l'employons surtout à la chasse du lapin. Suivant Strabon, il est originaire d'Afrique, d'où il a été apporté en Espagne, et c'est de cette dernière contrée qu'il a passé chez nous. Il a fait le sujet de peu d'observations. Dans l'état de domesticité où nous le tenons, privé de toute liberté, il ne s'éveille guère que pour satisfaire au besoin de manger et de se reproduire. On le nourrit de farine et de pain trempés dans du lait. Il fait communément deux portées par an de six à huit petits que les mères dévorent très-souvent. Il a peu été vu à l'état sauvage. Shaw dit qu'en Barbarie on le nomme *nimse*.

6. L'HERMINE : *Mustela erminea*, Linn., Buffon, tom. VII, pl. 29, fig. 2; et pl. 31, fig. 1. Cette espèce, parmi les putois de nos contrées, vient immédiatement après le furet pour la grandeur; elle a du bout du museau à l'origine de la queue environ neuf pouces, et la queue en a quatre. Elle nous est connue sous deux couleurs et sous deux noms. En hiver elle est toute blanche avec le bout de la queue noir, et porte dans

cet état le nom d'*hermine;* pendant l'été, elle est d'un beau brun
en dessus et d'un blanc jaunâtre en dessous, avec le bout de la
queue noir; c'est alors un *roselet.* Elle se trouve surtout dans
les parties septentrionales de l'ancien et du nouveau continent;
et, sans être chez nous aussi commune que la belette, elle n'y
est point rare. Elle recherche les contrées rocailleuses, et fuit le
voisinage des habitations.

Les peaux d'hiver de cette espèce font un objet considérable
de commerce.

M. Choris, peintre de l'expédition de M. Kotzbuë, a déposé
au cabinet d'Anatomie la partie antérieure d'une tête, et la mâchoire inférieure d'une espèce des Isles aleutiennes qui se rapproche, par la taille, du roselet, et qui pourroit même n'en
pas différer.

7. La Belette: *Mustela vulgaris,* Linn.; Buffon, tom. VII, pl. 27,
fig. 1. Sa longueur du bout du museau à l'origine de la queue
est d'environ six pouces; la queue a de quinze à dix-huit lignes.
Les parties supérieures de la tête, le dessus et les côtés du cou,
le dessus et les côtés du corps, les pattes de devant antérieurement et extérieurement, les cuisses, les fesses, les pattes de derrière extérieurement et postérieurement, et toute la queue
sont d'un beau marron clair. La mâchoire inférieure, le dessous
du cou, la poitrine, le ventre, les pattes de devant et les pattes
de derrière aux parties, dont nous n'avons point encore parlé,
et les cuisses à leur bord antérieur et à leur face interne, sont
blancs, à la seule exception d'une petite tache brune qui se
trouve sur la mâchoire inférieure en arrière de la bouche.

Cette espèce établit assez volontiers son gite près de nous,
surtout en hiver, et cherche à vivre aux dépens de nos poulail-
lers et de nos colombiers où elle fait de grands dégâts. En été, on
la trouve sur les bords des lieux plantés d'arbres, ayant établi
sa retraite sous quelque racine ou dans les arbres creusés par le
temps. C'est vers la fin de l'hiver que ces animaux ressentent le
besoin de l'amour, et c'est au printemps qu'on trouve les jeunes
cachés dans un nid de paille ou de foin arrangé par la mère :
ces petits naissent les yeux fermés. On trouve la belette dans les
parties tempérées de l'ancien continent.

Quelques auteurs ont regardé comme une variété de cette espèce le *mustela nivalis* de Linnæus, qui est blanc avec le bout de

la queue noir, comme l'hermine, mais qui est plus petit. D'autres ne l'ont considéré que comme une hermine de petite taille.

8. La Belette d'Afrique ; *Mustela africana*, Desm. M. Desmarest
a publié cette espèce d'après une peau bourrée du cabinet du
Muséum, qui porte aujourd'hui pour toute indication qu'elle a
été tirée du cabinet de Lisbonne : elle a environ dix pouces de
longueur, et sa queue en a six. Toutes ses parties supérieures sont
d'un beau maron, et ses parties inférieures d'un blanc jaunâtre.
Une bande marron, très-étroite, qui naît à la poitrine et s'étend
jusqu'à la partie postérieure de l'abdomen, partage longitudinalement en deux ces parties blanchâtres ; et le blanc des bords
des lèvres remonte un peu sur les joues. La queue est de couleur marron dans toute son étendue.

9. Le Perouasca ; *Mustela sarmatica*, Pall., *Spicileg. Zoolog.*,
fasc. 14, pl. 4, fig. 1. Cette espèce a du bout du museau à l'origine de la queue un pied deux pouces environ, et la queue
en a six. Elle nous offre quelques particularités qui la distinguent profondément des autres espèces de ce groupe, c'est
son pelage tacheté. Elle paroît aussi, suivant Pallas, avoir
la tête moins large proportionnellement que les putois. Les
couleurs de son pelage consistent dans un fond marron varié
de blanc. Toutes les parties inférieures du corps, depuis le cou
jusqu'à la base de la queue, c'est-à-dire le cou, la poitrine, le
ventre et les membres sont d'un brun foncé ; cette couleur
remonte sur les épaules en y prenant une teinte plus pâle ; tout le
reste est à peu près également mélangé de brun et de blanc, mais
trop irrégulièrement pour qu'on puisse donner de la distribution de ces couleurs une description fidèle. La mâchoire inférieure et le bord de la lèvre supérieure sont blancs ; une bande
blanche transversale, étroite, sépare les deux yeux, passe par-
dessus, et vient en s'élargissant se terminer au bas des oreilles
sur les côtés du cou. La nuque est blanche et donne naissance
à deux autres bandes blanches qui descendent obliquement et
viennent se terminer au devant de l'épaule. Quelques petites
taches isolées garnissent la ligne moyenne jusqu'en arrière des
épaules, où naît de chaque côté une longue tache qui se lie à
celles qui bordent les flancs et qui forment une chaîne jusqu'à
la queue ; entre ces deux lignes se voit un espace à peu près
également partagé entre de petites taches irrégulières, brunes

et blanches. La queue est uniformément variée de ces deux couleurs, excepté à la pointe qui est toute noire.

Cette description, faite sur l'individu du cabinet, diffère assez de celle que Pallas nous a donnée du perouasca, pour qu'on puisse penser que la distribution des taches blanches peut varier dans certaines limites suivant les individus.

10. La BELETTE RAYÉE; *Mustela striata*, Geoff. Ce joli petit animal est de la taille de la belette. Son pelage est d'un brun foncé en dessus, partagé longitudinalement par cinq raies blanches, étroites et parallèles, qui garnissent toute l'étendue du dos. Le dessous du corps est d'un blanc grisâtre pâle ; la base de la queue est brune, mais le reste, c'est-à-dire la plus grande partie de sa longueur, est blanc.

Cette espèce, qui n'a jamais été représentée et dont il n'a encore été fait mention que par M. Geoffroy Saint-Hilaire, a été trouvée à Madagascar par Sonnerat, qui en a rapporté l'individu que les galeries du Muséum possèdent, et duquel j'ai tiré la description que je viens d'en donner.

11. Le FURET DE JAVA; *Mustela nudipes*, His. nat. des Mam., liv. 32 Cette espèce est un peu plus petite que le putois. Tout son corps, excepté la tête et le bout de la queue, est couvert d'un poil d'un fauve d'or brillant. La tête et l'extrémité de la queue sont blanches jaunâtres; mais ce qui caractérise particulièrement cette espèce, est la nudité du dessous de ses pieds. Le putois n'a de nu sous la plante des pieds et sous la paume des mains que l'extrémité des tubercules qui garnissent ces parties, et que nous avons décrits. Dans le furet de Java les parties qui séparent ces tubercules sont également nues ; et ce n'est cependant point un animal plantigrade; cette circonstance n'influe donc en rien sur son naturel, d'une manière appréciable pour nous du moins, et c'est pourquoi je ne l'ai considérée que comme un caractère spécifique.

C'est à MM. Duvaucel et Diard que nous devons la connoissance de cette belle et singulière espèce de putois.

LES ZORILLES.

Les modifications organiques qui caractérisent le zorille n'ont encore été présentées que par une espèce, la seule parmi les belettes qui soit propre à fouiller la terre et à faire des terriers;

du reste elle ressemble à ces derniers animaux par sa physionomie générale, son système de dentition, ses sens et son naturel.

Le Zorille : *Mustela zorilla*, Linn.; Buff., t. XIII, pl. 41., a environ seize pouces du bout du museau à l'origine de la queue; celle-ci a dix pouces. Le fond de son pelage est noir avec des taches et des lignes blanches distribuées régulièrement. On voit une de ces taches sur le milieu du front, et une autre de chaque côté de la tête, qui naît derrière l'œil et s'étend jusqu'à la base de l'oreille; celle-ci a son bord supérieur blanc. Au sommet de la tête est une large tache blanche de laquelle naissent quatre bandes de la même couleur qui s'étendent tout le long du corps, et viennent se terminer à la queue. Les bandes latérales sont un peu plus larges que les moyennes, et toutes s'élargissent en s'avançant vers la croupe, où, s'écartant en même temps, elles laissent une tache noire dont la forme est à peu près celle d'un trapèze. La queue est glacée de noir et de blanc dans un rapport à peu près égal de ces deux couleurs. On trouve le zorille au cap de Bonne-Espérance, où il a aussi reçu les noms de blaireau et de putois.

LES MARTES.

Les martes diffèrent des putois et du zorille par une fausse molaire de plus à chaque mâchoire, et par une tête généralement plus alongée. Leurs ongles sont à demi rétractiles, et du reste les unes et les autres se ressemblent par toutes les autres parties organiques, ainsi que par le naturel. Cependant quelques unes d'entre elles ont toutes les parties de la plante des pieds couvertes de poils, ce sont de vrais *lagopèdes*.

On connoît moins de martes que de putois; et celles qu'on a caractérisées jusqu'à présent ne se trouvent qu'en Europe, dans l'Asie septentrionale et dans le Nouveau-Monde.

La Fouine : *Mustela foina*, Linn.; Buffon, t. VII, pl. 18, est de la grandeur d'un jeune chat domestique. Sa longueur, de l'occiput à l'origine de la queue, est d'un pied environ; sa tête a quatre pouces et sa queue huit. Toutes les parties supérieures de son corps sont d'un brun jaunâtre; mais la tête, excepté le museau, est plus pâle que ne le sont le cou et le dos; les pattes et la queue à sa moitié postérieure sont presque noires, le ventre et la poitrine postérieurement sont blonds; la mâchoire inférieure, le dessous du cou et le devant de la poitrine sont du plus beau blanc. Quelques petites taches irrégulières et brunes se remarquent à la partie blanche de la naissance du cou. La fouine a les dispositions sanguinaires de toutes les autres espèces de martes; cependant le naturel qui la porte à vivre près de nos habitations, et à se familiariser avec le bruit et le mouvement qui accompagnent toujours les travaux agricoles, lui donne aussi une beaucoup plus grande facilité qu'aux autres espèces pour s'apprivoiser. Néanmoins elle se trouve aussi dans les forêts. On sait que cet animal est un des plus dangereux pour nos basses-cours, que son instinct le porte à mettre à mort tout ce qui tombe sous sa dent meurtrière, pour emporter ensuite une à une dans son repaire les victimes de sa sanglante moisson. Il mange aussi les substances sucrées, et surtout le miel.

C'est vers la fin de l'hiver que les fouines entrent en rut, et l'on dit que la durée de leur gestation est la même que celle des chats. Au bout d'une année les jeunes fouines ont atteint tout leur développement. Cette espèce répand une odeur très-désagréable, et paroit être répandue dans toute l'Europe et dans une partie de l'Asie.

La Marte: *Mustela martes*, Linn.; Buffon, tom. VII, pl. 22, diffère peu pour la taille de la fouine. Sa couleur est d'un brun assez brillant; le bout du museau, la moitié postérieure de la queue et les membres sont plus foncés et presque noirs. La partie postérieure du ventre est roussâtre, et la gorge, le cou et une partie de la poitrine sont jaunâtres.

Ces caractères n'établissent cependant pas entre la fouine et la marte des différences si sensibles que plusieurs naturalistes n'aient pensé qu'elles n'étoient que des variétés d'une même espèce; cependant l'opinion contraire a prévalu. En effet ces animaux ont des instincts différens : la marte recherche les lieux les plus solitaires, vit surtout dans le fond des forêts, et ne s'approche jamais des habitations. Elle monte aux arbres pour y surprendre les oiseaux ou les écureuils, et c'est dans les nids des uns ou la bauge des autres, qu'elle dépose souvent ses petits.

La marte se trouve aussi dans toute l'Europe, et, dit-on, même dans l'Amérique septentrionale.

La Zibeline: *Martes zibellina*, Linn.; Pall., *Spicil.*, 14, tab. 3, fig. 2, diffère aussi très-peu du putois par la taille, et ressemble beaucoup à la marte par les couleurs. Son pelage est généralement d'un brun marron plus ou moins foncé et plus ou moins brillant, et les parties inférieures de la gorge et le cou sont grisâtres; mais le trait le plus caractéristique de cette espèce, c'est que le dessous de ses doigts est entièrement garni de poils.

Elle a le même genre de vie que la marte, c'est-à-dire qu'elle vit dans le fond des forêts, qu'elle fait sa proie des oiseaux et des petits quadrupèdes, et qu'elle se reproduit comme elle.

Elle se trouve dans toutes les parties septentrionales de l'Europe et de l'Asie.

On sait que la fourrure de cette espèce fait pour le Nord, et surtout pour la Russie, un objet considérable de commerce.

Le Pékan : *Mustela canadensis*, Linn.; Schreber, pl. 134. Sa taille est encore la même que celle des animaux précédens.

Sa couleur est généralement d'un brun grisâtre, ce qui tient à ce que les poils soyeux, bruns dans leur plus grande étendue, sont grisâtres à leur extrémité. Le museau, les membres et la queue sont plus foncés que le corps.

On ne connoît rien de positif sur les mœurs de cette espèce; il y a lieu de penser qu'elle vit d'une manière analogue à celle de l'espèce précédente.

Marte des Hurons; *Mustela Huro*. De la taille de la fouine. Uniformément d'un blond clair, les pattes et la queue plus foncées. Le dessous des doigts entièrement revêtu de poils, comme ceux de la zibeline. Tels sont les traits caractéristiques d'une espèce de marte envoyée au Muséum d'Histoire naturelle par M. Milbert sous le nom de marte des Hurons, et comme ayant été prise dans le haut Canada. Cet établissement possède plusieurs individus de cette espèce, qui ne diffèrent point sensiblement l'un de l'autre.

On a encore donné le nom de marte, ou les noms propres à quelques espèces de ce genre, à plusieurs animaux, peu connus ou qui appartiennent à d'autres genres. Nous allons les indiquer successivement.

Marte (grande) de la Guiane, Buffon. C'est le glouton taïra. (Voyez Glouton.)

Marte cuja, Molina. (Voyez Cuja.)

Marte quiqui, Molina. (Voyez Quiqui.)

Marte zorra, Humb. Voyez Zorra. (F. C.)

MARTE DOMESTIQUE. (*Mamm.*) Dénomination abusivement donnée à la fouine, parce qu'elle s'approche des habitations pour y chercher sa proie, à peu près comme le font les renards et les putois, que l'on n'a pourtant pas été tenté de regarder comme des animaux domestiques. (DESM.)

MARTEAU (*Bot.*), un des noms vulgaires du narcisse faux narcisse. (L. D.)

MARTEAU. (*Ichthyol.*) Voyez ZYGÈNE. (H. C.)

MARTEAU, *Malleus.* (*Conchyl.*) Genre de coquilles bivalves, de la famille des submytilacées de M. de Blainville, des malléacées de M. de Lamarck, établi par ce dernier pour un assez petit nombre d'espèces que Linnæus plaçoit dans son genre Huître, et dont Bruguière faisoit des avicules. L'animal de ce genre est à peu près inconnu. Nous savons seulement qu'il est pourvu d'un byssus assez petit, et que son manteau se prolonge en arrière par des lobes ouverts et assez grands. Les caractères génériques tirés de la coquille peuvent être exprimés ainsi : Coquille irrégulière, subéquivalve, le plus souvent très-auriculée de chaque côté du sommet, et prolongée en arrière dans son corps, de manière à ressembler un peu à un marteau ; le sommet tout-à-fait antérieur et inférieur ; entre lui et l'auricule inférieure, une échancrure oblique pour le passage du byssus ; charnière sans dents, linéaire, fort longue, et céphalique ; ligament simple, triangulaire, et inséré dans une fossette conique, oblique, et en partie extérieure. Les espèces assez peu nombreuses de ce genre, qui est pour ainsi dire intermédiaire aux vulselles et aux pernes, n'ont encore été trouvées que dans les mers de l'Inde et de l'Australasie ; on n'en connoît pas dans les mers de l'Amérique, et aucune espèce fossile n'a encore été découverte dans notre Europe. M. de Lamarck en distingue six espèces, que l'on peut partager en celles qui sont malléiformes, par le prolongement des oreilles, et celles qui ne le sont pas.

Dans la première section sont :

Le MARTEAU VULGAIRE: *Malleus vulgaris, Ostrea malleus,* Linn., Gmel.; Encycl. Méth., pl. 177, f. 12. C'est la plus grande et la plus connue du genre. Les deux lobes de la tête du marteau sont étroits, alongés, presque égaux ; la couleur est le plus souvent noire, et le sinus du byssus est bien séparé de celui du ligament. On la trouve dans tous les points de l'Océan des Grandes-Indes et Austral.

M. de Lamarck regarde comme une simple variété du marteau commun la coquille figurée dans l'Encycl. Méth., 177, f. 12, d'après Chemnitz, *Conch.*, 8, t. 70, f. 656, qui est toujours blanche, et dont les lobes sont plus courts et triangulaires.

Le Marteau blanc : *Malleus albus*, Lamck.: List. . *Conch.*, t. 219, f. 54? Coquille de la forme à peu près de la précédente, mais constamment de couleur blanche, et dont le sinus du byssus n'est pas distinct de celui du ligament ou est confondu avec lui.

Cette coquille, qui vient des mers Orientales australes, est fort rare et très-recherchée dans les collections.

Dans la seconde section sont :

Le Marteau normal; *Malleus normalis*, Lamck. Une seule oreille à la partie antérieure de la coquille, qui est de couleur noire en dehors comme en dedans.

Une variété qui vient des Grandes-Indes a le lobe auriculaire assez alongé, tandis qu'un autre de la Nouvelle-Hollande l'a très-court.

Le Marteau vulsellé : *Malleus vulsellatus*, *Ostrea vulsellata*, Linn., Gmel.; Enc. Méth., pl. 177, fig. 15, d'après Chemn., 8, t. 70, fig. 657. Coquille alongée, aplatie, à bords presque parallèles, avec un lobe auriculaire fort court et oblique à sa partie antérieure; couleur d'un violet noirâtre.

Cette espèce qui se trouve dans la mer Rouge, à Timor, dans l'Océan austral, est quelquefois courbée.

Le Marteau retus : *Malleus anatinus*, *Ostrea anatina*, Linn., Gmel., pl. 177, fig. 14; vulgairement le Moule-a-balle. Cette espèce qui ressemble beaucoup à la précédente, et qui est tantôt droite et tantôt courbée comme elle, a sa partie antérieure moins irrégulière, plus droite, et une auricule plus prononcée. Des îles de Nicobar et de Timor.

Le Marteau raccourci; *Malleus decurtatus*, Lamck. C'est encore une espèce qui paroît bien voisine du marteau vulsellé, mais qui est plus petite, atténuée vers l'extrémité postérieure, et dont la fossette du ligament est très-courte, ce qui tient peut-être à l'âge. L'Australasie et la Nouvelle-Hollande. (De B.)

MARTEAU D'EAU. (*Crust.*) Nom donné par Duchesne au

branchipe stagnal , à cause des mouvemens brusques que fait cet animal en nageant, et qu'il a comparés à des coups de marteau. Voyez l'article MALACOSTRACÉS, tome XXVIII, page 416. (DESM.)

MARTELA. (*Bot.*) Voici comment Adanson définit ce genre qu'il établit dans la famille des champignons : tige cylindrique, élevée, simple, ou ramifiée et terminée par un ou plusieurs faisceaux de piquans, coniques, pleins; substance charnue ou coriace; graines sphériques, distinctes , répandues à la surface des piquans. Adanson cite pour exemple les *agaricum* fig. 1 et 2, pl. 64 du *Nova Genera* de Micheli , lesquels représentent deux espèces d'hydnum, *hyd. hystrix* et *coralloides.* Adanson renvoie encore au *corallo-fungus* de Vaillant, Bot. Paris., tab. 8 , fig. 1, mais sans doute par erreur, car cette figure représente le *byssus parietina*, Decand., auquel les caractères assignés par Adanson au *martela* ne sont pas applicables.

Scopoli , dans son Histoire des champignons de la Hongrie , adopte ce genre *Martela*, qui ne peut être considéré que comme une division de l'*hydnum*, où viennent se ranger les espèces rameuses, et quelques autres qui font le passage de ce genre au *clavaria*. (LEM.)

MARTELET (*Ornith.*), un des noms vulgaires du martinet commun, *hirundo apus*, Linn. (CH. D.)

MARTELOT. (*Ornith.*) On appelle ainsi , aux environs de Langres, le traquet, *motacilla rubicola*, Linn. (CH. D.)

MARTEN-HORSE (*Ornith.*), nom anglois du martinet commun, *hirundo apus*, Linn. (CH. D.)

MARTES. (*Mamm.*) Nom latin de la MARTE. Voyez ce mot. (DESM.)

MARTEU. (*Ichthyol.*) Sur la côte des Alpes maritimes, on appelle ainsi le marteau, poisson que Linnæus avoit rangé parmi les squales. Voyez ZYGÈNE. (H. C.)

MARTICHKI. (*Ornith.*) Ce nom russe paroît, d'après un tableau qui se trouve pag. 505 de la Description du Kamtschatka par Krascheninnikow, désigner des hirondelles de mer ou des cormorans. (CH. D.)

MARTIN. (*Ornith.*) Les oiseaux de ce genre, qui fait partie de l'ordre des passereaux, ont pour caractères : un bec en cône alongé , légèrement arqué, comprimé latéralement, dont la

17.

mandibule supérieure est en général un peu échancrée, l'inférieure droite et plus courte, et dont la commissure forme un angle comme chez les étourneaux; une langue cartilagineuse, fourchue à la pointe; un espace nu autour des yeux, ou sur un autre endroit de la tête, et quelquefois des caroncules; des narines latérales, ovales, à moitié fermées par une membrane garnie de plumes étroites; quatre doigts, un derrière et trois devant, dont l'extérieur est réuni par sa base à celui du milieu; la première rémige fort courte, et les trois suivantes les plus longues.

Les espèces de martin ont été mêlées par Linnæus, Gmelin et Latham, dans les genres *Gracula*, *Sturnus*, *Turdus*, etc., avec d'autres plus ou moins disparates. M. Vieillot a créé, pour celles qui ont été considérées comme de véritables martins, le nom d'*acridotheres*, lequel désigne les sauterelles qui forment leur principale nourriture; et M. Temminck a tiré de leurs habitudes la dénomination de *pastor*, pâtre, en y joignant le merle rose, *turdus roseus*, sous le nom spécifique de roselin, que cet oiseau avoit déjà reçu de M. Levaillant. Enfin M. Cuvier, qui a réduit les mainates au *gracula religiosa*, sous le nom générique d'*eulabes*, a proposé, pour les espèces de martins conservées, celui de *cossyphus*, que l'on croit devoir adopter ici, afin de prévenir de nouvelles confusions, mais en laissant provisoirement avec les merles, et malgré la différence des habitudes, qu'on ne peut prendre pour règles dans les classifications fondées sur les seuls caractères extérieurs, le roselin dont M. Vieillot avoit d'abord formé le genre *Psaroïde*, qu'il a supprimé depuis par les mêmes motifs.

Les martins, qui appartiennent tous à l'ancien continent, ont les mœurs des étourneaux, et vivent, comme eux, en grandes troupes. M. Levaillant observe, pag. 129 du tom. 2 de son Ornithologie d'Afrique, que, dans une grande partie de la France, de l'Allemagne et de la Hollande, le peuple est dans l'usage d'appliquer ce nom aux étourneaux élevés en cage, comme celui de margot aux pies, de jacquot aux perroquets, et il en conclut que si dans l'Inde on appelle généralement martins les oiseaux qui ont les habitudes des étourneaux, c'est vraisemblablement d'après les premiers Européens qui sont venus dans ces contrées. Ces oiseaux se rassemblent sur les fumiers et dans les endroits où ils trouvent, soit des larves d'insectes, soit des insectes parfaits, surtout des sauterelles; ils se posent aussi sur le dos des bestiaux pour se nourrir des pous et des taons attachés à leur peau. Au défaut d'insectes, ils se jettent sur les fruits et les semences; leur mue est simple; leur corps a une forme un peu ramassée; les vieux se distinguent des jeunes par les ornemens qu'ils portent à la tête, et dont sont privés ceux-ci, qui ont d'ailleurs des différences assez remarquables dans leur plumage.

MARTIN ORDINAIRE; *Cossyphus tristis*, Dum. Cette espèce, qui est le *paradisea tristis* de Gmelin, le *gracula tristis* de Latham, l'*acridotheres tristis*, ou martin proprement dit de M. Vieillot, a été figurée, sous le nom de merle des Philippines, dans les planches enluminées de Buffon, n.° 219. Elle est de la taille du merle commun, et a neuf pouces et demi de longueur. Le bec et les pieds sont jaunes, et il y a une place nue, triangulaire, de la même couleur, derrière les yeux. Le haut de la tête et le dessus du cou sont d'un noir brun; le dos, le bas de la poitrine et les couvertures des ailes et de la queue d'un brun marron; la gorge, le dessous du cou et le haut de la poitrine d'un noir grisâtre; le ventre est blanc, ainsi que les flancs et les plumes anales; les rémiges sont de cette dernière couleur à leur origine, et noirâtres dans le reste, comme les rectrices, qui sont égales entre elles, et dont l'extrémité est blanche, excepté chez les deux intermédiaires.

Cette espèce est celle dont on a été le plus à portée d'étudier les mœurs: outre la chasse qu'elle donne aux mouches, aux papillons, aux scarabées, etc., elle cherche la vermine sur le dos des chevaux, des bœufs, des cochons, qui souffrent volontiers leurs libérateurs, à moins qu'ils n'aient le cuir entamé; car alors ces oiseaux carnassiers, qui s'accommodent de tout, leur béqueteroient la chair vive.

Les coups de fusil écartent à peine les martins qui se rassemblent à la chute du jour sur les arbres voisins des habitations, et y babillent d'une manière fort incommode, quoiqu'ils aient un ramage naturel très-varié et assez agréable. Le matin ils se dispersent dans les campagnes par pelotons,

ou par paires, selon la saison. Ils font chaque année deux
pontes, composées ordinairement de quatre œufs, dans des
nids d'une construction grossière, qu'ils attachent aux aisselles des feuilles du palmier latanier, ou d'autres arbres, et
qu'ils placent même dans des greniers lorsqu'ils en trouvent
les moyens. Leur attachement pour leurs petits est tel qu'ils
poursuivent le ravisseur à coups de bec, et en jetant des
cris. S'ils découvrent le lieu où ces petits ont été placés, ils
s'y introduisent pour leur apporter à manger.

On apprivoise sans peine les jeunes martins, qui apprennent facilement à parler, et qui, tenus dans une basse-cour,
contrefont d'eux-mêmes les cris des poules, des coqs, des
oies, des moutons et autres animaux domestiques : ils accompagnent même leur babil d'accens et de gestes remplis de
gentillesses, qui contrastent avec l'épithète *tristis*, qu'on n'a
pu néanmoins tirer avec plus de fondement de leur plumage
dont les teintes variées n'ont rien de triste ni de sombre.

Ces oiseaux, très-nombreux dans l'Inde, aux Philippines,
et probablement dans les contrées intermédiaires, sont d'un
naturel fort glouton, et de grands destructeurs de sauterelles.
Cette dernière circonstance les a rendus célèbres à l'île de
Bourbon, à laquelle ils ont été étrangers pendant long-temps,
mais où l'intendant Poivre en a fait transporter plusieurs
paires, afin de les opposer aux sauterelles qui désoloient l'île,
dans laquelle leurs œufs avoient été introduits avec des plants
apportés de Madagascar. Les vues de l'excellent administra-
teur avoient d'abord été couronnées d'un plein succès; mais,
comme les colons se sont aperçus, après quelques années,
que les martins fouilloient avec avidité dans les terres nou-
vellement ensemencées, ils se sont figuré que c'étoit pour
se nourrir du grain : et, après un procès dans les formes, on
les a tous détruits. Les sauterelles ayant ensuite reparu sans
obstacles, et causé de nouveaux dégâts, on regretta les martins dont il fut, huit ans après, apporté deux paires que l'on
mit sous la protection des lois. Une nouvelle destruction de
ces insectes fut encore le résultat de cette seconde introduc-
tion des martins; mais la nourriture de choix étant venue
à manquer à ces oiseaux, ils se rejetèrent sur un insecte,
dont les larves faisoient une guerre continuelle aux puccrons

cotonneux qui causent tant de dommages aux cafiers, et de
là sur les fruits, les grains; ils tuèrent même les jeunes pigeons dans les colombiers, et ils devinrent à leur tour un
fléau qui exigea des mesures pour obvier à la trop grande
multiplication de leur espèce.

M. Cuvier regarde à peine comme une variété du martin
ordinaire le martin huppé de la Chine, pl. enl. 507, et d'Edwards, 19; *gracula cristatella*, Lath., qui a sur le front quelques plumes susceptibles de redressement, et dont tout le
plumage est d'un noir bleuâtre, avec la partie supérieure des
pennes alaires blanche, et une bordure de la même couleur aux pennes caudales. On prétend que cet oiseau apprend
très-bien à siffler des airs, à articuler des paroles, et que les
Chinois l'élèvent en cage avec du riz et des insectes.

Daudin a décrit un martin aux ailes noires, *gracula mela-
noptera*, qui différoit de l'espèce ci-dessus par la couleur de
son plumage, lequel étoit blanc, à l'exception des ailes dont
les pennes étoient entièrement noires; mais cet individu n'é-
toit probablement aussi qu'une variété, comme celui dont
parle Latham, chez lequel la peau nue s'étendoit depuis les
coins du bec jusque beaucoup au-delà des yeux, et qui avoit
le devant du cou, la gorge et la poitrine cendrés.

MARTIN PORTE-LAMBEAUX: *Cossyphus carunculatus*, Dum.; *Gracula carunculata*, Gmel.; *Gracula larvata*, Shaw; *Sturnus gal-
linaceus*, Lath. On trouve dans l'Ornithologie d'Afrique,
pl. 93 et 94, la figure du mâle, de la femelle, du jeune et
d'une variété de cet oiseau dont M. Vieillot avoit formé le
genre *Dilophe*, qu'il a supprimé depuis, en considérant que
les caroncules ne sont que les attributs de l'oiseau avancé en
âge. En effet le jeune, pl. 94, n.° 1, a la tête tout-à-fait em-
plumée, et dans cet état son bec est d'un brun jaunâtre; ses
pieds sont bruns ainsi que les premières pennes alaires, et
toutes celles de la queue, qui n'ont encore aucun reflet; les
moyennes plumes et les couvertures de l'aile sont d'un gris
brun, ainsi que les scapulaires, le manteau, le cou, la tête
et la poitrine, tandis que le ventre, les jambes et les couvertures supérieures et inférieures de la queue sont blanchâtres.

Le mâle, un peu plus grand que l'étourneau d'Europe,

pl. 93, n.° 1, a sous le bec un lambeau double qui embrasse toute la gorge, et pend ensuite de la longueur d'un pouce, en se séparant à son extrémité où il se termine en deux pointes. Une sorte de crête ovalaire, haute de quatre lignes, traverse le front, et une autre plus élevée, arrondie et échancrée par le haut en forme de cœur, se dresse sur le milieu de la tête. Ces peaux nues sont de couleur noire, ainsi que la face de l'oiseau, qui est aussi dégarnie de plumes. La peau également nue du derrière de la tête est roussâtre; le bec, les yeux et les pieds sont bruns. Le plumage de cet oiseau est d'un gris roussâtre, plus foncé sur le derrière du cou et sur le manteau que sous le corps; les ailes et la queue sont d'un noir bronzé à reflets. Les ailes pliées atteignent la moitié de la queue, qui est carrée.

La taille de la femelle est un peu inférieure à celle du mâle; la face nue et sans plumes est moins noire: les crêtes du dessus de la tête sont peu apparentes, et celle de la gorge ne descend pas au-delà de l'espace où elle y adhère; son plumage est aussi moins lustré.

Les porte-lambeaux recherchent les troupeaux de buffles, et se nourrissent de baies, d'insectes et de vers, qu'ils ramassent sur la terre dans les lieux humides. Ils arrivent pendant les chaleurs dans les environs du Gamtoos; mais ils ne font que le traverser, et se dirigent vers les pays des Caffres. On en voit rarement près de la ville du Cap. M. Levaillant a tué dans leurs bandes le jeune individu qui est figuré pl. 94, n.° 2, et il s'en trouvoit dans la même troupe plusieurs qui, comme lui, avoient le plumage varié de presque autant de plumes blanches que de grises. Il ne paroît pas que ces oiseaux nichent dans le pays, puisque les bandes renfermoient des jeunes; aussi ne connoit-on pas encore leurs œufs.

MARTIN-BRAME: *Cossyphus pagodarum*, Dum.; *Turdus pagodarum*, Linn. et Lath.; *Gracula pagodarum*, Daud.; *Acridotheres pagodarum*, Vieill. Les Européens ont donné le nom de brame à cet oiseau, parce qu'il fréquente les tours des pagodes au Coromandel et au Malabar, où Latham dit, pag. 140 de son premier Supplément, qu'on le nomme *powee*, et qu'on l'élève en cage à cause de son chant. Suivant M. Leschenault, qui a rapporté de Pondichéry un individu déposé au Muséum

royal de Paris, on l'y appelle *papara ramanuté*. M. Levaillant
en a aussi rencontré au midi de l'Afrique, sous le 27.ᵉ degré
de latitude, des bandes considérables qui paroissoient se
rendre dans des parties situées plus à l'Est pour y faire leur
ponte; mais, pendant les six jours qu'a duré ce passage, il
n'a pu tuer que deux mâles faisant partie d'une bande qui
s'étoit abattue près d'une fontaine; et c'est un de ces mâles
qu'il a fait figurer pl. 95, n.° 1, de son Ornithologie d'Afrique,
et dont il a donné une description un peu différente de celle
qu'on trouve dans le Voyage aux Indes de Sonnerat, tom. 2,
pag. 189.

Ce dernier ne présente le martin-brame que comme d'une
taille un peu supérieure à celle du moineau franc, et, suivant
M. Levaillant, il est aussi grand que le merle commun, dont
il a aussi les proportions. Le bec, noir depuis sa base jusqu'à
la moitié, et jaune ensuite, d'après Sonnerat, est entièrement
jaune, ainsi que les pieds et les ongles, selon M. Levaillant,
qui donne à l'oiseau des yeux d'un brun roussâtre, tandis
que l'iris est bleu suivant le premier voyageur, qui, peut-être
aussi pour avoir négligé d'étendre les pennes alaires et caudales, les dit entièrement noires, quoiqu'elles ne le soient
qu'en partie. Au reste, les deux individus que s'est procurés
M. Levaillant avoient les plumes de la tête longues, étroites et
pointues, formant une huppe occipitale d'un noir violet; les
joues, la gorge, le cou et la poitrine d'un fauve roussâtre et
plus clair sur les parties inférieures; le dos et les autres parties supérieures d'un gris tirant sur le roux; les rémiges noirâtres extérieurement avec les barbes intérieures d'un brun clair;
les couvertures du dessous de l'aile blanches, et formant sur son
bord une bande de cette couleur; la plus latérale des rectrices
est blanche avec une large tache noire dans le haut des barbes
intérieures; enfin il y a plus de noir aux autres rectrices
jusqu'aux deux du milieu, dont la pointe seule est blanche.

Latham cite des individus dont l'orbite étoit nue, et dont
les couleurs présentoient des différences, sans doute à raison
de l'âge et du sexe.

Martin gris-de-fer : *Cossyphus griseus*, Dum.; *Gracula grisea*,
Daud.; *Acridotheres griseus*, Vieill.; Oiseaux d'Afrique de
Levaillant, pl. 95, fig. 2. Cet oiseau, de la taille du précédent,

a la queue courte et arrondie. Sa tête est couverte de plumes noires, pointues et effilées, qui ne forment point de huppe. On remarque derrière l'œil une peau nue, de couleur orangée, qui s'étend en pointe et relève le noir dont il est entouré; la gorge, la poitrine et les flancs sont d'un gris ferrugineux; une bande assez large, d'un fauve clair, se prolonge du milieu de la poitrine jusqu'au ventre; les couvertures supérieures des ailes sont de la même couleur, qui se retrouve à l'extrémité des quatre premières pennes caudales de chaque côté, lesquelles dans le surplus sont noires, ainsi que les pennes alaires. Le bec est d'un orangé vif, les pieds et les ongles d'un jaune citron, et l'iris d'un brun rouge foncé. La femelle, un peu plus petite, a les couleurs plus ternes.

Ces oiseaux volent par pelotons comme les étourneaux, et M. Levaillant, témoin d'un de leurs passages, effectué au mois d'octobre, au-dessus des hauteurs de Bruyntjes-Hoogte, a tué cinq individus des deux sexes. Comme les plumes de leur queue étoient usées par le frottement, il en a conclu qu'ils nichoient dans des trous, habitude qui lui paroit être celle de la tribu entière.

Quoique plusieurs naturalistes parlent du martin gris-de-fer comme d'une espèce nouvelle, il paroit être le même que le martin de Gingi, *turdus ginginianus*, Lath., *acridotheres ginginianus*, Vieill. En effet la description que Sonnerat en a donnée dans son Voyage aux Indes, tom. 2, pag. 194, présente des rapports frappans avec celle de M. Levaillant. La tête est noire chez les deux. Les plumes ne paroissent pas à ce dernier susceptibles de se relever en huppe, comme le dit Sonnerat; mais, selon tous deux, elles sont pointues et effilées, et Sonnerat a pu voir vivant l'oiseau que M. Levaillant n'a été à portée d'examiner qu'après sa mort. Sonnerat fait partir la peau nue de l'angle supérieur du bec pour se prolonger derrière l'œil, tandis que M. Levaillant ne l'annonce que comme existant dans cette dernière partie; mais l'accroissement des peaux nues dépend, comme on l'a vu, de l'âge des individus, et d'ailleurs la couleur jaune est la même, ainsi qu'au bec et aux pieds; l'iris est également rouge chez tous deux. Le gris, le roux clair et les autres couleurs occupent aussi les mêmes places dans le plumage, soit pour les masses, soit pour les simples taches; la taille de l'oiseau est d'ailleurs identique.

MARTIN - VIEILLARD : *Cossyphus malabaricus* , Dum. ; *Turdus malabaricus*, Linn. et Lath.; *Acridotheres malabaricus*, Vieill. Cet oiseau, dont parle Sonnerat dans son Voyage aux Indes, tom. 2, pag. 195, est long d'environ huit pouces; son bec, noir dans la première partie, est jaunâtre à l'extrémité; l'iris et les pieds sont jaunes. La tête et le cou sont revêtus de plumes longues et déliées, d'un gris cendré, avec une ligne blanche au centre, ce qui lui a fait donner le nom de vieillard : le dos, le croupion et les couvertures des ailes et de la queue sont d'un gris cendré; les pennes sont noires; le dessous du corps est d'un brun roux. Cet oiseau porte au Malabar le même nom que le martin-brame; on le trouve aussi à la Chine, au Bengale, et on l'élève également en cage.

MARTIN SOYEUX: *Cossyphus sericeus*, Dum.; *Sturnus sericeus*, Gmel.; ETOURNEAU A REFLETS, Brown, *Illustr.*, pl. 21. Cet oiseau, de la grosseur de l'étourneau ordinaire, a le bec de couleur orange foncé: les pieds jaunes; la tête et la gorge d'un blanc jaunâtre; le dessus et le dessous du corps d'un gris soyeux; la queue noire et les pennes alaires de la même couleur dans leur moitié inférieure, et blanches dans leur partie supérieure.

Brown a donné dans l'ouvrage ci-dessus cité, pl. 22, sous le nom de grive à tête jaune, la figure d'un oiseau qui a le bec noir; une peau nue et rougeâtre devant et derrière les yeux; le haut de la tête d'un jaune pâle, ainsi que les joues, sous lesquelles se remarque une ligne noire; la poitrine et le ventre présentant, sur un fond cendré, des raies blanchâtres qui sont longitudinales sur la première, et demi-circulaires sur le second; le dos et les couvertures des ailes également cendrés, avec des taches en croissant et alternativement brunes et blanchâtres; les pennes alaires et caudales, d'un vert sombre; les jambes d'un gris bleuâtre.

Cet oiseau, qui ressemble au moqueur par son talent pour l'imitation des sons, est élevé en cage dans l'île de Java, où on l'appelle *stutju crawan*. Il paroît se rapporter aux *turdus ochrocephalus* et *sturnus zeylanicus* de Gmelin; et s'il appartient, comme cela est probable, et comme le pense M. Cuvier, au genre Martin, ce seroit le cas de le nommer *cossy-phusochrocephalus*.

MARTIN OLIVE; *Cossyphus olivaceus*, Dum. Cette espèce, dont il existe au Muséum d'Histoire naturelle de Paris un individu rapporté de Timor par Macé, est l'oiseau dont M. Vieillot a fait un genre sous le nom de *Manorine*, et qui a été ci-devant décrit. Cet individu, de la grosseur du bruant, est d'un vert plus foncé en dessus qu'en dessous; son bec assez fort est jaune, et il a une place nue en avant des yeux et derrière.

On trouve aussi dans les mêmes galeries les espèces nouvelles dont voici la notice, et qui viennent toutes des Indes: elles sont désignées sous le nom de *gracula*, avec des épithètes données par M. Cuvier, et que l'on va conserver ici.

1.° MARTIN A LONGUE QUEUE; *Cossyphus caudatus*, Dum., lequel a la gorge blanche, quelques raies longitudinales à la poitrine, et le dessus du corps grivelé et roussàtre, comme chez l'alouette commune.

2.° MARTIN A QUEUE STRIÉE; *Cossyphus striatus*, Dum. Il y a plusieurs individus de cette espèce, qui ont été rapportés du Bengale par Macé et M. Dussumier. Leur taille est celle du merle commun; leur couleur dominante est un gris roussàtre; l'un a des stries brunes, transversales sur la poitrine, et chez d'autres les stries sont longitudinales et plus pâles.

5.° MARTIN PYGMÉE; *Cossyphus minutus*, Dum. Cette espèce, qui n'est pas plus grosse qu'un troglodyte, a la gorge blanchâtre et la tête rayée longitudinalement de roux plus ou moins foncé.

MM. Vieillot et Temminck rangent parmi les martins le goulin, *gracula calva*, Gmel. et Lath, *acridothères calvus*, Vieill., qui est figuré dans la 200.° pl. enl. de Buffon, sous le nom de merle chauve des Philippines. Mais M. Cuvier le place dans la troisième section de ses philédons, et l'on se bornera à exposer ici que les oiseaux vulgairement appelés goulins sont sujets à varier, soit pour la taille, soit pour la couleur du plumage. Le plus grand des deux qu'a décrits Montbeillard, n'est que de la grosseur du merle commun, tandis que celui de Sonnerat a près d'un pied de longueur, et la peau nue de la tête est tantôt de couleur de chair, tantôt jaune. Ces oiseaux babillards se familiarisent aisément; ils mangent les fruits du cotonnier, et nichent dans des trous d'arbres.

Edwards donne le nom de *martin de l'Amérique* à l'hirondelle bleue femelle. (Ch. D.)

MARTIN ou MARTLET (*Mamm.*), noms anglois de la marte ordinaire. (Desm.)

MARTIN-CHASSEUR. (*Ornith.*) Voyez Martin-Pêcheur. (Ch. D.)

MARTIN-CRABIER. (*Ornith.*) Voyez Martin - Pêcheur. (Ch. D.)

MARTIN-PECHCARET (*Ornith.*), nom provençal du martin-pêcheur d'Europe, *alcedo ispida*, Linn. (Ch. D.)

MARTIN-PÊCHEUR. (*Ornith.*) On a déjà décrit un assez grand nombre d'espèces de ce genre sous le mot Alcyon ; mais d'autres ont été découvertes depuis la publication du premier volume de ce Dictionnaire, et il a d'ailleurs été proposé dans leur distribution des changemens que l'on croit devoir faire connoître. L'auteur de cet article s'étoit borné à diviser les alcyons, *alcedo*, Linn., en trois sections; savoir : les alcyons tétradactyles huppés ou sans huppes, et les alcyons tridactyles. M. Cuvier, prenant pour base la forme du bec et le nombre des doigts, a fait observer que chez ces oiseaux les uns ont, comme dans l'espèce ordinaire, le bec droit et pointu; que chez d'autres la mandibule inférieure est renflée; que ceux de la Nouvelle-Hollande, des terres voisines, etc., ont le bout de la mandibule supérieure crochu ; et qu'enfin chez les *Ceyx* de M. de Lacépède, dont le bec est droit et pointu comme chez les martins-pêcheurs ordinaires , le doigt interne n'existe point au dehors, ce qui toutefois n'autorise pas suffisamment la formation d'un genre particulier, puisqu'on a trouvé dans l'Inde deux espèces, dont l'une, l'*alcedo tribrachys* de Shaw , a un moignon dépourvu d'ongle, et dont l'autre a un ongle sans doigts, c'est-à-dire des rudimens du quatrième.

M. Cuvier range dans la première section , l'*alcedo maxima*, Gmel., ou *afra*, Shaw, pl. enl. de Buffon , 679 ; *alcedo alcyon*, pl. 715 et 793 ; *alcedo torquata*, pl. 284; *alcedo rudis* , pl. 62 et 716; *alcedo bicolor*, pl. 592 ; *alcedo americana*, pl. 591 ; *alcedo bengalensis*, Edw., pl. 11 ; *alcedo cæruleocephala*, pl. 356 de Buff., fig. 2 ; *alcedo cristata*, pl. 756 , fig. 1 ; *alcedo madagascariensis*, pl. 778 , fig. 1 ; *alcedo purpurea*, pl. 778 , fig. 2 ; *alcedo superciliosa*, pl. 766 , fig. 1 et 2.

Dans la seconde , *alcedo capensis*, pl. 590 ; *alcedo atricapilla* , pl. 673 ; *alcedo smyrnensis* , pl. 232 et 894 ; *alcedo dea* , pl. 116 ; *alcedo chlorocephala* , pl. 783 , fig. 2 ; *alcedo coromanda*, Sonnerat , Ind. , pl. 118 ; *alcedo leucocephala (javanica*, Sh.), pl. 757 ; *alcedo senegalensis*, pl. 594 et 356 ; *alcedo cancrophaga*, Sh., pl. 334.

Dans la troisième , *alcedo fusca (gigantea*, Sh.), pl. 663.

Dans la quatrième , *alcedo tridactyla* , Gmel.; Pall., *Spicil.*, VI, pl. 11 , fig. 2 ; Sonn. , pl. 32 ; *alcedo tribrachys* , Sh. , *Natural. Misc.* , XVI, pl. 681.

M. Cuvier observe que dans plusieurs des figures enluminées de Buffon , qui se rapportent aux alcyons de la seconde section , le bec n'est pas assez renflé.

M. Vieillot, dans la seconde édition du Nouveau Dictionnaire d'Histoire naturelle , a aussi divisé les martins-pêcheurs d'après le nombre de leurs doigts : mais il a sous-divisé les tétradactyles en trois sections , dont la première se distingue par un bec droit, quadrangulaire ; la seconde par un bec droit, trigone, et la mandibule inférieure renflée ; et la troisième par un bec trigone , et une échancrure à la mandibule supérieure qui est inclinée vers le bout. La dernière de ces sections ne comprend que trois espèces sur l'une desquelles (l'*alcedo gigantea* de Latham et *fusca* de Gmelin), M. Leach a établi au tome second de ses *Miscellanea Zoologica* , pag. 125, le genre *Dacelo*, anagramme d'*alcedo* , en lui donnant pour caractères : Un bec gros, conique, à quatre angles , qui s'ouvre jusque sous les yeux ; la mandibule supérieure plus longue que l'inférieure, et fortement échancrée vers sa pointe ; les narines oblongues ; la queue moyenne , composée de douze rectrices presque égales, dont l'extérieure de chaque côté est un peu plus courte, les pieds munis de quatre doigts, un derrière et trois devant, dont l'interne est le moins long, et dont les deux autres sont réunis à leur base par une membrane ; les ongles recourbés.

M. Temminck, qui, dans la seconde édition de son Manuel d'ornithologie, admet le genre *Dacelo*, ou martin-chasseur, ajoute aux caractères fournis par M. Leach, que le bec, déprimé à la pointe, n'a pas l'arête vive qui se remarque à la mandibule supérieure des martins-pêcheurs ; que cette mandibule, subitement comprimée, est courbée à l'extrémité qui est très-évasée ; que les narines, percées obliquement, sont à moitié fermées par une membrane couverte de plumes. Le même auteur indique en outre. comme différence essentielle entre les deux genres, la nature du plumage. toujours lustré, lisse et à barbes serrées chez les martins-pêcheurs, tandis que ces barbes sont lâches chez les martins-chasseurs, dont les plumes ne sont pas lustrées. M. Temminck avoue, d'ailleurs, que le bec de l'*alcedo gigantea*, Lath., ou martin-pêcheur choucas, sur lequel M. Leach a formé son genre *Dacelo*, est presque le même que celui des *alcedo*, et qu'il doit, en conséquence, être placé sur la limite des deux genres, de sorte qu'à son égard le changement de dénomination ne reposeroit que sur les mœurs et la nature du plumage ; circonstances d'autant moins suffisantes pour le motiver dans un système artificiel, que si les martins-chasseurs, qui habitent les bois, nichent dans des creux d'arbres, et non dans des trous en terre, leur nourriture, qui consiste surtout en insectes, n'est pas tout-à-fait différente de celle des martins-ichthyophages, puisque ces derniers en mangent aussi conjointement avec des poissons.

D'un autre côté, M. Temminck ne cite pas d'autres espèces à ranger, suivant lui, dans le genre *Dacelo*, et M. Vieillot ne place avec l'*alcedo gigantea* que le martin-pêcheur à tête grise, *alcedo senegalensis*, Lath., pl. enl. de Buffon, n.° 594, et le martin-pêcheur vert de l'Australasie, *alcedo Australasiæ*, Vieill. Il est vrai que, suivant l'ordre dans lequel on trouve les alcyons rangés au Muséum d'Histoire naturelle de Paris, le nombre des martins-chasseurs seroit plus considérable ; mais la division entre les martins-pêcheurs et chasseurs ne paroit pas encore suffisamment établie pour la proposer ici d'une manière absolue ; et d'ailleurs M. Levaillant, qui le premier en a donné l'idée dans le second volume de ses Oiseaux de paradis, rolliers, etc., pag. 111, annonce dans les additions au troisième volume du même ouvrage, pag. 51, article du jacamar alcyon, le projet de diviser le genre *Alcedo* en trois familles très-distinctes, savoir : les alcyons-pêcheurs, les alcyons-crabiers et les alcyons-chasseurs. Il renvoie même pour l'établissement des caractères physiques et moraux de ces trois familles, au Supplément à l'Histoire naturelle des Oiseaux d'Afrique; mais malheureusement la suite de ce grand et bel ouvrage n'a pas encore été publiée, quoique le manuscrit fût prêt dès l'année 1808, ainsi que l'auteur l'a déclaré par une note qui en termine le sixième volume; et la division des martins-crabiers, qui, comme l'*alcedo cancrophaga*, Lath., se nourrissent de crabes de terre, ayant sans doute offert à M. Levaillant de nouveaux aperçus, il y auroit de l'indiscrétion à s'occuper en ce moment d'une classification générale des alcyons, qui seroit nécessairement incomplète avant d'avoir, sur la totalité de ces oiseaux, les renseignemens promis par ce savant ornithologiste.

Une considération générale qui résulte toutefois de l'examen auquel on vient de se livrer, c'est que le terme simple *alcyon*, employé dans le premier volume de ce Dictionnaire, de préférence au mot composé *martin-pêcheur*, étoit en effet plus convenable, puisque les épithètes de chasseurs et de crabiers ne peuvent être ajoutées à martins-pêcheurs, et que le mot *martin*, isolé, pourroit faire naître une confusion avec le martin, autre genre d'oiseau (*cossyphus*, Cuv.), auquel ce nom est consacré depuis long-temps.

Avant de s'occuper d'espèces dont il n'est point parlé dans le premier volume de ce Dictionnaire, on croit devoir ajouter aux observations générales qui y sont présentées, que ces oiseaux n'ont pas la faculté de marcher ni de sauter; qu'ils ne paroissent être sujets à la mue qu'une fois l'année : que plus les poissons que veulent saisir les alcyons-ichthyophages, sont grands, plus ceux-ci se laissent tomber de haut; enfin, que chez certaines espèces étrangères, les jeunes, qui ressemblent aux femelles, se reconnoissent à la couleur du bec et des pieds.

Les espèces d'alcyons que l'on trouve au Muséum d'Histoire naturelle de Paris, et qui ne paroissent pas encore avoir été décrites, sont les suivantes :

ALCYON A MANTEAU ; *Alcedo vestita*. Cet oiseau, placé près du martin-pêcheur-pie, et dont la taille est un peu plus forte, a été rapporté du Brésil par M. Lalande, aide-naturaliste, qui a fait plusieurs voyages utiles à l'histoire naturelle, et que les sciences viennent de perdre. Tout le dessus du corps est d'un vert foncé, ainsi que les ailes et la queue, dont les pennes extérieures sont tachetées de blanc. Cette dernière couleur est celle des parties inférieures; mais, comme le vert descend jusque sur les côtés de la poitrine, il en résulte un demi-collier blanc. Le bec et les pieds sont noirs.

Cet oiseau paroît être le même que celui qui a été décrit par M. d'Azara, n.° 421, sous le nom de martin-pêcheur, d'un vert sombre, *viridis*, Vieill.

ALCYON D'UN VERT DE MER; *Alcedo beryllina*, Vieill. Cette espèce de cinq à six pouces de longueur, est sur toutes les parties supérieures d'un vert de mer, qui forme aussi une large bande sur la poitrine; l'espace entre le bec et l'œil est blanc, et l'on voit aux côtés du cou une tache longitudinale de la même couleur; la gorge et le ventre sont également blancs; le bec est noir et les pieds sont jaunâtres. Un individu de cette espèce est représenté dans l'atlas de ce Dictionnaire. Il est indiqué au Muséum comme étant de la Nouvelle-Hollande; mais M. Vieillot dit qu'il se trouve à Java.

ALCYON A TÊTE ROUSSE; *Alcedo ruficeps*, Cuv. Cette espèce, un peu plus forte que l'alcyon d'Europe, a été trouvée aux îles Mariannes par MM. Quoy et Gaimard, naturalistes de l'expédition du capitaine Freycinet. La tête et le haut du dos sont roux; les autres parties supérieures, les ailes et la queue sont d'un vert foncé.

ALCYON A TÊTE BLANCHE; *Alcedo albicilla*, Cuv. Cet oiseau, de la taille du proyer, a été rapporté des mêmes îles par les mêmes naturalistes, qui ont fait à son sujet des observations propres à jeter des incertitudes fondées sur la réalité des espèces que les auteurs ont trop multipliées, sans doute, dans le genre Alcyon. Les trois individus qu'ils se sont procurés, leur ont offert trois états différens : dans le premier, la tête étoit bleue; dans le second, elle étoit moitié blanche et moitié bleue; dans le troisième, tout-à-fait blanche. Le ventre est de cette dernière couleur; la gorge et la poitrine sont roussâtres.

Mais l'espèce la plus intéressante de celles qu'on doit à MM. Quoy et Gaimard, est le MARTIN-CHASSEUR, ou ALCYON

29.   18

GAUDICHAUD, *Dacelo Gaudichaud*, auquel ils ont donné le nom de leur collègue, chargé de la partie botanique dans le voyage autour du monde. Cet oiseau, qui est représenté sur la vingt-cinquième planche de l'Atlas de Zoologie de ce voyage, est le *salba* des habitans de Guébé, et le *mankinetrous*, ou *mangrogrone* des Papous. Il résulte des notes que MM. Gaimard et Quoy ont bien voulu communiquer à l'auteur de cet article, que l'oiseau dont il s'agit habite les bois aux îles Rawak et Waigiou, faisant partie de celles des Papous, aux îles des Mariannes et à la Nouvelle-Hollande; qu'il n'est point farouche, et que les individus qu'on y a tués avoient encore le bec couvert de la terre qu'ils venoient de fouiller pour y chercher leur nourriture.

L'individu du Muséum a onze pouces et demi de longueur; son bec, gros et tétragone, qui est verdâtre sur les côtés, et de couleur de corne sur les arêtes, est long de deux pouces quatre lignes; les mandibules sont aiguës à leur pointe, et la supérieure dépasse l'inférieure; l'iris est rougeâtre; le haut des tarses est emplumé; les pieds sont courts et de couleur brune; l'ongle du doigt du milieu est dilaté sur son bord interne. Le plumage est d'un noir foncé sur la tête et le manteau; la gorge est couverte d'un plastron blanc qui s'étend sur les côtés du cou, et forme par derrière un collier moins large, nuancé de roussâtre; un trait blanc passe du bec derrière l'œil; le bas du dos, le croupion et les couvertures supérieures des ailes sont d'un bleu d'outremer, les grandes pennes des ailes et de la queue sont d'un bleu foncé, qui devient noir à leur extrémité; la poitrine et les parties inférieures sont d'un roux également foncé; les côtés du corps sont fauves, et ont une tache noire qui ne devient visible que quand l'aile est soulevée.

Les naturalistes voyageurs ont trouvé sur deux autres individus des mêmes lieux, quelques différences qu'ils attribuent à l'âge, et ils ont observé qu'en général les alcyons-chasseurs sont fort gras, qu'ils habitent le milieu des bois, et que si quelquefois ils fréquentent les bords de la mer, c'est pour s'emparer de petites pagures qu'ils enlèvent avec leur coquille.

L'article ALCYON, inséré au premier volume de ce Dictionnaire, ne faisant point mention de plusieurs espèces décrites dans d'autres ouvrages, on va en donner ici une courte notice, sans prétendre aucunement les présenter toutes comme espèces réelles, ni même en garantir l'existence ; et comme on vient de parler d'un alcyon-chasseur, on commencera par les deux espèces qui, avec l'alcyon géant, dont il a été question au premier volume de ce Dictionnaire, pag. 453, offrent d'une manière plus prononcée les caractères de la même famille.

ALCYON A TÊTE GRISE: *Alcedo senegalensis*, Lath. Cet oiseau, de la taille d'un merle, qui se trouve au Sénégal, en Arabie et dans d'autres contrées de l'Afrique, est figuré dans les planches enluminées de Buffon sous le n.° 594 ; mais, suivant M. Levaillant, qui l'a vu dans le pays des Caffres, cette planche représente la femelle. Le mâle, un peu différent, a le dessus de la tête d'un brun mêlé de noir; le dos et les petites couvertures des ailes de cette dernière couleur; le croupion, la queue et les ailes bleus; le ventre rayé longitudinalement de noir. Gmelin et Latham regardent comme une variété le martin-pêcheur bleu et noir du Sénégal, Buff., pl. 356 : et le second de ces auteurs cite aussi comme une autre variété un individu rapporté d'Abyssinie, lequel a la tête et le cou blancs; une bande bleue sur la poitrine; le bec et les pieds rouges, et vit, dit-on, de crabes, comme l'alcyon crabier, pl. 334.

ALCYON VERT DE L'AUSTRALASIE; *Alcedo Australasiæ*, Vieill. Cet oiseau, de la taille de l'alcyon d'Europe, a sur le front des plumes de couleur ferrugineuse : une bande de la même couleur, au centre de laquelle se voit une ligne d'un bleu foncé, part des narines, passe au-dessus des yeux, et occupe ensuite toute la partie postérieure du cou et les côtés de la tête, dont le sommet est vert ainsi que le dos. Les ailes et la queue ont leurs pennes bleues, la gorge est d'un blanc qui jaunit sur la poitrine et le ventre. Le bec, noir en dessus, est blanc en dessous.

ALCYON DE L'AMAZONE; *Alcedo amazona*, Lath. Cet oiseau de la Guiane, long d'un pied, a le bec noir; les parties supérieures d'un vert brillant; le dessous du corps blanc, ainsi qu'un demi-collier près de la nuque; des taches vertes à la poitrine et aux flancs, et des taches blanches aux pennes alaires.

Alcyon a bec blanc; *Alcedo leucorhyncha* , Lath. Séba , qui donne cet oiseau de quatre pouces et demi de longueur, comme habitant l'Amérique , dit qu'il a le cou et la tête d'un rouge bai; le dos et les couvertures des ailes et de la queue d'un beau vert; les pennes alaires cendrées; la poitrine et le ventre d'un jaune clair; la queue bleue en dessus, et cendrée en dessous.

Alcyon du Bengale; *Alcedo bengalensis*, Lath. Les deux petits alcyons qu'Edwards a figurés pl. 11, et dont Brisson a formé deux espèces, sont considérés par les ornithologistes modernes comme des variétés du même. L'un a quatre pouces et demi de longueur; son bec est noir, et le dessus du corps d'un bleu d'aigue-marine ; une strie rousse traverse les yeux ; la gorge est blanche, et le dessous du corps roux; les pennes alaires et caudales sont brunes et bordées d'un vert d'aigue-marine; les pieds sont rouges. Les plumes de la tête et de la queue sont entièrement brunes chez le second de ces oiseaux, dont la taille est un peu inférieure.

Alcyon bleuatre; *Alcedo cærulescens*, Lath. Cet oiseau , de l'île de Timor, est de la taille du précédent; il a les parties supérieures d'un bleu très-pâle, varié de blanc. La poitrine est de la même couleur, ainsi qu'une bandelette qui de la mandibule inférieure descend des deux côtés de la gorge. Le reste des parties inférieures est blanc ; le bec noir, et le tarse orangé.

Alcyon a front jaune; *Alcedo erithaca*, Lath. Cette espèce du Bengale a été décrite par Albin , comme étant de la taille du martin-pêcheur d'Europe, et ayant le bec, les pieds, le dessus de la tête , le croupion et les couvertures supérieures de la queue rouges; une bande noire et une bleue sur les côtés de la tête ; le front et le dessous du corps jaunes; la gorge et un collier blancs; le dos d'un bleu foncé ; les ailes d'un gris de fer. Buffon et Mauduyt élèvent des doutes sur l'existence de cet oiseau , auquel Latham donne une variété dans celui qui est ainsi décrit par Pennant dans ses *Genera of birds* : Bec et pieds rouges; une tache blanche près de la base de la mandibule supérieure ; tête et haut du cou d'un rouge orangé; gorge blanche; haut du dos bleu , le milieu orangé; le croupion d'un pourpre clair; la poitrine et le ventre d'un blanc jaunâtre.

Ces oiseaux paroissent avoir des rapports avec l'*alcedo purpurea*, décrit dans ce Dictionnaire, Ier vol., pag. 449.

ALCYON BLEU ET BLANC ; *Alcedo cyanoleuca*, Vieill. Cette espèce est donnée par M. Vieillot comme se trouvant en Afrique sur la côte d'Angole, et ayant le bec rouge avec la pointe noire ; la tête, le dessous du cou, le dos, les ailes et la queue d'un bleu d'aigue-marine ; la gorge, les côtés du cou, la poitrine et le ventre blancs, avec quelques raies obscures ; les pieds noirs.

ALCYON A COLLIER BLANC ; *Alcedo collaris*, Lath. Suivant Sonnerat, cette espèce des Philippines est d'une taille inférieure à celle du merle commun ; le bec est noir, et jaunâtre à la base de la mandibule inférieure ; les pieds sont noirâtres ; les parties supérieures sont d'un bleu verdâtre, et le dessous du corps est blanc, ainsi que le collier.

ALCYON A FRONT GRIS ; *Alcedo cinereifrons*, Vieill. Cet oiseau de Malimbe, qui fréquente, dit-on, les bords de la mer, a la mandibule supérieure jaune, avec des taches rouges et noires ; l'inférieure de cette dernière couleur ; les pieds bruns ; la tête, à l'exception du front, le cou, le dos, le croupion, la poitrine, et le bord extérieur des pennes alaires, d'un bleu d'aigue-marine ; les couvertures des ailes et les plumes scapulaires noires, ainsi qu'un trait qui traverse l'œil ; la gorge et le ventre blanchâtres.

ALCYON A COLLIER DES INDES ; *Alcedo cærulea*, Lath. Long d'environ sept pouces, il a le bec noirâtre à la pointe, et gris à sa base. Les yeux sont surmontés d'une petite bande blanche ; le dessus du corps est d'un très-beau bleu jusqu'au croupion, qui est d'un vert éclatant, ainsi que les couvertures supérieures des ailes et de la queue. Le cou est entouré d'un collier blanc ; la gorge, la poitrine et le dessous du corps sont roux ; les pennes des ailes et de la queue sont bleues en dessus, et noirâtres en dessous. Les pieds sont gris.

ALCYON BLEU DE CIEL ; *Alcedo cyanea*, Vieill. Cet oiseau du Paraguay, décrit par M. d'Azara, n.° 417, est long d'environ seize pouces. Le bec, plus épais que large, a deux pouces de longueur ; et il est très-fort ; la gorge, une portion du devant du cou et une tache entre le bec et l'œil sont blancs ; un beau bleu de ciel règne sur le sommet et les côtés de la tête, et sur

le dessus du corps, où chaque plume présente un trait longitudinal noir. Les parties inférieures sont d'une couleur de
tabac d'Espagne; le bas de la jambe et le tarse sont d'un brun
clair, mêlé de verdâtre. Les jeunes se reconnoissent à un mélange de rouge foible et au bleu de ciel du devant du cou.
M. d'Azara a décrit, n.° 418, un autre individu sous le
nom de *martin-pêcheur d'un bleu de ciel obscur;* mais, comme
il ressemble beaucoup au précédent, ce n'est probablement
qu'une différence d'âge ou de sexe.

Le même auteur donne, aux n.°° 419 et 420, la description
de deux alcyons sous les noms de *martin-pêcheur mordoré* (*alcedo rubescens,* Vieill.) et de *martin-pêcheur à cou rouge;* mais
il paroît aussi que le second n'est pas une espèce différente du
premier, qui est long de douze pouces environ, et a le bec
noir, les sourcils, la gorge, un demi-collier sur la nuque, la
poitrine, le ventre blancs; la tête, le derrière et les côtés du
cou, le dos, le croupion, le côté supérieur des pennes alaires,
et leurs couvertures, mordorés sous un aspect, et d'un noirâtre mêlé de bleu de béryl sous l'autre, avec quelques taches
et points blancs sur les couvertures; le grand côté des pennes
frangé en festons blancs et noirâtres; la queue noirâtre et tachetée de blanc sur les pennes extérieures de chaque côté.

ALCYON TOUNZI; *Alcedo nutans,* Vieill. Cet oiseau, plus petit que l'alcyon d'Europe, est regardé par Sonnini comme une
variété du martin-pêcheur bleu et noir du Sénégal; mais quoiqu'il ait, comme celui-ci, les parties supérieures bleues, la
gorge blanche et le dessous du corps d'un roux fauve, M. Vieillot fait observer qu'il en diffère par la taille, par ses pennes
brunes, par le violet pourpré qui lui couvre les joues, par
son collier roux, etc. Il habite les rivages de la mer et le bord
des ruisseaux dans les royaumes de Congo et de Çacombo,
et balance continuellement sa tête.

ALCYON TEU-ROU-JOU-LON. Cet oiseau, qui habite les îles Cé-
lèbes, a le bec rouge, la tête et le dos verts; la queue d'un
beau bleu, et le ventre jaune. Suivant Buffon, ce n'est qu'une
variété du martin-pêcheur à tête couleur de paille; mais sa
taille n'excède pas celle de l'alouette, et celui-ci est beaucoup
plus grand.

ALCYON A TÊTE BLEUE. *Alcedo cæruleocephala,* Latham, pl.

enl. de Buffon, n.° 366. Cet oiseau, qui, comme le précédent, se trouve à Madagascar, n'a que quatre pouces de longueur : le dessus de sa tête est d'un bleu vif avec des nuances plus claires et verdoyantes ; le dessus du corps est d'un bleu d'outremer ; la gorge est blanche, et les parties inférieures sont rouges, ainsi que les pieds et le bec.

Golberry dit, au tome second de son Voyage en Afrique, pag. 438, qu'on voit sur les bords du Sénégal un martin-pêcheur qui n'a que deux pouces de longueur, et qui, d'une vitesse et d'une légéreté extrêmes, voltige toute la journée, sans se reposer, aux environs de l'île Saint-Louis, où, pendant les crues du fleuve, il recherche avidement les petits vers qu'il trouve sur ses rives. Son bec très-fin est, ajoute-t-il, plus long que son corps; sa tête verdâtre est chatoyante comme l'émeraude orientale : le dos et les autres parties supérieures sont d'un bleu céleste foncé; l'extrémité des ailes est noire; la gorge est d'un blanc éclatant ; la poitrine, le ventre et le dessous de la queue sont d'un roux alezan. Le voyageur qu'on vient de nommer, et dont l'ouvrage a été imprimé en 1802, n'est point cité par les ornithologistes qui, en parlant du martin-pêcheur bleu et noir du Sénégal, *alcedo senegalensis*, Lath., *var.*, et du martin-pêcheur à tête bleue, *alcedo cœruleocephala*, Lath., appliquent aux deux la planche 356 de Buffon, quoiqu'ils donnent au premier de ces oiseaux sept pouces de longueur, et quatre seulement au deuxième. Comme les couleurs de la planche enluminée indiquent des rapports entre ce dernier et le petit martin-pêcheur de Golberry, qui n'a vraisemblablement pas compris la longueur du bec et celle du corps dans son évaluation à deux pouces, il est probable que l'oiseau dont il s'agit n'est pas une nouvelle espèce; mais sans cela on pourroit l'appeler à juste titre *alcedo pusilla*.

ALCYON DES INDES; *alcedo orientalis*, Lath. Cet oiseau, qui a le bec et les pieds rouges, est long de quatre pouces et demi. La tête et la gorge sont d'un beau bleu; le dessus du corps est vert; les pennes alaires sont noirâtres et bleues à l'extérieur; le dessous du corps est roux ; le bec et les pieds sont rouges.

ALCYON VIOLET; *alcedo coromanda*, Lath. On trouve à la côte de Coromandel cet oiseau de la grosseur du merle, qui a les parties superieures du corps d'un rouge pâle changeant en violet, à l'exception du croupion sur lequel on voit une bande longitudinale d'un blanc bleuâtre. Le dessous du corps est d'un roux clair; la gorge est blanche, et le bec et les pieds sont rougeâtres.

ALCYON DE SURINAM; *Alcedo surinamensis*, Lath. Cet oiseau dont parle Fermin dans sa Description de Surinam, tom. 2, pag. 181, est un peu moins grand que le merle commun. Il a la tête d'un noir verdâtre, avec quelques taches bleues en travers; le dos est d'un bleu clair et argenté, avec des nuances noirâtres; la queue est d'un bleu obscur; la gorge et le milieu du ventre sont d'un blanc rougeâtre; la poitrine est rousse; le bec est noir. On le trouve ordinairement près des eaux vives; il se perche sur les arbres, et fait dans des trous près de l'eau un nid où il pond cinq ou six œufs.

ALCYON TACHETÉ; *Alcedo inda*, Lath. Edwards a donné, pl. 335, la figure de cet oiseau de Cayenne, qui est long de sept pouces, et a le dos, les ailes et la queue d'un noir verdâtre, avec une bordure blanche aux pennes caudales et uropygiales; le dessous du corps orangé, à l'exception d'un collier noir, et bordé de cendré blanchâtre; le bec noirâtre et les pieds de couleur de chair.

On a décrit au tome I.er de ce Dictionnaire, pag. 457, sous le nom d'*alcyon ceyx*, l'alcyon tridactyle de l'île de Luçon; *alcedo tridactyla*, Lath., dont la figure se trouve dans le Voyage à la Nouvelle-Guinée, de Sonnerat, pl. 32, et dans le sixième fascicule des *Spicilegia* de Pallas, pl. 11, fig. 2. Shaw a décrit depuis dans ses Mélanges une autre espèce sous le nom d'*alcedo tribrachys*, ou alcyon ceyx à dos bleu. Cet oiseau, rapporté de Timor, a été figuré dans le même ouvrage, pl. 681. Il est d'un bleu foncé sur le corps, et une bande de la même couleur descend des joues sur les côtés de la gorge, du cou et de la poitrine; les côtés de l'occiput et le dessous du corps sont ferrugineux. Les tarses sont orangés, et le bec est noir.

ALCYON CEYX POURPRE; *Alcedo ceyx purpurata*, Dum. Cet oiseau, de la taille d'une fauvette, a été rapporté de Java par M. Leschenault. Les parties supérieures du corps sont rousses; les inférieures sont blanches, et le bec est roux.

L'oiseau décrit sous le nom de *martin-pêcheur de mer aux*

ailes longues, par M. d'Azara, est la frégate, *pelecanus aquilus*, Linn.; et M. Savigny dit, pag. 6 des Observations sur son système des oiseaux d'Egypte et de Syrie, que l'*alcedo ægyptia* d'Hasselquist dans son Voyage au Levant, part. 2, pag. 21 de la traduction françoise, n'est pas un alcyon, mais vraisemblablement un bihoreau.

Les alcyons portent à O-Taïti et aux îles des Amis les noms d'*erooro* et de *koato-o-oo*. Ils y sont regardés comme des oiseaux sacrés, qu'il est défendu de tuer. (CH. D.)

MARTIN-PESCAO. (*Ornith.*) L'oiseau que l'on nomme ainsi à Gênes est l'hirondelle de mer cendrée, *sterna cinerea*, Linn. (CH. D.)

MARTIN-SEC. (*Bot.*) Nom d'une variété de poire pyramidale, de grosseur moyenne, roussâtre, à chair cassante, sèche, d'une saveur sucrée, mûrissant de novembre à janvier. (L. D.)

MARTIN-SIRE. (*Bot.*) Autre variété de poire alongée, assez grosse, d'un vert jaunâtre, tachetée de points gris, à chair ferme, sucrée, et mûrissant en novembre. (L. D.)

MARTIN, VACHE A DIEU, BÊTE A DIEU, MARTIN BON DIEU (*Entom.*), noms vulgaires des coccinelles. (C. D.)

MARTINAZZO (*Ornith.*), nom donné par les Vénitiens au goéland varié ou grisard, *larus nævius*, Linn. (CH. D.)

MARTINET. (*Ornith.*) Ces oiseaux ont beaucoup de rapports avec les hirondelles; mais, tandis que celles-ci ont les doigts des pieds et le sternum disposés comme chez la plupart des passereaux, les martinets s'en distinguent, 1.° par la situation du pouce qui, placé de côté, se dirige le plus ordinairement en avant, et quelquefois, selon le besoin de l'oiseau, en arrière; 2.° par la brièveté de l'humérus, dont les apophyses sont très-larges, par la fourchette ovale et par le sternum sans échancrure vers le bas, toutes circonstances propres à augmenter la puissance du vol. Les autres caractères génériques des martinets sont d'avoir le bec très-court et couvert de plumes presque jusqu'à la pointe; des abajoues contre les parois desquelles une humeur gluante retient les insectes jusqu'au moment où l'oiseau éprouve le besoin de les avaler, ou d'en nourrir ses petits; les tarses et les doigts plus courts et plus gros que chez les hirondelles, et les ongles plus crochus; les ailes plus longues et moins larges; la queue ordinaire-

MAR

ment composée de dix pennes. On peut remarquer, en outre, que les plumes des martinets sont courtes, rudes et de la nature de celles des oiseaux aquatiques, pendant que les plumes des hirondelles sont plus fines et plus moelleuses; aussi M. Levaillant observe-t-il que si les grands orages, les fortes pluies, les vents violens font rentrer les hirondelles dans leurs cachettes, les martinets semblent éprouver un plaisir réel à lutter contre les élémens en fureur.

Aristote paroît avoir appliqué collectivement aux hirondelles et aux martinets le nom d'*apodes*, quoiqu'il n'ignorât pas que ces oiseaux n'étoient point privés de pieds, mais parce qu'ils s'en servent fort peu. Linnæus a restreint cette dénomination aux martinets qui en font encore moins d'usage que les hirondelles; mais ce terme ambigu doit être tout-à-fait écarté pour le remplacer par celui de *cypselus*, tiré du mode de fabrication de leurs nids, *cistellis ex luto fictis*, d'après l'interprétation de Gaza, rapportée par Gesner, *de Avibus*, p. 161. Ce nom générique a d'ailleurs été adopté par Illiger et par d'autres ornithologistes modernes.

Les martinets sont des oiseaux aériens par excellence, dont la vie se passe dans une agitation extrême ou dans un repos absolu. Lorsqu'ils se posent, ce qui arrive rarement, c'est sur des lieux élevés, contre des murailles ou contre des arbres, et si par accident ils tombent à terre, ils ont beaucoup de mal à se traîner sur une petite motte ou une pierre qui leur fournisse les moyens de mettre en jeu leurs longues ailes. Dans le cas même où ils se trouveroient sur une surface dure et polie, Linnæus et Montbeillard pensoient qu'il leur seroit impossible de se relever; mais Spallanzani a vérifié le contraire par des expériences faites sur plus de dix individus d'âges différens qui, posés sur le parquet très-uni d'une chambre vaste et bien éclairée, frappoient subitement de leurs pieds contre terre, étendoient leurs ailes, les battoient l'une contre l'autre, et, après s'être ainsi détachés du sol, parvenoient à décrire un cercle bas et court, puis un second plus large et plus élevé, et devenoient enfin maîtres de l'air. L'auteur italien croit néanmoins que si les martinets s'abattoient dans des lieux touffus, couverts de buissons ou de hautes herbes, ce seroient pour eux des écueils insurmontables; mais il faudroit, pour cela, qu'ils eussent épuisé leurs forces à ramper vainement, à la manière des reptiles, avant de pouvoir se dégager de ce mauvais pas.

Les martinets boivent comme ils mangent en volant, et leur nourriture consiste en insectes qui vivent dans les régions élevées de l'air ou sur les eaux, et Spallanzani, qui a eu lieu de remarquer combien ces oiseaux sont friands des fourmis ailées, s'est assuré, dans cette occasion, qu'ils apercevoient distinctement un objet de cinq lignes de diamètre à la distance de trois cent quatorze pieds, et que leur vue étoit si nette, qu'ils descendoient du haut des airs avec la rapidité d'une flèche, et, après avoir effleuré la terre, remontoient d'une vitesse égale et dans une direction contraire. Montbeillard pensoit que les martinets alloient passer la nuit dans les bois pour faire la chasse aux insectes; mais Spallanzani, ayant ouvert de ces oiseaux par lui tués de grand matin, au moment de leur retour journalier, n'a trouvé dans leur estomac qu'un résidu d'insectes méconnoissables par l'effet de la digestion, qui n'auroit pas été si avancée dans le cas où ces alimens auroient été pris la nuit même, et il croit d'autant moins que les martinets puissent voir suffisamment dans la nuit, qu'en obscurcissant une chambre qui en renfermoit, ces oiseaux perdoient la direction du vol, se heurtoient contre les murs et tomboient à terre.

Les martinets sont peu nombreux en espèces. On n'en connoit que deux en Europe, le martinet noir ou commun, et le martinet à ventre blanc ou des hautes montagnes.

MARTINET NOIR OU COMMUN. Cet oiseau, qui est l'*hirundo apus*, Linn., dont la figure se trouve dans les Pl. enl. de Buffon, n.° 542, et dans Lewin, n.° 127, ne peut conserver aucun de ces deux noms, puisque, d'une part, on est convenu de séparer génériquement les martinets des hirondelles, et que, d'une autre, l'épithète *apus* est inexacte et propre à donner une idée fausse. M. Temminck a appelé cette espèce martinet de muraille, *cypselus murarius*, et si cette dénomination avoit indiqué une particularité exclusive, c'auroit été le cas de l'adopter; mais ce martinet, qui s'accroche aux murailles et niche dans les trous, s'accroche également aux vieux arbres, dans le creux desquels il fait aussi son nid, comme le grand martinet,

On croit donc devoir préférer l'épithète *vulgaris* ou *niger*, sans toutefois appliquer celle d'*albiventris* au grand martinet ou martinet à ventre blanc, attendu qu'il n'existe pas de motifs pour ôter à celui-ci l'ancienne épithète *melba*.

Le martinet commun est long d'environ huit pouces; il a près de quinze pouces de vol; sa queue, fourchue, en a environ trois, et, suivant Montbeillard, elle est composée de douze pennes. Le bec a huit à neuf lignes.

Cet oiseau, qui pèse dix à douze gros, a l'œil enfoncé et l'iris de couleur de noisette. Son plumage est d'un noir de suie, à l'exception de la gorge qui est blanchâtre. Le bec est noir; les pieds et les ongles sont noirâtres; le devant et le côté intérieur du tarse sont couverts de petites plumes de la même couleur. La femelle, un peu plus petite que le mâle, n'est pas tout-à-fait aussi brune, et les jeunes ont la bordure des plumes supérieures roussâtre; mais après la première mue, qui, suivant M. Natterer, a lieu chez ces oiseaux une fois l'année, au mois de février, pendant qu'ils sont en Afrique et en Asie, il n'existe plus de différences entre eux.

Ces martinets arrivent dans nos climats pendant le cours du mois d'avril et plus tard que les hirondelles, parce que les insectes ailés ne s'élèvent aux régions où ils ont coutume de voler, que quand l'atmosphère y est suffisamment échauffée; mais leur apparition a lieu un peu plus tôt ou plus tard, selon que la contrée qu'ils viennent habiter est plus ou moins méridionale. Ils n'arrivent guère avant le commencement de mai en Angleterre.

Quoiqu'il résulte des expériences de Spallanzani que ces oiseaux peuvent résister à un froid plus qu'ordinaire, ils se retirent aussi avant les hirondelles, parce que les insectes de haut vol qui forment la nourriture des premiers, ne conservent pas, quand la température se refroidit, la vigueur nécessaire pour voltiger à leur portée, tandis qu'ils restent à celle des hirondelles domestiques et de fenêtre.

Les martinets noirs, comme les hirondelles, reviennent au printemps prendre possession des domiciles qu'ils avoient adoptés les années précédentes. Les trous, les crevasses de murailles, les avant-toits des maisons couvertes de tuiles, sont les lieux où ils se plaisent le plus généralement à établir leurs nids, et lorsqu'ils retrouvent les anciens, ils ne se donnent pas la peine d'en construire de nouveaux. Spallanzani en a décrit un qui présentoit une cavité alongée, dont le plus grand diamètre avoit quatre pouces trois lignes, et le plus petit trois pouces et demi; mais ils n'ont pas tous la même dimension, et ne sont pas composés des mêmes substances, qui consistent surtout en plumes, laine, herbes sèches et autres matériaux souples que ces oiseaux peuvent rencontrer, soit en l'air, soit en rasant la surface du terrain, ou qu'ils enlèvent d'autres nids, et particulièrement de ceux des moineaux, à quoi ils ajoutent extérieurement des parties d'insectes qu'ils ont à demi digérées. Pour donner de la consistance à cet assemblage incohérent, l'oiseau tire de sa gorge une humeur visqueuse, de couleur cendrée, la même qui lui sert comme de glu pour attraper sa proie, et qui, pénétrant le nid de toutes parts, lui donne une sorte d'élasticité. Quelquefois les martinets se contentent de rajuster les nids de moineaux pour leur usage.

Comme on ne voit point ces oiseaux se poser à terre ni sur les branches d'arbres, il étoit probable qu'ils s'accouploient dans leurs nids, et Spallanzani s'est assuré de ce fait par la facilité que lui donnoient à cet égard des nids établis dans des colombiers entre les boulins destinés aux pigeons. En examinant de l'intérieur et par des sortes de guichets formés d'une brique, ce qui se passoit dans ces nids, l'observateur zélé est parvenu à voir plusieurs fois le mâle couvrir la femelle, et en user à peu près comme les hirondelles de fenêtre, excepté que cet acte chez eux est de plus courte durée. Le mâle, dans ces doux momens, jette de petits cris dont l'expression est toute différente de celle des cris plus alongés, plus forts qu'il pousse quelquefois dans le nid, et qui s'entendent assez loin pendant le silence de la nuit. Ces cris sont indépendans du sifflement aigu que les martinets font entendre en volant.

Spallanzani a observé que les martinets entrés dans leur trou, y éprouvent une sorte d'inertie ou de stupeur, et que, surpris dans l'accouplement ou l'incubation, ils ne font aucun mouvement pour changer d'attitude, se laissent même prendre à la main, et qu'on est forcé de les pousser dehors pour les faire sortir de leur trou, ce qu'il attribue aux longues ailes et aux pieds courts de ces oiseaux, qui leur ôtent les moyens de se remuer facilement dans des espaces aussi étroits. Cette explication est d'autant plus naturelle qu'un pareil abandon d'eux-mêmes ne les accompagne qu'au gite.

Les martinets ne font qu'une seule ponte, à moins que la première couvée n'ait manqué par les froids du mois de mai, ou par quelque autre accident. La femelle seule couve les œufs, qui sont blancs, de forme alongée, au nombre de deux à cinq, et dont Lewin a donné. tom. 4, pl. 28, une fort mauvaise figure. L'incubation dure environ trois semaines, et la mère couve encore ces petits plusieurs jours après qu'ils sont éclos. Suivant Montbeillard, les petits ne sollicitent pas la becquée comme ceux des autres oiseaux; mais Spallanzani qui, en 1789, en a vu éclore une nichée dans son voisinage, où il étoit à portée d'en examiner le trou, a remarqué qu'au moment où les père et mère leur apportoient à manger, ce qui arrive cinq à six fois le jour, les petits ouvroient le bec pour recevoir la nourriture et poussoient en même temps un cri, foible à la vérité, mais sensible et soutenu pendant quelques instans, et ils en faisoient autant avec lui quand il leur touchoit le bec avec le doigt. Lorsque les petits ont acquis assez de force pour n'avoir plus besoin d'être réchauffés par leurs mères, celles-ci s'élèvent vers la fin du jour avec les mâles, et ne reviennent que le lendemain au soleil levant, ce qui a lieu jusqu'à l'époque de leur départ, c'est-à-dire jusqu'à la fin de juillet ou au mois d'août.

Ce n'est qu'au bout d'un mois que les jeunes abandonnent leur nid, et en cela ils sont plus tardifs que les autres oiseaux, et même que les hirondelles, ce qu'on peut attribuer à la nécessité dans laquelle se trouvent les martinets de se passer de tout appui dès l'instant où ils ont pris leur essor. Aussi en adulte s'échappant du nid a-t-il les pennes aussi longues que celles des père et mère, son vol est aussi rapide; une fois sorti du nid, il n'y revient plus.

Pendant les grandes chaleurs, les martinets restent au milieu du jour dans leur nid, dans les fentes de murailles ou de rochers, entre les entablemens des constructions, et ce n'est que le matin et le soir qu'ils vont à la pâture, ou voltigent sans but et par le seul besoin d'exercer leurs ailes. Dans ce

dernier cas, ils décrivent en l'air des courbes sans fin autour
des clochers, des colombiers, ou des lignes droites le long des
maisons, en poussant des cris aigus: mais lorsqu'ils vont à la
chasse, ils ont une manière lente de nager dans l'air, souvent
ils ne battent pas des ailes, ils sont solitaires et silencieux, et
la direction de leur vol éprouve des interruptions et des changemens subits et en divers sens. C'est pour se soustraire à la
trop grande chaleur que ces oiseaux ont l'habitude particulière de se tenir cachés pendant le jour, et de ne s'élever dans
les airs que vers le crépuscule du soir: plus libre quand les
petits ont pris leur vol, la famille entière se transporte sur les
montagnes, où elle séjourne jusqu'aux approches des froids.

Les jeunes martinets, comme les jeunes hirondelles, pèsent
plus que les vieux, et la cause en est dans l'existence d'une
grande quantité de graisse, dont le corps des premiers est
couvert et pénétré même en plusieurs endroits, tandis que les
vieux en sont privés totalement. Le poids des adultes diminue
à mesure de leur accroissement, et ils finissent par ne plus
peser davantage que les père et mère quand toute leur graisse
a disparu. Cette circonstance doit suffire pour détourner des
ruses qu'on emploie en divers pays, à l'effet de s'emparer de
ces oiseaux utiles, puisque si les jeunes sont un fort bon manger, les vieux ont la chair dure et point succulente.

Ces oiseaux sont à tout âge, et particulièrement dans leurs
nids, tourmentés d'insectes parasites, et celui qui les quitte
le moins forme un démembrement du genre Hippobosque,
auquel M. Latreille a donné le nom d'ornithomyie.

GRAND MARTINET OU MARTINET A VENTRE BLANC: *Cypselus melba*
Vieill. L'espèce désignée sous le nom d'*hirundo melba*, par
Linnæus et par Latham, ou grand martinet à ventre blanc,
par Montbeillard, et qui est figurée pl. 17 des *Glanures*
d'Edwards, est considérée par MM. Cuvier et Temminck, comme
étant la même que le martinet à gorge blanche de l'Ornithologie d'Afrique, pl. 245. Cet oiseau, long d'environ neuf
pouces, a les parties supérieures d'un gris brun, ainsi qu'un
plastron à la poitrine. La gorge et le ventre sont d'un blanc
qui paroît être plus ou moins pur selon l'âge des individus. Le
bec est d'un brun noirâtre, et les pieds sont couverts de plumes
brunes. La femelle a le collier moins large, et les teintes du

plumage moins foncées. Cette espèce habite les Alpes du Midi,
en Suisse, au Tyrol, en Sardaigne : Spallanzani l'a rencontrée
dans les îles de l'Annaria, d'Ischia, de Lipari et à Constantinople.
Russel l'a vue sur les rochers des environs d'Alep, et celui
qui a été décrit par Edwards, avoit été tué à Gibraltar. C'est
aussi dans les rochers que se retire et niche le martinet figuré
par M. Levaillant; et les individus que M. Temminck a reçus
de l'Afrique méridionale, ne différoient de ceux d'Europe
que par l'espace plus étendu qu'occupoit le brun de la poitrine
sur le bas du cou et sur les flancs.

Ces martinets, plus gros que les noirs, et qui volent avec
une rapidité étonnante, se distinguent dans les airs par les
parties blanches de leur plumage, et par des cris plus reten-
tissans et plus soutenus. Ils se font aussi remarquer par une
singulière habitude : au milieu de leurs circuits ils s'accrochent
par les ongles aux rochers situés dans le voisinage de leurs
nids, et d'autres s'attachant successivement sur les premiers,
il en résulte une masse oscillante jusqu'au moment où ils se
séparent, et reprennent leur vol en jetant leurs cris accoutumés.

C'est à la fin de mars et au commencement d'avril que les
grands martinets arrivent en Savoie ; mais pendant la première
quinzaine ils volent sur les étangs et les marais, et ne se dirigent
qu'ensuite vers les hautes montagnes, leur séjour habituel.
Comme ils établissent en général leurs nids sur des précipices,
Spallanzani n'est parvenu à obtenir quelques renseignemens
sur leur ponte et l'éducation des petits que du concierge d'un
château des Etats de Modène, sur la haute tour duquel il s'éta-
blissoit de ces oiseaux qui y faisoient chaque année deux
pontes, la première de trois ou quatre œufs, et la seconde
ordinairement de deux seulement. L'incubation dure trois
semaines; les petits de la première couvée devenoient adultes
à la mi-juillet, et ceux de la seconde à la mi-septembre, et
quoique ces jeunes qui sont fort bons à manger, leur fussent
enlevés chaque fois, les pères et mères n'abandonnoient pas
les mêmes lieux, où ils nichoient dans leurs anciens nids, à
moins qu'ils ne se trouvassent obligés d'en refaire de nouveaux.
Ces nids, construits extérieurement avec des morceaux de
bois et des brins de paille entrelacés en cercles concentriques,
et fortifiés par des feuilles d'arbres qui en occupent les vides,

sont revêtus intérieurement de chatons de peuplier et de plumes, qui ne sont pas unis au moyen du gluten sorti de la bouche.

Spallanzani, à qui l'on avoit envoyé avec le nid un martinet adulte, qui étoit à jeun depuis trente-une heures au moment de son arrivée, et devoit, par conséquent, avoir déjà perdu de ses forces, l'a encore soumis à des épreuves pour s'assurer du degré de froid auquel il résisteroit; et l'oiseau n'a péri qu'après être resté sept heures sous un bocal où le thermomètre marquoit huit degrés et demi au-dessous de la congélation, et vingt-cinq heures dans une glacière, sans avoir donné aucun signe de léthargie, ce qui ajoute aux raisons exposées sous le mot *hirondelle*, pour rejeter l'hypothèse de la torpeur de ces oiseaux pendant l'hiver.

Spallanzani croit que les grands martinets ne quittent pas tous les îles Eoliennes pendant l'hiver, et que dans un pays où cette saison est assez douce, plusieurs se cachent seulement dans quelques retraites où ils s'abandonnent au repos et à une abstinence que leur graisse, assez abondante, les aide à supporter; mais les autres et ceux des contrées plus au Nord passent en Afrique.

L'auteur des articles d'ornithologie dans le Nouveau Dictionnaire d'Histoire naturelle, rapporte des observations faites en Suisse sur ces oiseaux par un de ses correspondans; mais la plupart sont contradictoires avec celles du naturaliste italien, puisqu'il en résulteroit que le nid auroit une autre forme, qu'au lieu d'être pratiqué dans un trou, il seroit attaché le long d'un soliveau, et que, composé d'autres matériaux, il seroit enduit de la matière gluante que ce dernier n'y a point trouvée. La seule remarque pour laquelle les deux observateurs soient d'accord, est la facilité avec laquelle on peut toucher le mâle et la femelle, blottis l'un contre l'autre dans leur nid; mais cette dernière circonstance n'empêche pas qu'on ne soit fondé à douter de l'identité des espèces.

GRAND MARTINET DE LA CHINE. A l'exception de la taille de cet oiseau qui, d'après la description qu'en a donnée Sonnerat dans son Voyage aux Indes, tom. 2, pag. 199, est de onze pouces six lignes depuis le bout du bec, jusqu'à celui de la queue, rien n'annonce s'il s'agit ici d'une hirondelle ou d'un martinet.

et si on doit l'appeler *cypselus sinensis* ou lui conserver le nom d'*hirundo*. On se bornera donc à exposer que la queue est fourchue et aussi longue que les ailes; que le sommet de la tête est d'un roux clair et la gorge blanche; que le cou en arrière, le dos, les ailes et la queue sont bruns; qu'à l'angle supérieur du bec il naît une bande longitudinale brune qui se prolonge au-delà de l'œil, lequel est entouré de petites plumes blanches; que la poitrine et le ventre sont d'un gris roux, et qu'enfin l'iris, le bec et les pieds sont d'un gris bleuâtre.

M. Levaillant a donné, dans ses Oiseaux d'Afrique, la figure de deux martinets, pl. 244, n.ᵒˢ 1 et 2, sous les noms de *martinet à croupion blanc* et de *martinet vélocifère*; mais ces deux oiseaux étant représentés sur des branches d'arbres avec trois doigts en devant et un par derrière, l'auteur des articles d'ornithologie dans le Nouveau Dictionnaire d'Histoire naturelle, s'est cru autorisé à les considérer comme des hirondelles et à les ranger parmi elles. Le même motif auroit pu cependant le déterminer à prendre un parti semblable pour le martinet à gorge blanche, dont chaque pied, vu de face, n'offre que trois doigts, et il auroit pu soupçonner qu'afin de ne pas se trouver obligé de figurer une muraille, et attendu que le quatrième doigt est implanté sur le tarse de manière à devenir versatile, le peintre aura usé de la faculté que lui donnoit cette circonstance pour en profiter en artiste, sans examiner rigoureusement quelles inductions le naturaliste seroit dans le cas d'en tirer. D'ailleurs, M. Levaillant a appliqué aux trois espèces par lui décrites sous le nom de *martinets*, l'observation que chez elles *le doigt intérieur est placé de côté, de manière que, suivant le besoin de l'oiseau, il se dirige en avant ou en arrière;* et une erreur dans le dessin n'auroit pas dû suffire pour faire contester l'exactitude d'une classification établie par un aussi habile ornithologiste. On va donc emprunter à M. Levaillant ses descriptions, en laissant les deux plus petits martinets à la place qu'il leur a assignée près du grand.

MARTINET A CROUPE BLANCHE D'AFRIQUE. Cet oiseau porte le nom de martinet à croupion blanc, au tom. 5, p. 112 des Oiseaux d'Afrique; mais, comme il est désigné sous celui de *martinet à croupe blanche*, sur la pl. 244, fig. 1, et que déjà le nom d'hirondelle à croupion blanc a été donné à notre hirondelle

de fenêtre, et à l'hirondelle du Paraguay décrite par d'A-
zara sous le n.° 304, on préférera ici la dénomination de martinet à croupe blanche, qui offre au moins une distinction
légère en françois; et, ne pouvant adopter avec M. Vieillot
l'épithète latine d'*atra*, tirée d'un aperçu tout différent et
peu d'accord avec la couleur brune du plumage de l'oiseau,
on lui donnera celle de *cypselus uropygialis*, propre à appeler
l'attention sur la couleur des côtés du croupion et des barbes internes des dernières plumes alaires qui avoisinent cette
partie, laquelle a paru à M. Levaillant former le caractère le
plus tranchant pour signaler une différence spécifique entre
l'oiseau en question et notre martinet commun. Celui-là, fort
abondant au cap de Bonne-Espérance, est plus familier que
le martinet à gorge blanche; il s'approche des maisons et vit
dans les mêmes lieux que les hirondelles, sans cependant se
mêler avec elles. Lorsqu'il ne peut s'emparer du nid de ces dernières, il en fait un lui-même dans des trous de murs ou dans des
crevasses de rochers, et la femelle y pond quatre œufs blancs.

MARTINET VÉLOCIFÈRE; *Cypselus velox*, Ois. d'Afr., pl. 244, fig. 2.
L'épithète adoptée par M. Vieillot pour cette espèce étant la
traduction littérale de celle de M. Levaillant, on n'hésite pas à
la conserver pour un oiseau dont la rapidité est telle, qu'il
parcourt cent toises en cinq secondes, ce qui équivaut à une
demi-lieue en une minute. La queue de cette petite espèce est
très-fourchue; ses ailes, fort longues, la dépassent de près de
deux pouces, lorsqu'elles sont pliées. Son plumage est d'un
noir foncé à reflets bleus sur la tête, les ailes et la queue, et
d'un noir pur sous le corps. Les yeux sont rougeâtres, les pieds
et le bec sont bruns. Ce petit martinet habite la côte de
l'Est pendant la saison d'hiver du Cap; mais cette contrée
n'est pas sa patrie, et il paroit n'y venir qu'après avoir fait
ses petits ailleurs. Le soir et le matin il vole à la lisière des
bois, et saisit les insectes et les moucherons qu'il aperçoit en
l'air ou posés sur les feuilles des arbres, dans les trous desquels
il passe la nuit, mais sans se poser sur les branches. M. Levaillant ne l'a jamais entendu jeter un cri quelconque.

Les colons du cap de Bonne-Espérance nomment tous les
martinets *wilsde swaluw* (hirondelles sauvages), et les hiron-
pelles *make swaluw* (hirondelles privées ou domestiques).

19.

Dans le département de la Somme, on donne le nom de *martinet* à une bécasse que les chasseurs regardent comme formant une race plus petite que l'espèce commune; et Magné de Marolles prétend, dans son *Traité de la chasse au fusil*, pag. 374, avoir effectivement observé une différence de taille parmi les bécasses, et remarqué que celle qui est vulgairement appelée martinet, a le bec plus long que l'autre, et le plumage roussâtre. Feu Baillon père disoit même, dans une note communiquée à Buffon, que celle-là avoit les pieds bleus, et qu'elle arrivoit la dernière; mais, comme on l'a déjà exposé au tome quatrième de ce Dictionnaire, p. 196, ces circonstances n'ont paru à Buffon être que le résultat de différences accidentelles ou individuelles, si elles ne tiennent même plutôt à l'âge de l'oiseau, dont celui-ci seroit le jeune, et l'autre l'adulte. (Cʜ. D.)

MARTINEZIA. (*Bot.*) Genre de plantes monocotylédones, à fleurs incomplètes, monoïques ou dioïques, de la famille des *palmiers*, de la *monoécie hexandrie* de Linnæus, offrant pour caractère essentiel: Des fleurs monoïques sur le même spadice (ou dioïques), un calice à trois divisions profondes: une corolle plus longue que le calice, à trois pétales; dans les fleurs mâles, six étamines; les filamens libres; dans les fleurs femelles, un ovaire à trois loges; trois styles; un drupe globuleux, monosperme.

Mᴀʀᴛɪɴᴇᴢɪᴀ ᴀ ꜰᴇᴜɪʟʟᴇs ᴅᴇ ᴄᴀʀʏᴏᴛᴇ: *Martinezia caryota*, Kunth, *in* Humb. *Nov. Gen. et Spec.*, 1, pag. 305; vulgairement Cᴏʀᴏᴢᴏ. Ce palmier s'élève depuis trente jusqu'à cinquante pieds, sur un tronc cylindrique épineux. Ses feuilles sont peu nombreuses, ailées: les pinnules membraneuses, cunéiformes, tronquées au sommet, d'un vert gai, à trois lobes obtus et rongés; leurs pétioles garnis en dessus d'épines géminées. La spathe est d'une seule pièce, ovale, épineuse, longue d'environ seize pouces; le spadice rameux, sans épines; à rameaux alternes, flexueux, comprimés; les fleurs sont ternées; les deux supérieures femelles; l'inférieure mâle; le calice est très-petit, trigone, urcéolé, à trois lobes aigus; les pétales sont ovales, aigus, concaves; les filamens des étamines très-courts. L'ovaire avorte dans les fleurs mâles. Le fruit est un drupe globuleux, d'un jaune rougeâtre, à une loge monosperme, d'un demi-pouce de diamètre; la semence est veinée, striée à l'extérieur, marquée de deux sillons. Cette plante croit sur les rives de l'Orénoque; elle est cultivée dans plusieurs contrées.

Les auteurs de la Flore du Pérou ont mentionné, dans leur *Systema veget. Flor. Per.*, 1, pag. 295, plusieurs autres espèces originaires du même pays, tels sont le *martinezia ciliata*, grand arbre dont le tronc ainsi que les pétioles sont armés d'épines; les feuilles ailées, sans impaire; les folioles ensiformes, ciliées; les fleurs monoïques. Dans le *martinezia interrupta*, le tronc s'élève à la hauteur de trente pieds; les feuilles sont ailées avec interruption; les folioles courbées en faucille. Le *martinezia ensiformis* est un arbre d'environ trente pieds, à feuilles ailées, avec une impaire, et dont les folioles sont ensiformes.

Les deux espèces suivantes ont leurs fleurs dioïques, savoir : le *martinezia linearis*, arbre d'environ quinze à dix-huit pieds, dont les feuilles sont ailées, sans impaire; les folioles linéaires, très-aiguës; les grappes de fleurs composées d'épis courbés. Dans le *martinezia lanceolata*, les feuilles ailées, sans impaire, sont composées de folioles lancéolées; les supérieures recourbées; les épis lâches, réunis en grappes. Toutes ces plantes croissent dans les grandes forêts du Pérou. (Poir.)

MARTINETA PESCADOR. (*Ornith.*) L'oiseau que les Espagnols du Mexique appellent ainsi, est le héron hoactli ou tobactli, *ardea hoactli*, Gmel. et Lath. (Ch. D.)

MARTINOLLE (*Erpét.*), l'un des noms vulgaires de la Raine verte, *hyla arborea*. (Desm.)

MARTLAT. (*Ornith.*) Ce nom et celui de *martlin* sont donnés à l'hirondelle de rivage, *hirundo riparia*, Linn., dans le Piémont, où l'on applique ceux de *martlera* et *martlot* à l'hirondelle de fenêtre, *hirundo urbica*, Linn. (Ch. D.)

MARTLERA. (*Ornith.*) Pour ce mot et pour *Martlot* voyez Martlat. (Ch. D.)

MARTLET. (*Mamm.*) Voyez Martin. (Desm.)

MARTLET. (*Ornith.*) Ce nom et celui de *martin* désignent en anglois, dans Willughby, l'hirondelle de rivage, *hirundo riparia*, Linn. (Ch. D.)

MARTORELLO, MARTURA (*Mamm.*), noms italiens de la marte. (Desm.)

MARTRASIA. (*Bot.*) M. Lagasca, botaniste espagnol, com-

muniqua, au commencement de 1808, à quelques botanistes
françois, un Mémoire manuscrit, rédigé par lui en 1805, et
intitulé Dissertation sur un nouvel ordre de plantes de la classe
des composées. Ce Mémoire contenoit les caractères de beaucoup de genres nouveaux, dont un étoit nommé par l'auteur
Dumerilia. Mais, lorsqu'en 1811, il publia son Mémoire dans
les *Amenidades naturales de las Espanas*, imprimées à Orihuela,
M. Lagasca changea quelques uns des noms qu'il avoit lui-même
donnés, dans son manuscrit, à ses nouveaux genres, et le *dumerilia* devint le *martrasia*. Cependant M. Decandolle, qui avoit
vu en 1808 le manuscrit de M. Lagasca, mais qui ignoroit sa
publication récente et le changement de quelques noms génériques, décrivit le genre dont il s'agit, sous le nom de *dumerilia*, dans son Mémoire sur les labiatiflores, publié en 1812.
Suivant la rigueur des règles en cette matière, le nom de *martrasia* ayant été publié par l'auteur même du genre, un an avant
que le nom de *dumerilia* ait été publié par un autre botaniste,
le premier nom devroit incontestablement obtenir la préférence sur le second. Mais plusieurs considérations nous déter-
minent à nous écarter un peu de la règle dans ce cas-ci : 1.° l'auteur du genre étant aussi l'auteur de l'un et de l'autre nom,
on ne lui fait aucun tort en adoptant celui de *dumerilia;* 2.° la
publication du genre, sous le nom de *martrasia*, n'étoit ni ne
pouvoit être connue en France, à l'époque où M. Decandolle
a publié les descriptions et les figures de deux espèces, sous le
nom générique de *dumerilia*, et en reconnoissant M. Lagasca
comme auteur de ce genre; 3.° l'excellent Mémoire de M. Lagasca, quoique assurément très-digne d'un meilleur sort, est
pourtant encore aujourd'hui beaucoup moins connu que le
Mémoire de M. Decandolle, ce qui dépend de circonstances
fort étrangères au mérite respectif des deux opuscules; 4.° les
botanistes, qui ne peuvent deviner le motif de ce changement
de dénomination, se résoudront difficilement à préférer le nom
d'un obscur apothicaire de Barcelonne à celui d'un naturaliste
aussi distingué que M. Duméril; 5.° enfin, le nom de *dumerilia*
est adopté par M. Kunth, dans ses *Nova Genera et Species plantarum*, et il avoit déjà été adopté par nous-même dans ce
Dictionnaire (tom. XIII, pag. 553).

Néanmoins, nous proposons aujourd'hui de conserver le

nom générique de *martrasia*, mais en l'appliquant seulement à une espèce qui nous paroît devoir être distraite du genre *Dumerilia*, et constituer un genre particulier. Cette espèce est la *martrasia pubescens* de M. Lagasca, qui, selon cet auteur, a l'aigrette stipitée, tandis que les autres espèces ont l'aigrette sessile. Ce botaniste doutoit lui-même que l'espèce dont il s'agit fût congénère des autres.

Ainsi, nous admettons un genre *Dumerilia* et un genre *Martrasia*, en les distinguant l'un de l'autre par la forme du fruit, qui est cylindracé dans le *dumerilia*, aminci et prolongé supérieurement en un col dans le *martrasia*. (H. CASS.)

MARTRE, CHENILLE MARTRE. (*Entom.*) Nom de la larve d'une espèce de bombyce qui est en effet couverte de poils fauves, soyeux, qu'elle a la faculté de redresser ; on la nomme encore hérissonne, *bombyx caja*. (C. D.)

MARTYNIA. (*Bot.*) Voyez CORNARET. (POIR.)

MARTYROLE. (*Ornith.*) Les Genevois appellent ainsi le martinet noir, *hirundo apus*, Linn., ou *cypselus vulgaris*, Dum., lequel est nommé en anglois martlette. (CH. D.)

MARU. (*Bot.*) Dans l'île de Crète, suivant Prosper Alpin, on donne ce nom à une plante que Tournefort a désignée comme une marjolaine, et qui est l'*origanum maru* de Linnæus. Le maru de Dodoens est une espèce de melinet, *cerinthe*, suivant C. Bauhin. Voyez MAROU. (J.)

MARUA (*Bot.*), nom malabare cité par Rhéede, d'un cannellier, *laurus cassia*. (J.)

MARUETTA. (*Ornith.*) Brisson donne ce nom particulier à la marouette, ou petit râle d'eau, *rallus porzana*, Linn. (CH. D.)

MARUGEM. (*Bot.*) Nom portugais du mouron, *anagallis*, selon Vandelli. Il est aussi donné à la morgeline, *alsine media*, qui est notre mouron des petits oiseaux. (J.)

MARULION (*Bot.*), un des noms grecs de la laitue, cité par Mentzel. (J.)

MARUM. (*Bot.*) Ce nom est donné à diverses plantes de la famille des labiées : l'une est le *marum cortusi*, *marum verum*, *teucrium marum* de Linnæus, l'herbe à chat sur laquelle ces animaux aiment à se rouler ; l'autre est le *marum vulgare* de Dodoens, *thymus mastichina*. L'origan de Syrie est le *marum syriacum* de Lobel. Cet auteur a encore un *marum supinum* qui paroît être aussi un origan. (J.)

MARUM D'EGYPTE (*Bot.*), nom qui a été donné à une espèce de sauge, *salvia æthiopis*, Linn. (L. D.)

MARUM VRAI. (*Bot.*) C'est la germandrée maritime. (L. D.)

MARURANG. (*Bot.*) A Amboine on donne ce nom, suivant Rumph, à son *petasites agrestis*, qui est le *clerodendrum infortunatum* de Linnæus, genre de la famille des verbénacées. Adanson fait du *marurang* un genre distinct du *clerodendrum*, et le reporte même à sa famille des jasminées, dans laquelle il admet des genres à quatre et à cinq étamines, et il place le *marurang* parmi ces derniers, d'après la description de Rumph, qui paroît peu exacte, puisque d'ailleurs il décrit une corolle polypétale, pendant qu'il en figure une évidemment monopétale, semblable à celle du *clerodendrum*. Ce genre d'Adanson doit donc être supprimé. (J.)

MARUWKI (*Mamm.*), nom d'un écureuil rayé, peut-être l'écureuil suisse chez les Tartares tungouses. (DESM.)

MARZUOLO. (*Bot.*) Les Italiens, et particulièrement les Toscans, donnent ce nom à un agaric figuré par Micheli, tab. 74, fig. 9. Ce petit champignon, que l'on mange, se trouve sous la neige dans les montagnes au printemps, c'est le jacobin ou le ventru brun et blanc, et le dormeur de Paulet; c'est aussi l'*agaricus marzuolus* de Fries. (LEM.)

MASANQUIENNE. (*Ornith.*) La poule est ainsi nommée à l'île Waigiou, selon Labillardière. (CH. D.)

MASARA (*Bot.*). Nom brame, cité par Rhéede, du *welia cupameni* du Malabar, espèce d'*acalypha*. Une autre espèce qui est le *cupameni* simplement, est nommée *maserasesade*. (J.)

MASARE, *Masaris*. (*Entom.*) Nom d'un genre d'insectes hyménoptères de la famille des duplipennes ou ptérodiples, près des guêpes dont ils diffèrent par leurs antennes en masse, et non en fuseau. On n'en connoît pas les mœurs; l'une a été rapportée de Barbarie par M. Desfontaines, et décrite par Fabricius sous le nom de vespiforme. L'autre, observée en Italie et près de Montpellier par M. Chabrier, a été rangée par M. Latreille dans un genre distinct sous le nom de célonite. C'est l'espèce que nous avons fait figurer à la planche 31 de l'atlas de ce Dictionnaire, 1.ᵉʳᵉ livraison, n.° 10. Ces insectes se roulent en boule comme les chrysides, avec lesquelles Rossi les avoit rangés : il les avoit figurés dans sa Faune d'Etrurie, planche 7, fig. 10 et 11. Nous ignorons l'étymologie du nom de masare ; μασαρις est l'un des surnoms de Bacchus dans la Mythologie. (C. D.)

MASARICO. (*Ornith.*) Voyez Masarino. (Ch. D.)

MASARINO. (*Ornith.*) L'oiseau auquel les Portugais du Brésil donnent ce nom et celui de masarico, suivant Marcgrave et d'Azara, est le curicaca du premier de ces auteurs, ou couricaca de Buffon, *tantalus loculator*, Linn. et Lath. (Ch. D.)

MASCA. (*Bot.*) Nom donné dans le Pérou au *monnina polystacha* de MM. Ruiz et Pavon, genre de la famille des polygalées. C'est un arbrisseau d'un toise de hauteur, dont toutes les parties, et surtout la racine, sont amères et savonneuses, employées avec succès pour le traitement des maladies dans lesquelles on fait usage du quassi. (J.)

MASCA. (*Ichthyol.*) Sur la côte des Alpes maritimes, on donne ce nom à la murénophis sourcière de M. Risso. Voyez Murénophis. (H. C.)

MASCA DEI AMPLOA. (*Ichthyol.*) Sur la côte de Nice, on donne ce nom à l'ésoce boa de M. Risso, qui forme le type du nouveau genre Stomias. Voyez ce mot. (H. C.)

MASCAGNIN. (*Min.*) C'est le nom univoque donné à l'ammoniaque sulfatée native, en l'honneur du célèbre Mascagni. C'est celui dont nous nous servirons lorsque nous aurons occasion de parler de cette substance, extrêmement rare dans le règne minéral. Voyez Ammoniaque sulfatée. (B.)

MASCALOUF. (*Ornith.*) L'oiseau qu'on appelle ainsi en Abyssinie est le père noir. Voyez Dattier. (Ch. D.)

MASCARET. (*Géogr. Phys.*) Mouvemens extraordinaires de la marée. Voyez l'article Marées, pag. 127. (L. C.)

MASCARILLE, ou le CHAMPIGNON MUSQUÉ (*Bot.*) de Paulet (*Tr.*, 2, pag. 203, pl. 93, fig. 6, et *Synon.*, n.° 34). Ce médecin le rapporte au champignon comestible dont Clusius a donné une figure à la page 265 de son Histoire des plantes rares, et aux espèces représentées, tab. 9, fig. E, F, G de l'ouvrage de Sterbeeck, sur les champignons du Brabant. Il le rapporte encore au champignon en forme de borne, décrit par C. Bauhin , *Plin.* , 370 , n.º 3 , et par J. Bauhin , *Hist.* , pag. 828 ; mais cette synonymie demande à être vérifiée. Elle n'a pu nous servir à reconnoître dans le *Syst. mycologicum* de Fries le nom moderne de cette espèce.

Suivant Paulet, « ce champignon (du genre Agaric et de la famille des *calotins de terre* ou *des bois*) est très-recherché par les amateurs , et n'a pas de mauvaises qualités ; au contraire il paroît même que celui qu'on appelle *tripam* ou *boudin noir* dans l'Inde , est un champignon analogue à celui-ci, et peut-être le même. Quoi qu'il en soit , l'un et l'autre sont délicieux, et n'incommodent pas. »

Ce champignon, d'une taille moyenne , s'élève en forme de borne, ou de tête oblongue de couleur brune, avec une chair blanche, sujet à s'entr'ouvrir et à laisser voir une partie des feuillets par le relèvement de ses bords. Cette différence de couleur change le premier aspect de ce champignon , et lui donne l'apparence d'un masque, d'où lui vient son nom de mascarille, qu'il porte spécialement dans les parties méridionales de la France. Ses feuillets sont épais, de longueur inégale ; son stipe est plein et fort.

Suivant quelques auteurs, c'est le champignon de couche qu'on nomme *mascarille* : mais alors ce nom appartiendroit à plusieurs espèces, car le champignon ci-dessus et ceux figurés par Clusius et Sterbeeck ne s'y rapportent point. (Lem.)

MASCARIN. (*Ornith.*) Cette espèce de perroquet, *psittacus obscurus*, Linn., est représentée dans les planches enluminées de Buffon, sous le n.º 35. (Ch. D.)

MASCARONE. (*Crust.*) Les crustacés brachyures du genre Dorippe ont reçu ce nom en Italie, à cause des bosselures de leur têt, qui sont disposées de manière à figurer une sorte de masque humain. (Desm.)

MASCHALANTHUS. (*Bot.*), Schultz ; *Maschalocarpus*, Spreng. Ce genre de mousses ne diffère presque point du *pterigynandrum*, duquel il n'auroit pas dû être séparé, ayant pour type le *pterigynandrum filiforme*, Hedw. Voyez Pterigynandrum. (Lem.)

MASCHIO. (*Ornith.*) L'oiseau ainsi nommé dans le Bolonois est l'écorcheur, *lanius collurio*, Linn. (Ch. D.)

MASDEVALLIA. (*Bot.*) Genre de plantes monocotylédones,

à fleurs incomplètes, irrégulières, de la famille des *orchidées*, de la *gynandrie monandrie* de Linnæus, offrant pour caractère essentiel : Point de calice; une corolle ouverte, à six pétales; les extérieurs soudés jusque vers leur milieu, le sixième pétale ou la lèvre onguiculée, point éperonnée; l'onglet soudé avec les pétales extérieurs: la colonne des organes sexuels non ailée; une anthère terminale, operculée; le pollen distribué en deux paquets.

MASDEVALLIA UNIFLORE : *Masdevallia uniflora*, Kunth, *in* Humb. et Bonpl. *Nov. Gen. et Spec.*, 1, p. 361, tab. 89; Ruiz et Pav., *Syst. veg. Flor. Peruv.*, pag. 238. Cette plante a des racines épaisses, cylindriques, très-simples qui produisent des feuilles coriaces, lancéolées, planes, un peu obtuses, rétrécies à leur base, longues de trois pouces, toutes radicales; de leur centre s'élèvent des hampes simples, glabres, longues de huit pouces, uniflores, enveloppées par quelques graines glabres, striées, presque longues d'un pouce. La fleur est terminale, inclinée; la corolle campanulée, longue d'un pouce; les trois pétales extérieurs sont oblongs, un peu épais, rétrécis à leur sommet, à trois nervures, soudés ensemble jusque vers leur milieu; les deux intérieurs latéraux libres, alongés, aigus, à une seule nervure, trois fois plus courts que les extérieurs; le sixième pétale est onguiculé; son limbe oblong, obtus, en carène, ponctué de rouge dans son milieu, une fois plus court que les pétales extérieurs; la colonne droite, canaliculée, ponctuée de rouge, de la longueur des pétales intérieurs; l'anthère terminale. Cette plante est parasite; elle croit au Pérou et dans les contrées froides du royaume de Quito. (POIR.)

MASEH. (*Bot.*) Voyez LOUBIA. (J.)

MASENGE. (*Ornith.*) C'est, dans le Brabant, la grosse mésange, *parus major*, Linn. (CH. D.)

MASERASESADE. (*Bot.*) Voyez MASARA. (J.)

MASGNAPENNE. (*Bot.*) Suivant M. Bosc, c'est le nom d'une racine, peut-être celle de la sanguinaire du Canada, ou celle de l'*heritiera tinctoria*, dont se servoient les Sauvages de la Virginie, pour teindre en rouge leurs meubles et leurs armes. (LEM.)

MASIER. (*Malacoz.?*) Adanson (Sénég., p. 165, pl. 11) a nommé ainsi un tube calcaire qu'il place dans son genre Vermet, et dont Gmelin a cependant fait une espèce de serpule, sous le nom de *serpula arenaria.* Voyez Vermet. (De B.)

MASITYPOS (*Bot.*), nom du mouron, *anagallis,* chez les anciens Etrusques, suivant Ruellius. (J.)

MASLAC. (*Bot.*) C. Bauhin dit, d'après Paludanus et Linscot, que les Turcs nommoient ainsi l'opium extrait du pavot noir, et qu'ils en prennent chaque jour une partie équivalente à la grosseur d'un pois. Suivant Mentzel, le même nom indien est donné au chanvre, et il faut observer à ce sujet que cette plante a aussi une qualité enivrante et un peu narcotique. (J.)

MASLENIK. (*Bot.*) Pallas rapporte qu'en Russie, dans la province de Mouroum, les paysans mangent un champignon qu'ils nomment *massenik truffe visqueuse,* espèce de bolet, *boletus viscosus,* Pall., sans en ressentir de pernicieux effets. (Lem.)

MASMOCRA (*Bot.*), nom arabe de l'aristoloche, suivant Tabernæmontanus cité par Mentzel. (J.)

MASPETON. (*Bot.*) Voyez Mastastes. (J.)

MASQUE, *Persona.* (*Conchyl.*) Denys - Montfort, tom. 2, pag. 602 de son Système de Conchyliologie, a établi sous ce nom une petite division générique dans le grand genre Murex de Linnæus, pour un petit nombre d'espèces dont l'ouverture, largement calleuse, a ses bords rétrécis par des dents irrégulières. Telle est l'espèce que l'on connoît vulgairement sous les noms de Grimace, de Vieille ridée, de Bossue, et qui vient de la mer des Indes. C'est une espèce du genre Triton de M. de Lamarck, le *murex anus* de Linnæus. Voyez Rocher et Triton. (De B.)

MASQUE. (*Entom.*) Ce nom a été employé par Réaumur et par Geoffroy, pour désigner l'extrémité de la lèvre inférieure des larves de libellules, qui recouvre toute la partie antérieure de la bouche. Voyez tome XXVI, page 242, le dernier alinéa. (Desm.)

MASSA (*Bot.*), nom de la muscade dans l'île de Java, ou plutôt de son macis, suivant C. Bauhin. (J.)

MASSA (*Ichthyol.*), nom spécifique d'un crénilabre que nous avons décrit dans ce Dictionnaire, tom. XI, pag. 387. (H. C.)

MASSACA-CURI, JU-URIVI. (*Bot.*) Palmier d'Amérique,

près de Javita, non décrit, vu seulement par M. de Humboldt qui dit que son tronc est chargé d'épines; ses feuilles sont pennées; son fruit, ovoïde, de la longueur d'un pouce, est percé de trois trous. C'est peut-être un *bactris*. (J.)

MASSACAH. (*Ornith.*) Ce nom arabe est donné, suivant M. Savigny, Oiseaux d'Egypte et de Syrie, p. 54, à l'effraie, *strix flammea*, Linn. (Ch. D.)

MASSACAN. (*Ornith.*) Ce nom paroît être appliqué dans le Piémont à plusieurs fauvettes tachetées. (Ch. D.)

MASSAMAS (*Bot.*), nom mal transcrit dans quelques livres. Voyez Manssanas. (J.)

MASSAQUILA. (*Bot.*) Dans le voisinage de Cumana on donne ce nom, suivant M. de Humboldt, à un micocoulier, *celtis mollis.* (J.)

MASSARIL (*Bot.*), nom de l'espèce de raisin que l'on recueilloit en Afrique pour l'employer comme médicament, suivant Daléchamps. (J.)

MASSE. (*Bot.*) Paulet donne ce nom à une petite famille qu'il forme dans le genre *Clavaire*, à cause de la forme en massue des trois espèces qu'il cite, décrit et désigne ainsi:

1. Les petits Pilons, ou *Clavaria cæspitosa*, Jacq., maintenant une espèce du genre *Sphæria.*

2. Le gros Pilon, ou *Clavaria pistillaris*, Linn. (Voyez l'article Clavaire.)

3. Et la Masse a guerrier, ou *Clavaria militaris*, Linn., maintenant *Sphæria militaris*, Pers. Voyez Sphæria. (Lem.)

MASSE A GUERRIER. (*Bot.*) Voyez Masse. (Lem.)

MASSE AU BEDEAU (*Bot.*), nom vulgaire commun à deux plantes, l'érucage des moissons et la massette à larges feuilles. (L. D.)

MASSE D'EAU. (*Bot.*) Voyez Massette. (L. D.)

MASSÉNA (*Ichthyol.*), nom spécifique d'un poisson du genre Céphaloptère. Voyez ce mot. (H. C.)

MASSÈTE, *Scolex.* (*Entoz.*) Genre de vers intestinaux assez peu connus à cause de leur petitesse et de la variation extrême de leur forme, établi par Muller, et adopté depuis par tous les zoologistes. Ses caractères sont : Corps mou, déprimé, atténué en arrière, renflé en avant, où il est terminé par une masse céphalique polymorphe, pourvue de quatre suçoirs

symétriquement placés, de quatre appendices et d'un pore
orbiculaire central. L'organisation des massètes est à peu près
inconnue. M. Rudolphi avoit d'abord supposé qu'elles avoient
un canal intestinal; mais depuis il pense qu'il n'en est pas
ainsi, et que le pore terminal est une sorte de suçoir. Les
organes de la génération et le mode de reproduction sont
entièrement ignorés. On sait seulement que ces animaux vivent
dans la mucosité qui tapisse en si grande abondance le canal
intestinal des poissons. Je n'ai jamais eu l'occasion d'observer
de massètes. M. Rudolphi, avant son voyage en Italie, n'en
avoit pas vu non plus; mais à cette époque, il a trouvé fréquemment la massète quadrilobée qu'il a observée vivante, et
il croit qu'elle change tellement de forme, qu'il n'est pas impossible qu'on ait pu en former plusieurs espèces. L'auteur que
nous venons de citer, dans son Traité sur les vers intestinaux,
comptoit six espèces dans ce genre, dont trois étoient douteu-
ses. Dans son *Synopsis*, il regarde les animaux qu'il avoit désignés sous les noms de *Scolex bilobus* ou de *Lavaret*, et de *Scolex*
tetrastomus ou de l'éperlan comme des bothriocéphales, ou de
jeunes tænias. Toutes les autres ne sont que des individus
de la massète quadrilobée mal observés. Ainsi ce genre n'est
plus composé que de cette seule espèce, dont le corps a une
ligne et demie de longueur sur un tiers de ligne de largeur,
quand il est contracté, du moins suivant Fabricius; car Muller
dit qu'on ne peut la voir à l'œil nu. Lorsqu'il s'alonge, il atteint
jusqu'à plus de quatre lignes; mais alors il devient linéaire. Il
est très-mou, très-polymorphe comme celui de plusieurs planai-
res; sa couleur est blanchâtre, opaque, gélatineuse. Muller dit
qu'en arrière de la tête sont deux points sanguins et oblongs,
dont il est assez difficile de déterminer la nature. On trouve ce
ver assez souvent, à ce qu'il paroît, dans les intestins de différentes espèces de pleuronectes et dans ceux du saumon lavaret,
et peut-être de plusieurs autres poissons. En général, ce genre a
besoin d'observations nouvelles; peut-être même l'espèce qui
le compose n'est-elle pas adulte? et n'est-elle formée qu'avec
de jeunes individus d'échinorhynques. M. G. Cuvier, qui a suivi
le premier ouvrage de M. Rudolphi, dit qu'il en possède une
grande espèce qui pénètre la chair du spare de Ray, et dont
la partie moyenne du corps est renflée en une vessie qui, dans

l'état de vie, se restreint ou s'élargit alternativement dans son milieu. Est-ce une véritable massète? (De B.)

MASSETTE (*Bot.*), *Typha*, Linn. Genre de plantes monocotylédones, qui a donné son nom à la famille des typhacées ou typhinées, et qui, dans le système sexuel, appartient à la *monoécie triandrie*. Ses principaux caractères sont les suivans : Fleurs très-nombreuses, très-serrées les unes contre les autres, et disposées en deux chatons cylindriques au sommet de la tige ; le mâle placé immédiatement au-dessus du chaton femelle. Chaque fleur mâle est composée d'un calice de trois folioles linéaires-sétacées et d'un seul filament trifurqué, portant trois anthères oblongues, quadrangulaires, pendantes; chaque fleur femelle présente un calice formé d'une houpe de poils, et un ovaire porté sur un pédicule très-délié, surmonté d'un style terminé par deux stigmates capillaires. L'ovaire devient une graine ovale, pointue, enveloppée d'une tunique membraneuse, très-mince, et le calice persistant lui sert d'aigrette.

Τυφη est dans Dioscoride le nom d'une plante qui croît dans les étangs et les marais, et qui est peut-être la même qu'une des espèces du genre auquel les modernes ont consacré le nom de *Typha*. Ce dernier renferme aujourd'hui sept espèces; les deux plus intéressantes à connoître, sont les deux qui suivent :

Massette a larges feuilles: vulgairement Masse d'eau, Masse au bedeau, Roseau des étangs; *Typha latifolia*, Linn., *Spec.*, 1577; *Fl. Dan.*, tab. 645. Sa racine est vivace, rampante, noueuse, garnie de fibres presque verticillées; elle produit plusieurs tiges droites, très-simples, cylindriques, dépourvues de nœuds, parfaitement glabres comme toute la plante, et hautes de six à huit pieds. Ses feuilles sont alternes, linéaires, planes, presque ensiformes, larges de cinq à dix lignes au plus, engainantes à leur base; les unes radicales, les autres caulinaires, et aussi longues, pour la plupart, que les tiges elles-mêmes. Ses fleurs sont très-petites, en quantité presque innombrable; les mâles disposées en un chaton cylindrique, long de quatre à cinq pouces, de couleur jaune, contigu à l'épi femelle, qui a la même forme, et qui est d'abord d'un vert obscur, puis ensuite roussâtre, et enfin brunâtre, lors de la maturité des graines. Après la floraison, l'épi mâle se flétrit, se détruit le plus souvent, et alors le chaton femelle paroit terminer la tige au sommet de laquelle il forme en quelque sorte une massue. Cette plante croit en France, en Europe, en Asie et en Amérique, dans les étangs, les fossés aquatiques, le long des rivières et des ruisseaux.

MASSETTE A FEUILLES ÉTROITES : *Typha angustifolia*, Linn., Spec., 1377; *Flor. Dan.*, t. 815. Cette espèce a tout le port de la précédente; sa tige atteint la même élévation; ses feuilles sont, en général, plus étroites, mais la différence est si peu considérable, que cela ne mériteroit aucune considération. Le caractère saillant qui fait facilement distinguer ces deux plantes, c'est que, dans la massette à larges feuilles, le chaton mâle est toujours contigu au chaton femelle; tandis que, dans celle à feuilles étroites, il y a constamment un intervalle d'un à deux pouces entre les deux chatons. Cette plante se trouve dans les mêmes lieux que la précédente.

Les bestiaux mangent les feuilles des massettes, mais c'est un bien médiocre fourrage, et l'on soupçonne même qu'il peut leur être nuisible. Lorsque les racines de ces plantes sont jeunes, et quand leurs tiges commencent à pousser, elles sont tendres et assez douces au goût; quelques personnes les font alors confire dans le vinaigre et les mangent en salade. La décoction de ces racines dans l'eau a passé pour avoir la propriété de modérer les pertes utérines, mais aucune observation ne confirme cette prétendue propriété, et l'usage de ces plantes en médecine est tout-à-fait nul aujourd'hui.

Dans les cantons où les massettes sont abondantes, on emploie leurs feuilles pour former le siége des chaises communes, pour faire des paillasses et des nattes. En Suède et dans d'autres pays, les tonneliers s'en servent pour lier les extrémités des cerceaux; ils en interposent aussi entre les douves des tonneaux, afin qu'ils soient plus exactement clos. Les tiges et les feuilles servent, au lieu de chaume, à couvrir les toits des maisons rustiques; on peut dans les jardins en former des abris pour remplacer les paillassons. Les aigrettes des fleurs femelles, qui font une sorte de duvet, sont, dans le nord de l'Europe, employées pour remplir des matelas, des coussins, des oreillers. On les mêle avec de la poix et du goudron pour calfater les bateaux et les navires; mais, en général, on tire peu de parti de cette matière, quoiqu'on puisse se la procurer avec facilité.

On a cherché à l'utiliser davantage en la faisant carder, fouler et feutrer en l'incorporant avec un tiers de poils de lièvre. Par ce moyen on a réussi à en fabriquer des chapeaux. En mêlant ce duvet avec un tiers de coton, et en le faisant carder et filer, on en a aussi fait fabriquer des gants, et même une espèce de tricot en pièce. Mais ces essais suffisent-ils pour faire croire que cette matière pourroit être employée à faire des bas, des bonnets pour les habitans des campagnes, et même du drap et des couvertures? Il n'est guère permis de le croire: car il ne suffit pas que ce duvet soit doux au toucher et susceptible de conserver la chaleur, il manque par un point essentiel, c'est que les poils qui le composent sont trop courts pour être jamais travaillés seuls, et pour qu'on en puisse former des étoffes solides et durables. (L. D.)

MASSETTES. (*Bot.*) Nous avions désigné primitivement sous ce nom une famille de plantes monocotylédones, maintenant connue sous celui de typhinées. (J.)

MASSETES A RESSORT. (*Bot.*) C'est un petit groupe de champignons formé par Paulet, et qu'il présente ainsi :

1. Espèce pourpre à tige simple, où il cite le *clathrus denodatus*, Linn., ou *trichia cinnabarina*, Bull., et *arcyria punicea*, Pers.

2. Espèce jaune de safran, à tige simple, où il place l'*embolus crocatus*, Batsch, *Elen.*, tab. 30, fig. 177.

3. Espèce à tige ascendante, où il mit d'abord le *clathrus nudus*, Linn., ou *stemonitis fasciculata*, Pers., et *trichia axifera*, Bull.; ensuite le *clathrus recutitus*, Linn., l'*embolus pertusus*, Batsch, *l. c.*, fig. 176, ou *stemonitis typhina*, Pers.

Tous ces petits champignons ont une tête oblongue qui ressemble plus ou moins à une massette portée sur une tige grêle. Les graines renfermées dans cette tête sont lancées au loin par les filamens élastiques sur lesquels elles sont d'abord fixées. (Lem.)

MASSHUW. (*Ornith.*) Hermann, dans ses *Observationes Zoologicæ*, pag. 120, donne ce nom allemand à son *strix butalis*, en françois grimaud ou grimauld, dont il a déjà été parlé sous ce nom au tome XIX, pag. 481 de ce Dictionnaire. Cet oiseau, qui a des rapports avec le *strix aluco*, ou hulote, lui paroît en différer par la taille, la couleur de l'iris et le défaut de taches aux pieds. (Ch. D.)

29. 20

MASSICOT (*Chim.*), nom sous lequel l'oxide de plomb formé de 100 de métal et de 7,7 d'oxigène, est connu dans les arts. (Ch.)

MASSICOT. (*Min.*) C'est le nom vulgaire de l'oxide jaune de plomb. On le donne quelquefois à un carbonate de plomb natif, pulvérulent et jaunâtre, qui, sans être cet oxide pur, lui ressemble extérieurement. Voyez Plomb. (B.)

MASSITRE. (*Bot.*) Daléchamps dit que les Allobroges, aujourd'hui les Savoyards, nommoient ainsi l'ellébore puant. (J.)

MASSON (*Bot.*), nom vulgaire du jujubier cotonneux, *ziziphus jujuba.* (J.)

MASSONE, *Massonia.* (*Bot.*) Genre de plantes monocotylédones, à fleurs incomplètes, de la famille des *asphodélées*, de l'*hexandrie monogynie* de Linnæus, offrant pour caractère essentiel : Une corolle tubulée à sa base ; le limbe double ; l'extérieur plus grand, à six divisions ; l'intérieur à six dents staminifères ; six étamines ; les filamens subulés ; les anthères ovales-oblongues ; l'ovaire supérieur trigone ; un style filiforme ; le stigmate simple ; une capsule triloculaire, à trois valves, polysperme.

Ce genre renferme quelques espèces et plusieurs variétés qui ont été indiquées comme espèces : toutes sont remarquables par leur port, par la disposition de leurs feuilles toutes radicales, courtes, et plus ou moins larges ; par leurs fleurs fasciculées ou réunies en une sorte d'ombelle, dont la hampe est fort courte, presque nulle. Les racines sont bulbeuses. Leur culture est un peu difficile, en ce qu'elles donnent rarement des caïeux, et qu'elles ne donnent presque jamais de graines dans nos climats. Elles fleurissent pendant l'hiver, et veulent la serre-chaude, un mélange de terre de bruyère et de terre franche, renouvelées tous les deux ans.

Massone a larges feuilles : *Massonia latifolia*, Linn. fils, Suppl.; Lamck., *Ill. gen.*, tab. 255, fig. 1 ; Ait., *Hort. Kew.*, tab. 3 ; *Magaz. Bot.*, tab. 848. Ses racines sont bulbeuses, de la grosseur d'un radis ; elles produisent deux larges feuilles ovales, presque arrondies, étalées, sessiles, tachetées de rouge en dessus, d'un vert pâle en dessous. Les fleurs sont blanches, un peu pédicellées, disposées entre les feuilles en une sorte d'ombelle serrée, presque sessile, ou portée sur une hampe très-courte ; le tube de la corolle est à peu près de la longueur du limbe extérieur. L'ovaire devient une capsule obtuse, à angles très-saillans. Cette plante croit au cap de Bonne-Espérance. On la cultive au Jardin du Roi.

MASSONE A FEUILLES ÉTROITES : *Massonia angustifolia*, Linn. fils, *Suppl.; Lamck., Ill. gen.*, tab. 255, fig. 2 ; Ait., *Hort. Kew.*, tab. 4 ; *Bot. Magaz.*, tab. 736. Ses feuilles sont beaucoup plus étroites que dans l'espèce précédente, redressées, ovales-lancéolées, aiguës, longues d'environ trois pouces, du milieu desquelles s'élève une hampe verticale, très-courte, soutenant des fleurs pédicellées, réunies en un faisceau ombelliforme, un peu irrégulier, munies de bractées lancéolées, aiguës, plus courtes que les fleurs; le tube de la corolle est grêle, trois fois aussi long que le limbe extérieur, dont les découpures sont linéaires, lancéolées, très-étroites, aiguës, réfléchies, de la longueur des étamines. Cette espèce croît au cap de Bonne-Espérance.

MASSONE ONDULÉE : *Massonia undulata*, Thunb., *Diss. Nov.*, pag. 41. Plante découverte dans l'intérieur des terres des contrées australes de l'Afrique, dont la racine est pourvue d'une bulbe à peu près de la grosseur d'une noisette, qui produit trois, quatre, quelquefois cinq feuilles ensiformes, lancéolées, rétrécies à leur base, droites, ondulées, de la longueur du doigt; la hampe droite, glabre, longue d'un pouce; les fleurs disposées en ombelle, et portées chacune sur un pédoncule propre, très-court.

MASSONE A FLEURS VIOLETTES : *Massonia violacea*, Andr., *Bot. Repos.*, tab. 46; *Agapanthus ensifolius*, Willd., *Sp.*, 2, pag. 48 ; *Mauhlia ensifolia*, Thunb., *Prodr.*, 60, tab. 3 ; *Polyanthes pygmæa*, Jacq., *Icon. rar.*, 2, tab. 580. Cette plante est munie d'une bulbe ovale, garnie en dessous d'un grand nombre de fibres simples et charnues; deux feuilles radicales, d'une médiocre grandeur, droites, glabres, ovales, spatulées. Il sort de leur centre une hampe droite, filiforme, longue d'environ deux pouces, chargée, à sa partie supérieure, de fleurs presque en corymbe, éparses, nombreuses, pédonculées, de couleur violette; les pédoncules sont uniflores; la corolle pourvue d'un tube grêle, alongé, divisé à son limbe en six lobes ovales, obtus, un peu recourbés. Cette plante croît au cap de Bonne-Espérance. Elle est cultivée au Jardin du Roi.

20.

Massone pustuleuse : *Massonia pustulata*, Jacq. , *Hort.
Schœnbr.*, 4, tab. 454 : Redout., *Liliac.*, vol. 4, *Icon*. Espèce du
cap de Bonne-Espérance, dont les bulbes sont brunes, tuni-
quées, de la forme et de la grosseur d'une noix; il en sort deux
feuilles opposées, un peu vaginales et canaliculées à leur base,
ovales, un peu arrondies, légèrement mucronées, d'un vert
foncé, garnies en dessus d'un grand nombre de pustules,
longues d'environ six pouces. La hampe est droite, très-courte,
soutenant une touffe de fleurs réunies en tête, entremêlées de
bractées ventrues, lancéolées, longues d'un pouce ; les fleurs
sont pédicellées; la corolle est grêle, d'un blanc pâle; l'orifice
du tube verdâtre.

Massone a feuilles en lance: *Massonia lanceœfolia*, Jacq.,
Hort. Schœnbr., 4, tab. 456. Plante du cap de Bonne-Espérance,
dont les feuilles sont alongées, lancéolées, acuminées, très-
entières, planes, un peu charnues, longues de huit à dix pouces,
larges de quatre; la hampe est droite, longue de deux pouces,
soutenant une tête de fleurs épaisse, pédonculée, longue d'un
pouce et demi; les pédoncules sont épais, renflés en massue,
accompagnés d'une bractée lancéolée, concave, acuminée,
de la longueur des fleurs ; le tube de la corolle est très-grêle,
les bords du limbe d'un blanc sale, de la longueur du tube ;
l'orifice rouge, ainsi que les filamens et le style.

Massone en cœur; *Massonia cordata*, Jacq., *Hort. Schœnbr.*,
4, pag. 50, tab. 459. Cette espèce a des feuilles un peu arrondies, échancrées en cœur à leur base, aiguës, luisantes à
leurs deux faces, longues d'environ sept pouces, larges de
cinq; les hampes courtes, soutenant une tête de fleurs touffue;
la corolle est blanche, rouge à l'orifice du tube; les filamens
sont jaunâtres, teints de rouge à leur base; l'ovaire est trigone; le style plus court que les étamines. Cette plante croit
au cap de Bonne-Espérance.

Outre ces espèces, Jacquin en a mentionné et fait figurer
plusieurs autres dans l'*Hortus Schœnbr.*, telles que *massonia abo-
vata*, vol. 4, tab. 458, *massonia longifolia*, tab. 457; *massonia coronata*, tab. 460; *massonia sanguinea*, tab. 461, etc. Je soupçonne
que plusieurs de ces plantes ne sont que des variétés. (Poir.)

MASSOT. (*Ichthyol.*) Delaroche dit que ce nom est, aux îles
Baléares, celui du Labre tourde (*labrus turdus*). (Desm.)

MASSOUABOU (*Ornith.*), nom que les habitans de Guébé, dans les Moluques, donnent au calao, *buceros*, Linn. (Ch. **D.**)

MASSOY. (*Bot.*) Rumph est le premier qui ait fait connoître l'écorce de ce nom dont il fait une mention très-détaillée sous celui de *cortex oninius* dans son *Herb. Amboin.*, vol. 2, pag. 62, et Murray la cite aussi dans son *Appar. Medicam.*, vol. 6, p. 185. Elle provient d'un arbre élevé et assez gros, commun dans la région occidentale de la Nouvelle-Guinée qui est nommée *onim*. Cette écorce est mince, presque plane, d'une saveur douce et agréable, approchant de celle de la cannelle, d'une couleur grise striée. Les Indiens lui attribuent une vertu échauffante et la propriété d'apaiser les coliques. Ils la réduisent en poudre, et la mêlent ainsi dans l'eau avec laquelle ils se lavent tout le corps dans la saison froide et humide. On ne connoît pas assez l'arbre qui la fournit pour déterminer ses affinités. (J.)

MASSUE, ou GRANDE MASSUE D'HERCULE. (*Conchyl.*) Les marchands de coquilles donnent ce nom au *murex cornutus*, Linn., Gmel., à cause de la longueur du canal, et la brièveté de la spire de cette coquille. (De B.)

MASSUE ÉPINEUSE, ou GRANDE MASSUE D'HERCULE. (*Conch.*) C'est le Rocher cornu, *murex cornutus*. (Desm.)

MASSUE D'HERCULE (*Bot.*), nom d'une variété de concombre, que l'on a ainsi nommée d'après la forme de son fruit. (L. **D.**)

MASSUE D'HERCULE DE LA MÉDITERRANÉE (*Conchyl.*), *Murex brandaris*, Linn., Gmel. (De B.)

MASSUE D'HERCULE A POINTES COURTES. (*Conchyl.*) Variété du *murex brandaris*, Linn., Gmel. (De B.)

MASSUE DES SAUVAGES. (*Bot.*) Ce sont les racines du mahouyer, que les naturels de l'Amérique employoient pour faire des massues. (Lem.)

MASSUGUO (*Bot.*), nom provençal d'un ciste, *cistus albidus*, cité par Garidel. (J.)

MASSWY. (*Ornith.*) Ce nom allemand est donné, dans Gesner et Aldrovande, à l'aigle de mer, ou balbuzard, *falco haliaetus*, Linn. (Ch. **D.**)

MASTACEMBLE, *Mastacembelus*. (*Ichthyol.*) Gronovius a donné ce nom à un genre de poissons osseux, holobranches, de la famille des pantoptères, et reconnoissable aux caractères suivans :

Corps alongé, comprimé, ensiforme, dépourvu de catopes; nageoires dorsale et anale presque unies à la caudale; des épines isolées au lieu de première dorsale; deux épines en avant de l'anale; mâchoires à peu près égales.

Ce genre a été confondu par Linnæus avec ses OPHIDIES, mais il s'en distingue facilement, de même que de celui des MURÈNES, parce que les MASTACEMBLES n'ont pas toutes les nageoires impaires réunies. On sépare encore aisément ceux-ci des AMMODYTES, qui ont la mâchoire supérieure plus courte que l'inférieure; des MACROGNATHES, qui ont le museau terminé par une pointe cartilagineuse aplatie; des XIPHIAS, qui ont le museau terminé par une pointe osseuse; des EPINOCHES, qui ont des catopes. (Voyez ces différens mots, ainsi que PANTOPTÈRES et RHYNCHOBDELLE.)

Ce genre ne renferme encore qu'une espèce. c'est le *rhynchobdella haleppensis* de Schneider, qui a été figuré par Gronovius dans son *Zoophylacium* (tab. VIII. a. fig. 1). C'est un poisson qui se nourrit de vers dans les eaux douces de l'Asie, et dont la chair est estimée. (H. C.)

MASTAKI. (*Bot.*) C'est au Japon, suivant Kæmpfer et Thunberg, le nom vulgaire d'une variété du champignon comestible (*agaricus campestris*, Linn.). Selon ces auteurs, ce champignon se nomme encore *naba, tam*, et vulgairement *taki*. Les *sitaki*, *fastaki*, *kuragi* et *kistaki* en sont des variétés. On les dessèche, et on en fait une grande consommation dans tout l'empire, et on les voit exposés en vente dans presque toutes les boutiques. (LEM.)

MASTASTES. (*Bot.*) Nom arabe du laser, *laserpitium*, selon Daléchamps; il ajoute que sa tige est le *maspeton* de Dioscoride, et que Théophraste et Pline donnent plutôt ce dernier nom à sa feuille. (J.)

MASTFISCH, MASTVISCH. (*Mamm.*) Noms germaniques qui signifient poisson gras, et qu'on a donnés à quelques cétacés. (F. C.)

MASTIC. (*Bot.*) Résine qui découle du lentisque; on en recueille aussi sur une espèce de térébinthe, suivant Duhamel.(J.)

MASTIC (*Chim.*), nom d'une résine. Voyez RÉSINE. (CH.)

MASTIC FRANÇOIS. (*Bot.*) On donne ce nom à une espèce de thym qui exhale l'odeur du mastic. (**L. D.**)

MASTICATION. (*Physiol.*) Voyez ODONTOLOGIE. (**F. C.**)

MASTICHINA. (*Bot.*) Ce nom donné, suivant J. Bauhin, à une plante labiée qui a l'odeur du mastic, et que, pour cette raison, l'on nommoit *mastic Gallorum*, a été adopté par Boerhaave, et ensuite par Adanson, qui tous deux regardoient cette plante comme genre distinct. Ses caractères génériques n'ont paru suffisans ni à Tournefort, qui en faisoit un *thymbra*, ni à Linnæus qui l'a réuni au thym sous le nom de *thymus mastichina* qu'il a conservé. (J.)

MASTIGE, *Mastigus*. (*Entom.*) Nom d'un genre d'insectes coléoptères, pentamérés, formé par M. de Hoffmansegg d'une très-petite espèce qu'il a observée en Portugal. Cet insecte paroit voisin des ptines, de la famille des térédyles ou percebois. Fabricius et Olivier l'avoient au moins regardé comme une espèce du genre *Ptine;* mais M. Latreille l'a rapporté à la famille des clairons. C'est ce que le nombre des articles peut seul faire décider, les clairons étant tétramérés. Le mastige décrit a les palpes très-longs, ce qui l'a fait désigner sous le nom de *palpalis*, palpeur. On le trouve sous les écorces, et avec les débris de végétaux sous les pierres. (**C. D.**)

MASTIGODE, *Mastigodes*. (*Entoz.*) Nom de genre employé par Zeder pour désigner la plus grande partie des espèces de vers que les zoologistes modernes nomment trichocéphales, et entre autres, le trichocéphale de l'homme, *trichocephalus dispar*, plus connu sous la dénomination d'ascaride vermiculaire. Zeder distinguoit son genre Mastigode de son genre Capillaire, parce que la partie antérieure du corps s'atténue peu à peu dans celui-ci, et brusquement dans celui-là, caractère qui est bien loin d'être constant pour toutes les espèces de ces deux genres. Le mot mastigode est composé de deux mots grecs, μαςιξ et ειδος, ce qui veut dire semblable à un fouet. Voyez TRICHOCÉPHALE. (DE B.)

MASTOCEPHALUS. (*Bot.*) Épithète employée par Battara pour caractériser les *agaricus* dont le chapeau est mamelonné dans son centre. (LEM.)

MASTODIES. (*Mamm.*) Ce nom a été proposé par M. Rafinesque, pour remplacer celui de MAMMIFÈRES. (DESM.)

MASTODOLOGIE. (*Mamm.*) M. Latreille a proposé ce mot pour remplacer le nom hybride de Mammalogie, dont on se sert pour désigner la branche d'histoire naturelle qui a pour objet la connoissance des mammifères. (Desm.)

MASTODONTE, *Mastodon.* (*Mamm.*) Ce nom, qui signifie *dents mamelonnées*, a été donné par M. Cuvier à un genre d'animaux perdus, fort voisins des éléphans par leur structure, et qui comme eux doivent être classés dans l'ordre des pachydermes et dans la tribu des proboscidiens.

Les espèces de ce genre sont au nombre de six, toutes caractérisées par des différences de forme et de proportion dans les dents molaires qui fournissent les débris qu'on en trouve le plus ordinairement. Une seule d'entre elles, dont la taille est au moins égale à celle de l'éléphant, est connue depuis long-temps, non seulement par ses énormes molaires qui ne sont pas rares dans les cabinets d'histoire naturelle, mais encore par de nombreux ossemens qui ont mis à même de prendre une idée exacte et assez complète de son organisation. Cette espèce, généralement désignée sous la dénomination d'*animal de l'Ohio*, a été confondue, surtout par les Anglois et les habitans des Etats-Unis, avec l'éléphant fossile, le *mammouth* ou le *mammont*, et en a même reçu les noms.

Les restes des mastodontes n'ont encore été rencontrés que dans des terrains meubles et très-superficiels, d'où l'on infère que ces animaux doivent prendre rang parmi les plus récens de ceux dont les espèces n'existent plus vivantes sur le globe.

L'examen des parties du squelette de l'animal de l'Ohio qu'on a pu se procurer a démontré qu'il avoit de grosses défenses recourbées en haut, comme celles des éléphans; que son nez devoit être prolongé comme le leur en une énorme trompe, et que ses pieds étoient également pourvus de cinq doigts; mais qu'il différoit de ces animaux vivans ou fossiles, par la structure des molaires qui, au lieu d'être composées de nombreuses dents partielles étroites et réunies par une substance cémenteuse, offroient seulement à leur couronne de gros tubercules disposés par paires, et ayant la forme de mamelons très-saillans, de telle façon que ces dents, lorsqu'elles étoient usées présentoient sur leur couronne de doubles losanges ou des disques bordés d'émail, plus ou moins grands, plus ou moins rapprochés ou confondus entre eux, au lieu de montrer les rubans transversaux à contours émailleux qu'on voit sur celles des éléphans.

Comme les éléphans d'ailleurs, les grands mastodontes n'avoient point de canines, ni d'incisives inférieures, et leurs molaires, au nombre de deux à chaque côté des mâchoires, poussoient du fond de ces mâchoires en avant, en usant obliquement leur couronne. L'ivoire de leurs défenses présentoit, comme celui des éléphans, de nombreuses lignes courbes, divergentes du centre à la circonférence, et entre-croisées régulièrement, d'une matière plus dure que le reste; le cou étoit court; les membres étoient très-solides et très-grands; la longueur de la queue étoit médiocre; le nombre des côtes de dix-neuf, dont six vraies, de chaque côté, etc.

Les dépouilles de ce grand animal ont été trouvées très-abondamment dans le sol d'attérissement des principales vallées des fleuves de l'Amérique septentrionale; celles des autres espèces de moindre taille ont été rencontrées, ou sur les plateaux élevés de l'Amérique du Sud, ou dans quelques points de la France, de l'Italie et de l'Allemagne.

Le GRAND MASTODONTE : *Mastodon giganteum*, Cuv., Rech. sur les oss. fossiles, 2ᵉ édit., tom. 1, pag. 206; Peales, *Account of the skeleton of the mammouth* et *an historical disquisition on the mammouth*; *Animal de l'Ohio* des François; *Père aux bœufs* des Indiens; *Eléphant carnivore* de quelques auteurs. Cet animal est caractérisé, spécifiquement, par la forme de ses molaires dont la couronne est à peu près rectangulaire, si ce ne sont les postérieures qui ont moins de largeur en arrière qu'en avant, et par les gros tubercules en forme de pyramides quadrangulaires, au nombre de six, huit ou dix, disposés par paires, qui garnissent cette couronne.

Par la détrition, ces dents, dont le poids s'élève jusqu'à douze livres, présentent d'abord autant de paires de figures d'émail en losange, qu'il y avoit de pointes dans l'origine. Elles sont en nombre variable comme celles des éléphans, ce qui est une suite de leur mode de croissance et d'usure. Quand on les voit entières, il n'y en a que deux de chaque côté des mâchoires; mais lorsque l'antérieure est à moitié usée, la seconde est entière, et le commencement d'une troisième apparoit en arrière du bord maxillaire.

En général, cet animal étoit, ainsi que le fait observer M. Cuvier, fort semblable à l'éléphant par les défenses et toute l'ostéologie, les molaires exceptées. Il portoit très-probablement une trompe: sa hauteur (environ neuf pieds) ne surpassoit point celle de l'éléphant, mais il étoit un peu plus alongé, et avoit des membres un peu plus épais, avec un ventre plus mince. Sa mâchoire inférieure a les plus grands rapports avec celle du même animal, par la forme des condyles articulaires, par l'absence de dents incisives et canines, et surtout par sa terminaison antérieure en une sorte de pointe creusée d'un canal: mais cette pointe a moins de longueur et est moins pointue. Les deux lignes dentaires de la mâchoire supérieure divergent en avant, au lieu de converger comme cela est dans l'éléphant: les deux défenses, implantées dans les os incisifs, sont grosses, un peu comprimées, et paroissent légèrement arquées en en haut. Les vertèbres cervicales, au nombre de sept, sont assez minces, d'où il résulte que le col est court. On compte dix-neuf vertèbres dorsales, et dix-neuf paires de côtes, c'est-à-dire une de moins que dans l'éléphant: les apophyses épineuses des seconde, troisième et quatrième dorsales sont très-longues: les côtes sont autrement faites que dans l'éléphant, car elles sont minces près du cartilage, et ont de la force et de l'épaisseur vers le dos. L'avant-bras est plus long et le bras plus court à proportion que ceux de cet animal; le bassin est beaucoup plus déprimé, son ouverture est beaucoup plus étroite: le femur est beaucoup plus large d'un côté à l'autre, et plus aplati d'arrière en avant: les pieds sont terminés par cinq doigts courts (surtout les antérieurs) et qui sont conformés comme ceux de l'éléphant.

Dans son résumé sur l'histoire du mastodonte, M. Cuvier ajoute ce qui suit:

« La structure particulière de ses molaires semble indiquer que cet animal se nourrissoit à peu près comme l'hippopotame et le sanglier, choisissant de préférence des racines et autres parties charnues des végétaux: cette sorte de nourriture devoit l'attirer vers les terrains mous et marécageux; néanmoins il n'étoit pas fait pour nager et vivre souvent dans

les eaux comme l'hippopotame, et c'étoit un véritable animal terrestre. Ses ossemens sont beaucoup plus communs dans
l'Amérique septentrionale que partout ailleurs, et peut-être
même ils sont exclusivement propres à ce pays. Ils sont mieux
conservés, plus frais qu'aucun des autres os fossiles connus,
et jamais ils ne sont empreints ou accompagnés de corps marins comme beaucoup de ceux-ci. Néanmoins il n'y a pas la
moindre preuve, le moindre témoignage authentique propre
à faire croire qu'il y ait encore, ni en Amérique, ni ailleurs,
aucun individu vivant; car les différentes annonces qu'on a
lues de temps en temps dans les journaux, touchant des mastodontes vivans que l'on auroit aperçus dans les bois ou dans
les landes de ce vaste continent, ne se sont jamais confir-
mées, et ne peuvent passer que pour des fables. »

Quelques faits particuliers paroissent aussi prouver que
la destruction de cette espèce est très-récente; et dans le
nombre nous citerons d'abord la découverte faite en Virginie près de Williamsbourg, à cinq pieds et demi de profondeur, et sur un banc calcaire, de nombreux débris au milieu
desquels on trouva une masse à demi broyée de petites
branches, de gramen, de feuilles, etc., le tout enveloppé
dans une sorte de sac que l'on regarda comme l'estomac de
l'animal, renfermant encore les matières mêmes que cet individu avoit dévorées. Nous y ajouterons également la cita-
tion faite par Barton, d'une tête de mastodonte, trouvée par
des Sauvages en 1762, laquelle avoit encore un long nez sous
lequel étoit la bouche, et celle de Kalm qui dit, en parlant
d'un squelette découvert dans le pays des Illinois, que la forme
du bec étoit encore reconnoissable, quoiqu'il fut à moitié
décomposé.

Les lieux principaux des États-Unis où les ossemens de
mastodontes ont été recueillis sont : 1° Big-Bone-Strick, ou
Great-Bone-Lich, marais salé dont le fond est une vase noire
et puante, et qui est situé sur la rive gauche de l'Ohio, à quatre
milles de ce fleuve et à trente-six milles de sa jonction avec
la rivière de Kentucky, presque vis-à-vis la rivière appelée
Grande-Miamis (les os y sont très-abondans et enfoncés seulement de quatre pieds) 2° Newbourg, sur la rivière d'Hudson,
à soixante-sept milles de Philadelphie, c'est de ce lieu que

proviennent lés ossemens dont MM. Peales ont pu reformer un squelette entier, moins le crâne cependant, dont les formes restent inconnues; 3° Albany, dans l'État de New-York, également près de l'Hudson; 4° plusieurs points des rives de l'Ohio et de la rivière des Grands Osages; 5° les bords du Nord-Holston, branche du Tennessée, dans des marais salés; 6° les alluvions du Mississipi, etc. On n'en a point rencontré plus haut vers le nord que le 43ᵉ degré de latitude, du côté du lac Erié. Quant à ceux que l'on dit avoir été découverts dans l'ancien continent, ils se bornent à une molaire dont Buffon a fait mention, et qui proviendroit de la Petite-Tartarie, à une autre qui auroit été trouvée en Sibérie par l'abbé Chappe, et enfin à une troisième des monts Ourals, qui a été figurée et décrite par Pallas dans les Actes de Pétersbourg pour l'année 1777. M. Cuvier témoigne à leur égard quelques doutes, dans sa dernière édition, en faisant remarquer que la dent de Pallas ressemble autant à une molaire de mastodonte à dents étroites, qu'à une molaire de grand mastodonte, et qu'il se pourroit qu'elle appartînt à la [première de ces espèces; il ne trouve nulle part de témoignage certain que l'abbé Chappe ait rapporté la sienne de Sibérie, et il croit qu'elle auroit pu être envoyée de Californie au cabinet du Roi par ce voyageur; enfin il pense que la molaire décrite par Buffon, lui ayant été transmise par Vergennes, il n'est pas impossible que ce ministre ait été induit en erreur sur sa localité. Néanmoins, quoique tout semble établir qu'il n'a encore été rencontré d'ossemens de la grande espèce de mastodonte que dans le nord de l'Amérique, M. Cuvier ne prétend pas infirmer entièrement ces trois preuves de leur existence sur l'ancien continent; mais il commence à ne plus les regarder comme suffisantes.

Les Sauvages de plusieurs tribus de l'Amérique du Nord, croient encore à l'existence de ces animaux; d'autres reconnoissent que leur espèce est détruite. Au rapport de M. Jefferson, ceux de Virginie, entre autres, disent qu'une troupe de ces terribles quadrupèdes détruisant les daims, les buffles et les autres animaux créés pour l'usage des Indiens, le grand homme d'en haut avoit pris son tonnerre, et les avoit tous foudroyés, excepté le plus gros mâle, qui se mit à fuir vers les grands lacs où il se tient jusqu'à ce jour. Selon Barton, les Shavanois croient qu'il existoit avec ces animaux des hommes d'une taille proportionnée à la leur, et que le grand Être foudroya les uns et les autres.

Le Mastodonte a dents étroites; *Mastodon angustidens*, Cuv., Rech. sur les ossem. foss., 2.ᵉ édition, tome 1, pag. 250, est une espèce du même genre que le précédent, ainsi que le démontre la forme de ses molaires, qui, avec un fragment de mâchoire inférieure et un tibia, sont à peu près les seules parties qu'on en ait encore recueillies.

Ces molaires sont d'un tiers moindres environ dans leur volume que celles des mastodontes géants, mais elles sont comparativement plus longues et plus étroites; les mamelons que leur couronne présente, au lieu d'être à peu près en forme de pyramides quadrangulaires comme dans la première espèce, sont coniques, marqués de sillons plus ou moins profonds, tantôt terminés par plusieurs pointes, tantôt accompagnés d'autres cônes plus petits sur leurs côtés ou dans leurs intervalles; d'où il résulte que l'usure produit d'abord sur cette couronne de petits cercles d'émail isolés, et ensuite des trèfles ou figures à trois lobes, entourés d'émail, mais jamais de losanges. La première molaire est petite, à quatre tubercules divisés en deux paires, et paroît pousser perpendiculairement; la seconde a six tubercules en trois paires, dont le mode de croissance est comme celui des molaires d'éléphans et du grand mastodonte, d'arrière en avant; la troisième a dix tubercules partagés en cinq paires, et paroît pousser comme la seconde.

La mâchoire inférieure a sa pointe antérieure terminée comme celle de l'espèce précédente et celle des éléphans, par une sorte de bec tronqué et en gouttière.

Le tibia, par ses dimensions comparées avec celles des dents, sembleroit établir que cet animal étoit, proportions gardées, plus bas sur jambes que le mastodonte géant.

Les débris du mastodonte à dents étroites ont été trouvés en Europe et dans l'Amérique méridionale.

Le gisement le plus remarquable est celui de Simorre, dans la montagne Noire (département du Gers). Depuis long-temps les dents qu'on y a découvertes, et qui étoient teintes en vert bleuâtre par le fer, sont connues sous les noms de *turquoises de Simorre* et de *turquoises occidentales*. Réaumur, qui en a parlé le premier, décrit ainsi leur position géologique. « Les dents et les débris d'os de ce lieu reposent sur une terre blanchâtre, et sont recouverts et encroûtés d'un sable fin, gris, et quelquefois bleuâtre, mêlé de petites pierres, sur lequel est un autre lit de sable semblable à celui de rivière. » Par l'action de la chaleur ces dents prennent une couleur bleue assez vive, mais inégale, et se brisent en éclats.

Des fragmens de dents de la même espèce, recueillis à Sort près de Dax, par Borda, étoient placés au milieu d'une couche vraiment marine, ainsi que l'indiquoient les autres fossiles qui y étoient contenus. Une dent, trouvée à Trévoux, étoit au milieu du sable. D'autres ont été découvertes en Bavière à Reichenberg, et en Italie, spécialement dans le val d'Arno, à Fadous, au mont Follonico près de Monte Pulciano, et non loin d'Asti en Piémont. Enfin on doit à Dombey et à M. de Humboldt la connoissance de plusieurs molaires qui ont été trouvées au Pérou, et notamment près de Santa-Fé-de-Bogota.

Le MASTODONTE DES CORDILLIÈRES, Cuv., Rech. sur les oss. foss., tom. 1, pag. 266, n'a présenté que des molaires rapportées de l'Amérique méridionale par M. de Humboldt, et trouvées par ce célèbre voyageur, l'une près du volcan d'Imbaburra, au royaume de Quito, à 1200 toises de hauteur, et deux autres dans la cordillere de Chiquitos, entre Chichas et Tarija, près de Santa Crux de la Sierra, par quinze degrés de latitude méridionale.

Les proportions et les dimensions de ces dents sont les mêmes que celles des molaires à six pointes, ou les intermédiaires du mastodonte géant; mais leurs tubercules, au lieu de présenter sur leur coupe des figures en losanges, offrent des figures de trèfles comme celle des tubercules de l'espèce à dents étroites.

Le MASTODONTE HUMBOLDTIEN, Cuv., Rech. sur les oss. foss., 2e édit., tom. 1, pag. 268, est une espèce établie d'après les formes et les proportions d'une seule dent fort usée et de couleur noire, rapportée des environs de la Conception au Chili par M. de Humboldt. Sa forme générale est carrée comme celle des dents intermédiaires des mastodontes géants, et des Cordilières; mais elle est d'un tiers plus petite.

Le Petit Mastodonte, *Mastodon minor*, Cuv., Rech. sur les oss. foss., tom. 1, pag. 267, est une espèce fondée sur l'observation d'une molaire, trouvée en Saxe par le professeur Hugo de Gœttingue, qui l'envoya à Bernard de Jussieu. Cette dent, quoiqu'ayant évidemment appartenu à un individu adulte, ainsi qu'on pouvoit en juger par son état de détrition, offroit toutes les formes et les proportions de celles du mastodonte à dents étroites, mais avoit un volume moindre d'un tiers; d'où M. Cuvier conclut que l'espèce à laquelle cette dent appartenoit étoit aussi plus petite dans le même rapport.

Enfin une dernière espèce, le Mastodonte tapiroïde, Cuv., Rech. sur les oss., pag. 267 et 268, avoit des dents du même volume que celles du petit mastodonte; mais ces dents étoient formées de collines transverses, simplement crénelées et non pas aussi exactement partagées en deux pointes que celles de toutes les autres espèces. Leurs collines divisées en quatre ou cinq lobes principaux indiquent un rapport avec les dents des grands tapirs fossiles; mais celles-ci en diffèrent en ce que les collines de leur couronne sont plus séparées, et que les crénelures qui en bordent le sommet sont beaucoup trop nombreuses et trop petites pour représenter des mamelons.

La dent de cette espèce décrite et figurée par M. Cuvier, l'avoit été déjà par Guettard, Mém., tom. 4, 10° Mémoire, pl. 7, fig. 4. Elle a été découverte par M. Dufay, à Montabusard près d'Orléans, dans une carrière de calcaire d'eau douce pétrie de limnées et de planorbes, et où se trouvoient aussi beaucoup d'ossemens de palæotheriums de diverses grandeurs. (Desm.)

MASTORSIUM (*Bot.*), nom ancien vulgaire du cresson dans la Toscane, cité par Césalpin. (J.)

MASTOS. (*Bot.*) Selon Daléchamps, quelques uns pensent que cette plante de Pline est la scabieuse ordinaire. (J.)

MASTOZOAIRES. (*Mamm.*) M. de Blainville remplace par ce nom celui de Mammifères, et substitue celui de Mastozoologie au mot Mammalogie. (Desm.)

MASTRANSO DE SABANA. (*Bot.*) L'*hyptis Plumerii* de M. Poiteau et de la Flore équinoxiale est ainsi nommé dans le canton de Caracas, en Amérique. (J.)

MASTUERCO DE LAS INDIAS. (*Bot.*) La plante du Pérou,

citée sous ce nom par Monardez et Clusius, paroît être la capucine, *tropœolum*. (J.)

MASTWICH. (*Mamm.*) Ce nom est employé par Houttuyn pour désigner un cétacé qui a été rapporté à l'espèce du *physetere tursio* par Erxleben. (D<small>ESM.</small>)

MATABRANCA (*Bot.*), nom portugais du *teucrium fruticans*, suivant Grisley. (J.)

MATADOA. (*Conchyl.*) Adanson (Sénégal , pag. 2<small>5</small>9, pl. 18) désigne par cette dénomination une coquille bivalve de son genre Telline, qui correspond à celui des donaces des conchyliologistes modernes, et dont Gmelin fait une espèce de vénus, sous le nom de *Venus Matadoa*, très-probablement à tort. (D<small>E</small> B.)

MATAGASSE. (*Ornith.*) Ce nom, qui s'écrit aussi mattages, est donné en Savoie et en Angleterre , tantôt à la piegrièche grise, *lanius major*, Linn., tantôt à l'écorcheur, *lanius collurio*, id. (C<small>H.</small> D.)

MATAGUSANOS. (*Bot.*) A Lima, suivant les auteurs de la Flore du Pérou, on donne ce nom et celui de *contrayerva* à la plante que les auteurs de cette Flore nomment *vermifuga*, parce qu'elle est employée dans le pays en application extérieure pour détruire les vers qui s'engendrent dans les chairs des animaux ; c'est la même que le *milleria contrayerva* de Cavanilles, qui est notre *flaveria* dont on se sert pour les teintures jaunes. (J.)

MATAIBA. (*Bot.*) Voyez E<small>PHICLIS.</small> (P<small>OIR.</small>)

MATALISTA. (*Bot.*) La racine de ce nom provenant d'Amérique, et citée par Murray dans ses *App. Medic.*, v. 6, p. 169, se trouve dans quelques pharmacies, coupée en tronçons plus ou moins gros, assez compactes et pesans. On lui attribue la vertu de purger à la dose de deux gros plus fortement que le mechoacan, et moins que le jalap. (J.)

MATALLO (*Bot.*), nom italien de l'alizier, *cratægus aria*, cité par Daléchamps. (J.)

MATALLOU (*Bot.*), nom caraïbe du coui ou calebasier, *crescentia*, cité dans le catalogue et l'herbier de Surian. (J.)

MATAMATA. (*Erpétol.*) Voyez C<small>HÉLYDE.</small> (H. C.)

MATAPALO. (*Bot.*) Ce nom espagnol qui signifie *tuepieu*, a été donné à un arbre de l'Amérique méridionale, qui, foible

dans son origine, s'accroche à un grand arbre voisin le long
duquel il monte, jusqu'à ce qu'il soit parvenu à le dominer.
Alors sa tête s'élargit assez pour dérober à son soutien l'influence du soleil. Il se nourrit de sa substance, le consume
par degrés, et prend enfin sa place. Il devient ensuite si gros,
qu'on en fait des canots de la première grandeur, à quoi la
quantité de ses fibres et sa légèreté le rendent très-propre. Ces
détails sont consignés dans le petit recueil des voyages qui ne
nous fait pas mieux connoître cet arbre; mais les auteurs de
la Flore Equinoxiale nous apprennent que c'est une espèce de
figuier qu'ils ont nommé pour cette raison *ficus dendrocida*.
(J.)

MATAPALO. (*Bot.*) Les lianes sont appelées ainsi dans les
colonies espagnoles. (Lem.)

MATAPOLLO. (*Bot.*) Le garou, *daphne gnidium*, Linn.,
est ainsi nommé en Espagne. (Lem.)

MATAPULGAS.(*Bot.*)Grisley, auteur du *Virid. Lusit.*, cite ce
nom portugais pour une euphraise à fleurs jaunes, dont les
rameaux sont employés pour faire des balais. (J.)

MATARA, PALMITO. (*Bot.*) Noms péruviens ou espagnols
du *molina ferrugina*, arbrisseau décrit dans la flore du Pérou,
qui doit être, comme les congénères, réuni au genre *Baccharis*,
dans la famille des corymbifères. La fumée de cette plante
brûlée a la réputation de tuer les vers qui s'engendrent dans
les plaies, et on la brûle pour cette raison dans les bergeries.
(J.)

MATARRUBIA (*Bot.*), nom que l'on donne à l'yeuse, en
Espagne. (Lem.)

MATAVI-ALOOS (*Bot.*), nom brame de l'*ophioxylum*, dont
la racine est employée au Malabar pour guérir la morsure des
serpens. (J.)

MATA, XARUECA. (*Bot.*) Noms espagnols du lentisque, suivant Clusius. La résine qui en découle est nommée *almastiga;*
c'est le *mastic* des François. (J.)

MATCHI. (*Mamm.*) Voyez OUAVAPAVI. (F. C.)

MATCHIR (*Ornith.*), nom kourile d'un oiseau aquatique,
qui est rapporté par Krascheninnikow à l'*anas arctica* de Clusius, ou macareux moine, *alca arctica*, Linn. (Ch. D.)

MATCHIS. (*Mamm.*) C'est le nom générique des sapajous

dans les colonies espagnoles, au rapport de M. de Humboldt.
(F. C.)

MATE. (*Bot.*) Le réglisse d'Amérique, *abrus præcatorius*,
Linn., est ainsi nommé par les Espagnols. (LEM.)

MATÉLÉE, *Matelea.* (*Bot.*) Genre de plantes dicotylédones,
à fleurs complètes, monopétalées, de la famille des *apocynées*,
de la *pentandrie digynie* de Linnæus, offrant pour caractère
essentiel : Un calice à cinq divisions profondes; une corolle
monopétale en roue; le limbe à cinq lobes arrondis; le tube
très-court; cinq étamines; les anthères réunies en un corps
pentagone, aplati en dessus, fermant l'entrée du tube; deux
ovaires supérieurs; deux styles; deux, plus souvent un follicule bivalve, à deux loges, la cloison chargée de semences
imbriquées, crenelées à leurs bords.

MATÉLÉE DES MARAIS · *Matelea palustris*, Aubl., *Guian.*, vol. 1,
pag. 278, tab. 109, fig. 1; Lamck., *Ill. gen.*, tab. 179; *Hos-
tea viridiflora*, Willd., *Spec.*, 2, pag. 328. Plante herbacée
dont les tiges sont simples, quelquefois rameuses, hautes de
deux ou trois pieds, et plus droites, noueuses, garnies de
feuilles médiocrement pétiolées, opposées, ovales, alongées,
étroites, très-entières, surmontées d'une longue pointe, glanduleuses à leur partie inférieure : les articulations pileuses. Les
fleurs sont disposées, aux aisselles des feuilles, en grappes
courtes, droites, accompagnées de petites écailles; le calice
est persistant; ses divisions ovales, aiguës; la corolle verdâtre,
presque plane; les lobes du limbe se recouvrant les uns les
autres par un de leurs bords; les filamens très-courts : les
ovaires ovales, dont un des deux avorte très-souvent; le stigmate renversé et creusé en bec d'aiguière. Le fruit consiste
en un long follicule pentagone, aigu, verruqueux, partagé
en deux loges par une cloison membraneuse. Cette plante
est remplie d'un suc laiteux : elle croît à Cayenne au bord des
ruisseaux. (POIR.)

MATELOT (*Conchyl.*), nom vulgaire d'une espèce de coquille du genre Cône, *conus classiarius*. (DE B.)

MATELOT (*Ornith.*), nom de l'hirondelle de fenêtre, *hirundo urbica*, Linn., dans le département de la Meurthe.
(CH. D.)

MATERAT (*Ornith.*), un des noms vulgaires de la mésange

à longue queue, *parus caudatus*, Linn., que, selon Buffon, quelques villageois appellent *monstre*, parce qu'elle a souvent les plumes hérissées. (Ch. D.)

MATERAZ. (*Bot.*) Les champignons qu'on nomme ainsi en France, selon Clusius, sont les cèpes potirons et les cèpes pain-de-loup, suivant Paulet. (Lem.)

MATEREBÉ (*Bot.*), nom caraïbe du lappulier, *triumfetta*, cité par Surian. (J.)

MATES DE INDIA. (*Bot.*) Clusius, dans ses *Exotica*, cite sous ce nom indien le cniquier, *guilandina bonduc*. (J.)

MATETE. (*Bot.*) C'est le nom que porte dans les colonies françoises le manioc préparé pour les esclaves malades. (Lem.)

MATGACH (*Mamm.*), nom du saïga mâle en Tartarie. (F. C.)

MATHERINA. (*Bot.*) Les paysans de l'île de Crète donnent ce nom à la marjolaine, suivant Belon. (J.)

MATHOEN (*Ornith.*), nom que les Flamands donnent à l'échasse, *charadrius himantopus*, Linn. (Ch. D.)

MATIERE. (*Physique.*) Terme abstrait, servant à indiquer ce que tous les corps ont de commun, et, à proprement parler, indéfinissable, aussi bien que les mots *temps* et *espace*. La combinaison des sensations éprouvées par nos divers organes, la constance de leur reproduction, de leur succession ou de leur simultanéité, nous découvrent toutes les propriétés que nous attribuons à la matière, mais ne peuvent nous apprendre ce qu'elle est en elle-même. Nous ne savons autre chose, sinon qu'il existe des corps qui produisent sur nous tels ou tels effets. Jouissent-ils de propriétés qui n'aient pas de relation avec ces effets, ou avec nous? Nous l'ignorons : que nous paroîtroient-ils si nous étions autrement organisés? Nous l'ignorons encore ; mais tous les hommes conviennent qu'il y a un espace étendu dans lequel sont contenus des espaces étendus, circonscrits par des limites, et opposant de plus une résistance, lorsqu'on veut les déplacer ou pénétrer entre leurs limites. Voyez Air, t. Ier, p. 395. (1)

---

(1) Il y a bien quelques métaphysiciens qui ont nié l'existence des corps; mais les physiciens ne peuvent regarder ces discussions que comme un jeu, et si l'on veut, un exercice de l'esprit, suffisamment réfuté dans l'argumentation de Sganarelle avec Marphurius. (Mariage forcé, sc. VII.)

21.

C'est par la vue et le toucher que s'acquièrent l'idée d'*étendue* et la notion d'*impénétrabilité*, qui, se reproduisant dans tous les corps, constituent pour nous le caractère essentiel de la matière. Mais outre ces propriétés, sans lesquelles nous ne saurions la concevoir, toutes les observations et toutes les expériences ont établi jusqu'ici, sans exception, la *mobilité*, c'est-à-dire la propriété qu'ont les corps d'être mus ; la *porosité*, celle d'être composés de parties ou *molécules* qui ne se touchent point ; la *divisibilité*, celle de pouvoir être divisés, sinon jusqu'à l'infini, comme la simple étendue, au moins de l'être jusqu'à un degré de ténuité, tel que leurs parties échappent à nos sens aidés des plus puissans microscopes ; la *compressibilité*, c'est-à-dire la propriété d'être réduits à occuper moins d'espace ; l'*élasticité*, celle de revenir plus ou moins complétement à leur premier état ; enfin la *pesanteur*, c'est-à-dire la tendance qu'ils manifestent vers le centre de la terre, par leur chute, quand ils ne sont pas soutenus, et par la pression qu'ils exercent sur leurs supports. J'ai énoncé cette propriété la dernière, non parce qu'elle est moins générale que les précédentes, mais parce qu'elle me semble tenir de moins près aux idées sensibles qu'on se fait de la constitution des corps.

On a fait des fluides électrique, magnétique, de la chaleur et de la lumière, *une classe de corps impondérables* ; mais cette épithète indique seulement que leur pesanteur échappe à nos instrumens ; elle seroit tout naturellement nulle, si les phénomènes attribués à ces fluides se réduisoient à de simples mouvemens excités entre les molécules des corps. Voyez Lumière, tom. XXVII, pag. 345 ; voyez aussi les articles Mouvement, Pesanteur, Pores, Ressort et Corps. (*Chym.*) (L. C.)

MATIÈRE VERTE. (*Bot.*) Ce mot désigne une molécule végétale qui fut le sujet de beaucoup de controverses en histoire naturelle. Nous croyons pouvoir fixer toute incertitude à cet égard. Ce que l'on appelle communément matière verte se développe dans l'eau distillée, comme dans celle des puits, des fontaines, des rivières ou de la pluie. Elle se forme sur les parois des vases, dans la masse du liquide mise en expérience, sur les pierres et autres corps inondés, en y produisant une teinte agréable à l'œil, teinte que Priestley remarqua le premier, à laquelle ce physicien donna le nom qu'elle porte, et qui, méconnue depuis, mérite qu'on s'y arrête dans cet ouvrage. Des corpuscules indépendans, sans liaison entre eux, la composent. Ces corpuscules sont ovoïdes comme les globules du sang de certains petits oiseaux; ils paroissent varier de forme, lorsqu'on les examine au microscope, tantôt sur un sens, tantôt sur un autre, et changent conséquemment de figure, selon l'aspect sous lequel on les aperçoit. On seroit tenté de croire qu'il en existe de plusieurs espèces, mais la diversité de forme dont on étoit d'abord frappé s'explique bientôt.

C'est cette matière verte qui, se développant dans toute la nature partout où la lumière agit sur l'eau, pénètre les marais où l'on fait parquer les Huîtres, les fossés des grandes routes, les pierres taillées et le bas des vieux murs humides. Par · ut où se développe une mucosité, qui n'avoit pas échappé à Priestley, celle-ci est bientôt suivie par la matière verte, qui, la saturant, en forme le plus simple des végétaux; l'humidité venant à disparoître, quand la matière muqueuse s'évanouit la verte persiste, et, comme une poussière de la plus belle couleur, elle ne cesse de teindre les corps sur lesquels on la vit se développer. Quelques animaux infusoires l'absorbent ou s'en nourrissent, ou peut-être la matière verte se développe-t-elle aussi dans leur corps humide et pénétrable à la lumière, comme elle se développe dans de l'eau même, et de là cette organisation de molécules sphériques, hyalines ou animales, et de molécules ovoïdes, vertes, qui forment certains Enchélides, Volvoces et Vorticellaires. Nos Zoocarpes surtout, qui sont des animaux verts, offrent cette double composition.

Les Infusoires, ces ébauches invisibles de l'animalité, ne sont pas les seuls animaux qui se pénètrent de matière verte; de plus compliqués s'en teignent aussi, soit qu'ils l'absorbent, soit qu'elle se forme dans leur translucide tissu: ainsi nous avons produit sur ces Hydres que l'on appelle vulgairement Polypes d'eau douce, ce qui arrive tous les jours aux Huîtres que l'on fait parquer; en élevant de ces animaux dans des vases où la matière verte s'étoit développée en abondance, ils sont devenus du plus beau vert, ce qui nous porte à soupçonner que l'*Hydra viridis* des helmintologues n'est pas une espèce, mais simplement une modification des espèces voisines que le hasard plaça dans des circonstances pareilles à celles où nous en avons mis pour les colorer.

La *viridité* des Huîtres, pour nous servir de l'expression employée par M. Gaillon, de Dieppe, qui a fait d'excellentes observations sur les parcs où l'on fait verdir ces conchifères, n'a d'autre cause que l'absorption de la matière verte. L'époque où cette viridité a lieu, est celle où l'eau, introduite dans les parcs, se trouve dans les conditions nécessaires pour que la matière verte s'y développe en suffisante quantité. Tout ce qui existe alors dans ces parcs s'en pénètre, la vase, les plantes, les coquilles même s'en trouvent colorées. On a long-temps rapporté ce phénomène à la décomposition des Ulves ou autres Hydrophytes, et c'est précisément le contraire qui a lieu, car c'est au développement du principe primitif de ces végétaux aquatiques, à ce que l'on peut considérer comme les préparatifs de leur organisation, qu'est dû ce que l'on croyoit un effet de leur dépérissement.

M. Gaillon, qui le premier acquit par le microscope des idées justes sur la coloration des Huîtres, fut cependant induit en erreur sur un point, ce qui ne prouve pas que cet excellent observateur eût mal vu, mais seulement que dans les choses délicates, de la nature de celles qui nous occupent, il est impossible de voir juste du premier coup d'œil. Il observa dans l'eau verte des parcs, dans les Huîtres colorées, dans les couches de la matière végétative étendue sur les coquilles de celles-ci, un animal dont il a dit d'excellentes choses (Annales générales des sciences physiques, t. VII, p. 93), et qu'il compara au *Vibrio tripunctatus* de Muller; il n'y vit guère de différence que dans la couleur; la figure qu'il nous en adressa est parfaitement exacte. Cet animal que M. Gaillon proposoit de nommer *Vibrio ostrearius*, n'est cependant lui-même qu'un être coloré accidentellement comme l'Huître : fort transparent, il absorbe ou sert au développement des corpuscules de matière verte; et, dans cet état, pénétrant dans la matière muqueuse, et dans les parties de l'Huître où sa forme aiguë et naviculaire lui donne la faculté de s'introduire, il ne colore que parce que lui-même fut coloré précédemment, et il est possible qu'on

trouve, dans certaines circonstances, des Huitres colorées sans
la participation des Vibrions de M. Gaillon, ainsi que l'étoient
les Hydres que nousavons colorés et qui n'offroient dans leur
masse aucune trace de pareils animaux.

Nous avons dit que Priestley remarqua le premier la substance
dont il est question et qu'il appela matière verte (tom. IV,
sect. 33, pag. 335). Il la trouva confondue avec une mucosité,
dont elle est indépendante et distincte, mais qu'elle pénètre
communément. Il s'occupa beaucoup plus des propriétés de
l'air qu'il supposoit s'en dégager que de sa nature; cependant
il affirma avec raison qu'elle n'étoit ni un animal, ni un végétal; et, n'y découvrant aucune organisation au microscope, il
la regarda comme une substance particulière, *sui generis*,
véritable sédiment muqueux et coloré de l'eau.

Sénebier (Journal de Physique, 1781, tom. 27, pag. 209 et
suiv.), s'étant proposé de réitérer les expériences de Priestley
sur la matière verte, la méconnut totalement : « cette ma-
« tière, dit-il, est une plante aquatique du genre des conferves
« gélatineuses. » Il est facile de voir par tout ce qu'ajoute ce
savant à cette erreur, que, n'ayant pas tenu compte des
teintes formées par les molécules de la véritable matière verte,
il a pris pour celle-ci l'Oscillaire d'Adanson, qui ne tarde
pas effectivement à se développer et à croître dans les vases
où l'on met en expérience de l'eau pure exposée à la lumière
et à l'air. Ces vases offrent au développement de cette Arthrodiée les mêmes facilités que lui présentent les baquets où
on laisse séjourner l'eau dans nos cours ou dans nos jardins.

Baker (*Employ. for the micr.*, part. II, pag. 233, pl. X,
fig. 1-6) avoit déjà observé la même Oscillaire développée dans
des vases de verre remplis d'eau, et l'avoit considérée
comme un être vivant, et non comme une Conferve gélatineuse.

M. Decandolle (Flor. Fr., tom. 11, pag. 65) a été entraîné dans
l'erreur par son illustre compatriote, au sujet de la matière
verte de Priestley; et de là cette création du *Vaucheria in-
fusionum*, plante qui n'existeroit pas dans la nature, si l'expérience ne nous avoit appris qu'il étoit question de l'*Oscillaria
Adansonii*, N., imparfaitement observée, avec une lentille trop
foible pour qu'on y pût découvrir les articulations caracté-

ristiques. Cette Oscillaire, ou la prétendue Vaucherie des infusions, n'a nul rapport avec les êtres auxquels le savant genevois ôta, sans motifs suffisans, l'excellent nom d'Ectosperme que
leur avoit donné M. Vaucher, et que nous rétablirons par la
suite, lorsqu'au mot Psychodiées nous exposerons dans ce Dictionnaire un travail étendu sur les êtres microscopiques de nature ambigue.

Ingen-Housz (Journ. Phys., 1784, tom. 24, pag. 336 et suiv.)
avoit, après Sénebier, examiné la matière verte de Priestley,
mais en observant des faits très-intéressans dont il n'apprécia pas
toute l'importance, et lorsque le hasard lui avoit évidemment
découvert avant nous ces Zoocarpes que nous avons les premiers fait connoître, il prononça que la matière verte étoit
composée de petits animaux qu'il appeloit improprement
insectes. Le Mémoire d'Ingen-Housz est trop curieux et trop
riche de faits pour que nous puissions ne pas nous y arrêter.

L'auteur s'étoit proposé principalement de publier ses observations sur l'air qui résulte de la matière verte. « M. Priestley,
dit-il, avoit remarqué le premier que lorsqu'on expose au soleil de l'eau, surtout de l'eau de source, il s'y engendre, après
quelques jours, une substance verte, gélatineuse au toucher ;
et que, quand cette matière est produite, ou trouve dans le
vase une grande quantité d'air pur qui se développe au soleil. »
Ce n'étoient point des plantes placées dans ces bouteilles qui
avoient produit ce phénomène, qui continua quand on les en
eut retirées ; il étoit conséquemment dû à la matière verte
qui en tapissoit le fond.

M. Priestley, ayant décrit la matière verte comme un sédiment muqueux de l'eau (dans son quatrième volume sur les
airs, imprimé en 1779), l'éleva au rang des végétaux dans
son cinquième volume imprimé en 1781, sur le témoignage de
son ami, M. Bevly, et il la classa parmi les Conferves, sans
vouloir déterminer si c'étoit la *Conferva fontinalis*, ou quelque
autre espèce de Conferves. M. Forster l'avoit prise pour le
Byssus botryoides de Linné. M. Sénebier, dans son ouvrage
également intéressant et curieux sur la lumière solaire, imprimé en 1782, a cru que ni M. Priestley, ni M. Forster n'a-
voient connu la véritable nature de cet être. Le premier dit
qu'en examinant de plus près cette plante, il l'a reconnue pour

être la *Conferva cespitosa filis rectis undique divergentibus Halleri*,
n.° 214. Si c'est la *Conferva fontinalis*, il faudroit qu'elle eût des
fibres au moins de la longueur d'un demi-pouce. Si c'est la
plante de Haller, il faudroit que les filamens fussent encore plus
longs. Suivant le second, ces filamens paroissent déjà après deux
jours, lorsqu'on expose l'eau commune à l'action immédiate du
soleil. Il dit qu'on voit ces filamens s'élever graduellement
et tapisser les parois sur tout le fond du verre. Cette plante,
poursuit M. Sénebier, devient fort serrée en bas, et parvient
à une grandeur si considérable, qu'il l'a vue s'élever pendant
deux mois à la hauteur de deux pouces et demi au-dessus du
fond. M. Ingen-Housz ne veut pas nier l'exactitude des observations de M. Sénebier; mais il doute avec raison que la
plante de ce savant soit la véritable matière verte que Priestley
décrivit dans son quatrième volume. En effet, dit-il, lorsque
l'on compare une masse informe, muqueuse, sans aucune organisation apparente, ainsi que l'a décrite Priestley, avec une
plante qui, selon M. Sénebier, tapisse, comme un tissu fort
serré, tout le fond du vase, et qui s'alonge jusqu'à deux pouces
et demi en hauteur, et par conséquent qui est très-visible
à plusieurs pas de distance, on ne sauroit guère soupçonner
l'identité. Priestley a montré lui-même à M. Ingen-Housz cette
matière à Londres: une cloche pleine d'eau en étoit tapissée;
et cet observateur exact y eût certainement vu des fibres, si ces
fibres y eussent existé. L'auteur a examiné journellement la
matière verte durant plus de trois ans, et l'a suivie dans tous
ses états depuis son origine jusqu'à son dépérissement. Il croit
pouvoir prononcer à cet égard, et en ayant fait faire des dessins
exacts, gravés pour orner le second volume de ses expériences
sur les végétaux, il se contente d'en donner une description
abrégée. Pour éviter toute confusion, il commence par produire la matière verte sous les yeux de ses lecteurs, comme
le faisoit M. Priestley, c'est-à-dire, en mettant dans des vases
bien transparens exposés au soleil, de l'eau de source, et en
plaçant au fond de ces vases de petites lames de verre, afin
de pouvoir ensuite examiner ces lames au microscope.

Lorsqu'après quelques jours on aura observé une bonne
quantité de bulles d'air montant continuellement dans l'eau,
on trouvera les parois du vase intérieurement parsemées de

corpuscules ronds ou ovales, ou approchant de ces figures, et d'une couleur verdâtre. (On voit qu'ici M. Ingen-Housz ne s'étoit pas rendu exactement compte de la forme des corpuscules de la matière verte.) Le nombre des corpuscules augmentant chaque jour, ceux-ci deviennent au bout de quelques semaines une croûte dont la verdure est plus ou moins foncée, en raison du temps que l'eau a été exposée au soleil, et du nombre des corpuscules qui se sont accumulés dans cette eau. Ces corpuscules sont extrêmement petits, et enveloppés dans une matière muqueuse. On les reconnoît bientôt pour de véritables insectes qui cessent de se mouvoir lorsqu'ils se trouvent embarrassés dans la couche glaireuse. On en voit nager tout autour : on y aperçoit aussi des corps angulaires plus volumineux que les insectes.

Ces insectes finissent par obstruer et remplir la couche muqueuse, qui elle-même étoit sans couleur, de sorte que celle-ci ne paroit bientôt plus être qu'une masse glaireuse, verte, sans aucune apparence manifeste d'organisation ; elle ressemble alors parfaitement à ce que l'a trouvée M. Priestley, *une disposition glaireuse de l'eau devenue verte au soleil.*

Plus tard l'incorporation des insectes dans la masse muqueuse est complète ; mais si l'on en éparpille des lambeaux, on remarquera que ses bords déchirés sont tout hérissés de fibres transparentes, sans aucune couleur, et ressemblant à des tubes de verre. On observera que ces fibres sont douées d'un mouvement sensible (il est évidemment question ici d'une Oscillaire); elles se plient en tous sens, s'approchent, s'entrelacent et se tortillent de nouveau. Ce mouvement, qui ressemble à celui de certains animalcules aquatiques, qui ont la forme d'anguilles, se fait par intervalles très-irréguliers. M. l'abbé Fontana a montré, plusieurs années auparavant, à l'auteur, des fibres semblables, mais vertes, douées d'un pareil mouvement; il les prit pour des animaux plantes, et les crut des êtres intermédiaires entre ceux des règnes animal et végétal. Il falloit trois, quatre ou cinq mois pour produire ces fibres.

Si l'on s'obstine à abandonner la croûte muqueuse à elle-même, la métamorphose va plus loin, la croûte muqueuse se couvre de bosses et d'aspérités. En dix ou douze mois ces bosses s'élèvent en pyramides d'un à deux pouces, qui

deviennent perpendiculaires, sont d'un vert plus foncé vers
leur partie supérieure et latérale qu'au milieu et au bas, et
ressemblent à une gelée assez ferme pour se soutenir dans
l'eau. Si la croûte muqueuse mérite réellement le nom de
plante, elle doit être classée parmi les Tremelles. Il faut pour
obtenir ces résultats laisser la matière verte dans le même vase
sans la déranger. La Tremelle ne se forme pas pour peu qu'il
y ait de mouvement.

La matière verte est généralement commune dans les bassins des jardins, et entremêlée à la *Conferva rivularis*. On en
voit aussi dans les cuves en bois qui servent aux arrosemens
du jardin de botanique de Vienne ; et plus tard cette matière
verte est remplacée par la *Conferva rivularis*, dont les filamens observés au microscope paroissent être des tubes transparens, ayant des intersections plus ou moins distantes les
unes des autres. Ces fibres tubulaires semblent devoir leur
couleur aux petits corpuscules verts dont elles sont comme
farcies, et qu'on seroit tenté de prendre pour les restes
des insectes dont la matière verte est composée, ou pour ces
insectes même qui y sont enfermés comme ils le seroient dans
un tube de verre, c'est-à-dire, sans être attachés au tube,
dont on les voit sortir librement et assez souvent, lorsqu'on
observe au microscope les extrémités des fibres coupées.
On placera peut-être les Conferves parmi les Zoophytes,
lorsqu'on sera convaincu que ces corpuscules verts, dont les
fibres de la Conferve sont comme farcies, sont des insectes
morts ou vivans.

« La matière verte de M. Priestley, ajoute M. Ingen-Housz,
« toute composée d'insectes véritables dans le premier temps
« de son existence, se change-t-elle d'elle-même, tantôt en
« Tremelle, et tantôt en Conferve ? Je me contenterai, dans
« cet abrégé, de la relation du fait tel qu'il est. »

« J'invite, continue M. Ingen-Housz, en terminant son intéressant Mémoire, les physiciens à suivre en été les progrès de
cette substance vraiment curieuse, et entièrement négligée
avant M. Priestley, au moins dans l'état où il l'a observée. Mais
si l'on désire abréger le temps, et obtenir bientôt une quantité
très-considérable de la matière verte de M. Priestley, on
peut suivre la méthode simple de la produire qu'il a indiquée

dans son cinquième volume : elle consiste à mettre dans l'eau
exposée au soleil un morceau de viande, de poisson, de
pomme de terre, ou quelque autre substance putrescible. On
verra bientôt (quoique pas infailliblement) toute l'eau devenir verte. En examinant cette eau au foyer d'un bon microscope, on trouvera que sa couleur est due à un nombre
infini de petits insectes verts, très-manifestement vivans. Ces
insectes sont communément ronds et ovales. »

Il est évident, d'après cet extrait du travail de M. Ingen-
Housz, que ce physicien a d'abord connu et fort bien observé
notre matière verte, qui est celle de Priestley ; mais que l'ayant
ensuite perdue de vue, il a pris, comme les savans dont il
avoit essayé de réfuter les erreurs, des organisations toutes
différentes, et des êtres d'une autre nature, pour les conséquences de la matière verte. Les idées d'Ingen-Housz ont été
reproduites sous d'autres formes par M. Agardh, et l'on peut
reconnoître en partie les bases du Mémoire qu'a publié le
professeur suédois, sous le titre de métamorphose des Algues,
dans le Mémoire d'Ingen-Housz.

Celui-ci a vu encore comme Priestley et comme nous,
la matière verte pénétrant une matière muqueuse. Les Oscillaires n'ayant pas tardé à se développer dans les mêmes
vases et autour des amas de matière muqueuse pénétrée de
matière verte, il a soupçonné que ces substances s'étoient or-
ganisées en végétaux ; enfin sont venus les Infusoires plus compliqués, remplis, comme nous avons dit que la chose arrive
souvent, de matière verte, et il a cru que la matière verte
s'étoit transformée en animaux. Nous avons déjà indiqué la
source de ces erreurs ; elles ne prouvent rien contre la sagacité des observateurs qui y sont tombés, puisque tous ont parfaitement décrit une série de phénomènes qu'on retrouve
constamment dans les infusions.

Quant aux animalcules verts qui se développent dans les
infusions de matière animale ou végétale, ou bien à ceux
qui sortent des tubes des Conferves, ni les uns ni les autres
ne sont de la matière verte, et nous devons, pour éviter
toute confusion, nous étendre un peu sur ce point.

Les tubes des Conferves, et surtout des êtres ambigus dont
nous avons formé la famille des Arthrodiées, sont générale-

ment verts; vus au microscope, leur couleur paroît d'abord
due à des glomérules de même teinte dont seroit rempli le
tube intérieur qui se reconnoît aisément dans la plupart d'entre eux. Ces glomérules sont probablement de la matière
végétative ou verte, ainsi que l'a pensé Ingen-Housz; mais il
ne faut pas confondre, avec cette matière, des corpuscules parfaitement globuleux, un peu plus gros que ses corpuscules
ovoïdes et que nous appellerons *corpuscules hyalins*, pour indiquer leur parfaite translucidité; ceux-ci, mêlés à la matière
verte intérieure, se groupent ou se disposent avec elle sous
diverses figures, dont plusieurs peuvent fournir des caractères
génériques et spécifiques excellens. Ce sont eux qui, par
exemple, sont comme enfilés en spirale dans nos Salmacides,
de la tribu des Conjugées. Ces corpuscules hyalins ne sont
peut-être que des globules de gaz pareils à ceux qui montent
à la surface des eaux où l'on tient des Conferves ou des Arthrodiées en expérience, et qui fournissoient à Priestley, à
Sénebier, ainsi qu'à Ingen-Housz, l'air sur lequel ces savans
firent leurs expériences. Ils attribuoient le développement
de cet air à la présence de la matière verte qui n'en produit
cependant pas.

Ce qui nous a fait naître cette idée, c'est que lorsqu'on observe au microscope des Arthrodiées, des Conferves, ou toute
autre hydrophyte filamenteuse, tubuleuse et transparente,
qui contient de la matière verte et des corpuscules hyalins,
si quelque filament vient à se rompre sous l'œil de l'observateur, les globules ovoïdes de matière verte, qui doivent
avoir un certain poids, se répandent au fond de l'eau comme
le feroit un sédiment, tandis que les corpuscules hyalins s'é-
lèvent à la surface de cette eau, comme le font partout ailleurs
les bulles d'air. Le grand nombre de ces corpuscules hyalins
ou bulles ne tarde pas à diminuer et même à disparoître peu
d'instans après avoir été mis en liberté; la matière verte au
contraire demeure et présente les mêmes phénomènes dans
son desséchement que celle qui s'est formée en liberté sans
avoir jamais été captive dans des tubes.

Nos Zoocarpes, véritables propagules, ou semences végéta-
tivement formées dans les articles des Arthrodiées, agglomé-
ration de matière verte et de corpuscules hyalins, probable-

ment aussi de matière animale développée dans l'intérieur de
l'Arthrodiée, où nos foibles moyens ne nous permettent pas de
la distinguer; nos Zoocarpes, tant qu'ils sont captifs et sans
mouvement, se préparent à la vie, comme le papillon s'y
prépare dans l'immobile chrysalide : que manque-t-il donc
à ces Zoocarpes dans la capsule articulaire qui les renferme
pour agir et manifester une vie complète?... Est-ce le contact
immédiat de l'eau?..... Il ne nous est pas donné de l'expliquer; mais si les corpuscules hyalins sont, comme nous avons
de fortes raisons de le croire, des globules de gaz, on s'explique comment les gaz peuvent entrer sous forme molécu-
laire dans la composition des corps organisés vivans. C'est
à leur présence, sous cette forme globuleuse, que seroit peut-
être due l'élasticité des tissus; et, indépendamment de leurs
propriétés chimiques, ils auroient encore l'usage de petites
vessies compressibles, interposées dans la réunion de la matière vivante, végétative et muqueuse, pour compléter l'organisation. Ici nous arrivons aux limites des connoissances
que nos yeux nous ont pu fournir, et nous nous arrêtons
pour rentrer dans le domaine des réalités.

Ceux qui voudroient connoître exactement la matière verte
de Priestley, et qui craindroient de confondre celle qu'ils peuvent faire développer sous leurs yeux, avec les Oscillaires et
les Conferves qui lui succèdent, ou qui s'y mêlent, la retrou-
veront souvent contre les vitres humides des serres chaudes:
celles du Jardin des Plantes particulièrement en sont souvent
colorées vers l'automne, surtout aux lieux où ces vitres passent l'une sur l'autre par leurs bords. Il faut remarquer
dans cette circonstance qu'il arrive à la matière verte une
chose fort remarquable qui a encore été prise pour une métamorphose par certains observateurs. Le même fait a eu quelquefois lieu sous nos yeux dans des carafes : pressées les unes
contre les autres dans une légère couche de matière muqueuse, qui s'est également développée sur les parois des
vases ou contre les vitres, les molécules se déforment légèrement, et devenant imparfaitement polygones, composent
une petite membrane mince, qu'on peut préparer sur le papier comme une véritable Ulve, dont la matière verte prend
alors totalement l'aspect quand on l'examine au microscope.

Il est peu de personnes qui n'aient remarqué dans certains fossés du pourtour d'une ferme, dans plusieurs ornières des boues d'un faubourg, dans des coins de fosses à fumier, enfin dans l'eau stagnante et superficielle des lieux voisins des habitations mal tenues des gens de la campagne, de l'eau d'un vert sombre, souvent très-foncée en couleur, qui s'épaissit quelquefois au point de perdre toute fluidité, et d'acquérir la propriété de teindre les doigts, le papier ou le linge qu'on y plonge, ainsi que le feroit une dissolution de vert d'iris. Dans cet état l'eau a contracté une légère odeur de poisson, qui rappelle celle des parcs où l'on met verdir les Huîtres. Ce n'est point la matière verte, dans son état primitif et naturel, qui produit un tel phénomène. Si l'on soumet au microscope une goutte de cette eau colorée, on la trouve remplie d'Enchélides, infusoires du premier ordre que nous établissons dans la classification de ces animaux, c'est-à-dire du nombre de ceux qui sont très-simples, nus. dépourvus de cirres ou d'organes quelconques visibles même au microscope; ces Enchélides nagent avec rapidité; leur forme est celle d'une poire alongée, et leur taille est bien plus considérable que celle des corpuscules constitutifs de la matière verte. Ce sont de pareils animaux qui, absorbant ou produisant dans leur épaisseur de la matière verte, en se formant de matière muqueuse et de matière vivante, se retrouvent souvent dans les infusions artificielles; ce sont eux qui, s'étant développés dans les expériences d'Ingen-Housz, ont porté ce physicien à regarder la matière verte comme composée d'êtres vivans qu'il appeloit improprement des insectes.

On doit remarquer que les animalcules verts sont déjà d'un ordre fort avancé, relativement à ceux qui sont entièrement incolores et translucides. Il n'entre dans ces derniers, que de la matière muqueuse, pénétrée de matière animale et de corpuscules hyalins ou gazeux; la matière verte, soit qu'elle se développe ensuite intérieurement en vertu du mécanisme de la décomposition de l'eau par la lumière, soit qu'elle ait été absorbée, apportant une molécule élémentaire de plus, doit augmenter les combinaisons, et de là ce passage de l'infusoire aux Zoocarpes que nous avons démontré n'être que les semences ou les propagules vivans

d'un tube végétal, alongé sous la forme d'une **Conferve.**
(Bory de St. Vincent.)

MATIÈRES ANIMALES. (*Chim.*) Matières dont les principes ont été unis sous l'influence de la vie d'un animal. **Voyez**
Principes immédiats organiques. (Ch.)

MATIÈRES INORGANIQUES. (*Chim.*) On comprend **sous**
ce nom les corps simples, et les corps composés dont les principes ont été unis sans l'influence de la vie d'un être organisé.
Cette expression est synonyme de *corps inorganiques*, de *corps*
bruts. Voyez Corps, tom. V, pag. 520, et Principes immédiats
organiques. (Ch.)

MATIÈRES ORGANIQUES. (*Chim.*) Cette expression, opposée à celle de matières inorganiques, s'applique aux matières dont les principes ont été unis sous l'influence de la vie
d'un être organisé, soit d'un végétal, soit d'un animal. **Voyez**
Principes immédiats organiques. (Ch.)

MATIÈRES VÉGÉTALES. (*Chim.*) On comprend, sous ce
nom, les corps composés dont les principes ont été unis **sous**
l'influence de la vie d'un végétal. Voyez Principes immédiats
organiques. (Ch.)

MATIN (*Mamm.*), nom propre d'une race du chien domestique. (F. C.)

MATINA. (*Ornith.*) La Chesnaye-des-Bois dit, d'après Ray,
que ce nom est donné en Italie à la cane-pétière, ou petite
outarde, *otis tetrax*, Linn. (Ch. D.)

MATINALE [Fleur]. (*Bot.*) Les fleurs sont dites nocturnes
ou diurnes, selon qu'elles s'épanouissent la nuit ou le jour,
et les fleurs diurnes sont méridiennes ou matinales suivant
qu'elles s'ouvrent vers le milieu du jour ou le matin; la chicorée, le pissenlit ont les fleurs matinales. L'ornithogallum umbellatum, le *mesembrianthemum cristallinum*, etc., ont les fleurs
méridiennes. (Mass.)

MATISE, *Matisia.* (*Bot.*) Genre de plantes dicotylédones,
à fleurs complètes, polypétalées, irrégulières, de la famille
des malvacées, de la *monadelphie polyandrie* de Linnæus, offrant
pour caractère essentiel: Un calice d'une seule pièce, de deux
à cinq lobes; une corolle composée de cinq pétales, dont deux
plus courts. un tube à cinq découpures, chargées chacune
d'environ douze anthères sessiles, à une loge; un ovaire supé-

rieur, entouré par le tube des étamines; un stigmate charnu, muni de cinq tubercules violettes; une baie à cinq loges monospermes.

MATISE EN CŒUR : *Matisia cordata* , Humb. et Bonpl. , *Pl. Æquin.*, vol. 1, pag. 10, tab. 2 ; Kunth, *in* Humb., 5, pag. 306. Arbre d'environ quinze pieds de haut, dont le tronc se divise à son sommet en un grand nombre de rameaux étalés horizontalement, garnis de feuilles alternes, pétiolées, situées vers l'extrémité des rameaux, amples, en cœur, larges de dix pouces, longues de huit, glabres, membraneuses, entières, aiguës, de couleur verte, à sept nervures saillantes et deux petites stipules aiguës et caduques. Les fleurs sont d'un blanc-rose, éparses, longues de deux pouces, réfléchies, couvertes d'un léger duvet, réunies en trois ou six faisceaux petits, pédonculés; les pédoncules munis de deux ou trois bractées persistantes. Le calice est un peu charnu, roussâtre, tomenteux en dehors, pileux en dedans, à deux ou cinq dents inégales ; la corolle presque labiée, un peu plus grande que le calice, à cinq pétales, dont trois un peu concaves forment la lèvre supérieure; les deux autres plus petits, ovales, rétrécis à leur base; les filamens plus longs que la corolle, réunis inférieurement en un tube charnu, point adhérent, cylindrique, pulvérulent; les anthères réniformes, à deux loges, rapprochées deux à deux, et environ au nombre de douze sur chaque filament; l'ovaire pileux a cinq angles peu saillans. Le fruit est une baie ovale, de quatre à cinq pouces, entourée à sa base par le calice, couverte d'un duvet cendré et soyeux, surmontée d'un mamelon, divisée en cinq loges, contenant dans chacune une semence brune, anguleuse, longue d'un pouce. Cette plante croît dans les vallées chaudes et humides de l'Amérique méridionale. Son fruit a le goût de l'abricot. Les habitans de la Nouvelle-Grenade et du Pérou la cultivent avec soin. (POIR.)

MATOU. (*Ichthyol.*) C'est le nom que l'on donne vulgairement à un pimélode de la Caroline, *pimelodus catus.* Voyez PIMÉLODE. (H. C.)

MATOUREA.(*Bot.*) Genre de plantes de la Guiane établi par Aublet, et le même que le *Vandellia* de Vahl, placé à la fin des personées. Voyez MATOURI. (J.)

29. 22

MATOURI, *Matourea*. (*Bot.*) Genre de plantes dicotylédones, à fleurs complètes, monopétalées, irrégulières, de la famille des *personées*, de la *didynamie angiospermie* de Linnæus, offrant pour caractère essentiel : Un calice à quatre divisions profondes; une corolle monopétale, le tube courbé; le limbe à deux lèvres, la supérieure bifide; l'inférieure à trois divisions; quatre étamines didynames; un ovaire supérieur; un style; deux stigmates, une capsule uniloculaire, polysperme. Quelques auteurs modernes ont réuni ce genre au *Vandellia*, dont il diffère à peine.

MATOURI DES PRÉS : *Matourea pratensis*, Aubl., *Guian.*, 2, pag. 642, tab. 259; Lamck., *Ill. gen.*, tab. 553; *Vandellia pratensis*, Vahl, *Egl.*, 2, pag. 48; *Dickia*, Scopol.; vulgairement BASILIC SAUVAGE. Plante herbacée, qui s'élève à la hauteur d'environ deux pieds sur plusieurs tiges tétragones, rameuses, garnies de feuilles opposées, ovales oblongues, un peu aiguës, dentées en scie, médiocrement velues, soutenues par de courts pétioles, longues d'environ un pouce et demi. Les fleurs sont axillaires, ordinairement solitaires, de couleur bleuâtre; à calice velu; ayant les découpures ovales, alongées, acuminées, persistantes; le tube de la corolle est beaucoup plus long que le calice; la lèvre supérieure du limbe relevée, bifide : l'inférieure à trois lobes ovales, obtus, inclinés; celui du milieu un peu plus long; les deux étamines sont plus longues surpassent le tube de la corolle; elles sont arquées et portent des anthères, ovales, à deux lobes; l'ovaire est supérieur, le style de la longueur des étamines; le stigmate à deux lames. Le fruit est une capsule oblongue, bivalve, à une seule loge au centre de laquelle est un placenta pyramidal chargé de semences nombreuses très-menues. Cette plante croît dans les terrains humides, à l'île de Cayenne. (POIR.)

MATRA-MARELO, SAKSOK (*Bot.*), noms sous lesquels est désigné à Java, suivant Burmann, le *verbesina lavenia* de Linnæus. (J.)

MATRAS. (*Chim.*) C'est un vaisseau de verre de forme sphéroïdale à long col. (CH.)

MATRELLA. (*Bot.*) Ce nom a été donné par M. Persoon à l'*agrostis matrella*, de Linnæus, plante graminée qu'il regardoit comme genre différent, en quoi il étoit d'accord avec

Willdenow, qui a établi ce genre sous le nom de *zoysia*, maintenant admis. Voyez Zoysia. (J.)

MATREME, *Matrema*. (*Polyp.*) M. Rafinesque a employé ce nom (J. de Physiq., tom. 88, pag. 428) , pour désigner un genre de polypiers fossiles qu'il dit être de la famille des tubiporites , et auquel il donne pour caractères : Corps pierreux, composé de plusieurs tubes articulés, libres ou réunis ; articulations imbriquées ; ouverture terminale, campanulée, ayant un centre mamelliforme. Il cite dans ce genre trois espèces : *Matrema striata, crenulata, rugosa*, mais qu'il ne définit pas. Il n'en indique pas même la patrie. (De B.)

MATRICAIRE, *Matricaria*. (*Bot.*) Genre de plantes dicotylédones, à fleurs composées, de la famille des *corymbifères*, de la *syngénésie polygamie superflue* de Linnæus, offrant pour caractère essentiel : Un calice imbriqué, hémisphérique ; des fleurs radiées ; les fleurons hermaphrodites ; les demi-fleurons oblongs, femelles, fertiles ; cinq étamines syngénèses ; un ovaire supérieur ; un style ; deux stigmates ; des semences oblongues, dépourvues d'aigrettes ; le réceptacle nu, convexe.

Ce genre a plus ou moins d'étendue, suivant les auteurs. Les uns y réunissent les *chrysanthemum* de Linnæus qui n'en diffèrent que par les écailles du calice scarieuses à leurs bords ; d'autres ont établi le genre *Pyrethrum* qui se compose en grande partie de plusieurs espèces des deux premiers genres dont elles diffèrent par leurs demi-fleurons terminés par trois dents, et par les semences surmontées d'une membrane saillante, souvent dentée. Quoique les matricaires soient plus généralement considérées comme plantes médicales, cependant on les cultive dans plusieurs jardins comme plantes d'ornement, surtout le *matricaria parthenium*. (Voyez Chrysanthème et Pyrèthre.)

Matricaire officinale : *Matricaria parthenium*, Linn. ; *Pyrethrum parthenium*, Smith, *Bull. Herb.*, tab. 205 ; Fuchs, pag. 48, tab. 45. *Optima*. Cette plante a donné le nom au genre que nous traitons, à cause de son emploi dans les douleurs de la matrice. Ses tiges sont nombreuses, droites, fermes, cannelées, hautes d'environ deux pieds ; les feuilles alternes, pétiolées, assez larges, ailées, composées de pinnules pinnatifides dont les divisions sont incisées, un peu obtuses, d'un vert tendre,

22.

légèrement velues. Les fleurs naissent à l'extrémité des tiges et des rameaux sur des pédoncules disposés en corymbe, de grandeur médiocre, jaunes dans leur disque, blanches à leur circonférence ; les écailles du calice sont étroites, les intérieures un peu scarieuses sur leurs bords.

Cette plante croît aux lieux incultes et pierreux de l'Europe. On la cultive dans la plupart des jardins, tant à raison de ses propriétés médicales, que pour la décoration des parterres : les fleuristes recherchent particulièrement une de ses variétés à fleurs doubles. La matricaire a une odeur forte, pénétrante, un peu désagréable, une saveur amère, d'où résultent ses propriétés antispasmodiques, stomachiques, diurétiques, emménagogues, résolutives, etc. C'est principalement sur les organes dans un état d'atonie qu'elle agit avec plus d'efficacité. Dans tout autre cas, surtout dans les affections utérines qui résultent d'un excès d'action, d'un état pléthorique, la matricaire seroit plus nuisible qu'utile, d'après les observations de M. Alibert. On l'administre intérieurement en poudre, en décoction, en infusion, ou bien on en fait prendre le suc clarifié : on la donne en lavemens, surtout pour les maladies de la matrice. Simon Paulli recommande aux personnes qui sont exposées à la piqûre des abeilles de se munir d'un bouquet de matricaire pour chasser ces insectes, que l'odeur de cette plante met en fuite.

MATRICAIRE CAMOMILLE : *Matricaria camomilla*, Linn. ; Lobel, *Icon.*, 770, fig. 1 ; Dodon., *Pempt.*, 257. Il ne faut pas confondre cette espèce avec la vraie camomille, connue sous le nom de camomille romaine, *anthemis nobilis*, Linn. ; elle ressemble un peu à la camomille puante ; mais son réceptacle n'est pas garni de paillettes ; son odeur est foible, point désagréable. Ses tiges sont striées, souvent rougeâtres, hautes d'environ un pied et demi, garnies de feuilles glabres, sessiles, d'un vert gris, deux fois ailées, découpées très-menu ; les folioles linéaires, aiguës, simples, ou bien à deux ou trois divisions ; les fleurs solitaires, à l'extrémité des rameaux, formant par leur ensemble une sorte de corymbe ; leur disque est jaune ; leurs demi-fleurons sont blancs ; les folioles du calice lancéolées, un peu obtuses, presque égales, un peu scarieuses sur les bords.

Cette plante croît en Europe dans les champs cultivés. Quoique inférieure en qualité à la camomille romaine, on l'emploie quelquefois aux mêmes usages. Ses fleurs ont une odeur légèrement aromatique et une saveur mucilagineuse. Elles donnent par la distillation une huile essentielle d'une couleur bleue, très-agréable, semblable à celle du saphir.

MATRICAIRE ODORANTE ; *Matricaria suaveolens*, Linn. Cette plante est d'une odeur suave et pénétrante. Ses racines produisent des tiges grêles, très-ramifiées, paniculées, un peu striées, hautes d'environ un pied ; garnies de feuilles lâches, alternes, sessiles, finement découpées, les inférieures doublement ailées, à découpures linéaires, simples ou bifides; les supérieures très-souvent une fois ailées. Les fleurs, petites, solitaires, situées à l'extrémité de rameaux dénués de feuilles à leur partie supérieure, ont le disque jaune, les demi-fleurons blancs et renversés, les folioles du calice obtuses et scarieuses à leurs bords, le réceptacle conique, fort alongé. Cette plante croît en Europe. (Poir.)

MATRICE, *Uterus*. (*Mamm.*) On donne ce nom à une dépendance des organes de la génération qui existe spécialement chez les femelles de mammifères. C'est un viscère creux, musculo-membraneux et vasculaire, destiné à loger les fœtus depuis le moment de la conception jusqu'à celui de la naissance, et à leur fournir pendant ce temps les fluides nécessaires à leur nutrition.

La matrice est située dans la cavité pelvienne ou du bassin, entre la terminaison du canal intestinal et la vessie urinaire. Sa forme, toujours symétrique, est fort variable dans les diverses espèces d'animaux. L'on y distingue son corps ou partie principale, et son col ou prolongement postérieur. Son volume, très-peu remarquable dans l'état de vacuité, prend dans le temps de la gestation un développement d'autant plus considérable que le terme de celle-ci est moins éloigné. Elle est fixée aux deux côtés du bassin par deux replis du péritoine appelés improprement ligamens larges ou sous-lombaires, et aussi par plusieurs autres liens nommés ligamens ronds ou cordons suspubiens, ligament antérieur et ligament postérieur.

Hors de l'époque de la gestation, la cavité intérieure de la matrice est fort petite, surtout relativement à l'épaisseur de ses parois. Cette cavité, dans le plus grand nombre de femelles de mammifères, communique au dehors par une seule ouverture, le museau de tanche, qui s'ouvre dans le fond d'un tube cylindrique, dilatable, plus ou moins long, ou le vagin, lequel aboutit extérieurement à la vulve. Dans sa partie antérieure, l'utérus est bifurqué et reçoit au fond de chacune des bifurcations nommées cornes de la matrice, un canal de longueur variable, plus ou moins sinueux, flottant dans l'abdomen, placé le long du bord supérieur et dans la duplicature du ligament large. Ces conduits, nommés trompes utérines ou trompes de Fallope, débouchent d'une part dans la cavité de la matrice, et de l'autre se terminent par un évasement béant dans la cavité abdominale, en forme de cornet découpé sur ses bords, et qui reçoit les noms de pavillon de la trompe ou de morceau frangé.

C'est dans le pavillon des trompes que tombent les ovules détachés des ovaires, lesquels sont situés en regard de son ouverture. Ces ovules descendent dans les trompes, et, arrivés à la matrice, y séjournent, s'y développent et y montrent bientôt les fœtus apparens. Lorsque les ovules tombent dans la cavité abdominale, au lieu de prendre la route des trompes, ils donnent lieu à la grossesse extra-utérine. Quelquefois ils se développent dans les trompes mêmes, et non dans l'utérus, et souvent aussi dans les cornes, dont le volume est ordinairement en sens inverse de celui du corps de la matrice, c'est-à-dire plus considérable lorsque ce dernier est très-petit, *et vice versâ*.

La matrice est composée d'une membrane extérieure ou séreuse qui est la continuation du péritoine, d'une membrane muqueuse intérieure, et d'un tissu particulier intermédiaire fort épais, élastique, à texture dense et serrée, composé de fibres dont la disposition n'a pu encore être bien observée, et pourvu d'un très-grand nombre de vaisseaux sanguins, de vaisseaux lymphatiques et de nerfs. Ce tissu dans la grossesse paroît devenir véritablement fibreux, et dans l'accouchement, sa contraction très-puissante est la cause déterminante de l'expulsion des fœtus.

Les artères de la matrice provenant des spermatiques et d'une branche des hypogastriques, l'utérine, ont de nombreuses anastomoses entre elles et sont très-flexueuses. Ses veines suivent à peu près le même trajet, mais sont encore plus flexueuses. Ses nerfs viennent des plexus sciatiques et hypogastriques. Ses vaisseaux lymphatiques sont très-multipliés et acquièrent un gros volume dans le temps de la gestation. Tous ces organes sont soutenus à leur origine entre les deux lames du péritoine, qui forment les ligamens larges, et qui contiennent aussi les trompes de Fallope.

Dans la femme, le corps de la matrice est de forme ovale un peu aplatie et plus large vers son fond. Son col est à peu près cylindrique. Sa cavité est petite et à peu près triangulaire; ses deux angles supérieurs conduisent dans les trompes chacun par une ouverture très-fine, et l'antérieur au museau de tanche par une fente transversale. Les cornes de la matrice (*ad uterum*, Geoffr.) sont dans un état minime et rudimentaire.

L'utérus des femelles de singes et de bradypes a beaucoup de ressemblance avec celui de la femme, seulement sa forme générale chez les premières est ordinairement plus alongée, son corps plus arrondi et son col distingué par un étranglement plus ou moins marqué; dans les secondes il est à peu près triangulaire.

Les makis parmi les quadrumanes, les carnassiers excepté les marsupiaux, la plupart des rongeurs, les pachydermes, les ruminans et les cétacés ont au contraire un utérus plus compliqué. La partie qui répond au col est simple mais le corps est constamment séparé en deux cornes, soit dans une partie de son étendue, soit dans toute sa longueur. Il est peu divisé dans les makis et semble seulement bilobé; mais, dans les autres mammifères qu'on vient de nommer, les cornes sont ordinairement fort alongées, et elles excèdent souvent trois fois, et même plus, la longueur du col. Ce dernier est réduit à presque rien dans l'agouti, le paca et le cobaye cochon d'Inde. Dans le lièvre et le lapin il n'y a pas de col de matrice ni de museau de tanche, et chaque corne forme un sac séparé qui a dans le fond du vagin un orifice distinct, d'où il suit qu'on peut considérer leur matrice comme double.

Les organes femelles des marsupiaux du genre Didelphe se composent d'un large canal membraneux, qui aboutit à la vulve, et dans le fond duquel viennent déboucher deux autres canaux assez étroits, arqués en anse de panier, et qui se rendent, par leur extrémité opposée, à une cavité commune, divisée en deux cornes, et recevant dans son fond les deux trompes utérines. Jusqu'à ce jour on avoit donné le nom de vagin au canal extérieur, celui de matrice à la cavité commune, où se rendent les deux canaux en anse de panier, et ces derniers n'avoient pas reçu de désignation particulière. M. Geoffroy Saint-Hilaire vient de démontrer la véritable analogie de ces parties dans l'article Marsupiaux de ce Dictionnaire. (Voyez ce mot.) Il les considère comme ayant la plus grande analogie avec celles des oiseaux, et conséquemment il rapporte ce qu'on a nommé vagin, au canal qu'il appelle *urétro-sexuel* dans ces animaux, ou à la fosse naviculaire des mammifères; il regarde comme étant des vagins les deux canaux en anse de panier, et fait voir que la prétendue matrice n'est que le résultat de la greffe par approche de ces deux canaux. Cette cavité dans les femelles vierges est partagée en deux, longitudinalement, dans son milieu, par un diaphragme qui se détruit par la gestation, et dont les débris laissent un raphé lorsqu'elle est devenue commune chez les femelles qui ont mis bas. Lorsque ce diaphragme existe, chacun des vagins se continue par une matrice à peine plus renflée et par la trompe qui en est la suite, jusques près de l'ovaire.

Les plus grands rapports existent entre cette organisation et celle qui est propre aux femelles de lapins, de lièvres, et d'oiseaux.

Dans l'ornithorhynque et l'échidné, le canal urétro-sexuel, selon M. Geoffroy, ou le vagin, suivant sir Everard Home et M. Duvernoy, présente dans son fond deux orifices de canaux encore plus semblables aux oviductus des oiseaux, lesquels sont égaux entre eux, bien séparés et très-distans, renflés dans la partie inférieure, qu'on peut, à cause de sa fonction, appeler du nom de matrice, et plus minces dans la supérieure ou l'antérieure qui représente la trompe de Fallope.

Les parois de l'utérus n'ont pas toujours la même structure, et leur épaisseur n'est pas proportionnelle dans les différentes espèces de mammifères. Ce n'est guère que dans les femelles de singes qu'elles paroissent aussi épaisses et aussi denses que chez la femme. Mais, dans toutes les autres, elles sont beaucoup plus minces, et surtout dans celles des animaux à bourse. Dans les grands animaux à matrice double ou à grandes cornes, les fibres musculaires sont plus apparentes que dans celles de la femme, ou des petites espèces de quadrupèdes. Dans les ruminans, les parois internes de l'utérus présentent de gros mamelons appelés cotylédons, sur lesquels se fait l'application du placenta des petits, et qui sont d'autant plus considérables que les femelles ont eu plus de gestations.

Tout ce que nous venons de dire de la matrice des mammifères se rapporte à l'état de vacuité de cet organe. Après la conception elle change de forme et de volume dans un temps variable, selon les espèces. Chez la femme elle devient presque globuleuse dans sa totalité; et ses parois, à son dernier degré d'extension, sont fort amincies; son tissu est devenu spongieux par le développement et la dilatation des vaisseaux (surtout les veines) qui entrent dans sa composition; des fibres musculaires se sont évidemment formées dans son épaisseur, et affectent des directions très-variées, mais qui sont en général disposées de manière à resserrer la matrice dans tous ses points, lorsqu'elles se contractent à l'époque de l'accouchement.

Les modifications dans la structure de la matrice sont en général les mêmes dans les femelles de mammifères que chez la femme; mais les fibres musculaires, au lieu de se renforcer, s'amincissent. Quant à la forme, elle varie. Dans les matrices à grandes cornes, les changemens de figure de cet organe diffèrent suivant qu'il y a plusieurs petits dans chaque corne, ou qu'il n'y en a qu'un dans une corne, ou que l'unique fœtus est contenu à la fois (comme chez la vache) dans une des cornes et dans le col de la matrice.

Les fonctions principales de l'utérus consistent à conserver les petits pendant un temps plus ou moins long, en leur fournissant les fluides nécessaires à leur nutrition et à leur développement; fluides qui sont absorbés par un organe particulier à ces petits, le placenta. Cette absorption se fait avec l'intermédiaire des enveloppes propres des fœtus, qui n'empêchent en aucune manière l'arrivée du sang artériel de la mère aux artérioles du placenta, et le retour du sang veineux de ce même placenta aux veinules de l'utérus. Une autre fonction de cet organe est d'expulser par sa contraction propre les fœtus, lorsqu'ils sont à terme. Enfin, dans plusieurs espèces, l'utérus devient un organe excréteur de sang artériel, à des époques plus ou moins éloignées, mais régulières, et l'on observe que ces époques sont celles où les femelles sont surtout aptes à la génération.

La matrice est représentée dans les animaux vertébrés ovipares, par la portion inférieure de leurs oviductus; mais cette partie n'est pas un lieu de séjour pour les fœtus, et si quelquefois elle conserve dans les reptiles et les poissons les ovules ou les œufs, assez long-temps pour que les petits y éclosent, elle ne leur fournit en aucune manière les fluides nourriciers dont ils ont besoin pour se développer.

Enfin on a nommé matrice, dans plusieurs crustacés, certains lieux de dépôt pour les œufs, certaines cavités ou poches, tantôt dorsales, tantôt ventrales, où ces œufs sont placés après être pondus jusqu'au moment de leur éclosement; mais cette dénomination est également inexacte, en ce que les organes auxquels elle est appliquée n'exercent point la fonction principale de l'utérus. (DESM.)

MATRICE. (*Min.*) On donne quelquefois ce nom à la roche ou à la substance minérale qui en enveloppe une autre. C'est une expression synonyme du mot *gangue*, dans l'acception que nous lui donnons en françois, expression doublement impropre en ce qu'elle est appliquée dans le règne organique à un organe qui n'a aucune analogie avec cette enveloppe pierreuse, et parce qu'elle pourroit faire croire que cette enveloppe a une influence de création, de nutrition ou de développement sur le minéral qu'elle renferme. On ne s'en sert plus dans les ouvrages où l'on cherche à introduire de la précision dans les idées et dans leur expression. (B.)

MATRICE DE GEROFLE, MÈRE DE GEROFLE. (*Bot.*) C'est le fruit du geroflier, parvenu à maturité, nommé aussi ANTOPHYLLE. Voyez ce mot. (J.)

MATRI SALVIA. (*Bot.*) Le botaniste Columna nommoit ainsi la grande sclarée. (J.)

MATRISYLVA. (*Bot.*) Ce nom a été donné par Tragus et Cordus au muguet des bois, *asperula odorata*, que Gesner, cité par C. Bauhin, dit être l'*alyssum* de Pline. Le matrisylva est cité dans les livres de matière médicale ; on lui attribue la vertu de résoudre les obstructions du foie et de guérir la jaunisse ; mais ces vertus ne sont pas bien constatées, et cette plante est peu usitée. (J.)

MATSCH, (*Mamm.*) nom du chat domestique en Tartarie. (F. C.)

MATSIBUS.(*Bot.*) La plante ainsi nommée au Japon, suivant Kæmpfer, est le *gnaphalium arenarium*. (J.)

MATSJADADA. (*Bot.*) Voyez MIN-ANGANI. (J.)

MATS-KASE-SO (*Bot.*), nom japonois de la rue, *ruta graveolens*, suivant M. Thunberg. (J.)

MATTA-CAVALLO.(*Bot.*) Les Espagnols de Saint-Domingue donnent ce nom au *lobelia longiflora*, plante que l'on redoute dans les prairies, comme très-nuisible aux chevaux. (J.)

MATTA-CUTTU. (*Bot.*) Voyez COSSIR. (J.)

MATTÉ (*Bot.*), nom donné dans le Brésil à l'herbe du Paraguay. (J.)

MATTHIOLA. (*Bot.*) Voyez MATTHIOLE et GUETTARDE. (POIR.)

MATTHIOLE, *Matthiola*. (*Bot.*) Genre de plantes dicotylédones, à fleurs complètes, polypétalées, de la famille des *crucifères*, de la *tétradynamie siliqueuse* de Linnæus, très-voisin des *cheiranthus*, dont il diffère par le stigmate et les cotylédons. Son caractère essentiel consiste dans : Un calice fermé, à quatre folioles, dont deux renflées à leur base ; quatre pétales en croix, onguiculés ; six étamines libres, tétradynames, sans dents ; les plus longues, un peu dilatées ; un ovaire supérieur alongé ; un style presque nul ; un stigmate à deux lobes connivens, renflés sur le dos, ou munis d'une pointe ; une silique arrondie ou comprimée, alongée, bivalve, à deux loges, couronnée par le stigmate ; les semences comprimées, quelquefois échancrées, placées en un seul rang.

Le nom de *matthiola* avoit été employé par Linnæus pour un genre de plantes que l'on a depuis reconnu pour appartenir au *guettarda*, auquel il a été réuni. D'après cette réforme, Rob. Brown a appliqué le nom de *matthiola* à un autre genre établi pour un grand nombre d'espèces placées parmi les *cheiranthus* de Linnæus (GIROFLÉE), réforme qui ne peut être autorisée qu'à raison des espèces très-nombreuses de ce dernier genre. Il suit de là que notre giroflée des jardins (*cheiranthus incanus*, celle nommée quarantaine (*cheirantus annuus*), et les *cheiranthus fenestralis, sinuatus, tricuspidatus*, etc., doivent être rapportés à ce genre. (Voyez GIROFLÉE.) Parmi les autres espèces on distingue :

MATTHIOLE ELLIPTIQUE : *Matthiola elliptica*, Rob. Brown, *in* Salt. *Voy. Abyss.*, App., pag. 65; Dec., *Syst.*, 2, pag. 167. Plante découverte dans l'Abyssinie, au pied du mont Tarente. Sa tige est tortueuse, ligneuse à sa base; ses rameaux cylindriques, ascendans, pubescens et blanchâtres; ses feuilles alternes, pétiolées, couvertes d'un duvet blanchâtre et cotonneux, molles, elliptiques, rétrécies à leurs deux extrémités, entières ou médiocrement dentées; les fleurs odorantes, disposées en grappes opposées aux feuilles, longues de six à huit pouces; les calices pubescens; les pétales élargis en ovale renversé à leur limbe, un peu obtus, presque tronqués; les siliques cylindriques, tomenteuses, couronnées par deux stigmates épais.

MATTHIOLE ACAULE : *Matthiola acaulis*, Dec., *Syst.*, 2, pag. 168. Fort petite plante originaire de l'Egypte, couverte d'un duvet blanchâtre et cendré. Sa racine est grêle, simple, perpendiculaire; ses feuilles sont toutes radicales, linéaires, dentées, sinuées, longues d'un demi-pouce; les fleurs disposées en une grappe presque radicale, peu garnie; le calice est hérissé; le limbe des pétales ovale.

MATTHIOLE FLUETTE; *Matthiola tenella*, Dec., *Syst.*, 2, pag. 169. Plante de l'île de Chypre, découverte par M. de Labillardière; ses tiges sont droites, grêles, herbacées, presque simples, couvertes, ainsi que toute la plante, d'un duvet mou et blanchâtre, garnies de feuilles oblongues, radicales, pétiolées, dentées, sinuées, longues d'un pouce; les grappes sont terminales; le calice est velouté; la lame des pétales oblongue, obtuse; l'ovaire velu; le stigmate à deux lobes rapprochés.

MATTHIOLE TORULEUSE : *Matthiola torulosa*, Dec., *Syst.*, 2, pag. 169; *Cheiranthus torulosus*, Thunb., *Prodr.*, 108. Plante du cap de Bonne-Espérance, dont la tige est droite, cylindrique, rameuse à son sommet, pubescente, un peu rude, longue d'un à deux pieds, garnie de feuilles linéaires, entières ou un peu sinueuses, tomenteuses, les inférieures longues de deux pieds; les grappes sont alongées, chargées d'un duvet glanduleux; les pédicelles très-courts, épais; les fleurs petites, à calice velouté, et pétales ovales, oblongs. Les siliques sont cylindriques, un peu toruleuses, légèrement pubescentes et glanduleuses, longues de deux pouces.

MATTHIOLE DE TATARIE : *Matthiola tatarica*, Dec., *Syst.*, 2, pag. 170; *Hesperis tatarica*, Pall., *Itin.*, 1, App. 117, tab. O. Ses racines sont fusiformes, un peu charnues, tomenteuses à leur collet; les tiges simples, droites, ou à peine rameuses, glabres, hautes d'un à trois pieds; les feuilles ovales, oblongues, aiguës, blanchâtres et pubescentes, irrégulièrement dentées ou roncinées, ou presque pinnatifides; les radicales pétiolées; les grappes alongées; les pédicelles très-courts; le calice blanchâtre et velu; les pétales oblongs, obliques; les siliques droites, glabres, longues de deux pouces, un peu toruleuses, surmontées d'un stigmate sessile, à deux lobes rapprochés, un peu épais sur leur dos. Cette plante croît dans les contrées méridionales de la Tartarie.

MATTHIOLE ODORANTE: *Matthiola odoratissima*, Brow., *in Hort. Kew.*, édit. 2, vol. 4, pag. 120; *Bot. Magaz.*, tab. 1711; *Cheiranthus odoratissimus*, Bieb., *Casp.*, pag. 110; *Hesperis odoratissima*, Poir., Encycl. Suppl. Cette espèce a des tiges un peu ligneuses, rameuses à leur base, blanches et tomenteuses ainsi que toute la plante; les feuilles très-variables, alongées, la plupart sinuées, presque pinnatifides, à découpures obtuses, entières, d'autres profondément pinnatifides ou inégalement dentées, quelquefois simples, entières, surtout les inférieures; les grappes droites, chargées de fleurs d'un blanc sale, ou d'un brun pourpre, très-odorantes vers le soir; le calice blanchâtre, hérissé : les siliques comprimées, longues de deux pouces, tomenteuses, terminées par un stigmate épais, à deux lobes. Cette plante croît sur les collines arides, dans la Tauride et les contrées septentrionales de la Perse.

MATTHIOLE EN CORNE DE CERF : *Matthiola coronopifolia*, Dec., *Syst.*, 2, pag. 173; *Cheiranthus coronopifolius*, Sibth., *Flor. Græc.*, tab. 637; Barrel., *Icon.*, tab. 999, fig. 1-2. Ses tiges sont droites, rameuses à leur base; ses feuilles linéaires, blanchâtres, sinuées, pinnatifides; à lobes courts et entiers : ses fleurs distantes, presque sessiles; à pétales oblongs, ondulés, d'un pourpre vineux. Les siliques sont droites, un peu toruleuses, terminées à leur sommet en trois pointes égales. Cette plante croît sur les montagnes, en Sicile, aux environs d'Athènes, en Espagne, etc. (Poir.)

MATTI. (*Bot.*) Selon Bosc, c'est une espèce de truffe qui croît en Chine, et qui y est fort recherchée. (Lem.)

MATTIA. (*Bot.*) Genre établi par Schultz pour le *cynoglossum umbellatum*. Voyez Cynoglosse. (Poir.)

MATTI-GONSALI (*Bot.*), nom brame du Cattu-Picinna du Malabar. Voyez ce mot. (J.)

MATTKERN. (*Ornith.*) Ce nom et celui de *matkneltzel* sont donnés en allemand à une espèce de poule-sultane ou porphyrion, *gallinula erythra* de Gesner. (Ch. D.)

MATTKNILLIS (*Ornith.*), nom allemand de la bécassine commune, *scolopax gallinago*, Linn. (Ch. D.)

MATTOLINA. (*Ornith.*) Ce nom, suivant Cetti, pag. 156, est donné en Sardaigne à l'alouette des bois ou cujelier, *alauda arborea*, Linn. (Ch. D.)

MATTUSCHKÆA.(*Bot.*) Schreber, regardant comme barbare le nom *perama*, donné par Aublet à un de ses genres de la famille des verbenacées, lui a donné celui de *mattuschkœa*. Il a fait beaucoup de substitutions pareilles de noms qui certainement ne sont pas préférables à ceux qu'il supprime, et qui conséquemment peuvent sans inconvénient n'être pas adoptés.

Le *mattuschkia* de Gmelin est le même que le *saururus cernuus*, suivant Michaux. Voyez les articles Pérame et Lezardelle. (J.)

MATUITUI. (*Ornith.*) Marcgrave et Pison parlent sous ce nom d'oiseaux fort différens : l'un, décrit et figuré par Marcgrave, p. 217, et par Pison, p. 95, est évidemment un alcyon ou martin-pêcheur ; le second, dont la description et la figure se trouvent dans Marcgrave, p. 191, et dans Pison, p. 88, est le curicaca ou matuiti des rivages, dont il a été question ci-dessus au mot Masarino ; et le troisième, Marcgr., p. 199, est rapporté par Buffon au pluvier à collier. (Ch. D.)

MATULERA (*Bot.*), nom vulgaire du *phlomis lychnitis*, dans les montagnes de la Sierra Morena en Espagne, où il est très-commun, suivant Clusius. (J.)

MATUREA. (*Bot.*) Voyez Matouri. (Poir.)

MATUTE, *Matuta*. (*Crust.*) Genre de crustacés brachyures établi par Fabricius, d'après Daldorff, et que M. Latreille place dans sa famille des nageurs, parce que tous les pieds des espèces qu'il renferme, à l'exception des serres, sont terminés en nageoire. Voyez l'article Malacostracés, t. XXVIII, p. 226. (Desm.)

MATUTU. (*Ornith.*) Ce nom est donné à Tomogui, suivant le Nouveau Dictionnaire d'Histoire naturelle, au pigeon couronné des Grandes-Indes, ou goura. (Ch. D.)

MATZATLI (*Bot.*), nom mexicain de l'ananas cité par Hernandez. (J.)

MAU. (*Bot.*) Voyez Manga. (J.)

MAUBECHE. (*Ornith.*) L'auteur de cet article a inséré dans le tome IV.ᵉ de ce Dictionnaire, pl. 189, au mot Bécasse, un tableau d'oiseaux riverains que Linnæus avoit compris dans ses deux genres *Scolopax* et *Tringa*, et qu'il proposoit de subdiviser en huit genres, parmi lesquels se trouvoit celui des *maubèches;* mais divers auteurs, et notamment Meyer, Leisler, Montagu, et MM. Cuvier, Temminck et Vieillot se sont depuis ce temps occupés, d'une manière spéciale, de ces oiseaux dont le plumage, sujet à de nombreuses variations, a donné lieu à beaucoup de doubles emplois; et, tandis que M. Cuvier avoit essayé d'y établir des coupures, M. Temminck a prétendu, dans la seconde édition de son Manuel, p. 609, que si ce savant avoit été à portée de *voir vivans ou fraichement tués plusieurs fissipèdes dont il forme des genres nouveaux, et d'observer leurs mœurs, il auroit certainement abandonné cette idée.* Le même auteur a, de son côté, réuni plusieurs oiseaux riverains, notamment les maubèches, sous la dénomination de Bécasseaux, et il a annoncé qu'à l'exception d'une espèce, il connoissoit la livrée d'hiver de toutes les autres. Il est résulté, de sa distribution, des noms peu d'accord avec ceux qu'il faudroit adopter, soit pour l'arrangement méthodique de M. Cuvier, soit pour les divisions proposées dans le tableau dont on a parlé; et, d'une autre part, M. Vieillot, en établissant, sous les noms françois et latin de *tringa*, un genre qui renferme aussi les maubèches, n'a pas adopté la nomenclature de M. Temminck, et a combattu quelques unes de ses assertions. Ces motifs ont paru suffisans pour ne pas s'exposer à introduire de nouvelles discussions dans une matière déjà si embrouillée; et, sans faire quant à présent un genre particulier des maubèches, on se bornera à dire que M. Cuvier, en proposant pour ces oiseaux le nom de *calidris*, leur assigne les caractères suivans : Bec déprimé au bout, et en général pas plus long que la tête; sillon nasal très-prolongé; doigts légèrement bordés sans palmures entre leurs bases; pouce touchant à peine la terre; jambes médiocrement hautes; taille raccourcie, plus petite que celle des barges, et port plus lourd.

Les espèces désignées par le même naturaliste sont : 1.° La Grande Maubèche grise (Sandniper et Canut des Anglois, *Tringa grisea* et *tringa canutus*), représentée sous son plumage d'hiver dans Edwards, pl. 276, et dans les planches enluminées de Buffon, n.° 566. Cet oiseau, presque de la taille d'une bécassine, est cendré en dessus, blanc en dessous, tacheté de noirâtre devant le cou et la poitrine, et il a le croupion et la queue blancs, rayés de noirâtre.

2.° La Petite Maubèche grise, *Tringa arenaria*, ou canut, *Brit. Zool.*, pl. C, 2; laquelle, de moitié plus petite que la précédente, est dessus le corps et en dessous de la même couleur, et a des nuages gris sur la poitrine.

Cette courte énonciation est suivie de la remarque que la maubèche proprement dite, *calidris* de Brisson, tome 5, pl. 20, fig. 1, est la même que le chevalier varié, pl. enl. 300, qui est un combattant; que la maubèche de l'Histoire naturelle, tom. 7 in-4.°, pl. 31, est la maubèche grise, et que la maubèche tachetée, *tringa nævia*, pl. enl. 365, paroit n'être que la maubèche rousse, *tringa islandica*, en mue, lesquelles ne sont regardées par M. Temminck que comme le premier âge de la maubèche grise. Voyez Tringa. (Ch. D.

MAUCE. (*Ornith.*) La Chesnaye-des-Bois, et, d'après lui, des ornithologistes plus modernes, citent ce mot comme synonyme de *mouette*, tandis qu'il n'est probablement qu'une corruption de *mauve*. (Ch. D.)

MAUCHARTIA. (*Bot.*) Voyez Kundmannia. (J.)

MAUCOCO. (*Mamm.*) Voyez les articles Maki, Mococo. (Desm.)

MAUDUI. (*Bot.*) C'est le pavot coquelicot. (L. D.)

MAUDUYTA. (*Bot.*) Dans les manuscrits de Commerson et dans son herbier on trouve sous ce nom un arbre qui est le *niota* de M. de Lamarck, et qui paroît le même que le *karim-niota* de l'*Hort. Malab.* Ce genre doit être réuni au *samadera* de Gært-ner, ou *vitmannia* de Vahl et de Willdenow, qui se rapporte à la nouvelle famille des simaroubées. (J.)

MAUERRAUTE et STEINRAUTE (*Bot.*), noms allemands de la rue de muraille, *asplenium ruta muraria*, Linn. (Lem.)

MAUER-SCHWALBE (*Ornith.*), nom allemand du mar-tinet commun, *hirundo apus*, Linn., ou *cypselus vulgaris*, Dum. (Cʜ. D.)

MAUERSPECHT (*Ornith.*), nom allemand du grimpereau du muraille, *certhia muraria*, Linn. (Cʜ. D.)

MAUGHANIA. (*Bot.*) Le genre ainsi nommé par M. Jaume-Saint-Hilaire a été ensuite appelé *Ostrydium* par Desvaux. Voyez Osᴛʀʏᴅɪᴜᴍ. (Lem.)

MAUHLIA. (*Bot.*) Ce genre de plante publié par Dahl et Thunberg, avoit été fait auparavant par Adanson sous le nom d'*abumon*; c'étoit le *crinum americanum* de Linnæus, différent des autres *crinum* par son ovaire libre. Lhéritier l'a nommé *agapanthus*, et ce nom a été préféré aux précédens qui étoient cependant plus anciens. Voyez Massoɴᴇ. (J.)

MAULIN. (*Mamm.*) Molina décrit sous le nom de grande sou-ris des bois une grande espèce de rongeurs qu'il découvrit au Chili, dans la province de Maule, ce qui le porta à donner à cet animal le nom latin de *mus maulinus;* et c'est de *maulinus* qu'on a fait maulin. Ce rongeur indéterminé est du double plus grand que la marmotte, dont il a le pelage; mais il en diffère en ce qu'il a les oreilles plus pointues et le museau plus alongé; il a des moustaches disposées sur quatre rangs, cinq doigts à tous les pieds, et la queue assez longue. Ses dents sont, pour le nom-bre et la disposition, égales à celles de la souris. (F. C.)

MAUNEIA (*Bot.*), *Mauneia*, Pet.-Thou., *Nov. Gen. Madag.*, pag. 6, n.° 19. Genre de plantes dicotylédones, à fleurs incom-plètes, dont les rapports naturels ne sont pas encore connus, qui paroît avoir quelque affinité avec le *flacurtia*, apparte-nant à l'*icosandrie monogynie* de Linnæus, comprenant des ar-brisseaux à feuilles alternes, ovales, dentées, munies d'épines dans leur aisselle. Les fleurs sont solitaires, axillaires. Leur calice est plane, d'une seule pièce, à cinq lobes; il n'y a point de corolle. Les étamines sont en nombre indéfini, attachées sur le calice; l'ovaire supérieur surmonté d'un style plus long que les étamines, terminé par trois stigmates. Le fruit consiste en une baie ovale, acuminée par le style persistant, contenant trois semences, quelquefois deux par avortement, ovales, ombiliquées à leur base, aiguës à leur sommet, munies d'un périsperme charnu: l'embryon plane, verdàtre, renversé, de la largeur des semences; la radicule épaisse et courte. Cette plante a été observée par M. du Petit-Thouars à l'ile de Madagascar. (Poir.)

MAURANDIE, *Maurandia*. (*Bot.*) Genre de plantes dicotylédones, à fleurs complètes, monopétalées, irrégulières, de la famille des *scrophulaires*, de la *didynamie angiospermie* de Linnæus, offrant pour caractère essentiel : Un calice à cinq divisions profondes; une corolle presque en masque; le tube ventru et agrandi à sa partie supérieure; la lèvre supérieure droite, à deux lobes; l'inférieure une fois plus grande, à trois lobes presque égaux; quatre étamines didynames, non saillantes; les filamens calleux à leur base: les anthères à deux loges écartées; un ovaire supérieur; un style; un stigmate en massue; une capsule à deux loges, s'ouvrant à son sommet en dix dents.

MAURANDIE FLEURIE : *Maurandia semperflorens*, Jacq., *Hort. Schœnbr.*, 3, tab. 288 ; Curtis, *Magaz. Bot.*, tab. 460; *Usteria scandens*, Cavan., *Icon. rar.*, 2, tab. 116 ; Andrew., *Bot. Repos.*, tab. 63; *Reichardia scandens*, Roth, *Catal. Bot.*, pars 2, pag. 64. Plante du Mexique, dont les tiges presque ligneuses sont grimpantes, glabres, cylindriques, longues de deux pieds et plus, divisées en rameaux très-ouverts, les inférieurs opposés, les supérieurs alternes, garnis de feuilles pétiolées, opposées à la partie inférieure des rameaux, les autres alternes, en forme de pique, échancrées en cœur, longues de deux à trois pouces, sur deux de large, glabres, d'un vert gai, plus pâles en dessous, lancéolées vers leur sommet, entières; à pétioles filiformes, en vrilles, s'accrochant aux plantes qui les avoisinent. Les fleurs sont axillaires, pédonculées, pendantes, solitaires, d'un pourpre violet; les pédoncules flexueux, filiformes; le calice est glabre, ovale à découpures concaves, lancéolées; le limbe de la corolle pubescent, à lobes échancrés; la capsule glabre, ovale, recouverte presque entièrement par le calice. Cette plante, qui fleurit pendant une grande partie de l'été, peut être placée parmi les fleurs d'ornement.

Willdenow en a fait connoître une seconde espèce dans son *Hort. Berol.*, tab. 83, sous le nom de *maurandia antirrhiniflora*. Très-rapprochée de la précédente, elle s'en distingue par sa stature plus petite, par ses feuilles plus profondément échancrées à leur base; les lobes rapprochés; le calice plus alongé; les lobes de la corolle entiers et non échancrés. Elle croit au Mexique. (Poir.)

MAURE. (*Mamm.*) Nom propre d'une espèce de Semnopithèque. Voyez ce mot. (F. C.)

MAURE, *Coluber maurus.* (*Erpétol.*) On appelle ainsi une couleuvre d'Alger encore peu connue, et dont nous avons parlé dans ce Dictionnaire, tom. XI, pag. 216. (H. C.)

MAURELLE (*Bot.*), nom sous lequel on connoit à Montpellier le tournesol, *croton tinctorium*, employé dans les teintures. Voyez Croton. (J.)

MAUREPASIA. (*Bot.*) On trouve sous ce nom, dans le catalogue des arbres de Saint-Domingue, bons pour les constructions et la fabrique des meubles, par Desportes, l'acajou franc qui, d'après sa description très-incomplète, paroit être le *swietenia* ou acajou meuble. (J.)

MAURET (*Bot.*), nom vulgaire du petit fruit noir de l'airelle ou myrtille, *vaccinium myrtillus*, qui est quelquefois employé pour colorer le vin. (J.)

MAURETTE ou MAURETS. (*Bot.*) On donne ces noms aux fruits de l'airelle vulgaire et de l'airelle anguleuse. (L. D.)

MAURICE, *Mauritia.* (*Bot.*) Genre de plantes monocotylédones, à fleurs incomplètes, dioïques, de la famille des *palmiers*, de la *dioécie hexandrie* de Linnæus, offrant pour caractère essentiel : Des fleurs dioïques; dans les mâles, un calice à trois dents; une corolle à trois divisions profondes; six étamines : dans les fleurs femelles, un ovaire supérieur à trois loges, un drupe monosperme, couvert d'écailles imbriquées.

Maurice flexueuse: *Mauritia flexuosa*, Linn. fils, *Supp.*, 454; Kunth, *in* Humb. *Nov. Gen.*, 1, pag. 310; *Palma radiata, foliis palmatis, Bache Cayennensium*, etc. Barr., Franc. Equin., pag. 90; Palmier bache, Aubl., *Guian.? Append.* Arbre de l'Amérique méridionale dont le tronc s'élève à la hauteur d'environ vingt-

23.

quatre pieds; son feuillage est pendant, un peu membraneux, en forme d'éventail. Les spadices mâles sont séparés des femelles sur des individus différens, longs de trois pieds, flexueux, couverts d'écailles imbriquées, concaves, acuminées; les divisions de la panicule courtes, longues d'un pouce et demi, en forme de chaton, ovales cylindriques, alternes; les écailles très-serrées et nombreuses; les fleurs sessiles; le calice trigone, à trois dents; la corolle trois fois plus grande, à trois divisions très-profondes, droites; concaves, lancéolées, aiguës; les anthères sont presque sessiles, droites, linéaires, à deux loges, de moitié plus courtes que la corolle; le fruit ressemble à celui du *calamus rotang*.

Linnæus fils, dit M. de Humboldt, dans ses Tableaux de la Nature, n'a décrit qu'imparfaitement ce beau palmier (*mauritia flexuosa*), puisqu'il dit qu'il n'a pas de feuilles. Son tronc a vingt-cinq pieds de haut: mais il n'atteint probablement cette taille que lorsqu'il est âgé de cent vingt à cent cinquante ans. Le *mauritia* forme dans les lieux humides des groupes magnifiques d'un vert frais et brillant, à peu près comme nos aulnes. Son ombre conserve aux autres arbres un sol humide, ce qui fait dire aux Indiens que le *mauritia*, par une attraction mystérieuse, réunit l'eau autour de ses racines. Une théorie semblable leur fait penser qu'il ne faut pas tuer les serpens, parce que, si on détruisoit ces reptiles, les plaques d'eau se dessécheroient: c'est ainsi que l'homme grossier de la nature confond la cause avec l'effet.

On connoît partout ici les qualités bienfaisantes de cet arbre de vie. Seul il nourrit, à l'embouchure de l'Orénoque, la nation indomptée des Guaranis, qui tendent avec art d'un tronc à l'autre des nattes tissues avec la nervure des feuilles du *mauritia*; et, durant la saison des pluies où le Delta est inondé, semblables à des singes, ils vivent au sommet des arbres. Ces habitations suspendues sont en partie couvertes avec de la glaise. Les femmes allument sur cette couche humide le feu nécessaire aux besoins du ménage, et le voyageur qui, pendant la nuit, navigue sur le fleuve, aperçoit des flammes à une grande hauteur. Les Guaranis doivent leur indépendance physique, et peut-être aussi leur indépendance morale au sol mouvant et tourbeux qu'ils foulent d'un pied léger, et à leur séjour sur les arbres; république aérienne où l'enthousiasme religieux ne conduira jamais un *stylite* américain.

Le *mauritia* ne leur procure pas seulement une habitâtion sûre, il leur fournit aussi des mets variés. Avant que sa tendre enveloppe paroisse sur l'individu mâle, et seulement à ce période de la végétation, la moelle du tronc recèle une farine analogue au sagou. Comme la farine contenue dans la racine du manioc, elle forme en se séchant des disques minces, de la nature du pain. De la sève fermentée de cet arbre, les Guaranis font un vin de palmier doux et enivrant. Les fruits, encore frais, recouverts d'écailles comme les cônes du pin, fournissent, ainsi que le bananier et la plupart des fruits de la zone torride, une nourriture variée, suivant qu'on en fait usage, après l'entier développement de leur principe sucré, ou auparavant, lorsqu'ils ne contiennent encore qu'une pulpe abondante. Ainsi nous trouvons, au degré le plus bas de la civilisation humaine, l'existence d'un peuple enchaînée à une seule espèce d'arbre, semblable à celle de ces insectes qui ne subsistent que par certaines parties d'une fleur.

M. de Humboldt cite une seconde espèce de *mauritia*, sous le nom de *mauritia spinosa*, distingué par ses épines, découvert dans l'Amérique méridionale, sur les bords du fleuve Atabapo. (Poir.)

MAUROCAPNOS. (*Bot.*) Nom grec du storax cité par Belon. C'est le *narcaphton* ou *nascaphton* de Dioscoride, suivant Amatus, au rapport de C. Bauhin, qui ajoute que c'est le *legname* des Italiens, le *bufuri* des Siciliens. (J.)

MAUROCENIA (*Bot.*), *Fossombronia*, Raddi. Genre établi par Raddi pour placer les *jungermannia pusilla*, Roth, et *pusilla*, Linn., qui diffèrent essentiellement des autres espèces de *jungermannia*, et des autres genres faits à ses dépens par Raddi, par sa capsule qui, en s'ouvrant, se déchire très-irrégulièrement, au lieu de se partager en quatre divisions disposées en croix. Ce genre offre en outre des caractères dans son calyce ou périchèze presque campanulé; dans sa corolle ou coiffe monopétale, stylifère, à limbe découpé; dans ses fleurs mâles ou anthères capituliformes, succulens, portés sur des pédoncules placés sur des pieds distincts, et insérés à la partie inférieure de sa tige.

Les espèces de ce genre sont des *jungermannia muscoides*, privées de stipules. Elles croissent, en Europe, dans les fossés et les endroits ombragés, et particulièrement dans les bois montueux.

Le *Fossombronia angulosa*, Radd., *Jungerm. Etrusc.*, pag. 29, pl. 5, fig. 154; *Jungermannia*, Michel., N. G., 7, tab. 5, fig. 10, N; *Jungermannia pusilla*, Roth; Hook., *Jung. Brit.*, tab. 69, est une petite plante à tige rampante, simple ou peu rameuse; à frondules distiques, horizontales, presque imbriquées, presque carrées, crénelées ou anguleuses au sommet; à calyces ou périchèzes latéraux, sessiles, plissés, ondulés et dentelés sur le bord. On trouve cette espèce partout en Europe; une variété croit en touffe.

Le *Fossombronia pusilla*, Raddi, *l. c.*, fig. 5; *Jungermannia pusilla*, Linn.; Mich., *l. c.*, fig. 10, M; Hedw., *Theor.*, 2, tab. 20; Dillen., *Mus.*, tab. 74, fig. 46, est une plante beaucoup plus petite que la précédente, dont les tiges très-simples sont souvent excessivement courtes; ses feuilles sont ondulées, anguleuses ou dentées au sommet; elles forment des rosettes terminales; les calyces presque terminaux, sont grands, plissés, ondulés et denticulés. Cette espèce croit aussi partout en Europe; elle est plus précoce.

La lettre F de ce Dictionnaire étoit publiée lorsque la Jungermannographie Etrusque de M. Raddi a paru; et, ne voulant pas renvoyer la description du genre *Fossombronia* à un supplément éloigné, nous avons cru devoir lui imposer le nom de *Maurocenia*, qui rappelle celui du sénateur vénitien, Jean-François Mauroceni, qui fit graver à ses dépens la planche 5 du *Nova Genera*, de Micheli, dans laquelle se trouvent représentées la plupart des espèces de *jungermannia*, décrites par Micheli, et notamment les deux espèces rapportées au *Fossombronia*, par Raddi. (LEM.)

MAUROCENIA. (*Bot.*) Un arbrisseau d'Afrique dont Linnæus avoit d'abord fait un genre distinct sous ce nom, a été ensuite réuni par lui-même au *cassine*, et c'est maintenant le *cassine maurocenia*. (J.)

MAURONIA. (*Bot.*) Belon dit que la dentelaire, *plumbago*, est ainsi nommée dans l'île de Lesbos. C'est encore le *sarcophago*, des Crétois, le *phrocalida* de l'île de Lemnos, le *crepanella* des

Italiens; et Anguillara veut que ce soit le *molybdæna* de Pline. (J.)

MAUS (*Mamm.*), nom allemand du rat. (Desm.)

MAUSART. (*Ornith.*) C'est *Mansart*. (Ch. D.)

MAUSSADE. (*Crust.*) Joblot a nommé ainsi une espèce d'entomostracé du genre Cypris. (Desm.)

MAUVE (*Bot.*), *Malva*. Linn. Genre de plantes dicotylédones, qui a donné son nom à la famille des malvacées, et qui, dans le système sexuel, appartient à la *monadelphie polyandrie*. Ses principaux caractères sont les suivans : Calice double, l'extérieur plus court, et composé de deux à trois folioles distinctes, l'intérieur monophylle et semiquinquéfide; corolle de cinq pétales en cœur, ouverts, réunis par leur base et adhérens au tube staminifère; étamines nombreuses, ayant leurs filamens réunis inférieurement en un tube cylindrique, libres, distincts et inégaux dans leur partie supérieure, et terminés par des anthères arrondies ou réniformes; un ovaire supère, arrondi, surmonté d'un style cylindrique, divisé dans sa partie supérieure en huit branches ou plus, terminées chacune par un stigmate sétacé; fruit composé de plusieurs capsules disposées orbiculairement sur un réceptacle commun : elles sont le plus communément monospermes et en même nombre que les stigmates.

Les mauves sont des plantes souvent herbacées, quelquefois frutescentes, à feuilles alternes, accompagnées de stipules; elles ont leurs fleurs disposées au sommet des tiges ou des rameaux, et le plus communément dans les aisselles des feuilles. On en connoît maintenant au-delà de quatre-vingts espèces, dont la plus grande partie est exotique. Nous nous bornerons à parler ici des plus remarquables et des plus utiles.

* Feuilles entières.

Mauve a épis : *Malva spicata*, Linn., *Spec.*, 967 ; Cavan., *Dissert.*, 2, p. 80, t. 20, fig. 4. Ses tiges sont frutescentes, droites, rameuses, hautes de trois à quatre pieds, garnies de feuilles ovales ou cordiformes, dentées en leurs bords, un peu cotonneuses et d'un vert blanchâtre ainsi que toute la plante. Les fleurs sont jaunes, petites, sessiles, disposées en épis alongés, serrés, velus et terminaux : les folioles de leur calice extérieur sont lancéolées. Le fruit est composé d'environ douze capsules monospermes. Cet arbrisseau croît naturellement à la Jamaïque ; on le cultive dans la serre chaude du Jardin du Roi, à Paris.

MAUVE A BALAIS : *Malva scoparia*, Lhérit., *Stirp.*, 53, t. 27 ; Willd., *Spec.*, 3, p. 775. Ses tiges sont frutescentes, droites, hautes de quatre à six pieds, divisées en rameaux nombreux, effilés, garnis de feuilles ovales, presque en cœur, pétiolées, dentées, hérissées, comme toute la plante, de poils courts et nombreux. Les fleurs jaunes, petites, marquées de quelques taches rouges, sont solitaires, ou le plus souvent disposées plusieurs ensemble dans les aisselles des feuilles en petits paquets portés sur des pédoncules plus courts que les pétioles ; les folioles de leur calice extérieur sont courtes et subulées. Le fruit est orbiculaire, déprimé, composé d'une douzaine de capsules pubescentes, à trois pointes courtes. Cette espèce a été trouvée au Pérou par Dombey, qui en a rapporté les graines au Jardin du Roi, où on la cultive encore dans la serre chaude. Dans son pays natal on fait avec ses rameaux des balais grossiers.

MAUVE SCABRE : *Malva scabra*, Cavan., *Dissert.*, 5, p. 281, t. 158, f. 1 ; Willd., *Spec.*, 3, p. 778. Ses tiges sont droites, frutescentes, hautes de trois à quatre pieds, divisées en rameaux effilés, tout couvertes, ainsi que les feuilles et les calices, d'un duvet court, étoilé, qui les rend rudes au toucher. Ses feuilles sont ovales cordiformes, dentées, quelquefois imparfaitement lobées. Ses fleurs sont d'un jaune clair, axillaires, solitaires ou deux à deux, portées sur des pédoncules un peu plus courts que les pétioles des feuilles. Ses fruits sont composés d'environ douze capsules monospermes, munies de deux petites dents. Cet arbrisseau croît naturellement au Pérou ; on le cultive au Jardin du Roi, dans la serre chaude.

MAUVE A FEUILLES ÉTROITES : *Malva angustifolia*, Cavan., *Dissert.*, 2, p. 64, t. 20, f. 1 ; Willd., *Spec.*, 3, p. 777. Ses tiges sont frutescentes, droites, hautes de trois à quatre pieds, divisées en rameaux effilés, revêtues, ainsi que les feuilles et les calices, d'un duvet court, étoilé, qui leur donne un aspect grisâtre. Ses feuilles sont pétiolées, lancéolées, crénelées en leurs bords. Ses fleurs sont violettes, larges d'un pouce, groupées deux à six ensemble, sur un à deux pédoncules beaucoup plus courts que les pétioles. Les fruits sont composés de seize à vingt capsules qui contiennent chacune deux à trois graines. Cette espèce est originaire du Mexique ; on la cultive dans les jardins de botanique, et on la rentre pendant l'hiver dans la serre tempérée.

* Feuilles anguleuses.

MAUVE VERMILLON : *Malva miniata*, Cavan., *Icon. rar.*, 3, p. 40, t. 278 ; Willd., *Spec.*, 3, p. 783. Ses tiges sont droites, frutescentes, légèrement cotonneuses et blanchâtres, garnies de feuilles pétiolées, ovales cordiformes, crénelées et partagées en trois lobes, dont le moyen plus alongé que les deux latéraux. Les fleurs sont d'un rouge vif, disposées en petites grappes axillaires et peu fournies. Cet arbrisseau est cultivé dans les jardins de botanique, sans qu'on connoisse son pays natal. On le rentre pendant l'hiver dans la serre chaude.

MAUVE EFFILÉE : *Malva virgata*, Cavan., *Dissert.*, 2, p. 70, t. 18, f. 2 ; Willd., *Spec.*, 3, p. 783. Cette espèce est un arbrisseau qui, dans nos jardins, s'élève à quatre ou six pieds de hauteur, en se divisant en rameaux grêles, légèrement velus, garnis de feuilles pétiolées, glabres, partagées plus ou moins profondément en trois lobes, dentées ou crénelées. Les fleurs sont d'une couleur purpurine, axillaires, solitaires ou géminées, portées sur des pédoncules plus longs que les pétioles. Cette mauve est originaire du cap de Bonne-Espérance, et cultivée dans les jardins de botanique depuis près de cent ans ; elle fleurit depuis le mois de juin jusqu'en septembre. On la rentre dans l'orangerie pendant l'hiver.

MAUVE OMBELLÉE : *Malva umbellata*, Cavan., *Icon. rar.*, 1, p. 64, t. 95 ; Willd., *Spec.*, 3, p. 779. Sa tige est ligneuse, haute de cinq à six pieds, divisée en rameaux qui, ainsi que le dessous des feuilles et les calices, sont plus ou moins couverts d'un duvet court, rayonnant. Ses feuilles sont pétiolées, échancrées en cœur à leur base, crénelées en leurs bords, et partagées en cinq lobes peu profonds. Ses fleurs sont purpurines, situées dans la partie supérieure des rameaux, et disposées trois à quatre ensemble sur le même pédoncule en manière d'ombelle ; les folioles de leur calice extérieur sont concaves, rétrécies en coin à leur base, et tombent après la floraison. Cet arbrisseau croit naturellement au Mexique. On le cultive dans les jardins de botanique, et on le rentre dans l'orangerie pendant l'hiver.

MAUVE SAUVAGE : *Malva sylvestris*, Linn., *Spec.*, 969 ; *Malva vulgaris*, Blackw., *Herb.*, t. 22. Sa racine est vivace, pivotante, blanchâtre, d'une saveur douce et visqueuse ; elle produit une ou plusieurs tiges cylindriques, légèrement pubescentes, rameuses, hautes de deux à trois pieds, garnies de feuilles longuement pétiolées, arrondies, échancrées en cœur à leur base, crénelées en leurs bords, et découpées en cinq à sept lobes peu profonds. Ses fleurs sont assez grandes, de couleur rose, rayées de rouge plus foncé, quelquefois tout-à-fait blanches, portées, plusieurs ensemble, dans les aisselles des feuilles, sur des pédoncules inégaux. Le fruit est formé d'une douzaine de capsules glabres et monospermes. Cette plante est commune en France et en Europe, dans les haies et les lieux incultes ; elle fleurit pendant tout l'été.

MAUVE A FEUILLES RONDES : vulgairement PETITE MAUVE ; *Malva rotundifolia*, Linn., *Spec.*, 969 ; *Malva sylvestris folio rotundo*, *Flor. Dan.*, t. 721. Cette mauve diffère de la précédente par sa racine annuelle ; par ses tiges plus basses, étalées et presque couchées sur la terre ; par ses fleurs beaucoup plus petites, d'un pourpre très-clair ou presque blanches ; et enfin par ses capsules recouvertes d'un duvet court et serré. Cette plante est commune en France et dans le reste de l'Europe, dans les décombres et sur les bords des chemins ; ses fleurs se succèdent les unes aux autres pendant une grande partie de l'été.

La mauve à feuilles rondes, et la mauve sauvage sont mucilagineuses, émollientes, adoucissantes, laxatives, et toutes les deux sont indifféremment employées en médecine : excepté les fruits qui ne sont point usités, toutes les autres parties sont d'un usage fréquent. Les fleurs sont au nombre de celles dites pectorales ; on en fait prendre l'infusion aqueuse dans les rhumes, dans les maladies inflammatoires de la poitrine, du bas-ventre, etc. Les feuilles et les racines font la base des lavemens émolliens ; suffisamment cuites, on les applique en cataplasmes et en fomentations sur les parties douloureuses et enflammées.

Les anciens mangeoient les feuilles de mauve, et c'étoit

pour eux un aliment d'un usage commun. Ils en cultivoient à cet effet plusieurs espèces, et elles paroissoient sur leurs tables diversement préparées. Aujourd'hui encore, les Chinois mangent les feuilles de mauve, à peu près comme nous faisons des épinards, de la laitue, etc. Les jeunes pousses, en salade ou cuites, se mangeoient encore souvent du temps de Matthiole ; mais de nos jours elles sont abandonnées sous ce rapport.

Les bestiaux n'aiment pas les mauves ; il est fort rare qu'on les leur voie brouter. On peut retirer de l'écorce des deux mauves ci-dessus, et de quelques autres espèces du même genre, une sorte de filasse propre à faire des cordes.

MAUVE CRÉPUE : *Malva crispa*, Linn., *Spec.*, 970 ; Dod., *Pempt.*, 653 ; Cavan., *Dissert.*, 2, p. 74, t. 23, f. 1. Sa racine est annuelle ; elle produit une tige droite, sillonnée, rameuse, haute de quatre à six et jusqu'à huit pieds, garnie de feuilles grandes, pétiolées, arrondies, échancrées en cœur à leur base, la plupart découpées en sept lobes courts, obtus, et dont tous les bords sont finement dentés, ondulés et comme crépus. Ses fleurs sont blanches ou légèrement purpurines, disposées par groupes axillaires, sur des pédoncules courts, inégaux et souvent rameux. Les fruits sont composés de douze à quinze capsules monospermes et glabres.

Cette mauve est originaire de Syrie ; on la cultive dans beaucoup de jardins de botanique, et elle croit aujourd'hui comme spontanément dans plusieurs parties de l'Allemagne, de la France et du midi de l'Europe. Ses fleurs, assez petites, ont peu d'éclat ; mais son feuillage est d'un très-bel effet. C'est avec les fibres de l'écorce de cette espèce que Cavanilles, dans les expériences qu'il a faites sur les plantes de ce genre, a retiré une plus grande quantité de filasse propre à faire des cordes, et il croit même qu'on pourroit peut-être employer cette filasse à des ouvrages plus délicats.

MAUVE ALCÉE : *Malva alcea*, Linn., *Spec.*, 971 ; Cavan., *Diss.*, 2, p. 75, t. 17, f. 2. Sa racine est vivace ; elle produit une tige cylindrique, chargée de poils fasciculés, rameuse, haute de deux à quatre pieds, garnie de feuilles pétiolées, rudes au toucher, partagées communément, les inférieures en cinq lobes arrondis, et les supérieures en lobes plus alongés, plus profonds, la plupart très-incisés et presque pinnatifides. Ses fleurs sont grandes, couleur de chair ou purpurines claires, pédonculées; les unes solitaires dans les aisselles des feuilles supérieures, les autres rapprochées au sommet de la tige en une sorte de grappe terminale; les folioles de leur calice extérieur sont oblongues, obtuses; les capsules sont glabres. Cette espèce croît naturellement dans les bois, en France, en Angleterre, en Allemagne. On la cultive, dans quelques jardins, comme plante d'ornement.

MAUVE MUSQUÉE : *Malva moschata*, Linn., *Spec.*, 971 : Cavan., *Dissert.*, 2, p. 75, t. 17, f. 1. Sa racine est vivace; elle donne naissance à une ou plusieurs tiges, droites, souvent simples, cylindriques, hérissées de poils simples, et hautes de deux pieds ou environ. Ses feuilles sont arrondies, pétiolées, presque toutes découpées jusqu'au pétiole en cinq lobes incisés et multifides; les inférieures et surtout les radicales sont réniformes et seulement lobées. Les fleurs sont ordinairement purpurines, quelquefois blanches, quelques unes solitaires et pédonculées dans les aisselles des feuilles supérieures, la plupart des autres ramassées au sommet de la tige; elles ont une odeur musquée et agréable; les folioles de leur calice extérieur sont linéaires. Les capsules sont hérissées de poils. Cette mauve croît dans les bois et les prés, en France, en Allemagne, en Angleterre. Elle mérite, de même que la précédente, d'être cultivée pour l'ornement des jardins. (L. D.)

MAUVE. (*Ornith.*) Ce nom, très-anciennement employé en botanique pour désigner une plante fort commune, devroit être rayé du vocabulaire ornithologique, afin d'éviter des confusions avec le mot *mouette*, dénomination exclusive d'une famille d'oiseaux palmipèdes, qui comprend les goélands, *larus*, Linn. (Cn. D.)

MAUVE EN ARBRE (*Bot.*), nom vulgaire de la ketmie des jardins. (L. D.)

MAUVE DES JUIFS (*Bot.*), nom vulgaire de la corète potagère. (L. D.)

MAUVE ROSE (*Bot.*), nom vulgaire de la guimauve alcée. (L. D.)

MAUVETTE BRULANTE. (*Bot.*) On donne ce nom à l'orchis brûlé. (L. D.)

MAUVETTE ou MOVIN. (*Bot.*) C'est le géranion à feuilles rondes. (L. **D.**)

MAUVIARD. (*Ornith.*) Voyez M.vis. (Cn. **D.**)

MAUVIETTE. (*Ornith.*) Ce nom, appliqué par erreur à la grive proprement dite de Buffon , *turdus musicus* , Linn. , est plus généralement employé pour désigner l'alouette commune dans la saison où , devenue grasse , elle se prend au filet, et se sert sur les tables. (Cn. **D.**)

MAUVIS (*Ornith.*), nom sous lequel est connu le *turdus iliacus* , Linn., qui est figuré dans les planches enluminées de Buffon sous le n.° 5o. (Cn. **D.**)

MAUVISQUE, *Malvaviscus.* (*Bot.*) Genre de plantes dicotylédones, à fleurs complètes, polypétalées, de la famille des *malvacées*, de la *monadelphie polyandrie* de Linnæus, offrant pour caractère essentiel : Un calice double ; l'extérieur à plusieurs folioles ; l'intérieur à cinq divisions ; cinq pétales égaux, roulés ensemble, presque en tube, auriculés à la base ; les étamines nombreuses, monadelphes; les anthères réniformes, uniloculaires ; un ovaire supérieur, surmonté d'un style à dix divisions; les stigmates en tête ; une baie un peu globuleuse, à cinq loges monospermes.

Ce genre renferme des arbrisseaux à feuilles alternes , entières, ou médiocrement lobées , accompagnées à la base des pétioles, de deux stipules. Les fleurs sont solitaires , axillaires et terminales, quelquefois géminées ou ternées ; les corolles rouges. Il est nommé *achania* par Solander, Swartz, Villdenow.

M.uvisque en arbre : *Malvaviscus arboreus*, Cavan. , *Diss.* , 3, tab. 48 , fig. 1 ; Dillen. , *Eltham.*, 210, tab. 170, fig. 208 ; Burm., *Amer. Icon.*, 169, fig. 2 ; Pluk. , *Phyt.*, tab. 237, fig. 1 ; *Hibiscus malvaviscus*, Linn., *Spec.*; *Achania malvaviscus* , Swartz , *Flor. Ind. occid.* , et Ait. , *Hort. Kew.* Grand arbrisseau très - rameux, qui s'élève à la hauteur de dix à douze pieds; ses rameaux sont lisses , glabres et blanchâtres, pubescens dans leur jeunesse, garnis de feuilles alternes, pétiolées , ovales, en cœur, acuminées, entières, ou à trois lobes peu marqués, inégalement crénelées, molles , pendantes, longues d'environ trois pouces, hérissées de poils étoilés, à stipules filiformes. Les fleurs sont belles, assez grandes, d'un rouge écarlate très-vif, solitaires, axillaires et presque terminales; les pédoncules tomenteux, ainsi que les calices; les folioles du calice extérieur au nombre de dix à douze, égales, linéaires, presque de la longueur du calice intérieur, campanulées, à trois ou quatre lobes inégaux; les pétales presque trois fois aussi longs que les calices. Le fruit est une baie charnue, succulente, glabre, à cinq loges monospermes. Cette plante croît au Mexique. On la cultive au Jardin du Roi.

MAUVISQUE ÉLÉGANT; *Malvaviscus concinnus*, Kunth, *in* Humb. *et* Bonpl. *Nov. Gen. et Spec.*, 5, pag. 286. Arbrisseau du Pérou, proche Loxa, dont les rameaux sont un peu anguleux, médiocrement flexueux, pubescens, garnis de feuilles pétiolées, ovales oblongues, acuminées, en cœur à leur base, à grosses dentelures, longues de trois pouces et plus, un peu pubescentes; les stipules linéaires; les fleurs géminées ou ternées à l'extrémité des rameaux, d'un rouge écarlate; le calice extérieur est pileux, à sept folioles linéaires, un peu spatulées, égales; l'intérieur à cinq divisions, parsemé de points diaphanes; les pétales sont onguiculés, inégaux à leurs côtés, ciliés, longs d'un pouce et demi, roulés, quatre fois plus longs que les calices; l'ovaire glabre, un peu globuleux, déprimé.

MAUVISQUE A GRANDES FLEURS; *Malvaviscus grandiflorus*, Kunth, *l. c.*, pag. 286. Dans cet arbrisseau les rameaux sont blanchâtres, cylindriques, anguleux et pileux dans leur jeunesse; les feuilles ovales oblongues, aiguës, arrondies, un peu en cœur à leur base, presque à trois lobes, presque glabres, dentées en scie, longues d'environ trois pouces; les fleurs grandes, solitaires; leurs calices légèrement pileux; l'extérieur à huit folioles linéaires, une fois plus court que l'intérieur; la corolle est rouge, longue d'un pouce et demi, à pétales égaux, ovales, cunéiformes; l'ovaire glabre, ovale, arrondi; le style pubescent; à stigmates pileux, en tête. Cette plante croît au Mexique, proche Guanaxuato.

MAUVISQUE D'ACAPULCO : *Malvaviscus acapulcensis*, Kunth, *l. c.*, pag. 288; *Achania pilosa*, Swartz, *Flor. Ind. occid.*, 2, pag. 1224? Les tiges sont ligneuses; les rameaux blanchâtres, velus, couverts de poils mous; les feuilles ovales, presque acuminées, profondément échancrées en cœur, pileuses à leurs deux faces, molles et blanchâtres en dessous, à grosses dente-

lures, quelquefois à trois lobes, longues d'environ trois pouces
et demi; les calices pileux; l'extérieur presque à sept folioles,
de la longueur de l'intérieur; les pétales rouges, égaux, onguiculés; les étamines une fois plus longues que la corolle; l'o-
vaire glabre, un peu globuleux; le style est glabre, pubescent
sur ses divisions ainsi que sur le stigmate. Cette plante croît
au Mexique, proche Acapulco, sur les bords de l'océan Pacifique.

MAUVISQUE A FEUILLES MOLLES : *Malvaviscus mollis*, Poir., Ency-
clop., IIe. Suppl.; *Achania mollis*, Andr., *Bot. Repos.*, tab. 45;
Thomps., *Bot. Disp.*, tab. 5; Willd., *Spec.*, 3, pag. 859.
Arbrisseau de l'Amérique, dont les tiges sont velues, hautes
de trois pieds; les rameaux lâches; les feuilles amples, ovales,
tomenteuses, échancrées en cœur à leur base, à trois lobes et
plus, irréguliers, dentés en scie; les fleurs solitaires, axillaires;
les pédoncules velus, de la longueur des pétioles; les calices
pubescens: l'extérieur à huit folioles étroites, recourbées; l'intérieur plus long, à cinq découpures droites. La corolle est d'un
rose pâle, longue d'un pouce et plus, tomenteuse en dehors.
Le fruit est une baie presque globuleuse, à cinq loges. (POIR.)

MAUZ. (*Bot.*) Prosper Alpin, dans ses Plantes d'Egypte,
nomme ainsi le bananier. C'est le *mauze* de Thevet. (J.)

MAVE ou MAWE (*Ornith.*), nom qu'on donne en Suède
et dans l'île de Gothland à la mouette cendrée, *larus cine-
rarius*, Linn. (CH. D.)

MAVEVÉ. (*Bot.*) Les Créoles de la Guiane donnent ce nom
à un arbrisseau dont Aublet a fait son genre *Racoubea* réuni
maintenant à l'*homalium*, à la suite des rosacées. (J.)

MAVIS. (*Ornith.*) Nom anglois de la grive proprement
dite de Buffon; *Turdus musicus*, pl. enl., 406, sous le nom
fautif de litorne, qu'il ne faut pas confondre, comme l'a fait
Salerne, p. 70, avec le mauvis, et à laquelle il a mal à propos appliqué les synonymes indiqués par Belon pour cette
dernière espèce. C'est aussi le *turdus musicus* qu'on désigne
vulgairement dans le département de la Somme et autres
voisins, par le nom de *mauviard*. (CH. D.)

MAVOLO ou MAYBULU. (*Bot.*) Aux Philippines on donne
ces noms à un arbre dont M. Lamarck a fait son *cavanillea* qui
de son propre aveu, paroissoit être congénère de l'*embryopteris*

de Gærtner, genre de la famille des ébénacées : ce qui a été vérifié après lui. (J.)

MAWHAHA. (*Bot.*) Forster. dans son petit ouvrage sur les végétaux comestibles des îles de l'Océan austral, fait mention d'une racine de ce nom cultivée dans les îles des Amis, laquelle a le goût de la pomme de terre, et que l'on cultive comme le bananier et l'arum. Il n'en désigne ni l'espèce ni le genre. (J.)

MAWO-POULO (*Ornith.*), nom de l'étourneau commun, *sturnus vulgaris*, Linn., en grec moderne. (Cu. D.)

MAXILLAIRE, *Maxillaria.* (*Bot.*) Genre de plantes mono-cotylédones, à fleurs irrégulières, de la famille des *orchidées*, de la *gynandrie diandrie* de Linnæus, offrant pour caractère essentiel : Cinq pétales presque égaux, courbés en faucille ; un sixième inférieur, en lèvre, canaliculé à sa base, élargi et trilobe ; un appendice en forme de mâchoire, recourbé, médiocrement éperonné ; une anthère à deux lobes distincts.

Ce genre, établi par les auteurs de la Flore du Pérou, comprend des plantes à racines bulbeuses, toutes parasites ; elles croissent dans les grandes forêts du Pérou, sur le tronc des arbres et sur les rochers : elles ont de très-grands rapports avec les *dendrobium*, auxquels Swartz les a réunies ; mais il faudroit que ce genre fût mieux connu. Les auteurs de la Flore du Pérou n'ont fait qu'en mentionner les espèces, sans autre description qu'une phrase spécifique : elles sont au nombre de seize. Nous en citerons les plus remarquables, tels que le *maxillaria alata*, Ruiz et Pav., *Syst. veg. Flor. Per.*, pag. 220, dont les bulbes sont oblongues ; les feuilles linéaires, alongées ; les fleurs en grappes ; les capsules ailées. Il fleurit dans les mois d'octobre et de novembre. Ces bulbes sont insipides, succulentes ; les naturels du pays les mâchent pour apaiser la soif : ils font le même usage de celles du *maxillaria bicolor*, dont les bulbes très-nombreuses ressemblent à un amas de cailloux ; elles sont ovales ; les feuilles ensiformes, rudes à leurs bords ; les fleurs disposées en grappes ; les pédicelles presque dichotomes.

Le *maxillaria ciliata*, loc. cit., a la lèvre de la corolle ciliée à ses bords ; les feuilles lancéolées, à cinq ou sept nervures ; la hampe uniflore ; les bulbes ovales, presque à deux angles.

Dans le *maxillaria undulata*, loc. cit., les bulbes sont ovales-oblongues, striées, les feuilles nerveuses, lancéolées: la hampe courte; les fleurs disposées en grappes. Le *maxillaria ligulata*, loc. cit., a les hampes volubiles; ses fleurs paniculées; la lèvre ou le pétale inférieur en languette; les bulbes ovales; les feuilles ensiformes. Ces dernières sont lancéolées et plissées dans le *maxillaria variegata*, dont la hampe est panachée, les fleurs en grappes. Dans le *maxillaria hastata*, les bulbes sont oblongues, les feuilles en lame d'épée; les hampes volubiles; les fleurs en grappe lâche; la lèvre hastée. Elle est en cœur dans le *maxillaria cuneiformis*; les autres pétales sont en forme de coin; les bulbes ovales; les feuilles ensiformes, canaliculées. Le *maxillaria longipetala* a des bulbes ovales, des feuilles oblongues, sans nervures apparentes, tridentées au sommet. La hampe se termine par une seule fleur. (Poir.)

MAXON. (*Ichthyol.*) Sur la côte de Gênes, on appelle ainsi le *mugil cephalus*. Voyez Muge. (H. C.)

MAXTLOTON. (*Mamm.*) Fernandès parle sous ce nom d'un animal carnassier qu'il rapporte au genre Chat, vraisemblablement à tort, et qu'on n'a pas eu moins tort de rapporter au marguai. Il me semble aussi difficile d'en déterminer le genre que l'espèce. (F. C.)

MAYANTHEMUM. (*Bot.*) Voyez Maïanthème. (L. D.)

MAYAQUE, *Mayaca*. (*Bot.*) Genre de plantes monocotylédones, à fleurs complètes, de la famille des *joncées*, de la *triandrie monogynie* de Linnæus, offrant pour caractère essentiel : Un calice à trois divisions; trois pétales; trois étamines; les anthères à deux loges; un ovaire supérieur; un style surmonté d'un stigmate trifide; une capsule à trois valves; deux semences dans le milieu de chaque valve.

Mayaque des rivières : *Mayaca fluviatilis*, Aubl., *Guian.*, 1, tab. 15; Lamck., *Ill. gen.*, tab. 56; *Mayaca Aubletii*, Mich., *Amer.*, 1, p. 26; *Syena fluviatilis*, Vahl. *Enum. Pl.* 2, p. 180; *Biaslia*, Vandell., *Flor. Peruv. et Lusit.* Petite plante aquatique qui ressemble à une mousse, et qui n'a que quatre à cinq pouces de longueur, dont la tige et les branches sont grêles, cylindriques, radicantes à leur base, et les racines fibreuses. Les feuilles sont sessiles, éparses, alternes, fort petites, aiguës, très-étroites, presque subulées, très-rapprochées les unes des autres, a trois nervures longitudinales, visibles à la loupe, avec un grand nombre de veines transverses. Les fleurs sont petites, blanches, axillaires, solitaires, portées sur un long pédoncule capillaire, muni à sa base de deux petites écailles. Le calice est composé de trois folioles vertes, ovales-oblongues, aiguës, persistantes, renfermant trois pétales ovales, concaves, alternes avec les folioles du calice. Les étamines sont attachées sous l'ovaire ; leurs filamens, courbés, soutiennent des anthères oblongues. L'ovaire est arrondi ; le style persistant. Le fruit consiste en une capsule sèche, ovale, petite, presque sphérique, mucronée par le style, s'ouvrant du sommet à sa base en trois valves, contenant chacune deux semences noires, arrondies, striées, placées l'une au-dessus de l'autre. Cette plante croit dans la Guiane sur le bord des ruisseaux, ainsi que dans la Virginie et la Floride. Dans l'espèce citée par Michaux, les pédoncules sont très-courts : ils sont très-longs dans celle que je possède de la Guiane. Je doute qu'on puisse les considérer comme deux espèces. (Poir.)

MAYBULU. (*Bot.*) Voyez Mavolo. (J.)

MAYENCHE. (*Ornith.*) Ce nom est donné en Savoie aux mésanges, *parus*, Linn. (Ch. D.)

MAYENNE (*Bot.*), un des noms donnés par les jardiniers à la mélongène, ou morelle aubergine. (J.)

MAYEPE, *Mayepea.* (*Bot.*) Genre de plantes dicotylédones, à fleurs complètes, polypétalées, de la famille des *rhamnées*, de la *tétrandrie monogynie*, offrant pour caractère essentiel : Un calice à quatre divisions : quatre pétales terminés par un filet ; quatre anthères presque sessiles, placées dans la concavité des pétales ; un ovaire supérieur ; point de style ; un stigmate épais, concave ; un drupe ovale, renfermant un noyau ligneux, monosperme.

Mayèpe de la Guiane : *Mayepea guianensis*, Aubl., *Guian.*, 1, p. 81, tab. 31 ; Lamck., *Ill. gen.*, tab. 72 ; *Chionanthus tetrandra*, Vahl ; *Enum. Pl.* 1, p. 45. Arbrisseau de cinq à six pieds, revêtu d'une écorce amère et blanchâtre, ainsi que son bois ; les rameaux sont garnis de feuilles presque opposées ou alternes, pétiolées, ovales-oblongues, lisses, entières, aiguës, longues de six à sept pouces, larges de deux ; les pétioles courts, durs et renflés à leur base. Les fleurs sont disposées, dans les aisselles

des feuilles, en petits corymbes dont les ramifications sont diou trichotomes, munies de petites bractées. Ces fleurs sont
blanches, petites, et répandent une odeur agréable ; leur calice
est petit, velu, à quatre découpures profondes, ovales, aiguës,
très-ouvertes ; leur corolle composée de quatre pétales ovales,
concaves, terminés chacun par un long filet, placés entre
les découpures du calice ; leurs anthères sont ovales, à deux
lobes ; leurs filamens très-courts. L'ovaire est ovale, surmonté
d'un stigmate sessile. Le fruit est un drupe oblong, de la forme
et de la grosseur d'une olive. dont le brou est violet, succulent, épais de deux lignes, d'une saveur amère, renfermant
un noyau de même forme, monosperme. Cet arbrisseau croît
dans les forêts à la Guiane. (Poir.)

MAYETA. (*Bot.*) Voyez Maïète. (Poir.)

MAYLA (*Bot.*), nom de deux *bauhinia*, à Ceilan, cités par
Hermann. (J.)

MAY-MAY. (*Ornith.*) L'oiseau qui porte ce nom à la baie
de Hudson, est le pic noir à huppe rouge, *picus lineatus*.
Linn. (Ch. D.)

MAYNA. (*Bot.*) Voyez Maïne. (Poir.)

MAYNOA. (*Ornith.*) Nom que, suivant Latham, *Synops.*,
tom. 1, part. 2, p. 456, les Javanois donnent au mainate religieux, *gracula religiosa*, Linn. (Ch. D.)

MAYPOURI. (*Mamm.*) Voyez Maïpouri. (F. C.)

MAYPOURI-CRABRI. (*Bot.*) Les Galibis nomment ainsi un
arbrisseau de Cayenne, de la famille des rubiacées, *mapouria*
d'Aublet, parce que les maypouris ou vaches sauvages se nourrissent volontiers de ses feuilles et de ses rameaux. Aublet a
confondu ici avec des vaches sauvages le tapir nommé *maypouri* dans la Guiane. (J.)

MAYS. (*Bot.*) Voyez Maïs. (L. D.)

MAYSE. (*Ornith.*) Les Allemands désignent par ce nom,
qui s'écrit aussi *Meisé*, les mésanges, *parus*, Linn. (Ch. D.)

MAYTEN. (*Bot.*) Cet arbrisseau du Chili, dont Molina a
fait son genre *Maytenus*, paroît devoir être réuni au genre
Celastrus, dont il ne diffère que par sa capsule à deux loges
au lieu de trois, en quoi il se rapproche du bois du jolicœur,
senacia de Commerson, qui a aussi été regardé comme espèce
du même genre. Voyez Sénacier. (J.)

MAYTENUS. (*Bot.*) Genre de Molina qui aujourd'hui fait partie du genre *Senacia*. Voyez SÉNACIER. (POIR.)

MAZAME. (*Mamm.*) Nom propre d'une espèce du genre CERF. (Voyez ce mot.) Il paroît que dans la langue du Mexique il étoit commun à tous ces animaux, et c'est dans ce sens qu'il a été employé par Buffon et d'autres naturalistes. M. Ord en fait le synonyme de son antilocapra. (F. C.)

MAZANKÉENE. (*Ornith.*) Ce nom, qui s'écrit aussi *mé-zankéene*, est synonyme de coq, à la terre des Papous, où la poule est appelée *mazankéene-biène*, ce dernier mot signifiant femme, comme *lahé* signifie homme. Voyez MANOUG - LAHÉ. (CH. D.)

MAZARICO. (*Ornith.*) Voyez MASARICO. (CH. D.)

MAZARINO. (*Ornith.*) Voyez MASARINO. (CH. D.)

MAZEUTOXERON. (*Bot.*) Ce genre, établi par M. Labillardière, a été réuni au *Correa* de M. Smith, qui fait partie de la famille des tribulées, maintenant séparée des rutacées. Voyez CORRÉE. (J.)

MAZINA. (*Zoophyt.*) C'est le nom sous lequel M. Ocken (Systém. gén. d'Hist. nat., part. 3, p. 85) a réuni en un genre particulier un certain nombre d'espèces d'alcyonium de Linnæus, et entre autres celles dont M. Savigny a fait son genre LOBULAIRE; mais les caractères qu'il lui donne sont si lâches (corps cartilagineux ou dermoïde, lobé ou divisé, et couvert d'un grand nombre d'ouvertures stelliformes avec des franges), qu'il a pu y placer des espèces assez disparates, et entre autres l'*alcyonium ficus*, qui paroit être une espèce de distome de Gærtner. (DE B.)

MAZUREK. (*Ornith.*) L'oiseau que, d'après Rzaczynski, les Polonois nomment ainsi, est le moineau à collier, *passer torquatus*, Briss., ou friquet, *fringilla montana*, Linn. (CH. D.)

MAZUS. (*Bot.*) Genre de plantes dicotylédones, à fleurs complètes, monopétalées, irrégulières, de la famille des personées, de la *didynamie angiospermie* de Linnæus, offrant pour caractère essentiel : Un grand calice campanulé, à cinq découpures égales : une corolle en masque; la lèvre supérieure à deux lobes, l'inférieure à trois lobes entiers, l'orifice à deux sillons extérieurs, garni en dedans de mammelons pédicellés; quatre étamines didynames : un ovaire supérieur un style à un stigmate à deux lames ; une capsule à deux loges, à deux valves entières, séparées dans leur milieu par une cloison ; plusieurs semences.

Mazus ridé : *Mazus rugosus*, Lour., *Flor. Cochin.*, 2, p. 468 : *Lindernia japonica*, Thunb. Plante de la Cochinchine, dont les tiges sont herbacées, rameuses, hautes d'environ un demi-pied, garnies de feuilles opposées, ovales, ridées, dentées en scie. Les fleurs, disposées en un épi lâche, terminal, alongé, ont leur calice fort grand, pentagone, à cinq découpures lancéo-lées, presque égales, étalées ; la corolle d'un blanc violet ; la lèvre supérieure acuminée, un peu en voûte, à deux lobes peu profonds ; l'inférieure à trois lobes arrondis : l'orifice marqué extérieurement de deux sillons, muni à l'intérieur de deux petites glandes pédicellées. Le fruit est une capsule arrondie, comprimée, à deux loges, à deux valves, enveloppée par le calice, renfermant des semences ovales, nombreuses, fort petites. D'après les observations de M. Rob. Brown, le *lindernia japonica* de Thunberg doit appartenir à ce genre ; peut-être même n'est-il point différent de l'espèce qui vient d'être mentionnée.

Mazus nain ; *Mazus pumilio*, Rob. Brown, *Nov. Holl.*, p. 459. Cette plante est très-basse ; ses feuilles sont presque toutes radicales, en touffe ; les caulinaires opposées, mais souvent nulles. Les tiges sont simples, glabres, très-courtes, munies, ou d'une seule fleur terminale, ou de trois ou quatre pédicellées, disposées en grappe, garnies chacune d'une petite bractée sétacée à la base du pédoncule. Le calice est glabre, campanulé, à cinq divisions égales ; la lèvre supérieure de la corolle à deux lobes profonds, recourbés à leur bord ; l'inférieure trifide, munie de deux bosses à sa base ; les lobes sont entiers ; la capsule, à deux valves, est renfermée dans le calice. Cette plante croît à la Nouvelle-Hollande. (Poir.)

MAZZA. (*Conchyl.*) Dénomination que les Italiens emploient pour désigner la masse d'argent qui est confiée aux rois défenseurs de l'Église romaine, et que Klein a transportée à un genre de coquilles univalves dont la spire est courte, et le canal long et droit, ce qui les rend claviformes. Il correspond assez bien au genre Pyrule des conchyliologistes modernes. (De B.)

MAZZA-SORDA. (*Bot.*) Suivant Césalpin. on nomme ainsi, dans la Toscane, la tête cylindrique qui termine la tige de la massette, *typha*, et qui est formée de l'assemblage très-serré de ses fleurs. Cet auteur croit que cette plante est l'*ulva* des anciens, mentionné par Virgile. (**J.**)

MBAGUARI. (*Ornith.*) Voyez M.AGUARI. (**CH. D.**)

MBARACAYA. (*Mamm.*) Nom du chat domestique chez les Guaranis, suivant M. d'Azara. Il est quelquefois pris dans un sens général. (**F. C.**)

MBATUITUI (*Ornith.*). nom des pluviers au Paraguay, selon M. d'Azara, tom. 3 de l'édition espagnole de son Ornithologie, p. 282. (**CH. D.**)

MBIYUI. (*Ornith.*) L'hirondelle domestique du Paraguay, dont M. d'Azara donne la description sous le n.° 300, répète plusieurs fois ce mot dans son cri ordinaire, d'après lequel les Guaranis l'ont ainsi appelée. Ce nom a ensuite été étendu aux autres espèces. (**CH. D.**)

MBOPI. (*Mamm.*) Nom générique des chauve-souris chez les Guaranis, suivant M. d'Azara. (**F. C.**)

MBOREBI. (*Mamm.*) Nom du tapir chez les Guaranis, au rapport de M. d'Azara. (**F. C.**)

MDJUBEGI. (*Bot.*) Nom arabe de la staphisaigre. (**LEM.**)

MEADIA. (*Bot.*) Premier nom donné par Catesby, en mémoire de Méad, célèbre médecin anglois, à la giroselle, *dodecathcon* de Linnæus, genre de la famille des primulacées. (**J.**)

MEANDRINE, *Meandrina*. (*Polyp.*) Genre de polypiaires établi par M. de Lamarck pour un certain nombre de masses calcaires ou de polypiers, que Pallas, Linnæus, Solander, etc., rangeoient parmi les madrépores dans la section particulière des *M. conglomeratæ*, et dont Hill et Brown avoient déjà fait une coupe générique sous le nom de *Mycedia*. Quoiqu'on se doutât bien que les animaux qui construisent ces polypiers, devoient avoir les plus grands rapports avec ceux des caryophyllées, on ne le sait réellement d'une manière positive que depuis le Mémoire de M. Lesueur, sur les actinies et genres voisins, inséré dans le premier tome du Journal des sciences naturelles de Philadelphie. Voici ce qu'il dit de l'animal de la méandrine labyrinthiforme, qu'il a eu l'occasion d'observer vivant sur les rivages de l'île de

S. Thomas. « Les animaux se trouvent au fond des sillons ; leur bouche, entourée de cercles rouges et jaunes, mêlés de vert, offre six plis de chaque côté ; les tentacules, au nombre de dix-huit à vingt, sont longs, rouges, parsemés de petites taches blanches ; enfin, l'expansion membraneuse qui couvre les sillons de chaque côté, est d'un rouge brunâtre. » D'après cela, et d'après la figure, voici comme ce genre nous paroît pouvoir être caractérisé. Polypes à corps court, membraneux sur les côtés, dont la bouche, plus ou moins transverse, est garnie, sur ses bords, de plis, et dans sa circonférence, de tentacules assez longs, simples, sur un seul rang, et au nombre de dix-huit ou vingt ; contenus dans des loges calcaires, stelliformes d'abord, puis s'alongeant peu à peu, de manière à former, par leur réunion, des espèces d'ambulacres ou de sillons plus ou moins creux, sinueux, sur la ligne médiane desquels tombent perpendiculairement des lames parallèles, à la surface convexe d'une masse pierreuse simple, adhérente par sa face inférieure également convexe et subpédiculée.

Les polypes des méandrines, d'abord uniques, se réunissent en plus ou moins grand nombre, au moyen de l'expansion membraneuse des côtés de leur corps, à mesure qu'ils se reproduisent ; il en résulte que les loges calcaires que celui-ci exhale à sa face inférieure, au lieu d'être simples et régulières, comme cela a lieu dans les caryophyllies et encore plus dans beaucoup d'astrées, se réunissent assez complétement pour former une masse calcaire ou un polypier souvent assez considérable, convexe en-dessous, où il adhère par un pédicule court et conique, d'où partent des lignes qui divergent vers la circonférence. Ce polypier, convexe en-dessus, est comme labouré par des sillons plus ou moins sinueux, irréguliers, s'anastomosant d'une manière variable, et offrant un grand nombre de lames alternativement inégales, tombant sur une sorte de crête cariée qui occupe et suit le fond des sillons. À mesure que les nouveaux germes produits par les animaux déjà soudés se placent de manière à n'en être pas séparés, le polypier augmente par la circonférence ; mais, s'ils tombent tout-à-fait en dehors, il en résulte l'origine d'un nouveau polypier. Aussi les méan-

drines ne diffèrent que fort peu de certaines espèces de caryophyllies, qui présentent la même lobure : ce ne sont,
pour ainsi dire, que des caryophyllies anomales.

Les méandrines n'ont été trouvées jusqu'ici que dans les
mers des pays chauds, assez peu loin des rivages et à une
assez petite profondeur pour que l'action de la lumière et
du soleil puisse avoir lieu sur elles. Il y en a qui acquièrent
une assez grande taille ; mais il n'est pas probable qu'elles
puissent augmenter beaucoup la masse des continens.

M. de Lamarck caractérise neuf espèces de ce genre :

La M. LABYRINTHIFORME ; *M. labyrinthica*, Linn., Sol. et
Ell., tab. 46, fig. 3, 4. De forme hémisphérique : les sillons
longs, tortueux, dilatés à leur base, avec des lames étroites ;
les collines simples et presque aiguës. Des mers d'Amérique.

La M. CÉRÉBRIFORME ; *M. cerebriformis*, Lamck. ; Séb., Mus.,
tab. 112, fig. 1 — 5, 6. Subsphérique : les sillons tortueux,
très-longs : les lamelles dilatées à la base, denticulées ; les
collines tronquées, subcarenées et ambulacriformes. Des mers
d'Amérique. Cette espèce acquiert un très-grand volume.

La M. DÉDALE : *M. dædalea*, Soland. et Ell., tab. 46, fig. 1.
Hémisphérique : les sillons profonds et courts ; les lamelles
dentées, lacérées à la base ; les collines perpendiculaires.
Des Indes orientales.

La M. PECTINÉE : *M. pectinata*, Lamck. ; *Mad. meandrites*,
Linn., Soland. et Ell., t. 48, fig. 1. Subhémisphérique : les
sillons profonds, étroits ; les collines pectinées ; les lamelles
larges, éloignées, presque entières. Des mers d'Amérique.

La M. ARÉOLÉE ; *M. areolata*. Linn., Soland. et Ell., t. 47,
fig. 4, 5. Turbino-hémisphérique : les sillons larges, dilatés à l'extrémité ; les lames étroites, denticulées ; les collines
partout doubles. De l'océan des deux Indes.

La M. CRÉPUE ; *M. crispa*, Lamck., Séba ; Ell., t. 108, fig.
3, 5. Turbino-hémisphérique : les sillons larges, dilatés à
l'extrémité : les lamelles comme crépues, denticulées. De
l'océan Indien.

La M. ONDOYANTE ; *M. gyrosa*, Soland. et Ell., t. 52, fig. 2.
Hémisphérique : les sillons un peu larges ; les lamelles folia-
cées, plus larges à leur base, sans dents ; les collines tronquées.
Cette espèce devient très-grande ; on ignore sa patrie.

La M. ONDES ÉTROITES; M. *phrygia*, Soland. et Ell., t. 45, fig. 2. Subhémisphérique : les sillons très-étroits, longs, tantôt droits, tantôt tortueux; les lamelles petites, un peu écartées; collines perpendiculaires. Des grandes Indes et de la mer Pacifique.

La M. FILOGRANE ; M. *filograna*, Gmel.; Gualt., *Ind.*, t. 97 *verso.* Globuleuse, subgibbuleuse : les sillons superficiels, très-étroits, tortueux ; lames petites, éloignées ; collines filiformes. Des mers des Indes. (DE B.)

MÉANDRINE. (*Foss.*) Quoique les polypes des méandrines ne puissent vivre aujourd'hui que dans les mers des climats chauds des deux Indes, on en trouve à l'état fossile dans les couches de nos pays.

La MÉANDRINE ORBICULAIRE; *Meandrina orbicularis*, Def. Polypier orbiculaire, aplati, à pédicule central très-court, à collines simples, larges et tortueuses; diamètre trois pouces. Il a quelques rapports avec celui qui se trouve figuré dans l'ouvrage de Knorr, sur les pétrifications, pl. 86, fig 5. J'ignore où cette espèce a été trouvée.

La MÉANDRINE ANTIQUE; *Meandrina antiqua*, Def. Je possède de cette espèce de polypier un morceau qui a six pouces de longueur sur trois pouces de largeur et plus de quatre pouces de hauteur. Il paroît avoir dépendu d'une masse beaucoup plus grande. Les collines sont peu tortueuses et rapprochées les unes des autres. Il a quelques rapports avec la méandrine ondes-étroites, Lamk., dont on voit une figure dans l'ouvrage de Solander, sur les polypiers, t. 48, fig. 2. J'ignore où il a été trouvé.

La MÉANDRINE DE DELUC ; *Meandrina Deluci*, Def. On trouve cette espèce au mont Salève près de Genève, dans une pierre grise qui prend un assez beau poli; ses étoiles sont isolées et marginales. On voit des figures qui pourroient se rapporter à cette espèce, dans l'ouvrage de Knorr ci-dessus cité, pl. 96, fig. 2, 5 et 4, et dans le Traité des pétrifications, de Bourguet, pl. IX, fig. 41.

La MÉANDRINE DE LUCAS; *Meandrina lucasiana*, Def. Polypier turbiné, à sillons larges et lamelleux, à base effilée, et couvert extérieurement de stries longitudinales; il a des rapports avec la méandrine aréolée, Lamk., dont on voit une figure dans l'ouvrage de Solander ci-dessus cité, t. 47, fig. 5. M. Lucas l'a rapporté d'Italie; mais j'ignore dans quelle couche et dans quel endroit il a été trouvé.

La MÉANDRINE ASTRÉOÏDE; *Meandrina astreoides*, Def. Ce polypier porte un pédicule fort et un peu élevé; son extérieur, qui est presque lisse, est couvert, ainsi que l'intervalle qui se trouve entre les étoiles dont il sera question ci-après, de pores très-petits; sa forme est évasée, et représente celle de certains champignons à bords un peu retroussés; la partie supérieure est couverte d'étoiles, dont quelques-unes sont isolées; les autres se touchent et forment des sillons irréguliers et peu profonds, en sorte qu'il n'est pas bien certain si ce polypier appartient plutôt aux méandrines qu'aux astrées. On le trouve dans la couche du calcaire coquillier grossier, à Valmondois, département de Seine-et-Oise.

On voit dans les Mémoires de Guettard (vol. 3, pl. XV, fig. 1, 4 et 7; pl. XVI, fig. 1; pl. XVII, fig. 1, et pl. XVIII, fig. 1) des figures de polypiers auxquels ce savant a donné le nom de méandrites, et qui ont été trouvés au Hàvre, à Chaumont près de Verdun et dans les environs de Mézières; mais ces figures ne présentent pas assez clairement les caractères de ces polypiers, pour qu'on puisse les saisir et en distinguer les espèces.

On voit encore une figure d'une méandrine fossile dans l'ouvrage de Bourguet ci-dessus cité, pl. VIII, fig. 40; mais sa patrie n'est pas indiquée. (D. F.)

MÉANDRITE. (*Foss.*) C'est le nom que l'on a donné autrefois aux méandrines fossiles. (D. F.)

MEAPAN. (*Ornith.*) Sonnini cite, d'après Guillaume Tardif, ce nom syriaque, comme étant celui du grand aigle. (Ch. D.)

MEAR. (*Ichthyol.*) Selon l'ancien voyageur Roberts, les Nègres du cap Vert, en Afrique, donnent ce nom à un poisson de la taille et de la figure de la morue, mais plus épais qu'elle, et assez abondamment répandu dans les mers de cette contrée pour qu'un vaisseau puisse promptement en faire une cargaison, avec d'autant plus de facilité d'ailleurs que les aborigènes de Saint-Antoine et de Saint-Nicolas sont d'une adresse extrême pour la pêche et pour la salaison.

C'est probablement l'espèce de gade ou de morue dont il est question dans la *Relation du naufrage de la frégate la Méduse* (seconde édition, Paris, 1818, page 283) et qui fréquente habituellement les parages du golfe d'Arguin, compris entre les caps Blanc et Mirick et la côte de Zahara, vers l'embouchure de ce que l'on appelle la rivière Saint-Jean, où existe un immense banc qui, en rompant les vagues soulevées par les vents du large, assure la tranquillité des eaux, et fait de ce lieu une retraite pour les poissons et une sorte de vivier pour les pêcheurs. C'est de ce golfe, en effet, que sortent toutes les salaisons qui sont la principale nourriture des habitans des Canaries, et que ceux-ci viennent y faire tous les ans, au printemps, sur des embarcations d'une centaine de tonneaux environ et de trente à quarante hommes d'équipage. Ordinairement, en moins d'un mois, la cargaison est complétée. Pourquoi les Européens ne profitent-ils pas de cette espèce de *banc de Terre-neuve* méridional? Pourquoi des expéditions ne partent-elles point de Bayonne pour l'exploiter au profit de la France? (H. C.)

MEBAAR. (*Ichthyol.*) Dans l'Histoire générale des voyages, tom. X, p. 674, il est parlé sous ce nom d'un poisson rouge, à yeux fort saillans, et très-commun au Japon, où il constitue la nourriture ordinaire des pauvres. Ces renseignemens sont insuffisans pour lui assigner une place dans les cadres ichthyologiques. (H. C.)

MEBBIA. (*Mamm.*) Suivant quelques voyageurs, c'est au Congo le nom d'une espèce de chien sauvage, peut-être d'un chacal. (F. C.)

MÉBORIER. *Meborea.* (*Bot.*) Genre de plantes dicotylédones, à fleurs incomplètes, dont la famille n'est pas encore déterminée, de la *gynandrie triandrie* de Linnæus, offrant pour caractère essentiel : Un calice à cinq divisions creusées d'une fossette à leur base ; point de corolle ; trois étamines attachées sur les styles, au-dessous des stigmates ; un ovaire supérieur ; trois styles ; une capsule trigone, à trois loges, à trois valves ; deux semences dans chaque valve.

MÉBORIER DE LA GUIANE : *Meborea guianensis*; Aubl., *Guian.*, 2. pag. 825, tab. 323 ; Lamk., *Ill. gen.*, tab. 951 ; *Rhopium citrifolium*, Willd., *Spec.*, 4, pag. 150. Arbrisseau de trois à quatre pieds, dont le bois est blanc, ainsi que l'écorce, chargé de rameaux grêles, garnis de feuilles alternes, presque sessiles, ovales, acuminées, très-entières, vertes en-dessus, cendrées en-dessous, accompagnées a leur base de deux petites stipules caduques. Les fleurs naissent par petits bouquets dans les aisselles des feuilles, d'autres à l'extrémité des rameaux, disposées en petits faisceaux corymbiformes, munis de plusieurs petites écailles. Ces fleurs sont très-petites, portées chacune sur un pédoncule partiel, grêle, assez long, de couleur roussâtre : leur calice, persistant, se divise en cinq découpures profondes, lancéolées, aiguës, creusées à leur partie inférieure : les filamens des étamines sont larges, bifides à leur sommet, portant chacun deux anthères à deux loges : l'ovaire est trigone ; les styles sont adossés l'un contre l'autre : la capsule est sèche, trigone, d'abord à trois valves, qui ensuite se divisent en six, partagées chacune par une cloison : les semences sont ovales et noires. Cette plante croit dans la Guiane. (Poir.)

MEBUTANA, MEBULATU, NEBULATU. (*Bot.*) Noms donnés, dans l'île d'Amboine et les îles adjacentes, à une espèce de dentelaire, *plumbago rosea*, qui est le *radix vesicatoria* de Rumph. l'*accar binassu* des Malais, le *schetti-codivelli* du Malabar. A Java, c'est le *don-palma*, suivant Burmann ; le *gan'in-mera*, selon M. Leschenault, qui ajoute que le *plumbago zeylanica* est nommé *pomok*. (J.)

MECAPATLI. (*Bot.*) Nom mexicain de la salsepareille, suivant Marcgrave ; la même ou une espèce voisine est nommée *quauhmecatl*. (J.)

MECARDONIA. (*Bot.*) Genre de plantes dicotylédones, à fleurs complètes, monopétalées, irrégulières, jusqu'à ce jour peu connu, qui paroît avoir quelque affinité avec la famille des *primulacées*, appartenant à la *didynamie angiospermie* de Linnæus ; offrant pour caractère essentiel : Un calice composé de sept folioles ; une corolle irrégulière, presque labiée, dont le tube est ventru ; la lèvre supérieure bifide ; l'inférieure à trois divisions ; quatre étamines didynames ; un ovaire supérieur ; un style comprimé, courbé à son sommet. Le fruit est une capsule bivalve, à une loge ; le réceptacle cylindrique.

Les auteurs de la Flore du Pérou, qui ont établi ce genre, n'en citent qu'une seule espèce, sans autre description que d'avoir des feuilles ovales, dentées en scie, sous le nom de *mecardonia ovata*, Ruiz et Pav., *Syst. veget. Flor. Per.*, pag. 164. Cette plante croit au Pérou. (POIR.)

MECERY. (*Bot.*) On lit, dans le grand Recueil des voyages publié par Théodore de Bry, que ce nom est donné à l'opium que l'on porte du Caire dans l'Inde, et que cet opium est blanc, tandis que celui qui vient d'Aden et de la mer Rouge tire sur le noir et a plus de dureté. Celui de Cambaye et du Décan est rougeâtre et plus friable. (J.)

MECHANITIS. (*Entom.*) Genre de lépidoptères diurnes fondé par Fabricius, et qui renferme plusieurs espèces de papillons héliconiens de Linné. (DESM.)

MECHINUM. (*Bot.*) Daléchamps et C. Bauhin citent sous ce nom deux racines qui paroissent appartenir au genre du gingembre. (J.)

MECH-MECH. (*Bot.*) Nom arabe de l'abricotier, cité par M. Delile : c'est le *mischmisch* de Forskal. (J.)

MECHOACAN. (*Bot.*) On donne dans les pharmacies ce nom à une racine apportée de la province de Mechoacan, dans le royaume du Mexique. Elle est employée comme purgatif résineux, mais moins actif que la scammonée. Son origine n'a pas été connue d'abord ; mais on sait maintenant que c'est une espèce de liseron. Le *phytolacca decandra* est aussi nommé *mechoacan du Canada*. Voyez LISERON MÉCHOACAN, vol. XXVII, p. 33. (J.)

MÉCHOACAN NOIR. (*Bot.*) C'est le jalap. Voyez LISERON JALAP, vol. XXVII, p. 36. (L. D.)

MÉCHON. (*Bot.*) On donne ce nom, dans quelques cantons, aux racines tuberculeuses de l'œnanthe pimpinelloïde. (L. D.)

MECON, MECION. (*Bot.*) Noms qui, chez les Grecs, désignoient les pavots. (LEM.)

MÉCONIQUE [ACIDE]. (*Chim.*) Il existe dans l'opium combiné avec la MORPHINE (voyez ce mot). Il a été découvert par M. Sertuerner, et examiné par M. Robiquet. Les propriétés qu'on lui a reconnues, après l'avoir sublimé, sont les suivantes.

Il est inodore, il se fond de 120 à 125 degrés; dès qu'il est liquéfié, il commence à se sublimer, sans éprouver d'altération, pourvu que la chaleur ne soit pas trop élevée. On peut l'obtenir sous forme de belles aiguilles, de lames carrées, ou de ramifications formées par des octaèdres très-alongés.

Il est extrêmement soluble dans l'eau et l'alcool. Sa solution rougit fortement la teinture de tournesol.

Méconates.

L'acide méconique ne précipite pas l'eau de baryte, parce qu'il forme avec elle un sel assez soluble : il ne précipite pas davantage les sels de baryte; mais, quand il est en présence de certaines matières organiques, il précipite en partie l'hydrochlorate de baryte. Il forme avec la chaux, la potasse et la soude des sels plus ou moins solubles.

Le méconate de chaux cristallise en prismes.

L'acide méconique, ajouté à des solutions d'un sel de fer au maximum d'oxidation, développe une belle couleur rouge sans produire de précipité. C'est même là un de ses principaux caractères. En cela il se comporte comme l'acide que j'ai appelé *amer au minimum d'acide nitrique,* acide qu'on obtient en traitant l'indigo par l'acide nitrique.

Versé dans une solution de sulfate de cuivre, la couleur passe au vert émeraude. et à la longue il se produit un précipité jaune pâle.

L'acide méconique précipite aussi à la longue le perchlorure de mercure.

M. Sertuerner dit qu'il a pris 5 grains d'acide méconique. sans en ressentir aucun effet. (Cii.)

MÉCONITES. (*Foss.*) On a donné autrefois le nom de méconites à des grains plus ou moins arrondis et quelquefois si petits qu'on a annoncé qu'ils étoient des graines de pavots ou des œufs de poissons pétrifiés. Il est bien reconnu aujourd'hui que ces corps n'ont point été organisés. Voyez OOLITES. (D. F.)

MECONIUM. (*Bot.*) Suc exprimé des têtes et feuilles de pavot mises sous une presse. Il est d'une qualité inférieure à celle de l'opium, et son action est moindre. (J.)

MÉCONIUM. (*Chim.*) C'est une matière qui se trouve dans les intestins du fœtus qui n'a pas respiré, et qui est naturcllement expulsée du corps, ordinairement quelques heures après la naissance.

Le méconium est d'un brun olive ou jaunâtre, visqueux ; ordinairement il est insipide et inodore.

Il a été examiné par Bordeu, Bayen, Deleurye, et enfin par M. Bouillon-Lagrange. Nous allons présenter les conclusions du mémoire de ce dernier.

1.° *Le méconium d'un enfant nouveau-né, ou celui provenant d'un fœtus, à diverses époques de grossesse, est toujours de la même nature.*

2.° *Lorsqu'il est frais, il contient 0,70 d'eau.*

3.° *Les divers méconium examinés, ainsi que celui provenant des agneaux, sont mêlés de poils.*

4.° *Celui d'enfant contient 0,02 d'une matière analogue au mucus nasal, 0,70 d'eau et 0,28 d'une substance que l'on peut regarder comme le méconium pur.*

5.° *Il se rapproche beaucoup plus des substances végétales que des matières animales.*

6.° *Cette substance ne contient pas de bile, comme on l'avoit pensé ; aussi le peu d'amertume qu'elle peut présenter, paroît plutôt se rapporter à l'amer des végétaux.*

7.° *Le méconium des agneaux, desséché, a une odeur de musc, et dans sa composition il présente quelques caractères analogues au méconium d'enfant.*

8.° *La matière colorée, mêlée aux excrémens que rendent les enfans à la suite des tranchées, est purement végétale et combinée à une substance colorante verte et à de la graisse.* (Ch.)

MECONOPSIS. (*Bot.*) M. Viguier, dans son Histoire des pavots, p. 48, a établi, sous ce nom, un genre particulier pour le *papaver cambricum*, Linn., distingué des pavots par les valves de ses capsules, qui le rapprochent des *argemone*, et surtout par le stigmate pourvu d'un style court et non sessile. Cette plante a déjà été mentionnée dans ce Dictionnaire sous le nom d'Argémone cambrique, vol. II, pag. 481. (Poir.)

MÉDAILLE. (*Bot.*) Nom vulgaire de la lunaire, cité dans le Dictionnaire des drogues de Lemery. (J.)

MEDAN. (*Bot.*) Nom arabe de deux *ocimum* de Forskal, que Vahl nomme *plectranthus Forskalei* et *P. crassifolius*. Ce dernier, qui étoit l'*ocimum zatarhendi* de Forskal. est cité par M. Delile sous le nom arabe *zatur*. (J.)

MEDDAD. (*Bot.*) Voyez Spheri. (J.)

MEDE-CANNI. (*Bot.*) Nom brame de l'Itti-canni du Malabar. Voyez ce mot. (J.)

MÉDÉE. (*Entom.*) Nom donné par Fabricius à un lépidoptère d'Afrique du genre Sphinx. (C. D.)

MÉDÉOLE, *Medeola*. (*Bot.*) Genre de plantes monocotylédones, à fleurs incomplètes, de la famille des *asparaginées*, de l'hexandrie trigynie de Linnæus; offrant pour caractère essentiel : Une corolle à six divisions égales et renversées en dehors; point de calice ; un ovaire supérieur, à trois sillons, chargé de trois styles; une baie trifide, à trois loges ; une ou deux semences dans chaque loge.

Si l'on admet les réformes établies pour les trois espèces qui composent ce genre, on le verra presque disparoître en totalité. Nuttal a présenté, pour le *medeola virginica*, le genre *Gyromia*. Le *medeola angustifolia* d'Aiton est rapporté, mais avec doute, au *dracæna volubilis* de Linnæus fils. Willdenow a établi le genre *Myrsiphyllum* pour le *medeola asparagoides*. Je vais faire connoître ces deux dernières espèces, la première ayant été mentionnée à l'article Gyromia.

Médéole sarmenteuse : *Medeola asparagoides*, Linn.; *Mant.*, Lamk., *Ill. gen.*, tab. 266 ; Till., *Pis.*, tab. 12, fig. 1 ; *Myrsiphyllum*, Willd., *Enum.*, 1, pag. 400; *Dracæna medeoloides*, Linn. fils, *Suppl.*; *Asparagus medeoloides*, Thunb., *Prodr.* La racine de cette plante est composée de plusieurs tubercules alongées, presque fasciculées ; il s'en élève quelques tiges grêles, sarmenteuses, anguleuses, hautes de quatre à cinq pieds, garnies de feuilles presque sessiles, ovales, aiguës, vertes, longues d'environ un pouce, à nervures fines, nombreuses, dont la ressemblance avec celles du *ruscus racemosa* y a fait rapporter le *laurus alexandrina*, etc., Herm., *Lugdb.*, pag. 679, tab. 681, également cité, par un double emploi, pour ces deux plantes. Une petite écaille ovale, scarieuse, est au-dessous de chaque feuille. Les fleurs sont petites, pendantes, solitaires ou géminées, situées dans l'aisselle des écailles stipulaires, portées chacune sur un pédoncule grêle, long de trois à quatre lignes ; la corolle est d'un blanc sale,

verdâtre en dehors; les étamines ont la longueur de la corolle ; les styles sont roides et rapprochés ; l'ovaire est pédicellé ;
la baie a trois loges et deux semences dans chaque loge ? selon
Willdenow. Cette plante croit au cap de Bonne-Espérance :
on la cultive au Jardin du Roi.

MÉDÉOLE A FEUILLES ÉTROITES; *Medeola angustifolia*, Ait., *Hort.
Kew.*; Till., *Pis.*, 17, tab. 12, fig. 2. Cette plante n'est très-
probablement qu'une variété de l'espèce précédente, dont
les tiges sont plus longues, moins grosses et moins rameuses ;
les feuilles plus alongées, plus étroites, de couleur grisâtre ;
les fleurs, d'un blanc herbacé, naissant deux ou trois ensemble. Cette espèce croit au cap de Bonne-Espérance. (Poir.)

MEDESUSIUM. (*Bot.*) Cordus cite sous ce nom la reine
des prés, *spiræa ulmaria*. (J.)

MEDHÆSAA. (*Bot.*) Nom arabe, cité par Forskal, d'une
carmantine, *justicia bicalyculata* de Willdenow. (J.)

MÉDIAIRE [EMBRYON]. (*Bot.*) Lorsque l'embryon est renfermé dans le périsperme, il en occupe tantôt le milieu
(frêne, etc.), tantôt le côté (*cyclamen*, etc.). Lorsqu'il en
occupe le milieu, tantôt, sous la forme d'un axe, il se porte
en ligne droite d'un point du périsperme au point diamétralement opposé (conifères, etc.); tantôt, large et étendu,
il partage le périsperme en deux portions à peu près égales
(*cassia fistula*, ricin) : dans ce dernier cas M. Mirbel dit
que l'embryon est médiaire. (Mass.)

MÉDIANE [CLOISON]. (*Bot.*) Les cloisons d'un fruit sont
souvent produites par les valves. Cela a lieu de deux manières; tantôt le bord des valves se prolonge et rentre dans
l'intérieur du fruit (*antirrhinum*, etc.), tantôt le milieu des
valves se prolonge en saillie (*lilium*, *hibiscus*, etc.) : dans le
premier cas, les cloisons valvéennes sont marginaires; dans
le second, elles sont médianes. (Mass.)

MÉDIASTINE. (*Bot.*) Dodart a décrit sous ce nom et sous
celui de *Plante nouvelle*, dans les anciens Mémoires de l'A-
cadémie des sciences, tom. 10, pl. 4, fig. 3, une crypto-
game, décrite et figurée ensuite par Michéli (*Nov. gen.*,
pl. 66, fig. 3), nommée par Roth *Rhizomorpha fragilis*, et
par Persoon, suivi par Acharius, *Rhiz. subcorticalis*. Paulet
la place dans sa famille des *clavaires truffons*. Son nom de

médiastine rappelle qu'elle croît entre l'écorce et le bois des vieux arbres. Sa forme réticulaire lui a valu le nom générique de *reticula*, que lui avoit donné Adanson. Haller en avoit fait une espèce du genre des *Spharia*. Voyez RHIZOMORPHA. (LEM.)

MÉDIATE [INSERTION]. (*Bot.*) L'insertion d'un organe est médiate, lorsque cet organe adhère par sa base à un autre organe, qui, dans ce cas, semble le supporter. Telle est, par exemple, l'insertion des étamines, lorsque ces dernières adhèrent à la corolle. Voyez INSERTION. (MASS.)

MEDICA. (*Bot.*) Plusieurs espèces de luzernes étoient ainsi nommées par Lobel, Daléchamps, Dodoens et d'autres. Tournefort et Vaillant avoient aussi adopté ce nom : mais Linnæus, le trouvant trop adjectif, a généralisé pour ce genre le nom *medicago*, donné par Morison à une de ses espèces. (J.)

MEDICA-TALI. (*Bot.*) Nom brame, cité par Rhéede, du *cassytha*, genre qui a le port de la cuscute et la fructification presque la même que celle du laurier. (J.)

MÉDICINIER. (*Bot.*) Voyez JATROPHA. (POIR.)

MEDICUSIA. (*Bot.*) Sous ce nom Mœnch fait un genre du *crepis rhagadioloides*, dont les feuilles du calicule sont cymbiformes ou creusées en nacelle, et les gaines non amincies à leurs bords. Cette plante doit être reportée au genre *Hedypnois* de Tournefort. (J.)

MÉDICUSIE, *Medicusia*. (*Bot.*) Ce genre de plantes, proposé en 1794 par Mœnch, dans sa *Methodus plantas describendi*, appartient à l'ordre des synanthérées, à la tribu naturelle des lactucées, et à notre section des lactucées-crépidées, dans laquelle nous l'avons placé auprès du genre *Picris* (voyez notre article LACTUCÉES, tom. XXV, pag. 65). Le *Medicusia* offre les caractères génériques suivans, que nous n'avons point observés, mais que nous empruntons à Mœnch.

Calathide incouronnée, radiatiforme, multiflore, fissiflore, androgyniflore. Péricline ovoïde, formé de squames unisériées, égales, très-appliquées, mais non enveloppantes, lancéolées-linéaires, toruleuses, carenées, cymbiformes ; et accompagné de squamules surnuméraires inappliquées, inégales, linéaires, infléchies au sommet. Clinanthe nu. Fruits arqués en dedans, amincis au sommet, sillonnés longitudina-

lement et transversalement, libres, c'est-à-dire, non enveloppés par les squames du péricline; aigrette composée de
squamellules filiformes, barbées.

On ne connoît qu'une espèce de ce genre.

MÉDICUSIE APRE : *Medicusia aspera*, Mœnch, *Methodus*, pag.
537 ; *Crepis rhagadioloides*, Linn., *Mant.*, p. 108 : *Picris rhagadiolus*, Pers., *Syn. pl.*, pars 2, p. 370 ; *Crepis rhagadiolus*,
Jacq., *Hort. Schœnbr.*, vol. 2, pag. 9, tab. 144. C'est une
plante herbacée, annuelle, hérissée sur toutes ses parties
de petits aiguillons fourchus, à divisions recourbées en crochet : sa tige est haute de trois pieds, rameuse, fragile ; les
feuilles inférieures sont oblongues, sinuées, dentées; les supérieures sont sessiles, lancéolées ; les corolles sont jaunes,
rougeâtres extérieurement; les fruits sont de couleur cannelle. Nous n'avons point vu cette plante, que nous décrivons d'après Mœnch ; elle se trouve en Espagne, auprès de
Malaga.

Le *Crepis rhagadioloides* de Linné, dont Mœnch a fait le
genre ci-dessus décrit, dédié au botaniste Medicus, étoit attribué par M. de Jussieu, ainsi que le *Lapsana zacintha* de
Linné, au genre *Hedypnois*. M. De Candolle (Flor. fr., tom.
IV, pag. 38) a pensé que le *Medicusia* de Mœnch pourroit
être réuni au genre *Zacintha*. Il est probable que MM. de
Jussieu et De Candolle n'avoient point remarqué que la
plante en question a l'aigrette plumeuse, comme les *Picris*,
et qu'ils avoient confondu cette plante avec celle qui sert de
type à notre genre *Nemauchenes*. L'aigrette plumeuse du
Medicusia suffit assurément pour distinguer ce genre des *Zacintha*, *Nemauchenes*, *Gatyona*, qui ont l'aigrette simple : mais
il nous paroît très-douteux que le genre *Medicusia* soit distinct du genre *Picris*, et néanmoins nous l'avons conservé
provisoirement, parce que, ne l'ayant point observé nous-
même, il est prudent de suspendre notre jugement à son
égard.

Nous avons supposé jusqu'ici que le *Medicusia* de Mœnch
est, comme le déclare cet auteur, le *Crepis rhagadioloides* de
Linné : mais il faut avouer que cette synonymie n'est rien
moins que certaine; car, s'il faut en croire Jacquin et Willdenow, la plante de Linné n'a pas l'aigrette plumeuse, et

les poils de cette plante sont simples, à l'exception de ceux du périclice : tandis que Mœnch range le *Medicusia* avec le *Boris*, dans une division caractérisée par l'aigrette plumeuse, et qu'en décrivant sa plante, il dit : *planta tota aspera aculeatis prœhidibus*. (H. Cass.)

MÉDIANE [Anthère]. (*Bot.*) Les anthères sont fixées à leur support, tantôt dans toute leur longueur (*podophyllum*, renoncule), tantôt par la base (iris, etc.), tantôt par leur milieu (lis, etc.) : et d'après ces divers points d'attache, on les dit adnées, basifixes, médifixes. (Mass.)

MÉDIUM. (*Bot.*) La plante ainsi nommée par Dioscoride est, suivant Rauwolf, une campanule, *campanula laciniata* de Linnæus. Son *campanula medium* est le *medium* de Matthiole et de Gesner. (J.)

MÉDIVALVE [Placentaire]. (*Bot.*) Le placentaire, partie du fruit où les graines sont attachées, ne tient quelquefois à rien après la déhiscence du péricarpe (Plantain, etc.). Lorsqu'il est adhérent, il est fixé tantôt à la base du péricarpe (primevère, *silene*, etc.), tantôt à l'axe central du fruit (*ixia chinensis*), tantôt aux cloisons (pavot, etc.), tantôt contre les sutures des valves (*asclepias*), tantôt contre les valves, et dans ce dernier cas, s'il est placé le long de la ligne médiane des valves (*parnassia, orchis*, etc.), on le dit médivalve. (Mass.)

MEDRONHEIRO. (*Bot.*) Nom portugais de l'arbousier, cité par Vandelli. (J.)

MÉDULLAIRE. (*Bot.*) On nomme *rayons médullaires*, les lames verticales de tissu cellulaire qui, partant de la moelle et se dirigeant vers l'écorce, paroissent sur la coupe transversale du tronc sous la forme de rayons. On nomme Canal médullaire (voyez ce mot), la cavité que remplit la moelle au centre de la tige ; et *étui médullaire*, la rangée de vaisseaux (trachées, fausses trachées, etc.) qui tapisse intérieurement la couche la plus centrale du bois et entoure immédiatement la moelle. Les trachées qui se déroulent quand on brise une jeune branche, appartiennent à l'étui médullaire ; ces vaisseaux ne se rencontrent dans aucune autre partie de la tige des dicotylédones. (Mass.)

MEDUSA. (*Bot.*) Ce genre de Loureiro est nommé *medusæa* par M. Persoon, et ce léger changement paroît convenable pour éviter le double emploi d'un nom dans deux règnes différens. (J.)

MÉDUSAIRES, *Medusariæ*. (*Actin.*) Nous avons adopté. avec M. de Lamarck, cette dénomination, pour indiquer une famille de la classe des arachnodermaires, qui renferme la plus grande partie des animaux que Linnæus avoit compris dans son genre *Medusa*, en en retranchant les espèces qui ont des côtes ciliées, celles dont le corps est soutenu par un disque cartilagineux, et enfin celles qui sont flottantes dans l'eau à l'aide de vésicules aérifères : c'est-à-dire, les béroës, les porpites, les velelles, etc. Cette famille correspond à celle que Péron et Lesueur nomment les méduses gélatineuses sans côtes ciliées ; ce sont les méduses proprement dites de M. Goldfuss. M. G. Cuvier paroit encore, sous le même nom, confondre les béroës, etc., dans son ordre des acalèphes libres.

Ces animaux, extrêmement nombreux dans toutes les mers et surtout dans celles des pays chauds, ont été remarqués de tout temps par les peuples qui habitent les bords de la mer, et par tous les auteurs d'histoire naturelle, depuis Aristote jusqu'à nos jours, quoiqu'ils ne soient à peu près d'aucune utilité à l'espèce humaine : mais la singulière propriété dont plusieurs jouissent, d'être lumineux à un haut degré dans l'obscurité, et surtout celle de produire une sensation douloureuse, semblable à celle de l'urtication, quand on vient à en toucher quelques-uns, ont dû les faire observer de bonne heure : aussi tous les peuples maritimes ont-ils des dénominations particulières pour les désigner. Elles indiquent cependant presque toujours l'une de ces deux propriétés, comme les mots *knide*, *acalèphe*, chez les Grecs : *urtica marina*, chez les Latins, que nous avons traduits dans notre langue par ceux d'*ortie marine*. Quelques nations les appellent des *chandelles de mer ;* et enfin, en faisant l'observation que ces animaux ont dans leur forme. ou mieux peut-être dans leurs mouvemens continuels de dilatation et de resserrement, quelque analogie avec les poumons, les médusaires sont aussi désignées par des dénominations qui signifient *poumons marins.* Leur structure apparente leur a fait quelquefois donner le nom de *gelée de mer.*

Un très-grand nombre d'auteurs, comme nous venons de le dire tout à l'heure, se sont occupés de cette famille d'animaux sous le rapport de leur distribution systématique, de leur organisation, ou de leur histoire naturelle proprement dite. Parmi les premiers il faut compter, outre Aristote et Pline, qui en ont dit assez peu de chose : chez les Italiens, Imperato, Columna, Spallanzani, Macri; parmi les Allemands, Suédois et Danois, Martens, O. Fabricius, Modeer, Forskal, Muller, Pallas, Linnæus, Gmelin, etc., et dans ces derniers temps, MM. de Chamisso, Eysenhardt; parmi les Anglois, Sloane, Browne, Borlaze; et enfin parmi les Français, MM. Bosc, de Lamarck, G. Cuvier, et surtout MM. Péron et Lesueur, qui avoient entrepris une monographie complète de toutes les véritables méduses, accompagnée d'excellentes figures coloriées; mais, quoique celles-ci soient en grande partie terminées, il n'a été publié de l'ouvrage qu'un prodrome de la classification, inséré dans les Annales du Muséum d'histoire naturelle, et quelques généralités, malheureusement bien vagues, sur les espèces du genre Équorée.

Les personnes qui se sont occupées de l'organisation des médusaires sont beaucoup moins nombreuses. De Heyde est le premier; Muller, M. G. Cuvier ont ajouté quelque chose à ce que l'on savoit d'après cet auteur; mais les travaux de M. Gaëde, et ceux de M. Eysenhardt y ont ajouté davantage. J'ai aussi plusieurs fois fait l'anatomie de plusieurs méduses, mais sans en être complétement satisfait.

Les auteurs qui ont parlé des mœurs des médusaires d'après leurs propres observations, sont réellement aussi en petit nombre. Ce sont Réaumur, l'abbé Dicquemare, et surtout Macri et Spallanzani.

Les médusaires ont une forme régulière, bien circulaire, hémisphérique, plus ou moins convexe en-dessus et concave en-dessous, avec un orifice simple, arrondi, médian, ordinairement fort grand, entouré ou non d'appendices de forme variable; la réunion, dans une plus ou moins grande partie de leur bord, de ces appendices buccaux, constitue un pédoncule commun, dont l'attache en croix divise l'orifice en quatre parties.

On donne à la partie hémisphérique et principale du corps

des médusaires la dénomination de *chapeau* ou d'*ombrelle*, à cause de sa ressemblance avec la partie qui porte ce nom dans les champignons. Les appendices buccaux qui entourent souvent la bouche, se nomment des *bras*. La partie composée par la réunion de ces bras a été désignée sous le nom de *pédoncule*.

L'ombrelle, comme nous venons de le dire, toujours régulièrement circulaire, est quelquefois très-déprimée en-dessus comme en-dessous; d'autres fois elle est subcylindrique par sa grande élévation; rarement elle est globuleuse; enfin, le plus souvent, elle est à peu près hémisphérique. Ses bords, ou la ligne de jonction de la partie convexe avec la partie concave, sont quelquefois entièrement lisses, rarement relevés en angles peu saillans, ou sublobés ou tuberculeux; le plus souvent ils sont garnis de filamens tentaculaires plus ou moins alongés, auxquels on donne le nom de *tentacules*. On remarque aussi dans un certain nombre d'espèces, dans différens points de la circonférence de l'ombrelle, des organes similaires, bien régulièrement espacés, dont on ignore l'usage et dont nous parlerons tout à l'heure; on les désigne par la dénomination d'*auricules*. L'ouverture du milieu de la face concave est quelquefois très-grande, ronde ou carrée; elle est sessile ou bien à l'extrémité d'une espèce de prolongement labial, en forme de trompe ou d'entonnoir plus ou moins alongé. Dans la circonférence de cette ouverture, sessile ou non, se remarquent souvent des appendices ou bras assez souvent fort longs, en nombre fixe, et qui se divisent et se ramifient dans toute leur étendue ou à leur extrémité seulement : entre ces divisions se voient quelquefois des organes que Pallas et Péron ont comparés aux cotylédons des végétaux, ce qui leur fait nommer ces bras *cotilifères*. Ces appendices sont souvent attachés à la circonférence de la bouche sessile, et quelquefois plus ou moins haut sur la trompe, qui la prolonge; mais il arrive aussi qu'ils se réunissent dans une partie plus ou moins considérable de leur étendue : il en résulte alors un pédoncule, quelquefois fort gros, qui semble partager la bouche en quatre parties. C'est là-dessus qu'est établie la division proposée par Péron et Lesueur, adoptée par M. de Lamarck, des médusaires en *mo-*

nostomes et en *polystomes*. Le fait est qu'il n'y a toujours qu'une bouche, dans les unes comme dans les autres.

Les médusaires, qui varient considérablement en grosseur, puisque, s'il en est de véritablement microscopiques, il en est aussi qui atteignent jusqu'à plusieurs pieds de diamètre[1] et qui pèsent cinquante livres, sont les animaux qui offrent le moins de substance solide : ce n'est, pour ainsi dire, qu'une gelée plus ou moins consistante, parfaitement transparente, qui, par suite de la perte de la vie, se résout complétement en une eau limpide salée, en ne laissant pour résidu que quelques grains de parties membraneuses également transparentes. Spallanzani, qui a fait cette expérience sur un individu pesant cinquante onces, n'a retiré que cinq à six grains de pellicules; tout le reste s'est fondu en eau. Cette eau est aussi salée que celle de la mer, et en effet le même naturaliste a extrait par l'évaporation autant de sel marin de l'une que de l'autre. Aussi, en coupant l'animal vivant et en touchant la plaie avec la langue, éprouve-t-on la même sensation qu'en goûtant de l'eau de mer. En faisant bouillir un de ces animaux dans l'eau ordinaire, il ne s'est pas dissous, comme il l'eût fait dans l'eau froide; il s'est contracté en conservant exactement sa forme, et il est devenu plus ferme, plus résistant. J'ai réussi aussi à faire durcir une méduse par l'alcool, au point qu'elle ressembloit à de la corne d'un brun noir; mais elle étoit devenue beaucoup plus petite. D'après cela, l'eau qui constitue la plus grande partie de ces animaux, doit être contenue dans un tissu cellulaire d'une finesse et d'une mollesse extrêmes.

Le tissu des médusaires n'est donc pas réellement homogène, quoiqu'il le paroisse. Leur peau ou enveloppe est cependant d'une minceur extraordinaire, non distincte; ce n'est pour ainsi dire que la limite de leur tissu un peu condensé. Observée au microscope, M. Gaède a vu qu'elle est garnie de petits grains dont chacun paroit lui-même formé de grains plus petits. Seroit-ce la source de la matière visqueuse qui transsude de toutes les parties du corps, et que Péron dit avoir observée sur des individus mis dans de l'eau de

---

[1] Diequemare en cite une de quatre pieds de diamètre.

mer assez fréquemment renouvelée pour qu'ils conservassent
toute leur activité vitale, qui est tellement abondante, dit-
il, que la trentième portion d'eau est aussi altérée que la
première? Cela n'est pas probable. On pourroit peut-être
croire plutôt que c'est l'origine de la substance éminemment phosphorescente que Spallanzani a remarquée dans certains endroits du corps des médusaires lumineuses, et qui
jouit de propriétés différentes de celles de la liqueur qui
sort d'une plaie. Celle-ci a le goût d'eau salée, et l'autre
fait éprouver une sensation douloureuse, au point qu'en ayant
touché avec la langue, Spallanzani ressentit une impression
brûlante qui dura plus d'un jour. Une goutte lui étant par
hasard tombée sur l'œil, la douleur fut encore plus cuisante.
La qualité caustique de cette humeur n'est cependant pas toujours concordante avec la propriété phosphorescente, puisqu'il est des espèces qui ne sont pas lumineuses et qui cependant produisent les effets de l'urtication.

Ordinairement les médusaires sont parfaitement incolores,
et ressemblent au cristal de roche le plus pur et le plus transparent : il y en a cependant qui offrent des parties colorées
en roussâtre, en beau bleu d'outre-mer, en verdâtre, et
même à l'intérieur en très-beau violet ou pourpre.

L'appareil des sensations des médusaires paroît être borné
à la peau. Le nom de tentacules qu'on a donné aux filamens
plus ou moins alongés qui bordent l'ombrelle, l'usage qu'on
leur assigne, ainsi qu'aux appendices brachiaux dans certaines
espèces, pourroient faire soupçonner que ces organes jouissent d'un toucher plus exquis : mais je ne trouve rien dans
l'organisation de ces parties qui puisse confirmer ce soupçon,
et je ne vois même pas qu'il soit certain que ces organes
servent aux usages qu'on leur attribue.

L'appareil de la locomotion se compose seulement d'une
couche de très-petits muscles parallèles et disposés transversalement dans toute la circonférence de l'ombrelle, dans
l'étendue d'un demi-pouce environ de sa face supérieure.
Spallanzani les indique très-bien, et je les ai vus moi-même.
Je ne suis pas aussi certain des bandes, également musculaires, qu'il décrit comme provenant des bords de l'ouverture inférieure, en se prolongeant le long des appen-

dices buccaux qu'elles composent, quoique cela soit probable.

L'appareil de la digestion paroit consister, du moins dans le plus grand nombre des espèces de médusaires, et peut-être mieux chez toutes celles qui ont été suffisamment observées [1], dans une cavité plus ou moins considérable, située à la face concave de l'ombrelle et creusée dans le tissu même de l'animal, sans qu'on puisse y distinguer de membrane, pas plus qu'on ne distingue de derme à l'extérieur. Cette cavité a le plus souvent une ouverture centrale, comme nous l'avons fait remarquer plus haut, quelquefois à l'extrémité d'une sorte de trompe alongée, et quelquefois bordée seulement d'une lèvre circulaire saillante. Nous avons déjà dit comment il est possible que cet orifice soit partagé en quatre et même en un plus grand nombre de parties de forme sigmoïde, s'il étoit rond, par les racines du pédoncule, quand il existe; en sorte qu'il n'est pas juste de considérer chacune de ces parties comme autant de bouches, en suivant l'exemple de MM. Péron et Lesueur. Quelquefois cette loge centrale ou espèce d'estomac est indivise : d'autres fois des cloisons plus ou moins incomplètes la partagent en quatre loges distinctes. Enfin, dans plusieurs espèces de médusaires on trouve que ces loges communiquent, par une ouverture supérieure, avec d'autres, sur un plan plus élevé ou supérieur, en nombre égal à celui des premières, et séparées par une cloison. C'est des premiers sacs que naissent des espèces de vaisseaux creusés, comme eux, dans le tissu même de l'animal, et qui, après s'être divisés, vont se réunir dans un canal circulaire

---

[1] MM. Péron et Lesueur, dans leur division systématique des médusaires, font une division des espèces qu'ils nomment *agastriques*, parce qu'elles n'ont pas, suivant eux, d'estomac; et cependant ils décrivent un sinus où se rendent des ramifications vasculariformes, comme toutes les médusaires bien observées en montrent. N'est-ce pas là l'analogue de l'estomac des médusaires gastriques? Observons d'ailleurs que les différens genres de cette section n'ont été établis que sur des dessins et non sur les animaux eux-mêmes, et par conséquent ne méritent peut-être pas la même confiance que tous ceux que ces naturalistes ont faits depuis sur les médusaires qu'ils ont observées dans la Manche et dans la Méditerranée, et qui toutes sont *gastriques*.

qui occupe le bord de l'ombrelle, et dans lequel s'ouvrent des canaux semblables, qui règnent dans toute la longueur des tentacules. Dans certaines espèces, comme dans la *medusa capillata*, Linn., espèce de cyanée pour Péron et Lesueur, il y a même plus de complication ; dans la cavité buccale s'ouvrent largement quatre premiers sacs communiquant l'un avec l'autre. Chacun d'eux donne naissance à quatre appendices, deux oblongs et deux cordiformes, qui sont séparés entre eux par des cloisons. C'est dans l'intérieur de ceux-ci que s'ouvrent, sur trois rangées, les orifices des canaux qui règnent dans toute la longueur de ces tentacules fins et nombreux qui ont valu à cette espèce le nom de chevelue. Dans les espèces qui ont des bras ou un pédoncule central plus ou moins ramifié, l'intérieur de ces organes est également creux et leur canal communique avec la cavité centrale. Réaumur avoit même vu depuis longtemps que, dans le rhizostome de M. G. Cuvier, l'origine des ramifications de ces canaux est percée d'un pore à l'extérieur, ce qui a fait supposer à ce dernier que ces animaux n'ont pas une bouche unique, mais un très-grand nombre de suçoirs à l'extrémité des ramifications du pédoncule qui puisent le fluide nourricier dans l'eau, comme les racines des plantes le font dans la terre.

Les ramifications vasculaires de l'estomac des médusaires, qui forment souvent un réseau très-fin dans les bords de l'ombrelle, et la place de ces animaux dans la série, ne permettent pas de penser qu'ils possèdent aucun organe spécial de respiration et de circulation. Quelques auteurs ont cependant regardé, mais à tort, comme des espèces de branchies des organes plissés, qu'il nous reste à décrire, parce qu'ils appartiennent à l'appareil de la génération.

Sur la cloison qui sépare les premiers sacs stomachiques des seconds dans la *M. aurita*, et dans les premiers de ces sacs dans la *M. capillata*, M. Gaëde a remarqué une membrane plissée, à laquelle est attaché un cordon de vaisseaux courts en forme de cœcum, et qui se meuvent comme les tentacules, même quand ils ont été détachés du corps. Ce sont indubitablement les ovaires, que l'on voit former une croix au milieu du dos de l'ombrelle, à cause de leur coloration souvent différente du reste, puisque M. Gaëde y a parfaitement vu des œufs ou mieux des gemmules nageant dans un fluide. Quand ils s'en sont détachés, il paroit qu'ils tombent dans les canaux des bras, qui servent alors d'organes de dépôt; car on n'en voit jamais à la fois dans les ovaires et dans ces organes.

Muller, qui cependant a aussi étudié l'organisation des médusaires, regardoit comme produisant des excrémens ces petits organes que nous avons désignés plus haut sous le nom d'auricules, et qui se trouvent dans le bord de l'ombrelle d'un assez grand nombre d'espèces : à l'œil nu ces organes, dans la M. aurita, ont paru à M. Gaëde comme de petits points blanchâtres; mais, sous le microscope, il a vu que chacun d'eux est fermé par un petit corps creux qui porte à son extrémité libre une foule de corpuscules tous plus ou moins hexagones. Il avoue n'en pas connoitre l'usage.

On n'a jamais vu de traces de système nerveux dans les animaux de cet ordre, et il n'est pas probable qu'il y en existe.

Si, après l'organisation des médusaires, nous en étudions les fonctions, nous allons encore trouver plusieurs choses assez remarquables.

Leur sensibilité générale paroit être bien obtuse; et peut-être en est-il de même de la sensibilité spéciale des tentacules marginaux et buccaux, dont la force de contractilité paroit cependant être très-grande : aussi les médusaires ne semblent pas sentir la main qui les saisit.

Leur locomotion, qui est fort lente et qui dénote un assez foible degré d'énergie musculaire, paroit, au contraire, n'avoir pas de cesse, puisque, étant d'une pesanteur spécifique plus considérable que l'eau dans laquelle ils sont immergés, ces animaux, si mous qu'il n'est pas probable qu'ils puissent se reposer sur un sol solide, ont besoin d'agir constamment pour se soutenir dans le fluide qu'ils habitent : aussi sont-ils dans un mouvement continuel de systole et de diastole. Spallanzani, qui les a observés avec soin dans leurs mouvemens, dit que ceux de translation sont exécutés par le rapprochement des bords de l'ombrelle, de manière à ce que son diamètre diminue d'une manière sensible : par là, une certaine quantité d'eau contenue dans les estomacs et dans la cavité ombrellaire est chassée avec plus ou moins de force, et le corps est projeté en sens inverse; revenu par la cessation de la force musculaire à son premier état de développement, il se contracte de nouveau, et fait un nouveau pas. Si le corps est perpendiculaire à l'horizon, cette succession de contraction et de dilatation le fait monter; s'il est plus ou moins oblique, il avance plus ou moins horizontalement. Pour descendre, il suffit à l'animal de cesser ses mouvemens; sa pesanteur seule l'entraîne : jamais il ne se retourne, la convexité de l'ombrelle en bas. Les tentacules ni les bras ne paroissent pas servir dans ces mouvemens de translation; du moins ceux-ci, d'après Spallanzani, sont toujours étendus en suivant le corps. Des expériences ingénieuses, rapportées par cet observateur, prouvent que ce sont les seuls muscles de la zone marginale de l'ombrelle qui la font contracter en totalité, puisqu'en les enlevant le reste de l'ombrelle n'éprouve aucun changement, tandis que la zone enlevée continue ses mouvemens de systole et de diastole. Malgré cette action presque continuelle de la faculté locomotrice, les médusaires m'ont paru ne pouvoir vaincre le plus petit courant et être entraînées avec lui.

D'après tous les observateurs, les médusaires se nourrissent de petits animaux, de mollusques, de vers, de crustacés et même de poissons, qu'elles attirent vers leur bouche à l'aide des appendices dont elle est armée. Spallanzani l'a supposé, parce qu'il a vu un petit poisson qui étoit collé à l'un des appendices d'un individu qu'il venoit de saisir. M. Gaëde dit positivement avoir trouvé, dans l'estomac des méduses qu'il a disséquées, de petits poissons et des néréïdes. MM. de Chamisso et Eysenhardt, dans leurs Mémoires sur ces animaux, insérés dans le tome 9 des actes de la Société des curieux de la nature, disent encore plus, puisqu'ils assurent avoir trouvé plusieurs fois dans les ventricules des têtes et des restes de poissons comme digérés. M. Bosc, qui a vu un grand nombre de ces animaux, MM. Péron et Lesueur, qui ont pu en observer encore bien davantage, sont de cette opinion, ainsi que Dicquemare et Othon Fabricius.

J'ai moi-même aussi trouvé quelquefois de petits poissons dans des équorées et même dans des rhizostomes. Mais ces petits animaux avoient-ils été saisis par ces méduses pour leur servir de nourriture, ou ne s'y trouvoient-ils que par accident? Cette dernière opinion est celle de M. Cuvier, du moins pour les rhizostomes, qui lui paroissent puiser leur nourriture par des espèces de suçoirs, comme nous l'avons dit plus haut.

On ignore jusqu'ici et probablement l'on ignorera toujours la durée de la vie des médusaires, ainsi que l'histoire de leur développement. Il est probable qu'elles sont rejetées par leur mère à l'état parfait et ne différant d'elle qu'en grosseur. On sait qu'elles sont plus grosses au printemps et dans l'été, c'est-à-dire, à l'époque où leurs ovaires sont gonflés par les œufs qu'ils contiennent, et que dans les autres parties de l'année elles sont plus petites; on sait aussi que les appendices acquièrent avec l'âge un développement et une complication qu'ils n'avoient pas d'abord.

On trouve des espèces de cette famille d'animaux dans toutes les mers des pays froids, comme dans celles des pays chauds, et surtout dans la haute mer. Chacune, d'après les observations de MM. Péron et Lesueur, paroit être confinée à des parties déterminées du globe, où les individus sont réunis en troupe innombrable et forment quelquefois plusieurs lieues carrées d'étendue. Si elles paroissent et disparoissent parfois dans le même pays à des époques déterminées, cela dépend sans doute des vents et des courans réglés qui les emportent et les ramènent. Elles sont quelquefois jetées en grande quantité sur les bords de nos côtes, où on a cherché à en tirer parti. On a essayé, mais sans beaucoup de succès, à en extraire de l'ammoniaque. On s'en sert plus avantageusement comme amendement sur les terres arables.

Toutes les médusaires, à l'état de mort et de putréfaction, paroissent être phosphorescentes; mais il n'y en a qu'un petit nombre qui le soit à l'état vivant. Nous devons à Spallanzani un grand nombre d'expériences curieuses sur ce sujet. Il a d'abord cherché quelles sont les parties qui jouissent le plus de cette singulière propriété, et il a vu que c'étoient, 1.º les grands tentacules ou bras, 2.º la zone muscu-

laire de l'ombrelle, et 3.º la cavité stomachale : le reste de
l'ombrelle ne brille que par la lumière transmise. Il s'est
ensuite occupé de voir a quoi est due la phosphorescence, et
il s'est assuré que c'est a une humeur gluante particulière
qui sort de la surface des trois parties que je viens de citer.
Cette humeur, comme nous l'avons dit plus haut, est tout-
à-fait différente de celle qui sort du corps, et même de ces
parties quand on les coupe : elle est très-corrosive, et son
application sur la peau et surtout sur la langue, la conjonctive, occasionne une vive douleur: exprimée dans différens
liquides, comme dans l'eau salée, mais surtout dans l'eau
douce, l'urine et le lait, elle leur communique une lumière
phosphorique. Une seule méduse, exprimée dans vingt-sept
onces de lait de vache, le rendit si resplendissant, qu'on pouvoit lire les caractères d'une lettre à trois pieds de distance;
au bout d'onze heures il conservoit encore quelque lumière.
Quand il l'eut perdue tout-à-fait, on la lui rendit en l'agi-
tant, et enfin, lorsque ce moyen ne produisit plus d'effet,
l'on en obtint encore par la chaleur, en ayant soin qu'elle ne
fût pas trop forte. La méduse morte jouit aussi encore assez
long-temps de la propriété phosphorescente, surtout si on
vient à verser dessus de l'eau douce, même quelque temps
après qu'elle ne luit plus. Sur l'animal vivant elle est plus
forte dans le mouvement de contraction que dans celui de
dilatation, ce qui se conçoit, puisque c'est la partie éminemment contractile qui exhale l'humeur phosphorique. La lumière peut être suspendue pendant plus d'une demi-heure,
ce qui dépend de la cessation des oscillations, et cependant
la phosphorescence persiste, quoiqu'à un degré beaucoup
moins intense, dans l'animal mort, jusqu'à la putréfaction. On
accroît la phosphorescence, en donnant une commotion aux
parties de l'animal, ou même en lui faisant sentir le frottement de la main. Quand il est vivant, il communique au
fluide dans lequel il est plongé, sa propriété phosphorique,
mais moitié plus si c'est de l'eau douce que si c'est de l'eau
salée.

Un certain nombre de ces animaux jouissent d'une autre
propriété plus nuisible, c'est celle de produire une douleur
très-vive quand ils touchent une partie de notre peau. ce

qui leur a valu le nom d'*ortie de mer.* Jusqu'ici, quoique j'aie touché un assez grand nombre de méduses, je n'ai pas encore éprouvé cet effet ; mais Dicquemare, qui a fait des expériences à ce sujet sur lui-même avec la cyanée bleue, en rapporte les effets en ces termes : « La douleur est à peu près semblable à celle qu'on ressent en heurtant une plante d'ortie ; mais elle est plus forte, et dure environ une demi-heure. Ce sont dans les derniers momens comme des piqûres réitérées et plus foibles. Il paroit une rougeur considérable dans toute la partie de la peau qui a été touchée, et des élévations de même couleur, qui ont un point blanc dans le milieu. Au bout de quelques jours, après que la douleur est passée, la chaleur du lit fait reparoitre les élevures de la peau. » Cet effet paroit être dû à une humeur caustique qui sort de la peau de la méduse. Est-elle différente de celle que produit la phosphorescence ? cela est probable, puisque, comme nous l'avons dit plus haut, l'espèce observée par Spallanzani, qui étoit éminemment phosphorescente, ne produisoit aucun effet d'urtication. Les espèces qui jouissent de cette propriété à l'état vivant, l'ont aussi dans l'état de mort. Certaines autres ont un effet d'urtication si peu intense, qu'il ne devient sensible que sur les parties de la peau très-molles, comme la conjonctive, ou attendries par un long séjour dans l'eau, et surtout dénudées.

Quoique les médusaires paroissent n'être composées que d'une grande quantité d'eau de mer, elles se putréfient avec une très-grande facilité et exhalent alors une odeur très-désagréable. Pendant la vie même elles en répandent une qui tient un peu de celle du poisson : elle est forte, pénétrante, et devient insupportable dans un lieu fermé, surtout quand elles meurent et se dissolvent.

On a essayé de voir si les méduses étoient susceptibles de reproduire les portions qu'on leur avoit enlevées ; mais il paroit que non. On en trouve souvent qui continuent de vivre, quoiqu'elles aient été plus ou moins mutilées ; et M. Gaède, qui a fait des expériences à ce sujet, dit que l'animal ne paroît pas être affecté par la perte de plusieurs des grandes parties de son corps, et, bien plus, que si l'on coupe une méduse en plusieurs morceaux, ceux qui n'ont qu'un seul estomac continuent de vivre.

Aucune médusaire, comme nous l'avons dit plus haut, ne paroît servir à la nourriture de l'homme. Il paroît qu'il n'en est pas de même pour plusieurs animaux : ainsi les actinies les saisissent au passage et les entraînent peu à peu dans leur estomac. Les baleines en détruisent aussi une immense quantité ; mais il paroît que ce sont des espèces ou des individus d'une extrême petitesse, dont sont remplies les eaux de la mer qu'habitent ces grands animaux, et qu'elles y sont avec beaucoup d'autres animaux de types différens, mais également presque microscopiques.

Le nombre des espèces de ce groupe est assez considérable pour qu'on ait eu besoin d'une méthode propre à les faire reconnoître aisément. Avant le travail de MM. Péron et Lesueur elles étoient réparties presque sans ordre sous le nom de méduse. La classification des médusaires, donnée dans ce travail, est la plus complète qui ait paru jusqu'ici ; nous avons cru devoir la suivre dans ce Dictionnaire, quoique nous doutions beaucoup, comme nous l'avons dit plus haut, qu'il y ait des méduses sans estomac et des espèces avec plusieurs bouches. M. Ocken l'a également suivie ; M. de Lamarck a fait de même, mais il a réduit le nombre des genres à moitié. M. G. Cuvier a aussi pris pour base de sa subdivision des méduses le travail de Péron ; mais il l'a un peu modifié. Enfin, MM. Schweiger, Goldfuss, Eysenhardt ont fait à peu près la même chose.

Nous passerons sous silence les deux premières divisions que MM. Péron et Lesueur établissent dans leur famille des méduses ; savoir : les méduses en parties membraneuses, ou les porpites, les physales, et même les méduses entièrement gélatineuses avec des côtes ciliées, c'est-à-dire, les béroës, qui ne sont ni les unes ni les autres de véritables médusaires pour nous ; et nous ne parlerons que de celles-ci. En considérant l'existence évidente ou l'absence apparente de l'estomac, il en résulte la première division en *Méduses agastriques* et *Méduses gastriques*, qui sont de beaucoup plus nombreuses, et qui, à cause de cela, sont divisées en *monostomes* et en *polystomes*, suivant que l'ouverture inférieure de l'ombrelle est simple, médiane ou divisée en plusieurs parties latérales par les racines du pédoncule. Les espèces de ces

différentes sections peuvent être pourvues de ce pédoncule
ou ne l'être pas, ce qui les divisera en médusaires *pédoncu-*
lées et en médusaires *non pédonculées.* Le pédoncule, à son
tour, peut être partagé ou non en lanières ou bras, d'où
résulte une autre division des médusaires *brachidées* et des
médusaires *non brachidées.* Enfin, en considérant que les
bords de l'ombrelle peuvent être pourvues ou non de tentacules, on obtient une division dichotomique, en médusaires
tentaculées et en médusaires *non tentaculées.* Pour être plus
court et pour en faciliter l'intelligence, nous allons donner
cette distribution systématique sous forme de tableau, en
renvoyant pour les genres et pour les espèces aux noms de
ceux-là.

MÉDUSAIRES :					
AGASTRIQUES. ...	non pédonculées ;	non tentaculées.	EUDORE.
		tentaculées	BÉRÉNICE.
	pédonculées ;	non tentaculées.	ORYTHIE. FAVONIE.
		tentaculées	LYMNORÉE. GÉRYONIE.
GASTRIQUES :	MONOSTOMES :	non pédonculées ;	non brachidées ;	non tentaculées.	CARYBDÉE. PROCYNIE. EULIMÈNE.
				tentaculées.	ÉQUORÉE. FOVÉOLIE. PÉGASIE.
		brachidées ; tentacul.			CALLIRHOÉ.
		pédonculées ; brachidées ;	non tentaculées.	MÉLITÉE. ÉVAGORE. OCÉANIE.	
			tentaculées.	PÉLAGIE. AGLAURE. MÉLICERTE	
	POLYSTOMES :	non pédonculées ;	non brachidées ;	non tentaculées.	EURYALE. ÉPHYRE.
				tentacul.	OBÉLIE.
			brachidées ;	non tentaculées.	OCYROÉ. CASSIOPÉE.
				tentacul.	AURELLIE.
		pédonculées ; brachidées :	non tentaculées	CÉPHÉE. RHYZOSTOME	
			tentaculées.	CYANÉE. CHRYSAORE	

Voyez Ortie de mer et Poumons de mer, dans le cas où de nouveaux travaux auroient été faits sur cette famille. (De B.)

MÉDUSE, *Medusa.* (*Actinoz.*) Ce nom a été appliqué par Linnæus aux animaux dont on fait assez généralement une famille sous la dénomination de Médusaires, parce que leur forme, et surtout les tentacules souvent assez longs qui l'entourent ou la terminent, leur donne quelque ressemblance avec la tête de Méduse des mythologues grecs et romains. Pour les détails d'organisation, de mœurs et de distribution systématique, voyez Médusaires. (De B.)

MÉDUSE, *Medusa.* (*Bot.*) Genre de plantes dicotylédones, à fleurs complètes, polypétalées, de la *monadelphie pentandrie* de Linnæus; offrant pour caractère essentiel : Un calice persistant à cinq folioles; cinq pétales; cinq filamens réunis en tube à la base; les anthères pendantes; un ovaire supérieur; un style; un stigmate simple; une capsule hérissée, uniloculaire, à trois valves; six semences.

Méduse hérissée : *Medusa anguifera*, Lour., *Flor. Cochinc.*, 2, pag. 495; *Medusula anguifera*, Pers., *Synops.*, 2, pag. 215. Arbre de la Cochinchine, d'une médiocre grandeur, dont les rameaux sont ascendans, garnis de feuilles alternes, ovales, alongées, acuminées, glabres à leurs deux faces, dentées en scie; les fleurs sont rouges, disposées en grappes très-peu garnies; leur calice pileux, à cinq folioles ovales, étalées, courbées en dedans; une corolle composée de cinq pétales ovales, alongés, courbés en dedans, puis réfléchis à leur sommet; les filamens réunis en un tube de la longueur de la corolle; les anthères pendantes; l'ovaire arrondi; le style garni de poils, de la longueur des étamines. Le fruit est une capsule ovale, uniloculaire, à trois lobes, à trois valves, couverte d'un grand nombre de poils flexueux, très-longs, renfermant six semences arrondies. (Poir.)

MEDUSULA. (*Bot.*) Pers., *Synops.* Voyez Méduse. (Poir.)

MEDUSULA. (*Bot.*) Champignon solide, globuleux, stipité, ayant des conceptacles externes filiformes, flexibles et qui se résolvent en eau. L'espèce qui constitue ce genre, est le *M. labyrinthica*, Tode, *Fung. Meckl.*, p. 17, pl. 5, fig. 28. Il est voisin du genre *Dematium* et des autres genres faits à ses dépens. (Lem.)

MEEAREL. (*Ichthyol.*) Un des noms locaux du paille-en-cul, *trichiurus lepturus* de Linnæus. Voyez CEINTURE. (H. C.)

MEEREL. (*Ornith.*) Nom flamand du merle commun, *turdus merula*, Linn. (Ch. D.)

MEERKAKA. (*Bot.*) Voyez HOREKREK. (J.)

MEER-MAID. (*Mamm.*) Barbot donne ce nom à un animal voisin du lamantin. (F. C.)

MEER-OTTER. (*Mamm.*) Nom allemand qui signifie *loutre de mer*, et qu'on donne en effet à la loutre marine. Voyez LOUTRE. (F. C.)

MEER-ROS. (*Mamm.*) Un des noms allemands du Morse. (F. C.)

MEERSCHWALBE. (*Ornith.*) Ce nom désigne, en allemand, les hirondelles de mer ou sternes, *sterna*, Linn. (Ch. D.)

MEERSCHWEIN. (*Mamm.*) Nom allemand qui signifie *cochon de mer*, et que l'on donne aux espèces du genre Dauphin. (F. C.)

MEER-SCHWEINLEIN. (*Mamm.*) Un des noms du cochon d'Inde dans quelques langues germaniques; il signifie proprement *petit cochon de mer*. (F. C.)

MEERU. (*Bot.*) Nom brésilien du balisier, *canna indica*, cité par Pison. C'est le *katu-bala* du Malabar. (J.)

MEERWOLF. (*Mamm.*) Ce nom allemand, qui signifie LOUP MARIN, a été donné à l'hyène par Belon. (DESM.)

MEESIA. (*Bot.*) Ce nom a été donné d'une part à une mousse, par Hedwig; de l'autre, à une plante ochnacée, par Gærtner. Le genre de Hedwig est confondu par Beauvois avec son *amblyodum*; par M. Kunth, avec le *bryum*. Celui de Gærtner, adopté par M. de Lamarck, a été nommé *Walkera* par Schreber, par Willdenow et par M. De Candolle. Si le genre de Hedwig doit être supprimé, il paroîtra naturel de conserver à celui de Gærtner le nom qu'il lui a donné le premier. Voyez MÉSIER. (J.)

MEESIA. (*Bot.*) Genre d'Hedwig, de la famille des mousses, qui est déjà décrit dans ce Dictionnaire à l'article AMBLYODE. Nous ajouterons ici quelques lignes pour compléter l'histoire de ce genre. Nous ferons observer qu'il ne doit pas être confondu avec le *Meesia* de Gærtner, lequel n'appartient pas à la classe des plantes cryptogames, et dont le nom a été changé avec raison par Schreber en celui de *Walkera*.

Le *Meesia longiseta*, Hedw. (*Amblyodum longisetum*, Pal. B.), n'est plus rangé dans le genre *Meesia*. Weber et Mohr, et puis Voit et Bridel, en ont fait leur genre *Diplocomium*, sur la considération que les cils du péristome interne sont au nombre de seize, rapprochés par paires, et non réunis par une membrane réticulée, comme on l'observe dans le genre *Meesia*. (Lem.)

MEEUWE. (*Ornith.*) Nom hollandois de la mouette d'hiver, *larus hibernus*, Gmel., lequel paroît n'être qu'un jeune du *larus canus*, id. (Ch. D.)

MÉGACARPÉE. *Megacarpœa*. (*Bot.*) Genre de plantes dicotylédones, à fleurs complètes, polypétalées, régulières, de la famille des crucifères, de la *tétradynamie siliculeuse*; offrant pour caractère essentiel : Un calice à quatre folioles, point gibbeux à sa base; quatre pétales entiers; six étamines tétradynames, sans dents; point de style; un stigmate sessile, presque bilobé, en disque; une silicule sessile, à deux disques, échancrée à ses deux extrémités, à deux loges très-comprimées, entourées d'un rebord ailé, soudé avec l'axe par son côté intérieur; dans chaque loge une semence solitaire, orbiculaire, comprimée.

Mégacarpée laciniée: *Megacarpœa laciniata*, Dec., *Syst. veg.*, 2, pag. 417. Sa racine est épaisse, cylindrique, de la grosseur du doigt. Elle produit une tige droite, herbacée, haute de quatre à six pouces, glabre, cylindrique; les feuilles radicales et les inférieures pétiolées, velues, presque ailées; les lobes étroits, pinnatifides ou dentés, aigus; les fleurs petites, disposées en grappes paniculées, accompagnées à leur base de feuilles sessiles, petites, multifides, pileuses; les pédicelles filiformes, dépourvus de bractées; les folioles du calice égales; les pétales à peine plus longs que les calices; la silicule grande, large d'un pouce, couronnée par un stigmate sessile, presque discoïde; les lobes plans, très-comprimés, entourés d'un large rebord; le cordon ombilical long, un peu tomenteux; la semence en cœur, orbiculaire, comprimée. Cette plante croît dans la Sibérie. (Poir.)

MÉGACÉPHALE, *Megacephala*. (*Entom.*) M. Latreille a

décrit sous ce nom de genre quelques espèces de coléoptères créophages, qui ne diffèrent des cicindèles que par le
prolongement de leurs palpes postérieurs ou labiaux : il y
rapporte les espèces nommées par les auteurs *mégalocéphale*
de *Caroline*, de *Virginie*, *sépulcrale*, *équinoxiale*, etc. Voyez
CICINDÈLE. (C. D.)

MÉGACHILE. (*Entom.*) Ce nom, qui signifie *longue lèvre*,
a été employé par M. Latreille pour indiquer un genre d'insectes hyménoptères, de la famille des mellites, correspondant a celui des *anthophores* de Fabricius : telle est en particulier l'espèce d'abeille coupeuse de feuilles que nous avons
fait figurer, planche 29. n.° 3, sous le nom de *phyllotome
empileur*. (C. D.)

MÉGADERME. (*Mamm.*) Nom formé de deux mots grecs,
et qui signifie *grande peau, peau étendue* : il a été appliqué
par M. Geoffroy à un genre de Chéiroptères ou Chauve-souris,
dont les espèces sont en effet remarquables par un singulier
développement de la peau au-dessus des narines, qui présente des appendices de formes diverses, lesquelles ont fait
donner à ces espèces les noms de lyre, de feuille, etc.

Lorsque M. Geoffroy a établi ce genre, on n'en connoissoit
qu'une espèce, que Linnæus avoit réunie à ses autres vesper-
tilions. On sait en effet que la famille des chéiroptères, divisée aujourd'hui en 15 ou 16 genres, ne formoit pour Linnæus
qu'un seul groupe générique : et quoique le nombre des
espèces se soit considérablement accru, il est à présumer que
leur connoissance n'auroit point changé les vues de cet illustre
naturaliste. puisqu'il tiroit le caractère distinctif de ce groupe
de la structure des membres antérieurs disposés pour le vol,
caractères propres à tous les chéiroptères ; et Gmelin auroit
sans doute confondu les mégadermes avec ses *Vespertilio lepturus* et *ferrum equinum*, qui constituent le septième groupe
qu'il a formé de ces animaux, les uns comme les autres
ayant pour caractères des intermaxillaires tout-à-fait dépourvus d'incisives, et quatre de ces dents aux maxillaires
inférieurs. Chez les mégadermes les intermaxillaires sont cartilagineux, et les incisives inférieures, suivant M. Geoffroy,
se trouvent uniformément placées à côté l'une de l'autre sur
la même ligne et dentelées sur leur tranchant; les canines,

semblables à celles de tous les chéiroptères, sont fortes et
crochues; leurs fausses molaires sont au nombre de six, deux
normales à la mâchoire supérieure, et à la mâchoire inférieure deux normales et deux anomales; et leurs molaires
sont au nombre de six, à l'une et à l'autre mâchoire. Leurs
yeux sont petits et ne présentent rien de particulier, et il en
est de même de leur langue douce. Les organes qui rendent
surtout ces animaux remarquables, sont les oreilles et le nez.
La conque externe des premières est d'une grandeur exces-
sive, comparativement à la taille de l'animal. Celle d'un côté
est réunie à celle de l'autre par son bord antérieur, et
l'entrée du canal auditif est garnie en avant d'un oreillon
formé de deux lobes : l'un externe, long et pointu ; l'autre,
interne, plus court et arrondi. Les narines sont environnées
et immédiatement surmontées d'un appendice charnu, ou
plutôt tégumentaire, de forme différente pour chaque espèce, mais qui chez toutes se compose essentiellement de
trois parties : l'une verticale, une autre horizontale, et la
troisième en fer à cheval. Ces organes, particuliers aux mégadermes, aux rhinolophes et aux phillostomes, et qui ont
déterminé la formation des genres qu'ils constituent, ne
sont point encore connus, quant à leur utilité pour l'animal,
à l'usage qu'il en fait, et à leurs rapports avec les autres parties de l'organisation. C'est un genre de recherches nouveau,
qui donnera les moyens d'apprécier la valeur de ces organes
comme caractères zoologiques, et d'établir sur un fondement
réel les groupes génériques dont ils forment l'essence.

Les organes du mouvement se distinguent par l'absence de
la queue et par des ailes très-étendues. Le troisième doigt
des membres antérieurs manque de phalange onguéale. Ce qui
fait aisément distinguer les mégadermes des phillostomes et des
rhinolophes, c'est qu'ils n'ont pas, comme les premiers, une
langue divisée par un sillon profond et couverte de verrues
qui paroissent les rendre propres à sucer; et que, différens
des seconds, ils sont dépourvus d'une queue, et ont des oreillons.

Les espèces de ce genre connues jusqu'à ce jour ne se trouvent qu'en Afrique et aux Indes, et rien ne nous a été rapporté sur leur genre de vie, sur le rôle qu'elles ont à jouer
dans l'économie générale de la nature.

Nous tirerons les caractères de ces espèces des descriptions
qu'en a données M. Geoffroy, et qui se trouvent dans le XV.ᵉ
tome des Annales du Muséum d'histoire naturelle, page 187.

Le MÉGADERME LYRE: *Megaderma lyra*, Geoff. Longueur du
corps, 8 centimètres; de la tête, 3; de la feuille, en hauteur 1,
en largeur 0.8; de l'aile, 5¼; de la membrane interfémorale,
4; des osselets du tarse, 1.

Cette espèce a été envoyée de la Hollande à M. Geoffroy,
qui pense qu'elle venoit des Indes orientales.

Le bourrelet de la feuille nasale est assez saillant: cette
feuille est coupée carrément à son extrémité libre; mais dans
son état plissé ordinaire elle présente trois pointes, une
moyenne plus longue que les deux autres, qui sont d'égale
longueur. Les lobes latéraux se continuent sans interruption
avec le fer à cheval, c'est-à-dire, cette arête demi-circulaire
qui est située au-devant des narines. Enfin vient la lame qui
recouvre la base du cône: elle est concentrique au fer à
cheval et tire son origine de la racine du bourrelet; adhérente sur toute sa ligne moyenne aux cartilages qui forment
la cloison des narines, elle devient en quelque sorte pour
celle-ci deux auricules dont les ouvertures sont latérales.
Cette lame est de moitié moins grande que la feuille proprement dite. Les oreilles réunies, mesurées transversalement,
ont cinq centimètres; leur partie libre forme la moitié de
leur longueur. L'oreillon est formé de deux lobes: l'interne
petit, terminé circulairement; l'externe, très-grand, terminé
en pointe. La membrane interfémorale est soutenue dans le
vol par trois tendons qui partent du coccyx, les deux externes
allant obliquement aux tarses, et celui du milieu suivant
directement la ligne moyenne.

Le pelage du mégaderme lyre est roux en-dessus et fauve
en-dessous.

Le MÉGADERME FEUILLE: *Megaderma frons*, Daubenton, Académie des sciences, 1759.

Voici ce que ce célèbre naturaliste dit de cet animal:

« Elle (la feuille) a sur le bout du museau une membrane
ovale posée verticalement, qui ressemble à une feuille: cette
membrane a huit lignes de longueur sur six de largeur; elle
est très-grande à proportion de l'animal, qui n'a que deux

pouces un quart de longueur depuis le bout du museau jusqu'à l'anus. Les oreilles sont près de deux fois aussi grandes
que la membrane : aussi se touchent-elles l'une l'autre depuis
leur origine par la moitié de la longueur de leur bord interne;
elles ont un oreillon qui a la moitié de leur longueur, et qui
est fort étroit et pointu par le bout. Le poil est d'une belle
couleur cendrée, avec quelque teinte de jaunâtre peu appa-
rent. »

Ce mégaderme venoit du Sénégal, où Adanson l'avoit découvert.

Le MÉGADERME TRÈFLE; *Megaderma trifolium*, Geoff.

Cette espèce, qui n'est connue de M. Geoffroy que par une
peau desséchée, rapportée de Java par M. Leschenault, se rapproche beaucoup du *M. lyra.* Sa feuille nasale diffère cependant de celle de cette première espèce, en ce qu'au lieu d'être
coupée carrément, elle conserve une forme ovale et pointue;
de plus, la follicule d'en-bas est beaucoup plus grande, et la
feuille plus petite; et, enfin, la crête en fer à cheval présente
aussi plus de largeur dans son contour. L'oreillon, bien
qu'un peu déformé dans l'individu qu'il avoit sous les yeux,
a paru présenter à M. Geoffroy un bon caractère spécifique,
en ce qu'il n'est pas seulement fourchu comme celui de la
lyre, mais bien formé de trois branches, celle du centre
étant la plus longue. Les oreilles sont aussi plus profonde-
ment fendues, n'étant réunies qu'au tiers de leur longueur.
Enfin les osselets du tarse sont plus alongés, et les ailes, moins
chargées de brides musculaires, en acquièrent plus de transparence. Le pelage de cette espèce est très-long, moelleux
et de couleur gris-de-souris.

Cette chauve-souris, qui porte à Java le nom de *lovo*, est
distinguée de la première espèce par les traits suivans : *Feuille
ovale; la follicule aussi grande; chacune du cinquième de la
longueur des oreilles; l'oreillon en trèfle; mise en opposition
avec celle de la lyre : feuille rectangulaire, la follicule de
moitié plus petite.*

Le MÉGADERME SPASME : *Megaderma spasma; Vespertilio
spasma* de Linnæus.

L'existence de cette espèce ne repose que sur l'autorité de
Séba; M. Geoffroy croit cependant que ses caractères sont

assez nettement énoncés pour qu'elle doive être conservée dans le système général des mammifères. Elle auroit, en admettant la figure de Séba comme exacte, les oreilles plus profondément fendues que celles de la lyre : l'oreillon plus long, mais ayant son lobe intérieur plus petit; la follicule et la feuille de mêmes dimensions, et toutes deux en forme de cœur.

Ce mégaderme, d'une espèce douteuse, et qui conserve les dimensions de la lyre, son pelage roussâtre et son oreillon bifurqué, en est cependant distingué par M. Geoffroy, à l'aide de la phrase suivante : *Feuille en cœur ; la follicule aussi grande et semblable ; oreillon en demi-cœur.* Il est figuré dans Séba, qui dit l'avoir reçu de Ternate (Mus., p. 96, pl. 56, fig. 1), sous le nom de *Glis volans.* (F. C.)

MEGALOCARPÆA. (*Bot.*) Sous ce nom générique M. De Candolle sépare du genre *Biscutella*, l'espèce nommée *biscutella megalocarpa* par M. Fischer, parce que son calice n'est pas gibbeux à sa base, et que son stigmate et sa silicule ont une large bordure. Ces différences ne sont peut-être pas suffisantes pour en former un genre. (J.)

MÉGALODONTE. (*Entom.*) Par ce nom, emprunté du grec, et qui signifie grandes mâchoires, M. Latreille a désigné un petit genre d'insectes hyménoptères, de la famille des uropristes, voisins des tenthrèdes, avec lesquelles les deux espèces qu'il renferme ont été rangées. M. Fabricius, en adoptant le genre, l'a indiqué sous le nom de *Tarpa.* Telles sont les mouches-à-scie ou tenthrèdes, appelées *céphalote* et *tête plate* (*plagiocephala*). Voyez URROPRISTES et TENTHRÈDE. (C. D.)

MÉGALONIX. (*Mamm.*) Espèce fossile du genre Mégathérium, découverte en Virginie. Voyez MÉGATHÉRIUM. (F. C.)

MÉGALOPE. *Megalopa.* (*Crust.*) Genre de crustacés fondé par Leach, et que j'ai rapporté à la famille des décapodes macroures. Voyez MALACOSTRACÉS, tome XXVIII, page 299. (DESM.)

MÉGALOPE. *Megalopus.* (*Entom.*) Ce nom, qui est tiré du grec et qui signifie *longues pattes*, a été employé par Fabricius pour désigner un petit genre d'insectes coléoptères tétramérés, de la famille des lignivores, qu'il a placé entre les leptures et les nécydales. Ce genre ne comprend que deux espèces, qui ont été rapportées de l'Amérique méridionale par le docteur Shmidt. (C. D.)

MÉGALOPE, *Megalops*. (*Ichthyol.*) M. de Lacépède a donné, le premier, ce nom à un genre de poissons qui doit entrer dans la famille des gymnopomes de l'auteur de la Zoologie analytique. Ce genre, généralement adopté, se reconnoît aux caractères suivans :

Ouverture de la bouche médiocre, non entièrement garnie de dents; nageoire dorsale unique, insérée au-dessus des catopes et ayant son dernier rayon prolongé en un filament; ventre caréné, dentelé, presque droit; nageoire anale libre; yeux très - grands; vingt-quatre rayons ou plus à la membrane des branchies; écailles cornées.

D'après ces notes, il devient facile de séparer les MÉGA-LOPES des HARENGS ou CLUPÉES, ainsi que des ÉSOCES, des CLU-PANODONS et des MYSTES, genres dans lesquels la nageoire dorsale est simple; des CARPES, des ABLES, des TANCHES, et en général de tous les CYPRINS, qui ont le ventre arrondi, non dentelé, et qui manquent de dents maxillaires; des SAU-MONS, qui ont deux nageoires dorsales; des LÉPISOSTÉES, qui ont les écailles osseuses, etc. (Voyez ces différens mots, GYMNOPOMES et SIAGONOTES.)

Ce genre ne renferme encore que trois espèces bien déterminées.

Le MÉGALOPE-FILAMENT ; *Megalops filamentosus*, Lacé; nageoire caudale fourchue; mâchoire inférieure plus avancée que la supérieure et recourbée vers le haut, anale i forme; corps et queue comprimés; langue rude; deux o fices à chaque narine; teinte générale argentée; dos et geoires à nuances bleues.

Ce poisson est, comme M. Cuvier l'a fort bien remarqué, le même que celui représenté, dans la planche 405 de Bloc. sous le nom de *clupea cyprinoides*, et doit être confon. par conséquent avec la *clupée apalike* de Bonnaterre et de M. de Lacépède, qui, d'ailleurs, en a parlé le premier, d'après une note du voyageur Commerson.

Le mégalope-filament a été observé par celui-ci dans les environs du fort Dauphin de l'île de Madagascar; mais fréquente aussi les eaux du grand océan et celles de l'océan atlantique, particulièrement auprès de l'équateur et des tropiques, où on l'a vu parvenir à la taille de douze pieds et présenter une assez grande ouverture de la gueule pour engloutir la tête d'un homme. Il a, dans cet état, le corps couvert d'écailles d'environ deux pouces de largeur.

Si ce poisson est, comme il le paroît, le *camara puguacu* de Marcgrave et de Ruysch, sa chair est grasse, pesante et de difficile digestion.

Le MÉGALOPE CAILLEU-TASSART : *Megalops thrissa; Clupanodon thrissa*, Lacép.: *Clupea thrissa*, Linn. Corps alongé, comprimé, couvert d'écailles grandes, minces et fortement attachées ; tête petite et alépidote. Mâchoires à côtés seulement protractiles ; l'inférieure est terminée par une espèce de crochet, qui se trouve logé dans une échancrure de la supérieure : ouverture de la bouche médiocrement étendue ; palais garni d'une membrane ridée : langue lisse, courte et cartilagineuse ; narines offrant chacune deux orifices.

La nageoire caudale de ce poisson est fourchue, et tout-à-fait distincte de celle de l'anus, qui n'offre aucune échancrure.

Sa ligne latérale est droite.

Une belle couleur d'un bleu céleste règne sur le dos et les nageoires du cailleu-tassart, dont l'abdomen et les flancs brillent de l'éclat de l'argent.

Ce poisson, qui atteint la taille d'un pied à quinze pouces, fréquente les eaux de la Chine, des Antilles, de la Jamaïque, de la Caroline. Sa chair est souvent grasse, d'une saveur agréable et d'une digestion facile : mais, assez souvent aussi, son ingestion cause des accidens assez graves pour qu'on doive l'exclure de la classe des substances alimentaires, quoiqu'à Puerto-Rico on la mange impunément.

Dans certaines saisons, dans certains parages, en effet, cette chair est vénéneuse à un degré presque incroyable, dit M. Robert Thomas de Salisbury, qui a pendant long-temps pratiqué la médecine aux Indes occidentales, et, dans plusieurs cas, son ingestion a déterminé la mort dans l'espace d'une demi-heure et au milieu de convulsions épouvantables.

On cite, entre autres exemples, celui d'un nègre des états du grand Mogol, qui succomba de cette manière, et chez lequel les spasmes convulsifs commencèrent presque avec la déglutition de ce mets. On a vu à Saint-Eustache des individus expirer au moment même qu'ils en mangeoient.

Dans le cas où l'action de ce poison est moins violente, il détermine à peu près les mêmes accidens que l'on voit produire à la bécune, c'est-à-dire qu'il cause une démangeaison universelle à la peau, de vives coliques, un sentiment de constriction à l'œsophage, une sorte de pyrosis, des nausées, une chaleur fébrile, l'accélération du pouls, des vertiges, la cécité, des sueurs froides, l'insensibilité et une mort plus ou moins tardive.

Le traitement, du reste, est ici absolument le même que dans les circonstances où l'on est empoisonné par les autres espèces de poissons, qui, tels que la bécune, le capitaine, le carangue, offrent tantôt a nos besoins une ressource alimentaire, et tantôt portent dans nos entrailles le germe des douleurs et de la mort. (Voyez ICHTHYOLE et POISSONS.)

Le MÉGALOPE NASIQUE : *Megalops nasus*, N.; *Clupanodon nasica*, Lacép.; *Clupea nasus*, Bloch (429). Nageoire caudale fourchue; museau plus saillant que les mâchoires et prolongé en forme de nez; un seul orifice à chaque narine; tête couverte de grandes lames; écailles épaisses; ligne latérale droite et descendante; dos bleu; couleur générale argentée; taille de dix à onze pouces.

Ce poisson habite près des côtes du Malabar, où il se tient à l'embouchure des rivières plus particulièrement. Sa chair est remplie de petites arêtes, et passe pour être quelquefois mal-saine. (H. C.)

MÉGALOPTÈRES, *Megaloptera*. (Entom.) M. Latreille a désigné d'abord sous ce nom, qui signifie *grandes ailes*, une famille d'insectes névroptères, à laquelle il rapportoit les genres Chauliode, Corydale, Sialis et Raphidie. Depuis, dans l'ouvrage de M. Cuvier, il a réparti ces genres dans les différentes sections de la famille qu'il nomme planipennes, parmi les hémérobins et les termitines. Voyez STÉGOPTÈRES ou TECTIPENNES. (C. D.)

MÉGALOTIS. (Mamm.) Illiger donne ce nom générique au fennec ou animal anonyme que M. Geoffroy regarde comme un galago. (F. C.)

MÉGAPODE. (*Ornith.*) MM. Gaimard et Quoy, médecins naturalistes de l'expédition de découvertes autour du monde commandée par le capitaine Freycinet, ont, au mois de Décembre 1818, trouvé, dans les îles des Papous, un oiseau qui leur a offert plusieurs rapports avec les menures, et qui leur a semblé faire le passage entre les gallinacés et les échassiers, mais qui, suivant MM. Cuvier et Temminck, appartient plutôt au premier de ces ordres. En effet, on l'a placé, dans les Galeries du Muséum d'histoire naturelle, entre les cryptonix et les peintades, et M. Temminck le regarde comme le représentant des tinamous dans les contrées chaudes de l'ancien continent. Les naturalistes voyageurs lui ont donné le nom de mégapode, *megapodius*, à raison de la grandeur de ses pieds; et dans un mémoire lu, le 6 Juin 1823, par M. Gaimard, à la Société d'histoire naturelle de Paris, le genre a été établi à peu près de cette manière.

Bec foible, aussi large que haut, dont la mandibule supérieure, un peu courbée à son extrémité, dépasse l'inférieure, qui est droite: narines ovales, placées vers le milieu du bec et couvertes d'une membrane garnie de quelques petites plumes; œil entouré d'une peau nue; pieds situés à l'arrière du corps; jambes garnies de plumes jusqu'aux tarses, qui sont gros et robustes, comprimés surtout par derrière, et couverts de grandes écailles; quatre doigts très-alongés, dont les trois antérieurs sont presque égaux, et dont le postérieur, plus court, est horizontal et pose à terre dans toute son étendue; ongles très-longs et très-forts, légèrement convexes en-dessus, plats en-dessous, à pointe obtuse: ailes concaves, arrondies, dont les troisième et quatrième rémiges sont les plus longues, et atteignent presque l'extrémité de la queue, qui est petite, cunéiforme et composée de douze à quatorze pennes.

Les deux espèces trouvées par MM. Quoy et Gaimard, ont été dédiées, l'une à M. Freycinet, chef de l'expédition; l'autre, à la mémoire du célèbre et malheureux La Pérouse.

MÉGAPODE FREYCINET; *Megapodius Freycinet*, Q. et G. Cette espèce, que les Papous nomment *Mankirio*, et les habitans de l'île de Guébé *Blévine*, est figurée sous le n.° 31 pour l'Atlas du Voyage autour du monde. Elle a environ treize pouces de longueur; le bec est long de dix lignes et les tarses de deux pouces cinq lignes. Le doigt du milieu a deux pouces de longueur ; il est réuni à l'interne par une membrane assez large, et à l'externe par une membrane très-petite. Le pouce est long de dix-huit lignes. Le côté interne de l'ongle du doigt du milieu n'est pas dilaté comme chez les autres gallinacés.

La tête de cet oiseau est petite ; les plumes en sont étroites, elles se relèvent légèrement en huppe à l'occiput; les plumes dorsales sont, au contraire, longues et larges, et les grandes pennes de l'aile s'appliquant sur une queue convexe qui ne les dépasse que d'un pouce, le corps a une forme ovale alongée. La peau du cou est brunâtre, et recouverte seulement de quelques petits faisceaux de plumes courtes. Les parties supérieures sont d'un brun noir, qui s'éclaircit au ventre et sous les ailes. Les larges écailles qui recouvrent les tarses ne forment qu'un rang sur le devant, et par derrière deux, qui se touchent immédiatement sans losanges intermédiaires; elles sont d'un brun très-foncé. Le bec, brun à son origine, est blanchâtre à la pointe ; l'iris est noir.

Cette espèce est très-commune dans l'île de Guébé, où elle paroît vivre en demi-domesticité. Les bois humides sont sa demeure habituelle. Sa démarche est lente, et, ses pieds étant retirés en arrière, le corps se trouve sans cesse projeté en avant, ce qui rend l'oiseau comme voûté. Il effleure la terre dans son vol de courte durée. Son cri est une sorte de gloussement. Ses œufs, de couleur de brique pâle, ou de café au lait, sont oblongs et d'une grosseur excessivement disproportionnée à sa taille. Un individu a vécu plusieurs jours à bord de la corvette l'Uranie.

Mégapode La-Pérouse; *Megapodius La Pérouse*, G. et Q., Atlas zool. du Voy. autour du monde. Cette espèce, de la même forme que la précédente, n'a que neuf pouces et demi dans sa plus grande longueur : ses tarses sont moins élevés. Elle habite l'archipel des Mariannes, et se nomme *Sasségnat* en langue chamorre ou de ces îles. Elle y étoit autrefois très-commune; on prétend même qu'elle y vivoit en domesticité : mais actuellement elle n'existe plus à Guam ni à Rotta, et il faut, pour la trouver, aller à Tinian, où elle est très-rare.

Les plumes d'un brun clair qui couvrent la partie postérieure de la tête, sont effilées et susceptibles de se redresser
un peu : celles du dos et des ailes sont brunes et mélangées,
vers la pointe, d'un roux qui s'éclaircit à la poitrine, au
ventre, à l'anus et au croupion. La peau du cou, à l'endroit où les plumes sont rares, est d'un jaune rougeâtre.
Le bec, noirâtre en-dessus, vers sa base, est dans le reste
de couleur de corne. La mandibule supérieure est plus
courbée et plus pointue que celle du mégapode Freycinet ;
les tarses sont jaunâtres, médiocrement forts, et les doigts
sont noirs vers leur extrémité, ainsi que les ongles.

Les œufs de cette espèce, de la même couleur et de la
même forme, sont un peu moins gros ; mais leur dispropor-
tion avec la taille de l'oiseau n'est pas moins remarquable.

M. le professeur Reinwardt, Hollandois, a rapporté d'Amboine, dans les îles Moluques, un individu du même genre,
dont il paroît avoir fait présent à son compatriote, M. Temminck, qui l'a déposé au cabinet d'histoire naturelle, et
se propose de le faire figurer dans une des livraisons du
Recueil de planches destinées à faire suite à celles de Buffon,
sous le nom de Mégapode Reinwardt, *Megapodius Reinwardt.*
Cet oiseau a près d'un pied de longueur de l'extrémité du
bec à celle de la queue, et quinze pouces jusqu'à celle
des pieds. Les tarses, très-forts, ont trente lignes, le doigt
du milieu vingt, le pouce douze et les ongles six. Les
écailles qui garnissent le devant des tarses sont larges, carrées, et de couleur moins brune que celles qui couvrent
les doigts ; les ongles sont noirâtres. Le bec, long d'environ
quatorze lignes, est blanchâtre. Les narines sont fort larges,
et les plumes usées qui se trouvent sur la base de la mandibule supérieure et sur le front, semblent annoncer que
l'oiseau enfonce le bec dans la terre pour y chercher sa
nourriture. La peau du cou n'est pas nue : les plumes qui
en couvrent le dessus et le dessous sont d'un brun ardoisé ;
celles de la tête, du dos, des ailes et de la queue, sont
olivâtres ; sur la poitrine, le ventre et les parties inférieures
elles sont d'un brun noirâtre.

Pendant que l'auteur de cet article s'occupoit de sa rédaction, on a placé au Muséum, où le mégapode Reinwardt

n'étoit pas encore, et près des deux premières espèces, un œuf pareil aux leurs, avec cette étiquette : *œuf du Tavon des Philippines*, et immédiatement à côté un nouveau gallinacé, à peu près de la même taille que le plus grand des deux autres et ayant quelque ressemblance avec eux ; mais dont les doigts et les ongles sont plus courts, la queue bien plus longue, coupée carrément, et qui a le cou étroit, la gorge couverte de petites plumes blanches comme aux mégapodes, la poitrine roussâtre, le dos brun et les baguettes de chaque plume blanches. Cette circonstance a déterminé à prendre des renseignemens, dont il a paru résulter que l'œuf et l'oiseau avoient été apportés des Philippines par M. Dussumier, et qu'il s'agissoit ici du *Tavon*, sur lequel on n'avoit encore que la relation assez extraordinaire de Gemelli Careri, dans son Voyage autour du monde, tom. 5, p. 266, de l'édition de 1719, ou p. 157 de celle de 1727, et dans l'Histoire générale des voyages, tome 10, in-4.°, p. 411. Si ce récit contient des exagérations, au moins ne peut-on douter maintenant de la vérité des principaux faits, puisqu'ils s'accordent avec ce qu'ont observé MM. Dussumier, voyageur digne de foi, et Calvo, amateur de la chasse, qui a résidé pendant quinze ans sur les lieux en qualité d'agent de la Compagnie des Philippines. Suivant ces messieurs, les tavons, dont le nom, en langage tagalle ou du pays, signifie *enfouir*, déposent effectivement leurs œufs dans le sable, et les y abandonnent à l'influence de la chaleur solaire ; mais, loin d'en mettre quarante à cinquante dans une même fosse, ainsi que le dit Gemelli Careri, chaque trou n'en renferme qu'un seul, et s'il est probable que ces oiseaux en pondent plusieurs, il ne l'est pas que le nombre de ces œufs puisse jamais, vu leur extrême grosseur, approcher de la quantité supposée. Du moment que le petit est éclos, il se met à courir, et la mère, disent les voyageurs modernes, ne paroit lui donner aucun soin, quoique le voyageur italien prétende le contraire, et ajoute même que par ses cris elle excite les petits à faire leurs efforts pour soulever le sable qui les couvre et s'approcher d'elle. On trouve quelquefois de petits tavons morts dans leur trou, qui étoit probablement d'une trop grande profondeur : mais, malgré la confiance que méritent les assertions de MM. Dussumier et Calvo, l'on ne peut s'empêcher de douter si le défaut absolu d'incubation, qui n'a pas lieu pour les autruches puisqu'elles se placent sur leurs œufs pendant les nuits trop fraiches, s'étend à d'autres espèces de tavons ou mégapodes, puisque l'île Boni, où MM. Quoy et Gaimard en ont rencontré, est couverte de bois, et que sa ceinture, toute madréporique, ne leur a offert aucune plage sablonneuse. Quoi qu'il en soit, MM. Dussumier et Calvo, qui ont trouvé parmi les tavons des individus noirs, d'autres roux, ont observé que tous, fort timides, courent très-vite à l'aspect des chasseurs, et vont se cacher dans les touffes de bambous, où ils restent long-temps. Le mégapode Reinwardt a paru à M. Dussumier de la même espèce que les tavons : mais il faudroit être à portée de comparer plusieurs individus de chacune pour en déterminer plus sûrement l'identité ou la différence, et peut-être alors jugera-t-on plus convenable de rendre au genre un nom connu depuis long-temps et qui existe dans tous les ouvrages d'histoire naturelle. (Ch. **D.**)

MÉGARE. (*Foss.*) On a donné le nom de *pierre de Mégare* à des pierres remplies de coquilles fossiles. LACHMUND, Oryct., pag. 45. (D. F.)

MÉGARIMA. (*Conchyl.*) Subdivision générique proposée par M. Rafinesque, Journ. de phys., t. 88, p. 427, pour quelques espèces de térébratules dont les valves sont presque égales, lisses, arrondies, transversales, rétrécies, sans auricules: l'ouverture arrondie ; une grande cavité arrondie, intérieure à la base, séparée en deux par une cloison longitudinale dans une des valves. M. Rafinesque rapporte à ce genre les *Ter. lævis*, *crassa*, *truncata*, etc. Voyez TÉRÉBRATULE. (DE B.)

MÉGASAC. (*Bot.*) Dans la Judée, suivant Rauwolf, on nommoit ainsi l'*astragalus tragacantha*, ou sa variété. (J.)

MÉGASTACHYA. (*Bot.*) Genre de plantes monocotylédones, à fleurs glumacées, de la famille des *graminées*, de la *triandrie digynie* de Linnæus; offrant pour caractère essentiel : Des fleurs disposées en une panicule rameuse ; les épillets composés de fleurs imbriquées sur deux rangs, au nombre de cinq à vingt, dans un calice bivalve; la valve inférieure

de la corolle échancrée à son sommet, mucronée au milieu
de l'échancrure ; la valve supérieure, bifide ou bidentée ;
trois étamines ; le style court, à deux divisions profondes ; les
stigmates velus ; les semences nues.

Ce genre a été établi par M. Palisot de Beauvois pour plusieurs espèces de *poa* (*paturin*) dont les principales sont :

MEGASTACHYA CILIÉ : *Megastachya ciliaris*, P. Beauv., *Agrost.,*
pag. 74 ; *Poa ciliaris*, Linn., Jacq., *Ic. rar.* Cette graminée
est une des plus jolies espèces de ce genre. Ses tiges sont
droites, glabres, menues, cylindriques, hautes d'un pied et
plus ; les feuilles petites, molles, glabres, étroites, aiguës,
garnies à l'orifice de leur gaine de cils blanchâtres et soyeux.
La panicule offre le port d'un épi étroit, serré, un peu
touffu, assez souvent interrompu, divisé en petits rameaux,
dont les pédoncules sont très-courts, ramifiés, soutenant des
épillets ovales, obtus, très-rapprochés, comme pelotonnés,
velus et ailés, d'un pourpre foncé, en contraste avec la
blancheur des cils ; chaque épillet contient environ dix fleurs
fort petites ; les valves de la corolle sont chargées d'un duvet
blanchâtre et de cils abondans. Cette plante croit dans l'A-
mérique méridionale ; on la cultive au Jardin du Roi à Paris.

MEGASTACHYA HYPNOÏDE : *Megastachya hypnoides*, P. Beauv.,
l. c. ; *Poa hypnoides*, Poir., Encycl. ; *Poa reptans*, Mich., *Fl.*
bor. Amer., *mas.* Cette espèce est une des plus singulières et
des plus remarquables de ce genre : elle a le port d'un *hyp-*
num, et se répand sur terre en longues traînées, comme les
mousses. Ses panicules nombreuses ont l'aspect de feuilles
imbriquées, très-courtes ; elles cachent entièrement les feuilles
et les tiges, qui rampent et s'élèvent peu ; elles sont grêles,
stolonifères ; à chaque nœud il croit une petite touffe de
feuilles molles, courtes, glabres, aiguës ; de leur centre s'élève
un chaume très-souvent nu, filiforme, à peine long d'un
demi-pouce, chargé d'un très-grand nombre de longs épillets
étroits, comprimés, presque sessiles, alternes, très-rapprochés, et comme disposés en éventail, la plupart un peu courbés à leur sommet, contenant environ cinquante à soixante
fleurs femelles, dont les valves sont glabres, minces, transparentes, aiguës, d'un vert blanchâtre, rangées très-agréa-
blement sur deux rangs par imbrication.

Les fleurs mâles, placées sur des pieds séparés, ont un aspect un peu différent : les tiges sont plus élevées : la panicule moins garnie, plus alongée, rameuse : les épillets plus étroits, filiformes, alongés, aigus, contenant environ douze à quinze fleurs, dont les valves sont oblongues, aiguës. Cette plante croit dans l'Amérique méridionale.

Il faut ajouter à ce genre les *Poa amabilis*, *badensis*, *elongata*, *polymorpha*, etc., Linn.; *Poa oblonga*, Mœnch; *Poa mucronata*, Beauv., Owar.; *Briza bipinnata*, Lamk.; *Briza eragrostis*, Linn.; *Briza multiflora*, Forsk., etc. (Poir.)

MÉGASTOMES, *Megastomatæ*. (*Conchyl.*) Dans son Système de conchyliologie, M. de Blainville a employé ce mot pour désigner les coquilles univalves dont l'ouverture entière est fort grande, proportionnément au reste de la coquille; telle est celle du sigaret, par exemple. Voyez Conchyliologie. (DE B.)

MÉGATHÈRE, *Megatherium*. (*Mamm.*) M. Cuvier a donné ce nom, qui signifie *grand animal*, à un genre de mammifères fossiles de l'ordre des édentés, qui comprend deux espèces, savoir : le Mégathère proprement dit, ou *Animal du Paraguay*, et le *Mégalonyx* de Jefferson.

Le squelette presque entier du premier de ces animaux est connu, et son examen a prouvé qu'il a plus de rapports avec celui des bradypes ou paresseux qu'avec aucun autre, particulièrement en ce qui a rapport au système dentaire, à la forme de la tête et à la composition des extrémités des quatre membres.

Quant au mégalonyx, on n'en a encore recueilli qu'une dent et des ossemens peu nombreux, appartenant aux membres; mais ces débris ont suffi pour reconnoître que ce quadrupède étoit fort voisin du mégathère proprement dit, quoiqu'en différant néanmoins spécifiquement.

Tous les deux avoient au moins la taille du bœuf : leurs membres étoient robustes et terminés par cinq gros doigts, dont quelques-uns seulement étoient pourvus d'un ongle énorme, arqué et crochu, comme le sont les ongles de quelques tatous, des fourmiliers et des bradypes. Le mégathère proprement dit, dont on peut se former une idée plus exacte que du mégalonyx, avoit la tête petite, le museau court,

MEG

peut-être terminé par une courte trompe, la bouche seulement garnie de molaires à couronne marquée de collines transversales; son cou étoit médiocrement court, son corps volumineux et lourd ; ses membres étoient très-robustes, et les antérieurs pourvus de clavicules très-robustes. Des observations récentes paroissent prouver que, s'il avoit des rapports avec les bradypes par les formes de sa tête et son système dentaire, et avec les fourmiliers par la conformation de ses extrémités, il en avoit aussi avec les tatous par la nature de ses tégumens; c'est-à-dire que sa peau, épaissie et comme ossifiée, étoit partagée en une foule d'écussons polygones et rapprochés les uns des autres comme les pièces qui entrent dans la composition d'une mosaïque.

La forme des molaires et la taille de ces animaux semblent indiquer qu'ils se nourrissoient de végétaux et sans doute de racines. La conformation de leurs membres doit faire juger qu'ils avoient une démarche lente et égale. Leurs débris n'ont encore été rencontrés qu'en Amérique.

Le Mégathère proprement dit (*Megatherium Cuvieri*, Desm., Mamm., n.° 579 ; *Mégathère*, Cuv., Mag. encycl., an 4 ; *Ejusd.* Ann. Mus., tom. V, page 376 ; *Animal du Paraguay*, Garriga et J. B. Bru) a été découvert vers la fin du siècle dernier. Le squelette presque entier, dont nous venons de parler, fut trouvé, à près de cent pieds de profondeur, dans des excavations faites au milieu du terrain d'alluvion des bords de la rivière de Luxan, à une lieue sud-est de la ville du même nom, laquelle est à trois lieues ouest-sud-ouest de Buenos-Ayres ; il fut envoyé au cabinet de Madrid, en 1789. Un second squelette, moins complet, fait partie de la même collection, et y fut envoyé de Lima, en 1795. Un troisième a été trouvé au Paraguay.

Bru, qui monta, à Madrid, le squelette de Buenos-Ayres, en fit graver de bonnes figures ; M. Cuvier développa ensuite, sur l'examen de ces figures, l'affinité de cet animal avec les paresseux et les autres édentés. Plus tard, Garriga, en traduisant en espagnol le travail de M. Cuvier, y joignit la description fort étendue et plus ancienne que Bru en avoit faite.

Plusieurs autres auteurs ont écrit sur le même sujet : Abildgaard, qui ne connoissoit pas les recherches de M. Cuvier, rapporta, comme lui, le mégathère à la famille des édentés ou des *bruta* de Linné ; Shaw adopta plus tard cette opinion, et MM. Lichtenstein et Faujas la combattirent sans succès. Depuis lors, un espace assez considérable de temps s'est écoulé, sans qu'il ait été rien ajouté à ce qu'on savoit sur cet animal fossile, et ce n'est que tout récemment que Don Damasio de Laranhaia a fait connoître à la Société philomatique la découverte de parties de têt analogues à celui des tatous, et qui paroissent avoir appartenu au mégathère.

Les formes générales de la tête du mégathère se rapprochent beaucoup de celles de la tête des bradypes ; mais le trait le plus frappant de ressemblance consiste dans l'existence d'une longue apophyse descendante, aplatie, placée à la base antérieure de l'arcade zygomatique. Cette arcade est entière, tandis que dans les bradypes elle est interrompue postérieurement. Le dessous de la mâchoire inférieure offre de chaque côté une saillie très-remarquable, dont on ne trouve d'analogue que celles, beaucoup moins senties, de la mâchoire inférieure des éléphans : la symphyse en est fort prolongée, ce qui rend le museau plus saillant que celui de l'aï et de l'unau. Les os propres du nez étant fort courts, comme ceux du tapir et de l'éléphant, il y a lieu de soupçonner l'existence d'une trompe : mais cette trompe devoit être courte, ce qu'indique la longueur assez considérable du cou. Il n'y a ni incisives ordinaires, ni défenses, ni canines ; les molaires, au nombre de quatre de chaque côté des mâchoires, sont rapprochées les unes des autres, prismatiques, carrées, et leur couronne présente deux collines transversales, séparées par un sillon (les bradypes ont les molaires écartées et précédées d'une canine en forme de pyramide à trois faces).

Les vertèbres cervicales paroissent avoir été au nombre de sept, comme dans l'unau, et non de neuf comme dans l'aï. On compte seize vertèbres dorsales et par conséquent seize paires de côtes : il y a trois vertèbres lombaires, et les vertèbres coccygiennes, dont la connoissance est due récemment à Don Damasio, sont assez nombreuses. Les os des îles forment un demi-bassin large et évasé, ce qui indique que le ventre étoit gros. Le pubis et l'ischion manquent au squelette de Madrid.

Les extrémités antérieures, plus longues, mais plus minces que les postérieures, qui sont très-épaisses, n'ont pas les proportions démesurées qu'on remarque dans celles de l'aï, et même de l'unau. Le fémur, plus gros relativement que celui d'aucun animal connu, même des pangolins, n'a en hauteur que le double de sa plus grande épaisseur. Le tibia et le péroné, aussi très-gros et très-courts, sont soudés par leurs deux extrémités. L'omoplate a les mêmes proportions que celle des bradypes. L'existence de la clavicule prouve, ainsi que la longueur des phalanges des doigts onguiculés, que les extrémités antérieures pouvoient être employées pour saisir et même pour grimper. L'humérus est très-large à sa partie inférieure, par le grand développement des crêtes auxquelles venoient s'attacher les muscles moteurs des doigts. Le radius, distinct du cubitus, pouvoit tourner librement sur lui ; l'apophyse olécrane a une saillie assez marquée. La main, qui appuyoit en entier sur le sol, a le métacarpe fort court et composé d'os séparés ; les trois doigts du milieu, fort gros et longs, sont terminés par une énorme phalange onguéale, dont l'extrémité est composée d'un axe conique et arqué qui portoit l'ongle, et d'une gaine profonde qui renfermoit la base de cet ongle et l'affermissoit ; les deux doigts latéraux, plus courts, paroissoient n'avoir pas d'ongle, et étoient sans doute rudimentaires. Les pieds de derrière, plus petits que ceux de devant, sont articulés avec le tibia par un large astragale, d'une manière beaucoup moins oblique que celui des bradypes ; ils n'ont. dans la figure du squelette de Madrid, qu'un seul de leurs doigts pourvu d'un grand ongle, comparable à ceux des pieds de devant ; ce doigt en a deux externes rudimentaires, et l'on n'en voit pas du côté intérieur. M. Cuvier soupçonne que ces pieds ne sont pas entièrement rétablis ; car l'observation lui a fait reconnoître comme une règle, dont il n'a pas encore trouvé d'exception, que tous les animaux onguiculés ont cinq doigts visibles ou rudimentaires. Il y a, d'après cela, lieu de croire que les deux doigts internes manquent, et il est possible que tous deux aient été pourvus d'ongle.

Les mesures qu'on a rapportées des diverses parties du mégathère, lui donnent à peu près la taille du rhinocéros.

Le Mégalonyx (*grands-ongles*) : *Megatherium Jeffersonii*, Desm., Mamm.. n." 580 : nommé ainsi par le célèbre président américain Jefferson, qui en a décrit, le premier, quelques ossemens, dans le n.° 50 des Transactions de la Société philosophique de Philadelphie, a été aussi l'objet des recherches de M. Cuvier, dans le tome V des Annales du Muséum, p. 558.

Les débris qu'on en a trouvés pour la première fois, en 1797, à une profondeur de deux ou trois pieds, dans une des cavernes des montagnes calcaires du comté de Greenbriar, dans l'ouest de la Virginie, consistent en ossemens d'extrémités, et notamment d'un pied de devant, dont l'identité des formes avec les parties analogues du mégathère est presque absolue; mais ces ossemens sont d'un tiers plus petits, quoiqu'ils portent tous les caractères de l'état adulte. Une dent rapportée d'Amérique par feu M. Palisot de Beauvois, a été reconnue par M. Cuvier pour être précisément et rigoureusement une dent de bradype : c'étoit un simple cylindre de substance osseuse, enveloppé dans un étui de substance émailleuse ; sa couronne étoit creuse dans son milieu, avec des rebords saillans : relativement à la forme de cette dent, le mégalonyx différoit notablement du mégathère, chez lequel les molaires ont la couronne marquée de collines transversales.

Dans son Mémoire sur le mégalonyx, M. Cuvier a donné les détails les plus minutieux sur les formes et les rapports de position de ces différens débris ; il s'est attaché surtout à démontrer la similitude qu'ils ont avec les parties analogues des fourmiliers et surtout des bradypes, et il a discuté et réfuté l'opinion de M. Jefferson et de M. Faujas, qui considéroient le mégalonyx comme un grand carnassier à griffes acérées, appartenant peut-être au genre des Chats ; il a surtout fait la comparaison des phalanges onguéales du lion avec celles du mégalonyx, et montré que leur différence est énorme, tandis qu'entre les dernières et celles des édentés on trouve beaucoup d'analogie.

Assez récemment, M. Clinton, de New-York, a émis l'idée que les débris du mégalonyx appartiennent à l'espèce vivante du grand ours gris d'Amérique ; mais il ne soutient pas cette opinion par une comparaison exacte et détaillée de ces débris avec leurs parties correspondantes, ainsi qu'il auroit été utile de le faire. Il se borne à remarquer que les ossemens de mégalonyx ne sont pas réellement fossiles, parce qu'ils ont été découverts à peu de profondeur dans la terre meuble de plusieurs cavernes des États-Unis ; que la taille du mégalonyx est à peu près la même que celle de l'ours gris (celle du bœuf), et que le dernier doit avoir des phalanges onguéales très-robustes pour porter les ongles énormes dont il est pourvu.

Si l'ours gris ne diffère pas plus des autres ours sous le rapport des formes des os des extrémités, que ceux-ci ne diffèrent entre eux, ce qui est très-probable, l'idée émise par M. Clinton se trouveroit totalement détruite par la simple comparaison de ces os avec ceux des extrémités du mégalonyx.

En définitive, M. Cuvier rapproche le mégalonyx du mégathère, et considère ces deux animaux comme devant former un genre intermédiaire à ceux des bradypes ou paresseux et des fourmiliers. Il les considère tous deux comme herbivores, et le mégalonyx particulièrement comme un herbivore à la manière des paresseux, puisqu'il avoit les dents faites comme eux. De la ressemblance de leurs pieds il conclut qu'ils avoient la même démarche, les mêmes mouvemens, aux différences près que devoit entraîner celle du volume, qui étoit si considérable : « Ainsi, dit-il, le mégalonyx aura grimpé rarement sur les arbres, parce qu'il en aura rarement trouvé d'assez gros pour le porter ; » et cette différence d'habitudes avec les bradypes ne lui paroît pas plus surprenante que celle qui existe dans les habitudes des animaux du genre des Chats, dont les petites espèces, telles que celles du chat sauvage et du lynx, grimpent avec facilité sur les arbres, tandis que les grosses, telles que le lion et le tigre, n'y montent guère. (Desm.)

MÉGATOME, *Megatoma*. (*Entom.*) Nom d'un petit genre d'insectes, que Herbst a décrit dans le septième volume de son ouvrage allemand sur les coléoptères : il a été formé aux dépens de quelques espèces de dermestes, telles que celles nommées par Schæffer ondé, scie, pattes-noires, etc. Voyez Dermeste. (C. D.)

MÉGÈRE. (*Entom.*) Nom d'une espèce de lépidoptères du genre Papillon. (C. D.)

MEGGA. (*Bot.*) Voyez Mioga. (J.)

MÉGILLE, *Megilla.* (*Entom.*) Ce nom de genre a été appliqué par Fabricius à une division d'insectes hyménoptères, de la famille des mellites, que M. Latreille avoit déjà indiqué, d'abord sous le nom de *podalirie*, puis sous celui d'*anthophore*. Ce sont des abeilles telles que celles qui ont été décrites par la plupart des auteurs sous le nom de *pilipes, acervorum, tumulorum, parietina*, etc. (C. D.)

MÉGISTANES. (*Ornith.*) M. Vieillot donne ce nom à une famille d'échassiers de sa tribu des di-tridactyles, oiseaux à deux ou trois doigts antérieurs, laquelle comprend l'autruche, le casoar, etc. (Ch. D.)

MÉGUSA. (*Bot.*) Nom japonois, cité par M. Thunberg, d'une véronique à feuilles opposées et à tige traçante, poussant des racines de chaque articulation, laquelle croit dans l'eau : il est probable que c'est une espèce voisine du beccabunga. (J.)

MEGUSON, MACJON. (*Bot.*) Noms donnés dans les Pays-Bas et le Nord de la France à la racine tubéreuse d'une gesse, *lathyrus tuberosus*, qui est très-cultivée dans ces pays. Cette racine est noire et de la grosseur du gland ; ce qui l'a fait aussi nommer *gland de terre*. Elle a le goût de la châtaigne. On l'apprête de diverses manières. Les cochons et autres animaux la mangent avec avidité. Elle est encore nommée *macusson* dans la Champagne, et *chourle* dans la Picardie. (J.)

MEHARREKA. (*Bot.*) Nom arabe de l'*urtica divaricata* de Forskal, *urtica hirsuta* de Vahl. Il donne le même nom à son *jatropha pungens*. (J.)

MEHAT-ABJAD. (*Bot.*) Nom arabe d'un cadelari, *achyranthes decumbens* de Forskal. (J.)

MEHENBETENE. (*Bot.*) Le fruit du *canarium commune*, Linn., est ainsi désigné dans les ouvrages des Bauhin, Matthiole, Clusius, Lobel, etc. (Lem.)

M-HAH. (*Bot.*) Nom arabe de l'*andropogon bicorne*, cité par Forskal. (J.)

MEIBOMIA. (*Bot.*) Sous ce nom Heister séparoit du genre *Hedysarum* de Linnæus les espèces à feuilles ternées. Adanson appliquoit spécialement ce nom à l'*hedysarum canadense*, ainsi que Scopoli, qui a copié son caractère ; mais aucun ne décrit exactement la forme de la gousse, qui, rétrécie d'un seul côté par des étranglemens multipliés et presque égaux, peut fournir une bonne distinction générique. (J.)

MEILLAUQUE. (*Bot.*) Vieux nom françois du sorgho. (Lem.)

MEIMENDRO. (*Bot.*) Nom portugais de la jusquiame, selon Vandelli. (J.)

MEINELECATI. (*Bot.*) Nom caraïbe de la sensitive, cité par Surian. (J.)

MEIONITE. (*Min.*) Cette substance minérale, qui fut décrite pour la première fois par Romé de Lisle, sous la dénomination de *hyacinthe blanche de la Somma*, ne s'est encore trouvée que dans les déjections du Vésuve : elle est peu apparente, et se confond aisément avec le felspath blanc, auquel on la voit souvent associée.

La meionite se présente ordinairement sous la forme de très-petits cristaux incolores, blancs ou grisâtres, implantés ou serrés dans les cavités d'une roche micacée ou d'un calcaire lamellaire. Ces cristaux, étudiés avec attention, présentent des prismes droits à quatre ou à huit pans, terminés par des pyramides très-surbaissées, à quatre ou à huit faces, reposant tantôt sur les pans, tantôt sur les arêtes de ce même prisme, dont le noyau est un prisme à quatre pans, aplati et symétrique. La meionite raye le verre ; sa cassure est éclatante et ondulée, surtout dans le sens perpendiculaire aux pans de ses cristaux ; sa pesanteur spécifique est de 2,6 : mais son caractère physique le plus tranché, et celui qui peut à lui seul faire distinguer ce minéral non cristallisé des autres minéraux blancs qui lui sont associés, c'est la facilité avec laquelle il se fond au chalumeau en un émail spongieux et blanchâtre ; fusion qui est accompagnée d'un bruissement et d'un boursouflement très-remarquables.

L'analyse de la meionite, faite par M. Arfwedson, a donné :

Silice	56,70
Alumine	19,95
Potasse	21,40
Chaux	1,55
Oxide de fer	0,40
	101,80

Les principales variétés cristallines de ce minéral sont les suivantes :

Méionite dodécaèdre, composée d'un prisme à quatre pans, terminé par deux pyramides à quatre faces rhomboïdales. Aux angles près c'est la même forme que celle du zircon hyacinthe dodécaèdre.

Méionite dioctaèdre ; la même que la précédente, avec l'addition de quatre pans sur les quatre arêtes du prisme, ce qui change les faces rhomboïdales des pyramides en faces pentagonales.

Les *Méionites triplante, trioctaèdre* et *soustractive*, dérivent des deux variétés précédentes. avec l'addition de quelques facettes sur le pourtour du prisme ou des pyramides.

Enfin, la *Méionite granuliforme* n'est qu'un assemblage de cristaux imparfaits et pressés, formant quelquefois de petites masses qui rappellent la contexture de certaines pierres calcaires grenues.

La méionite, comme nous l'avons déjà dit, se trouve en petits cristaux parmi les roches de cette partie du Vésuve qui porte le nom de *Somma*. Elle est accompagnée de plusieurs minéraux très-remarquables par leur rareté, leurs belles couleurs, la perfection de leurs formes cristallines. Jusqu'ici elle ne s'est encore trouvée que dans cette localité.

M. Leman, à qui nous devons sans contredit la meilleure description de la méionite, dont il semble avoir fait une étude particulière sur la collection de Dolomieu, avoit cru devoir en rapprocher une autre substance rose, lamelleuse et fusible, qui se trouve en rognons dans la lave des carrières de Capo di Bove près Rome; mais, actuellement que nous possédons une analyse de la méionite, il n'est plus permis de songer à ce rapprochement, puisque la méionite contient 21.40 de potasse, et seulement 1,55 de chaux, tandis que le minéral de Capo di Bove ne contient pas un atome de potasse et renferme 36 de chaux. M. Leman avoit au reste prévu d'avance que cette substance n'étoit point une méionite, malgré son analogie extérieure, puisqu'il proposoit de la nommer *wollastonite*, espèce que Haüy a placée immédiatement après le pyroxène dans la seconde édition de son Traité de minéralogie. (BRARD.)

MEISCE. (*Bot.*) Selon Rauwolf, Avicenne désignoit sous ce nom un haricot, *phaseolus max*, auquel Sérapion donnoit celui de *mes*, et Clusius celui de *mungo*. (J.)

MEISE ou MEISS. (*Ornith.*) Nom générique des mésanges, *parus*, Linn., en allemand. (CH. D.)

MEISTERIA. (*Bot.*) Scopoli a substitué ce nom à celui de *pacourina*, donné par Aublet à un de ses genres de la famille des cinarocéphales. Willdenow l'a nommé *haynea*. (J.)

MEJAHŒSE. (*Bot.*) Nom arabe d'une fougère que Forskal nommoit *acrostichum dichotomum*, que Vahl rapportoit à l'*acrostichum australe*, et que plus récemment Swartz a nommée *asplenium radiatum*. Forskal dit que dans l'Arabie on applique avec succès sur les brûlures ses feuilles broyées. (J.)

MEJANE. (*Ichthyol.*) On donne vulgairement ce nom à la dorade dans son premier âge. Voyez DAURADE et SPARE. (H. C.)

MEJEANS. (*Ornith.*) Ce mot est cité, dans le Nouveau Dictionnaire d'histoire naturelle, comme étant le nom provençal d'un grèbe. (CH. D.)

MEKALEFAH. (*Ornith.*) Nom arabe du *gypaète* ou *phène*, *vultur barbatus*, Gmel. (CH. D.)

MEKARAL. (*Bot.*) Hermann cite ce nom pour un haricot de Ceilan, dont il ne donne aucune désignation. (J.)

MEKATKAT. (*Bot.*) Nom arabe, selon Forskal, de son *senecio lyratus*, qui est le *senecio auriculatus* de Vahl. (J.)

MEKATKATA, MENECKETE. (*Bot.*) Noms arabes du *phyllanthes niruri*, suivant Forskal. (J.)

MEKISEWE PAUPASTAOW. (*Ornith.*) Suivant M. Vieillot, Hist. nat. des oiseaux de l'Amér. sept., tom. 2, p. 65. les naturels de la baie de Hudson nomment ainsi l'épeiche ou pic varié de la Caroline, Buffon, *picus varius*, Linn. (CH. D.)

MEL. (*Bot.*) En Languedoc on donne ce nom aux millets. (L. D.)

MELACRANIS. (*Bot.*) Voyez MELANCRANIS. (POIR.)

MELADOS. (*Mamm.*) On a donné ce nom à des chevaux dont la robe est blanche, dont les yeux sont bleus, et qui ont les lèvres et le bout du nez souvent couverts de ladre ou de dartres furfuracées. (DESM.)

MÉLAGASTRE. (*Ichthyol.*) Nom spécifique d'un labre que nous avons décrit dans ce Dictionnaire, tome XXV, p. 56. (H. C.)

MÉLAGRORYPHOS. (*Ornith.*) L'oiseau désigné par ce nom dans Aristote a été rapporté à la petite mésange noire. *parus ater*, Linn. (Ch. D.)

MÉLALEUQUE, *Melaleuca.* (*Bot.*) Genre de plantes dicotylédones, à fleurs complètes, polypétalées, de la famille des *myrtées*, de la *monadelphie polyandrie* de Linnæus: offrant pour caractère essentiel : Un calice à cinq divisions; cinq pétales insérés à l'orifice du calice; des étamines nombreuses, réunies en cinq faisceaux; les anthères à deux lobes; un ovaire inférieur; un style; un stigmate simple; une capsule faisant corps avec le calice, à trois valves, à trois loges polyspermes.

Ce genre est intéressant par les belles espèces qu'il renferme, presque toutes provenues de la Nouvelle-Hollande. Il a de grands rapports avec les *Metrosideros*, dont il diffère par ses étamines réunies en plusieurs paquets. L'affinité qui existe entre ces deux genres et le *Leptospermum*, a occasioné le déplacement de plusieurs espèces transportées d'un genre à l'autre. (Voyez Leptosperme et Metrosideros.)

La plupart des espèces de *melaleuca* sont aujourd'hui cultivées, comme plantes d'ornement, dans un grand nombre de jardins : elles réussissent bien dans du terreau de bruyère mélangé avec de la terre franche. On les multiplie de drageons et de marcottes, quelquefois aussi de boutures, et même de graines : mais il faut attendre trois ou quatre ans pour qu'elles soient parfaitement mûres, époque indiquée par l'ouverture naturelle des capsules. Il est à remarquer que, d'une autre part, les feuilles sont persistantes : circonstance qui vient à l'appui d'une opinion que j'ai exposée dans les *Leçons de Flore*, vol. 1, pag. 120, sur la cause de la persistance des feuilles dans les arbres dont les fruits exigent une ou plusieurs années pour leur maturité, et par suite le secours des feuilles. Ces plantes veulent être abritées du froid pendant l'hiver. Comme le froid à deux ou trois degrés au-dessous de zéro ne leur est pas nuisible, il est à croire qu'on pourroit les conserver en pleine terre dans les climats plus tempérés que celui de Paris.

MÉLALEUQUE A BOIS BLANC: *Melaleuca leucadendron*, Linn.;
Lamk., *Ill. gen.*, tab. 641, fig. 4; Rumph., *Amb.*, 2, p. 72,
tab. 16 et tab. 17, fig. 1; Gærtn., *De fruct.*, tab. 55. Arbre
de cinquante à soixante pieds, dont le tronc est noirâtre,
surtout à sa partie inférieure, revêtu d'une écorce de la
nature du liége; les branches blanches, ainsi que les rameaux
très-déliés, garnis de feuilles alternes, presque sessiles, ovales-
lancéolées, entières, aiguës à leurs deux extrémités, glabres,
d'un vert pâle, un peu courbées en faucille, marquées de
cinq nervures, longues de quatre à cinq pouces; les fleurs
odorantes, éparses autour des rameaux, sessiles, presque
agglomérées; la corolle fort petite; les pétales blancs, concaves; les filamens des étamines très-longs; les anthères petites, jaunâtres: les capsules de couleur cendrée, urcéolées,
de la grosseur d'un grain de coriandre, à trois loges, remplies de semences brunes, fort petites, semblables à des
paillettes.

Cet arbre croît dans les Indes orientales : on le cultive au
Jardin du Roi. Son bois est employé, dans les Indes, pour
la construction des vaisseaux : il est dur, pesant, et se conserve assez long-temps dans l'eau de mer : il est difficile de
l'employer à d'autres usages, ayant le défaut de se fendre
trop aisément, et de ne pas se prêter au poli. Son écorce
tient de la nature du liége; elle se régénère comme lui,
et se gonfle dans l'eau : on s'en sert en guise d'étoupes pour
calfater les vaisseaux. On retire de ses feuilles, par le moyen
de la distillation, une huile que l'on nomme *huile de cajaput*;
elle est de couleur verte, d'une odeur approchante de celle
de la térébenthine, d'une saveur assez semblable à celle de
la *menthe poivrée*, mais plus forte; elle occasionne une sensation de froid plus sensible. Elle est rare, et presque toujours
sophistiquée lorsqu'elle nous arrive en Europe : elle passe
pour carminative, emménagogue. M. Bosc assure, d'après sa
propre expérience, qu'elle a la propriété de garantir les
animaux empaillés du ravage des insectes.

Il ne faut pas confondre avec cette espèce, comme on
l'avoit fait d'abord, le *Melaleuca viridiflora*, Gærtn., *De fruct.*,
tab. 55; Lamk., *Ill. gen.*, tab. 641, fig. 3. Ses feuilles sont
plus épaisses, plus roides, non courbées en faucille, coriaces,

lancéolées, d'un vert plus pâle : les rameaux et les pétioles
pubescens dans leur jeunesse : les fleurs verdâtres, plus rapprochées, formant, par leur rapprochement sur les rameaux,
une sorte de grappe touffue. Cette espèce croît à la Nouvelle-
Hollande et dans la Nouvelle-Calédonie.

MÉLALEUQUE A FEUILLES DE STYPHÉLIE ; *Melaleuca stypheloides*.
Smith, *Act. soc. Linn. Lond.*, 3, pag. 275. Arbrisseau de
la Nouvelle-Hollande, que l'on cultive au Jardin du Roi.
Ses rameaux sont velus dans leur jeunesse ; ils deviennent
glabres en vieillissant. Les feuilles sont éparses, alternes, sessiles, glabres, petites, ovales, un peu arrondies, très-aiguës
et piquantes à leur sommet, marquées de sept nervures,
parsemées de points transparens ; les fleurs disposées en
forme de grappes sur les jeunes rameaux ; les dents du calice striées et mucronées.

MÉLALEUQUE A FEUILLES DE BRUYÈRE : *Melaleuca ericifolia;*
Vent., Malm., tab. 76 ; Smith, *Bot. exot.*, tab. 54 : Andr.,
Bot. repos., tab. 175 ; *Melaleuca armillaris*, Cavan., *Ic. rar.*,
4, tab. 535. Arbrisseau de cinq à six pieds, dont les tiges
sont droites, d'un gris cendré ; les rameaux effilés ; les feuilles
éparses, linéaires, ponctuées, un peu courbées à leur sommet, d'une odeur et d'une saveur aromatique ; les fleurs
sessiles, très-serrées, rougeâtres avant leur épanouissement,
puis d'un blanc sâle, répandant une odeur de miel, réunies
sur les vieux bois autour d'un axe écailleux, rougeâtre,
garni de bractées ovales, pubescentes, rougeâtres ; le calice
glabre et ponctué : les pétales ovales, concaves, obtus ; les
étamines réunies en faisceaux deux fois plus longs que les
pétales ; les anthères vacillantes, à quatre sillons ; l'ovaire
globuleux, parsemé de poils courts, peu apparens. Cette
plante croît à la Nouvelle-Hollande ; on la cultive au Jardin
du Roi.

MÉLALEUQUE NOUEUSE : *Melaleuca nodosa*, Smith, *Bot. exot.*
tab. 35 ; Vent., Malm., v. 2. tab. 112 ; *Metrosideros nodosa*,
Cavan., *Icon. rar.*, 4, tab. 334 ; Gærtn., *De fruct.*, t. 34.
Ses tiges sont hautes de trois à quatre pieds, divisées en rameaux peu ouverts, rougeâtres, articulés, un peu pileux,
garnis de feuilles nombreuses, alternes, linéaires, presque
sessiles, glabres, mucronées et piquantes à leur sommet.

médiocrement ponctuées, longues d'environ un pouce ; les
fleurs petites, situées vers le sommet des rameaux, rapprochées en une tête globuleuse, sessile, répandant une odeur
de cerfeuil ; les bractées brunes, très-caduques ; le calice
globuleux, à cinq dents courtes : la corolle blanchâtre avec
une légère teinte de rose ; les capsules globuleuses, à trois
loges, s'ouvrant à leur sommet en trois valves ; les semences
nombreuses, cunéiformes.

Cette plante croit au port Jackson, dans la Nouvelle-
Hollande.

MÉLALEUQUE A FEUILLES DE MYRTE : *Melaleuca myrtifolia;* Vent.,
Malm., tab. 47 ; *Melaleuca squarrosa*, Labill., *Nov. Holl.*, 2,
tab. 169. Cette espèce est particulièrement recherchée pour
la beauté de son port, de son feuillage, et de ses fleurs d'un
rouge vif, disposées en paquets serrés le long des rameaux.
Dans nos jardins c'est un arbrisseau de trois ou quatre pieds,
dont les rameaux sont opposés, tétragones, d'un brun rougeâtre : c'est dans son pays natal, d'après M. de Labillardière, un arbre de cinquante à soixante pieds ; ses feuilles
sont presque sessiles, éparses ou opposées, ovales, concaves,
aiguës, très-entières, ponctuées, à cinq ou sept nervures,
un peu pileuses dans leur jeunesse, assez semblables à celles
du petit myrte commun. Les fleurs sont disposées en épis
très-serrés, situés dans la partie supérieure des jeunes pousses,
réunies trois par trois dans l'aisselle d'une bractée pubescente :
elles sont d'un jaune de soufre, et répandent une odeur très-
agréable, ainsi que les feuilles quand on les froisse. Le calice est glabre, à cinq découpures obtuses : les pétales concaves, d'un blanc de lait, d'après M. de Labillardière ; les
filamens d'un jaune pâle ; les anthères vacillantes, à quatre
sillons ; l'ovaire globuleux, couvert de poils très-blancs ; les
capsules de la grosseur d'un grain de poivre.

Cet arbrisseau est originaire de la Nouvelle-Hollande et
des îles de la mer du Sud ; on le cultive au Jardin du Roi :
il fleurit vers la fin du printemps.

MÉLALEUQUE GIBBEUSE : *Melaleuca gibbosa;* Labill., *Nov. Holl.*,
2, pag. 30, tab. 172. Arbrisseau de huit à neuf pouces de
haut et plus, chargé de rameaux nombreux, entrelacés, glabres, cendrés ; les feuilles sont sessiles, opposées, presque

imbriquées, courtes, épaisses, ovales, longues de deux lignes, courbées en faucille, à trois nervures, repliées à leurs
bords, glabres, obtuses, parsemées en-dessous de points glanduleux. Les fleurs sont très-rapprochées, latérales et terminales, presque enfoncées dans une portion renflée des rameaux ; les découpures du calice obtuses ; les pétales ovales ;
le stigmate presque globuleux ; les capsules enfoncées dans
le calice dilaté et fongueux : le pistil avorte dans quelques
fleurs.

Cette plante croît au cap Van-Diémen.

MÉLALEUQUE A FEUILLES DE THYM : *Melaleuca thymifolia*; Smith,
Exot. bot., t. 56 ; *Melaleuca gnidiæfolia*, Vent., Malm., t. 4 ;
Melaleuca coronata, Andr., *Bot. repos.*, tab. 278. Arbrisseau
aromatique, d'un aspect gracieux, dont les tiges sont hautes
de deux ou trois pieds, grêles, très-rameuses, de couleur
cendrée : les rameaux bruns, opposés, s'élevant en pyramide,
garnis de glandes concaves et d'écailles membraneuses. Les
feuilles sont opposées, presque sessiles, très-rapprochées,
glabres, lancéolées, aiguës, d'un vert tendre, à trois nervures, longues de trois à quatre lignes, répandant une odeur
aromatique lorsqu'on les froisse entre les doigts ; les fleurs
sont peu nombreuses, sessiles, de couleur violette ; les bractées ovales, ponctuées ; le calice glabre, à cinq lobes ovales ;
les pétales concaves, ponctués ; les étamines réunies en cinq
paquets, chaque paquet formant une petite colonne de couleur violette, opposée aux pétales ; les filamens rameux ;
l'ovaire globuleux, enfoncé dans un disque charnu.

Cet arbrisseau croît à la Nouvelle-Hollande.

MÉLALEUQUE A FEUILLES DE MILLEPERTUIS : *Melaleuca hyperici-
folia*, Vent., Jard. Cels., t. 10 ; Andr., *Bot. repos.*, t. 200.
Arbrisseau très-élégant, remarquable par la beauté de ses
fleurs, dont les tiges sont très-rameuses, lisses, cendrées,
hautes de quatre à cinq pieds ; les rameaux souples, un peu
anguleux, rougeâtres ; les feuilles sessiles, opposées, coriaces, ovales-oblongues, d'une odeur agréable ; les fleurs sessiles, nombreuses, réunies en un épi court, touffu ; les bractées d'un rouge vif, très-caduques ; le calice tubulé ; ses
découpures ovales, blanches en dedans ; les pétales de la
longueur du calice ; les étamines réunies presque dans toute

leur longueur en cinq faisceaux alongés, divisés à leur sommet en une petite houpe. soutenant des anthères vacillantes et noirâtres.

Cet arbrisseau croit à la Nouvelle-Hollande.

MÉLALEUQUE A FEUILLES ELLIPTIQUES; *Melaleuca elliptica*, Lab., *Nov. Holl.*, tab. 173. Arbrisseau de six pieds, dont les rameaux sont glabres, étalés, un peu tuberculés; les feuilles opposées, médiocrement pétiolées, ovales, elliptiques. longues de quatre à six lignes, très-obtuses, chargées en-dessous de points glanduleux et saillans; les fleurs réunies en épis alongés: le calice un peu tomenteux, parsemé de points enfoncés; ses découpures obtuses, persistantes; les pétales oblongs, un peu onguiculés; le stigmate concave; les capsules turbinées.

Cette plante croit à la terre Van-Leuwin, à la Nouvelle-Hollande. (Poir.)

MÉLAMBO. (*Bot.*) C'est une écorce qu'on emploie en médecine; elle est amère; on l'apporte des contrées méridionales d'Amérique, et elle paroit produite par un arbre de la famille des magnoliacées. (Lem.)

MÉLAMPE, *Melampus*. (*Conchyl.*) M. Denys de Montfort, sous ce nom, est le premier qui ait proposé de faire un genre distinct avec le bulime coniforme de Bruguières, espèce si voisine des auricules que M. de Lamarck, qui pendant quelque temps avoit cru devoir aussi établir ce genre sous la dénomination de Conovule et qui l'a même figuré sous ce nom dans les planches de l'Encyclopédie méthodique, a définitivement inséré cette espèce dans la seconde section des auricules (Anim. sans vert., 2.ᵉ éd., tom. VI, 2.ᵉ part., p. 141). Peut-être eût-elle été encore mieux placée dans son genre Tornatelle ou Piétin d'Adanson : en effet, d'après ce que M. Say dit de l'animal du mélampe, il a le pied partagé en deux talons par un sillon transverse. M. Denys de Montfort caractérisoit ce genre d'après la forme conoïde de la coquille, et parce que l'ouverture entière, étroite, alongée, a sa lèvre externe tranchante, dentée, et l'interne ou columellaire marquée de trois plis. Le type de ce genre est une petite coquille dont Linnæus faisoit une espèce de volute, *V. coffea* : elle est blanche, fasciée de brun, assez épaisse et rarement d'un pouce de longueur ; on la trouve, à ce qu'il paroît, sur toute la côte orientale des deux Amériques. M. Denys de Montfort cite particulièrement le rocher du Connétable, qui est en avant de la rade de Cayenne. Voyez PIÉTIN et TORNATELLE. (DE B.)

MELAMPELOS et MELAMPELON. (*Bot.*) Deux noms donnés à la pariétaire chez les anciens Grecs. (LEM.)

MELAMPHYLLON. (*Bot.*) Voyez HERPACANTHA. (J.)

MÉLAMPODE. *Melampodium.* (*Bot.*) Genre de plantes dicotylédones, à fleurs composées, de la famille des *corymbifères*, de la *syngénésie polygamie nécessaire*, dont le caractère essentiel consiste dans des fleurs radiées ; le calice commun à cinq folioles égales ; les fleurons du disque mâles, à cinq étamines syngénèses ; les demi-fleurons de la circonférence femelles ; un ovaire inférieur ; un style simple ; le réceptacle conique, couvert de paillettes ; les semences tétragones, enveloppées dans une écaille en capuchon.

Le genre *Dysodium* a été réuni à ce genre par quelques auteurs ; d'autres l'en ont séparé. (Voyez DYSODE.)

MÉLAMPODE D'AMÉRIQUE ; *Melampodium americanum*, Linn., Lamk., *Ill. gen.*, tab. 715 ; Gærtn., *de Fruct.*, tab. 169 ; Banks, *Reliq. Houst.*, 9, tab. 21. Cette plante a des tiges chargées de poils et divisées par nœuds, garnies de feuilles opposées, linéaires-lancéolées, avec deux grandes dents de chaque côté, très-entières, parsemées de points blancs, blanches et tomenteuses en-dessous. Un pédoncule filiforme, terminal et pileux, soutient une fleur jaune ; elle produit des semences bombées sur le dos, légèrement arquées, couronnées par une membrane oblique, jaunâtre, à bords roulés en dedans.

Cette plante croît à la Vera-Cruz.

MÉLAMPODE SOYEUX ; *Melampodium sericeum*, Kunth, *in* Humb. *Nov. gen.*, 4. p. 272. Ses tiges sont ligneuses, droites ou tombantes, hautes d'environ un pied ; les rameaux glabres, opposés, pubescens et velus dans leur jeunesse ; les feuilles sont sessiles, opposées, linéaires-lancéolées, très-entières, soyeuses, argentées et presque lanugineuses en-dessous, vertes, pubescentes et soyeuses en-dessus. Les fleurs sont réunies presque en corymbe sur de longs pédoncules à l'extrémité des rameaux, de la grandeur de celles de la camomille ; le calice commun hémisphérique, à cinq folioles ovales, aiguës, en coin ; la corolle d'un jaune orangé ; le réceptacle conique, garni de paillettes linéaires, en carène, dilatées, ondulées au sommet, un peu velues sur le dos.

Cette plante croit dans la Nouvelle-Espagne, près de la ville de Tasco.

MÉLAMPODE A LONGUES FEUILLES ; *Melampodium longifolium*, Willd., *Enum.*, 2, pag. 934. Cette plante a des tiges droites, annuelles, hautes de deux pieds, légèrement pubescentes, dichotomes, garnies de feuilles sessiles, opposées, lancéolées, presque en cœur, entières, spatulées, quelquefois un peu dentées, longues d'un à deux pouces ; les supérieures un peu anguleuses ; les pédoncules solitaires, uniflores, ailés à leurs bords ; le calice composé de cinq folioles ; le réceptacle conique, garni de paillettes ; les semences surmontées d'une écaille roulée en dedans.

Cette plante croit au Mexique ; on la cultive au Jardin du Roi.

MÉLAMPODE A TIGE BASSE ; *Melampodium humile*, Swartz, *Fl. Ind. occid.*, 3, p. 1370. Plante de la Jamaïque, annuelle, très-commune, tant aux lieux incultes que cultivés. Au rapport de M. Swartz, elle gêne beaucoup la culture : ses semences sont très-nuisibles aux oiseaux de basse-cour. Ses racines sont petites et fibreuses ; ses tiges droites, rameuses, à peine longues d'un pied, cylindriques, rougeâtres, velues ; les feuilles sessiles, opposées, légèrement pubescentes, découpées en lyre ; le lobe terminal très-grand, ovale, presque hasté, inégalement denté ; les fleurs jaunes, solitaires, axillaires, médiocrement pédonculées ; les folioles du calice ovales, concaves, pubescentes ; quatre à cinq demi-fleurons linéaires ; six à huit fleurons dans le disque ; les anthères noires ; les semences trigones, un peu comprimées, cunéiformes, hérissées sur leurs angles d'aiguillons crochus, terminées par deux épines ; les paillettes petites, lancéolées.

MÉLAMPODE AUSTRAL ; *Melampodium australe*, Linn., Lœfl., *Itin.*, 268. Ses tiges sont diffuses, couchées, étalées dans tous les sens, longues d'environ sept pouces, un peu pubescentes ; les rameaux opposés, ascendans ; les feuilles pétiolées, opposées, ovales, obtuses, légèrement dentées à leur partie supérieure. Les fleurs sont jaunes, terminales, axillaires ou placées dans la bifurcation des rameaux, solitaires, presque sessiles; le disque occupé par quatre à huit fleurons terminés par deux dents; les demi-fleurons courts, filiformes, au nombre de cinq à huit; les semences un peu comprimées, sillonnées latéralement, pileuses; le réceptacle garni de paillettes concaves, oblongues.

Cette plante croît en Amérique, aux environs de Cumana. (Poir.)

MÉLAMIODIUM. (*Bot.*) Adanson avoit réuni ce genre de composée, ainsi que le *chrysogonum*, à son genre *Cargilla*, lequel n'a pas été adopté. (J.)

MÉLAMPUS. (*Ornith.*) L'oiseau qui porte ce nom dans Gesner, Aldrovande et Willughby, est la glaréole tachetée, *glareola nævia*, Linn. (Ch. D.)

MÉLAMPYRE. *Melampyrum*, Linn. (*Bot.*) Genre de plantes dicotylédones, de la famille des *rhinanthées*, Juss., et de la *didynamie angiospermie*, Linn., dont les principaux caractères sont les suivans: Calice monophylle, tubuleux, à quatre découpures; corolle monopétale, à tube oblong et à limbe comprimé, partagé en deux lèvres, dont la supérieure en casque et ayant ses bords réfléchis, l'inférieure trifide; quatre étamines didynames; un ovaire supère, ovale, surmonté d'un style filiforme, terminé par un stigmate obtus; une capsule ovale, oblique, acuminée, à deux valves, à deux loges séparées par une cloison opposée aux valves, et contenant chacune deux graines gibbeuses.

Les mélampyres sont des plantes herbacées, annuelles, dont les feuilles sont simples, opposées, et les fleurs situées dans les aisselles des feuilles supérieures, ou disposées en épis terminaux, garnis de bractées. On en connoît une dixaine d'espèces, dont la plus grande partie croît naturellement en Europe. Elles présentent toutes dans leur port des convenances qui ont été senties par tous les botanistes. Ces plantes prennent communément, en se desséchant, une couleur noirâtre, qui leur donne, dans l'herbier, un aspect désagréable; et l'on ne peut guère prévenir en partie cet inconvénient, qu'en leur enlevant promptement leur humidité, en les mettant entre des papiers très-secs, qu'on change plu-

sieurs fois le jour, ou même en hâtant encore plus leur dessiccation à l'aide d'un fer chaud, passé à plusieurs reprises
sur les papiers dans lesquels elles sont placées.

Le nom de *Melampyrum* est formé de deux mots grecs,
μελασ, *noir*, et πυρος, *blé* : il paroit avoir été donné aux
plantes de ce genre, parce que leurs graines ont en quelque
sorte la forme d'un grain de froment, et qu'elles sont ordinairement noirâtres.

MÉLAMPYRE A CRÊTES : *Melampyrum cristatum*, Linn., *Spec.*,
842 ; *Flor. Dan.*, tab. 1104. Sa tige est droite, simple, ou
le plus souvent divisée en rameaux étalés, et haute de huit
à douze pouces. Ses feuilles sont étroites, lancéolées-linéaires,
glabres, très-entières. Ses fleurs sont rougeâtres, mêlées de
blanc ou de jaunâtre, quelquefois entièrement blanches,
disposées au sommet de la tige et des rameaux en épis ovales-
oblongs, serrés et imbriqués de bractées d'un vert pâle,
dentées, presque ciliées et très-larges à leur base. Cette
plante n'est pas rare dans les bois et les pâturages.

MÉLAMPYRE DES CHAMPS ; vulgairement BLÉ-DE-VACHE, QUEUE-
DE-RENARD, CORNETTE, ROUGEOLE : *Melampyrum arvense*, Linn.,
Spec., 842 ; *Flor. Dan.*, t. 911 : *Triticum vaccinum*, Dod.,
Pempt., 541. Sa tige est droite, haute d'un pied ou environ,
simple ou divisée en rameaux redressés. Ses feuilles sont lancéolées-linéaires, finement pubescentes. Ses fleurs sont purpurines, mêlées de jaune, disposées en épis terminaux, plus
longs que dans l'espèce précédente, et accompagnées de
bractées rouges, comme les corolles, et ayant leurs bords dé-
coupés en lanières sétacées. Cette plante est commune dans
les moissons.

Ses graines, mêlées avec celles du froment, donnent au
pain une couleur d'un violet noirâtre. Quelques auteurs
disent que ce pain a une odeur piquante et une saveur
désagréable ; qu'il est mal-sain, et que ceux qui en font usage
sont sujets à être attaqués de pesanteurs de tête : mais plusieurs autres assurent au contraire en avoir souvent mangé,
et ne lui avoir jamais trouvé de mauvais goût. Rai, qui est
de ces derniers, ajoute que, dans certains cantons où le
mélampyre des champs est très-commun dans les moissons,
on ne regarde pas ses graines comme nuisibles, et qu'on ne

prend aucun soin pour en purger le blé. Il est même des auteurs qui prétendent qu'il est possible de faire du pain agréable et sain avec la seule graine de mélampyre. Il n'est guère possible de concilier ces diverses assertions, comme l'observe l'abbé Rosier, qu'en supposant que les graines trop nouvelles et encore trop pourvues de toute leur eau de végétation possèdent les mauvais effets qu'on leur reproche, tandis qu'elles n'ont plus rien de mal-faisant, lorsqu'une dessiccation parfaite a fait évaporer leur humidité.

Ce mélampyre en herbe est une très-bonne nourriture pour les bestiaux, qui tous l'aiment beaucoup; les vaches surtout en sont si friandes qu'elles le préfèrent à toute autre plante, et c'est de là que lui est venu un de ses noms vulgaires. Le lait et le beurre de celles qui en mangent beaucoup dans la saison, est d'une excellente qualité. Cela a fait penser à le cultiver comme fourrage; mais il résulte des expériences de M. Tessier, que cette plante vient mal lorsqu'elle est semée seule, de sorte que le seul moyen d'en retirer quelque utilité est de la faire arracher parmi les moissons, quand elle est en fleur, pour la donner à manger aux bestiaux. Cela a d'ailleurs l'avantage d'en débarrasser les blés, à la végétation desquels elle nuit d'abord, tandis qu'elle est sur pied, ensuite en altérant la paille, si ses tiges ne sont pas bien desséchées au moment d'amonceler les gerbes dans les granges, et enfin en mêlant ses graines au froment, ce qui rend celui-ci d'une qualité inférieure.

MÉLAMPYRE DES FORÊTS : *Melampyrum nemorosum*, Linn., *Spec.* 843; *Flor. Dan.*, tab. 305. Sa tige est haute de douze à dix-huit pouces, divisée en rameaux étalés, chargés de quelques poils. Ses feuilles sont lancéolées, pétiolées, très-légèrement velues en-dessous. Ses fleurs sont jaunes, brièvement pédicellées, pour la plupart tournées du même côté, et placées dans les aisselles des feuilles supérieures, qui sont d'une belle couleur violette, et découpées à leur base en plusieurs dents profondes : ces fleurs sont rapprochées les unes des autres, de manière à former une sorte de grappe terminale; les dents de leur calice sont étroites, très-aiguës et hérissées. Cette espèce croit dans les bois des montagnes en Dauphiné, en Provence et dans le Midi de l'Europe. Linnæus dit que sa présence égaye tellement les lieux sombres dans les forêts, qu'on prendroit volontiers ces lieux pour le palais de l'Aurore ou de la déesse des fleurs.

MÉLAMPYRE DES PRÉS : *Melampyrum pratense*, Linn., *Spec.*, 845 ; Lam., *Illust.*, tab. 518, fig. 2 ; *Melampyrum vulgatum*, Pers., *Synops.*, 2, p. 151. Cette espèce a le port de la précédente ; elle n'en diffère que parce qu'elle est entièrement glabre et que ses feuilles supérieures ou bractées ne sont pas colorées : ses fleurs sont jaunes, à limbe blanc, peu ouvert. Elle est commune dans les bois et les prairies.

MÉLAMPYRE DES BOIS : *Melampyrum sylvaticum*, Linn., *Spec.*, 845 ; *Flor. Dan.*, t. 145. Sa tige est haute de huit à douze pouces, glabre, ainsi que toute la plante. Ses feuilles sont lancéolées-linéaires, toutes très-entières, même les supérieures, qui accompagnent les fleurs. Celles-ci sont blanchâtres ou jaunâtres, à limbe bleu, ouvert, et moitié plus petites que dans les deux espèces précédentes, solitaires dans les aisselles des feuilles, et dans une grande partie de la tige et des rameaux, sans être assez rapprochés pour former, comme dans les deux espèces précédentes, une sorte de grappe. Ce mélampyre croît dans les bois et les prés des montagnes de l'Europe. Linnæus dit que les pâturages où il est abondant, ainsi que le précédent, fournissent aux vaches un lait dont on fait du beurre qui est plus jaune et de meilleure qualité. (L. D.)

MELANÆTOS. (*Ornith.*) Aristote a appliqué ce nom aux deux races d'aigle commun. (CH. D.)

MELANANTHERA. (*Bot.*) Voyez MÉLANTHÈRE. (H. CASS.)

MELANCHIER. (*Bot.*) Voyez AMELANCHIER. (LEM.)

MELANCHLENES. (*Entom.*) Nom employé par M. Latreille pour désigner une division d'insectes coléoptères renfermant plusieurs genres nouveaux, tels que HARPALE, LICINE et SIAGONE, démembrés du genre CARABE de Linné. (DESM.)

MELANCHRYSE, *Melanchrysum*. (*Bot.*) Ce genre de plantes, que nous avons proposé dans le Bulletin des sciences de Janvier 1817 (pag. 12), appartient à l'ordre des synanthérées, à notre tribu naturelle des arctotidées, et à la section des arctotidées-gortériées. Voici les caractères que nous lui avons assignés (tom. XVIII, pag. 249).

Calathide radiée : disque multiflore, régulariflore, androgyniflore : couronne unisériée, liguliflore, neutriflore. Péricline supérieur aux fleurs du disque, cylindracé, plécolépide : formé de squames bi-trisériées, un peu inégales, imbriquées, entierement entregreffées, mais surmontées d'un appendice libre, étalé, linéaire ou lancéolé, foliacé. Clinanthe épais, charnu, à face supérieure conique, alvéolée, à face inférieure creusée d'une cavité où s'insère le pédoncule. Ovaires tout couverts de longs poils capillaires, mous, appliqués, dressés et s'élevant plus haut que l'aigrette ; aigrette composée de squamellules nombreuses, bisériées, un peu inégales, longues, laminées, membraneuses, linéaires-subulées, finement denticulées en scie sur les bords. Fleurs de la couronne à faux-ovaire nul, à style nul, à corolle formée d'un long tube et d'une très-grande languette dentée au sommet.

Melanchryse roide : *Melanchrysum rigens*, H. Cass.; *Gorteria rigens*, Linn., *Sp. pl.*, edit. 5, pag. 1284 ; Lam., Dict. encycl.; Willd., *Sp. pl.*, tom. 5, part. 5. p. 2267; *Non Gorteria rigens* β, Thunb., *Act. Hafn.*, 4, pag. 4. tab. 4, fig. 1; *Gazania rigens*, R. Brown. *Hort. Kew.*, edit. 2, tom. 5; *An? Gazania rigens*, Mœnch. *Supplem. ad method.*; Lam., *Illustr. gen.*; *Non Gazania rigens*, Gærtn., *De fruct. et sem. plant.*, tom. 2, pag. 451, tab. 173, fig. 2. Une racine vivace produit plusieurs tiges un peu ligneuses, plus ou moins longues, couchées sur la terre ; leur partie inférieure ne porte que les vestiges ou les cicatrices des anciennes feuilles tombées; la partie supérieure est garnie de feuilles linéaires-spatulées, rétrécies vers la base qui est semi-amplexicaule, glabres et vertes en-dessus, cotonneuses et très-blanches en-dessous, sauf la nervure médiaire qui est glabre; la plupart de ces feuilles sont ordinairement entières, quelques-unes seulement sont pinnatifides; chaque tige porte un pédoncule scapiforme, terminal, qui sort du milieu des feuilles; il est redressé, long de cinq ou six pouces, nu, glabre, et terminé par une calathide large de trois pouces et quelquefois plus, composée de fleurs d'un beau jaune-souci : les languettes de la couronne, longues de près d'un pouce et demi, offrent à leur base deux nervures en-dessous, et une tache noire

en-dessus, avec deux petites lignes blanches, ce qui forme
autour du disque un anneau noir moucheté de blanc; le
péricline est glabre.

Cette plante, qu'il ne faut pas confondre avec la Gazanie
de Gærtner, est indigène au cap de Bonne-Espérance, et
cultivée en Europe pour ses calathides, les plus belles peut-
être de tout l'ordre des synanthérées, lorsqu'elles sont bien
épanouies, ce qui n'a lieu qu'autant qu'elles sont exposées
à la vive ardeur du soleil. Comme ses graines mûrissent rarement dans notre climat, le plus sûr moyen de multiplication est d'enterrer les tiges ou les branches au printemps,
pour leur faire produire des racines, et de les séparer de
leur souche commune au mois de septembre. La plante doit
être mise dans un pot rempli de bonne terre légère et placé
au soleil; il faut l'arroser fréquemment pendant l'été, et la
serrer dans l'orangerie durant l'hiver. Elle fleurit en mai,
juin et juillet.

MÉLANCHRYSE SPINULÉ; *Melanchrysum spinulosum*, H. Cass.
Une souche courte, étalée sur la terre, tortueuse, rameuse,
diffuse, porte au sommet de chacune de ses branches plusieurs faisceaux de feuilles étalées, longues d'environ trois
pouces, inégales et dissemblables; les unes sont simples,
subspatulées, pétioliformes inférieurement, elliptiques-oblongues supérieurement; les autres ont la partie supérieure plus
large, pinnatifide ou presque pinnée, à pinnules distancées,
elliptiques-oblongues; toutes ces feuilles sont épaisses, roides,
coriaces, glabres et vertes en-dessus, tomenteuses et blanches en-dessous, à l'exception de la nervure médiaire; leurs
bords sont garnis de très-petites épines éparses, en forme de
cils, qu'on observe aussi sur la côte moyenne de la face inférieure; les pédoncules naissent au milieu des faisceaux de
feuilles; ils sont longs de cinq pouces, cylindriques, hispidules, terminés par une calathide large de deux pouces,
dont le disque et la couronne sont de couleur jaune-
orangée; chaque languette de la couronne a, sur sa partie
basilaire, une grande tache très-noire, et est bidentée au
sommet.

Nous avons fait cette description sur un individu vivant,
cultivé au Jardin du Roi, où il fleurit en juin, et où il est

étiqueté *Gorteria pectinata*, ou quelquefois *Gorteria pinnata*: mais ce n'est assurément ni l'un ni l'autre. La plante en question n'est peut-être qu'une variété du *Melanchrysum rigens*, et c'est avec doute que nous la présentons comme une espèce distincte.

Il est bien vraisemblable que les *Gorteria pectinata* et *heterophylla*, décrites par Willdenow, la première dans le *Species plantarum*, la seconde dans l'*Hortus Berolinensis*, appartiennent au genre *Melanchrysum*, qui peut-être revendiqueroit encore légitimement quelques autres espèces attribuées par Willdenow et Persoon aux genres *Gorteria* et *Mussinia*.

Comme nous devons éviter, autant qu'il est possible, de répéter dans un article ce que nous avons déjà dit dans un autre, nous renvoyons le lecteur à nos articles GAZANIE (tom. XVIII, pag. 245) et GORTÉRIE (tom. XIX, pag. 251), où il trouvera le complément de ce qui manque à celui-ci. En effet, nous avons établi, dans ces deux articles, 1.° que la *Gorteria personata* étoit le véritable type du genre *Gorteria*, et peut-être même la seule espèce qu'on pût, jusqu'à présent, attribuer avec assurance à ce genre, qui, étant ainsi réduit, doit conserver le nom de *Gorteria*, auquel on a voulu mal à propos substituer celui de *Personaria*; 2.° que la *Gorteria rigens*, qui diffère génériquement du vrai *Gorteria*, ne diffère pas moins du *Gazania* de Gærtner, qui est le *Mussinia* de Willdenow; d'où il suit que M. R. Brown a eu très-grand tort de changer les caractères du genre *Gazania*, en conservant ce nom, pour appliquer le tout à la *Gorteria rigens*, que Gærtner n'a point prise réellement pour type de ce genre, et qu'il n'a citée que par erreur de synonymie; laquelle erreur, partagée par M. Brown et par plusieurs autres botanistes, a produit une étrange confusion; 3.° que, le nom générique de *Gazania* devant être préféré, comme plus ancien, à celui de *Mussinia*, donné plus récemment par Willdenow au même genre, il faut conserver à ce genre de Gærtner son premier nom, et surtout ne pas s'aviser, comme M. Brown, de l'appliquer à la *Gorteria rigens*, pour laquelle nous avons dû créer un nouveau nom générique; 4.° que le genre *Melanchrysum* se distingue de tous les genres voisins par des différences que nous avons signalées dans les deux articles cités, où l'on trouvera plusieurs autres documens relatifs au sujet du présent article.

Le nom de *Melanchrysum*, composé de deux mots grecs qui signifient *noir* et *or*, fait allusion aux couleurs de la calathide.

Quelques observations particulières, faites par nous sur le *Melanchrysum rigens*, ne seront pas déplacées ici, et pourront intéresser nos lecteurs.

Le style est composé de deux articles, dont le supérieur est plus épais que l'inférieur. En préfleuraison, la base de l'article supérieur forme une saillie annulaire très-forte et très-brusque, qui est en outre manifestement hérissée de collecteurs piliformes. A l'époque dont nous parlons, cette saillie se trouve immédiatement au-dessous de la base du tube anthéral. Lorsqu'ensuite ce bourrelet annulaire traverse de bas en haut le tube anthéral, on conçoit aisément qu'il doit enlever tout le pollen. Mais, à l'époque de la fleuraison, lorsque la base de l'article supérieur du style a surmonté le sommet du tube anthéral, la saillie annulaire, cessant d'être utile, s'oblitère et n'est presque plus sensible. En observant le style pendant la préfleuraison, nous avons remarqué qu'à cet âge les deux languettes, c'est-à-dire, les deux branches de l'article supérieur, étoient d'un jaune très-pur, tandis que la partie indivise de cet article étoit d'un jaune verdâtre ; et ces deux colorations diverses, loin de se fondre l'une dans l'autre par des nuances intermédiaires, formoient une ligne très-nette séparant la base des languettes du sommet de la partie indivise, comme s'il existoit entre elles une articulation. Dans les autres arctotidées, la face intérieure des languettes nous a paru glabre, unie, lisse, dénuée de bourrelets et de papilles stigmatiques, comme dans les échinopsées. Mais, dans le *Melanchrysum*, la face intérieure des languettes est finement ponticulée, sauf le milieu de la moitié inférieure : cette moitié n'étant ponticulée ou stigmatique que sur ses deux marges latérales, son milieu forme une sorte de rainure ou de gouttière non stigmatique. C'est pourquoi, pendant la fleuraison, tandis que les deux languettes divergent par tous les autres points de leurs faces intérieures, elles demeurent appliquées l'une contre l'autre par cette rainure non stigmatique.

Les étamines du *Melanchrysum* diffèrent aussi de celles de beaucoup d'autres arctotidées, et elles ressemblent assez à celles des calendulées. Le filet est glabre, jaunâtre, compacte, charnu : l'article anthérifère est long et grêle, blanc, demi-transparent, aqueux, se flétrissant plus tôt que le filet. L'appendice apicilaire de l'anthère est demi-lancéolé-aigu : les appendices basilaires sont subulés, libres des deux côtés, longs comme l'article anthérifère.

Les corolles du disque ont leurs nervures comme marquetées de petites lignes blanches, longitudinales, interrompues, qui paroissent être des vaisseaux propres, contenant, comme les autres parties de la plante, un suc laiteux très-abondant. Les corolles de la couronne ont le tube plein, sa cavité ayant disparu par la greffe mutuelle des parois internes; et ce tube, qui ressemble à un pétiole, repose immédiatement sur le clinanthe, avec lequel il est articulé par sa base, sans qu'il y ait entre eux aucun vestige de faux-ovaire, en sorte qu'ici la corolle, très-analogue à une feuille pétiolée, constitue à elle seule toute la fleur.

L'ovaire est cylindracé, ou plutôt obconique, tout hérissé de très-longs poils mous, soyeux, droits, appliqués, s'élevant beaucoup plus haut que l'aigrette. La partie placentairienne de cet ovaire est amincie et prolongée en un pied, qui forme près de la moitié de la hauteur de l'ovaire. Nous n'avons aperçu aucune nervure distincte à la surface de cet ovaire, qui différeroit par là de la structure ordinaire des ovaires d'arctotidées : mais on altère probablement l'état naturel de la surface, en arrachant les poils qui masquent cet état. Il y a un bourrelet apicilaire peu saillant, cylindrique, charnu, verdâtre. L'aigrette, aussi longue que l'ovaire, est composée de squamellules irrégulièrement bisériées, inégales, longues, étroites, membraneuses, étrécies depuis la base jusqu'au sommet qui est aigu, très-légèrement dentées en scie sur les bords, vers le haut seulement.

La cavité qui reçoit le sommet du pédoncule, paroit être formée par la base du péricline, prolongée inférieurement en un appendice annulaire, épais, charnu.

Les squames du péricline sont entregreffées de manière à former par leur réunion un tube cylindrique, coriace, divisé seulement au sommet; le clinanthe est épais, charnu, conique, nu; les fruits sont tout couverts de longs poils capillaires, dressés, qui s'élèvent plus haut que l'aigrette. A l'époque de la maturité, le péricline se dessèche et se resserre à tel point que sa capacité diminue de moitié; les fruits se détachent du clinanthe, et les poils dont ils sont hérissés divergent fortement. Il résulte de toutes les circonstances de cette disposition, que les fruits, pressés entre les parois du péricline et la protubérance conique du clinanthe, sont expulsés au dehors, et sortent du péricline, en s'élevant au-dessus de son orifice, où leur aigrette et surtout leurs longs poils facilitent leur dispersion opérée par le vent. Ce mode de dissémination est assez remarquable, en ce que le rétrécissement du péricline et la forme du clinanthe paroissent être les causes principales de l'expulsion des fruits, et en ce que les longs poils dont ces fruits sont hérissés contribuent plus que l'aigrette à leur dissémination. (Voyez notre Mémoire sur les différens modes de la dissémination chez les synanthérées, dans le Bulletin des sciences de 1821, p. 92.)

Nous allons maintenant exposer le tableau méthodique des genres composant la tribu des Arctotidées, afin de compléter nos articles ARCTOTIDÉES (tom. II, Suppl., pag. 118), et GOR-TÉRIÉES (tom. XIX, pag. 254), dans l'un desquels ce tableau auroit dû être placé. Le *Melanchrysum* se trouvant, dans l'ordre alphabétique, le dernier genre de sa tribu, nous n'aurions plus l'occasion d'introduire dans le Dictionnaire ce complément indispensable, si nous négligions de le faire ici.

VI.ᵉ Tribu. Les ARCTOTIDÉES (*Arctotideæ*).

Bulletin des sciences, décembre 1812, page 191. Journal de physique, mars 1813, page 194; avril 1814, page 281; février 1816, page 127; juillet 1817, page 12; février 1819, page 159. Journal de botanique, avril 1813, page 154; année 1814, tome 4, page 240. Dictionnaire des sciences naturelles, tome II, Supplément, page 118; tome 19, page 254; tome 20, page 364.

(Voyez les caractères de la tribu des Arctotidées, tome XX, page 364.)

Première Section.

ARCTOTIDÉES-GORTÉRIÉES (*Arctotideæ-Gorteriæ*).

Caractère : Péricline plécolépide , c'est-à-dire, formé de squames plus ou moins entregreffées.

1. *HIRPICIUM. = *Œdera alienata*. Thunb. — (*Non Œdera aliena*. Lin. fil. — Jacq.) — *Hirpicium*. H. Cass. Bull. févr. 1820. p. 26. Dict. v. 21. p. 238.

2. † GORTERIA. = *Gorteriæ sp*. Lin. — Willd. — Pers. — *Gorteria*. Adans. (1763) — Gærtn. — Neck. — *Personaria*. Lam. Illustr. gen.

3. * ICTINUS. = *Ictinus*. H. Cass. Bull. sept. 1818. p. 142. Dict. v. 22. p. 559.

4. † GAZANIA. = *Gazania*. Gærtn. (1791) — H. Cass. Dict. v. 18. p. 245. — *An ? Moehnia*. Neck. (1791) — *Gorteriæ sp.* Thunb. — *An ?Gazania*. Mœnch (1802) — Lam. Illustr. gen. — *Mussinia*. Willd. (1803) — *Non Gazania*. R. Brown (1813).

5. * MELANCHRYSUM. = *Anemonospermi sp*. Ray. — *Arctothecæ sp.* Vaill. — *Arctotidis sp.* Mill. — *Gorteriæ sp.* Lin. — Willd. *Non Gazania*. Gærtn. — *An ? Moehnia*. Neck. (1791) — *An ? Gazonia*. Mœnch (1802). — Lam. Illustr. gen. — *Gazania*. R. Brown (1813). — *Melanchrysum*. H. Cass. Bull. janv. 1817. p. 12. Dict. v. 18. p. 248.

6. * CUSPIDIA. = *Gorteriæ sp.* Lin. fil. — Aiton (1789). — *Aspidalis*. Gærtn. (1791 in icon.) — *Cuspidia*. Gærtn. (1791 in descr.) — H. Cass. Dict. v. 12. p. 251. Bull. nov. 1820. p. 171.

7. * DIDELTA. = *Polymniæ sp.* Lin. fil. — *Didelta*. L'Hérit. (1785). — Juss. — H. Cass. Dict. v. 13. p. 221. — *Dideltæ sp.* Aiton (1789). — Pers. — *Choristea*. Thunb. 1800. — *Breteuillia*. Buchoz.

8. † FAVONIUM. = *Polymniæ sp.* Lin. fil. — *Dideltæ sp.* Aiton (1789). — Pers. — *Choristea*. Soland. (ined.) — *Favonium*. Gærtn. (1791). — H. Cass. Dict. v. 16. p. 295.

9. * CULLUMIA. = *Carthami sp.* Vaill. — *Gorteriæ sp.* Lin. — *Berkheyæ sp.* Willd. — Pers. — *Cullumia*. R. Brown (1813). — H. Cass. Dict. v. 12. p. 213.

10. * BERKHEYA. = *Carthami sp.* Walther (1755). — *Atractylidis sp.* Lin. (1737 et 1774). — *Gorteriæ sp.* Lin. (1763). —

Crocodilodes. Adans. (1763). (*Non Crocodilodes,* Vaill.) —
Basteria. Houttuyn (1780). — *Berkheya.* Ehrhart (1788). —
Schreb. — Willd. — Pers. — *Agriphyllum.* Juss. (1789) — Desf.
— *Rohria.* Vahl (1790). — Thunb. — *Apulea.* Gærtn. (1791).
— *Zarabellia.* Neck. (1791). — *Gorteria.* Lam. Illustr. gen.

11. *Evopis. = *Gorteriæ sp.* Lin. fil. — *Rohriæ sp.* Vahl
(1790). — *Berkheyæ sp.* Willd. — Pers. — *Evopis.* H. Cass.
Bull. févr. 1818. p. 32. Dict. v. 16. p. 65.

Seconde Section.

ARCTOTIDÉES - PROTOTYPES (*Arctotideæ - Archetypæ).*

Caractère : Péricline chorisolépide, c'est-a-dire, formé de
squames entièrement libres.

12. *HETEROLEPIS. = *Œdera aliena.* Lin. fil. — Jacq. — (*Non*
Œdera aliena a. Thunb.) — *Arnica inuloides.* Vahl. — *Hetero-*
morpha. H. Cass. Bull. janv. 1817. p. 12. — *Heterolepis.* H.
Cass. Bull. févr. 1820. p. 26. Dict. v. 21. p. 120.

13. *CRYPTOSTEMMA. = *Anemonospermi sp.* Commel. — *Arc-*
thotecæ sp. Vaill. — *Arctotidis sp.* Lin. (1737). — Juss. —
Gærtn. — Neck. — Willd. — Pers. — *Cryptostemma.* R. Brown
(1813). — H. Cass. Dict. v. 12. p. 125.

14. *ARCTOTHECA. = *Arctotidis sp.* Jacq. — *Arctotheca.*
Wendland (1798). — Willd. — Pers. — H. Cass. Dict. v. 2.
Suppl. p. 117. v. 25. p. 271. — (*Non Arctotheca.* Vaill.)

15. *ARCTOTIS. = *Anemonospermi sp.* Commel. (1703). —
Boerh. — Adans. — *Arctothecæ sp.* Vaill. (1720). — *Arctotidis*
sp. Lin. (1737). — Juss. — Gærtn. — Willd. — Pers. — *Sper-*
mophylla. Neck. (1791). — *Arctotis.* R. Brown (1813). — H.
Cass. Dict. v. 25. p. 270.

16. *DAMATRIS. = *Damatris.* H. Cass. Bull. sept. 1817. p.
139. Dict. v. 12. p. 471.

Nos deux sections pourroient être considérées comme deux
grands genres, l'un nommé *Gorteria,* l'autre *Arctotis,* et divisés chacun en plusieurs sous-genres. Mais nous ne voyons pas
quel avantage on trouveroit dans cette disposition. qui ne
changeroit rien au fond des choses, et que nous indiquons
ici seulement pour démontrer à nos adversaires que le reproche qu'ils nous font de trop multiplier les genres se ré-

duit à une vaine dispute de mots, puisqu'il suffit de changer les titres donnés aux groupes, en élevant ou abaissant l'échelle de graduation suivant laquelle ils sont subordonnés les uns aux autres. Ainsi, on croit généralement et on a coutume de dire que Necker a beaucoup trop multiplié les genres : mais si l'on remarquoit que ce botaniste n'admet dans le règne végétal que cinquante-quatre genres, et qu'il intitule espèces les groupes intitulés genres par tous les autres botanistes, on lui adresseroit sans doute le reproche de beaucoup trop restreindre le nombre des genres. Voilà donc deux reproches alternatifs, contraires et incompatibles, fondés uniquement sur des dénominations presque arbitraires. Le véritable reproche que mérite Necker, c'est d'avoir mal observé, mal décrit, mal caractérisé, mal composé, mal indiqué les groupes dont il s'agit : mais assurément il importe peu qu'il les ait intitulés genres ou espèces.

La tribu des Arctotidées étant placée entre celle des Échinopsées, qui la précède, et celle des Calendulées, qui la suit, il a fallu mettre au commencement les Gortériées, plantes roides, coriaces, épineuses, comme les Échinopsées, et reléguer à la fin les Prototypes, qui ont beaucoup d'analogie avec les Calendulées.

Notre genre *Hirpicium*, confondu par Thunberg avec l'*Œdera*, semble se rapprocher un peu plus que tout autre de l'*Echinops*, par la structure de l'aigrette, et parce que les fruits sont hérissés de poils excessivement longs, fourchus au sommet, souvent fasciculés et entregreffés de manière à former des membranes.

Le genre *Gorteria*, convenablement limité par Adanson, Gærtner, Necker, a une grande affinité avec l'*Hirpicium* par le péricline, et il n'en diffère essentiellement que par l'absence d'une véritable aigrette.

Notre genre *Ictinus* ressemble aux deux précédens par le péricline ; mais son aigrette nous paroît avoir quelque analogie avec celle du *Gazania*.

Le vrai genre *Gazania* de Gærtner n'est peut-être pas celui de Mœnch ni de M. de Lamarck, et certainement il n'est pas celui de M. Brown ; mais il pourroit être le *Mochnia* de Necker, et il est sans doute le *Mussinia* de Willdenow.

Notre genre *Melanchrysum*, qui est peut-être aussi le *Moehnia* de Necker, a la plus grande affinité avec le *Gazania* de Gærtner, par le péricline, le port et toutes les apparences extérieures ; ce qui a produit les erreurs et la confusion commises par plusieurs botanistes, et notamment par M. Brown.

Le genre *Cuspidia*, qui se rapproche du *Melanchrysum* par certains caractères, et dont l'aigrette est analogue à celle du *Didelta*, nous a paru pouvoir être placé entre ces deux genres. Gærtner lui attribue une couronne féminiflore, ce qui seroit extraordinaire dans la section des Gortériées, où nous avons trouvé constamment la couronne neutriflore. Mais Gærtner ne s'est-il pas trompé sur ce point ? Nous sommes d'autant plus disposé à le croire, que notre *Cuspidia castrata*, décrite dans le Bulletin des sciences de Novembre 1820, a la couronne évidemment neutriflore.

Le genre *Didelta* auroit aussi la couronne féminiflore, suivant l'Héritier. Mais c'est probablement encore une erreur, car la calathide que nous avons décrite (tom. XIII, pag. 223) avoit la couronne neutriflore ; et il n'est plus douteux pour nous que cette calathide appartient à une espèce du genre *Didelta*, très-peu distincte de la *Didelta tetragoniæfolia* de l'Héritier, et dont voici la description faite sur un échantillon de l'herbier de M. Desfontaines.

Didelta obtusifolia, H. Cass. Tige rameuse, striée, glabre. Feuilles alternes, ou un peu opposées, sessiles, oblongues-obovales, étrécies à la base, arrondies au sommet, très-entières ; les jeunes feuilles tomenteuses et blanchâtres. Grandes calathides radiées, solitaires au sommet de la tige, et de longs rameaux pédonculiformes ; corolles jaunes. Chaque calathide composée d'un disque multiflore, régulariflore, androgyniflore, et d'une couronne unisériée, liguliflore, neutriflore ; péricline supérieur aux fleurs du disque, plécolépide, formé de squames entregreffées, excessivement courtes, presque nulles, manifestes seulement par leurs appendices, et bisériées : les extérieures au nombre de trois, dont chacune est surmontée d'un grand appendice libre, foliacé, ovale ; les intérieures plus nombreuses, surmontées d'appendices plus courts et plus étroits, libres, foliacés, linéaires-lancéolés ;

clinanthe large, plan, alvéolé, hérissé de fimbrilles spini-
formes, qui sont nulles sur sa partie centrale; ovaires petits, obconiques, enchâssés dans les alvéoles du clinanthe;
aigrettes courtes, composées de squamellules inégales, filiformes, épaisses, aiguës, barbellulées; corolles de la couronne tridentées au sommet; corolles du disque à divisions
longues, linéaires, noirâtres au sommet; étamines à appendices apicilaires arrondis, noirâtres; styles d'arctotidée.

Le genre *Favonium* doit sans doute accompagner immé iate-
ment le *Didelta*: mais il en est, selon nous, suffisamment
distinct.

Le genre *Cullumia*, qui a surtout des rapports avec les
Berkheya à fruits glabres, se rapproche peut-être aussi du *Didelta* par les fimbrilles fort remarquables que nous avons observées sur les cloisons du clinanthe, dans la *Cullumia squarrosa.*
Le caractère sur lequel M. Brown a fondé son genre *Cullumia*, n'avoit point échappé à la sagacité de Vaillant, puisqu'il
attribuoit la *Cullumia ciliaris* à son genre *Carthamus*, caractérisé par l'aigrette nulle.

Le genre *Berkheya* fut institué par Adanson sous le nom
de *Crocodilodes*, parce qu'il supposoit que ce genre corres-
pondoit au *Crocodilodes* de Vaillant. C'est une erreur. Le
genre *Crocodilodes* de Vaillant correspond au genre *Atractylis* de Linné: en effet, il est composé de quatre espèces,
dont les trois premières sont les *Atractylis gummifera, cancel-
lata* et *humilis* de Linné; et s'il est vrai, comme on le prétend, que la quatrième espèce appartienne au genre *Berkheya*, c'est par ignorance de ses caractères génériques que
Vaillant l'aura comprise dans son genre *Crocodilodes*, puisqu'il attribuoit à ce genre les caractères propres au genre
Atractylis de Linné. Depuis Adanson, plusieurs botanistes
ont successivement reproduit comme nouveau, et sous différens noms, son genre *Crocodilodes*. Si la raison et l'équité
pouvoient prévaloir sur des règles arbitraires et frivoles, il
n'est pas douteux que le nom de *Crocodilodes* devroit être
préféré à tout autre, puisque c'est celui qui a été employé
par le premier fondateur du genre: mais on a gravement
décidé que tout nom générique terminé en *odes* ou *oides* devoit être sévèrement proscrit. Il faut souvent dans les sciences,

comme dans la conduite ordinaire de la vie, se soumettre à certains préjugés déraisonnables : c'est pourquoi nous laissons à l'écart le nom de *Crocodilodes*, et, forcé de choisir entre les autres, nous préférons celui de *Berkheya*, parce qu'il est le plus usité, et parce qu'il consacre un beau genre de synanthérées à la mémoire du botaniste qui, le premier, a écrit un traité complet sur la structure propre à cet ordre de plantes considéré en général. M. de Lamarck, dans ses *Illustrationes generum*, applique le nom de *Gorteria* au genre *Berkheya*, et il donne celui de *Personaria* au vrai genre *Gorteria*. C'est violer manifestement la règle qui veut que, lorsqu'un ancien genre est divisé en plusieurs genres nouveaux, l'ancien nom générique soit conservé au genre nouveau contenant l'espèce qui fut le type primitif du genre ancien. Cette règle, trop peu respectée par les botanistes, est pourtant bien nécessaire pour garantir la nomenclature de la confusion, de l'arbitraire et des variations continuelles.

Le genre *Berkheya* n'ayant point été décrit dans ce Dictionnaire, nous devons réparer cette lacune, en exposant ici ses caractères, tels que nous les avons observés sur un échantillon sec de la *Gorteria fruticosa* de Linné, qui est le type de ce genre *Berkheya*.

Calathide radiée : disque multiflore, régulariflore, androgyniflore ; couronne unisériée, liguliflore, neutriflore. Péricline égal aux fleurs du disque, irrégulier ; formé de squames paucisériées, extrêmement courtes, appliquées, surmontées de très-grands appendices inégaux, inappliqués, oblongs, foliiformes, foliacés, munis d'épines sur les bords et au sommet. Clinanthe très-profondément alvéolé, à cloisons membraneuses. *Fleurs du disque :* Ovaires entièrement engainés par les alvéoles du clinanthe, et tout couverts de longs poils. Aigrettes courtes, composées de squamellules paucisériées, un peu inégales, paléiformes, coriaces, ovales-oblongues, denticulées. Corolles à cinq divisions très-longues, linéaires. Anthères pourvues d'appendices basilaires, et d'un appendice apiciaire alongé, arrondi au sommet. Styles d'arctotidée. *Fleurs de la couronne* privées de faux-ovaire, mais pourvues de fausses-étamines.

Notre genre *Evopis*, dont les fleurs de la couronne sont

pourvues de fausses-étamines, comme les deux genres Berkheya et Heterolepis, entre lesquels il est rangé, paroit d'ailleurs convenablement placé à la fin des Gortériées et tout
auprès des Prototypes, parce que son péricline semble être
formé de squames libres. Ce n'est pourtant, selon nous,
qu'une fausse apparence ; car l'analogie nous persuade que
les pièces du péricline de l'Evopis ne sont que les appendices
des vraies squames qui sont totalement avortées, et qui seroient infailliblement entregreffées, si elles existoient. Il ne
faut pas confondre notre genre Evopis avec le genre Rohria
de Vahl, caractérisé par ce botaniste de la manière suivante :
Receptaculum favosum; pappus polyphyllus; corollulæ radii ligu-
latæ, staminiferæ, antheris sterilibus. Vahl attribuoit à ce genre
deux espèces : 1.ᵉ la Gorteria herbacea de Linné fils, qui est
le type de notre genre Evopis ; 2.ᵉ l'Atractylis oppositifolia de
Linné, qui est le type du genre Berkheya. Ainsi, le genre
Rohria de Vahl est formé de la réunion de l'Evopis et du
Berkheya ; mais il correspond plus directement avec le Berkheya, par le caractère que Vahl assigne à l'aigrette : c'est
pourquoi Thunberg applique à toutes les espèces de Berkheya
le nom générique de Rohria, que nous n'avons pas dû conserver à notre genre Evopis, distingué du Berkheya par le
péricline et par l'aigrette.

Notre genre Heterolepis ne sauroit être mieux placé qu'au
commencement des Prototypes, et tout auprès des gortériées, avec lesquelles il a une affinité manifeste ; il se rapproche surtout de l'Evopis par les fausses-étamines dont sa
couronne est pourvue, et par son aigrette, qui s'éloigne de
celle des autres Prototypes.

Le genre Cryptostemma, dont la couronne est souvent biliguliflore, doit suivre immédiatement l'Heterolepis, qui est
particulièrement remarquable par ce caractère, et qui offre
ainsi une affinité apparente avec les mutisiées.

Le genre Arctotheca, placé à la suite du précédent, parce
qu'il a, comme lui, la couronne neutriflore, a été mal décrit dans ce Dictionnaire, ce qui nous impose l'obligation
d'exposer ici ses caractères génériques, tels que nous les
avons observés sur un individu vivant d'Arctotheca repens,
cultivé au Jardin du Roi.

Calathide radiée : disque multiflore, régulariflore, androgyniflore; couronne unisériée, liguliflore, neutriflore. Péricline supérieur aux fleurs du disque, hémisphérique; formé de squames imbriquées, appliquées, coriaces : les extérieures ovales, surmontées d'un appendice inappliqué, linéaire, foliacé ; les intérieures surmontées d'un appendice marginiforme, arrondi, membraneux. Clinanthe plan, alvéolé, à cloisons élevées, membraneuses, découpées supérieurement en dents fimbrilliformes. Ovaires cylindracés, un peu obcomprimés, élargis en haut, amincis vers la base en forme de pied, glabriuscules, légèrement pubescens ou garnis d'un duvet fugace, munis de cinq côtes situées sur la face extérieure, et pourvus d'un bourrelet apicilaire très-saillant, épais, cylindrique, cartilagineux, très-glabre ; aigrette absolument nulle. Fleurs de la couronne pourvues d'un faux-ovaire.

Le nom d'*Arctotheca*, qui exprime que les fruits sont velus comme un ours, convenoit fort bien au genre ainsi nommé par Vaillant; mais il convient fort mal à celui-ci, dont les fruits sont presque glabres; et cependant nous n'avons pas cru devoir le changer.

Le genre *Arctotis*, dont le disque est androgyniflore extérieurement et masculiflore intérieurement, tient ainsi le milieu entre l'*Arctotheca*, dont le disque est androgyniflore, et le *Damatris*, dont le disque est masculiflore.

Les *Arctotis* de Linné appartenoient à plusieurs genres différens, ainsi que M. de Jussieu l'avoit pressenti. Gærtner et M. Brown en ont éliminé les *Ursinia* et *Sphenogyne*, qui ne sont pas de la même tribu naturelle. Les autres *Arctotis* ont été distribués par M. Brown en deux genres : l'un nommé *Cryptostemma* et caractérisé par la couronne neutriflore; l'autre nommé *Arctotis* et caractérisé par la couronne féminiflore. Il est juste de remarquer que cette distinction générique n'appartient pas à M. Brown, mais à Necker, qui nommoit au contraire *Arctotis* les espèces à couronne neutriflore, et *Spermophylla* les espèces à couronne féminiflore. Cependant, nous avons cru devoir préférer la nomenclature de M. Brown, quoique beaucoup plus moderne, 1.° parce que la description générique de Linné prouve qu'il a pris pour type de son genre

Arctotis les espèces à couronne fertile et à disque stérile;
2.° parce que la plupart des *Arctotis* de Linné et des autres
botanistes offrent ce caractère; 3.° parce que Necker a mal
décrit le clinanthe, et a sans doute admis dans son genre
Arctotis les *Sphenogyne* et *Ursinia*.

Le genre *Arctotis* n'a point été décrit par nous dans ce
Dictionnaire, et il n'existe aucune description satisfaisante
des caractères de ce genre remarquable, réduit maintenant
dans de justes limites. Nous croyons donc pouvoir utilement
tracer ici les caractères génériques que nous avons soigneusement observés sur des individus vivans de plusieurs espèces
d'*Arctotis* proprement dits.

Calathide radiée : disque multiflore, régulariflore, androgyniflore extérieurement, masculiflore intérieurement; couronne unisériée, liguliflore, féminiflore. Péricline supérieur
aux fleurs du disque, hémisphérique; formé de squames imbriquées, appliquées, coriaces : les extérieures ovales, surmontées d'un appendice étalé, linéaire-subulé, foliacé; les
intermédiaires inappendiculées ; les intérieures oblongues,
avec un appendice décurrent, large, arrondi, membraneux-
scarieux. Clinanthe plan ou un peu convexe, charnu, hérissé de fimbrilles longues, inégales, filiformes, entregreffées à la base et formant ainsi des alvéoles à cloisons charnues. Ovaires des fleurs femelles et des fleurs hermaphrodites, obconiques, plus ou moins amincis vers la base en
forme de pied, hérissés de très-longs poils doubles, biapiculés, dressés, appliqués, pourvus d'un bourrelet apicilaire,
et de cinq grosses côtes longitudinales situées sur la face
extérieure, et offrant intérieurement trois loges, dont une
seule, bien conformée et contenant un ovule, correspond à
la face intérieure, et les deux autres, stériles par l'avortement de leurs ovules et remplies de parenchyme, correspondent à la face extérieure, et forment les deux côtes qui
accompagnent la côte médiaire; aigrette composée de squamellules paucisériées, inégales, paléiformes, oblongues, arrondies au sommet, membraneuses, scarieuses, diaphanes.
Fleurs mâles, par défaut de stigmate, pourvues d'un faux-
ovaire demi-avorté, glabre, presque inaigretté, contenant
un ovule, et d'une corolle dont les divisions portent une

eallosité derrière leur sommet. Languettes de la couronne longues, lancéolées, à peine tridentées au sommet.

Notre genre *Damatris*, qui a la couronne féminiflore, comme l'*Arctotis*, offre comme lui plusieurs analogies notables avec les Calendulées, et même il s'en rapproche peut-être un peu plus en ce que son clinanthe est presque nu. Cependant, cette nudité du clinanthe nous paroît ne devoir être attribuée ici qu'à l'avortement complet des ovaires du disque ; car les ovaires de la couronne sont protégés par des paléoles, qui sont, comme dans les *Leysera* et *Leptophytus*, des cloisons détachées formant des alvéoles dimidiées.

Les appendices du clinanthe, dans la tribu des Arctotidées, peuvent donner lieu à quelques autres remarques intéressantes. Ces appendices concourent avec le style pour établir l'affinité incontestable des Arctotidées avec les Carduinées, les Centauriées, et surtout avec les Carlinées, auprès desquelles nous les aurions placées, si cet arrangement n'étoit pas contrarié par d'autres considérations. L'observation du clinanthe, chez les diverses Arctotidées, démontre clairement que tout clinanthe alvéolé est un clinanthe muni de fimbrilles entregreffées et formant par leur réunion les cloisons des alvéoles. (Voyez, dans l'article LEPTOPODE, nos remarques sur le genre *Balduina*.) Ainsi, les cloisons sont de véritables appendices nés de la surface du clinanthe, et plus ou moins élevés au-dessus d'elle ; la véritable surface d'un clinanthe alvéolé n'est point au sommet des cloisons, mais bien au fond des alvéoles ; et l'on se fait une fausse idée en concevant les alvéoles comme des excavations pratiquées dans la substance du clinanthe, tandis qu'elles sont au contraire formées par des éminences produites sur sa surface. La production de ces éminences ou appendices paroit être déterminée par la présence des ovaires, puisque l'avortement plus ou moins complet des ovaires se trouve ordinairement en rapport avec l'avortement plus ou moins complet des appendices. On peut en conclure que l'usage des appendices dont il s'agit est de protéger. d'envelopper, de couvrir les ovaires. En général, il semble que les ovaires ou les fruits des Arctotidées craignent le contact de l'air, le froid et l'humidité ; car ils sont ordinairement vêtus d'une couche épaisse de longs poils, ils sont plus ou moins complétement engainés dans les alvéoles du clinanthe dont souvent ils ne sortent pas, et quelquefois ils restent jusqu'à la germination enfermés dans le péricline, dont les squames sont entregreffées, et qui forme ainsi une sorte de capsule.

Le lecteur trouvera tous les éclaircissemens qu'il peut désirer sur nos tableaux méthodiques des genres, à la suite du tableau des Inulées (tom. XXIII, pag. 560), de celui des Lactucées (tam. XXV. p. 59), de ceux des Adénostylées et des Eupatoriées insérés dans notre article LIATRIDÉES, et de ceux des Ambrosiées et des Anthémidées insérés dans notre article MAROUTE. (H. CASS.)

MELANCONIUM. (*Bot.*) Genre de plantes de la famille des champignons, établi par Link, puis supprimé par lui-même, comme étant fondé sur une plante douteuse, voisine des *Sphæria*, dont elle a le port. Cependant T. Nées persiste à conserver ce genre, et Ehrenberg, en l'adoptant aussi, le place tout près du *Didymosporium* de Nées. On reviendra sur ces genres à l'article MYCOLOGIE. (LEM.)

MELANCORYPHOS. (*Ornith.*) Aristote paroît avoir désigné par ce nom soit la fauvette à tête noire, soit la petite mésange à tête noire, et le nom de *melancoryphus* est appliqué par Belon, p. 359, au bouvreuil ou pivoine, *loxia pyrrhula*, Linn. (CH. D.)

MELANCOUPHALI. (*Ornith.*) C'est ainsi que les habitans de l'île de Candie appellent le traquet, *motacilla rubicola*, Linn. (CH. D.)

MELANCRANIS. (*Bot.*) Genre de plantes monocotylédones, à fleurs glumacées, de la famille des *cypéracées*, de la *triandrie monogynie* de Linnæus, offrant pour caractère essentiel : Des épis composés de toutes parts d'écailles imbriquées ; chaque écaille renfermant plusieurs fleurs disposées sur deux rangs : dans chaque fleur trois étamines, un style, deux stigmates, une semence dépourvue de soies.

Ce genre a été établi par Vahl pour quelques espèces de choins, *schænus*, Linn. Il comprend des herbes à tige roide, sans nœuds, trigones vers leur sommet ; les fleurs réunies en une tête terminale, composée d'épis très-serrés. Les principales espèces de ce genre sont :

MELANCRANIS SCARIEUSE : *Melancranis scariosa*, Vahl, *Enum.*,
2, pag. 259 ; *Schœnus scariosus*, Thunb., *Prodr.*, 16. Plante
du cap de Bonne-Espérance , qui croit en touffes gazon-
neuses, composées de plusieurs tiges filiformes, longues d'un
pied ; les feuilles sétacées , canaliculées, dilatées en gaine
à leur base , plus courtes que les tiges ; les fleurs réunies en
une tête terminale, alongée, d'environ un demi-pouce de
long, chargée de larges écailles ovales, imbriquées, membraneuses, luisantes, un peu roides, élargies à leur sommet, surmontées d'une pointe en forme d'arête ; les trois
inférieures stériles, acuminées, la dernière prolongée en une
foliole sétacée, longue de trois pouces ; cinq fleurs dans
chaque épillet.

MELANCRANIS RADIÉE ; *Melancranis radiata*, Vahl, *Enum.*,
2, p. 259. Cette espèce a des tiges hautes d'un pied et plus,
supportant à leur sommet une tête de fleurs presque globuleuse, de la grosseur d'une cerise : un involucre composé
d'environ six à huit folioles ; l'inférieure plus longue d'environ un demi-pouce, les autres graduellement plus petites,
très-étalées, roides, subulées, un peu piquantes : les épillets
très-nombreux, agglomérés, ovales ; les écailles striées,
ponctuées de pourpre. Cette plante croit au cap de Bonne-
Espérance. (POIR.)

MELANDEROS. (*Ornith.*) Gesner, en citant ce nom, d'a-
près Hesychius et Varinus, se borne à dire que c'est un
petit oiseau dont le cou est noir. (CH. D.)

MÉLANDRE. (*Ichthyol.*) On a parlé, sous ce nom, d'un
petit poisson de la mer Méditerranée, que je ne sais à quel
genre rapporter, vu le peu de détails que nous possédons à
son égard. (H. C.)

MELANDRION. (*Bot.*) On n'est pas d'accord sur la plante
nommée ainsi par Pline. Clusius, cité par C. Bauhin, croit
que c'est le *lychnis dioica*. Il dit ailleurs que, selon d'autres, c'est le behen blanc, *cucubalus behen*. C. Bauhin fait
encore mention de la barbe-de-chèvre, *spiræa aruncus* ;
mais les indications de Pline sont trop incomplètes pour
qu'on puisse déterminer avec précision quelle est sa plante.
(J.)

MÉLANDRYE, *Melandrya*. (*Entom.*) Fabricius désigne sous

ce nom de genre celui que Helwig avoit déjà appelé *Serro-palpe.* Nous avons conservé ce dernier nom, et fait figurer l'une des espèces parmi les insectes coléoptères, hétéro-mérés, ornéphiles, à la planche 12, n.° 2. Voyez SERROPALPE. (C. D.)

MELANEA. (*Bot.*) Voyez MALANI. (POIR.)

MÉLANGE. (*Chim.*) Nom que l'on donne à une réunion de corps qui n'ont aucune affinité, au moins dans la cir-constance où on les considère. (CH.)

MÉLANGES FRIGORIFIQUES. (*Chim.*) On donne ce nom aux corps que l'on met en contact pour produire du froid. Voyez FROID ARTIFICIEL, tome XVII, page 410. (CH.)

MELANGULA. (*Bot.*) Césalpin cite ce nom, employé dans la Toscane pour un citronier à très-gros fruits. (J.)

MELANICTERE. (*Ornith.*) L'oiseau figuré sous ce nom dans les planches de l'Encyclopédie méthodique, est un tan-gara, *tanagra melanictera*, GMEL. (CH. D.)

MÉLANIE, *Melania.* (*Conchyl.*) M. de Lamarck est le premier zoologiste qui ait employé ce nom, tiré d'un mot grec, qui signifie *noir*, pour désigner une petite coupe générique de notre famille des ellipsostomes, qui comprend des co-quilles pour la plupart noires ou d'un brun foncé. C'étoit pour Linnæus, qui n'en connoissoit qu'un petit nombre d'es-pèces, des hélices; pour Muller, des buccins, et sous ce nom il entendoit des limnées; et pour Bruguières, des bu-limes. La plupart des zoologistes modernes ont adopté ce genre, que l'on peut caractériser ainsi : Animal dioïque spiral; le pied trachélien ovale, frangé dans sa circonférence; deux tentacules filiformes; les yeux à leur base externe; un mufle proboscidiforme; coquille ovale-oblongue, à spire assez pointue et souvent turriculée: l'ouverture ovale à péristome discontinu, ou modifié par le dernier tour de spire, à bord droit, tranchant. s'évasant en avant par la fusion de la co-lumelle dans le bord gauche: un opercule corné et com-plet. Ainsi, quoique ce genre ait quelque ressemblance ap-parente avec les bulimes et les limnées, il diffère des deux, parce qu'il est operculé : du premier, parce que l'ani-mal n'a que deux tentacules, les yeux étant sessiles; et du second, parce que, très-probablement, son appareil respiratoire est branchial, et par la forme évasée de la partie antérieure de l'ouverture. C'est avec les phasianelles qu'il a évidemment le plus de rapports; mais son opercule est corné: il n'a pas de callosité longitudinale sur la columelle, et enfin il est d'eau douce.

Je n'ai jamais observé moi-même l'animal des mélanies, et par conséquent je n'en connois pas l'organisation : le peu que j'en viens de dire est tiré de Bruguières, qui a observé à Madagascar une des plus grandes espèces de ce genre, la Mélanie cordonnée ; mais, d'après l'analogie, ce doit être un animal fort voisin de celui des phasianelles et même des paludines. Ce que l'on sait positivement, c'est que toutes les espèces de ce genre habitent les eaux douces des pays chauds, en Amérique et en Asie, où elles semblent remplacer les paludines, qui paroissent au contraire y être fort rares.

M. de Lamarck caractérise seize espèces dans ce genre, dont un assez petit nombre a été figuré ; plusieurs ont la spire tronquée.

A. *Espèces subturriculées.*

1.° La M. THIARE : *M. amarula*, Lamck.; *Helix amarula*, Linn., Gmel.; *Bulim. amarula*, Brug., Enc. méth., pl. 458, fig. 6, *a, b;* vulgairement la THIARE FLUVIATILE. Coquille de près d'un pouce et demi, conique, ovale, épaisse; les tours de spire décroissant subitement, aplatis à la partie supérieure, et garnis dans leur circonférence d'espèces d'épines droites à l'extrémité de côtes assez saillantes au dernier tour : couleur d'un brun noirâtre en dehors et d'un blanc bleuâtre en dedans. Des rivières des grandes Indes et de Madagascar. La chair de l'animal est très-amère. ce qui lui a valu son nom latin : elle passe pour un bon remède contre l'hydropisie.

2.° La M. THIARELLE : *M. thiarella*, Lamck.; *Bulimus amarula*, var. *c*, Brug. ; Born., *Mus.,* t. 16, fig. 31. Coquille d'un pouce de longueur, mais plus oblongue, plus mince, diaphane; la spire conique, aiguë; les tours aplatis à leur partie supérieure, comme dans la précédente, mais garnis de tubercules au lieu d'épines, et par conséquent moins côtelés. Elle vient des mêmes pays, et n'est peut-être qu'une variété de la précédente.

3.° La M. CARINIFÈRE; *M. carinifera*, Lamck. Petite coquille de sept lignes et demie de longueur, ovale-oblongue, à tours de spire carénés transversalement au milieu, séparés par des sutures légèrement granuleuses; couleur brun-noirâtre. Du pays des Chérokées, dans l'Amérique septentrionale, d'où elle a été rapportée par M. Palissot de Beauvois.

4.° La M. GRANIFÈRE; *M. granifera*, Lamck.,' Enc. méth., pl. 458, fig. 4, *a*, *b*. Coquille d'un pouce de longueur environ, ovale, aiguë, cerclée de stries transverses, granuleuses, et de couleur d'un jaune verdâtre. Des rivières de l'île de Timor.

5.° La M. SPINULEUSE; *M. spinulosa*, Lamck. Coquille oblongue, un peu rude, garnie de côtes peu sensibles dans sa longueur, striée transversalement ; les tours de spire nombreux, un peu épineux en-dessus, le dernier plus petit que la spire : couleur brunâtre. Du même endroit.

6.° La M. TRUNCATULE; *M. truncatula*, Lamck. Coquille de sept à huit lignes de longueur, oblongue, conique, tronquée au sommet; les tours de spire, au nombre de cinq, striés transversalement, garnis de côtes longitudinales assez peu sensibles; la suture enfoncée : couleur noire. Du même pays.

7.° La M. FLAMBÉE : *M. fasciolata*, Oliv.; *Melanoides fasciolata*, Oliv., Voyage au Levant, pl. 31, fig. 7. Coquille de sept à huit lignes, oblongue, subulée, ventrue en avant, mince, diaphane, finement striée dans les deux sens : couleur blanche, ornée de flammes longitudinales jaunâtres. Égypte, dans le canal d'Alexandrie.

8.° La M. DÉCOLLÉE; *M. decollata*, Lamck. Coquille cylindracée, courte et grosse, glabre, n'ayant que trois ou quatre tours de spire par la troncature du sommet, le dernier un peu plissé : couleur brun-noirâtre. Des rivières de la Guiane.

9.° La M. CLOU; *M. clavus*, Lamck. Coquille de onze lignes de longueur, turriculée, mais assez courte; le sommet est obtus et atténué ; les tours de spire un peu aplatis, plissés longitudinalement en haut ; des stries longitudinales écartées en bas : couleur fauve. Patrie inconnue.

B. *Espèces turriculées.*

10.° La M. LISSE ; *M. lævigata*, Lamck. Coquille de quinze à seize lignes de longueur, turriculée, un peu tronquée au sommet, lisse, à tours de spire aplatis et à peine séparés par une suture : couleur blanche, d'un fauve pâle en-dessus. Rivières de l'île de Timor.

11.° La M. SUBULÉE ; *M. subulata*, Lamck. Coquille d'un pouce et demi de longueur, turriculée, subulée, glabre ; les tours de spire aplatis, striés très-finement, suivant leur longueur : couleur d'un brun châtain en haut, et d'un fauve pâle. orné de bandes blanches, en bas. Patrie inconnue.

12.° La M. FRONCÉE ; *M. corrugata*, Lamck. Coquille de même grandeur à peu près que la précédente, turriculée, aiguë, brune, finement striée à sa partie inférieure et froncée longitudinalement dans la moitié supérieure. Patrie inconnue.

13.° La M. PONCTUÉE ; *M. punctata*, Lamck. Coquille de vingt-une lignes de longueur, turriculée, glabre ; le sommet aigu ; les tours de spire un peu convexes : couleur blanche, avec des taches longitudinales angulo-flexueuses, fauves en-dessus, et des points de la même couleur, et disposés en séries transverses sur le dernier tour. Patrie inconnue.

13.° La M. STRANGULÉE ; *M. strangulata*, Lamck., Encycl. méth., pl. 458. fig. 5, *a, b.* Coquille très-rare, de près de deux pouces de hauteur, turriculée, solide ; les tours de spire convexes et comme étranglés dans toute la longueur de la suture, striés finement dans leur hauteur ; quelques stries transverses sur le dernier tour : couleur d'un brun roussâtre. Patrie inconnue.

14.° La M. TRONQUÉE : *M. truncata*, Lamck.; *Melania semi-plicata*, Enc. méth., pl. 458, fig. 3, *a, b.* Coquille turriculée, de près de deux pouces de longueur, solide, tronquée au sommet ; garnie de petites côtes longitudinales, dont les supérieures sont plus saillantes et coupées par des stries trans-verses, nombreuses : couleur d'un brun noirâtre. Des rivières de la Guiane.

15.° La M. ASPÉRULÉE ; *M. asperata*. Coquille de même lon-gueur à peu près, également turriculée, tronquée au sommet, avec de petites côtes longitudinales subtuberculeuses, coupées par des stries transverses, aiguës ; les tours de spire convexes, séparés par une suture assez excavée : couleur roussâtre. Des rivières de l'Amérique méridionale ?

16.° La M. TUBERCULEUSE ; M. tuberculata, Brug., Martini, Conchyl., 2, tab. 136, fig. 1261, 1262. Coquille turriculée, transparente, à tours de spire striés transversalement et tuberculeux : couleur cendrée avec des rayons rouges.

La M. APRE : M. scabra ; Bulimus scaber de Bruguières. Diffère-t-elle de celle-ci ? Toutes deux sont des eaux douces de la côte de Coromandel.

17.° La M. AURICULÉE : M. auriculata ; Bulimus auriculatus, Brug.: Lister, Synops., tab. 121, fig. 16. Coquille épaisse, turriculée, à sommet tronqué ; les tours de spire médians garnis de tubercules aplatis et distans ; l'ouverture avec une sorte d'échancrure en arrière ; couleur brun-marron, le plus communément ornée sur le tour inférieur de trois bandes brunes, séparées par autant de lignes blanches. Des eaux douces de l'intérieur de l'Afrique. M. de Lamarck en fait une pyrène ; mais M. de Férussac dit positivement que c'est une mélanie.

18.° La M. CORDONNÉE ; M. torulosa, Brug. ; Martini, Conch., tom. 9, p. 2, tab. 135, fig. 1230. Coquille de deux pouces et demi de longueur, turriculée, peu épaisse ; la spire très-pointue, de dix à onze tours, moyennement convexes, un peu striés et dont chacun est terminé dans le haut par un cordon convexe, adossé à la suture divisée par des crénelures assez profondes. La couleur de la coquille est toute blanche, sous un épiderme d'un brun noirâtre.

C'est de cette espèce que Bruguières a vu l'animal, qui est blanchâtre, dans des marais d'eau douce dans le voisinage de Foulpointe, à Madagascar.

Il faut encore très-probablement rapporter à ce genre plusieurs espèces de coquilles décrites par M. Say, dans son article Conchology de l'Encyclopédie américaine de Nicholson, et dans le Journal des sciences naturelles de Philadelphie ; la Limnæa virginica, planche 2, fig. 7, qu'il rapporte au Buccinum virginicum de Gmelin, et qui est turriculée, à spire tronquée, de couleur de corne, sous un épiderme verdâtre ; la *Limnæa decisa* ressemble davantage à une paludine, à cause de la brièveté de la spire ; mais son ouverture est bien ovale. La M. *canaliculata* est conique, à sommet tronqué, blanchâtre, et offre pour caractère plus distinctif une grande rainure obtuse, décurrente avec la spire. Commune dans l'Ohio, la M. *elevata*, de la même rivière, a la spire beaucoup plus élevée, avec des lignes décurrentes, dont l'une, plus saillante, lui donne l'apparence carénée. La M. *conica* ressemble beaucoup à la M. *virginica*, mais la spire est bien moins élevée. La M. *prærorsa*, qui est globuleuse, ovale, la spire étant très-tronquée dans les vieux individus, et dont la columelle est un peu alongée et recourbée, est peut-être une mélanopside ; et la M. *armigera*, dont les tours de spire sont armés de tubercules distans et proéminens, appartient encore plutôt à ce genre. (De B.)

MÉLANIE. (*Foss.*) Les coquilles de ce genre nous présentent des choses assez étonnantes. Celles qui se trouvent à l'état vivant, habitent dans les eaux douces des climats chauds des deux Indes. Leur test, en général, est mince et transparent ; leur couleur est brune ou presque noire ; des cloisons formées dans la spire, à quelque distance du sommet, permettent que ce dernier soit brisé ou rongé, sans que l'animal soit exposé à être attaqué, ou bien, dans quelques espèces, ce sommet est extrêmement long et aigu ; enfin on ne trouve presque jamais ces coquilles à l'état fossile dans les terrains d'eau douce. Au contraire, celles qui sont fossiles, ont en général le test épais ; elles ne sont jamais tronquées ou effilées, et on ne les trouve que dans des dépôts où elles sont accompagnées de coquilles marines. Pourroit-on en conclure que les animaux des mélanies vivoient autrefois dans la mer, dont la salure étoit peut-être moins grande, comme on le croit (Halley et autres), et qu'aujourd'hui elles ne peuvent supporter cette salure ?

On remarque avec étonnement que les mélanopsides, les cyrènes, les ampullaires et les néritines, qui vivent dans les eaux douces, ne se trouvent à l'état fossile que dans certains dépôts qui paroissent appartenir à la mer par la nature des corps qui les accompagnent, et dont quelques-uns même sont évidemment marins. Si l'on admet, comme tout

porte à le croire, que les eaux de la mer ont dû devenir
et deviennent tous les jours plus salées, on pourra soupçonner que c'est là peut-être la cause que certains genres
y ont été anéantis.

Il existe à l'état fossile un assez grand nombre d'espèces
de mélanies qui ont été trouvées dans les couches plus nouvelles que celle de la craie : à l'égard des coquilles qui ont
été regardées comme des mélanies, et qui ont été trouvées
dans les couches antérieures à cette substance, il n'est peut-
être pas très-certain qu'elles dépendent de ce genre.

MÉLANIE A PETITES CÔTES : *Melania costellata*, Lamk., Ann.
du mus. d'hist. natur., tom. 8, pl. 60, fig. 2. Coquille turriculée, portant des stries transverses et de petites côtes
longitudinales. Son ouverture est ovale, évasée à la base,
et porte un petit canal à sa partie supérieure ; longueur deux
pouces. On trouve cette espèce à Grignon, département de
Seine-et-Oise ; à Hauteville, département de la Manche, et
dans les couches du calcaire coquillier des environs de Paris,
où elle est commune. Le dernier tour de la spire tend à
s'éloigner de l'avant-dernier, et cet éloignement est plus
considérable dans celles qu'on trouve à Mouchy-le-Châtel,
département de l'Oise.

On trouve à Ronca en Italie une variété de cette espèce,
à laquelle M. Brongniart a donné le nom de *M. roncana*.
Mém. sur les terr. de séd. sup. du Vicentin, pl. 2, fig. 18.

MÉLANIE VARIABLE : *Melania variabilis*, Def. Cette espèce est
moins grande que la précédente, à laquelle elle ressemble ;
mais, au lieu de petites côtes longitudinales, elle porte seulement une varice sur la partie du dernier tour opposée à
l'ouverture. Les mélanies à petites côtes portant également
à cet endroit une varice plus ou moins grosse, et quelques
individus étant presque dépourvus de côtes longitudinales,
il est possible que celle-ci ne soit qu'une variété de la première. On trouve ces coquilles à Hauteville.

MÉLANIE LACTÉE : *Melania lactea*, Lam., loc. cit., même pl.,
fig. 5 ; *Bulimus lacteus*, Brug., Dict., n.° 45. Coquille turriculée, épaisse, pointue au sommet. Les tours inférieurs sont
lisses, mais les supérieurs offrent quelques stries transverses,
ainsi que des stries longitudinales ; on voit même sur quel-

ques individus de légères stries transverses, plus marquées vers la base : longueur, neuf lignes. On trouve cette espèce à Grignon, à Montmirail, à Fréjus : quelques individus que je possède, mais dont je ne connois pas la patrie, ont jusqu'à un pouce et demi de longueur.

Dans l'ouvrage de M. Brongniart ci-dessus cité, on voit la figure (pl. 2, fig. 10) et la description d'une espèce qu'on trouve à Ronca, et à laquelle ce savant a donné le nom de *melania stygii*. Il paroit qu'elle a les plus grands rapports avec la mélanie lactée.

MÉLANIE BORDÉE : *Melania marginata*, Lam., *loc. cit.*, même pl., fig. 4 : *Bulimus turricula*, Brug., Dict., n.° 44. Coquille conique-turriculée, couverte de stries transverses ; elle a onze à douze tours de spire aplatis, dont le bord supérieur en saillie forme une rampe ; autour de l'ouverture on voit un rebord épais et un peu large, qui forme un bourrelet. On trouve cette espèce à Grignon (où elle n'acquiert que neuf lignes de longueur), à Hauteville, à Mouchy-le-Châtel et à Vaurin-Froid, département de l'Oise, où elle est de plus d'un tiers plus longue.

MÉLANIE GRAIN-D'ORGE ; *Melania hordacea*, Lam., Ann. du mus. Coquille turriculée, couverte de stries transverses, portant huit à dix tours de spire marqués par un étranglement. L'ouverture est fort petite, rétrécie, et en pointe à sa partie supérieure : longueur, quatre lignes. On trouve cette espèce, avec quelques modifications dans ses formes, suivant les localités, à Grignon, à Orglandes, département de la Manche ; à Houdan, dans une couche où il se trouve des néritines, et dans une couche quartzeuse à Abbecourt près de Beauvais.

MÉLANIE RACCOURCIE ; *Melania abbreviata*, Def. Cette espèce est moins longue et un peu plus grosse que la précédente, avec laquelle elle a beaucoup de rapports. On la trouve à Cuise-Lamothe, département de l'Oise, avec de grandes cyrènes et des coquilles marines, et dans des couches de grès supérieur à Morfontaine, à Betz, même département ; à Pierrelaie et à Écouen, département de Seine-et-Oise. Les coquilles de cette dernière localité sont aussi longues et plus grosses que les mélanies grain-d'orge.

MÉLANIE CANICULAIRE ; *Melania canicularia*, Lam., *loc. cit.*,

Vélins du mus., n.º 17, fig. 4. Cette coquille a beaucoup de rapports avec la mélanie grain-d'orge ; mais elle est plus longue et ressemble à une dent canine aiguë : lieu natal, Grignon. Je n'en ai trouvé qu'un seul individu.

MÉLANIE FRONCÉE ; *Melania corrugata*, Lam., Ann. du mus., tom. 8, pl. 60, fig. 5. Coquille turriculée, très-remarquable par ses stries transverses et par leur croisement sur les tours supérieurs, ainsi que sur la moitié supérieure des autres tours, avec des rides verticales qui font paroître la coquille plissée et comme granuleuse : longueur douze à quinze lignes. On trouve cette espèce près du château de Pont-Chartrain, département de Seine-et-Oise, dans une couche qui diffère beaucoup de celle de Grignon par les coquilles qu'elle renferme.

MÉLANIE BRILLANTE : *Melania nitida*, Lam., *loc. cit.*, même planche, fig. 6 ; *Helix subulata*, Brocc., Conch. foss. Subapp., p. 305, tab. 111, fig. 3. Coquille turriculée, subulée, grêle, fort aiguë au sommet, et partout lisse, polie et brillante ; son ouverture est petite, ovale et légèrement évasée à la base. Elle a quatorze ou quinze tours de spire ; longueur, quatre à cinq lignes : lieu natal, Grignon, Parnes, département de l'Oise, et San-Giusto près de Volterre en Italie.

MÉLANIE TORTUE ; *Melania distorta*, Def. M. Lamarck avoit confondu cette espèce avec la précédente, à laquelle elle ressemble beaucoup par son brillant ; mais elle en diffère essentiellement par sa courbure et par une ligne longitudinale qui se trouve sur chacun des tours. Ces lignes sont placées du côté droit de la coquille, et, sans répondre précisément les unes aux autres, elles deviennent une ligne oblique du sommet jusqu'à la partie supérieure de l'ouverture. Les individus de cette espèce que l'on trouve à Grignon, ont trois à quatre lignes de longueur ; mais j'en ai reçu des environs d'Angers qui ont sept à huit lignes de longueur. On trouve dans la baie de Weymouth une coquille qui ressemble parfaitement à ces derniers, et qui doit être son analogue vivant ; elle m'a été envoyée sous le nom de *turpo politus*. On trouve aussi cette espèce fossile à Dax.

MÉLANIE DEMI-STRIÉE ; *Melania semi-striata*, Lam., Ann. du mus. Coquille oblongue subturriculée, couverte à sa partie supérieure de strics longitudinales très-fines et brillantes à sa base ; son ouverture est ovale-oblongue et très-évasée à la base. Longueur, trois à quatre lignes : lieu natal, Grignon.

MÉLANIE CUILLERONNE; *Melania cochlearella*, Lam., *loc. cit.*, Vélins du mus., n.° 1, fig. 14, et *Supp.*, 2, fig. 18. Coquille conique, turriculée, pointue au sommet, chargée de sillons longitudinaux nombreux, très-fins et un peu courbés; l'ouverture est ovale, oblique, à bord droit, épaissi et marginé : longueur six lignes. On trouve cette espèce à Grignon, à Orglandes et à Thorigner près d'Angers. Celles de ce dernier endroit sont plus grandes. Cette espèce a bien des rapports avec le genre Rissoa et pourroit en dépendre.

MÉLANIE FRAGILE; *Melania fragilis*, Lam., Vél., n.° 17, fig. 15. et *Suppl.*, 2, fig. 17. Coquille tubturriculée, mince, fragile, couverte de stries longitudinales très-fines, à tours très-convexes et au nombre de sept : longueur, deux lignes. L'ouverture est oblongue et ne s'avance point en cuilleron, comme dans la précédente. Lieu natal, Grignon. Elle est rare.

Melania elongata. Dans le Mémoire sur le terrain du Vicentin ci-dessus cité, M. Brongniart a donné ce nom à une espèce trouvée à Castel-Gomberto dans le Vicentin. Il paroît, d'après la figure qu'il en a donnée, pl. 5, fig. 15, qu'elle a beaucoup de rapport avec la mélanie à petites côtes, dont peut-être elle n'est qu'une variété. Je possède une pareille coquille, trouvée dans le Plaisantin. Elle diffère un peu de la mélanie à petites côtes de nos pays; mais je pense qu'elle n'en est qu'une variété modifiée par le lieu où elle a vécu.

MÉLANIE SOUILLÉE : *Melania inquinata*, Def.; *Cerithium melanoides*, Sow., pl. 147, fig. 6 et 7. Coquille conique, turriculée, chargée de tubercules et de cordons transverses, comme certaines espèces de cérites; le dernier tour est chargé de cinq à sept cordons, et d'une rangée de tubercules à sa partie supérieure; sur les autres tours on ne voit qu'un ou deux cordons et les tubercules, qui ont cela de très-singulier, que souvent ils sont brisés, et qu'à leur place on voit une petite cavité : longueur, deux pouces. On trouve cette espèce à Wolwich, à Charleton et à Southfleet en Angleterre, à Beaurein, département de la Somme, où elle est accompagnée de paludines, et à Épernai avec des cyrènes. Celles de

Wolwich et de Beaurein ont jusqu'à douze tubercules sur chaque tour, et quelques individus de ce dernier lieu en sont presque dépourvus. Celles d'Épernai en ont environ huit très-marquées. Je n'ai jamais pu rencontrer une seule de ces coquilles ayant l'ouverture en assez bon état pour en saisir tous les caractères; mais je pense qu'elles dépendent du genre Mélanie.

Celles que l'on rencontre à Épernai et à Beaurein, se trouvent dans des couches qui touchent à la partie supérieure de l'argile plastique et du lignite, au-dessous du calcaire coquillier, et il y a lieu de croire que celles des autres localités se trouvent dans les mêmes circonstances.

MÉLANIE GRILLÉE; *Melania clathrata*, Def. Coquille turriculée, conique, chargée de petites côtes longitudinales, un peu obliques, et coupées par cinq à six stries transverses, qui les divisent en autant de petits points élevés. longueur, huit lignes. Cette espèce a été trouvée en Italie, mais j'ignore dans quel endroit : elle est remplie d'une vase grise, comme les coquilles qui ont été trouvées dans le Plaisantin.

Melania heddingtonensis, Sow., Min. conch., pl. 59. Cette espèce se trouve dans les couches antérieures à la craie à Southampton en Angleterre, et dans la couche à oolithes au Mesnil près de Caen : sa longueur est de quatre à cinq pouces. Elle est turriculée-conique; les tours de sa spire sont aplatis, avec un certain enfoncement au milieu : son ouverture présente assez les caractères de celles des mélanies; mais comme elle n'est presque jamais entière, il est difficile d'être assuré si elle appartient précisément à ce genre.

Je possède une coquille qui a de très-grands rapports avec la mélanie spinuleuse (Lam.) qui vit dans les rivières de Timor; mais j'ignore où elle a été trouvée, et, malgré son aspect fossile, je ne puis assurer qu'elle soit à cet état.

M. Sowerby a donné dans sa Min. conch. la description et les figures des espèces de mélanies ci-après.

Melania striata (pl. 47) : coquille de la grosseur du poing et de plus de sept pouces de longueur, que l'on trouve à Limington en Somersetshire. *Melania constricta* (pl. 218, fig. 2), qu'on trouve à Tisdewel dans le Derbyshire; *Melania lineata* (même planche, fig. 1), que l'on trouve à Dundry.

Melania fasciata (pl. 241, fig. 1), qui se trouve à l'île de Wight. *Melania costata* (même pl., fig. 2), qu'on trouve à Hordwelclif. *Melania minima* et *Melania truncata* (même pl., fig. 3 et 4), que l'on trouve à Brakenhurst.

Cet auteur a donné (pl. 59) la figure d'une coquille qu'il a nommée *melania sulcata*. Cette espèce a été rangée par M. de Lamarck dans le genre des Turritelles. Il lui a donné le nom de *T. terebralis*, et nous croyons avec ce savant qu'elle dépend de ce genre.

M. de Lamarck (Ann. du mus. d'hist. nat.) a rangé dans le genre Mélanie, sous le nom de mélanie demi-plissée, une coquille qui ne dépend point de ce genre. Je possède les deux coquilles qui ont servi à la description de cette espèce, et j'ai reconnu qu'elles étoient de jeunes cérites de l'espèce à laquelle il a donné le nom de *C. nudum*.

M. Faujas a trouvé dans une couche de marne bitumineuse qui sépare les bancs de charbon de la mine de Gavalon, dans l'arrondissement de Saint-Paulet, département du Gard, avec des ampullaires et des coquilles qui ressemblent à des planorbes, une espèce particulière de mélanie, qui a un pouce de longueur et qui est couverte de grosses côtes longitudinales. Ann. du mus. d'hist. nat., tom. 14, pl. 19, fig. 11 et 12.

M. Daudebard de Férussac a trouvé dans le bassin d'Épernai, avec la *melania inquinata*, une autre espèce de mélanie, voisine de la *melania hordacea*, à laquelle il a donné le nom de *melania triticea*. (D. F.)

MÉLANIE. (*Entom.*) Nom vulgaire, donné à une variété de l'espèce Agrion vierge, sorte de demoiselle, dont les ailes sont dressées dans le repos, colorées d'un brun doré avec une tache noire, et le corps d'un vert métallique. Rœsel l'a figurée t. II, pl. 9, fig. 6. Voyez AGRION, t. I.er de ce Dictionnaire, p. 525, var. F. (C. D.)

MELANIPELOS. (*Bot.*) Voyez HELXINE. (J.)

MELANIS. (*Erpétol.*) Nom par lequel on a désigné un reptile ophidien. Voyez VIPÈRE. (H. C.)

MÉLANITE, *Melanites*. (*Entom.*) Nom d'un genre de papillons de jour qui comprend quelques espèces des Indes, telles que l'*Ariadne*, *merione*, *coryta*, *undularis*, etc. (C. D.)

MÉLANITE. (Min.) Nom donné à un minéral qui présente, avec une couleur noire assez pure, tous les caractères géométriques et plusieurs des caractères minéralogiques des grenats. Comme on ne possède encore aucun moyen précis pour séparer ce minéral des grenats, nous en avons fait l'histoire à l'article de cette espèce. Voyez GRENAT MÉLANITE, au mot GRENAT. (B.)

MÉLANIUM. (Bot.) Daléchamps nommoit ainsi le *viola calcarata*. P. Browne, dans ses Plantes de la Jamaïque, donne le même nom à une salicaire, que Linnæus, pour cette raison, nomme *lythrum melanium*, et qui doit peut-être se rapporter plutôt au genre *Parsonsia* de la même famille. (J.)

MELANOCERASON. (Bot.) Nom grec anciennement donné à la belladone, *atropa belladona*. (LEM.)

MELANOCORHYNCOS. (Ornith.) Ce nom grec et celui de *sycalis* désignoient chez les anciens le gobe-mouche ordinaire, *muscicapa atricapilla*, Gmel., dans son beau plumage, c'est-à-dire à l'époque des amours, où le mâle offre un joli mélange de noir et de blanc, tandis qu'en hiver il est gris, comme sa femelle, avec une simple bande blanche sur l'aile. (CH. D.)

MÉLANOÏDE, *Melanoides*. (Conchyl.) Olivier, dans son Voyage au Levant, tom. 2, pag. 40, a donné ce nom au genre de coquilles que M. de Lamarck avoit nommé Mélanie, et il a, au contraire, employé ce dernier nom pour désigner un autre genre, généralement adopté, mais dont M. de Férussac a changé la dénomination en celle de MÉLANOPSIDE. Voyez ce mot et MÉLANIE. (DE B.)

MÉLANOLOME, *Melanoloma*. (Bot.) Ce nouveau genre de plantes, que nous proposons, appartient à l'ordre des Synanthérées et à la tribu naturelle des Centauriées. Voici ses caractères.

Calathide très-radiée : disque multiflore, obringentiflore, androgyniflore ; couronne unisériée, ampliatiflore, neutriflore. Involucre de quelques feuilles bractéiformes, verticillées autour de la base du péricline. Péricline inférieur aux fleurs du disque, ovoïde : formé de squames imbriquées, appliquées, coriaces : les intermédiaires oblongues, étrécies de bas en haut, munies sur chaque côté d'une bordure linéaire, frangée, scarieuse, noire, et surmontées d'un grand appendice étalé, penné, coriace, à pinnules distancées, filiformes, barbellulées, roides. Clinanthe plan, épais, charnu, garni de fimbrilles nombreuses, inégales, libres, filiformes-laminées. *Fleurs du disque :* Ovaire oblong, comprimé, muni de poils capillaires. Aigrette de centaurée, très-courte, avec petite aigrette intérieure. Corolle obringente. Étamines à filet parsemé de poils très-courts; appendice apicilaire long. *Fleurs de la couronne :* Faux-ovaire grêle, inaigretté, Corolle obringentiforme, à limbe amplifié, divisé en deux segmens, l'intérieur quadrilobé au sommet, l'extérieur tantôt bifide jusqu'à la base, tantôt indivis.

Nous connoissons deux espèces de ce genre.

MÉLANOLOME BASSE : *Melanoloma humilis*, H. Cass.; *Centaurea pullata*, Linn., *Sp. pl.*, édit. 3, pag. 1288. C'est une plante herbacée, annuelle suivant Linné, bisannuelle selon Villars, vivace selon M. Desfontaines. Sa racine, qui est assez grosse, produit deux ou trois tiges courtes, menues, simples ou presque simples, ordinairement monocalathides, anguleuses, pubescentes; les feuilles sont très-variables, un peu dentées, pubescentes, un peu scabres; les inférieures longues, pétiolées, ordinairement lyrées; les supérieures courtes, sessiles, oblongues : les calathides sont terminales, solitaires, assez grandes, composées de fleurs blanches ou purpurines; leur péricline est entouré à sa base d'un involucre de quelques feuilles ou bractées lancéolées, velues, entières; l'appendice des squames est jaunâtre. Cette plante habite l'Europe australe, la Barbarie, le Levant ; on la trouve en France, dans les départemens méridionaux, auprès des haies et au bord des champs, où elle fleurit en Mai et Juin.

MÉLANOLOME ÉLEVÉE; *Melanoloma excelsior*, H. Cass. Tige herbacée, haute d'un pied et demi, rameuse, diffuse, anguleuse, striée, pubescente, scabre ; feuilles alternes, un peu pubescentes, un peu scabres, d'une substance ferme et roide : les inférieures pétiolées, ovales-lancéolées, obtuses, presque indentées; les supérieures sessiles, semi-amplexicaules, oblongues, obtuses, presque indentées, à base biauriculée, comme sagittée ; calathides grandes, belles, très-radiées, solitaires au sommet des rameaux, entourées chacune à la base d'un involucre de cinq ou six feuilles verticillées, inégales, ovales; corolles de la couronne blanches; celles du disque blanc-jaunâtre, avec le sommet des divisions couleur de chair. Nous ignorons l'origine de cette plante, qui nous paroît constituer une espèce distincte, et que nous avons décrite sur un individu vivant, cultivé au Jardin du Roi, où il n'étoit point nommé.

Notre genre *Melanoloma* est exactement intermédiaire entre le *Cyanus* et le *Lepteranthus*. Il ressemble au *Cyanus* par la bordure des squames du péricline, et par les corolles de la couronne; mais il s'en distingue par l'involucre et par l'appendice des squames du péricline : il ressemble au *Lepteranthus* par l'appendice des squames du péricline; mais il s'en distingue par l'involucre qui entoure ce péricline, par la bordure dont les squames du péricline sont pourvues, et par la forme des corolles de la couronne. (Voyez notre article LEPTÉRANTHE, tom. XXVI, pag. 64.)

Le nom de *Melanoloma*, composé de deux mots grecs qui signifient *bordure noire*, fait allusion à la bordure remarquable des squames du péricline. (H. Cass.)

MÉLANOMPHALE. (*Bot.*) Reneaulme nommoit ainsi l'*ornithogalum arabicum*, parce que, selon lui, le centre ou ombilic de la fleur est noir. (J.)

MÉLANOPHORE, *Melanophora*. (*Entom.*) M. Meigen a décrit sous ce nom un genre d'insectes diptères, de la famille des sarcostomes, correspondans aux tachines et aux téphrites de Fabricius, tels que le *musca grossificationis* de Linnæus. (C. D.)

MÉLANOPS. (*Ornith.*) Cette épithète est donnée par Latham à une espèce de corbeau, dont M. Vieillot a fait sa coracine kailora. (Ch. D.)

MÉLANOPSIDE, *Melanopsis*. (*Conchyl.*) Ce nom, qui indique des rapports avec les mélanies, ce qui n'est pas rigoureusement exact, a été imaginé par M. d'Audebard de Férussac, le père, pour désigner un petit genre de coquilles qu'Olivier avoit établi sous la dénomination de Mélanie, ou qu'il confondoit avec les espèces véritables de ce genre, et que M. de Lamarck avoit proposé plusieurs années auparavant. Les caractères de ce genre, qui a été adopté par tous les zoologistes modernes, et duquel M. d'Audebard de Férussac, fils, a publié une monographie dans la première partie du premier volume des Mémoires de la Société d'histoire naturelle de Paris, peuvent être exprimés ainsi : Animal dioïque, spiral, trachélipode; le pied court, arrondi, pourvu d'un opercule corné : la tête avec deux gros tentacules coniques, assez peu alongés, incomplétement contractiles, portant les yeux sur un renflement assez saillant, situé à leur base externe; la bouche à l'extrémité d'une sorte de mufle proboscidiforme ; la cavité respiratrice aquatique contenant deux peignes branchiaux inégaux, et se prolongeant en un tube incomplet à son angle antérieur et externe. Coquille ovale, subturriculée, à spire courte; l'ouverture ovale, sans tube, mais échancrée en avant et sans trace de sinus à son extrémité postérieure ; le bord columellaire calleux et plus ou moins profondément excavé. D'après ces caractères il est évident que ce genre est assez éloigné des mélanies proprement dites, surtout pour la coquille, qui n'a jamais l'évasement de l'ouverture par la fusion de la columelle qui existe dans celle-ci. C'est pour moi une simple subdivision des cérithes, dont elle ne diffère que parce que l'échancrure de l'ouverture, au lieu d'être quelquefois presque tubuleuse, est souvent peu marquée. Je divise en effet les Cérithes en cinq petits groupes : dans le premier, les CÉRITHES proprement dites, comme le C. *vertagus*, il y a réellement un petit canal fort court, recourbé vers le dos de la coquille ; les CHENILLES, C. *aluca*, ont le canal encore plus petit, tout droit, et une échancrure ou sinus bien formé à la jonction postérieure des deux bords ; les POTAMIDES et les PIRAZES n'ont plus de canal, mais une simple échancrure en avant, et le bord droit se dilate plus ou moins avec l'âge, comme dans le C. *palustre;* les PIRÈNES ont aussi l'ouverture sans canal, peu échancré en avant, avec un sinus à l'extrémité postérieure du bord droit, qui ne se dilate pas; le bord columellaire calleux et courbé dans son milieu : enfin, les MÉLANOPSIDES, en général moins turriculées, ont l'échancrure antérieure, mais pas de sinus en arrière et une large callosité sur le bord columellaire. Jamais ces caractères ne se trouvent sur les véritables mélanies.

Les mélanopsides habitent constamment les eaux douces, et leurs mœurs s'éloignent sans doute fort peu de celles des cérithes fluviatiles et même de celles des paludines. On n'en a pas encore trouvé en France ni même en Italie, où cependant il est fort probable qu'il en existe : mais on en a distingué en Carniole, en Hongrie, dans la Russie méridionale et dans presque tout le bassin de la Méditerranée ; en Espagne, sur le versant de la mer Océane ; dans les grands fleuves, le Tigre et l'Euphrate, de la pente méridionale de l'Asie. Il me paroit probable que deux ou trois espèces de coquilles dont M. Say a fait des mélanies, appartiennent réellement au genre Mélanopside : ainsi l'Amérique septentrionale auroit des espèces de ce genre, ce que n'auroit pas le versant de l'Europe vers la mer Océane. Aussi, en admettant ce fait comme positif, il sembleroit que celles qui y ont existé n'y sont plus qu'à l'état fossile ; et, en effet, on trouve un assez grand nombre de mélanopsides fossiles en France, où il ne s'en rencontre peut-être plus de vivantes.

Les espèces que M. de Férussac caractérise dans ce genre, sont au nombre de onze ; mais il faut convenir qu'elles sont souvent si voisines les unes des autres, que je doute qu'il y en ait plus de trois ou quatre véritables.

La M. BUCCINOÏDE ; *M. buccinoides*, Olivier, Féruss., *loc. cit.*, pl. 1, fig. 1—11, et pl. 11, fig. 1—4. Coquille conique, ovale, épaisse, à spire courte, souvent aiguë ; les tours de spire déprimés, striés longitudinalement, au nombre de huit, dont le dernier est plus grand que tous les autres pris ensemble ; une large callosité sur le bord columellaire. Couleur uniforme, brune ou châtaine.

C'est la M. LISSE, *M. lævigata*, de M. de Lamarck ; le *Buccinum prærorsum* de Linnæus ; le *Bulimus prærorsus* de Bruguières ; le *Bulimus antediluvianus* de M. Poiret.

Cette espèce se trouve vivante dans les eaux douces de la Syrie, de l'île de Crète, de l'archipel grec, d'après Olivier ; on dit qu'elle se trouve aussi en Hongrie, d'après M. de Férussac, qui en possède un grand nombre d'individus. Elle offre un assez grand nombre de variétés, soit dans la couleur, soit dans la forme : ainsi elle est tantôt noire, brune, châtaine ; tantôt d'un vert jaunâtre et quelquefois ornée de trois bandes brunes sur un fond verdâtre ; elle est plus ou moins alongée ou élargie, ce qui la rend conique ou fusiforme. Dans quelques individus l'ouverture a la moitié de la longueur de la coquille, et dans d'autres les deux tiers.

Il est certain qu'elle est parfaitement identique avec l'espèce fossile que l'on trouve dans l'île de Rhodes, dans les montagnes de Sestos, dans la formation d'argile plastique et des environs de Soissons ; en Angleterre, à l'île de Wight, et dans plusieurs autres endroits ; en Italie, etc.

La M. DE DUFOUR ; *M. Dufourii*, de Fér., *loc. cit.*, pl. 1, fig. 16, et pl. 2, fig. 5. Espèce fort rapprochée de la précédente par la forme et la grandeur, qui varient cependant aussi beaucoup : sa couleur, également fort variable, brune ou verdâtre, est quelquefois parsemée de taches brunes ; le dernier tour de spire est ordinairement pourvu de trois côtes transversales. mais aussi quelquefois elles s'effacent presque complétement.

Elle se trouve vivante dans le royaume de Valence et dans différens endroits de l'Espagne ; fossile à Dax, dans les faluns de Mandillot.

La M. A CÔTES : *M. costata*, Oliv., Lam. ; de Fér., *loc. cit.*, pl. 1, fig. 14, 15. Coquille ovale, conique, épaisse, pourvue de côtes épaisses, nombreuses, longitudinales sur tous les tours de spire, qui sont au nombre de huit, dont le dernier est plus grand que tous les autres ensemble ; la couleur est brune ou cornée, avec une tache de la même couleur sur la columelle, qui est blanche, comprimée et assez excavée.

Cette espèce, qui varie aussi pour la grandeur et la proportion des parties, se trouve vivante dans les environs d'Alep et dans le fleuve Oronte. Elle est fossile sur le haut des montagnes de Sestos et d'Abydos.

La M. A PETITES CÔTES : *M. costellata ; Mur. cariosus*, Linn. ; *Buccina murocceana*, Chemnitz, *Conchyl.*, X, tab. 210, fig. 2882, 2083. Cette espèce, que M. de Férussac ne sépare qu'avec doute de la précédente, paroît n'en différer qu'en ce que les côtes sont plus nombreuses, plus serrées, et que le dernier tour est trois fois plus grand que tous les autres pris ensemble.

Elle se trouve abondamment dans les ruisseaux des environs de l'aqueduc de Séville et dans cet aqueduc, dans les lacs et rivières du royaume de Maroc. Son animal est orné, comme celui de la mélanie buccinoïde, de lignes brunes et ondulées.

La M. A GROS NŒUDS : *M. nodosa*, de Fér., *loc. cit.*, pl. 1, fig. 15 ; *M. affinis*, Mém. géolog. Coquille ovale, aiguë, épaisse, de sept à huit tours de spire ; le dernier ventru, pourvu de côtes noueuses, longitudinales.

Cette espèce, qui habite vivante dans le Tigre, paroit, comme la précédente, aussi peu différer de la M. à côtes. Elle a été trouvée fossile par M. Menard de la Groye entre Ottricoli et Lavigno, près de la route de Rome à Foligno, avec des coquilles marines. Une variété de cette même espèce est répandue dans un calcaire compacte dont est bâti le temple de Daphné à Athènes.

La M. CHEVRONNÉE : *M. decussata*, de Fér. Coquille à spire conique, formée de cinq à six tours déprimés, le dernier plus grand que tous les autres ; l'ouverture grande, à peine échancrée ; la columelle presque droite, a peine canaliculée ; couleur blanche, variée de lignes rousses entières ou ponctuées. Dans divers endroits de la Hongrie, et entre autres dans le Plattensée.

La M. D'ESPER, *M. Esperi*, de Fér., ne paroit différer que par quelques nuances dans la couleur, et parce que le canal de la columelle est mieux formé. De la rivière de Laybach, dans la Carniole.

La M. ALONGÉE ; *M. acicularis*, de Fér. Coquille subulée, lisse, épaisse, de huit à dix tours de spire, décroissant insensiblement ; callosité nulle ; la columelle atténuée, aiguë, à peine canaliculée et échancrée ; couleur brune foncée, avec une bande jaunâtre sur les sutures.

Vivante, elle se trouve dans la Laybach, dans les eaux thermales de Weslau près Vienne, dans le **Danube**, à **Bude**, etc.; fossile, à l'île de Wight.

M. de Férussac, dans sa Monographie, joint aux mélanopsides les PIRÈNES de M. de Lamarck ; mais, quoique fort rapprochées en effet, nous n'en parlerons que sous ce dernier mot. (DE B.)

MÉLANOPSIDE. (*Foss.*) Les mélanopsides, ainsi que les

mélanies, ne se trouvent plus aujourd'hui à l'état vivant que dans les eaux douces des climats chauds. Comme ces dernières, elles ne se trouvent à l'état fossile, dans nos pays, que dans les couches postérieures à la craie, mais avec cette différence, que les couches qui les contiennent sont posées sur l'argile plastique au-dessous du calcaire coquillier, où elles sont accompagnées de planorbes, de physes, de lymnées et d'autres coquilles d'eau douce (d'Audeb. de Féruss.), et qu'on ne les trouve jamais, comme les mélanies, dans le calcaire coquillier marin.

Mélanopside buccinoïde: *Melanopsis buccinoidea*, Oliv., Voy., pl. 17, fig. 8; *Melanopsis fusiformis*, Sow., Min. conch.. t. 552, fig. 1 — 7. Coquille ovale-conique, lisse, portant sept tours de spire, dont le dernier est plus long que la spire : longueur, huit à neuf lignes. On trouve cette espèce dans le bassin d'Épernai, au-dessous d'un banc d'huîtres; à Soissons, à Vaubuin, à Cuiseaux dans le Jura; à Heuden-Hill, dans l'île de Wight, à Wolwich ; en Italie, en Grèce. Elle ne diffère en rien de celles qu'Olivier a prises vivantes dans le fleuve Oronte et dans toutes les rivières de la côte de Syrie, ni de celles que M. de Férussac a trouvées dans les petites rivières d'Andalousie en Espagne. J'en possède une dont l'ouverture est remplie de vermilies ou de serpules.

Mélanopside a côtes; *Melanopsis costata*, Oliv., voy. pl. 31. fig. 3; Encycl. méth., pl. 458, fig. 7. Il paroit que cette espèce est analogue à celle qu'on rencontre vivante dans les rivières des îles de l'Archipel et en Syrie. On la trouve fossile à Soissons, en Italie et à Sestos, où elle forme des rochers solides. (De Férussac.)

Mélanopside nodeuse : *Melanopsis nodosa*, De Fér. Les coquilles de cette espèce ont beaucoup de rapport, pour la forme et la grandeur, avec les précédentes; mais celles-ci sont couvertes, à la partie supérieure du dernier tour de la spire, de deux rangs transverses de nœuds lisses et peu élevés, qui se terminent par des côtes douces longitudinales. On les trouve à Magliano en Italie.

Mélanopside de Boué; *Melanopsis Bouei*, De Fér. Cette espèce a beaucoup de rapports avec celle qui précède immédiatement; mais elle est beaucoup plus raccourcie. On la trouve en Moravie.

Melanopsis Dufourii, De Fér. Cette espèce a jusqu'à quinze lignes de longueur : elle est ventrue, et porte une très-grosse callosité sur le bord gauche de son ouverture : elle est très-remarquable en ce que la partie supérieure de chaque tour est munie d'un canal en forme de rampe comme les olives. On trouve cette espèce à Dax.

Je possède une petite coquille du genre Mélanopside qui a été trouvée à Gilocourt, département de l'Oise. Elle est lisse, et le bord droit de l'ouverture s'élève presque jusqu'au haut de la spire, qui n'est composée que de deux ou trois tours. Ce petit nombre de tours feroit soupçonner que ce seroit un jeune individu de la mélanopside buccinoïde. Longueur, deux lignes et demie. Elle a la forme d'un petit haricot.

M. Sowerby a donné la figure et la description d'une coquille de ce genre, à laquelle il a donné le nom de *melanopsis subulatus* (Min. conch., tab. 532, fig. 8) : elle a sept lignes de longueur sur deux lignes et demie de largeur vers sa base. Elle a été trouvée dans l'ile de Wight avec la M. buc-cinoïde, dont elle n'est peut-être qu'une variété. (D. F.)

MELANOS. (*Ornith.*) M. Desmarest a donné, dans le Nouveau Dictionnaire d'histoire naturelle, des explications curieuses sur l'emploi de ce terme pour désigner les mammifères et les oiseaux dont les poils ou les plumes passent d'une autre couleur au noir foncé. (Ch. D.)

MELANOSCHŒNUS. (*Bot.*) Michéli, auteur italien, nommoit ainsi une espèce de chouin, *schœnus mucronatus*. (J.)

MELANOSINAPIS. (*Bot.*) M. De Candolle nomme ainsi l'une de ses cinq sections du genre Sinapis, laquelle contient la vraie moutarde, *sinapis nigra*. (J.)

MELANOTIS. (*Bot.*) Le genre fait sous ce nom par Necker est le *melasma* de Bergius, ou *nigrina* de Linnæus, que le fils de ce dernier a réuni au *Gerardia*, genre de la famille des personées. (J.)

MELANPYRON (*Bot.*) : Blé noir, en grec. Voyez MÉLAM-PYRE. (Lem.)

MÉLANTÉRIE. (*Min.*) C'est un nom employé par quelques minéralogistes anciens pour désigner une terre noire pyriteuse, susceptible de donner une couleur noire analogue à celle de l'encre et d'une nature qui n'en est pas très-éloignée. Cette matière se trouve principalement dans les roches schisteuses, noires et pyriteuses, que nous avons désignées ailleurs sous le nom d'*ampélite*.

Mais il paroît que celle qu'Agricola et Dioscoride indiquent en Cilicie, qui étoit jaune de soufre et qui donnoit dans l'eau une dissolution noire, pourroit être regardée comme un sulfate de fer en partie décomposé par l'air, et tel qu'on le trouve souvent en efflorescence sur les roches schisteuses que nous venons de mentionner. M. Leonhard paroit avoir adopté cette opinion, en citant le *melanteria* comme synonyme du fer sulfaté. (B.)

MÉLANTHE, *Melanthium*. (*Bot.*) Genre de plantes monocotylédones, à fleurs incomplètes, de la famille des *colchicées*, de l'*hexandrie trigynie* de Linnæus; offrant pour caractère essentiel : Une corolle à six pétales; point de calice; six étamines insérées sur les onglets des pétales; les anthères à deux lobes; un ovaire supérieur, trigone, chargé de trois styles; une ou plutôt trois capsules unies ensemble par leur côté intérieur: les semences nombreuses, comprimées.

MÉLANTHE DE VIRGINIE: *Melanthium virginicum*, Linn.; Lmk., *Ill. gen.*, tab. 269, fig. 1; Pluken., *Phytogr.*, t. 434, fig. 8. Cette plante s'élève à la hauteur de trois pieds sur une tige simple, herbacée, fistuleuse, un peu velue, garnie de feuilles alternes, vaginales à leur base, linéaires, longues, aiguës. Ses fleurs forment à l'extrémité des tiges une grande et belle panicule pyramidale, velue sur ses ramifications, munie de bractées courtes, pubescentes; la corolle d'un blanc jaunâtre, d'une médiocre grandeur; les pétales presque hastés, marqués à leur base de deux taches foncées; les filamens de la longueur de la corolle; l'ovaire glabre, ovale, à trois lobes; les styles divergens, un peu plus courts que les étamines. Cette plante croît aux lieux humides, dans la Virginie, la Caroline, etc.

MÉLANTHE DU CAP : *Melanthium capense*, Linn.; Lamk., *Ill. gen.*, tab. 269, fig. 3; Pluk., *Phytogr.*, tab. 195, fig. 4; *Melanthium punctatum*, Mill., Dict. Espèce remarquable par ses feuilles et ses corolles ponctuées, dont la tige est très-simple, haute de sept à neuf pouces, garnie d'environ quatre

29. 31

feuilles ovales, un peu concaves, épaisses, un peu ciliées à leurs bords, couvertes à leurs deux faces de très-petits points noirs, tuberculeux ; les fleurs sessiles, disposées en un épi simple, terminal, long d'environ trois pouces : la corolle finement piquetée de rouge ; les pétales caducs, lancéolés, les étamines de moitié plus courtes que la corolle ; l'ovaire trigone, divisé jusqu'à son milieu en trois parties, terminées chacune par une pointe courte, en forme de corne. Cette plante croît au cap de Bonne-Espérance.

MÉLANTHE UNILATÉRAL ; *Melanthium secundum*, Lamk., Enc. et *Ill. gen.*, tab. 269, fig. 2. Cette espèce, rapprochée de la précédente, s'en distingue par ses fleurs unilatérales, par ses pétales onguiculés, munis ordinairement de deux petites dents à peu de distance de leur base ; par ses feuilles étroites, à peine larges d'une demi-ligne. La tige est grêle, simple, finement panachée de rouge, haute de huit à neuf pouces ; les fleurs sessiles, formant un épi court, un peu lâche, dépourvu de bractées ; les pétales étroits, linéaires-lancéolés ; l'ovaire court, médiocrement turbiné, chargé de trois styles grêles. Cette plante a été découverte au cap de Bonne-Espérance par Sonnerat.

MÉLANTHE A ÉPI DENSE : *Melanthium densum*, Lamk., Encycl. et *Ill. gen.*, tab. 269, fig. 4 ; *Veratrum luteum*, Linn. Cette plante s'élève à la hauteur d'un à deux pieds sur une tige simple, garnie de feuilles alternes, sessiles, un peu amplexicaules, linéaires, aiguës, larges d'environ deux lignes ; les inférieures très-longues, les fleurs petites, nombreuses, éparses, pédicellées, réunies en un épi droit terminal, d'abord ovale ; à la base de chaque pédicelle une petite bractée ovale, aiguë, scarieuse ; les corolles très-ouvertes ; les pétales ovales, sans onglets ; les anthères blanchâtres, en cœur ; l'ovaire court, trifide au sommet. Cette plante croît dans la Caroline.

MÉLANTHE JONCIFORME ; *Melanthium junceum*, Jacq., *Ic. rar.*, 2, tab. 451. Cette espèce est pourvue d'une bulbe arrondie, de la grosseur d'une noisette : elle produit une feuille radicale, subulée, aiguë ; puis deux autres planes, aiguës, vaginales. Les tiges sont droites, simples, subulées, longues d'un pied et demi, munies vers leur sommet de deux feuilles al-

ternes ; les fleurs sessiles, alternes, disposées en un épi terminal, long de deux pouces ; la corolle d'un pourpre violet
ou blanchâtre ; les pétales onguiculés, lancéolés, un peu aigus ; les filamens de couleur purpurine ; les anthères alongées ; les capsules trigones, noueuses, obtuses, couronnées
par les styles. Cette plante croit au cap de Bonne-Espérance.

MÉLANTHE CILIÉ : *Melanthium ciliatum*, Linn., *Suppl*., 213.
Jacq., *Fragm*., tab. 3, fig. 5 ; *Melanthium uniflorum*, Jacq.,
Coll., 4, pag. 100. Plante herbacée, du cap de Bonne-Espérance, dont les tiges sont simples, longues d'un pied et plus,
garnies de feuilles alternes, linéaires-lancéolées, très-aiguës,
finement crénelées et membraneuses à leurs bords, longues
d'un demi-pied ; les radicales et inférieures pourvues d'une
longue gaine : les fleurs sessiles, alternes, peu nombreuses,
rapprochées, terminales ; la corolle d'une grandeur médiocre ; les pétales lancéolés, onguiculés, rouges en dehors,
jaunâtres à leur base ; les capsules cendrées, longues d'un
pouce.

MÉLANTHE A FEUILLES DE GRAMINÉES ; *Melanthium gramineum*,
Cavan., *Icon. rar.*, 6, tab. 587. Ses racines sont pourvues
de plusieurs bulbes ovales, d'où s'élèvent des tiges très-
courtes, en partie enfoncées en terre, longues d'un pouce,
filiformes ; les feuilles radicales semblables à celles des graminées, vaginales, canaliculées, très-aiguës, longues de trois
pouces : les fleurs, au nombre de deux ou trois, sont d'un
blanc jaunâtre ; les pétales veinés, lancéolés, longs d'un
pouce et plus, larges de deux lignes ; les filamens plus courts
que la corolle ; l'ovaire ovale, aigu ; trois styles rougeâtres,
divergens. Cette plante a été découverte dans les environs
de Mogador par Broussonet. (Poir.)

MÉLANTHÈRE, *Melanthera*. (*Bot*.) Ce genre de plantes
publié par Von Rohr, en 1792, appartient à l'ordre des synanthérées, à notre tribu naturelle des hélianthées, et à la
section des hélianthées-prototypes, dans laquelle il est immédiatement voisin des genres *Blainvillea* et *Lipotriche*. Voici
les caractères génériques du *melanthera*, tels que nous les
avons observés sur des individus vivans de *melanthera urticœfolia*.

Calathide incouronnée, équaliflore, multiflore, régulari-

flore, androgyniflore. l'éricline inférieur aux fleurs, d'abord
convexe ou turbiné, puis plan : formé de squames irrégulièrement bisériées, à peu près égales, appliquées, ovales, foliacées ou subcoriaces. Clinanthe convexe, garni de squamelles inférieures aux fleurs, embrassantes, oblongues-lancéolées, presque spinescentes au sommet. Fruits plus ou moins
comprimés bilatéralement, subtétragones, élargis et épaissis
de bas en haut. glabres, lisses, tronqués au sommet, à troncature en losange, très-large, plane, hispide ; aréole apicilaire, petite, orbiculaire, occupant le centre de la troncature ;
aigrette interrompue, irrégulière, composée d'environ cinq
à dix squamellules inégales, filiformes, courtes, épaisses,
roides, blanches, barbellulées, se détachant facilement, et
paroissant articulées par la base sur un rebord très-court,
épais, charnu, vert, denté, qui simule un bourrelet apicilaire ou une très-petite aigrette stéphanoïde. Corolles blanches, à dix nervures, à tube court et glabre, à limbe hérissé de poils, à cinq divisions hérissées de papilles sur leur
face supérieure. Anthères à loges noirâtres, à appendice apicilaire blanc. Nectaire tubulé.

Nous distinguons trois espèces de *melanthera.*

MÉLANTHÈRE A FEUILLES D'ORTIE : *Melanthera urticæfolia*, H.
Cass.; *Melananthera Linnæi*, Kunth, *Nov. gen. et sp. pl.* t. IV,
pag. 199 (édit. in-4.°) ; *Melananthera deltoidea*, Rich. et Mich.,
Fl. bor. Amer., tom. 2, pag. 107 ; Pers., *Syn. pl.*, pars 2,
pag. 395 ; *Calea aspera*, Jacq., *Collect. ad bot. spect.*, vol. 2,
pag. 290. n.° 250 : *Icon. pl. rar.*, vol. 3, tab. 585 ; Willd. ;
Desf. ; Decand. ; Aiton ; Lam. ; *Bidens nivea*, Swartz, *Obs. bot.*,
pag. 296 ; *Bidentis niveæ varietas prima*, Linn., *Sp. pl.*. édit. 3,
pag. 1167 ; *An? Amellus*, P. Browne, *Hist. of Jam.*, p. 317 ;
Bidens scabra, flore niveo, folio urticæ, Dill., *Hort. eltham.*,
pag. 55, tab. 47, fig. 55, n.° 3. C'est une plante herbacée,
dont la tige, haute d'environ trois pieds, est dressée, rameuse, subtétragone, striée, scabre ; ses feuilles sont opposées, pétiolées, ovales, acuminées, dentées en scie, tripli-
nervées, scabres, surtout en-dessous, un peu pubescentes,
d'un vert cendré ; les calathides, larges de six à neuf lignes,
sont solitaires au sommet de longs pédoncules nus, ordinairement ternés à l'extrémité de la tige et des rameaux ; les

corolles sont blanches. Nous avons fait cette description spécifique, et celle des caractères génériques, sur des individus
vivans, cultivés au Jardin du Roi, où ils fleurissoient au
mois d'août. Swartz, qui paroît avoir bien observé cette
plante, dit qu'elle est vivace par sa racine, et qu'elle habite la Jamaïque australe, où on la trouve près des bords
de la mer, ainsi que sur les terrains élevés, cultivés ou couverts de gazon. Elle seroit annuelle, selon M. Kunth; mais
Jacquin a remarqué, sur des individus cultivés en Europe
dans la serre chaude, que cette espèce étoit tantôt annuelle
et tantôt vivace. M. Link, dans son *Enumeratio plantarum horti
berolinensis*, dit que les fleurs sont jaunes, ce qui est une
erreur manifeste.

MÉLANTHÈRE A FEUILLES EN VIOLON : *Melanthera panduriformis*,
H. Cass. ; *Melanantherœ hastatœ varietas*, Rich. et Mich., *Fl.
bor. Amer.*, tom. 2, p. 107; Pers., *Syn. pl.*, pars 2, p. 395;
Bidentis niveœ varietas tertia, Linn., *Sp. pl.*, édit. 3, p. 1167:
Bidens scabra, flore niveo, folio panduræformi, Dill., *Hort.
Eltham.*, pag. 54, tab. 46, fig. 54. Une racine vivace produit plusieurs tiges droites, simples, hautes de plus de quatre
pieds, roides, scabres, munies de quatre côtes longitudinales; les feuilles sont opposées, étalées, assez grandes, pétiolées, oblongues-lancéolées, ridées, scabres, acuminées au
sommet, dentées en scie sur les bords, étrécies des deux côtés
vers le milieu de leur longueur, ce qui produit deux lobes
vers la base; chaque tige se divise au sommet en quelques
rameaux et pédoncules terminés par de belles calathides assez
grandes, subglobuleuses, imitant celles de certaines scabieuses;
les corolles, d'abord un peu rougeâtres, deviennent ensuite
très-blanches; les anthères sont exsertes et noires; les squames
du péricline sont roides et vertes; les squamelles du clinanthe sont cuspidées, les fruits ont une aigrette de deux
squamellules. Cette plante, que nous n'avons point vue, et
que nous décrivons d'après Dillen, a été observée par ce
botaniste sur des individus vivans, provenant de graines envoyées de la Caroline, et cultivés en Angleterre, où ils fleurissoient en octobre.

MÉLANTHÈRE A FEUILLES TRILOBÉES : *Melanthera trilobata*, H.
Cass. ; *Melanantherœ hastatœ varietas*, Rich. et Mich., *Fl. bor.*

Amer.. tom. ». pag. 107; Pers.. *Syn. pl.*, pars 2, pag. 394; *Bidentis nivea varietas secunda*. Linn.. *Sp. pl.*, édit. 3, p. 1167; *Bidens scabra, flore niveo, folio trilobato*, Dill.. *Hort. Eltham.*, pag. 55. tab. 47. fig. 55. La racine est vivace; les tiges s'élèvent un peu plus haut que celles de l'espèce précédente; les feuilles sont pétiolées, très-profondément divisées en trois grands lobes dentés en scie, le terminal plus long, lancéolé, les deux latéraux ordinairement ovales: les calathides sont subglobuleuses, belles. assez grandes, composées de fleurs blanches; les anthères sont noires, mais incluses, et non apparentes extérieurement; les stigmatophores sont plus grêles que dans la précédente espèce. dont celle-ci ne diffère essentiellement que par la figure des feuilles. Dillen, dont nous empruntons la description, faite sur des individus vivans, cultivés en Angleterre et provenant de graines envoyées de la Caroline. remarque que cette espèce fleurit un mois plus tard que la précédente, et qu'elle paroît être plus sensible au froid.

Ce botaniste est le premier qui ait fait connoître les trois espèces dont se compose aujourd'hui le genre *Melanthera* : il a complètement décrit et figuré, en 1732, dans l'*Hortus Elthamensis*, la seconde et la troisième espèces : quant à la première, il s'est contenté de dire qu'elle ressembloit aux deux autres par sa tige, ses calathides. et l'aspérité de sa surface; mais qu'elle en différoit beaucoup par ses feuilles, semblables à celles de l'ortie commune, et dont il a donné la figure. Suivant lui, l'aigrette de ces plantes n'est composée que de deux squamellules, et c'est pourquoi il les a rapportées au genre *Bidens*.

Linné a réuni, en 1753, dans la première édition du *Species plantarum*, sous le nom de *bidens nivea*, les trois espèces de *melanthera*, qu'il a considérées comme trois variétés d'une seule et même espèce. et il a cité, comme synonyme de la première, le *ceratocephalus foliis cordatis seu triangularibus, flore albo*, de Vaillant.

Patrice Browne a proposé, en 1756. dans son Histoire civile et naturelle de la Jamaïque. un genre *Amellus*, ayant pour caractères : le péricline imbriqué, campanulé, étalé, à squames presque égales; la calathide incouronnée, régula-

riflore ; les fruits oblongs, anguleux : le clinanthe squamellifère. L'unique espèce attribuée à ce genre par l'auteur est
une plante rameuse. à feuilles ovales, dentées, à calathides
terminales, solitaires, portées sur de longs pédoncules divergens. Browne cite, comme synonyme de son *Amellus*, une
plante de Jean Burmann, qui est l'*adenostemma viscosa ; et
Linné cite la plante de Browne comme synonyme de son
calea amellus. Mais M. Robert Brown prétend que le *calea
amellus* de Linné est le *salmea scandens* de M. De Candolle,
et que l'*amellus* de Patrice Browne est le *melanthera urticæfolia*, dont il n'a point remarqué l'aigrette, parce qu'elle est
caduque. Si cette dernière synonymie, qui est très-vraisem-
blable, pouvoit être mise tout-à-fait hors de doute, il s'en
suivroit que Browne seroit le premier auteur du genre *Melanthera ;* mais il ne l'auroit pas suffisamment caractérisé, et
d'ailleurs le nom d'*amellus*, ayant été consacré par Linné à
un autre genre, ne peut plus être restitué à celui-ci.

Adanson, en 1763, dans ses Familles des plantes, a proposé un genre *Ucacou*, caractérisé ainsi : feuilles opposées,
entières ; plusieurs calathides axillaires et solitaires terminales ; péricline de cinq à sept squames unisériées, larges ;
clinanthe garni de squamelles larges : aigrette de deux à trois
soies persistantes ; calathide radiée, à disque de fleurs hermaphrodites quinquédentées, à couronne de fleurs femelles
tridentées. L'auteur rapporte à son genre *Ucacou*, les *bidens
nodiflora* et *nivea* de Linné, le genre *Ceratocephalus* de Vaillant, les figures de l'*Hortus Elthamensis* représentant les trois
espèces de *melanthera*, et les noms vulgaires d'*Arekepa*, de
Chatiakella, d'*Herbe aux malingres.*

Jacquin a tracé, en 1788, dans le second volume de ses
Collectanea, la première description exacte et complète de la
melanthera urticæfolia, qu'il a nommée *calea aspera ;* et vers
le même temps il a donné une bonne figure de cette plante,
dans ses *Icones plantarum rariorum.*

Swartz, en 1791, dans ses *Observationes botanicæ*, a donné
une nouvelle description exacte et complète de la *me anthera
urticæfolia*, à laquelle il a conservé le nom de *bidens
nivea.*

M. Robert Brown nous apprend que, dès 1784, la plante

dont nous venons de parler avoit été décrite par Von Rohr, comme genre distinct, sous le nom de *melanthera* : mais il paroit qu'il n'a publié ce genre qu'en 1792, dans le second volume des Mémoires de la Société d'histoire naturelle de Copenhague.

Le genre *Melanthera* de Von Rohr a été reproduit, en 1803, sous le nom de *melananthera*, par Richard et Michaux, dans la *Flora boreali-americana*. On y trouve une description très-complète des caractères du genre, et l'indication de deux espèces, dont la première, nommée par ces botanistes *melananthera hastata*, correspond à nos *melanthera panduriformis* et *trilobata*, et la seconde, nommée par eux *melananthera deltoidea*, correspond à notre *melanthera urticæfolia*.

M. Robert Brown, en 1817, dans ses Observations sur les Composées, a décrit de nouveau les caractères du genre *Melanthera*, et il a présenté quelques remarques intéressantes sur ce genre, ainsi que la description d'un autre genre voisin de celui-ci et nommé par l'auteur *Lipotriche*. Dans la traduction que nous avons faite de l'opuscule de M. Brown, nous avons inséré la note suivante sur l'article concernant le *melanthera* : « M. Brown paroit ignorer que le genre dont « il s'agit, ayant pour type le *Bidens nivea* de Linné, avoit « été déjà proposé, avant Von Rohr et Richard, par Adanson, « qui le nomme *Ucacou*. Il est vrai que sa description pré- « sente de faux caractères, ce qui, d'après mes principes, « ne permet pas de lui attribuer la découverte du genre ; « mais, d'après les principes contraires généralement adop- « tés, et professés surtout par M. Brown, comme on l'a vu « aux articles CRASPEDIA et TRIDAX, on devroit préférer au « nom de *melananthera*, suivant l'ordre chronologique, 1.º celui « d'*Amellus*, 2.º celui d'*Ucacou*, 3.º celui de *Melanthera*. Je « dois faire observer que les caractères attribués par Adanson « à son *ucacou*, et qui s'appliquent fort mal au *melananthera*, « s'appliquent au contraire assez bien au *Lipotriche* de M. « Brown, décrit dans sa note X. J'ai examiné, dans l'herbier « de Surian, la plante qui y est nommée *chatiakelle*, et dont « Adanson a fait son genre *Ucacou*, et je me suis assuré que « la calathide de cette plante étoit radiée. » (Journal de physique de Juillet 1818, pag. 27.)

Dans l'article Lipotriche de ce Dictionnaire, après avoir rappelé la note précédente, nous ajoutions : « Depuis cette « époque, nous avons reconnu que le genre *Ucacou* d'Adanson « étoit fort exactement caractérisé, et très-distinct du *me*- « *lanthera* et du *lipotriche*, comme nous le démontrerons « bientôt dans notre article Mélanthère. Le genre d'Adanson « doit donc être conservé, mais en modifiant un peu son « nom, qui est trop barbare ; c'est pourquoi nous proposons « de le nommer *ucacea*. »

Depuis la rédaction de cet article Lipotriche, nous nous sommes livré à de nouvelles recherches sur la synonymie du genre *Ucacou*, et nous croyons être enfin parvenu à l'éclaircir parfaitement. Il est maintenant bien démontré pour nous que le genre *Ucacou* ou *Ukakou* d'Adanson a pour type la *verbesina nodiflora* de Linné, et que par conséquent il correspond principalement au genre *Synedrella* de Cærtner ; mais qu'Adanson a compris dans ce même genre la *cotula spilanthus* de Linné, la *chylodia sarmentosa* de Richard, le *bidens nodiflora* de Linné, et les trois espèces de *melanthera* : d'où il suit que le genre *Ucacou* d'Adanson, étant un mélange confus de cinq genres différens, doit être définitivement rejeté.

Dans les Mémoires de l'Académie des Sciences de 1720 (p. 327), l'*hucacou* de l'herbier de Surian est cité par Vaillant comme synonyme de son *ceratocephalus nodiflorus, coronæ solis foliis minoribus*. Nous avons examiné, dans l'herbier de Surian, la plante indiquée par Vaillant, et nous avons reconnu avec certitude que cette plante étoit la *verbesina nodiflora* de Linné, ou *synedrella nodiflora* de Gærtner. Cela est conforme à la synonymie de Dillen, qui, dans l'*Hortus Elthamensis* (p. 54), cite l'*hucacou* de Surian, et le *ceratocephalus nodiflorus coronæ solis foliis minoribus* de Vaillant, comme synonymes de son *bidens nodiflora folio tetrahit*, qui est bien le *synedrella* de Gærtner.

L'*arekepa*, indiqué dans la table d'Adanson (t. II, p. 615) comme appartenant à son genre *Ukakou*, est cité par Vaillant dans la synonymie de son *ceratocephalus foliis lanceolatis serratis sapore fervido* ; et nous avons vérifié dans l'herbier de Surian que cette plante étoit la *cotula spilanthus* de Linné, qui est le *spilanthes urens* de Jacquin.

La *chatiakelle*, ou l'*herbe aux malingres*, appartient encore au genre Ukalou, d'après la table d'Adanson, et elle est citée par Vaillant comme synonyme de son *ceratocephalus foliis cordatis seu triangularibus flore albo*. Dillen avoit indiqué avec doute la plante de Vaillant comme synonyme de la *melanthera pandurœformis* : mais Linné a rapporté la même plante à la *melanthera urticœfolia* ; et cette dernière synonymie est généralement admise, notamment par Richard et M. Robert Brown. Elle est cependant très-fausse, car le catalogue manuscrit de Vaillant, que nous avons consulté, renvoie au numéro 252 de l'herbier de Surian ; et l'échantillon qui porte ce numéro est la *chylodia sarmentosa* de Richard, ou *verbesina oppositiflora* de Poiret, dont les caractères génériques sont fort différens de ceux des *melanthera*.

La table d'Adanson rapporte, enfin, au genre *Ukakou* les troisième et septième espèces de *bidens* de la première édition du *Species plantarum* de Linné : l'une est le *bidens nodiflora*, qui, d'après la figure de Dillen, appartient bien réellement au genre *Bidens* ; l'autre est le *bidens nivea*, qui comprend les trois espèces de *melanthera*. Il n'est pas douteux que les *melanthera* étoient compris par Adanson dans son genre *Ucacou*, puisqu'à la page 151 il cite les planches 46 et 47 de l'*Hortus Elthamensis* : mais il nous paroît vraisemblable que ce botaniste, en indiquant le *bidens nodiflora* de Linné, qui est le *bidens nodiflora brunellœ folio* de Dillen, avoit l'intention d'indiquer le *bidens nodiflora folio tetrahit* de Dillen, qui est l'*hucacou* de Surian, le *verbesina nodiflora* de Linné, et le *synedrella* de Gærtner.

La *Chatiakelle* de l'herbier de Surian porte, dans cet herbier, le nom de *Chylodia sarmentosa*, écrit au crayon de la main de Richard. Un échantillon de la même plante, recueilli à la Guiane, et donné par Richard, en 1791, se trouve dans l'herbier de M. de Jussieu, où il porte aussi le nom de *Chylodia sarmentosa*, avec cette note : *Wedelioides; calyx imbricatus, semina baccata*. Enfin, un autre échantillon de la même plante, recueilli à Cayenne par M. Martin, se trouve dans l'herbier de M. Desfontaines, où il porte le nom de *Verbesina oppositiflora*, sous lequel M. Poiret l'a décrit dans le tom. VIII (p. 460) du Dictionnaire de botanique de l'Encyclopédie méthodique. Comme le genre *Chylodia* de Richard n'a jamais été publié, nous croyons devoir décrire ici ses caractères, tels que nous les avons observés sur deux échantillons de l'herbier de Surian, numérotés 252 et 604, et sur les échantillons des herbiers de MM. de Jussieu et Desfontaines.

CHYLODIA ou CHATIAKELLA. Calathide radiée : disque multiflore, régulariflore, androgyniflore ; couronne unisériée, liguliflore, neutriflore. Péricline inférieur aux fleurs du disque, formé de squames subbisériées, à peu près égales, appliquées, oblongues, ovales ou lancéolées, coriaces-foliacées, à sommet inappliqué, foliacé. Clinanthe planiuscule, garni de squamelles inférieures aux fleurs, embrassantes, oblongues-lancéolées, acuminées et presque spinescentes au sommet. *Fleurs du disque* : Ovaire court, tétragone, glabre, surmonté d'une aigrette stéphanoïde très-courte, très-épaisse, à bord presque entier, sinué, ou un peu denticulé. Corolle jaune, à cinq divisions. Anthères noirâtres. *Fleurs de la couronne* : Ovaire semblable à celui des fleurs du disque, mais privé de style et par conséquent stérile. Corolle jaune, à tube court, à languette longue, un peu étroite, bidentée au sommet.

Ce genre appartient indubitablement à notre section des hélianthées-rudbeckiées. Son premier nom, dérivé sans doute du mot grec χυλός, qui signifie *suc*, et la petite note caractéristique inscrite dans l'herbier de M. de Jussieu, témoignent que le péricarpe est succulent comme une baie : mais nous avons quelque peine à le croire, parce que l'ovaire observé durant la fleuraison ou peu de temps après, ne nous a pas offert le plus léger indice de cet état succulent et bacciforme, qui s'annonce ordinairement par quelque signe reconnoissable avant la maturité. Cependant, comme nous n'avons vu que des échantillons secs et sans fruits mûrs, nous devons suspendre notre jugement sur ce point. Le *Clibadium* d'Allamand, et le *Wulffia* de Necker, qui est la *Coreopsis baccata* de Linné fils, ont aussi des fruits succulens et bacciformes, et ces deux plantes habitent la même contrée que le *Chylodia*. Quant au *Clibadium*, quoiqu'il soit jusqu'à présent fort peu connu, on ne peut pas supposer qu'il y ait identité entre lui et le *Chylodia* : mais le *Chylodia* et le *Wulffia* pourroient

bien être de la même espèce, ou tout au moins du même
genre. Toutefois, ces deux plantes n'étant pas encore suffisamment connues, il nous paroît prudent de conserver provisoirement le *Wulffia* et le *Chylodia*, en les considérant
comme deux genres immédiatement voisins, jusqu'à ce que
des observations exactes et complètes autorisent enfin à les
réunir avec une pleine confiance sous le titre de *Wulffia*, qui
est le plus ancien. Le genre *Gymnolomia* de M. Kunth devra
peut-être aussi être supprimé. c'est-à-dire, réuni, comme
le *Chylodia*, au *Wulffia* : mais il seroit téméraire d'opérer
cette réunion avant d'avoir observé, sur des individus vivans, les fruits mûrs des trois genres dont il s'agit. Remar-
quez que le nom de *Chylodia* pourroit subsister, quoique M.
Brown ait donné à un autre genre le nom de *Chilodia*, dérivé
sans doute du mot grec χειλοσ, qui signifie *lèvre*. Ces deux
noms, qui semblent se confondre, comme ceux d'*Hedera* et
d'*Œdera*, sont réellement bien distincts, comme eux, par leur
étymologie, par leur orthographe, et même par leur prononciation chez d'autres peuples que nous. Si cependant on ju-
geoit que les deux noms se ressemblent trop, nous propose-
rions celui de *Chaliakella* pour le genre de Richard. On
doit s'étonner que le *Chylodia*, ayant les fleurs jaunes et l'aigrette stéphanoïde, très-courte, presque entière, soit le *Ceratocephalus foliis cordatis seu triangularibus, flore albo*, de Vaillant : mais ce botaniste a pu se tromper sur la couleur des
fleurs, en observant un échantillon sec, et la plante en question peut être une de celles qu'il a rapportées à ses genres,
sans vérifier les caractères génériques, et en ne consultant
que les apparences extérieures. Il est évident que la phrase
de Vaillant s'accorde infiniment mieux avec les caractères
de la *Melanthera urticæfolia* qu'avec ceux de la *Chylodia sarmentosa ;* et cependant la synonymie que nous substituons à
celle qui étoit précédemment admise, ne peut guère être
considérée comme douteuse, puisqu'elle est fondée sur une
indication manuscrite et non équivoque, donnée par Vaillant lui-même. Avant d'avoir suffisamment étudié la plante
de Surian, nous avions déjà remarqué que sa calathide étoit
radiée, et que ses corolles étoient jaunes : c'est pourquoi,
dans nos notes sur les observations de M. Brown, nous avons

dit que le genre *Lipotriche* de ce botaniste nous sembloit correspondre assez bien à l'*Ucacou* d'Adanson, en supposant que celui-ci eût pour type la *Chatiakelle* de Surian.

Quelque temps après, nous observâmes une plante très-voisine des *Melanthera* et *Lipotriche*, et dont les caractères génériques se trouvèrent exactement conformes à ceux qui sont attribués par Adanson à son *Ucacou*. Imaginant, en conséquence, que notre plante avoit servi de type au genre d'Adanson, nous avons dit dans l'article LIPOTRICHE, que l'*Ucacou* étoit un genre fort exactement caractérisé, très-distinct de tout autre, et qui devoit être conservé en le nommant *Ucacea*. Mais aujourd'hui qu'il est démontré que c'est la *Verbesina nodiflora* de Linné, ou *Synedrella* de Gærtner, qui est le vrai type de l'*Ucacou*, il s'ensuit que la conformité des caractères génériques de notre plante avec ceux de l'*Ucacou* n'est qu'apparente et fortuite, car assurément notre plante n'est point congénère du *Synedrella* : elle constitue un genre, que le célèbre naturaliste, M. de Blainville, nous a permis de lui dédier, et que nous décrivons de la manière suivante.

BLAINVILLEA. Calathide subcylindracée, discoïde ; disque multiflore, régulariflore, androgyniflore; couronne unisériée, interrompue, pauciflore, ambiguïflore, féminiflore. Péricline égal aux fleurs, subcylindracé, irrégulier; formé de squames uni-bisériées : les extérieures, ordinairement au nombre de cinq ou six, plus grandes, égales, larges, ovales-oblongues, obtuses, subfoliacées, plurinervées, appliquées, à sommet foliacé, inappliqué; les intérieures plus courtes, squamelliformes. Clinanthe petit, planiuscule, garni de squamelles un peu inférieures aux fleurs, embrassantes, concaves, larges, plurinervées, submembraneuses, à sommet tronqué, irrégulièrement denté. Fruits extérieurs oblongs, épaissis de bas en haut, triquètres, glabriuscules, hispidules sur les angles, tronqués au sommet; le milieu de la troncature portant un col très-court, très-gros, dont l'aréole apicilaire est entourée d'une aigrette de trois squamellules égales, persistantes, très-adhérentes, continues au col, épaisses, roides, fortes, subtriquètres, subulées, vertes, hérissées de longues barbellules piliformes. Fruits intérieurs très-comprimés bilatéralement,

obovales-oblongs, élargis de bas en haut, ayant un col
court, épais. né du milieu de la troncature, et une aigrette
composée ordinairement de deux squamellules, quelquefois
de trois ou de quatre. Anthères noires. Corolles blanches :
celles du disque, au nombre d'environ dix-huit ou vingt, à
cinq divisions courtes; celles de la couronne, au nombre de
deux à six, égales à celles du disque, privées de fausses-étamines, à tube surmonté d'un limbe court, large, non ra-
diant, liguliforme, élargi de bas en haut, trilobé au sommet,
fendu profondément sur la face intérieure.

Blainvillea rhomboidea. H. Cass. Plante herbacée, haute d'environ trois pieds et demi ; tige dressée, rameuse, épaisse, cylindrique, striée, velue ; feuilles supérieures alternes ; les
autres opposées. inégales. grandes, pétiolées, d'un vert cendré, velues sur les deux faces. à limbe triplinervé, réticulé
en-dessous, rhomboïdal, sublancéolé, décurrent sur la partie
supérieure du pétiole, inégalement et grossièrement denté
en scie, presque entier sur les bords de la partie inférieure.
calathides longues de trois lignes et demie, portées sur des
pédoncules grêles. longs de huit à neuf lignes, axillaires et
terminaux, rapprochés, ordinairement ternés au sommet de
la tige. des branches et des rameaux.

Nous avons fait cette description spécifique, et celle des
caractères génériques, sur des individus vivans, cultivés au
Jardin du Roi, où ils fleurissent vers le milieu du mois de
septembre. et où ils sont faussement nommés *Bidens niveа.*
La plante que Dumont Courset a décrite dans le Botaniste
cultivateur (tom. IV, p. 240, 2.ᵉ édit.), sous ce même nom
de *Bidens nivea,* et qu'il a cru être la *Melananthera hastata*
de Michaux et de Persoon, est probablement notre *Blainvillea*
rhomboidea, quoiqu'il lui ait attribué des feuilles presque
hastées et des calathides globuleuses.

Notre genre *Blainvillea* paroit être voisin du *Verbesina,* et
il est intermédiaire entre les deux genres *Melanthera* et *Li-*
potriche. Il diffère du *Melanthera* par la forme subcylindracée
de la calathide, par la présence d'une couronne féminiflore.
par le péricline égal aux fleurs et subcylindracé, par le clinanthe planiuscule. garni de squamelles larges, submembraneuses, tronquées au sommet, par les fruits surmontés d'un

col, par l'aigrette persistante, fortement adhérente et même parfaitement continue avec le col du fruit, dont elle est inséparable, et par la brièveté des divisions de la corolle. Le genre *Blainvillea* ne diffère pas moins du *Lipotriche*, dont la calathide est longuement radiée, le péricline court, le clinanthe convexe, garni de squamelles aiguës, les fruits privés de col, l'aigrette caduque, les corolles jaunes.

Von Rohr doit certainement être considéré comme le véritable auteur du genre *Melanthera*. C'est donc fort injustement que les botanistes ont coutume de préférer le nom générique employé par Richard. Vainement prétendroit-on, pour excuser cette injustice, que le nom de *Melananthera* est plus régulier que celui de *Melanthera*. Dioscoride et Pline, qui apparemment connoissoient la langue grecque aussi bien que les botanistes modernes, n'étoient pas si scrupuleux; car ils disoient *Melanthium*, *Melanthemon*, *Melampelon*, au lieu de *Melananthium*, *Melananthemon* et *Melanampelon*.

Dillen étant le fondateur des trois espèces qui composent le genre *Melanthera*, et deux de ces trois espèces ayant été, selon nous, mal à propos réunies en une seule par Richard, il nous a paru convenable de donner aux trois plantes des noms spécifiques, calqués sur les phrases caractéristiques, fort exactes, de l'ancien auteur. Le nom d'*hastata*, sous lequel Richard avoit confondu la seconde et la troisième espèces, ne pouvoit guère être conservé en les distinguant. Quant à la première espèce, M. Kunth a déjà pris la même licence que nous, en se permettant de changer le nom de *deltoidea* que Richard avoit imposé à cette plante; car il est hors de doute que la *Melananthera Linnæi* de M. Kunth est absolument identique avec la *Melananthera deltoidea* de Richard, quoique celui-ci lui ait attribué des squamelles obtuses (*paleis receptaculi obtusis*), ce qui est une erreur manifeste, un *lapsus calami*, ou peut-être même une simple faute d'impression, puisque Richard cite Swartz et Jacquin, qui disent positivement le contraire. Au reste, Linné ayant confondu, sous le nom de *Bidens nivea*, les trois espèces anciennement établies par Dillen, on ne voit pas pourquoi l'une d'elles mériteroit de porter le nom de *Melananthera Linnæi*, qui ne convient pas plus à celle-là qu'aux deux autres.

M. Brown remarque que Von Rohr, dans sa description des caractères du *Melanthera*, parle du nectaire engainant la base du style; et que c'est la plus ancienne mention qui ait été faite, à sa connoissance, de cet organe dans les synanthérées, sauf que Batsch, dans son *Analysis florum*, publiée en 1790, a décrit et figuré ce même organe dans le *Coreopsis tripteris*. « Néanmoins, ajoute M. Brown, c'est à « M. Cassini qu'appartient le mérite d'avoir reconnu l'exis- « tence presque universelle de l'organe dont il s'agit dans les « fleurettes hermaphrodites de cette grande classe. » (Voyez le Journal de physique, de Juillet 1818, pag. 12.) Cet aveu d'un botaniste peu disposé à favoriser nos prétentions est d'autant plus précieux pour nous, que feu M. Richard, qui sans doute, n'avoit pas pris la peine de lire tous nos écrits sur les synanthérées, et notamment notre premier Mémoire (Journ. de phys., tom. LXXVI, pag. 107, 257, 269), n'a pas craint d'affirmer, dans son Mémoire sur les calycérées, que nous n'avions aperçu le nectaire que dans un bien petit nombre de synanthérées.

Suivant Dillen, les anthères sont exsertes dans la *Melanthera panduriformis*, et incluses dans la *Melanthera trilobata*; et, selon Jacquin, elles sont d'abord exsertes, puis incluses, chez la *Melanthera urticæfolia* : mais Von Rohr et Richard semblent assigner au genre *Melanthera* des anthères constamment incluses. M. Brown admet l'observation de Jacquin et la rend commune à tout le genre *Melanthera*, ainsi qu'à d'autres synanthérées, et notamment aux héliantées; et il attribue l'effet dont il s'agit à une contraction considérable et graduelle des filets, laquelle résulteroit d'un acte vital analogue aux mouvemens d'irritabilité. Nous proposons une autre explication, qui paroîtra peut-être plus vraisemblable.

Si l'on observe une fleur de *Melanthera* non encore épanouie, mais tout près de s'épanouir, on remarque que le sommet du tube anthéral atteint le sommet de la corolle, et que le sommet des stigmatophores atteint le sommet du tube anthéral. Dès l'instant où la corolle s'épanouit, ses cinq divisions s'étalent en s'arquant en dehors, tandis que le tube anthéral reste dans le même état que ci-devant, c'est-à-dire, dressé, d'où il suit qu'il paroit s'élever au-dessus de la corolle. Dans ce premier moment de la fleuraison, le tube anthéral, loin de pouvoir s'abaisser, est nécessairement aussi élevé qu'il peut l'être; car ses cinq appendices apicilaires convergens, rapprochés et presque collés par les bords, couvrent le sommet des stigmatophores, et sont poussés par eux de bas en haut, parce que le style tend à s'alonger. Mais après que les appendices apicilaires du tube anthéral ont été écartés par les stigmatophores qui les traversent pour s'élever au-dessus d'eux, le tube anthéral doit commencer à descendre; parce que les deux stigmatophores divergent en s'arquant en dehors, et repoussent par conséquent vers le bas le tube dans lequel ils étoient engainés. Ainsi, les anthères des *Melanthera* et de beaucoup d'autres synanthérées doivent nécessairement être d'abord exsertes, puis incluses; et il n'est pas besoin, pour expliquer ce fait, de recourir à la contraction des filets, ni de supposer des mouvemens d'irritabilité. Cependant, deux circonstances que nous avons observées, et qui sont exposées dans le Journal de physique de Juillet 1818 (pag. 13 et 27), peuvent contribuer à l'inclusion des anthères, qui succède à leur exsertion : l'une est que la partie supérieure libre du filet de l'étamine paroît avoir en général, chez les synanthérées, une tendance plus ou moins forte à s'arquer en dedans, non par irritabilité, mais par élasticité; l'autre est que, dans beaucoup de synanthérées, notamment chez les hélianthées, la partie supérieure libre du filet de l'étamine se flétrit aussitôt après la fécondation, et avant l'article anthérifère.

Le genre *Melanthera* se rapporte à la syngénésie polygamie égale de Linné, et aux corymbifères de M. de Jussieu. Dans notre classification, il fait partie des Hélianthées-Prototypes, ce qui l'éloigne des *Bidens* et des *Calea*, avec lesquels on l'avoit confondu; car les *Bidens* sont des Hélianthées-Coréopsidées, et les vrais *Calea* sont des Hélianthées-Héléniées.

Le nom de *Melanthera*, composé de deux mots grecs qui signifient *anthères noires*, pourroit s'appliquer assez bien à beaucoup d'Hélianthées et même à plusieurs autres synanthérées; mais il convient particulièrement au genre dont il s'agit, parce que la blancheur de la corolle rend plus remarquable la couleur noirâtre des anthères. (H. Cass.)

MÉLANTHÉRIN. (*Ichthyol.*) Oppien paroît, sous le nom de μελανθέρινος, avoir parlé du Thon. Voyez ce mot. (H. C.)

MÉLANTHÉRITE. (*Min.*) De la Métherie a donné ce nom au schiste noir à dessiner, *nigrica* de Wallerius, pierre que nous avons décrite sous la dénomination d'*ampélite graphique*. (B.)

MELANTHIACÉES. (*Bot.*) M. R. Brown désigne sous ce nom la nouvelle famille des colchicées, qui formoit auparavant une des sections de celle des joncées, et dans laquelle sont compris le *melanthium* et le colchique. (J.)

MELANTHIUM. (*Bot.*) Ce nom, donné anciennement par Matthiole et d'autres à différentes espèces de nigelle, *nigella*, a été transporté par Linnæus à un genre de la famille des colchicées dans sa grande division des monocotylédones. Voyez Mélanthe. (J.)

MELANTOUN. (*Ichthyol.*) A Nice, suivant M. Risso, on donne ce nom au squale-nez de M. de Lacépède. Voyez Lamie. (H. C.)

MÉLANURE. (*Entom.*) Mot composé, tiré du grec, et signifiant *queue noire* : on l'a donné souvent comme nom trivial à des espèces d'insectes très-différens, qui ont l'extrémité des élytres ou de l'abdomen noirs. (C. D.)

MÉLANURE. (*Ichthyol.*) Ce nom, tiré du grec et qui signifie *à queue noire*, a été donné à deux espèces de poissons, dont l'une a été rapportée par Bloch au genre Salmone, et est probablement un piabuque, tandis que l'autre est l'oblade, *sparus melanurus* de Linnæus. Voyez Bogue, dans le supplément du cinquième volume de ce Dictionnaire, Piabuque et Salmone. (H. C.)

MELANZANE. (*Bot.*) Belon, dans son Voyage au Levant, parle d'un fruit de ce nom, cultivé en Égypte, qu'il nomme aussi pomme d'amour, et dont il indique des variétés blanches et rouges, longues et rondes. Il est évident que c'est la melongène, *solanum melongena*, dont il est ici question. Il ajoute que c'est probablement la même que Théophraste indique dans les mêmes lieux, près du Nil, sous le nom de *malinatala*; mais ce nom, suivant C. Bauhin, doit être plutôt appliqué au souchet comestible. Voyez Malinathalla. (J.)

MELAPELON. (*Bot.*) Voyez Helxine. (J.)

MÉLAPHYRE. (*Min.*) C'est une roche ayant la structure

qu'on nomme porphyrique, c'est-à-dire, composée d'une pâte homogène dans laquelle des cristaux de felspath sont disséminés.

La roche à laquelle nous donnons ce nom n'est autre chose que le *trappporphyr* des minéralogistes allemands. C'est la même que celle qu'on nomme porphyre noir; mais, afin d'être conséquent aux principes que j'ai cru devoir poser pour la classification des roches mélangées, j'ai dû placer dans une autre espèce cette roche, dont la base est différente de celle du porphyre, et par conséquent lui donner un autre nom.

Le Mélaphyre est une roche composée, ayant pour base une pâte noire et dure, d'amphibole ? pétrosiliceux, qui enveloppe des cristaux de felspath blancs ou grisâtres.

La pâte est fusible en émail noir ou grisâtre.

Les parties constituantes accessoires sont l'amphibole schorlique, le mica et le quarz : tous ces minéraux, et surtout les deux derniers, y sont ordinairement en petite quantité.

Sa texture est compacte, à parties fines et très-serrées; la cassure de la pâte est droite ou imparfaitement conchoïde, un peu écailleuse.

Les parties disséminées dans la pâte sont toujours cristallisées.

La roche, considérée dans son entier, est assez facile à casser : la cassure est le plus souvent unie, quelquefois raboteuse.

Le mélaphyre est dur et même très-dur, susceptible de recevoir un poli brillant et égal, ce qui indique que ses parties composantes jouissent d'une dureté à peu près égale.

Sa couleur est généralement le noir et même le noir foncé; mais elle passe au grisâtre et au brun rougeâtre.

Les cristaux de felspath disséminés sont tantôt blancs, tantôt rougeâtres, et quelquefois d'un assez beau vert.

La pâte est quelquefois complétement opaque; mais plus souvent elle est un peu translucide.

Dans le premier cas elle fond en émail noir, et dans le second en émail gris.

Le mélaphyre paroît peu susceptible de s'altérer par l'action des météores atmosphériques.

Il passe par des nuances rougeâtres au porphyre : par

l'opacité et la grosseur des parties, au basanite ; par la translucidité et la finesse des parties, à l'eurite, et par l'aspect vitreux et la texture quelquefois celluleuse, aux stigmites.

VARIÉTÉS.

1. *Mélaphyre demi-deuil.*

Noir foncé, à cristaux de felspath blanchâtres ; point de quarz.

De Suède : la plupart des roches de porphyre de Suède appartiennent à cette variété et à la suivante.

De Venaison dans les Vosges.

De Tabago.

Du Morne malheureux à la Martinique : sa pâte un peu celluleuse et ses cristaux de felspath subvitreux le rapprochent des stigmites. Une autre variété de la Martinique, à pâte noire terne, fusible en émail noir, passe au basanite ; elle renferme des parties de vrai porphyre : quelques porphyres noirs antiques, tels par exemple qu'une colonne qui est à la porte de la chapelle de la Colonne, dans l'église de Sainte-Praxède à Rome (DOLOMIEU).

Je suis porté à réunir à cette variété la roche dite *roche noire*, qui forme un banc au-dessous d'une couche de houille à Litry, département du Calvados.

2. *Mélaphyre sanguin.*

Noirâtre : cristaux de felspath rougeâtres ; des grains de quarz.

De Niolo en Corse : pâte avec des nuances rougeâtres.

De la montagne de l'Esterel en Provence.

De la source de l'Yonne.

A une demi-journée au nord du mont Sinaï, dans l'Arabie pétrée (DE ROZIÈRE) : il ressemble entièrement à celui de Suède.

3. *Mélaphyre taches-vertes.*

Pâte d'un brun rougeâtre : cristaux de felspath verdâtres et même d'un beau vert.

C'est le porphyre noir antique.

On se borne à ces exemples ; ils suffisent pour faire voir que cette roche remplit les conditions que nous exigeons pour qu'un mélange de minéraux soit considéré de même et décrit comme roche, puisqu'elle se trouve avec des caractères fondamentaux dans plusieurs lieux de la terre très-éloignés les uns des autres, dans des terrains très-différens, et qu'elle s'y présente dans une étendue assez considérable. (B.)

MELAR. (*Conchyl.*) Adanson, *Senegal*, pag. 90, pl. 6, décrit et figure sous ce nom l'espèce de cône que Linnæus a nommée *conus striatus*. (DE B.)

MELAROSA. (*Bot.*) Nom d'une variété de citronnier dont le fruit a une odeur analogue à celle de la rose. (L. D.)

MÉLAS. (*Conchyl.*) C'est le nom que M. Denys de Montfort a proposé de substituer, on ne sait trop pourquoi, à celui de mélanie, employé par M. de Lamarck pour le genre dont l'*helix amarula* de Linnæus est le type. Voyez MÉLANIE. (DE B.)

MÉLAS. (*Mamm.*) Nom donné par Péron à une grande espèce de chat dont le pelage est entièrement noir. Voyez CHAT. (F. C.)

MÉLASIS, *Melasis.* (*Entom.*) Ce nom, tiré du grec μελασις, noir, a été employé par Olivier, et conservé pour indiquer un genre d'insectes térédyles ou perce-bois. Ce sont des coléoptères pentamérés, voisins des vrillettes et des lime-bois, dont le corps est arrondi, les antennes pectinées, et le corselet terminé en arrière par deux pointes, comme dans les taupins. La forme des antennes, qui sont dentelées, en les rapprochant des panaches ou ptilins dont le corselet n'est pas terminé en pointes, éloigne les mélasis des quatre autres genres de la même famille, tels que ceux des tilles qui ont les antennes plus grosses à l'extrémité, et des lymexylons, des ptines et des vrillettes, qui ont les antennes en fil simples.

Fabricius n'a rapporté que deux espèces à ce genre, dont une seule est d'Europe ; c'est

Le MÉLASIS FLABELLICORNE ou à antennes en éventail, dont nous avons fait figurer un individu à la planche 8, sous le n.° 4 *bis* ; c'est l'*elater buprestoides* de Linnæus : il est d'un noir bleuâtre, avec les élytres striés ; il a quatre lignes de longueur environ. On le trouve dans les bois sous les écorces des chênes. (C. D.)

MELASMA. (*Bot.*) Genre établi par Bergius, conservé par Gærtner, que Linnæus avoit nommé *nigrina*, qui a été placé parmi les *gerardia*. (Voyez GERARDE.) Le *Nigrina* est un autre genre de Thunberg. (POIR.)

MÉLASOMES. (*Entom.*) M. Latreille a employé ce nom pour désigner une famille d'insectes coléoptères hétéromérés, correspondante à celles que nous avons établies sous les noms de photophyges et de lygophiles. (C. D.)

MELASPHÆRULA. (*Bot.*) Ce genre, fait par M. Gawler, est le même que le *Diasia* de M. De Candolle, placé parmi les iridées. (J.)

MÉLASSE. (*Chim.*) Liquide sirupeux, plus ou moins coloré, qu'on obtient lorsqu'on purifie le sucre cristallisable. La mélasse est principalement formée de sucre incristallisable et de matière colorante. Voyez SUCRE. (CH.)

MÉLASTOME, *Melastoma*. (*Bot.*) Genre de plantes dicotylédones, à fleurs complètes. polypétalées, de la famille des *mélastomées*, de la *décandrie monogynie* de Linnæus; offrant pour caractère essentiel : Un calice campanulé, à quatre ou cinq dents; quatre ou cinq pétales attachés sur le calice, ainsi que les huit ou dix étamines ; un ovaire adhérent ou enveloppé par le calice, un style; une baie recouverte par le calice, à quatre ou cinq loges polyspermes.

Ce genre renferme de très-belles plantes à tige ligneuse, remarquables, la plupart, par l'élégance de leurs feuilles simples, opposées, marquées de plusieurs nervures longitudinales, d'autres transversales et parallèles, formant de jolis réseaux ; les fleurs sont latérales ou terminales. Le caractère de ce genre, comparé à celui des *Rhexia* et de quelques autres genres voisins, est très-difficile à déterminer. Si l'on fait attention à la variété du nombre des étamines dans les différentes espèces qui le composent, on se convaincra facilement qu'elles ne peuvent fournir qu'un caractère variable, ainsi que le nombre des divisions du calice. des pétales, et celui des loges dans le fruit ; l'ovaire est adhérent ou à demi adhérent avec le calice, ou seulement enveloppé par lui. Dans les *rhexia*, le fruit est une capsule enveloppée par le calice et non adhérente ; mais on a des espèces intermédiaires, dont le fruit est une baie sèche, presque capsulaire : d'où résultent de grandes difficultés pour la détermination de ces deux genres, et de quelques autres, tantôt séparés, tantôt réunis, selon la manière de voir de chaque auteur ; d'une autre part, les espèces sont si nombreuses, qu'elles nécessitent des subdivisions. On compte aujourd'hui près de deux cents espèces pour les seuls mélastomes. Nous nous bornerons à en citer quelques espèces des plus remarquables : on en cultive très-peu dans les jardins de l'Europe.

✲ *Fleurs latérales.*

MÉLASTOME SUCCULENT ; *Melastoma succosa*, Aubl., *Guian.*, 1, pag. 418, tab. 162. Arbrisseau de dix à douze pieds, dont les jeunes rameaux sont tétragones, couverts de poils roussâtres, et de feuilles à peine pétiolées, ovales, mucronées, entières, de cinq à sept pouces de long, chargées dans leur jeunesse de poils mous et rougeâtres, traversées par quatre nervures avec des veines transverses et parallèles. Les fleurs sont presque sessiles, agglomérées sur les branches, au-dessous des feuilles. Leur calice est charnu, arrondi, muni de poils couchés et blanchâtres, à cinq larges découpures ; cinq pétales blancs, concaves, frangés à leurs bords ; l'ovaire se convertit en une baie velue, rougeâtre, de la grosseur de celle du groseillier épineux, couronnée par les découpures du calice, partagée par des membranes très-fines en cinq loges remplies de semences fort menues, enveloppées d'une substance douce, molle, fondante, rougeâtre. Ces fruits sont d'un bon goût, et généralement recherchés par les différens peuples qui habitent la Guiane, où croît cet arbrisseau, que les Créoles nomment *Caca Henriette*. Ses feuilles sont employées en décoction pour laver les plaies et les ulcères.

MÉLASTOME ARBORESCENT ; *Melastoma arborescens*, Aubl., *Guian.*, 1, p. 420, t. 163. Cette espèce est, d'après Aublet, un très-grand arbre, d'environ soixante pieds de hauteur sur un pied et demi de diamètre, divisé à sa base en plusieurs portions aplaties, séparées les unes des autres, enracinées dans la terre, et connues à Cayenne sous le nom d'*arcaba*. Le bois de cet arbre est blanchâtre, compact ; il devient roussâtre quelque temps après avoir été coupé : l'écorce est cendrée. Les rameaux sont nombreux, étalés, noueux ; les plus jeunes tétragones ; les feuilles opposées, pétiolées, glabres, ovales, aiguës, longues de sept pouces, munies de cinq nervures; les fleurs disposées par petits bouquets opposés et latéraux, soutenus par un pédoncule commun, muni, ainsi que les ramifications. de petites bractées. Le calice est d'un blanc verdâtre, charnu, campanulé, muni de dix petites dents de couleur rouge ; la corolle blanche ; les pétales élargis et ondulés au sommet, divisés à la base en deux lanières en onglet. Le fruit est une baie jaune, grosse comme une petite nèfle, couronnée par les bords du calice, divisée en cinq loges remplies de semences très-menues, enveloppées d'une substance molle et fondante. Ces baies sont bonnes à manger, d'une saveur douceâtre : elles sont connues sous le nom de *méle* par les habitans. Cette plante croit à la Guiane.

MÉLASTOME JAUNATRE : *Melastoma flavescens*, Aubl., *Guian,*, vol. 1, pag. 423, tab. 164. Par ses fleurs et ses fruits cette espèce ressemble en tout à la précédente ; ces derniers sont également bons à manger : mais ce n'est qu'un arbrisseau de huit à dix pieds, dont le bois est blanc, très-dur ; l'écorce lisse et grisâtre ; les feuilles pétiolées, ovoïdes, rétrécies à leur base, terminées en pointe, lisses, minces, entières, longues de huit à neuf pouces, jaunâtres en-dessus, d'un blanc cendré en-dessous, marquées de cinq nervures longitudinales. Cette espèce croit dans les forêts de Sinémari.

MÉLASTOME CRÉPU : *Melastoma crispata*, Linn.; Rumph., *Amb.*, 5, p. 66, t. 35. Cette plante a des tiges ligneuses, divisées en rameaux cendrés, fragiles, pleins de moelle, tétragones, munis à chacun de leurs angles d'une membrane crépue ; les feuilles sont quatre par quatre, entières, elliptiques, aiguës, presque sessiles, de couleur glauque, marquées de cinq nervures ; les fleurs latérales, portées sur des pédoncules rameux, au nombre de cinq à six ; le calice de couleur purpurine ; la corolle blanche ; les pétales épais, concaves, réfléchis ; les fruits orbiculaires, succulens, rouges en dehors, verdâtres en dedans : ils acquièrent, en mûrissant, une saveur douce ; celle des feuilles est légèrement acide et astringente. Cette espèce croit dans les îles Moluques.

✱✱ *Fleurs terminales.*

MÉLASTOME A ÉPI SIMPLE ; *Melastoma aplostachya*, Bonpl., *Monogr. melast.*, tab. 1. Arbrisseau élégant, haut de huit à

dix pieds, remarquable par ses fleurs sessiles et comme verticillées, sur un axe simple et terminal, formant une sorte
d'épi simple. Ses tiges se divisent en rameaux opposés, étalés,
lisses, comprimés, un peu pulvérulens et cendrés; les feuilles
sont coriaces, médiocrement pétiolées, entières, lancéolées,
d'un beau vert, aiguës à leurs deux extrémités, roussâtres
et pubescentes en-dessous, à trois nervures; les fleurs dépourvues de bractées; le calice court, un peu globuleux, à
cinq petites dents; la corolle petite; les pétales blancs, en
ovale renversé; les étamines plus courtes que les pétales; la
corolle blanche; une petite baie à trois loges, couronnée
par les dents du calice. Cette plante croît sur les bords de
l'Orénoque, où elle forme des bois entiers.

MÉLASTOME A QUEUE; *Melastoma caudata*, Bonpl., Monogr.,
tab. 7. Arbrisseau fort élégant, distingué par le prolongement de ses feuilles en une longue queue, et par ses fleurs
d'une belle couleur de rose. Ses tiges sont hautes de huit
à neuf pieds; ses rameaux glabres, tétragones, pulvérulens
dans leur jeunesse; les feuilles longuement pétiolées, glabres,
ovales, un peu sinuées à leurs bords, d'un beau vert en-
dessus, roussâtres et pulvérulentes en-dessous, longues d'environ cinq pouces, à cinq nervures; les fleurs nombreuses,
fasciculées, réunies en une panicule terminale; le calice
campanulé, à cinq dents ovales, obtuses, parsemé de poils
blancs très-courts; les pétales ovales; l'ovaire presque libre;
une baie à trois loges polyspermes, de la grosseur d'un petit
pois, couronnée par les dents du calice. Cette espèce croît
à la Nouvelle-Grenade.

MÉLASTOME-THÉ; *Melastoma theezans*, Bonpl., *l. c.*, p. 17,
t. 9. Arbrisseau de douze à quinze pieds, glabre dans toutes
ses parties; chargé de rameaux étalés, cylindriques, garnis
de feuilles médiocrement pétiolées, ovales, longues de trois
ou quatre pouces, d'un beau vert en-dessus, plus pâles en-
dessous, légèrement dentées, à cinq nervures. Les fleurs
sont blanches; elles exhalent, pendant la nuit, une odeur
fort douce; elles sont disposées en une panicule terminale;
ces fleurs sont petites, sessiles, nombreuses, réunies par petits bouquets opposés; le limbe du calice membraneux, à
cinq petites dents courtes; les pétales de la longueur du ca-

lice; les filamens articulés dans leur milieu, comprimés et membraneux à leur partie inférieure, chargés, vers leur sommet, d'un fort petit tubercule; les anthères cunéiformes; l'ovaire presque libre; le stigmate en plateau; une baie sphérique, bleue à sa maturité, couronnée par les dents du calice, à trois loges polyspermes. Cette plante croit aux environs de la ville de Popayan, dans l'Amérique méridionale.

« Les habitans de la ville de Popayan, dit M. Bonpland, « font, avec les feuilles de cette plante, une infusion qui « a toutes les propriétés du thé, et qui est employée aux « mêmes usages. M. Guijano père, habitant distingué de cette « même ville, est l'auteur de cette découverte : trouvant « une grande analogie entre les feuilles de ce mélastome « et celles du thé ordinaire, il pensa que son pays possédoit « le vrai thé de la Chine. Il s'empressa de recueillir un « grand nombre de feuilles de cette plante, les prépara de « la même manière que les Chinois préparent celles du *thea* « *bohea*, et en fit une infusion : celle-ci lui prouva bientôt « que la plante de son pays étoit différente de celle des « Chinois; mais elle lui apprit en même temps qu'elle pou-« voit être employée aux mêmes usages, et y suppléer dans « bien des circonstances. Nous avons souvent bu avec plaisir « l'infusion du *melastoma theezans* : elle a la couleur du thé, « est bien moins astringente, mais plus aromatique. Plusieurs « personnes, sans doute, préféreroient cette boisson à celle « du thé; et je la crois aussi plus utile dans beaucoup de « cas. Le mélastome-thé viendroit très-bien à Toulon, à « Hyères, et autres pays méridionaux qui jouissent d'une « douce température. »

MÉLASTOME MALABATHROÏDE : *Melastoma malabathroides*, Linn.; Lamk., *Ill. gen.*, tab. 361, fig. 1; Rumph., *Amb.*, 4, t. 72; Burm., *Zeyl.*, t. 93; Gærtn., *De fruct.*, t. 126. Arbrisseau des Indes orientales, d'une médiocre grandeur, distingué par ses grandes et belles fleurs. Ses tiges sont très-rameuses; les rameaux quadrangulaires dans leur jeunesse, hérissés de poils courts et roides; les feuilles ovales-lancéolées, à peine pétiolées, marquées de trois à cinq nervures un peu rudes; les fleurs sessiles, disposées en une panicule lâche, feuillée. Ces fleurs sont grandes, purpurines; le calice couvert d'écailles luisantes, d'un blanc argenté ; les pétales ovoïdes, longs d'en-viron un pouce ; les fruits sphériques, à cinq loges ; les semences blanchâtres, enveloppées d'une pulpe d'un rouge foncé.

Les feuilles ont une saveur astringente, qui les rend utiles dans la dyssenterie et dans les pertes blanches des femmes. Les fruits servent à teindre des étoffes de coton ; leur pulpe molle est assez agréable à manger, et fort recherchée des enfans : elle noircit les lèvres et la bouche de ceux qui s'en nourrissent, d'où vient le nom de *melastoma*, que Burman a imposé à ce genre, composé de deux mots grecs, *melas* et *toma*, qui signifient *bouche noire*.

Mélastome soyeux : *Melastoma holosericea*, Linn ; Pluken., *Phyt.*, tab. 5o, fig. 2 ; Breyn., *Cent.*, 1, tab. 3. Cet arbris-seau, de médiocre grandeur, est remarquable par la couleur blanchâtre, presque argentée, du dessous de ses feuilles, qui contraste agréablement avec le vert de la surface supérieure. Les jeunes pousses sont tomenteuses, un peu tétragones ; les feuilles ovales-oblongues, à cinq nervures ; les fleurs petites, unilatérales, disposées en grappes sessiles, paniculées, munies de bractées ; les calices tomenteux, un peu roussâtres. Cette plante croît au Brésil, à la Guiane et dans les Antilles : elle varie à feuilles ferrugineuses en-dessous. (Poir.)

MÉLASTOMÉES. (*Bot.*) Famille de plantes dont le *Mela-stoma* est le genre principal, et qui est placée dans la classe des péripétalées ou dicotylédones polypétales, à étamines in-sérées au calice. Ses caractères uniformes sont : Un calice monosépale tubulé, entourant l'ovaire libre, ou plus souvent faisant corps avec lui ; il est nu, ou plus rarement entouré d'écailles, découpé ordinairement à son limbe en plusieurs lobes. Des pétales en nombre égal, insérés au sommet du calice, sont alternes avec ses lobes ; plusieurs étamines partant du même point, en nombre égal ou double ; les anthères des pétales, longues, arquées, s'ouvrant au sommet en deux pores et prolongées en-dessus en un bec, sont implantées par le bas sur des filets garnis en ce point de deux soies ou deux oreil-lettes. Ces anthères, d'abord pendantes du sommet des filets, sont réfléchies en dedans, puis redressées avec les filets. Un ovaire simple, adhérent au calice ou plus rarement libre et seulement couvert ; un style et un stigmate simples ; fruit ad-

hérent ou libre, charnu ou capsulaire, à plusieurs loges polyspermes; graines insérées à l'angle intérieur des loges ; embryon sans périsperme, à radicule droite dirigée vers le point
d'attache de la graine.

Les plantes de cette famille sont des arbres ou des arbrisseaux, rarement des herbes. Les feuilles sont toujours opposées, simples, marquées de plusieurs nervures longitudinales
et dépourvues de stipules; les fleurs, également opposées,
sont axillaires ou terminales, portées sur des pédoncules uni-
ou multiflores.

On peut établir dans la famille deux sections : celle des
fruits adhérens présente les genres *Valdesia*, de la Flore du
Pérou ; *Blakea*, *Melastoma* (dont quelques espèces ont peut-
être le fruit libre) ; *Miconia* et *Axinea*, de la Flore du Pérou ;
Tristemma.

A la section des ovaires libres ou supères se rattachent les
genres *Meriania* de Swartz, *Topobœa*, *Tibouchina*, *Mayeta*,
Tococa, *Osbeckia*, *Rhexia*.

Cette famille est très-naturelle. Ses feuilles, opposées et
marquées de nervures longitudinales, la font aisément reconnoître, ainsi que la forme de ses anthères. qui est très-
remarquable. Elle se place très-naturellement entre les myrtées et les lythraires. (J.)

MELBA. (*Ornith.*) Linnæus a désigné par ce mot deux
espèces d'oiseaux, un martinet et un chardonneret. (Ch. D.)

MELBŒJN, NOOMANIE. (*Bot.*) Noms arabes d'un tithy-
male, *euphorbia retusa* de Forskal, différant, selon lui, de
celui de Linnæus. (J.)

MELCKER. (*Ornith.*) Nom allemand du chat-huant. *strix
aluco* et *stridula*, Linn. (Ch. D.)

MÉLÉAGRE, *Meleagris*. (*Conchyl.*) M. Denys de Montfort, conséquent dans le principe de distinguer les coquilles
ombiliquées de celles qui ne le sont pas, a distingué sous ce
nom les espèces de turbo qui ont un ombilic. L'espèce qui
lui sert de type. est le *turbo pica* de Linnæus, vulgairement
la Veuve, la Pie, à cause de sa coloration en noir et en
blanc. Voyez Turbo et Sabot. (De B.)

MELEAGRIS. (*Ornith.*) Ce nom grec de la peintade a été
mal à propos appliqué par Linnæus au dindon, qui est un

oiseau d'Amérique. Le *meleagris guianensis* de Barrère est le vautour urubu. (Cʜ. D.)

MELEAGRIS. (*Bot.*) Dodoens, Daléchamps et Reneaulme donnoient ce nom à une fritillaire qui est le *fritillaria meleagris* de Linnæus. (J.)

MÉLECTE, *Melecta.* (*Entom.*) M. Latreille et Fabricius emploient ce nom pour indiquer un genre d'insectes hyménoptères voisin des nomades, qui comprend parmi les espèces de ce dernier genre celles que l'on a désignées sous les noms d'*histrio, scutellaris, punctata*, etc. (C. D.)

MELEGATA, MELEGUETA. (*Bot.*) Espèce de cardamome, suivant C. Bauhin. (J.)

MELES. (*Mamm.*) Nom latin donné par Gesner au blaireau et tiré de Mᴇʟɪs. Voyez ce mot. (F. C.)

MELET, MELETO. (*Ichthyol.*) Voyez Mᴇʟᴇᴛᴛᴇ. (H. C.)

MÉLETTE. (*Ichthyol.*) Sur le littoral de la Méditerranée on donne généralement ce nom à tous les petits poissons qui ont sur les côtés une bande argentée. Mais on l'applique plus particulièrement aux diverses espèces du genre Scopèle, et au Stoléphore commersonien de Lacépède, dont nous avons parlé en même temps que de l'anchois. Voyez Eɴɢʀᴀᴜʟᴇ et Sᴄᴏᴘᴇʟᴇ. (H. C.)

MÉLÈZE; *Larix*, Tournef. (*Bot.*) Grand arbre de la famille des *conifères*, dont Tournefort et plusieurs autres ont fait un genre particulier, mais que nous ne regardons que comme une espèce du genre Sapin. Cependant, à cause de l'importance des usages auxquels son bois est consacré et de ses autres produits, nous croyons devoir lui consacrer un article particulier.

Mᴇʟᴇᴢᴇ ᴅ'Eᴜʀᴏᴘᴇ ᴏᴜ Sᴀᴘɪɴ ᴍᴇʟᴇᴢᴇ : *Larix europæa*, Decand., Fl. fr., n.º 2064; *Larix folio deciduo, conifera*, Tournef., Inst., 586; *Abies larix*, Lam., Illust., t. 785; Lois. in Nov. Duham., 5, pag. 287, t. 79. fig. 1; *Pinus larix*, Linn., Spec., 1420. Le mélèze est un des plus grands arbres de l'Europe: lorsqu'il atteint à toute l'élévation dont il est susceptible, il a souvent plus de cent pieds de hauteur. Son tronc, parfaitement droit, produit des branches nombreuses, horizontales, disposées par étages irréguliers, et dont l'ensemble forme une vaste pyramide. Ses feuilles sont étroites, linéaires, aiguës, d'un vert gai, caduques, éparses sur les jeunes rameaux, et disposées, sur ceux d'un à deux ans, en rosettes, du milieu desquelles naissent les fleurs, qui sont de deux sortes, les unes mâles et les autres femelles. Les premières sont composées d'étamines nombreuses, presque sessiles, imbriquées sur un axe commun, formant des chatons ovales-arrondis, sessiles et presque entièrement enfoncés au milieu d'un grand nombre de petites écailles qui leur ont servi d'enveloppes. Les chatons femelles, un peu moins nombreux que les mâles, et épars sans ordre sur les mêmes rameaux, sortent de même d'un groupe de petites écailles roussâtres ; ils sont portés sur de courts pédoncules et toujours redressés vers le ciel. Lors de la floraison ils sont d'une couleur rougeâtre, composés d'écailles imbriquées, portant chacune deux ovaires à leur base interne. Les fruits qui succèdent aux fleurs, sont des cônes redressés, ovoïdes, longs d'un pouce ou peu plus, formés d'écailles imbriquées, assez lâches, ayant chacune à leur base interne deux graines surmontées d'une aile membraneuse. Le mélèze fleurit en avril ou mai, et même en juin, selon qu'il habite des pays plus ou moins élevés. Il croît sur les Alpes de la France et de la Suisse, sur l'Apennin en Italie, sur les montagnes de l'Allemagne, de la Russie, de la Sibérie, et dans la plus grande partie de toutes les régions septentrionales de l'ancien continent. Il n'existe pas en Angleterre ni dans les Pyrénées.

Il ne paroit pas que les Grecs aient connu le mélèze ; Théophraste n'en fait aucune mention. La description que Pline nous a laissée de cet arbre est très-incomplète et même si peu exacte (*lib.* 16, *cap.* 10) qu'il seroit bien difficile de l'y reconnoître, si les propriétés qu'il lui attribue, et qui sont absolument les mêmes que celles qu'on lui reconnoit encore aujourd'hui, ne nous donnoient pas lieu de croire que le *larix* des Latins doit être le même arbre que notre mélèze.

Aucun autre arbre indigène ne surpasse la hauteur du mélèze, ne s'élève plus droit, et n'a un bois d'une aussi grande durée. Ce bois est rougeâtre, avec des veines plus foncées, et, plus les mélèzes sont âgés, plus il est foncé en couleur ; il n'y a que celui des jeunes pieds qui soit blanchâtre : il est d'ailleurs plus serré que celui du sapin et a

moins de nœuds. Lorsqu'il est sec, sa pesanteur spécifique
est de cinquante-deux livres huit onces par pied cube. Le
bois de mélèze est propre aux constructions civiles et navales ; nul autre ne résiste aussi long-temps à l'action de l'air
et de l'eau. Les charpentes qui en sont faites, durent des siècles sans s'altérer ; elles ont l'avantage de moins charger les
murs que le chêne, et les poutres ne sont point sujettes à
plier. Lorsqu'on l'emploie en planches, il faut avoir la précaution de ne le mettre en œuvre que lorsqu'il est parfaitement
sec, car autrement il est sujet à se déjeter. Dans les cantons
où le mélèze est commun, comme en Savoie, en Suisse, on
construit des maisons entières en bois de mélèze, en en plaçant des pièces d'un pied d'équarrissage les unes sur les autres ; et au lieu de tuiles on couvre leurs toits avec des
planchettes du même bois. Ces maisons sont blanchâtres dans
leur nouveauté ; mais elles deviennent brunâtres et même
noirâtres en vieillissant ; et, la chaleur du soleil faisant suin-
ter la résine à travers les pores du bois, les interstices entre
les différentes pièces s'en remplissent, et cette résine, en se
durcissant à l'air, forme une sorte de vernis qui lie et enduit parfaitement entre elles toutes les pièces de ces maisons
et les rend impénétrables à l'eau et à l'air. Le bois dont
elles sont bâties devient avec le temps tellement dur, qu'il
est souvent difficile de l'entamer avec un instrument tranchant. Malesherbes a vu dans le Valais, en 1778, une de ces
maisons qui avoit deux cent quarante ans, et dont le bois
étoit encore parfaitement sain.

Le mélèze peut avoir dans l'eau une durée presque infi-
nie, et il y acquiert avec le temps une dureté qui ne peut
être comparée qu'à celle de la pierre. Miller fait à ce sujet
mention d'un vaisseau qui étoit de mélèze et de cyprès, trouvé
à douze brasses de profondeur dans les mers du Nord, après
avoir été submergé pendant plus de mille ans, et dont les
bois étoient devenus si durs qu'ils résistoient aux outils les
plus tranchans. Cette propriété du mélèze, de ne pas s'altérer
dans les lieux humides, le rend propre à faire des tuyaux
pour la conduite des eaux, et on l'emploie à cet usage dans
plusieurs pays. Dans ceux où il est commun, il sert aussi à
toutes sortes de menuiseries, et à faire des futailles pour

le vin ou les liqueurs spiritueuses. Il n'est pas propre pour les ouvrages de tour, parce qu'il a l'inconvénient de graisser les outils. Dans le Valais, les échalas faits avec des branches ou avec du bois de mélèze refendu sont pour ainsi dire éternels, quoiqu'on ne les retire jamais de la terre, où ils restent fichés sans s'altérer un grand nombre d'années, pendant lesquelles on voit les ceps de vigne mourir et se renouveler plusieurs fois à leur pied; au lieu que les échalas de sapin n'y durent que dix ans ou environ. Jusqu'à présent on n'emploie pas le mélèze dans les grandes constructions navales; mais l'usage dont il est pour les mâts et les bordages des barques qui servent pour la navigation du lac de Genève, donne lieu de croire qu'il auroit les mêmes avantages s'il étoit mis en œuvre plus en grand; car les bordages de ces barques, faits avec ce bois, durent généralement deux fois autant que ceux faits en chêne.

La grande durée du bois de mélèze, la finesse de son grain et l'avantage qu'il a de n'être pas sujet à se fendre, faisoient que les anciens peintres et mêmes ceux du moyen âge, avant qu'on se servît généralement de toiles, l'employoient pour leurs tableaux. Plusieurs de ceux de Raphaël passent pour être peints sur ce bois.

Le mélèze, comme nous l'avons dit dans le commencement de cet article, peut s'élever à une grande hauteur, et son tronc acquiert avec les années une grosseur colossale. Pline (*lib.* 16, *cap.* 40) parle d'une poutre de mélèze qui avoit cent vingt pieds de long sur deux d'équarrissage : l'empereur Tibère la fit transporter à Rome, et Néron l'employa dans la construction de son amphithéâtre. De nos jours il existe, sur la montagne d'Endzon, dans les Alpes du Valais, un mélèze célèbre dans le pays à cause de sa taille gigantesque. Son tronc est tel, par le bas, que sept hommes suffisent à peine pour l'embrasser, et ce n'est qu'à la hauteur de cinquante pieds qu'il donne ses premières branches.

Les anciens croyoient que le bois de mélèze étoit incombustible; mais il est reconnu aujourd'hui qu'il brûle bien, qu'il donne plus de chaleur que le sapin, et qu'il fournit aussi plus de braise. Son charbon est très-bon pour les forges et la fonte du fer. L'écorce des jeunes mélèzes est astringente, et on l'emploie dans les Alpes pour le tannage des cuirs.

Non-seulement l'arbre qui nous occupe est précieux par son bois, dont les usages sont nombreux; mais il fournit encore, tandis qu'il est sur pied, plusieurs produits qui sont employés dans les arts et en médecine. Le principal de ces produits est la résine ou térébenthine qui suinte des fentes de son écorce, et que l'on retire en plus grande quantité, soit en pratiquant des entailles sur le corps des arbres, soit en faisant des trous dans leur substance même.

Le premier procédé est peu usité : le second l'est beaucoup davantage, particulièrement dans les Alpes suisses et pays voisins. Dans ces montagnes, les paysans percent en différens endroits, avec des tarières qui ont jusqu'à un pouce de diamètre, le tronc des mélèzes vigoureux, en commençant à trois ou quatre pieds de terre, et en remontant jusqu'à dix ou douze. Ils choisissent de préférence, pour faire leurs trous, qui doivent être en pente, les places d'anciennes branches rompues et exposées au midi. De petites gouttières, faites avec des branches de mélèzes creusées à cet effet, sont adaptées à l'orifice de chaque trou, et vont aboutir dans des auges disposées au pied des arbres. Une fois par jour, ou au plus tard tous les deux à trois jours, la térébenthine qui a coulé par les gouttières dans les auges, est recueillie dans des baquets de bois et transportée à la maison, où on la passe à travers un tamis pour en séparer les corps étrangers qui pourroient y être mêlés. On bouche avec des chevilles de bois les trous qui n'ont point donné de résine ou qui cessent d'en fournir, et on les rouvre douze à quinze jours après : assez ordinairement ils donnent alors plus de térébenthine que ceux qu'on perce pour la première fois. On commence la récolte de la térébenthine à la fin de mai, et on la continue jusqu'au milieu ou à la fin de septembre. La quantité qui coule est toujours proportionnée à la chaleur du jour et à l'exposition plus ou moins au midi.

Un mélèze vigoureux peut fournir, pendant quarante à cinquante ans, sept à huit livres de térébenthine chaque année; mais le bois des arbres qui ont donné ce produit particulier n'est plus aussi bon pour les constructions de toute

espèce. Les mélèzes trop jeunes ou trop vieux ne rapportent
que peu de térébenthine ; aussi choisit-on de préférence ceux
qui sont dans toute leur vigueur.

La résine de mélèze reste toujours liquide et de la consistance d'un sirop épais ; elle est claire, transparente, de
couleur jaunâtre, d'une saveur un peu amère et d'une odeur
aromatique assez agréable. Elle est connue dans le commerce
sous le nom de térébenthine de Venise.

Quelques médecins ont recommandé cette substance dans
la phthisie pulmonaire : mais le plus grand nombre aujour-
d'hui regarde non-seulement ce remède comme insufflisant,
mais encore comme nuisible et comme pouvant accélérer la
marche de la maladie. La térébenthine réussit mieux dans le
catarrhe des membranes muqueuses des voies urinaires ; elle
donne une odeur de violette à l'urine des personnes qui en
font usage.

Cette résine entre dans la composition d'un grand nombre
de préparations pharmaceutiques, comme baumes, onguens,
emplâtres.

En la distillant avec de l'eau, on obtient une huile essentielle qui est connue sous le nom d'essence de térébenthine,
et dont on fait principalement usage dans la peinture à
l'huile : elle sert à rendre les couleurs plus coulantes et
plus siccatives ; elle entre dans la composition des vernis.

L'essence de térébenthine étoit peu employée en médecine autrefois, et seulement à petite dose, comme à un gros
ou deux ; mais depuis une vingtaine d'années elle a été donnée
en Angleterre en bien plus grande quantité comme purgatif
vermifuge, et tout semble prouver maintenant, d'après les
nombreuses observations qui ont été publiées par les journaux anglois, que cette substance, administrée depuis une
demi-once jusqu'à quatre onces par jour, en une seule ou
plusieurs fois, constitue un purgatif très-efficace contre le
tænia ou ver solitaire. Dans le même pays, le docteur Per-
cival a également employé avec avantage l'essence de térébenthine à la dose de deux gros à une once dans l'épilepsie.

La colophone ou colophane est une matière résineuse qui
reste au fond des vaisseaux après la distillation de la térébenthine ; elle est sèche, dure, luisante et friable. On ne

l'emploie point à l'intérieur, mais elle entre dans la composition de plusiers onguens et emplâtres. Les chirurgiens en
font usage, afin d'arrêter les homorrhagies, pour saupou-
drer les premiers plumasseaux ou bourdonnets qu'ils appliquent après les amputations des membres. Les joueurs de
violon s'en servent pour frotter leurs archets.

Le matin, pendant les mois de juin et de juillet, avant
d'être frappés des rayons du soleil, les jeunes mélèzes ont
souvent leurs feuilles toutes couvertes de petits grains blancs
et gluans, qui ne tardent pas à disparoître si on ne se presse
de les ramasser. Cette substance est connue sous le nom de
manne de Briançon. Elle est légèrement purgative, mais elle
n'est en usage que parmi les gens de la campagne dans les
pays où il y a beaucoup de mélèzes. Villars assure d'ailleurs
que cette manne est fort difficile à recueillir, et il ne croit
pas qu'on pût jamais en récolter de grandes quantités.

C'est sur le tronc des vieux mélèzes que croit une espèce
de champignon connu vulgairement sous le nom d'*agaric des
boutiques*, et que Linnæus a désigné sous celui de *boletus la-
ricis*. C'est un purgatif qu'on employoit fréquemment autrefois ; on lui attribuoit des propriétés particulières pour purger
les humeurs de la tête. Il n'est presque plus usité maintenant.

Le mélèze n'est pas délicat sur la nature du sol ; les plus
mauvais terrains lui conviennent, à l'exception de ceux qui
sont marécageux et argileux. On en trouve sur les montagnes les plus stériles : il prospère dans les lieux froids, pierreux et maigres ; il réussit aussi dans les fonds secs et sablonneux ; enfin il vient bien sur les collines sèches et arides.
L'exposition qui lui est la plus favorable, est celle du nord ;
il craint, au contraire, la grande chaleur, et les pays trop
méridionaux ne peuvent lui convenir.

De tous les pins et sapins d'Europe le mélèze est le seul
qui perde ses feuilles en hiver. Il est d'observation fort ancienne parmi les montagnards suisses, que, lorsqu'il commence
à tomber de la neige en automne, cette neige n'est durable
que lorsque le mélèze a perdu ses feuilles ; car on n'a jamais
vu, disent les vieillards les plus âgés, la neige rester sur les
feuilles des mélèzes, et celle qui tombe avant que ces arbres
soient dépouillés ne tarde pas à être suivie d'un dégel.

Le mélèze ne se multiplie en général que de semences, parce qu'il ne reprend pas de boutures, et parce qu'on n'obtient par les marcottes que des arbres peu vigoureux et jamais d'une aussi belle venue. Pour se procurer de la graine de mélèze, il faut recueillir les cônes qui les renferment à la fin de l'automne, et les conserver dans un endroit qui ne soit ni trop sec ni trop humide, jusqu'à la fin de l'hiver. A cette époque, lorsque les gelées ne sont plus guère à craindre, on expose les cônes à la chaleur du soleil ou du feu pour faire ouvrir leurs écailles et faciliter la sortie des graines qu'elles recouvrent.

Les mélèzes que les jardiniers élèvent pour le commerce, se sèment en pépinière, à la fin de mars ou au commencement d'avril, dans une terre légère, à l'exposition du nord ou du nord-est, et dans le courant du printemps et de l'été on les débarrasse des mauvaises herbes et on les arrose quand ils en ont besoin. Au printemps de l'année suivante, on repique le jeune plant à six pouces de distance et toujours à l'exposition du nord, en prenant pour cette opération le moment où il commence à entrer en séve. Deux ans après, ou au commencement de la troisième année, on le relève de nouveau pour le placer n'importe à quelle exposition, et en mettant les jeunes arbres à deux pieds l'un de l'autre ou environ. Après leur seconde transplantation, les mélèzes ne doivent plus rester que deux à trois ans dans la pépinière : ils sont alors bons à planter à demeure : car, si l'on tardoit plus long-temps à les mettre en place, on risqueroit de les perdre, ou au moins une grande partie ne reprendroit pas. La meilleure saison pour cette transplantation est la fin de mars ou le commencement d'avril, peu de temps avant que ces arbres ne poussent ; lorsqu'on les transplante plus tôt, il est rare qu'ils réussissent aussi bien.

De même que les pins et les sapins, le mélèze prend son accroissement en hauteur par le développement d'un bourgeon unique qui termine sa flèche, et si cette flèche ou ce bourgeon vient à être rompu ou endommagé par quelque accident, l'arbre cesse de s'élever. Par une admirable prévoyance de la nature, ce bourgeon terminal ne s'ouvre que bien long-temps après que le reste de l'arbre est garni de feuilles; car, comme le mélèze croît souvent au milieu des neiges et des glaces qui couronnent les plus hautes montagnes, si le bourgeon terminal s'ouvroit trop tôt, la tendre pousse qui en sortiroit, pourroit être saisie par les gelées qui surviennent souvent jusqu'à la moitié du printemps, dans les lieux où croissent ces arbres, et par sa perte ils cesseroient de croître en hauteur et resteroient toujours plus ou moins rabougris.

Le mélèze supporte bien, comme l'if, la taille aux ciseaux; on peut de même lui faire prendre différentes formes, l'élever en pyramide, le réduire en boule, etc., et l'employer ainsi à l'ornement des grands parterres; mais ce genre de décoration dans les jardins n'est plus guère d'usage aujourd'hui.

Outre le mélèze d'Europe, on connoît encore deux autres espèces, qui sont exotiques et dont nous n'aurons que peu de chose à dire.

MÉLÈZE A BRANCHES PENDANTES; *Larix pendula; Pinus pendula,* Lamb., *Descript. of pin,* pag. 56, t. 36. Cette espèce paroît être intermédiaire entre le mélèze d'Europe et celui à petits fruits; les caractères qui la distinguent sont même si peu prononcés qu'on pourroit croire qu'elle n'est qu'une variété de l'un ou de l'autre. Nous l'indiquons, d'après sir Lambert, qui la dit indigène de l'Amérique septentrionale.

MÉLÈZE A PETITS FRUITS; *Larix microcarpa; Abies microcarpa,* Lois., *in Nov. Duham.,* 5, pag. 289, t. 79, fig. 2. Cet arbre a de grands rapports avec notre mélèze d'Europe; mais il en diffère par ses feuilles très-menues, moitié plus courtes et moitié plus étroites; par la petitesse de ses cônes, qui n'ont que six lignes de long au plus, et qui ne sont composés que d'un très-petit nombre d'écailles. Cette espèce est originaire de l'Amérique septentrionale, et on la cultive depuis quelques années en Angleterre et en France, où elle est encore rare. Le plus grand individu que nous ayons vu, avoit une vingtaine de pieds de hauteur; il étoit très-vigoureux, donnoit tous les ans beaucoup de fruits, et paroissoit n'avoir encore acquis que la moindre partie de son élévation naturelle.

Le mélèze à rameaux pendans n'est pas encore cultivé en France; quant à celui à petits fruits, on le multiplie de graines, comme l'espèce commune. Quelques cultivateurs prétendent l'avoir propagé de marcottes faites en juillet, et qui étoient bien enracinées au troisième automne. D'autres ont essayé de le multiplier en le greffant par approche sur le mélèze d'Europe; mais, quand ce moyen pourroit réussir, il ne donneroit jamais que des arbres peu vigoureux et qui, pour la plupart, seroient privés de la faculté de s'élever sur une tige bien droite, par la raison qu'il est fort rare que dans les pins et les sapins la nature donne jamais à des bourgeons latéraux la même vigueur qu'au bourgeon terminal qui forme leur flèche. (L. D.)

MELHANIA. (*Bot.*) Voyez DOMBEY VELOUTÉ. (POIR.)

MELIA. (*Bot.*) Nom grec du frêne. Voyez AZÉDARACH. (LEM.)

MÉLIACÉES. (*Bot.*) L'azédarach, *melia*, donne son nom à cette famille, qui est dans la classe des hypopétalées ou dicotylédones polypétales à étamines insérées sous l'ovaire. Elles sont placées entre les théacées et les vinifères.

Elles ont pour caractères généraux un calice monosépale, divisé plus ou moins profondément; quatre ou cinq pétales à onglet large, rapprochés par leur base; des étamines en nombre défini, égal à celui des pétales, ou double; les filets insérés sous l'ovaire et réunis par le bas en un tube, ou seulement en un godet denté à son sommet, et dont les dents portent les étamines à leur pointe ou sur leur surface intérieure; un ovaire simple et libre, surmonté d'un style simple et d'un stigmate simple ou plus rarement divisé; un fruit en baie ou plus souvent capsulaire, à plusieurs loges mono- ou dispermes, s'ouvrant en autant de valves qui portent une cloison dans leur milieu. L'embryon, à lobes droits, est ordinairement entouré d'un périsperme, qui manque dans quelques genres.

Les genres de cette famille sont des arbres ou des arbrisseaux à rameaux alternes, ainsi que les feuilles, qui sont stipulées, simples dans les uns, composées dans d'autres. Les fleurs n'ont pas de disposition uniforme.

On distingue ici deux sections, caractérisées par les feuilles. Dans celle des feuilles simples sont rapportés les genres *Canella*, *Symphonia*, *Pentaloba*, de Loureiro; *Geruma*; *Strigilia*, de Cavanilles; *Lauradia* de Vandelli; *Alodeia* de M. du Petit-Thouars, *Ceranthera* de Beauvois; *Aitonia*, *Quivisia*, *Turræa*.

MEL

On range dans la section des feuilles composées les genres *Canunium* de Rumph, ou *Aglaia* de Loureiro ; *Ticorea*, *Cusparia*, de MM. de Humboldt et Kunth ; *Sandoricum*, *Trichilia*, auquel on réunit le *Portesia* et le *Elcaja*, *Quarea*, qui manque de périsperme, ainsi que le précédent ; *Ekebergia*, *Melia*, *Aquilicia*. Quelques genres sont placés à la suite, comme ayant seulement de l'affinité avec les méliacées, tels que le *Carapa* d'Aublet, ou *Xylocarpus* de Kœnig, le *Swietenia*, le *Cedrela*, et le *Paulsowia* ou *Stylidium* de Loureiro. (J.)

MÉLIANTHE, *Melianthus*. (*Bot.*) Genre de plantes dicotylédones, à fleurs complètes, polypétalées, voisin de la famille des *rutacées*, de la *didynamie angiospermie* de Linnæus ; offrant pour caractère essentiel : Un calice persistant à cinq divisions profondes, inégales, colorées ; l'inférieure gibbeuse ; quatre pétales onguiculés, entre lesquels se trouve une glande mellifère ; quatre étamines didynames ; un ovaire supérieur ; un style ; une capsule vésiculeuse, à quatre loges monospermes.

MÉLIANTHE A LARGES FEUILLES : *Melianthus major*, Linn. ; Lamk., *Ill. gen.*, tab. 552 : Herm., *Lugdb.*, tab. 415 ; Mill., *Illust.*, tab. 53 ; vulgairement FLEUR MIELLÉE. L'IMPRENELLE D'AFRIQUE. Cette belle plante a des racines traçantes ; des tiges glabres, presque ligneuses, un peu tuberculeuses, hautes de six à sept pieds ; les jeunes pousses herbacées, d'un vert glauque ; les feuilles grandes, toujours vertes, pétiolées, alternes, ailées avec une impaire ; les folioles opposées, au nombre de cinq à sept, ovales, oblongues, dentées en scie, glauques, longues de deux à trois pouces, un peu courantes sur le pétiole commun, à la base duquel existe une grande stipule membraneuse, amplexicaule, ovale, mucronée, longue d'environ un pouce et demi, chargée, comme les feuilles, d'une poussière glauque. Les fleurs sont grandes, pédicellées, disposées en une grappe simple, presque pyramidale, munie de bractées ovales, aiguës ; le calice ample ; les deux divisions supérieures droites, oblongues ; les deux moyennes plus intérieures, opposées, lancéolées ; l'inférieure plus courte, concave, gibbeuse à sa base : les pétales linéaires-lancéolés, onguiculés, un peu ouverts, situés à la partie gibbeuse du calice, autour d'une grosse glande utriculaire ; aux fleurs succèdent de gros fruits vésiculeux, tétragones, partagés presque jusqu'à la moitié en quatre lobes; chaque loge renfermant une semence noire, ovale, luisante. Cette plante croît aux lieux humides et marécageux du cap de Bonne-Espérance.

Les feuilles ont une odeur fétide, comme narcotique, analogue à celle du *stramonium*. Il suinte de la grosse glande placée entre les pétales, pendant tout le temps de la floraison, une liqueur noirâtre, mielleuse, dont la saveur est un peu vineuse : elle est tellement abondante, qu'elle se répand sur les feuilles, et que le sol en est quelquefois coloré ; elle est très-recherchée par les Hottentots et les Hollandois qui habitent le cap de Bonne-Espérance ; elle passe pour cordiale, stomachique et nourrissante, d'où vient que ce genre a reçu le nom de Mélianthe, composé de deux mots grecs, qui signifient *fleur à miel*. Sa découverte est due à Herman, qui l'envoya en Europe à Thomas Bartholin, en 1672. On la cultive au Jardin du Roi, ainsi que les deux espèces suivantes. Elles craignent peu le froid ; il suffit de leur faire passer l'hiver dans l'orangerie. Leur multiplication a lieu par rejetons, par marcottes, par boutures.

MÉLIANTHE A FEUILLES ÉTROITES ; *Melianthus minor*, Linn. Cette espèce a des tiges ligneuses, cylindriques, hautes de cinq à six pieds ; les rameaux légèrement cotonneux ; les feuilles ailées avec une impaire; les folioles, de sept à neuf, opposées, ovales-alongées, étroites, profondément dentées en scie, molles, douces au toucher, un peu velues, longues de deux à quatre pouces, blanchâtres en-dessous ; les stipules linéaires, très-étroites : les fleurs alternes, rapprochées, disposées en grappes axillaires ; le calice ample, légèrement tomenteux, coloré de rouge ; la corolle purpurine ou d'un jaune rougeâtre ; les pétales étroits, onguiculés, pendans hors du calice; les étamines ascendantes ; le style un peu pileux ; la capsule vésiculeuse, de la grosseur d'une petite noix, couverte d'un duvet cotonneux. Cette plante a une odeur fétide : elle croît au cap de Bonne-Espérance ; on la cultive au Jardin du Roi.

MÉLIANTHE VELU : *Melianthus comosus*, Vahl. Symb., 3, p. 86 ; Commel., *Rar.*, 4, t. 4. Cette plante, originaire du cap de Bonne-Espérance, se distingue de la précédente par ses grappes situées un peu au-dessous de l'insertion des feuilles, et non axillaires, excepté quelquefois aux feuilles supérieures : elles sont inclinées, longues de trois pouces ; les feuilles velues à leur face supérieure ; les fleurs pendantes, verticillées, disposées en grappes peu garnies. On la cultive au Jardin du Roi. (Poir.)

MÉLIBÉE. (*Entom.*) Nom d'une espèce de papillon voisin du céphale. (C. D.)

MELICA. (*Bot.*) Ce nom, donné par Dodoens au sorgho, *holcus sorghum*, de Linnæus, a été appliqué par ce dernier à un autre genre de graminée. Voyez MÉLIQUE. (J.)

MELICERTA. (*Polyp.*) M. Ocken, Système gén. d'hist. nat., part. III, p. 49, distingue sous cette dénomination un petit genre voisin des vorticelles, qu'il caractérise ainsi : quatre lobes autour de la bouche, le corps fusiforme, contenu dans un tube corné opaque ; et il y range la *Sabella ringens*, qu'il nomme *M. ringens*. Voyez VORTICELLE et SABELLE. (DE B.)

MÉLICERTE, *Melicerta*. (*Arachnod.*) MM. Péron et Lesueur, dans leur distribution systématique des MÉDUSAIRES (voyez ce mot), ont désigné, sous ce nom, un genre de méduses gastriques, monostomes, pédonculées, brachidées, tentaculées, et dont les bras très-nombreux, filiformes, chevelus, forment une espèce de houppe à l'extrémité du pédoncule. Parmi les cinq espèces que MM. Péron et Lesueur placent dans ce genre, deux seules ont été observées par eux ; ce sont :

La M. FASCICULÉE ; *M. fasciculata*. De la mer de Nice, dont l'ombrelle subsphéroïdale hyaline a 15 — 20 millimètres de diamètre, un estomac quadrangulaire à sa base, avec quatre vaisseaux prolongés à chaque angle jusqu'au rebord, quatre ovaires feuilletés et brun-roux : les bras en forme de petite houppe violette et huit faisceaux de tentacules.

La M. PLEUROSTOME. *M. pleurostoma*, vient de la Terre de Witt, et est beaucoup plus grande (2, 3, 4 centimètres) : son ombrelle est semi-ovalaire. avec vingt-cinq à trente tentacules ; son estomac est subconique et comme suspendu par huit ligamens ; le pédoncule. environné de huit ovaires réniformes, a des bras très-longs, très-nombreux, très-chevelus, distribués autour de son ouverture. Couleur générale hyaline ; les ovaires couleur de terre d'ombre.

Des trois autres, la M. DIGITALE. *M. digitalis*, Mull., *Prodr. Zool. Dan.*, p. 253, vient des rivages du Groënland : son ombrelle, qui a un centimètre de diamètre, est conique et garnie de tentacules crochus ; l'estomac, libre et pendant, se prolonge en un pédoncule pistilliforme, garni d'une multitude de bras formant une sorte de pinceau ; la couleur est hyaline, les tentacules jaunes. La M. CAMPANULE. *M. campanula*, Mull., *loc. cit.*, est des mêmes mers : son ombrelle, de deux ou trois pouces de diamètre, est en forme de petite cloche, avec un petit nombre de tentacules jaunes ; l'estomac, dessiné à sa base par un carré, a chacun de ses angles prolongé par une ligne revêtue de bras très-longs et très-fins : couleur hyaline. Enfin, la M. PERLE, *M. perla*, Slabber, *Phys. Belust.*, p.58, tab. XIII, fig. 1, 2, de 10 à 12 millimètres de diamètre, a son ombrelle subhémisphérique couverte de tubercules perliformes, et garnie dans sa circonférence de huit tentacules courts et terminés par un bouton ; l'estomac est libre, pendant et terminé par un faisceau de bras chevelus ; la couleur est perlée, le rebord d'un brun doré. Des mers de Hollande. (DE B.)

MÉLICERTE. (*Crust.*) Ce nom a été donné à différens crustacés : 1.° par M. Risso, à un genre voisin des palémons, qu'il appelle maintenant Lysmate ; 2.° par M. Rafinesque, à un genre voisin des Pénées. Voyez l'article MALACOSTRACÉS, tome XXVIII, pag. 511, 526 et 536. (DESM.)

MELICHNUS. (*Bot.*) Voyez VENTENATIA. (POIR.)

MÉLICITE, *Melicytus*. (*Bot.*) Genre de plantes dicotylédones, de la *dioécie pentandrie* de Linnæus, dont on ne connoit encore que les parties de la fructification, et dont le caractère essentiel est d'avoir : Des fleurs dioïques ; un calice d'une seule pièce, à cinq dents ; une corolle à cinq pétales ovales, évasés, plus longs que le calice. Dans les fleurs *mâles*, cinq étamines courtes, dont les filamens (nommés nectaires par l'orster), turbinés, cyathiformes, creux au sommet, portent à leur côté interne des anthères ovales, élargies, plus longues que les filamens, marquées de quatre sillons. Dans les fleurs *femelles*, cinq écailles ovales, un peu plus courtes que le calice, situées entre les pétales, relevées et appliquées contre les parois de l'ovaire : celui-ci est supérieur, ovale-

arrondi, chargé d'un style court, terminé par un stigmate
à quatre ou cinq lobes arrondis, ouverts en étoile.

Le fruit est une capsule en forme de baie, glabre, coriace, globuleuse, à une loge, contenant quelques semences
dans une pulpe rare, peu succulente. Ces semences sont
brunes, convexes d'un côté, anguleuses de l'autre.

Forster cite de ce genre deux espèces, mais sans description, savoir: 1.° *Melicytus umbellatus*, Forst., *Nov. gen.*, t. 62;
Lamk., *Ill. gen.*, tab. 812, fig. 2; Gærtn., *De fruct.*, t. 44;
2.° *Melicytus ramiflorus*, Forst., *loc. cit.*; Lamk., *loc. cit.*, fig. 1.
(Poir.)

MELICOCCA. (*Bot.*) Voyez Knéfier. (Poir.)

MELICOCCUS. (*Bot.*) Ce genre de plantes, établi par P.
Browne et adopté par Jacquin, a été postérieurement
nommé *melicocca* par Linnæus. C'est la *casimiria* de Scopoli.
Nous en avons donné la monographie dans les Mémoires du
Muséum d'histoire naturelle, vol. 5, p. 179. (J.)

MÉLICOPE, *Entagonum*. (*Bot.*) Genre de plantes dicotylédones, à fleurs complètes, polypétalées, de l'*octandrie monogynie* de Linnæus; offrant pour caractère essentiel: Un
calice à quatre divisions; quatre pétales; quatre glandes
situées autour de l'ovaire; huit étamines; quatre ovaires;
un style; un fruit composé de quatre capsules uniloculaires,
monospermes.

Mélicope lisse: *Entagonum lævigatum*, Gærtn., *De fruct.*,
tab. 68; Lamk., *Ill. gen.*, tab. 294; *Melicope ternata*, Forst.,
Nov. gen., tab. 28. Nous ne connoissons de cette plante que
les caractères de sa fleur. Son calice est persistant, à quatre
divisions; la corolle plus longue que le calice, tétragone,
urcéolée à sa base, évasée en son limbe, composée de quatre
pétales ovales-oblongs, aigus; de plus, quatre grandes glandes
à deux lobes, situées entre les étamines et le pistil; huit
étamines attachées au réceptacle; les filamens droits, subulés, plus courts que les pétales; les anthères droites, sagit-
tées; quatre ovaires supérieurs, ovales, d'entre lesquels s'élève
un style filiforme, caduc, plus long que les étamines, terminé par un stigmate tétragone, évasé, concave à son centre.
Le fruit consiste en quatre capsules coriaces, membraneuses,
elliptiques, rétrécies en pointe à la base, un peu aplaties laté-

ralement, divergentes, uniloculaires, monospermes, s'ouvrant par le bord interne; les semences glabres, elliptiques, lenticulaires. Cette plante croit à la Nouvelle-Zélande. (Poir.)

MÉLIER. (*Bot.*) Voyez BLAKEA. Les fruits de cette plante portent le nom de *mueles* ou *cormes*. (Poir.)

MÉLIER ou MESLIER. (*Bot.*) Ancien nom françois du néflier, et sous lequel cet arbre est encore connu dans quelques cantons. (L. D.)

MELIHÆMI, HOLLÆSCH. (*Bot.*) Noms arabes du *solanum bahamense*, suivant Forskal. (J.)

MÉLILITE. (*Min.*) Ce minéral ne s'est encore présenté qu'en cristaux cubiques ou parallélipipédiques, très-petits, mais très-nets, qui paroissent passer à l'octaèdre ou en dériver. Ils sont d'un jaune de miel, souvent recouvert d'un enduit jaune pulvérulent, qui paroit être du fer oxidé. Ils sont assez durs pour rayer l'acier. Au chalumeau ils se fondent sans bouillonnement en un verre transparent verdàtre. Ils forment gelée dans l'acide nitrique.

C'est un minéral presque microscopique, découvert et décrit pour la première fois par M. Fleuriau de Bellevue. Il l'a trouvé implanté sur les parois des fissures de la lave compacte ou téphrine noire de Capo di Bove près de Rome. Ils y sont associés avec de la népheline et des cristaux capillaires encore inconnus.

Leur petitesse et leur mélange avec d'autres substances a rendu très-difficile à déterminer exactement leur nature par l'analyse. Cependant M. Carpi, savant chimiste de Rome, en donne la composition ainsi qu'il suit:

Chaux.................... 19,6
Magnésie................. 19,4
Fer oxidé................ 12,1
Titane oxidé............. 4
Silice................... 38
Alumine.................. 2,9

On a aussi reconnu le mélilite dans les laves de Tivoli. (B.)

MÉLILITES. (*Min.*) Nom donné par les anciens lithologistes à une espèce d'argile compacte, d'un blanc jaunàtre, semblable par sa couleur au miel: elle s'employoit en médecine et étoit regardée comme soporifique. (B.)

MELILOBUS. (*Bot.*) Michéli désignoit sous ce nom le *gleditsia triacanthos*. (J.)

MÉLILOT; *Melilotus*, Tournef., Juss. (*Bot.*) Genre de plantes dicotylédones, de la famille des *papilionacées*, Juss., et de la *diadelphie décandrie* du système sexuel, qui offre pour caractères : Un calice monophylle, persistant, à cinq dents; une corolle papilionacée, dont la carène est plus courte que les ailes qui sont ovales-oblongues, conniventes et à peu près égales à l'étendard; dix étamines, dont neuf ont leurs filamens réunis en un seul corps; un ovaire supère, ovale, chargé d'un style subulé et filiforme, ascendant, terminé par un stigmate simple; une capsule caduque, uniloculaire, s'ouvrant à peine, saillante hors du calice, et renfermant une à trois graines arrondies ou ovoïdes.

Les mélilots sont des plantes herbacées, à feuilles munies de stipules à leur base, et composées de trois folioles, dont les deux latérales sont insérées sur le pétiole commun à quelque distance de la foliole terminale; leurs fleurs sont disposées en grappes plus ou moins alongées et placées dans les aisselles des feuilles supérieures. On en connoit vingt-quatre espèces, dont la plus grande partie croit naturellement en Europe.

MÉLILOT DE MESSINE : *Melilotus messanensis*, Lam., Dict. enc., 4, pag. 66; *Trifolium melilotus messanensis*, Linn., Mant., 275. Sa racine est annuelle; elle produit une tige haute de huit à douze pouces, glabre, comme toute la plante, divisée le plus souvent dès sa base en plusieurs rameaux redressés, garnis de feuilles longuement pétiolées, dont les stipules sont élargies à leur base, et les folioles cunéiformes, presque tronquées au sommet, légèrement dentées en leurs bords. Les fleurs sont d'un jaune pâle, petites, peu nombreuses sur des grappes plus courtes que les pétioles. Les légumes sont plus gros que dans la plupart des autres espèces, ovales, comprimés, relevés de nervures nombreuses, régulières, et contenant chacun deux graines. Cette plante croit dans les moissons en Provence, en Italie, en Sicile.

MÉLILOT SILLONNÉ : *Melilotus sulcata*, Desf., Fl. atlant., 2, pag. 193; *Trifolium melilotus indica*, Linn., Spec., 1077. Sa racine, qui est annuelle, produit une ou plusieurs tiges

grêles, redressées, longues de six pouces a un pied, garnies de feuilles à stipules dentées à leur base, et à folioles
ovales-oblongues, dentées en scie. Ses fleurs sont petites,
nombreuses, d'un jaune pâle, disposées en grappes près de
moitié plus longues que les feuilles, et garnies dans presque
toute leur longueur. Les légumes sont presque globuleux,
monospermes, marqués de nervures nombreuses, régulières.
Cette espèce croît dans les champs, aux environs de Toulon,
en Italie, en Barbarie.

Mélilot grêle; *Melilotus gracilis*, Decand., Flor. franç.,
5, p. 565. Cette espèce ressemble assez à la précédente:
mais ses feuilles sont généralement plus larges, moins alongées et peu dentées; les fleurs sont disposées en grappes plus
lâches, et les légumes sont presque globuleux, dispermes,
relevés seulement de quelques nervures en réseau et non
en arcs rapprochés et presque concentriques. Elle croît en
Provence.

Mélilot parviflore : *Melilotus parviflora*, Desf., Fl. atl.,
2, 192; *Trifolium melilotus indica*, J. Linn., Spec., 1077. Sa
racine est annuelle; elle donne naissance à une tige rameuse,
haute d'un pied ou environ, garnie de feuilles dont les stipules sont le plus souvent entières, et les folioles ovales-
oblongues ou cunéiformes, dentées en scie. Les fleurs sont
d'un jaune pâle, très-nombreuses, plus petites que dans les
espèces précédentes et les suivantes, disposées en grappes
grêles, au moins une fois aussi longues que les feuilles. Les
légumes, également très-petits, sont ovoïdes ou presque
globuleux, monospermes, relevés de quelques rides et finement pubescens. Ce mélilot croît dans les prairies sèches et
sur les collines en Provence et en Italie; il se trouve aussi
en Afrique et dans l'Inde.

Mélilot d'Italie: *Melilotus italica*, Lam., Dict. enc., 4,
pag. 67; *Trifolium melilotus italica*, Linn., Spec., 1078. Sa
racine est annuelle, comme celle des précédentes; elle produit une tige droite, rameuse, haute d'un pied ou un peu
plus, garnie de feuilles dont les folioles sont ovoïdes-ren-
versées, grandes, le plus souvent très-entières. Ses fleurs
sont d'un jaune clair, disposées au sommet des tiges ou dans
les aisselles des feuilles supérieures en plusieurs grappes lâ-

ches, rapprochées en une sorte de panicule. Ses légumes sont ovoïdes ou presque globuleux, relevés de grosses rides. Cette plante croit en Italie et en Barbarie.

Mélilot officinal : *Melilotus officinalis*, Lam., Dict. enc., 4, pag. 62 ; *Trifolium melilotus officinalis*, Linn., Spec., 1078 ; Bull., Herb., tab. 255. Sa racine est pivotante, bisannuelle ; elle donne naissance à une ou plusieurs tiges hautes d'un à deux pieds, ordinairement un peu étalées à leur base, ensuite redressées, garnies de feuilles à trois folioles ovales, dentées en scie. Ses fleurs sont petites, d'un jaune pâle, nombreuses, pendantes, et disposées en longues grappes dans les aisselles des feuilles supérieures ; il leur succède des légumes ovoïdes, ridés, glabres, ne contenant le plus souvent qu'une seule graine. Cette plante est commune dans les champs cultivés, en France et en Europe.

Le mélilot n'a qu'une très-légère odeur à l'état frais ; mais il acquiert par la dessiccation une odeur plus forte et assez agréable, qui le rend très-propre à aromatiser le foin auquel il se trouve mêlé et à le rendre plus agréable au goût des bestiaux, qui, en général, aiment cette plante, principalement les moutons et les chevaux, et surtout avant sa floraison. Toute espèce de terrain convient au mélilot, pourvu qu'il ne soit pas aquatique ; mais, en général, il ne fait point l'objet d'une culture particulière : il se trouve seulement épars dans les prairies, où le plus souvent il n'a été semé que naturellement.

On fait usage en médecine des sommités fleuries du mélilot, qui acquièrent par la dessiccation une odeur plus agréable que les autres parties de la plante. On les emploie comme émollientes, adoucissantes, résolutives, et principalement à l'extérieur, en lotions, fomentations et cataplasmes. Leur infusion aqueuse est très-usitée dans les ophthalmies inflammatoires. On prescrit aussi leur décoction dans les lavemens émolliens. Le mélilot a donné son nom, dans les pharmacies, à un emplâtre qui n'est plus guère employé aujourd'hui.

Mélilot élevé : *Melilotus altissima*, Thuil., Fior. Par., 372 ; *Melilotus vulgaris altissima, frutescens, flore luteo*, Tournef., Inst., 407. Cette espèce diffère de la précédente par ses tiges beaucoup plus élevées, ayant trois à six pieds de hauteur; par les folioles de ses feuilles, qui sont plus alongées, plus étroites; et par ses légumes, qui deviennent noirs en mûrissant, et qui sont rétrécis à leur base et à leur sommet, à peine ridés et légèrement pubescens. Elle paroît en différer aussi par sa durée; Thuilier la dit vivace. Cette plante croit dans les bois et les prés humides et marécageux. Nous croyons que sa culture pourroit, dans les localités convenables, présenter les mêmes avantages que celle de l'espèce suivante.

Mélilot blanc, vulgairement Mélilot de Sibérie : *Melilotus alba*, Lam., Dict. encycl., 4, pag. 63; *Melilotus leucantha*, Decand., Fl. franç., 5, pag. 564; *Melilotus vulgaris altissima, frutescens, flore albo*, Tournef., Inst., 407. Sa racine, qui est bisannuelle, produit une ou plusieurs tiges hautes de trois à six pieds, et même de huit à neuf dans un terrain favorable. Ses feuilles, munies à leur base de stipules subulées, très-entières, sont composées de trois folioles ovales-oblongues, bordées, dans leurs deux tiers supérieurs, de dents en scie. Ses fleurs sont blanches, plus petites que dans les deux espèces précédentes, presque inodores, disposées en grappes grêles; leur calice est en cloche; les ailes sont plus courtes que l'étendard et à peine plus longues que la carène. Les légumes sont globuleux ou ovoïdes, non rétrécis à leur base, ridés, non pubescens, monospermes. Cette espèce croît naturellement dans les champs cultivés et les lieux sablonneux, aux environs de Montpellier, de Paris, en Provence et dans plusieurs autres parties de l'Europe : elle croît aussi en Sibérie.

M. Thouin, dans les Mémoires de la Société royale d'agriculture, année 1788, présente ce mélilot comme un fourrage intéressant, dont il seroit à désirer qu'on introduisît la culture en France. Cette plante, tant verte que sèche, est propre, selon ce savant agronome, à la nourriture des bestiaux; on peut en former des prairies artificielles dans les terres qu'on laisseroit en jachère. Sa culture est à peu près la même que celle de la luzerne : on doit le semer avec de l'orge ou de l'avoine, même avec du seigle ou du froment, afin de s'épargner par là les frais de culture, et de ne pas perdre une année de la rente de la terre, parce que le mélilot ne rapporte rien la première année du semis. On peut ensuite en faire trois et même quatre récoltes par an ; c'est même une nécessité de le faire, parce qu'en laissant cette plante s'élever trop haut, ses tiges deviennent ligneuses avec l'âge, et cessent alors d'être mangeables. Par ces coupes fréquemment renouvelées on change sa durée, et, de bisannuelle qu'elle est naturellement, on parvient à la conserver et à la faire produire pendant trois à six ans. Lorsqu'on la laisse monter en graine, elle en fournit une grande quantité, dont on peut donner le superflu aux volailles et aux cochons. Les tiges qui ont porté graine, peuvent encore servir pour chauffer le four. Les terrains légers et humides sont ceux dans lesquels elle réussit le mieux ; cependant elle peut venir dans tous ceux qui ne sont pas décidément marécageux, et dans ceux-ci, comme nous l'avons dit plus haut, le mélilot élevé pourroit probablement la remplacer et donner les mêmes produits.

Le mélilot blanc, cultivé seul, est, selon M. Thouin, plus productif que les différentes espèces de trèfle ; mais il devient encore d'un rapport bien plus considérable, lorsqu'on le cultive avec la vesce de Sibérie, ces deux plantes ayant toutes les qualités qui peuvent en faire désirer la réunion. En effet, leur durée est la même ; elles poussent en même temps, fleurissent et grènent dans la même saison : les racines, pivotantes dans la première et traçantes dans la seconde, ne se nuisent l'une à l'autre en aucune façon. Enfin, le mélilot blanc fournit aux animaux une nourriture substantielle, solide, échauffante, qui trouve un correctif suffisant dans le fourrage délié, tendre et aqueux, produit par la vesce de Sibérie.

MÉLILOT DENTÉ : *Melilotus dentata; Trifolium dentatum,* Waldst. et Kitaibl., *Pl. rar. Hung.*, 1, pag. 41, t. 42 ; Willd., *Spec.*, 3, pag 1355. Cette espèce a beaucoup de rapports avec les deux espèces précédentes : mais elle en diffère par ses feuilles plus alongées, bordées tout autour de dents plus fines, plus nombreuses et plus aiguës ; par ses stipules incisées à leur base en deux grandes dents, et par ses légumes ovales et constamment dispermes. Ses fleurs sont jaunes, comme dans le mélilot élevé, dont elle paroit avoir la hauteur. Cette plante croit dans les prés humides en Hongrie, et en Allemagne aux environs de Mayence. Il est probable qu'elle offriroit pour la culture les mêmes avantages que l'espèce précédente : elle est vivace.

Mélilot bleu : *Melilotus cærulea*, Lam., Dict. encycl., 4, pag. 62 ; *Trifolium melilotus cærulea*, Linn., *Spec.*, 1077. Sa racine est pivotante, annuelle : elle produit une tige droite, haute d'un pied et demi à trois pieds, rameuse, garnie de feuilles munies à leur base de larges stipules dentées, et composées de trois folioles ovales, finement dentées en scie. Ses fleurs sont d'un bleu pâle, disposées en grappes resserrées en épis ovales, portés sur de longs pédoncules axillaires. Les calices sont pubescens, presque aussi grands que les légumes, longuement acuminés par le style. Ce mélilot croit naturel-lement en Bohême et en Libye ; on le cultive dans plusieurs jardins.

Toutes les parties de cette plante, mais particulièrement ses sommités chargées de fleurs ou de fruits, exhalent une odeur fort agréable, comme balsamique, qui a valu à cette espèce les noms vulgaires de *baumier*, *faux-baume du Pérou*, *lotier odorant*, *trèfle musqué*. Cette odeur se développe davan-tage et devient plus intense par la dessiccation, et elle est susceptible de se conserver très-longtemps. On a d'ailleurs remarqué que cette odeur se répandoit en plus grande abondance dans les temps pluvieux et disposés à l'orage. Les abeilles paroissent rechercher encore plus les fleurs de ce mélilot que celles des autres espèces, qu'elles aiment cepen-dant beaucoup, et sous ce rapport il ne peut qu'être avanta-geux d'en semer aux environs de leurs ruches. Quelques personnes sont dans l'usage d'en mettre les sommités fleuries dans les armoires parmi le linge et les habits, soit pour leur communiquer une bonne odeur, soit pour les préserver des vers. Dans quelques cantons de la Suisse on en mêle les fleurs dans certains fromages, pour leur donner une saveur et une odeur plus agréables. Ces fleurs passent en médecine pour avoir les mêmes propriétés que celles du mélilot officinal, et on les emploie quelquefois de la même manière. On les a aussi recommandées comme sudorifiques, emménagogues et diurétiques ; on les a même vantées comme alexiphar-maques, vulnéraires, et comme pouvant être utiles dans la phthisie pulmonaire ; mais, en définitive, les médecins n'en font en général que peu ou point d'usage aujourd'hui. En Silésie on prend assez communément leur infusion aqueuse en guise de thé. (L. D.)

MÉLILOT ANGLOIS ou MÉLILOT CORNICULÉ. (*Bot.*) C'est une espèce de trigonelle, *trigonella corniculata*, L. (L. D.)

MÉLILOT D'ALLEMAGNE. (*Bot.*) Un des noms vulgaires du lotier corniculé. (L. D.)

MÉLILOT [PETIT] DES CHAMPS. (*Bot.*) Deux plantes portent vulgairement ce nom, la luzerne lupuline, *medicago lupulina*, Linn., et le trèfle des champs, *trifolium agrarium*, Linn. (L. D.)

MÉLILOT D'ÉGYPTE. (*Bot.*) C'est une autre espèce de trigonelle, *Trigonella hamosa*, Linn. (L. D.)

MÉLILOT FAUX. (*Bot.*) Nom vulgaire du lotier corniculé. (L. D.)

MÉLILOT DE MONTAGNE ou DES SABLES. (*Bot.*) C'est une espèce de bugrane, *ononis pinguis*, Linn. (L. D.)

MÉLILOT VRAI. (*Bot.*) C'est le mélilot bleu. (L. D.)

MÉLILOTOÏDES. (*Bot.*) Nom donné par Heister au mélilot de Crête, différent des autres espèces par sa gousse beaucoup plus grande, comprimée, orbiculaire et membraneuse. Medicus et Mœnch en ont fait aussi un genre sous le nom de *melissitus*. (J.)

MELILOTUM. (*Bot.*) Synonyme de *melilotus* chez les anciens botanistes. (Lem.)

MELILOTUS. (*Bot.*) Voyez Mélilot. (Lem.)

MELIMELA. (*Bot.*) Nom de la pomme d'api, chez les Latins. (Lem.)

MÉLINE, *Melinis*. (*Bot.*) Genre de plantes monocotylédones, à fleurs glumacées, de la famille des *graminées*, de la *triandrie digynie* de Linnæus; offrant pour caractère essentiel : Des fleurs polygames; un calice bivalve, à deux fleurs; la valve calicinale inférieure entière, fort petite; la supérieure trois et quatre fois plus grande, échancrée en cœur à son sommet, mucronée; une fleur inférieure, à une seule valve herbacée, à deux découpures aiguës au sommet, du milieu duquel s'élève une arête très-longue, sétacée; une fleur hermaphrodite, à deux valves dures, coriaces; l'inférieure mutique, presque à deux dents; trois étamines;

un ovaire médiocrement échancré ; le style bifide ; les stigmates en pinceau.

MÉLINE A PETITES FLEURS : *Melinis minutiflora*, Pal. Beauv.,
Agrostogr., pag. 54, tab. 11, fig. 4. M. de Beauvois, auteur
de ce genre, n'en a mentionné qu'une seule espèce, observée
dans l'herbier de M. de Jussieu. C'est une plante fort élégante,
qui a le port des canches (*aira*, Linn.), dont les fleurs sont
très-petites, disposées en une panicule terminale, presque
pyramidale, dont les ramifications sont presque simples, capillaires, comme verticillées, garnies d'épillets fort petits,
pédicellés, qui paroissent polygames. Cette plante croît à
Rio-Janeiro. (POIR.)

MÉLINE et MELINUM. (*Min.*) Il paroît que les anciens
et les auteurs qui les ont commentés, ont appliqué ces noms
à deux substances assez différentes.

L'une, le *melinum* de Pline, étoit sans aucun doute une terre
argileuse blanche, dont les peintres se servoient pour pein-
dre en blanc. Elle étoit légère, douce au toucher, friable ;
elle happoit à la langue, se délayoit facilement dans l'eau,
et se trouvoit dans l'île de Melos, d'où elle avoit pris son nom.

L'autre, mentionnée par Celse, Vitruve, Servius, Dioscoride, étoit de couleur jaune, ou même fauve, et pourroit bien avoir été une sorte d'ocre jaune. (B.)

MÉLINET ; *Cerinthe*, Linn. (*Bot.*) Genre de plantes dicotylédones, de la famille des *borraginées*, Juss., et de la *pentandrie monogynie*, Linn., qui a pour caractères : Un calice
monophylle, persistant, partagé jusqu'à sa base en cinq divisions ; une corolle monopétale, tubuleuse, ayant l'entrée
du tube nue, s'élargissant graduellement dans sa partie supérieure qui se termine en cinq dents ; cinq étamines à filamens
larges et courts, attachés à la corolle et portant des anthères
hastées ; deux ovaires supérieurs, entre lesquels s'élève un
style filiforme, terminé par un stigmate simple ou légèrement échancré ; deux coques dures, luisantes, ovales, à deux
loges monospermes : il n'y a le plus souvent qu'une seule
coque qui mûrisse, l'autre avorte.

Les mélinets sont des plantes herbacées, à feuilles simples et alternes, dont les fleurs sont disposées en grappes
terminales, garnies de feuilles. On en compte six espèces.

Les suivantes croissent dans le Midi de la France ou de l'Europe.

MÉLINET RUDE: *Cerinthe aspera*, Willd., *Spec.*, 1, pag. 772 ; *Cerinthe major*, β, Linn., *Spec.*, 196; *Cerinthe quorumdam major versicolore flore*, Clus., Hist. CLXVII. Sa racine est annuelle ; elle produit une tige droite, glabre, haute d'un pied ou un peu plus, rameuse dans sa partie supérieure, garnie de feuilles oblongues, en cœur à leur base, amplexicaules, bordées de cils, chargées en-dessus de petits tubercules nombreux, qui les rendent rudes au toucher et qui se prolongent quelquefois en poils. Ses fleurs sont axillaires, pédonculées, disposées, au sommet des rameaux, en grappe simple ; leur calice est foliacé, moitié plus court que la corolle, qui est jaune, marquée de pourpre ou de violet dans sa partie moyenne, et terminée par cinq dents courtes. Cette espèce croît dans les champs du Midi de la France, en Italie, en Espagne, dans le Levant.

MÉLINET GLABRE : *Cerinthe glabra*, Mill., *Dict.*, n.° 2, *Icon.*, tab. 91; *Cerinthe major*, α, Linn., *Spec.*196. Cette espèce diffère de la précédente par ses feuilles glabres, dont les tubercules ne sont visibles qu'à la loupe et ne les rendent point rudes au toucher, et parce qu'elles ne sont pas bordées de cils : par ses fleurs moitié plus petites, dont le calice est presque aussi grand que la corolle, et enfin parce que sa racine paroît être vivace. Elle croît en Europe et en Sibérie, dans les montagnes sous-alpines.

MÉLINET A PETITES FLEURS : *Cerinthe minor*, Linn., *Spec.*, 1, pag. 137 ; Jacq., *Flor. Austr.*, tab. 124. Cette espèce est glabre, comme la précédente, avec laquelle elle a les plus grands rapports; mais elle en diffère par ses fleurs entièrement jaunes et dont les corolles sont à cinq dents profondes, dans l'interstice desquelles on aperçoit les anthères, qui, dans les autres espèces, sont tout-à-fait cachées dans la corolle. Cette plante croît dans les prés secs et montueux, et sur les bords des champs, en Dauphiné, en Provence, en Italie, en Allemagne : sa racine est bisannuelle ou même vivace.

MÉLINET TACHETÉ : *Cerinthe maculata*, Linn., *Spec.*, 1, p. 137 ; Allion., *Flor. Ped.*, n.° 178. Ce mélinet diffère, selon Allioni, de celui à petites fleurs, par ses feuilles plus grandes, ovales, échancrées, d'un vert plus glauque et constamment tachetées par ses fleurs jaunes, dont les dents sont purpurines. Il croit dans les pâturages des montagnes du Piémont et du mont Caucase. Sa racine est vivace. (L. D.)

MELINIS. (*Bot.*) Ce genre, fait par Beauvois sur une plante graminée du Brésil, paroit devoir être réuni à la division du *panicum* à fleurs paniculées, dont il ne diffère que par la paillette de la fleur neutre, fendue à son sommet et laissant échapper de cette fente une soie très-longue. (J.)

MELINOS et MELINE. (*Bot.*) Nom du millet en épi (*panicum italicum*, Linn.) chez les anciens Grecs. (LEM.)

MELINUM. (*Bot.*) Césalpin désigne par ce nom la sauge glutineuse, et il appelle *melinum alter* la germandrée des bois, *teucrium scorodonia*. (LEM.)

MELION, MELIUM. (*Bot.*) Calepin, dans son Dictionnaire, cite sous ce nom une herbe aquatique, ou croissant dans des lieux humides, réputée aphrodisiaque, qui est la même que le *satyrium erythronium* de Dioscoride. C. Bauhin cite ce dernier nom comme synonyme de son *hyacinthus stellaris trifolius;* et il joint comme autre synonyme le *hyacinthus cæruleus mas minor* de Fuchsius, qui est le *scilla bifolia* de Linnæus, bien figuré par Daléchamps sous le nom donné par Fuchsius, mais avec trois feuilles au lieu de deux, d'où il sembleroit résulter que ce *scilla* seroit le *melion* des anciens, le *satyrium erythronium* de Dioscoride, quoiqu'il ne croisse pas dans l'eau. (J.)

MELIPHYLLON. (*Bot.*) Un des noms grecs anciens de la mélisse. (LEM.)

MÉLIPONE, *Melipona*. (*Entom.*) Illiger et M. Latreille se sont servis de cette dénomination pour un genre d'insectes hyménoptères, correspondant à celui des trigones de Jurine, et qui comprend en particulier l'*abeille amalthée* et quelques autres abeilles à miel de l'Amérique méridionale, dont la forme des tarses est différente de celle de nos abeilles ouvrières. (C. D.)

MÉLIQUE; *Melica*, Linn. (*Bot.*) Genre de plantes monocotylédones, de la famille des *graminées*, Juss., et de la *triandrie digynie* du système sexuel, dont les principaux caractères sont d'avoir : Un calice glumacé, à deux valves membraneuses, presque égales, contenant deux à quatre fleurs, ayant chacune une balle à deux valves ventrues et mutiques; trois étamines à anthères fourchues, et un ovaire supère, surmonté de deux styles à stigmates velus; une graine ovale, sillonnée d'un côté et renfermée dans la balle persistante. Le nombre des fleurs n'est pas constant dans ce genre : plusieurs espèces n'ont qu'une fleur parfaitement développée, avec le rudiment d'une ou deux autres fleurs avortées.

Les méliques sont des plantes herbacées, presque toutes vivaces, à fleurs disposées en panicule. On en connoit une trentaine d'espèces, dont un tiers croît naturellement en Europe. Nous ne parlerons ici que des suivantes.

* Balles toutes glabres.

Mélique bleue : *Melica cærulea*, Linn., *Mant.*, 324 ; *Aira cærulea*, Linn., *Spec.*, 95 ; *Flor. Dan.*, t. 239. Sa tige est un chaume droit, haut de deux à quatre pieds, un peu renflé à sa base, et n'ayant le plus souvent qu'un seul nœud, placé un peu au-dessus de celle-ci. Ses feuilles sont linéaires, alongées. Ses fleurs sont d'un vert pourpre ou violet, disposées en panicule plus ou moins resserrée. La glume, à deux valves inégales, contient trois ou quatre fleurs, ou seulement deux avec le rudiment d'une troisième. Cette plante croit en France et en Europe dans les prés et les pâturages humides et dans les forêts. Les bestiaux la mangent tandis que ses pousses sont encore jeunes, mais ils n'en veulent plus lorsqu'elle monte en fleur. Dans les landes de Bordeaux, de la Pologne, de la Westphalie, etc., où elle est très-multipliée, on en tire parti pour divers usages économiques : on en fait des paniers ; on en tresse des nattes, des cordes ; on s'en sert à couvrir les maisons au lieu de chaume ; on l'emploie pour litière. On l'a recommandée comme propre à fixer les sables, mais elle ne peut servir sous ce rapport que dans les terrains humides ; car, d'après l'observation de M. Bosc, elle ne peut subsister qu'un ou deux ans dans les lieux qui ne sont pas couverts d'eau une partie de l'année.

Mélique penchée : *Melica nutans*, Linn., *Spec.*, 98 ; *Fl. Dan.*, t. 962. Son chaume est grêle, redressé, haut de douze à dix-huit pouces, garni de quelques feuilles linéaires, aiguës, planes. Ses fleurs sont écartées les unes des autres, penchées, disposées en une grappe simple, ou très-peu rameuse, ordinairement tournée d'un même côté. Ses valves calicinales sont rougeâtres, obtuses, membraneuses en leurs bords, presque égales entre elles, un peu plus courtes que les balles, contenant deux fleurs et le rudiment d'une troisième. Cette espèce croît dans les montagnes de l'Alsace, des Vosges, du Dauphiné, de la Provence, etc. Elle est du goût de tous les bestiaux ; les bœufs et les chevaux surtout en sont très-friands, et il est des pays où elle est, pendant les chaleurs de l'été, la base de la nourriture des bêtes à cornes, qu'on met alors dans les bois, où elle offre l'avantage de croître à l'ombre des grands arbres, là où peu d'autres graminées peuvent venir. Comme elle forme d'ailleurs un très-maigre fourrage, parce que ses racines portent rarement plus de deux à trois tiges peu garnies de feuilles, on ne le cultive point exprès.

MÉLIQUE UNIFLORE : Melica uniflora, Willd., Spec., 1, p. 383 ; Melica Lobelii, Will., Dauph., 2, p. 89, t. 5. Cette espèce a presque le même port que la précédente ; mais elle en est bien distincte par ses fleurs plus petites, disposées en une grappe ordinairement plus rameuse, et surtout par ses calices un peu aigus, peu ou point du tout membraneux en leurs bords, ne contenant qu'une seule fleur hermaphrodite et une autre imparfaite. Cette plante est commune dans les bois et les lieux ombragés. Les bestiaux en sont aussi friands que de la précédente, et elle offre les mêmes avantages pour leur nourriture pendant les chaleurs de l'été.

** *Valve externe des balles garnie de chaque côté de deux rangées de cils.*

MÉLIQUE CILIÉE : Melica ciliata, Linn., Spec., 97 ; Host., Gram., 2, pag. 10, t. 12. Ses chaumes sont droits, hauts de quinze à vingt pouces, garnis de feuilles étroites, d'un vert pâle, et souvent roulées en leurs bords. Ses fleurs sont d'un vert blanchâtre, disposées en panicule à rameaux ordinairement peu nombreux, quelquefois simples, d'autres fois composés, redressés et serrés contre l'axe, de manière à avoir l'apparence d'un épi ; les valves de leur glume sont aiguës, l'intérieure lancéolée, sensiblement plus étroite et plus

longue ; elles contiennent une fleur hermaphrodite et les
rudimens d'une ou de deux fleurs avortées. Cette plante croit
sur les collines et dans les lieux stériles, pierreux et découverts, en France, dans une grande partie de l'Europe et au
mont Caucase.

MÉLIQUE DE BAUHIN ; *Melica Bauhini*, All., *Auct. Fl. Ped.*, 45.
Cette espèce se distingue de la précédente par sa panicule
moins garnie, dont les rameaux inférieurs sont ordinairement étalés : parce que les cils de la valve externe de sa
balle sont plus rares et plus courts ; et enfin parce que les
valves de sa glume sont presque d'une largeur égale, et très-
souvent plus ou moins colorées de rouge. Elle croît sur les
collines, dans les lieux pierreux et stériles de la Provence,
du Languedoc ; dans le Midi de l'Europe et le Nord de l'A-
frique. (L. D.)

MELIS. (*Mamm.*) **Nom** du blaireau dans Pline. (F. C.)

MELISSA. (*Bot.*) Indépendamment des mélisses vraies et
des calaments, réunis par Linnæus sous ce nom générique,
on voit encore que le même nom a été donné à d'autres
plantes labiées, à la molucelle (*molucella*), au *satureia montana*,
à deux *hyptis*, à un *dracocephalum*, au mélissot (*melitis*), au
prasium majus, au *cunila pulegioides* et à l'agripaume. (J.)

MÉLISSE ; *Melissa*, Linn. (*Bot.*) Genre de plantes dicotylédones, de la famille des *labiées*, Juss., et de la *didynamie
gymnospermie*, Linn. ; dont les principaux caractères sont
d'avoir : Un calice monophylle, presque campanulé, à cinq
dents, dont trois supérieures et deux inférieures ; une corolle
monopétale, à tube cylindrique, évasé au sommet et partagé
en deux lèvres ; la supérieure courte, échancrée et presque
en voûte ; l'inférieure à trois lobes, dont le moyen plus grand
et échancré ; quatre étamines didynames, à anthères oblongues didymes ; un ovaire supère, à quatre lobes, du milieu
desquels s'élève un style filiforme, à peu près de la longueur
des étamines, terminé par un stigmate bifide ; quatre graines
nues au fond du calice persistant.

Les mélisses sont des plantes le plus souvent herbacées,
quelquefois des arbustes, à feuilles simples, opposées, et à
fleurs axillaires, portées sur des pédoncules ordinairement
rameux et disposés presque en grappe au sommet des tiges

ou des rameaux. On en connoît dix-sept à dix-huit espèces, pour la plupart indigènes de l'Europe. Les suivantes se trouvent en France.

MÉLISSE OFFICINALE : *Melissa officinalis*, Linn., *Spec.*, 827 ; Blackw., *Herb.*, t. 27. Sa racine est vivace, horizontale ; elle produit une tige droite, tétragone, rameuse, presque glabre, haute d'un pied et demi ou un peu plus, garnie de feuilles ovales, pétiolées, légèrement échancrées en cœur à leur base, et crénelées en leurs bords. Ses fleurs sont d'un blanc jaunâtre, portées, plusieurs ensemble, dans les aisselles des feuilles, sur des pédoncules rameux. Cette plante croît naturellement le long des haies et dans les bois, dans le Midi de la France et de l'Europe ; elle fleurit en juin et juillet. Nous en avons reçu de Corse une variété remarquable, en ce qu'elle s'élève moitié plus ; en ce que ses tiges et ses feuilles sont velues, et en ce que ses fleurs sont plus grandes, avec la lèvre supérieure de la corolle violette.

L'odeur agréable et assez analogue à celle du citron de toutes les parties de cette plante, la font cultiver dans beaucoup de jardins, et lui ont fait donner les noms de citronelle, mélisse citronée, citronade, herbe de citron. On la connoît aussi sous ceux de poncirade et de piment des ruches ou des mouches à miel.

La mélisse est aromatique et un peu amère. Ses propriétés sont d'être légèrement excitante et fortifiante ; c'est principalement sur le système nerveux qu'elle porte son action. Elle convient dans les affections spasmodiques, surtout dans celles qui ont pour cause un état de débilité et de langueur de l'estomac et des voies digestives. Les palpitations, les vertiges, les syncopes qui ont la même cause, sont encore des cas où son usage peut être avantageux ; mais on ne doit en attendre qu'un effet bien secondaire dans l'apoplexie, la paralysie et l'asphyxie, pour lesquelles on l'a aussi recommandée.

Les parties de la plante dont on fait usage, sont les feuilles recueillies avant la floraison, parce qu'elles ont alors une odeur plus agréable et plus pénétrante. Elles se préparent par infusion théiforme, à la dose d'une à quatre pincées pour une pinte d'eau bouillante. Elles servent dans les pharmacies à faire une eau de mélisse simple et une eau de mélisse spiritueuse. Cette dernière, qui est beaucoup plus énergique, se donne depuis un gros jusqu'à une demi-once, pure ou mêlée à un peu d'eau sucrée, dans les défaillances, les syncopes, les affections spasmodiques, l'asphyxie. L'extrait, la conserve et le sirop de mélisse sont d'anciennes préparations pharmaceutiques très-peu employées aujourd'hui.

MÉLISSE GRANDIFLORE : *Melissa grandiflora*, Linn., *Spec.*, 827 ; *Thymus grandiflorus*, Scop., *Carn.*, éd. 2, n.° 732. Ses tiges sont légèrement pubescentes, tétragones, hautes d'un à deux pieds, garnies de feuilles ovales, aiguës, dentées en scie, presque glabres. Ses fleurs sont grandes, purpurines, portées trois à quatre ensemble sur des pédoncules assez longs, et disposées en grappe terminale. Leur calice est presque glabre, à dents ciliées. Cette espèce croit dans les bois et les buissons des lieux montagneux du Midi de la France et de l'Europe.

MÉLISSE CALAMENT, vulgairement CALAMENT DE MONTAGNE : *Melissa calamintha*, Linn., *Spec.*, 827 ; Bull., *Herb.*, t. 251. Ses tiges sont redressées, pubescentes, ainsi que toute la plante, à peine tétragones, hautes de dix à vingt pouces, garnies de feuilles ovales, presque en cœur à leur base, bordées de dents égales, presque obtuses. Ses fleurs sont purpurines ou blanchâtres, et souvent tachetées de violet, deux fois plus petites que dans l'espèce précédente, portées, au nombre de dix à douze, sur des pédoncules plusieurs fois divisés, et disposées en grappe alongée et un peu paniculée ; leur calice est velu. Cette plante est commune dans les bois, sur les collines et aux bords des champs.

La mélisse grandiflore et le calament de montagne ont des propriétés analogues à celles de la mélisse officinale ; mais on les emploie fort peu, et on leur préfère généralement cette dernière, qu'on regarde comme plus efficace et comme ayant une odeur plus agréable.

MÉLISSE NÉPÉTA : *Melissa nepeta*, Linn., *Spec.*, 828 ; *Thymus nepeta*, Smith, *Flora Brit.*, 2, pag. 642. Cette espèce, qu'on nomme vulgairement *petit calament*, ressemble beaucoup à la précédente ; mais ses tiges sont un peu plus basses, plus roides, et ses feuilles sont plus courtes, presque arrondies,

bordées seulement de chaque côté de deux à trois dents inégales. Les fleurs sont de même disposées en grappe, et leur
corolle est blanche, tachetée de pourpre, avec des anthères
violettes. Toute la plante a une forte odeur; ses tiges et ses
feuilles sont plus ou moins velues, quelquefois couvertes de
poils si rapprochés qu'elles sont comme cotonneuses et blanchâtres. Elle croît sur les collines et sur les bords des champs
dans les lieux secs et pierreux.

Mélisse de Crète : *Melissa cretica*, Linn., *Spec.*, 828; *Thymus creticus*, Decand., Fl. fr., 3, pag. 564; *Calamintha secunda incana*, Lob., Icon., 514. Ses tiges sont droites, effilées, rameuses, hautes de huit à douze pouces, couvertes,
ainsi que toute la plante, d'un duvet court, serré et blanchâtre. Ses feuilles sont petites, ovales, presque entières.
Ses fleurs sont blanchâtres ou légèrement purpurescentes,
disposées, au nombre de huit à douze, sur des pédoncules rameux, formant par leur rapprochement une longue grappe
terminale; les dents de leur calice sont courtes, presque
égales. Cette espèce croît naturellement dans le Midi de' la
France, en Espagne, en Italie, etc.

Mélisse des Pyrénées : *Melissa pyrenaica*, Jacq., Hort. Vind.,
2, t. 183; Willd., *Spec.*, 3, p. 148; *Horminum pyrenaicum*,
Linn., *Spec.*, 831. La plupart des botanistes modernes ont
réuni aux mélisses cette plante, dont Linnæus avoit fait un
genre particulier. Elle diffère en effet beaucoup par le port
de toutes les espèces dont nous avons parlé jusqu'à présent :
ses feuilles, presque toutes radicales et étalées en rosette,
sont ovales, crénelées, portées sur des pétioles velus; sa
tige est simple, haute de six à huit pouces, garnie, dans sa
partie inférieure, de deux paires de petites feuilles sessiles,
et chargée dans le reste de sa longueur de fleurs d'un pourpre bleuâtre, disposées, sur des pédoncules simples, six à
huit par verticilles assez rapprochés; leur calice est à cinq
dents très-aiguës et presque égales. Cette plante croît dans
les Pyrénées et dans les Alpes du Tyrol et de la Carniole. (L. D.)

MÉLISSE BATARDE ou MÉLISSE DES BOIS. (*Bot.*) Noms
vulgaires du *melitis melissophyllum*. (L. D.)

MÉLISSE DES CANARIES. (*Bot.*) C'est le dracocéphale
des Canaries. (L. D.)

MÉLISSE DE CONSTANTINOPLE ou MÉLISSE TURQUE. (*Bot.*) Noms vulgaires du dracocéphale de Moldavie. (L. D.)

MÉLISSE ÉPINEUSE. (*Bot.*) C'est le nom vulgaire du *Molucella spinosa*. (L. D.)

MÉLISSE DE MOLDAVIE. (*Bot.*) C'est le *dracocephalum moldavica*. (L. D.)

MÉLISSE PUNAISE. (*Bot.*) Un des noms vulgaires de la mélite à feuilles de mélisse. (L. D.)

MÉLISSE ROUGE. (*Bot.*) Nom vulgaire du *salvia virginica*. (L. D.)

MÉLISSE SAUVAGE. (*Bot.*) Un des noms vulgaires du *leonurus cardiaca*. (L. D.)

MÉLISSIÈRE. (*Bot.*) C'est encore un des noms de la mélite à feuilles de mélisse. (L. D.)

MELISSITUS. (*Bot.*) Voyez MELILOTOIDES. (J.)

MELISSO-PHAGO. (*Ornith.*) Le guêpier, *merops apiaster*, Linn., est ainsi appelé en Crête. Quelques naturalistes le nomment aussi *mellophagus*. (CH. D.)

MELISSOPHYLLUM. (*Bot.*) Matthiole, Gesner et d'autres nommoient ainsi la mélisse ordinaire. Fuchs et Daléchamps donnoient au mélissot, une autre plante labiée, ce nom, qui lui avoit été conservé par Haller et Adanson, et auquel Linnæus a substitué celui de *melitis*, en y ajoutant celui de *melissophyllum* comme spécifique. (J.)

MÉLISSOT. (*Bot.*) Autre nom vulgaire de la mélite à feuilles de mélisse. (L. D.)

MELISTAURUM. (*Bot.*) Ce genre de Forster a été réuni par nous à l'*anavinga* de Rhéede et d'Adanson, ou *Casearia* de Jacquin. (J.)

MÉLITE, *Melita*. (*Crust.*) Genre de crustacés fondé par M. Leach pour placer une espèce de crevette, décrite par Montagu sous le nom de *cancer gammarus palmatus*. Voyez l'article MALACOSTRACÉS, tome XXVIII, page 352. (DESM.)

MÉLITE; *Melitis*, Linn. (*Bot.*) Genre de plantes dicotylédones, de la famille des *labiées*, Juss., et de la *didynamie gymnospermie*, Linn., qui offre pour caractères : Un calice monophylle, campanulé, à trois lobes, le supérieur quelquefois échancré; une corolle monopétale, à tube plus étroit que le calice, et à limbe partagé en deux lèvres, dont la supérieure entière, et l'inférieure à trois grands lobes inégaux ; quatre étamines didynames, à anthères conniventes par paire et en manière de croix ; un ovaire supère, quadrifide, du milieu duquel s'élève un style filiforme, de la longueur des étamines, terminé par un stigmate bifide et aigu ; quatre graines nues au fond du calice persistant.

Les mélites sont des herbes vivaces, à feuilles simples, opposées, et à fleurs axillaires. On en connoit trois espèces, dont deux croissent en Europe et la troisième au Japon.

Mélite mélyssophylle : *Melitis melissophyllum*, Linn., *Spec.*, 832 ; Jacq., *Flor. Aust.*, tab. 26. Sa tige est droite, simple, tétragone, velue, haute d'un pied à dix-huit pouces, garnie, dans toute sa longueur, de feuilles pétiolées, ovales-oblongues, aiguës, crénelées. Ses fleurs sont blanches avec une large tache purpurine, solitaires ou deux à trois ensemble dans les aisselles des feuilles, et sur des pédoncules simples, à peu près égaux aux pétioles : leur calice est à trois lobes entiers, et la lèvre supérieure de la corolle n'est point échancrée. Cette plante est commune dans les bois et les lieux ombragés. Toutes ses parties herbacées ont une odeur forte et presque fétide, qui lui ont fait donner les noms de mélisse punaise, mélisse puante ; elle est aussi vulgairement connue sous ceux de mélisse sauvage ou des bois. Elle passe pour diurétique, expectorante, et surtout pour emménagogue ; on lui a aussi attribué la propriété lithontriptique : mais elle n'est en général que peu ou point employée en médecine.

Mélite grandiflore : *Melitis grandiflora*, Smith, *Fl. Brit.*, 2, p. 644 ; *Melitis melissophyllum*, Curt., *Fl. Lond.*, 6, t. 39. Cette espèce ressemble presque en toutes choses à la précédente ; elle en diffère seulement parce qu'elle est moins velue ; parce que ses fleurs sont plus grandes, d'un blanc un peu jaunâtre, et parce que les lobes supérieurs de la corolle et du calice sont échancrés. Elle croit de même dans les forêts et les lieux couverts. (L. D.)

MÉLITE. (*Foss.*) On a appelé ainsi autrefois les bois fossiles que l'on croyoit pouvoir rapporter au genre du Frêne. (D. F.)

MÉLITÉE, *Melitea*. (*Arachnod.*) MM. Péron et Lesueur, dans leur Tableau systématique de la famille des médusaires, ont employé ce nom pour désigner un genre de la division des monostomes, pédonculé , brachidé, non tentaculé ; dont les huit bras, supportés par autant de pédicules, sont réunis en une espèce de croix de Malte, et qui n'offre pas d'organes intérieurs apparens. Il ne renferme qu'une seule espèce , la M. POURPRE, *M. purpurea*, de la Terre de Witt dans l'Australasie , dont l'ombrelle hémisphérique est creusée par un estomac large, profond, ouvert et subconique ; toutes les parties de l'animal, qui a quarante à cinquante centimètres de diamètre , sont d'une couleur pourpre foncée. (De B.)

MÉLITÉE , *Melitæa*. (*Entom.*) Genre d'insectes lépidoptères, démembré du genre Papillon de Linné par Fabricius, et qui se rapporte au genre ARGYNNE de M. Latreille. (C. D.)

MÉLITÉE , *Melitea*. (*Zooph.*) M. Lamouroux sépare sous ce nom un assez petit nombre d'espèces d'isis de Linnæus , de Pallas, d'Ellis et Solander, dont les animaux , tout semblables à ceux de ce genre, c'est-à-dire, avec les tentacules pectinés sur un seul rang, sont contenus dans une sorte d'écorce mince, persistante dans l'état sec, enveloppant un axe dendroide, à rameaux souvent anastomosés, composés d'articulations calcaires substriées, séparées par des intervalles spongieux et noueux. Les mélitées diffèrent donc des véritables isis par le peu d'épaisseur de l'écorce du polypier, par sa très-grande adhérence à l'axe, par l'état presque lisse des articulations pierreuses et la nodosité des parties interarticulaires , qui sont aussi moins cornées , en un mot, moins différentes, de nature, de structure et de couleur, des articulations calcaires. La couleur des mélitées est presque toujours rouge ou jaune. Les polypes, d'après ce qu'en dit M. Lamouroux, sont rouges dans les espèces à écorce jaune, et jaunes dans celles à écorce rouge : ils sont épars ou disposés sur les côtes.

Les quatre espèces que MM. Lamouroux et de Lamarck caractérisent dans ce genre, viennent de la mer des Indes.

La M. OCHRACÉE : *M. ochracea*, Linn., Gmel. ; Seba, *Th.*, 111, t. 104, fig. 1. Polypier comprimé, très-rameux, dichotome ; les articulations cornées, noueuses et spongieuses ; les pierreuses inégales, sillonnées dans les grands rameaux seulement.

La M. ORANGÉE : *M. coccinea*, Solander, Ellis, p. 107, n.° 3, t. 12, fig. 5. Plus petite ; les rameaux divergens et quelquefois anastomosés, les articulations osseuses très-rouges, les entre-nœuds courts, spongieux et jaunes; les cellules verruqueuses, à oscules très-petits. M. Lamouroux a donné à cette espèce le nom de M. Risso, de Nice.

La M. RÉTIFÈRE : *M. retifera*, Lamck.; *I. aurantia*, Esper, Suppl., 2, tab. 9. Tige épaisse, rameuse; les rameaux dans le même plan, souvent anastomosés; les articulations très-rapprochées dans la tige, écartées dans les rameaux et nulles dans les ramuscules : couleur rouge, pourpre et piquetée.

Cette espèce, qui vient de l'océan Indien, comme les deux précédentes, et de l'Australasie, offre beaucoup de variétés de couleur et de grandeur.

La M. TEXTIFORME : *M. textiformis*, Lamx., pl. 19, fig. 1. Tige courte, noueuse, terminée par une sorte de réseau flabelliforme, à mailles assez grandes et alongées; couleur très-variable : deux à trois décimètres de hauteur. Des mers de l'Australasie. (DE B.)

MELITHREPTUS. (*Ornith.*) Voyez HÉORO-TAIRES. (DESM.)

MELITIS. (*Bot.*) Voyez MÉLITE. (L. D.)

MÉLITOPHILES. (*Entom.*) M. Latreille a donné ce nom à une division de la section des coléoptères pentamérés, qui comprend les insectes lamellicornes, qui ont le labre membraneux caché sous une avance du chaperon; les mandibules très-minces; les mâchoires terminées en forme de pinceau; les palpes filiformes ou en massue; les antennes formées de dix articles, etc. Cette division comprend les genres *Goliath*, *Trichie*, *Cétoine* et *Crémastochéile*. (DESM.)

FIN DU VINGT-NEUVIÈME VOLUME.

STRASBOURG, de l'imprimerie de F. G. LEVRAULT.

Imprimé en France
FROC031024210120
23228FR00009B/111/P

9 782329 355597